现代农业高新技术成果丛书

国家出版基金项目
NATIONAL PUBLICATION FOUNDATION

中国保护性耕作制

Conservation Farming System in China

高旺盛　主编

中国农业大学出版社
·北京·

内 容 简 介

本书内容包括保护性耕作制理论与进展篇、共性技术篇和区域模式篇 3 部分。理论与进展篇系统介绍了保护性耕作及保护性耕作制的概念、原理及国内外的研究现状与发展趋势;共性技术篇重点介绍了保护性耕作制的土壤耕作、秸秆管理、地表覆盖、病虫草害防治、配套机械、稳产高产栽培及节能减排等关键技术,系统阐述了各项关键技术的作用机理及效应;区域模式篇从技术形成的背景出发,系统介绍了各区域模式的技术特点、技术规程及效益和适用范围,涵盖了我国东北平原、华北平原、西北绿洲、西北黄土高原、农牧交错带、长江中下游及西南地区等。

图书在版编目(CIP)数据

中国保护性耕作制/高旺盛主编. —北京:中国农业大学出版社,2011.3
ISBN 978-7-5655-0258-3

Ⅰ.①中…　Ⅱ.①高…　Ⅲ.①资源保护-土壤耕作-耕作制度-研究-中国　Ⅳ.①S344

中国版本图书馆 CIP 数据核字(2011)第 055854 号

书　　名	中国保护性耕作制
作　　者	高旺盛　主编

策划编辑	孙　勇	责任编辑	孙　勇
封面设计	郑　川	责任校对	王晓凤　陈　莹
出版发行	中国农业大学出版社		
社　　址	北京市海淀区圆明园西路 2 号	邮政编码	100193
电　　话	发行部 010-62731190,2620	读者服务部	010-62732336
	编辑部 010-62732617,2618	出 版 部	010-62733440
网　　址	http://www.cau.edu.cn/caup		
经　　销	新华书店	e-mail	cbsszs@cau.edu.cn
印　　刷	北京鑫丰华彩印有限公司		
版　　次	2011 年 3 月第 1 版　　2011 年 3 月第 1 次印刷		
规　　格	787×1 092　　16 开本　　29.75 印张　　730 千字		
定　　价	108.00 元		

图书如有质量问题本社发行部负责调换

主　　编　高旺盛

副主编　张海林　陈源泉　柴　强

编写者　（以姓氏笔画为序）

于爱忠	马春梅	王学春	王俊英	孔凡磊	文宏达
王丽宏	冯丽肖	宁堂原	朱普平	任图生	刘玉华
刘武仁	刘景辉	汤文光	汤永禄	汤海涛	许　强
孙国峰	芮雯奕	杜　雄	李少昆	李立军	李向东
李延奇	李汝莘	李　军	李玲玲	李　琳	李朝苏
李瑞平	李增嘉	杨光立	杨祁峰	杨悦乾	肖小平
吴宏亮	何雄奎	妥德宝	沈明星	宋振伟	宋慧欣
张卫建	张仁陟	张立峰	张西群	张岳芳	张海林
张德健	迟淑筠	陈　阜	陈素英	陈留根	陈源泉
周春江	林世友	罗　洋	罗珠珠	郑金玉	郑建初
郑洪兵	赵沛义	胡春胜	胡跃高	秦红灵	柴　强
高旺盛	郭　嘉	黄凤球	黄　钢	黄高宝	龚振平
盛　婧	康建宏	章秀福	隋　鹏	董文旭	程国彦
曾昭海	谢瑞芝	路战远	韩　宾	韩惠芳	窦铁岭
蔡立群					

顾　问　刘巽浩　朱文珊　王立祥　李春林

出版说明

瞄准世界农业科技前沿，围绕我国农业发展需求，努力突破关键核心技术，提升我国农业科研实力，加快现代农业发展，是胡锦涛总书记在 2009 年五四青年节视察中国农业大学时向广大农业科技工作者提出的要求。党和国家一贯高度重视农业领域科技创新和基础理论研究，特别是 863 计划和 973 计划实施以来，农业科技投入大幅增长。国家科技支撑计划、863 计划和 973 计划等主体科技计划向农业领域倾斜，极大地促进了农业科技创新发展和现代农业科技进步。

中国农业大学出版社以 973 计划、863 计划和科技支撑计划中农业领域重大研究项目成果为主体，以服务我国农业产业提升的重大需求为目标，在"国家重大出版工程"项目基础上，筛选确定了农业生物技术、良种培育、丰产栽培、疫病防治、防灾减灾、农业资源利用和农业信息化等领域 50 个重大科技创新成果，作为"现代农业高新技术成果丛书"项目申报了 2009 年度国家出版基金项目，经国家出版基金管理委员会审批立项。

国家出版基金是我国继自然科学基金、哲学社会科学基金之后设立的第三大基金项目。国家出版基金由国家设立、国家主导，资助体现国家意志、传承中华文明、促进文化繁荣、提高文化软实力的国家级重大项目；受助项目应能够发挥示范引导作用，为国家、为当代、为子孙后代创造先进文化；受助项目应能够成为站在时代前沿、弘扬民族文化、体现国家水准、传之久远的国家级精品力作。

为确保"现代农业高新技术成果丛书"编写出版质量，在教育部、农业部和中国农业大学的指导和支持下，成立了以石元春院士为主任的编审指导委员会；出版社成立了以社长为组长的项目协调组并专门设立了项目运行管理办公室。

"现代农业高新技术成果丛书"始于"十一五"，跨入"十二五"，是中国农业大学出版社"十二五"开局的献礼之作，她的立项和出版标志着我社学术出版进入了一个新的高度，各项工作迈上了新的台阶。出版社将以此为新的起点，为我国现代农业的发展，为出版文化事业的繁荣做出新的更大贡献。

中国农业大学出版社

2010 年 12 月

前　言

我国的农业素以精耕细作闻名于世界,上下 5 000 多年的农耕文明使我国人民在土壤耕作管理上积累了丰富的经验和技术,其中镇压、旋耕、砂田、垄耕等具有保护水土特点的传统保护性耕作技术起始于中国,历史久远,延续至今。20 世纪 30 年代,美国等国家发生了举世震惊的"黑风暴",人们开始反思传统的以机械翻耕为主的做法,催生了保护水土为目标的现代保护性耕作技术的发展。随着机械装备的完善、广谱除草剂的应用,以机械化留茬、少免耕为主要特征的现代保护性耕作逐步在美国、加拿大等国家推广应用,其保水、保土、培肥地力等独特效应受到普遍重视,成为 21 世纪以来备受推崇的可持续农业技术之一。随着我国现代农业的发展,省工、省力、轻简、环境友好型技术越来越受到欢迎和重视,"中央一号"文件连续多年将保护性耕作技术列为重要的可持续技术加以推广。

与国外保护性耕作相比,我国发展保护性耕作具有其特殊性。第一,粮食安全及环境友好仍是我国保护性耕作的重要目标;第二,我国多元化的种植制度使我国保护性耕作技术模式多样、类型复杂;第三,耕地规模小,南方部分地区机械化水平低,保护性耕作机械小型化;第四,作物产量高,秸秆量大,保护性耕作秸秆处理技术难度较大;第五,保护性耕作与轮作轮耕密切结合,重在体系技术。早在 20 世纪 70 年代由北京农业大学等科研机构在国内率先系统地开展少免耕等保护性耕作的理论与技术研究。中国耕作制度研究会于 1991 年在北京组织并召开了全国首次少免耕与覆盖技术会议。90 年代以来由我国农机部门主导,在北方地区开展了保护性耕作农机与配套技术示范推广。"十五"、"十一五"期间由中国农业大学主持承担的保护性耕作技术项目,在我国的东北平原、华北平原、农牧交错风沙区以及南方长江流域开展了技术攻关和示范推广,在保护性耕作的土壤耕作、农田覆盖、稳产丰产技术等关键技术和机理研究上取得了明显的进展,初步建立了适合不同区域气候、土壤及种植制度特点的新型保护性耕作技术体系,为大面积应用保护性耕作技术提供了示范样板和技术支撑,取得了显著的经济、生态和社会效益。

《中国保护性耕作制》一书主要是基于"十五"国家科技攻关计划"粮食丰产科技工程"项目"粮食主产区保护性耕作制与关键技术研究"专题、"十一五"国家科技支撑计划重点项目"保护性耕作技术体系研究与示范"、国家自然科学基金"秸秆还田对土壤—作物—环境系统的影响效应研究等"、农业部专项"重点地区农作物秸秆还田模式与关键技术研究"等研究项目中的成果,经过进一步梳理而成。

本书由中国农业大学牵头,联合中国农业科学院、中国科学院、东北农业大学、西北农林科技大学、甘肃农业大学、内蒙古农业大学、河北农业大学、山东农业大学、宁夏大学、吉林省农业科学院、江苏省农业科学院、湖南省土壤肥料研究所、四川省农业科学院等单位的科研人员共同编写而成;部分引用的成果在各章节进行了标注,在此一并表示感谢! 全书由高旺盛、张海林、陈源泉、柴强统稿。

本书可以作为广大保护性耕作研究人员、技术推广人员、科技管理人员及使用保护性耕作技术的农民等的参考书籍,也可为相关领域研究人员提供借鉴。我国保护性耕作的研究还比较短,部分结论还需要进一步验证,希望本书的出版对我国保护性耕作制的研究与推广起到积极的推动作用。

受编者水平的限制,书中错误和不足在所难免,欢迎广大读者批评指正。

编　者

2010 年 6 月

目　录

下篇　区域模式

Contents

Contents

上　篇

理论与进展

第 1 章

保护性耕作制概念及其演变

土壤耕作是一项重要的农事活动,合理适宜的土壤耕作具有增产增效的作用,不合理的土壤耕作不但会减产,而且还会引起意想不到的后果。20 世纪 30 年代美国大力开垦平原,当时作物产量大幅度提高,但由于频繁地采用"铧式犁"翻耕土壤,造成了耕层土壤过于疏松,加上气候干旱,引发了举世震惊的"黑风暴"(dust bowl),现代保护性耕作也由此应运而生。虽然保护性耕作由产生到发展经历了一个缓慢的过程,但其产生却是土壤耕作史上的里程碑。

1.1 保护性耕作技术的产生

传统的保护性耕作在中国具有悠久的历史。我国农业以精耕细作闻名于世界,且是世界上最早应用铁质"犁"进行犁耕的国家。5 000 年的农耕文明使我国人民在土壤耕作管理上积累了丰富的经验和知识,这些土壤管理的经验和知识已经具备了保护性耕作的朴素思想。公元前 770—公元前 221 年的《吕氏春秋》中已有"凡耕之大方,力者欲柔、柔者欲力……湿者欲燥、燥者欲湿"的论述;公元 6 世纪的农学巨著《齐民要术》中也已有一系列有关防旱保墒土壤耕作技术的记载。这些土壤耕作措施提倡土壤耕作应根据土壤、气候等资源的实际情况进行适宜的措施,从而达到保土、保墒增产的目的。在《齐民要术》中同时记载的直播方法,其实就是最早的免耕。明清时期在我国甘肃陇中地区发展起来的砂田,采用河流石子铺地三四寸,耕种时拨开砂石,种之于下,取砂石掩盖,可在年降水量 200~300 mm 的干旱条件下,夺取粮菜瓜果的高产丰收。砂田距今已有三四百年的历史,其耕作的内涵就是通过减少耕作,增加覆盖而达到保墒的目的,这已经具有了保护性耕作的思想。

现代的保护性耕作技术则首先是在工业化发达的北美地区兴起。1934 年 5 月一场巨大的风暴席卷了美国东部与加拿大西部的辽阔土地,风暴从美国西部土地破坏最严重的干旱地区刮起,狂风卷着黄色的尘土,遮天蔽日,向东部横扫过去,形成一个东西长 2 400 km、南北宽 1 500 km、高 3.2 km 的巨大的移动尘土带。当时空气中含沙量达 40 t/km^3,风暴持续了 3 d,

掠过了美国 2/3 的大地,约 3 亿 t 土壤被刮走。中亚哈萨克地区,由于 20 世纪 50 年代大量开垦荒地,引起大面积土壤风蚀,也发生过类似美国 30 年代的尘暴。"黑风暴"过后,人们开始重新思索"土壤要不要连年进行耕作"。美国土壤保护局(U. S. Soil Conservation Service,现美国自然资源保护局 Natural Resources Conservation Service,NRCS)开始研究推广残茬覆盖的耕作方法,即现代免耕法的雏形。但当时由于除草剂、耕作机具的限制,并没有得到大范围的推广。直到 1940 年,2,4-D 广谱除草剂出现后,使得免耕技术在美国大的农场推行具有了一定的可能性。1943 年,美国的农民爱德华·福克纳(Edward Faulkner)发表了《犁耕者的愚蠢》,他提出采用残茬覆盖免耕播种的方式可以改善土壤质量减少土壤侵蚀,虽然当时很少有人赞成他的做法,但对免耕的发展起到了重要的作用。随着机械、除草剂及人们对免耕法的认识,免耕等保护性耕作措施也逐渐发展起来,并在全球范围内得以推广,成为可持续农业重要的技术之一。

1.2 保护性耕作技术的概念以及内涵与外延

保护性耕作(conservation tillage),国内也曾译作保持性耕作,从其产生和发展来看,其内涵和概念也是逐步发展的。

美国对保护性耕作的定义经历了 3 个阶段:第一阶段是美国"黑风暴"后,提出了残茬覆盖免耕和一些少耕技术,其作用相对于传统耕作是减少田间的耕作次数和面积从而降低水土流失。通过减少耕作次数和留茬来减少土壤风蚀。第二阶段是 20 世纪 70 年代(1977 年后),美国水土保持局对保护性耕作进行了补充和修正,将保护性耕作定义为不翻耕表层土壤,并且保持农田表层有一定残茬覆盖的耕作方式,并且将不翻动表层土壤的免耕、带状间作和残茬覆盖等耕作方式划入保护性耕作范畴,重点强调在地表耕作后要留有一些残茬覆盖,而不仅仅是减少田间耕作。前两个阶段都已经涉及作物残茬覆盖,但都没有明确残茬覆盖量的问题。第三阶段是 80 年代,美国土壤保护局再一次对保护性耕作进行了修订,把保护性耕作的标准定为农田表层有 30% 残茬覆盖,从而达到防治土壤侵蚀的耕种方式,这一概念特别强调了覆盖量。1996 年美国保护性技术信息中心(Conservation Technology Information Center,CTIC)提出了目前美国比较通用的保护性耕作概念,即任何一项耕作措施或种植系统至少保持 30% 的地表覆盖度来控制水土流失,同时,特别强调了在风蚀关键阶段,作物残茬量应该保留在 1.1 t/hm^2。同时 CTIC 根据美国的实际情况对保护性耕作进行了分类(表 1.1)。

表 1.1　美国耕作类型

耕作分类	地表残茬覆盖度/%	典型技术
传统耕作	<15	基本耕作(翻耕)、表土耕作
少耕	15~30	一些少耕措施
保护性耕作	>30	覆盖耕作、垄作、免耕(或带状耕作)

美国 CTIC 同时将覆盖耕作(mulch tillage,也有译作幂作)、垄作(ridge tillage)及免耕(no tillage)或带状耕作(strip tillage)列为保护性耕作技术。免耕或带状耕作,是指除了播种时对播种带(不超过 1/3 的行宽)进行扰动外,在作物生长的其他时期不再进行其他耕作措施,采用

除草剂进行除草,免耕有时也用直播(direct seeding)、槽播(slot planting,开一个狭窄的播种沟)、零耕(zero tillage)及行播(row tillage),其中美国的带状耕作是在免耕的基础上发展起来的,一般为了避免一些作物由于春季地温低的原因,而在秋季先进行一次带状耕作(strip tillage),同时将肥料施入,而在第2年的春季再沿着上一年秋季耕作的沟缝进行播种,这样可以确保作物的正常生长。垄作,要求除播种时对播种带(不超过1/3的行宽)进行扰动外,在作物生长的其他时期不再进行其他耕作措施,采用除草剂进行除草,垄型在播种时形成。覆盖耕作是在地表有秸秆覆盖的情况下,用凿形铲、播种机、圆盘耙等机具在播种前或者播种时进行处理,地表被全面扰动,采用除草剂进行除草,这种措施可以较好地控制土壤侵蚀,但要求地表必须有足够量的秸秆。比较上面几种耕作措施,其共同点就是要求地表的覆盖度在30%以上。免耕、垄作等动土量相对较少,特别是免耕,而覆盖耕作动土量比较大,但秸秆覆盖量大,基本上是全面覆盖。

加拿大认为传统耕作是将秸秆翻入到土壤当中的耕作措施,而保护性耕作是与传统耕作措施相对的技术措施,是地表留有一定残茬的耕作措施,如免耕、少耕等。澳大利亚的传统耕作是由欧洲引入的,一般是多耕多耙的作业,后来逐渐简化,他们认为简化了传统耕作的耕作措施即为保护性耕作,特别是免耕一类的作业措施。其他很多国家保护性耕作的概念并不明确,往往与少耕、免耕通用。

从国际上来看,保护性耕作根据其发展阶段,其概念和内容有所不同,所涉及的范围也在不断扩大,其核心技术在不同处理、覆盖技术、配套机械、除草技术、种植制度以及技术目标等方面的内涵不断演变和拓展(表1.2)。

表1.2　发达国家保护性耕作核心技术演变趋势

技术环节	年　份		
	1940—1970	1980—1990	近10年来
土壤处理	减少翻耕次数	免耕技术	少耕、免耕与翻耕结合
覆盖技术	作物残茬	高留茬和秸秆直接还田	秸秆＋植物绿色覆盖
机械配套	旋耕、松耕等	大型机械化秸秆处理机械、免耕播种机	高效能、高通过的播种机与全程机械化
除草技术	大量化学除草剂	除草剂与覆盖	植物覆盖、间作、轮作＋除草剂
种植制度	扩大休闲、单作	休闲制与农草结合	多样化和轮作体系
技术目标	保护土壤	保护土壤与获得收益	保护土壤、环境、经济

综合国内外研究现状,迄今为止,对于保护性耕作的技术概念依然没有形成比较一致的概念。从比较狭窄的认识角度,有人认为保护性耕作就是少免耕,将土壤耕作减少到能保证种子发芽即可,通过化学除草和秸秆覆盖,减少土壤侵蚀。也有人简单地认为保护性耕作技术就是"懒汉技术",在中国南方等高产地区没有应用的必要。还有人认为,保护性耕作就是主要进行机械化土壤耕作,甚至提出没有农业机械就不可能发展该项技术。全球气候、土壤类型多样,种植制度变化大,保护性耕作技术类型繁多,美国对保护性耕作定义也难以概括全貌。中国学者最初对保护性耕作定义为:以水土保持为中心,保持适量的地表覆盖物,尽量减少土壤耕作,并用秸秆覆盖地表,减少风蚀和水蚀,提高土壤肥力和抗旱能力的一项先进农业耕作技术。但是,目前国内对保护性耕作的认识也没有统一,存在多种提法。

(1)农业部最早要求"秸秆覆盖量不低于秸秆总量的30%,留茬覆盖高度不低于秸秆高度的 1/3"（农业部颁发的《保护性耕作实施要点》），认为搞保护性耕作就必须实行免耕和少耕。农业部后来也将保护性耕作的概念修订为保护性耕作是以秸秆覆盖地表、少免耕播种、深松及病虫草害综合控制为主要内容的现代耕作技术体系，具有防治农田扬尘和水土流失、蓄水保墒、培肥地力、节本增效、减少秸秆焚烧和温室气体排放等作用（《农业部关于大力发展保护性耕作的意见》，2007.4）。

（2）保护性耕作是用大量秸秆残茬覆盖地表，将耕作减少到只要能保证种子发芽即可，主要用农药来控制杂草和病虫害的耕作技术。

（3）保护性耕作是按照作物的栽培要求，利用秸秆及残茬覆盖土壤，对农田实行免耕、少耕，主要用农药来控制杂草和病虫害，并适时深松的一种耕作技术。

（4）保护性耕作是指能够保持水土、培肥地力和保护生态环境的耕作措施与技术体系，以秸秆覆盖和少耕、免耕为中心内容，其技术的实质性特点是历年的作物秸秆不断地在土壤表层累积，逐渐形成肥沃的腐殖层。

（5）保护性耕作是指不引起土壤全面翻转的耕作方法，它与传统的耕作方法不同，要求大量作物残茬留在地表，它要求使用农药来控制杂草和害虫。

（6）保护性耕作是以减轻水土流失和保护土壤与环境为主要目标，采用保护性种植制度和配套栽培技术形成的一套完整的农田保护性耕作技术体系。

（7）保护性耕作有广义和狭义之分，狭义的概念主要是指以美国提出的以覆盖度为标准的保护性耕作，广义的概念是指有利于保土保水并维持改善土地生产力的耕种措施。

综合国内自然资源特点与农业生产实际，我们认为保护性耕作技术泛指保土保水的耕作措施，其目的是减少农田土壤侵蚀，保护农田生态环境的综合技术体系，其技术关键是通过土壤少免耕、地表微地形改造技术及地表覆盖技术，达到"少动土"、"少裸露"、"少污染"并保持"适度湿润"和"适度粗糙"的土壤状态，从而保护土地可持续生产力。

根据上述概念，我们可将保护性耕作的核心技术划分为 3 类：一是以改变微地形为主的等高耕作、沟垄耕作等技术，主要是根据地形地貌特征和气候特点，利用农机具对地形进行改造，人为创造沟垄改变地表状态，减少土壤侵蚀；二是改变土壤物理性状为主的少耕、深松、免耕等技术，这类技术以"少动土"为重要特征，主要通过改变耕作方式、次数和面积，创造松紧适度的土壤结构，为作物生长发育创造适宜的环境；三是以增加地面覆盖为主的秸秆覆盖、留茬或残茬覆盖等技术，这类技术以"少裸露"为重要特征，通过秸秆覆盖、残茬还田等技术增加地表的覆盖度、粗糙度，从而减少农田水土流失，提高土壤肥力。

从保护性耕作的具体技术可以归纳出六大共性技术，具体包括：①少耕免耕与合理轮耕技术；②地表覆盖技术（生物质覆盖、非生物质覆盖等）；③改变微地形技术（等高种植、垄耕等）；④保证全苗技术、稳产高效技术；⑤病虫害、杂草防除技术；⑥适宜机具技术。这六大共性技术相互影响，相辅相成，共同构成了保护性耕作技术体系，实现作物稳产增产、农田生产的节能降耗和农民的增收。

1.3　保护性耕作制及其意义

保护性耕作保水、固土培肥、省工节能等优点使其成为可持续农业重要的技术之一，但保护性耕作并不是万能的,其单一的某一耕作措施不能解决增产增效、水土保持、环境污染等所有农业问题,特别是在我国人多地少、粮食问题突出的国情下,情况尤为突出。

从国外保护性耕作的发展历史来看,保护性耕作的主要目的是要解决水土流失、土壤侵蚀等环境问题。虽然我国农耕历史已有很多保护性耕作特点的技术措施,但系统研究保护性耕作问题并不是解决土壤侵蚀问题,而是多熟、高产问题。20世纪70年代北京农业大学(现中国农业大学)根据当时华北麦玉两熟区的生产实际,率先系统地开展了玉米覆盖免耕的机理、技术模式和推广研究,其目的是解决麦玉两熟农时紧张、传统耕作费时费力等问题。这项技术改传统翻耕为免耕覆盖,节约农时,使华北部分不能实施一年两熟的地区实现了一年两熟栽培,也改变了传统的"三夏"大忙的景象,华北地区夏玉米普遍增产。因此,我国的保护性耕作是结合我国国情具有中国特色的保护性耕作,与国外保护性耕作相比具有自身的特点。

第一,保护性耕作作为一项公益技术,粮食安全及环境友好仍是我国保护性耕作的重要目标。我国人多地少,粮食安全始终是我国农业的核心问题,因此,稳产高产、促进粮食增产,确保我国的粮食安全是我国保护性耕作的重要内容。保护性耕作作为生态友好型技术之一,其独特的生态经济效应得到了很多国家的认可。在现阶段下,我国的农业也面临诸多问题,如成本高、污染重、土壤肥力下降等,发展环境友好型农业是新形势下我国农业的迫切需求,而保护性耕作技术的优点恰恰可以满足环境友好的需求。

第二,保护性耕作技术模式多样,类型复杂。我国地域辽阔,种植制度多样,熟制从一熟到多熟,由此导致了我国保护性耕作技术模式多样化、类型复杂,而国外绝大多数国家保护性耕作是在一熟体系下进行的,与国外相比较,我国保护性耕作技术模式种类多、类型多,呈多元化发展的态势。

第三,耕地规模小,保护性耕作机械小型化,南方部分地区机械化水平低。我国人均耕地少,导致我国绝大部分地区耕地规模小,联产承包责任制后也使我国农村的耕播机械向小规模发展,除东北和新疆的部分农场耕作机械和欧美国家类似外,其他大部分地区机械规模小、动力小,同时,南方西南部分地区机械化水平低,这种国情导致了我国保护性耕作机械规模小。

第四,作物产量高,秸秆量大,保护性耕作秸秆处理技术难度较大。保护性耕作主要的内容是秸秆的管理,而我国作物单产在世界处于前列,作物秸秆量也大,导致保护性耕作秸秆处理难度加大。如何因地制宜地对秸秆进行处理,是我国保护性耕作技术存在的重要问题。

第五,保护性耕作与轮作轮耕密切结合,重在体系。国外种植制度相对较为单一,轮作模式简单,特别是欧美许多国家多采用休闲轮作制,而我国的种植制度多样、熟制多样、轮作模式多样,也导致耕作技术类型的多样,单一的耕作技术不能解决耕作制度的系统问题,而需要翻、旋、免、松的有机结合,因此,我国的保护性耕作更强调系统。

第六,保护性耕作符合省工、省力的农业发展需求,是与农村生计密切相关的农业技术。虽然我国农村人口数量大,但随着农村劳动力的转移,我国农村目前面临劳动力紧缺问题,迫切需要省工、力、省时的农业技术,保护性耕作减少了耕作次数或者耕作面积,节约了农时,适应了我国农村目前出现的新情况,如我国南方稻田的免耕抛秧技术,是南方土壤耕作的重大变革,受到了普遍欢迎。

综上所述,我国的保护性耕作技术是与我国种植制度相适应发展起来的,更强调体系和系统,因此,在保护性耕作的概念上我们提出了保护性耕作制(conservation farming system)。在保护性种植制度的基础上,以保护水土资源和农田生态健康为核心,建立土壤多元轮耕技术和多元化覆盖技术体系,减少水土侵蚀,改善农田生态功能,保持稳定持续的土地生产力和经济效益,并得到社会广泛应用的可持续农作系统。

与传统耕作相比,保护性耕作更强调系统,是与我国耕作制度相适应的技术体系,是保护性耕作技术与其他轮作技术、高产栽培及其配套技术的合理组配,同时,考虑到农村与农民的生计发展的综合技术体系。

保护性耕作制包含四大技术系统:一是保护性作物种植制度(conservation cropping system,CCS,如间作套种、带状种植、农林复合等);二是保护性土壤耕作制度(conservation tillage system,CTS,如免耕、少耕、等高耕作、深松等);三是保护性地表覆盖制度(conservation mulching system,CMUS,如秸秆覆盖、留茬覆盖、砂石覆盖、地膜覆盖、绿色植物覆盖等);四是保护性农田综合管理制度(conservation management system,CMAS,如作物灌溉、播种、施肥、病虫草防治等)。各个系统彼此之间相辅相成,共同组成保护性耕作制。之所以提出此概念,在于进一步改变传统意义上的单一机械化少免耕或者高留茬覆盖等为主的主流认识,使得该项技术由单一向集成化转型,将保护性耕作制建设与机械、耕作、种植、管理等技术环节统筹考虑,形成技术标准与规范,不断提高保护性耕作制的科学化与标准化。

世界粮农组织(FAO)在发展保护性耕作技术的基础上,提出了保护性农业(conservation agriculture,CA)的概念,基于实现农业可持续发展前提下出现的新的农业耕作制度和技术体系,它的主要目标是通过对可利用的土地、水和生物资源,结合外部投入进行综合管理,以保护、改善并有效利用自然资源,从而实现经济、生态、社会意义上的可持续的农业生产。保护性农业的 3 个基本原则是少动土、永久覆盖和作物轮作。据粮农组织出版的《世界农业:走向 2015/2030 年》所阐述的专家观点是,未来 10~20 年中保护性农业将会有一个大发展,并对农业可持续发展产生积极的促进作用。但由于保护性农业的概念及内涵并不十分明确,且经常与保护性耕作(免耕)相混用,还需要进一步完善。我们提出的保护性耕作制既有利于和国际上目前提出的保护性农业的概念接轨,也体现了中国特色与特殊性。而我国的农业实际情况,也体现出我国发展保护性耕作制的必要性。

(1)我国水土流失严重,亟须发展保水固土的保护性技术。据水利部统计,我国水土流失面积已达 356 万 km²,占国土面积的 37.08%。近 50 年来,我国因水土流失毁掉的耕地超过 270 万 hm²,平均每年近 7 万 hm²。每年流失的土壤总量达 50 亿 t。长江流域年土壤流失总量 24 亿 t,其中中上游地区达 15.6 亿 t,黄河流域黄土高原区每年输入黄河泥沙 16 亿 t。

(2)干旱半干旱地区冬春季节风蚀现象严重,大气环境受到极大的威胁,我国北方干旱半干旱面积占土地的 1/2。据统计,我国北方冬春裸露农田约达 0.5 亿 hm²,其中东北及农牧交错带约 0.3 亿 hm²。据中国科学院地学部研究表明,对京津地区造成严重危害的沙尘暴的沙尘源主要来自于内蒙古中部和河北省坝上地区的退化草地、撂荒地及旱作农田。中国农业大学研究表明,北京沙尘暴 70% 的沙尘来自北京外围的冬季裸露的农田。保护性耕作防治农田风蚀沙化具有独特的作用,与传统耕作技术相比,保护性耕作可降低地表径流 60% 左右,减少土壤流失 80%,减少大风扬沙 60%。

(3)农业集约化过程中形成的可再生资源越来越多,但浪费严重,亟须研究农业可再生资源的循环利用增值技术,延伸农业产业链,增加农业整体效益。我国秸秆资源丰富,但利用效率低。据估计,我国每年农作物秸秆约 7 亿 t,未利用的约 3.5 亿 t,占 50% 以上,大多被直接焚烧于农田,造成大量浪费和区域环境污染。保护性耕作通过残茬还田、直接覆盖还田等方式,可直接消化大约占作物当季秸秆量70%,可以明显减轻焚烧带来的污染与资源浪费,改善农田土壤结构,提高土壤肥力。另外,有学者研究表明:减少中国农田CO_2排放的最有效措施是提高地面秸秆还田的比例,如果秸秆还田比率由当前的15%增加到80%,中国农田的碳平衡将会由亏转盈。

(4)农业生产过程中购买性能源投入高,能耗居高不下,亟须研究开发有效减少农田外部能源投入的关键技术,降低能耗和生产成本。我国农业生产用了世界10%的耕地、20%以上的农业劳动力、30%的化肥、25%的农药和25%的灌溉水,养活了占世界22%的人口。农村劳动力开始出现结构性季节性紧缺,需要发展机械化免耕技术。

1.4 保护性耕作制的技术原理

保护性耕作制通过保护性土壤耕作制度、保护性覆盖制度、保护性种植制度和保护性管理制度,减少土壤耕作,增加地表覆盖度,实现土壤的"少动土"、"少裸露",达到"适度松紧"、"适度湿润"和"适度粗糙"等土壤状态,加上配套种植技术及管理体系,改善土壤环境,实现资源的高效利用。保护性耕作制基本原理可归纳为"三少两高",即少动土、少裸露、少污染、高保蓄、高效益(图1.1)。

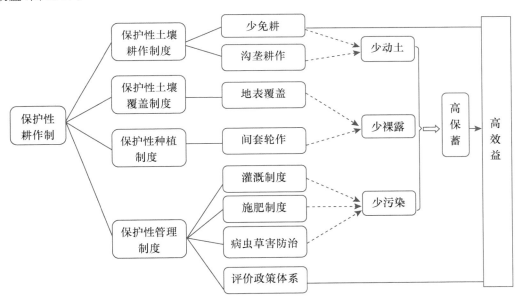

图1.1　保护性耕作制技术原理图

"少动土"主要是通过少免耕等技术尽量减少土壤扰动,达到减少土壤侵蚀的效果;"少裸露"主要是通过秸秆覆盖、绿色覆盖等地表覆盖技术实现地表少裸露,达到减少土壤侵蚀以及提高土地产出效益;"少污染"就是通过合理的作物搭配、耕层改造、水肥调控等配套技术,实现对温室气体、地下水硝酸盐、土壤重金属等对大气环境不利因素的控制;"高保蓄"主要通过少免耕、地表覆盖以及配套保水技术的综合运用,达到保水效果;"高效益"主要是通过保护性耕作核心技术和相关配套技术的综合运用,实现保护性耕作条件下的耕地最大效益产出。

1.4.1　"少动土"原理

"少动土"原理主要体现在保护性土壤耕作制。传统的土壤耕作制通过耕翻、耙耱等基本耕作和次级耕作完成作物种床的调节、翻埋作物的秸秆残茬、肥料及除草的任务。保护性土壤耕作制度是相对传统土壤耕作制度而言的,减少了耕作次数和耕作面积,由生物力和自然力部分代替机械力实现为作物创造适宜生长环境的任务。少动土并不是完全摒弃动土操作,而是通过合理减少机械对土壤的扰动,通过土壤中生物的活动或自然的冻融等作用,由生物耕作或自然耕作部分代替机械耕作,充分发挥土壤中生物力和自然力的作用。黄细喜(1987)曾提出,土壤本身存在自调作用,即土壤生态系统是一个远离线性平衡的开放系统,具有代谢和自我调节的功能,维持其自身的一定状态。少免耕等保护性耕作措施有利于保持和发展土壤生态系统的有序性,土壤本身处于动态平衡变化,在自调点上变动。而传统耕作措施,通过耕翻、耙耱、覆土、镇压等多种耕作措施,扰乱了土壤本身的分布和有序性,造成大量的土壤生物死亡。图1.2是土壤生物耕作与机械耕作对生物活动的影响关系图,机械耕作强度越大,对土壤中的生物活动影响越大;反之,机械耕作强度减弱,生物耕作增强。

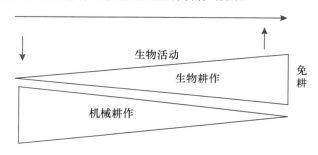

图1.2　生物耕作与机械耕作的关系图

动土直接影响土壤物理性状,进而影响到土壤的化学及生物学性状,保护性耕作通过少免耕、深松及沟垄耕作技术,尽量减少土壤扰动,达到减少土壤侵蚀的效果。

1. 对土壤物理性状的影响

耕作措施对土壤最直接的影响是对土壤物理性状的影响,主要体现在容重、孔隙度、团聚体及土壤结构等方面。由于减少了耕作次数或耕作面积,保护性耕作土壤维持了自然结构,受外界影响较小,与翻耕相比,容重增加是少免耕土壤容重变化最显著的特征,土壤有变紧的趋势。研究表明,翻耕耕层土壤容重比免耕低,但随着深度的增加,容重增加显著;整个作物生育期内,翻耕由于受到降水、灌溉的影响,容重增加显著,免耕相对增加趋势缓慢。但对于稻田,长期免耕,土壤容重有降低的趋势。

另外,保护性耕作可以增加土壤的孔隙度,据研究,土壤免耕土壤的孔隙分布较合理,在全生育期内都能保持稳定的土壤孔隙度,且土壤同一孔隙孔径变化小,连续性强,有利于土壤上下层的水流运动和气体交换;而翻耕由于耕作耕翻的作用,破坏了孔隙的连续性,且大孔隙增加(朱文珊,1991)。但也有不少研究表明,由于免耕土壤存在着大量的植物残体和小动物(蚯蚓等),植物的根孔和蚯蚓的活动使得土壤的大孔隙增加。

少动土同样对土壤的结构影响较大,大量研究表明土壤团聚度随免耕年限的增加而增加,表层增加更明显,免耕团聚水平、团聚度和结构系统增加,结构稳定性增加。而翻耕、旋耕等措施由于对土壤作用强烈,对土壤团聚体破坏严重。吕贻忠等在东北黑土的研究结果表明,翻耕土壤结构破坏率(变幅为 23.77%～44.84%)明显高于保护性耕作(变幅为 12.36%～24.13%)。大于 0.25 mm 的水稳性团聚体与土壤结构破坏率呈极显著的负相关关系。连续翻耕增强了土壤结构的扰动和破坏,导致原生矿物分布更均匀,其分形维数更高,而免耕措施下的石英的分形维数较低,土壤结构性增强。

不同的耕作措施同样对土壤的作用深度也不一样。以我国现在的机械动力水平,一般翻耕作用深度在 20 cm,旋耕作用深度在 10 cm 左右,由于土壤本身的塑性,会形成犁底层。翻耕的犁底层在 20 cm 左右,近年来,由于我国农村多采用小型动力旋耕的方式,造成耕层变浅,犁底层上移,旋耕的犁底层在 10 cm 左右,而免耕由于不翻转土壤,犁底层随免耕年限的延长,逐渐消失。免耕犁底层的消失,可以增加土壤的通透性,但对于一些漏水漏肥的土壤容易造成水肥的流失,特别是稻田。

2. 对土壤化学性状的影响

耕作措施由于对土壤物理性状的影响使得土壤养分在土壤层次分布有较大的不同。与传统耕作相比,保护性耕作对土壤化学性状具有明显的影响。翻耕由于对土壤进行翻转,耕层土壤分布较均匀,养分分布相对均匀;而免耕减少了翻转,养分分布往往呈现"上富下贫"的现象,即表层养分含量高,深层养分相对较低。大量研究表明,长期免耕的土壤有机质有表层富集的趋势。与耕翻相比,免耕有机质只是在各深度的分布有所不同,而整个耕作层平均来看无明显差异。土壤氮素研究基本与有机质研究情况类似,连续免耕后,氮素营养分配向表层聚集,随着免耕年限的增加而逐渐增加,表层含量高于下层;而耕翻土壤中上、下层全氮含量相差较小,分布较为均匀。另外,耕作措施改变了土壤的物理性状,特别是土壤大团聚体的数量,有机碳及其微生物生物量碳存在于大团聚体中的数量高于小团聚体(文倩等,2004),而传统耕作破坏了土壤富含碳的大团聚体的结构,增加了含碳的小团聚体,导致了土壤有机碳流失,微生物生物量碳下降(杨景成,2003)。

3. 对土壤生物性状的影响

保护性耕作所创造的土壤环境与翻耕不同,改善了土壤物理结构,增加了孔隙度和通气性,改变了微生物在土壤层次上的垂直分布,也影响了土壤微生物的种类和活性。研究表明,耕作对土壤真菌表现为中度或轻度抑制,对于免耕与常规耕作作物相同的系统,在多数情况下耕作对细菌为轻度抑制,而长年免耕常常会对细菌产生抑制(40%的研究表现为耕作对细菌产生轻度或中度激发),一般情况下耕作会减少土壤中的微生物总量(姜勇等,2004)。高云超等(2001)对免耕 16 年的研究表明,免耕覆盖与免耕能够提高 0～7 cm 和 7.5～30 cm 的土壤活动微生物量,并认为这与免耕年限延长使有机质积累增加有关。土壤生物学性状不同耕作措施也具有一定的层化现象,Doron(1980)研究了美国 7 个地区长期免耕试验农田的土壤生物学特征,结果表明土壤微生物数量在表层土壤(0～7.5 cm)明显提高,但是在 7.5～15 cm 土层各类群微生物数量在免耕土壤中明显较低(除嫌性厌氧菌和反硝化细菌外)。土壤酶作为微生物和根系的活性产物,通过催化无数的土壤反应而在土壤中发挥重要作用。已有研究表明,少、免耕能提高土壤表层磷酸酶活性(李洪文等,1997;Coote,1989)。高明等(2004)研究发现不同耕作处理土壤酶活性存在着显著差异,垄作免耕比其他几个处理的脲酶、过氧化氢酶、转化酶、脱氢酶都高,尤其是转化酶。

4. 对土壤风蚀的影响

保护性耕作减少对土壤扰动后,土壤相对比较紧实,土壤表层含水量较高,地表粗糙度高,且表层团聚体稳定性增强,农田近地表风速低,从而提高了土壤抗风蚀的能力。由于水的黏滞力和表明张力可有效抵御风蚀,土壤表层水分含量的多少与土壤风蚀的强弱就密切相关。研究表明,当土壤表层含水量增加时,土壤的吹蚀量明显减少,保护性耕作增加土壤表层水分含量提高土壤抗风蚀能力。研究表明,年年翻耕下的土壤团聚度明显低于免耕下的土壤,且土壤团聚度随免耕年限的增加而增加(张锡洲等,2006)。不同耕作措施土壤表层(0~5 cm)不可蚀性颗粒含量与风蚀量之间存在显著的相关关系,随着不可蚀性颗粒含量的增加风蚀量呈递减趋势,而起动风速呈递增趋势。

1.4.2 "少裸露"原理

"少裸露"主要是通过秸秆覆盖、绿色覆盖等地表覆盖技术实现地表少裸露,达到减少土壤侵蚀以及提高土地产出效益。覆盖方式上,主要是作物秸秆残茬覆盖、地膜覆盖以及南方冬闲田的绿色覆盖,如作物覆盖和牧草覆盖,进而增加生物多样性,提高覆盖效果;同时更强调覆盖作物的经济效益,满足生态经济的双重需求。

1. 对土壤水分的影响

保护性耕作条件下,作物残余物保留在土壤表面,形成了一个覆盖层,该覆盖层防止土壤经受外界风雨的直接撞击,同时还对土壤表层的温度和湿度起着调控作用。华北平原高产麦玉农区试验结果表明,秸秆覆盖对土壤蒸发的抑制率 3 年平均为 58%,多年平均增产 4.35%,水分利用效率平均提高 12.26%,耗水系数平均降低 9.75%。西南丘陵区稻田秸秆覆盖可使土壤总孔隙度增加 2.19%~5.18%,土壤容重降低 1.19%~3.17%,可以减少田间蒸发耗水,节水 41.84%。试验表明,随秸秆覆盖量的增加,作物增产效果明显。

2. 对土壤肥力的影响

秸秆在土壤中腐烂分解为有机肥,以改善土壤团粒结构和保水、吸水、粘接、透气、保温等理化性状,增加土壤肥力和有机质含量,使大量废弃的秸秆直接变废为宝。

保护性耕作的秸秆覆盖为很多的有机体创造了好的生活环境,大到农田昆虫,小到土生的真菌和细菌。这些有机体浸润在覆盖层,和土壤混合并在土壤中降解成为腐殖质,提高了土壤结构的稳定性。另外,土壤有机质对土壤水分和养分还起到缓冲作用。大量的土壤生物,例如蚯蚓有利于土壤形成稳定的团聚体,还在土壤的表层到下土层间形成大的孔隙,在大雨情况下促进水分的快速入渗。

3. 对土壤侵蚀的影响

作物秸秆残茬覆盖,具有较强的固土能力,可增强土壤的抗风蚀能力,残茬覆盖的抗风蚀能力主要与其高度和覆盖度有关。残茬覆盖度与风蚀量之间存在负相关关系,随着秸秆残茬的覆盖度的减少,土壤风蚀量开始缓慢增加,相对于同一类型的秋翻地,风蚀量减少 95%~96%(陈智、麻硕士,2006),留茬 20 cm 左右即可有效降低地表风速(常旭虹,2005)。

秸秆覆盖可以降低地表风速,提高土壤抗风蚀能力,但不同类型覆盖方式地表风速的程度不一。杨利华等(2005)的研究表明,玉米整秆留茬越冬,地表风速降低 24%~71%,高度 15~30 cm 的普通留茬玉米地,地表风速减小 9%~16%,而耙茬灭茬的地块风速仅减小 2%。妥德宝(2002)的研究表明麦类作物留茬与马铃薯带状间作,秸秆残茬也具有明显的降低风速的效果。

4.对杂草的控制

一般认为,保护性耕作条件下,由于免除了翻耕除草而使杂草增多,但有秸秆覆盖也可抑制杂草的生长,同时随着秸秆量的增加杂草量减少。中国农业大学在农牧交错带的燕麦的残茬覆盖试验,在前一年燕麦收割后留茬20 cm,观测不同覆盖度条件下燕麦田杂草发生和生长状况,结果表明,增加地表覆盖能有效抑制杂草数量和生物量。

5.生物覆盖的作用效果

保护性耕作制覆盖方式不仅仅是传统的秸秆覆盖,还有生物覆盖,即通过种植一些绿色植物来防控水土侵蚀,同时也可以起到培肥地力的作用,国际上将这些作物统称为覆盖作物(cover crop)。种植覆盖作物,一方面可以提高地表覆盖度,特别是在北方冬春季节可以起到防沙减尘的效果;另一方面可以培肥地力;在南方冬闲田,可以提高复种指数,培肥地力,增加收入。试验表明,在南方双季稻区冬闲田种植油菜、黑麦草、紫云英和马铃薯等后,后茬水稻生长发育及水稻产量呈增加趋势,但处理间无显著差异($p>0.05$),冬闲稻田种植冬季作物可显著增加农田生物量、生物固碳量。

1.4.3 "少污染"原理

保护性耕作中的"少污染"原理就是指通过合理的作物搭配、耕层改造、水肥调控等配套技术,实现对温室气体、地下水硝酸盐、土壤重金属等对大气环境不利因素的控制。

保护性耕作由于减少了对土壤的扰动,同时加上秸秆等覆盖作用,对农田温室气体减排效应显著。一般认为采取保护性耕作会减少CO_2的排放,Reicosky等(2005)认为频繁地耕作特别是采用有壁犁耕作会导致土壤有机碳的大量损失,CO_2释放量增加;而免耕则可有效地控制土壤有机碳的损失,降低CO_2的释放量。李琳等(2007)对华北冬小麦农田不同耕作方式CO_2排放通量进行原位测定,CO_2排放通量平均表现为翻耕>旋耕>免耕;Álvaro-Fuentes等(2007)在地中海半干旱地区的研究表明,少耕和免耕可以在耕作的初期($0\sim48$ h)及中期(耕作操作起的几天内)降低CO_2的排放量,特别是免耕降低的幅度较大。Shao等(2005)在我国西南地区的研究表明,采取保护性耕作后,甲烷(CH_4)排放量明显降低;伍芬琳等(2008)在我国双季稻区的研究也取得了类似的结论。保护性耕作降低CH_4排放的原因主要是由于保护性耕作可以维持土壤的原状结构,有利于提高CH_4氧化菌的氧化能力,从而降低了CH_4的排放量。Kessavaidu(1998)在小麦—休耕的试验表明,对土壤进行免耕后,土壤CH_4氧化速率均高于翻耕的土壤,而翻耕后整地的话,CH_4氧化速率再降低$60\%\sim70\%$。因此,保护性耕作可提高CH_4的氧化能力,减少土壤CH_4排放。另外,对于水田保护性耕作来说,大部分秸秆是位于水面,可以在表层进行有氧条件的腐解,其产物在土壤氧化层中还原产生CH_4量较少,从而降低了CH_4的释放量。陈苇等(2002)的研究表明,秸秆不同还田方式对CH_4排放具有重要的影响,稻草翻施使稻田CH_4排放量上升51.11%,而采用稻草表施的方法CH_4排放量仅增加33.98%。农田综合温室效应评价表明,麦玉两熟区农田总温室效应以翻耕最高,旋耕次之,免耕最低;南方双季稻区,旋耕和翻耕全年的综合温室效应显著高于免耕,差异显著。

另外,保护性耕作由于大量的秸秆归还农田,可以培肥地力,提高土壤有机质等土壤养分含量,可以减少化肥的投入,从而减轻化肥带来的潜在威胁。

1.4.4 "高保蓄"原理

保护性耕作制其土壤耕作制度、覆盖制度及种植制度改变了农田生态系统的环境,体现出了明显的"高保蓄"特征,具体体现在保土、保水和培肥作用上。

1. 保土作用

保护性耕作减少了土壤的翻动,加上秸秆覆盖作用,可以有效地控制土壤侵蚀,减少水土流失。众多研究表明,免耕可大大减少土壤侵蚀,甚至为零。Blevins(1990)长期试验结果表明,与传统翻耕相比,免耕土壤侵蚀量减少94.15%。由于地表覆盖秸秆或作物残茬,增加了地表的粗糙度,阻挡了雨水在地表的流动,增加了雨水向土体的入渗。从我国北方多点试验示范结果看,保护性耕作可以减少地表径流50%～60%,减少土壤流失80%左右,减少田间大风扬尘50%～60%。

2. 保水作用

由于地表秸秆可以减少太阳对土壤的照射,降低土壤表层温度,秸秆覆盖又阻挡水汽的上升,因此免耕条件下的土壤水分蒸发大大减少。保护性耕作减少土壤扰动,可以改善耕层土壤持水性能,增加土壤有效水。东北地区秸秆不同还田方式不同时期的土壤含水率都高于现行耕法,差异均达到了极显著水平;据张海林等(2002)多年结果表明,免耕比传统耕作增加土壤蓄水量10%,减少土壤蒸发约40%,耗水量减少15%,水分利用效率提高10%;李立科(1999)研究表明,采用小麦秸秆全程覆盖耕作技术,可以使自然降水的蓄水率由传统耕作法的25%～35%,提高到50%～65%,每亩地(1 hm² ＝15 亩)增加 60～120 mm水分。黄土高原丘陵区果园保护性耕作秸秆覆盖有利于创造良好的土壤结构,降水下渗较快,加之地表秸秆覆盖减少了土壤水分的无效蒸发,使降水能较好地储存于土壤水库中,与果树深根性秋熟作物的特性吻合,提高了水分利用效率。

3. 培肥作用

保护性耕作减少了对土壤的扰动,可以保持和改善土壤结构。朱文珊等(1996)研究表明,免耕土壤土壤孔隙分布较合理,在全生育期内都能保持稳定的土壤孔隙度且土壤同一孔隙孔径变化小,连续性强,有利于土壤上下层的水流运动和气体交换。免耕可以显著改善土壤化学性状,土壤有机碳显著提高,同时可提高土壤表层的氮、磷和钾含量。东北黑土保护性耕作试验表明,保护性耕作的黑土有机质含量比翻耕措施下的有机质含量高,而且对土壤表层腐殖质品质改善有明显作用。稻田少免耕保护性耕作技术有利于提高土壤有机质的含量,改善土壤腐殖质的品质。富里酸含量与翻耕秸秆不还田比较均有不同程度提高。免耕还可增加土壤生物和微生物数量和活性,Edwards 和 Hendrix 等(1992)人认为土壤中,蚯蚓在土体中的活动可改善土壤结构,蚯蚓的残体可增加土壤有机质含量。

1.4.5 "高效益"原理

保护性耕作制减少不必要的田间作业工序,通过合理轮作、留茬覆盖和合理施肥等综合措施,为作物创造良好的生态环境,达到高产、高效、低耗、保护环境和减少水土流失的目的。其优点是可以稳定土壤结构,减少水蚀、风蚀和养分流失,保护土壤,减少地面水分蒸发,充分利用宝贵的水资源,减少劳动力、机械设备和能源的投入,提高劳动生产率、产量和效益。多数研究者认为,稻田保护性耕作可提高作物产量,提高土壤的产出率,省工、省时、省水,产量高。大量的试验结果表明,保护性耕作具有增产增收的作用。

保护性耕作可以减少土壤耕作次数,有些作业一次完成,减少机械动力和燃油消耗成本,降低农民劳动强度,具有省工、省时、节约费用等特点。以北美洲为例,一个 203 hm^2 的农场,免耕可节省 225 h 工作时间,相当于节省 4 周工作时间(以每周 60 h 计),可节省油耗 6 624 L。高焕文认为,传统农业机械工序多,耗油大,农业利用效率低下,例如我国 2006 年农机用油 3 630 万 t,农田作业消耗即达 60%,而采用免耕等保护性耕作措施至少可比传统耕作节油 30% 以上;杨光立等(2001)研究认为,免耕稻田覆盖每公顷可节省 12~15 个工,明显降低了劳动强度,稻田经济效益普遍提高,全年每亩可增产粮食 40~50 kg,节约生产成本 40~80 元,节本增效增产增收的效益可达 130~180 元,促进了农业增产、农民增收。"十五"期间粮食主产区保护性耕作制与关键技术研究课题组,在东北平原、华北平原、长江中下游及成都平原 9 个省市区域推广示范保护性耕作技术与集成模式,作物类型涉及玉米、小麦、水稻及绿色覆盖作物,推广面积 12.07 万 hm^2,粮食增产 9.96 万 t,增加间接效益 1.59 亿元。

耕作措施的不同,机具的使用和用于农场机具的生产、运输和维修的能量消耗不相同,CO_2 的释放量也不相同。保护性耕作减少能源的消耗,同时可以减少机器的磨损,用保护性耕作可以节省碳 23.8 kg/hm^2。West 等(2002)提出了相对净碳释放方程,即将农田投入换算成能量,并进一步折算出每项投入造成的碳释放系数,对耕作管理措施下农田生态系统对大气 CO_2 排放贡献进行了计算。他指出,如果将美国所有作物的耕作方式由传统耕作转为保护性耕作,系统净排放量降低,有利于固碳减排。国内伍芬琳等(2006)借鉴该方法对我国华北平原保护性耕作条件下的农田生态系统的净碳释放量研究,结果表明,与传统耕作相比,保护性耕作可以降低系统的净碳释放量。

保护性耕作技术对改变传统的耕作方式,除了明显的经济效益(农产品服务价值)外,保护性耕作条件下对生态系统提供的服务功能最大的贡献是维持养分循环功能价值,其次是涵养水分的功能价值,同时对土壤有机质的积累也具有很大的促进作用。此外,保护性耕作在调节大气上也具有极大的功能价值,这对全球温室气体问题也许将是一个有益的贡献。保护性耕作条件下对作物产量的影响,由于土壤少了外界干扰和土壤表层多了覆盖,有利于农田水土保持,减少农业操作对劳力和能量的消耗,使干旱环境下更及时地种植作物。

但是,即使保护性耕作有上述诸多优点,还是有很多的困难妨碍了保护性耕作措施在作物生产中的应用。尤其是由于配套技术不到位(如配套机具问题)保护性耕作还可能会造成减产。李少昆(2004)对我国保护性耕作历史文献进行了比较详细的分析,表明在我国不同区域保护性耕作均有减产的现象,有的甚至减产在 50% 以上。但保护性耕作作为一项环境友好型的技术,其生态效益不可低估。李向东等(2006)对四川盆地稻田保护性耕作条件下多熟高效种植模式的农田生态系统服务价值的测算得出,保护性耕作条件下稻田生态系统提供的服务价值是巨大的。结果表明,油菜—水稻—马铃薯模式比油菜—水稻传统耕作种植模式的农产品服务价值高 32.42%,固定 CO_2 和释放 O_2 的价值高 17.03%;小麦—水稻保护性耕作模式比小麦—水稻传统种植模式农产品服务价值高 55.21%,固定 CO_2 和释放 O_2 的价值高 9.40%;油菜—水稻秸秆还田双免耕模式比油菜—水稻传统耕作种植模式土壤积累有机质的价值高 0.23%,农田生态系统维持营养物质循环的价值高 12.35%;小麦—水稻保护性耕作种植模式比小麦—水稻传统耕作种植模式土壤积累有机质的价值高 0.39%,农田生态系统维持营养物质循环的价值高 12.81%;稻草覆盖还田后油菜田的农田涵养水分价值增加 11.66%,小麦田农田涵养水分价值增加 32.63%。

（本章由高旺盛、张海林主笔）

参考文献

[1]高旺盛.论保护性耕作技术的基本原理与发展趋势.中国农业科学,2007,40(12):2702-2708.

[2]吴文革,等.保护性耕作和稻田免耕栽培技术现状与发展趋势.中国农业科技导报,2008,10(1):43-51.

[3]高焕文,等.保护性耕作的发展.农业机械学报,2008,39(9):13-16.

[4]王长生,等.保护性耕作技术的发展现状.农业机械学报,2004,35(1):167-169.

[5]李安宁,等.保护性耕作现状及发展趋势.农业机械学报,2006,37(10):111,177-180.

[6]张海林,等.保护性耕作研究现状、发展趋势及对策.中国农业大学学报,2005,10(1):16-20.

[7]汤秋香,等.典型生态区保护性耕作主体模式及影响农户采用的因子分析.中国农业科学,2009,42(2):469-477.

[8]王金霞,等.黄河流域保护性耕作技术的采用:影响因素的实证研究.资源科学,2009,31(4):641-647.

[9]李洪文,等.我国保护性耕作发展趋势与存在问题.农业工程学报,2003,19(z1):46-48.

[10]谢瑞芝,等.中国保护性耕作研究分析——保护性耕作与作物生产.中国农业科学,2007,40(9):1914-1924.

[11]高焕文,李问盈,李洪文.中国特色保护性耕作技术.农业工程学报,2003,19(3):1-4.

[12]章秀福,等.南方稻田保护性耕作的研究进展与研究对策.土壤通报,2006,37(2):346-351.

第 2 章

国内外保护性耕作技术发展

2.1 国际保护性耕作技术发展

2.1.1 总体概况与趋势

2.1.1.1 发展概况

保护性耕作在全球已经得到普遍认可,尤其在干旱、半干旱地区已经得到了广泛推广应用。截至目前,美洲、澳洲、欧洲、亚洲和非洲的使用面积已接近 1.69 亿 hm^2,占世界总耕地面积的 11%。2005 年 FAO 统计,全世界免耕面积约为 $98.8 \times 10^6 \ hm^2$。Derpsch 估计,95% 的免耕地在美洲,其中北美洲为 51%,南美洲为 44%。使用保护性耕作技术面积较大的主要有美国、巴西、阿根廷、澳大利亚、加拿大等国家。美国 95% 以上的农田取消了最容易引起"土壤漂移"的铧式犁作业方式,使用了不同形式的保护性耕作技术的土地面积达到 1 975 万 hm^2,占土地总面积的 64%;澳大利亚从 20 世纪 80 年代开始应用保护性耕作技术,目前已经完全取消了铧式犁翻耕,保护性耕作技术使用面积达到 864 万 hm^2,占全国农田面积的 71%。据统计,1996—2000 年,澳大利亚 73% 的农民从改变耕作方式中受益。加拿大从 80 年代开始大规模推广保护性耕作技术,现在已在全国范围取消铧式犁翻耕,80% 农田采用了以高留茬、少免耕为主的保护性耕作技术,面积达到了 408 万 hm^2,免耕作物主要是小麦、大麦、玉米、苜蓿、豆类等作物。在全球保护性耕作发展较快的国家中,保护性耕作面积位居第二和第三的分别是巴西和阿根廷,两国的保护性耕作面积分别达到 1 347 万 hm^2 和 925 万 hm^2。另外,日本、墨西哥、以色列、印度、埃及、巴基斯坦、前苏联等国家也相继开展了保护性耕作的研究和应用工作,并取得了一定的成效,逐步开始普及推广(表 2.1)。2001 年 10 月,联合国粮农组织与欧洲保护性农业联合会在西班牙召开了第一届世界保护性农业大会,标志着保护性耕作在世界范围内得到了广泛重视。2002 年 8 月 26 日在南非召开的第 2 届可持续发展全球首脑会议,也将发展保护性耕作、促进农业可持续发展作为会议的议题之一。可以说,保护性耕作技术在全球的应用面积将会在未来进一步扩大(朱晓江,2008)。

表 2.1　一些国家的免耕播种面积(2004—2005 年)　　　　　　　$10^4 \ hm^2$

国家或地区	免耕面积	国家或地区	免耕面积
美国	2 500	阿根廷	1 800
加拿大	1 300	巴拉圭	170
澳大利亚	900	玻利维亚	50
印度恒河平原	400	西班牙	30
南非	30	乌拉圭	30
委内瑞拉	30	智利	10
法国	20	中国	100
哥伦比亚	10	其他国家	100
巴西	2 400	合计	9 880

2.1.1.2　发展阶段及特征

全球范围内保护性耕作技术经过 80 多年的发展,尤其是近 20 年的发展,其研究已经相当深入,目前已经成为一项系统工程,主要包括农业机械、不同农艺措施、杂草防治、农田土壤养分动态与施肥技术、农药化肥对地下水及环境的污染、保护性耕作的生态效应评价、推广以及相关的农业政策等。总体来说,国际上保护性耕作技术近 80 年左右的研究和发展大体经历了 3 个阶段。

第一阶段是 20 世纪 30～40 年代。保护性耕作研究从美国开始进行,美国成立了土壤保护局,大力研究改良传统翻耕耕作方法,研制深松犁、凿式犁等不翻土的农机具,提出了少耕、免耕和深松等保护性耕作法,免耕技术成为当时的主导技术。

第二阶段是 20 世纪 50～70 年代。继美国之后,澳大利亚、加拿大、前苏联、墨西哥等国家相继着手开始保护性耕作的试验研究。在这一阶段,机械化免耕技术与保护性植被覆盖技术同步发展。在免耕技术大面积应用的过程中,许多研究证实了各种类型的保护性耕作对减少土壤侵蚀方面有显著的效果,但也出现了不少因杂草蔓延或者秸秆覆盖造成低温等技术原因使作物严重减产的例子,使得该项技术在此阶段发展推广较慢。澳大利亚政府于 70 年代初在全国各地建立了大批保护性耕作试验站,吸收农学、水土、农机专家参加试验研究工作。大量试验表明,地面秸秆覆盖是一项有效的保水保土措施,残茬覆盖的农田比裸露休闲田减少径流 40% 左右,土壤受冲刷程度降低 90%。加拿大政府从 50 年代中期开始保护性耕作试验研究,在这一阶段主要侧重于除草剂的研究。前苏联于 50 年代开始试验马尔采夫无壁犁耕作法,并通过逐步试验完善,形成了一套适合旱地作业的贮水保墒保土耕作法。

第三阶段是 20 世纪 80 年代以来。随着耕作机械改进、除草剂以及作物种植结构的调整,保护性耕作的试验研究趋于成熟,保护性耕作技术的应用得以较快发展,范围也不断扩大。美国德克萨斯州 1978—1983 年不同耕作法种植高粱试验结果表明,采用保护性耕作技术的产量达 $3.34 \ t/hm^2$,而传统翻耕的产量只有 $2.56 \ t/hm^2$,保护性耕作增产幅度高达 30%;保护性耕作贮水 141 mm,而翻耕只有 89 mm。澳大利亚昆士兰试验站对覆盖耕作(深松、表土耕作、机械除草)、少耕(深松、表土耕作、化学除草)和免耕(免耕、化学除草)3 种保护性耕作体系和传统耕作方法进行了长达 15 年的对比试验,试验结果表明,3 种保护性耕作比传统耕作分别增产 36.1%、41.8% 和 49.2%;在农区壤土地、农区沙土地、干旱草原沙土地,保护性耕作减少风蚀分别达 80%、74% 和 75%。

2.1.1.3 主要研究发展趋势特征

当前国际上保护性耕作研究已经从单项技术的研究上升为一项系统工程的研究,更加注重技术的集成和综合应用,逐步形成了"保护性耕作制"的研究,主要变化趋势特点如下:

(1)由以研制少免耕机具为主向农艺农机结合并突出农艺措施的方向发展。传统的保护性耕作技术重点是以开发深松、浅松、秸秆粉碎等农机具;目前的保护性耕作技术在发展农机具的基础上重点开展裸露农田覆盖技术、施肥技术、茬口与轮作、品种选择与组合等农艺农机相结合综合技术。

(2)由单纯的土壤耕作技术向综合性可持续技术方向发展。保护性耕作已经由当初的少免耕技术发展成为以减少农田侵蚀、改善农田土壤理化性状、减少能源消耗、降低土壤及水体污染、抑制土壤盐渍化、受损农田生态系统恢复等领域为主的保护性技术研究。

(3)由单一作物、土壤耕作技术研究逐步向轮作、轮耕体系发展。越来越多的国家已经意识到轮作体系在保护性耕作的重要作用,保护性耕作的研究已经不是单纯土壤耕作技术及当季作物的生长,更注重一个种植制度的周期,作物轮作、土壤轮耕的综合技术配置及其效应。

(4)由单纯技术效益向长期效应及理论机制研究发展。保护性耕作最初的研究主要集中在减少耕作、秸秆管理技术的效果,如水土流失的控制、保土培肥效果等,现在已经由单纯的技术研究逐步转向保护性耕作的长期效应及其对温室效应的影响、生物多样性等理论研究,为保护性耕作的长期推广提供理论支撑。

(5)由简单粗放技术逐步向规范化、标准化方向发展。发达国家已经将保护性耕作技术与农产品质量安全技术、有机农业技术形成一体化,同时引入教育和金融机制,进一步提高了保护性耕作技术的规范化和标准化要求,促进了保护性耕作技术的推广应用。

2.1.2 国外一些国家保护性耕作发展现状

2.1.2.1 美国保护性耕作发展趋势[①]

1. 发展概况

前已述及,现代保护性耕作的研究起源于美国。"黑风暴"给当时的美国造成巨大的经济损失,并使农田肥沃的表土大量损失,造成了严重的水土流失,生产能力下降。美国俄亥俄州立大学的生态学家认为,传统耕作致使土壤有机质衰竭、土壤结构破坏、水分入渗和储存减少、风蚀水蚀加剧、生态环境恶化、作物产量下降等,但这一恶化过程是缓慢的,短时间内不会被察觉出来,30～50 年才显现出来,然而后果却是致命的,全世界必须更广泛地实行保护性耕作,否则,未来 20～50 年就要面临严重的气候、土壤和粮食生产方面等关乎人类生存的问题(Rattan 等,2004)。

"黑风暴"过后,美国成立了土壤保护局,开始研究减少风蚀和水蚀的措施。20 世纪 40 年代开始对各种保水、保土耕作方法进行不断的研究,并进行了少耕和残茬覆盖试验。1943 年,俄亥俄州农民爱德华·福克纳进行了耕作改革实践,采用圆盘耙进行表土耕作,取消犁翻耕,

---

① 本小节主要从郭恒(2006)、李伊梅(2007)、侯卢旭(2008)的学位论文的相关内容总结归纳而来。

并结合作物残茬覆盖,有效地减少水土流失,取得了显著的效果。50 年代初,在少耕的基础上,美国又试验成功了免耕法,同时发现少免耕法除了保持土壤外,还具有保水蓄水、增加土壤肥力等多种作用,提出了以免耕、少耕和秸秆覆盖为核心的保护性耕作法。

20 世纪 60 年代,在美国的许多农场进行了免耕技术的展示活动。通过参加免耕技术的展示活动,Harry 和 Lawrence 于 1962 年在 Wooster 农业实验站易侵蚀的土壤上开始免耕试验,使他们成为了世界历史上在大型机械化农场最早采用免耕技术进行作物生产的人。不久,Indian 州的很多农民开始进行免耕技术的探索,逐渐地使免耕技术推广开来。后来免耕播种机和广谱性除草剂的研发成功,使保护性耕作面积得以大面积推广应用。1973 年,Phillips 和 Young 出版了《免耕农业》一书,这是当时世界上第一本关于免耕技术的著作,它的诞生促进了免耕技术的研究及推广。很快,该书被译成西班牙文,并开始在拉美地区传播。70 年代,美国土壤保护局开展了土壤侵蚀和清洁水行动,进一步推动了保护性耕作的发展。美国普渡大学也开始了对保护性耕作的系统研究,从 80 年代开始,该校的保护性技术信息中心(CTIC)就一直对美国保护性耕作进行调查研究,并持续到现在。其调查资料表明,2007 年,美国实行免耕、垄作、覆盖耕作和少耕技术的耕地面积占全国的 63.2%,其中,免耕占 23.7%,少耕占 21.4%,覆盖耕作占 17.2%,常规耕作的面积为 36.8%,传统耕作比例呈下降趋势,免耕比例在逐年上升。其中 Illinois 州保护性耕作面积最大。在实施保护性耕作的作物中大豆、玉米、小杂粮的比例大(图 2.1)。

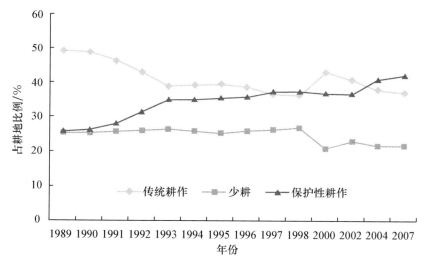

图 2.1　美国各类耕作措施占耕地面积的比例

注:数据来源于美国保护性技术信息中心(CTIC)调查数据,其中传统耕作指秸秆残茬覆盖度<15%的耕作措施,少耕指秸秆残茬覆盖度为 15%~30%的耕作措施,保护性耕作指秸秆残茬覆盖度>30%的耕作措施。

2. 美国保护性耕作的主要技术措施

美国保护性耕作主要包括秸秆覆盖、免耕、少耕、休闲、轮作等技术,以增加土壤蓄水保水能力,减少土壤侵蚀,改善耕地质量,提高农业生产水平为主要目的。保护性耕作的核心是对土壤和水的管理。其目的是控制土壤水分的损失和不断给土壤以水分和养分的补充。在美国,一个完整的保护性耕作技术模式一般包含以下 3 方面内容。

(1)秸秆覆盖。一些专家把 30%以上的秸秆还田覆盖定义为保护性耕作。蒙大拿州、科罗拉多州和明尼苏达州 3 个州除部分灌区实行回收秸秆(做饲料等用途)外,基本上都实行秸秆还田。目前,在美国秸秆还田、残茬处理和免耕播种涉及的农机技术已相对比较熟。

(2)免耕和少耕。免耕和少耕的目的都是为了减少土壤水分蒸发。免耕和少耕的采用要针对不同的土壤类型、除草要求和降水情况来定。一般免耕和少耕难以严格区分,同时由于免耕的定义也没有统一标准,因此有些地区把少耕也当作是免耕的一种方式,如用翼型铲浅层耕作,把秸秆留在表面,也叫免耕作业。蒙大拿州、科罗拉多州和明尼苏达州免耕、少耕技术运用非常普遍。在蒙大拿州 10%～20% 的耕地实行免耕,60%～70% 的耕地实行少耕;科罗拉多州 25% 的耕地实行免耕,50% 的耕地实行少耕;明尼苏达州 85% 的耕地实行免耕或少耕。免耕的年限视土壤、气候和风蚀情况而定,一般 4～5 年耕作一次,长的 10 年甚至 20 年不耕,短的 1～2 年不耕。美国科学家介绍,免耕对土壤保水效果是非常明显的。在旱作区,免耕的效果好于少耕,少耕好于传统耕作。科罗拉多州的国家项目试验基地专家介绍,进行免耕和秸秆覆盖还田试验 15 年,每年可减少水分蒸发损失 120 mm 左右。

(3)休耕和轮作。休耕主要是政府为了实施保护性耕作而采取的措施。每年政府下达休耕计划,实行相应的政府补贴。在科罗拉多州,休耕每英亩(1 hm² ≈ 2.47 英亩)补贴 30 美元,接近种植粮食收入的一半。科罗拉多州旱地休耕面积占 50%,比例非常大。美国的休耕轮作制度仅仅是针对干旱地区。为了达到农业生产和环境保护的双重目的,科研人员正在研究推广新的轮作方式,使二年一休耕改为三年或四年一休耕。

3. 美国保护性耕作的研究方向和趋势

保护性耕作已经成功地在美国旱作农业区域推广,但是随着兔水资源的利用和对环境保护的持续发展要求,旱作农业研究的内容也在不断地适应新的变化和要求。美国仍在致力于既有利于提高土地利用率,增加农民收入,又能做到保持水土,保护环境的旱作耕作体系的研究。例如,蒙大拿州立大学的主要研究重点是病虫害与土壤水分的关系、全球定位系统(GPS)应用以及提高土肥水利用率的控制。科罗拉多州的研究人员近年来研究保护性耕作的轮作制度(在小麦—休闲轮作制度中加入其他的作物,例如,小麦—玉米—休闲、小麦—玉米—谷子—休闲、小麦—玉米—牧草—谷子),并深入研究了相同气候、不同土壤条件下的不同作物轮作制度,以有效地管理和利用土壤水。明尼苏达州立大学的研究人员深入研究了不同作物对秸秆覆盖量的反应,从而明确了不同秸秆覆盖还田情况下,不同轮作制度与作物品种的搭配对产量的影响等。

预计美国保护性耕作技术未来的研究重点仍在杂草控制、休闲、轮作、免耕、少耕、秸秆覆盖等方面,同时选育充分利用土壤水分的作物品种、不同作物和轮作制度下的保护性耕作及相关机具、不同作物秸秆覆盖技术及相关机具、不同土壤的水资源管理与种植制度等也是研究的重要方向。

此外,在区域上,美国保护性耕作的发展趋势是将保护性耕作从旱作区向降雨量相对较多的地区推进。由于免耕覆盖对地温的不利影响,降雨量相对较多和有灌溉条件的地区,农民更喜欢耕作以提高收成,因此现行的保护性耕作措施推广进展较慢。为此他们也力图通过科学的轮作制度加以解决,这样的试验正在进行。同时还研究通过一些机械化措施改善土壤条件,如通过改造免耕播种机,使播种后形成条垄,作物生长在垄上,把秸秆和杂草种子分到沟里,使作物周围秸秆和杂草都比较少,杂草种子分到沟里也便于除草。

4.美国政府对保护性耕作发展的政策支持

在美国,有关水土保持的项目都是由农业部下属的资源保护局配合地方土壤和水保护行政区承担。在推广保护性耕作措施中,他们对农民采取自愿和激励并存的政策。激励包括提供无偿技术服务、资金支持、教育培训、农业贷款和减免税费等。这一政策开始于1985年,并于1990年做了修订。美国1985年的食品安全条例要求,所有严重侵蚀土壤的耕种,农民必须在1990年做出保护性耕作计划,并于1995年全面实施。没有制订保护性计划的农民,没有资格享受和参加国家有关辅助农民的项目,如价格保障、农产品储存设施贷款、灾害补偿及其他任何有助于治理侵蚀严重土壤的贷款。同时,美国先后开展了一些有利于保护性耕作发展的行动,如作物秸秆管理(CRM)行动、土壤侵蚀控制(HEL)、最佳管理计划(BMP)等项目的实施使美国保护性耕作得到有效推广,并取得良好效果。1985年,美国在遭受侵蚀的农田中,遭受轻度、中度和重度侵蚀的农田比例分别为19.4%、15.8%和64.8%;到了1995年,遭受轻度和中度侵蚀的农田比重分别增加到49.9%和33.7%,而重度侵蚀农田的比例由10年前的64.8%降低到16.4%。

2.1.2.2　加拿大保护性耕作发展趋势[①]

加拿大地处美洲北部,气候寒冷,有4 100万hm²耕地,其中85%位于加拿大西部的大草原地区。20世纪50年代以前,加拿大也是普遍采用铧式犁翻耕方式,土壤过度翻耕,地表残茬稀少,对风蚀和水蚀的抵御能力很低。为了减少风蚀、水蚀,加拿大从50年代中期开始研究保护性耕作技术,形成了少耕和免耕技术体系。从80年代开始,保护性耕作已成为一种重要的农业耕作方式,90年代被大量使用,到1997年加拿大免耕推广面积占可推广面积的25%,同时,为了保证免耕的实施,加拿大制定了免耕实施的有关法律;截至2004年,保护性耕作应用面积超过2 600万hm²,占全国耕地的60%,其中免耕面积34%。目前,加拿大已基本没有了铧式犁,西部3省约40%的耕地已经实施了免耕为主的保护性耕作农业,其中萨斯喀彻温省推广应用面积达到70%左右,应用农作物包括小麦、大麦、玉米、豆类和油菜等。但是,保护性耕作目前在该国的发展也面临一些问题:一是土壤的压实问题;二是免耕播种时由于地表不平整所出现的播种不均匀、播种深浅不一,甚至少播、漏播的现象;三是病虫草害增加;四是在个别盐碱地区有增加土壤盐碱化的可能;另外还有可能因为推行保护性耕作,大量使用除草剂、杀虫剂,使谷物品质受到影响,同时在一定程度上影响到鸟类生物多样性问题。因而,在农场推广的比率并没有达到100%的程度。

从研究的角度,多数研究表明,保护性耕作的实施对于提高土壤含水率和水分利用率,减少土壤的水蚀、风蚀,对改善加拿大西部大草原的生态起到了重要作用。实验表明,免耕作业工序、作业时间比原来减少52%、耕作成本减少4.23%、油耗和机械修理费节约7.18%。一般的年份,免耕对产量影响不大,但越是干旱的年份或在土质较差的土壤,免耕的增产效果就越明显,最高可达40%,一般在20%左右。De Felice等人(2006)通过实验指出:从大范围来看,免耕与否对作物产量影响相差不多;在排水良好的地块,免耕土地的产量更高,但在排水不良的地区,免耕的地块生产的作物产量则不如传统耕作。

总体来看,加拿大的保护性耕作研究,大致可分为3个阶段(李伊梅,2007):第一阶段,1955—1985年。主要集中于研究除草剂和免耕播种机。第二阶段,1985—1995年。试验研究

---

① 本小节主要从李伊梅(2007)、侯卢旭(2008)的学位论文的相关内容总结归纳而来。

成功,除草剂价格大幅度下降,除草效率更高;有更多性能可靠的保护性耕作机具供选用,保护性耕作得到大面积的推广应用。第三阶段,1995 年至今。由于粮食价格下降,这一阶段集中研究降低生产成本。主要有采用多种方式除草,降低除草剂的用量;改进机具,减少作业阻力,降低机械作业成本。

2.1.2.3　澳大利亚保护性耕作发展趋势①

澳大利亚地处南半球,干旱面积约 625 万 km^2,占澳洲大陆的 81%,是典型的旱作农业国家。经过 20 世纪初开始几十年的翻耕作业,水土流失严重、土层变浅成为澳大利亚农业发展的重大威胁。70 年代初开始,保护行耕作开始得到逐步研究与推广,政府在全国各地建立了大批保护性耕作试验站,吸收农学、土壤、农机专家参与试验研究工作。80 年代开始,保护性耕作得到大规模推广应用。通过大量研究和实践,取得了较好的效果。旱作农业区田间耕作多数用翼形铲代替了铧式犁,进行不翻动土壤的浅松作业,疏松地表 5~10 cm 的土壤,这样既可切断上茬作物和杂草的根系,又可疏松土壤,利于新茬作物的生长,还降低了生产成本。同时,秸秆还田覆盖也成为澳大利亚可持续农业生产的重要措施之一。此外,各种作物的倒茬轮作也是少耕、免耕技术有效应用的辅助性措施。许多农场通过牧草、水稻、小麦、三叶草等作物的倒茬轮作实现了耕地养分的供求平衡,减少了同种作物连作带来的病虫害;经 3~5 年连续的少耕、免耕轮作后,再进行一次耕翻作业,以消除杂草和病虫害。澳大利亚 1998 年全澳作物面积 36% 采用免耕,52% 采用少耕,只有 12% 为传统耕作。截止到 2002 年,全国免耕播种面积占耕地面积的 37%,少耕占 36%,传统耕作占 27%。近 20 年来,澳大利亚粮食产量增加 1 倍,其中保护性耕作的贡献率占 40% 以上,73% 的澳大利亚农民从改变耕作方法中受益(Neil,2004)。

澳大利亚保护性耕作推广应用以来,在节本增效、减少水土流失、增加土地肥力和保护环境等方面,收到了良好的社会和经济效益。政府为了推广这项技术,从 20 世纪 80 年代初期先后启动了大量的研究、示范、培训项目,并对采用这项技术的农民在机具改进、税收、农机用油等方面给予相应的优惠政策,通过项目带动技术的研究和推广,取得了显著成绩。

澳大利亚在实施保护性耕作方面具有以下特点:

(1)广泛采用固定道作业式保护性耕作。澳大利亚从 20 世纪 90 年代开始积极探索拖拉机固定道行走的作业模式,以克服因大型农业机械多次进地作业造成的土壤压实和影响作物生长问题。昆士兰大学的实验证明,固定道作业避免了土壤压实,提高了水分入渗及利用率,减少土壤侵蚀,增加蚯蚓数量,有利于作物根系发育。采用固定道保护性耕作可节省 50% 的拖拉机动力能耗和油耗,降低作业成本 30% 左右,农机进地作业次数由 10 多次,减少到 3 次左右。与传统耕作相比,每公顷小麦产量由 3.5 t 提高到 4 t,增产 15% 左右。

(2)广泛使用保护性耕作机具,全面实现机械化作业。澳大利亚家庭农场的经营规模一般在 2 000 hm^2 左右,一个家庭农场拥有的劳力只有 2~3 个。播种小麦使用小麦免耕播种机,播种棉花使用的是棉花免耕播种机,田间中耕管理使用锄草机、喷药机、松土机等,收获有小麦收割机和棉花收获机,所有过程均为机械化作业。所用的机具均为大型机具,配套动力每公顷 73.6 kW,最高配套动力达 117.8 kW,没有保护性耕作机具的广泛应用,就没有澳大利亚的保护性耕作。

---

① 本小节主要从李伊梅(2007)、侯卢旭(2008)、金亚征(2008)的学位论文的相关内容总结归纳而来。

(3)农机与农业部门紧密结合。保护性耕作是耕作制度的一场革命,是一项综合性的农业技术,在推行保护性耕作过程中,每一项试验研究,都要有种子、土肥、植保、农艺和农机等各个领域专业人员的共同参与和配合,需要各种技术的互补和适应。例如,在小麦免耕播种过程中,为实现机械化作业,从农艺上采取了44 cm小麦宽行播种,很好地解决了小麦免耕播种机通过性的难题。澳大利亚多年的实践表明:保护性耕作推广可能带来的主要问题是病虫草害的增加。前些年曾有主要依靠化学药剂除虫草的做法,后因多年连续使用化学除虫草剂之后,有些虫灾、杂草具有抗药性,因此改为采用化学药剂、机械和生物相结合的办法来控制和防治病虫草害。

2.1.2.4　巴西[①]

巴西位于南美洲东部,占南美洲总面积50%以上,人口1.6亿,农业总产值200亿美元左右,近20年来,农业在国内生产总值中的份额稳定在10%～11%水平。巴西的农业资源得天独厚,土地资源、生物资源、水资源等都十分丰富。主要作物包括大豆、玉米、甘蔗、水稻、木薯、小麦、马铃薯等。由于灌溉面积微不足道,产量受气候影响很大。

巴西保护性耕作起步较晚,但发展最快。从20世纪60年代开始在大农场试验研究保护性耕作,通过巴西保护性耕作联盟的试验和推动,保护性耕作逐步为小农场所采用。70年代中后期,巴西成立了一批不同形式的农场主俱乐部,试验保护性耕作技术,并获得成功。尽管在免耕技术推广之初遇到了机械不配套等问题,但保护性耕作技术的推广还是进展相当顺利。到70年代末保护性耕作总面积达到130万 hm²,占总耕地面积的0.3%。1977年,巴西召开了第一次全国性的保护性耕作研讨会。80年代,成立了一批保护性耕作方面的农场主组织和研究机构。80年代末,保护性耕作应用总面积达到900万 hm²,占总耕地面积的2.3%。90年代,保护性耕作进入快速发展期,到90年代末达到14 344万 hm²,占总耕地面积的36%,20年的时间保护性耕作应用面积增加了15倍。1994年,召开了拉丁美洲小型农场保护性耕作会议,随后每2年在南美举行一次保护性耕作研讨会。1996年,巴西召开了第一届巴西可持续农业与免耕法大会。免耕技术还是部分农业院校的主要专业课程,形成了教育、研究、推广和企业多部门联合推动保护性耕作技术的局面。2004年,保护性耕作应用面积达到2 310万 hm²,接近总耕地面积的60%(Zotarelli,2005)。

巴西保护性耕作已经大面积地应用在粮食和经济作物的生产中,主要作物有:大豆、玉米、小麦、大麦、高粱、向日葵及绿肥作物等。根据巴西保护性耕作联盟的调查,全国总耕地面积6 250万 hm²,农业用地占4 500万 hm²,已有大约2 500万 hm²(56%)的粮食作物实行了免耕播种、秸秆覆盖、药剂灭草、4年深松一次保护性耕作技术。这些地方的年降雨量超过1 000 mm,保护性耕作技术的作用是减少土壤侵蚀,增加作物产量,保护生态环境。农场所拥有的农业机械仅有拖拉机、免耕播种机、收割机、植保机械及其他辅助机械,大部分农场都已不使用铧式犁。灌水量较大的水稻也逐渐开始采用保护性耕作技术,面积也在迅速增加,在巴西的南部地区,大约有27万 hm²的水稻应用了保护性耕作技术,占水稻总面积的33%。随着保护性耕作面积的不断扩大,不仅传统的大田作物应用保护性耕作技术,就连洋葱、西红柿及烟草等作物也开始应用这一技术。

农场的保护性耕作有以下几个特点:保护性耕作技术在湿热的气候条件下仍能满足农作

---

① 本小节主要从郭恒(2006)的学位论文的相关内容总结归纳而来。

物生产的要求;免耕播种是实行保护性耕作的关键环节;使用了大型喷药设施;国家予以支持,政府贷款购买秸秆粉碎和抛撒联合作业机器;免耕播种作业使用了精量播种机,以圆切刀为关键部件切断地表的秸秆覆盖物防止堵塞。

2.1.2.5 墨西哥

20 世纪墨西哥人口迅速增长,资源过度利用。据估计,墨西哥 20 世纪每年约有 50 亿 t 的土壤流失,且耕地数量在逐年减少,迫切需求保护性技术措施。50 年代,墨西哥国家农林畜产研究所(INIFAP)开展了免耕的研究,当时并没有涉及秸秆残茬的覆盖措施,研究比较零散,规模也比较小,此后国际小麦玉米改良中心(CIMMYT)开展了后续的研究和推广,但由于种种原因也没有形成大的规模。90 年代初期,INIFAP 在墨西哥的中部和太平洋中部地区进行了大量保护性耕作的相关试验,并成立了国家可持续发展研究中心(CENAPROS)专门负责保护性耕作的研究与推广,对墨西哥保护性耕作的发展起到了积极的作用。墨西哥早期保护性耕作碰到了如耕作措施的选用、秸秆覆盖量及配套机具等问题,他们进行了大量的试验,并根据地形(坡度)来采用少耕或者免耕等措施,有力地推动了保护性耕作的发展。墨西哥政府鼓励农民采取保护性耕作,在签署里约热内卢文件的 21 世纪议程中特别指出要采用保护性耕作措施来提高土壤和水的利用效率,同时,墨西哥的参议员批准了《国际防止沙漠化公约》也将保护性耕作作为重要的措施之一。据估计,截止到 20 世纪末墨西哥保护性耕作面积已经达到 650 万 hm^2,主要集中在墨西哥的中西部地区,约占 80%。但是,墨西哥在保护性耕作的发展进程中也遇到了一些比较突出的问题:①农民由"耕"到"少耕"甚至"不耕"的意识上的转变,即保护性耕作社会上的认可度问题。②秸秆处理问题。传统上农民将秸秆作为饲料或者商品出售,秸秆焚烧的现象仍然很严重,农民对秸秆还田是否增产存有一定的疑惑。③相关科技人员比较少。由于一些地区缺少技术指导导致失败的例子也不少。④农村企业资本程度低,获取小规模农户的信用较困难,阻碍了保护性耕作技术的推广。⑤除草剂的成本较高,高于其他国家。

2.2 国内保护性耕作技术发展

2.2.1 总体态势

我国在几千年的农耕历史中,始终重视农业的用地养地结合,重视土壤保护和合理利用,这是我国传统农业技术的精髓,也是现代保护性耕作的追求目标。因此,可以说,保护性耕作在我国早有实践。自古以来,我国已在一些地区实行以人畜力为主传统性的保护性耕作,如东北的垄作制度、西北、西南坡地上的梯田、等高耕作、水平沟、坝地、砂田等水土保持工程,中原与南方的铁茬播种、板田播种、套作等,并积累了丰富经验。但是,真正意义上的开展保护性耕作技术和理论研究,始于 20 世纪 60 年代。相关试验与研究有将近 50 年的历史。

2.2.1.1 技术研究发展历程

20 世纪 60 年代初,我国就开始试验研究单项技术,例如黑龙江国营农场开展了免耕种植小麦试验,江苏开展了稻茬免耕播种小麦试验;70 年代起部分高校和农业科学院开始覆盖和少免耕等试验研究,取得显著的增产效果。东北地区在原有垄作的基础上,发展了耕松耙相结合、耕耙相结合、原垄播种、掏墒播种等行之有效的土壤耕作法,达到了保墒、抢农时、提高地温、防止风蚀的作用;在华北地区的北京和河北主要研究了玉米的免耕覆盖技术;在西北地区重点研究了等高带状间隔免耕、发展了种草覆盖、秸秆覆盖、隔行耕作等措施,有效防止了水土流失、保墒施肥,改善了土壤特性,增加了作物产量。中国农业大学(原北京农业大学)耕作研究室在国内率先开展秸秆覆盖免耕技术研究,并研制出了我国第一代免耕播种机,在北京、河北等地生产应用表明,水分利用率比传统耕作提高10%~20%,氮肥利用率提高10%左右,一般年份夏玉米增产10%~20%,省工节能一半以上,表现出了明显的节水、培肥和增产增收效果。中国农科院土肥所主持研究的旱地秸秆覆盖减耕技术在山东应用表明,0~30 cm土层含水量比对照田高70%左右,铺盖小麦秸秆处理4年土壤有机质较对照田增多0.24%,并有明显提高麦田土壤肥力和大豆根瘤固氮作用,玉米、小麦增产8%~10%,大豆增产15%左右,节约用工2/3。此外,西南农业大学(现西南大学)也开展了水稻自然免耕法的研究。20世纪80年代初,北京农业大学、陕西省农科院、山西省农科院、河北省农科院等,开展了覆盖和少免耕的试验研究,取得显著的增产效果。黑龙江等地区在80年代开始积极开展半湿润地区大规模机械化深松耕、垄耕等保护性耕作技术探索研究并获得成功。90年代我国开始了农艺农机结合的系统性试验,在适合中国国情的保护性耕作机械设计和耕作技术方面取得了重大进展。中国农业大学、山西省农机局与澳大利亚从1993年开始合作,在山西省进行保护性耕作试验研究,历时9年,已基本形成了以保水保土、增产增收、保护生态环境为目标,以中小型农机具为实施手段的旱地农业保护性耕作体系,并逐步在山西及河北、陕西等地推广。90年代中期,中国农业科学院等单位,开展了冬小麦北移的保护性耕作研究,并与农业部共同建立了中国保护性耕作网。1999年,农业部成立了保护性耕作研究中心,加强技术体系的研究和国际交流。2004年,科技部、农业部、财政部、国家粮食局联合启动了"粮食丰产工程"重大科技专项"粮食主产区保护性耕作制与关键技术研究"课题,突出了"农艺技术为主,农机农艺配套;高产粮田为主,突出节本增效;技术集成为主,研究示范结合"的总体思路,由中国农业大学牵头建立了"中国保护性耕作协作网",对我国保护性耕作制进一步深入开展研究发挥积极推动作用。在"十五"的基础上,"十一五"期间,国家科技支撑计划重点项目"保护性耕作技术体系研究与示范"重点围绕农田、保土、保水、防沙及秸秆还田的技术需求,集中力量、重点突破,重点研究与保护性耕作密切相关的土壤耕作关键技术及轮耕模式、农田地表覆盖保护技术、保护性耕作条件下稳产高效栽培技术等关键技术,逐步形成有中国特色的保护性耕作制。

2.2.1.2　技术研究成果

在吸收国外保护性耕作先进技术的基础上,针对我国农业生产实际,经过50多年的理论研究和科研实践,在保护性耕作理论和技术方面取得了较多的成果。自"六五"以来,国家科技部等部门在旱地农业攻关项目、黄土高原综合治理项目、西部专项等方面,进行了有关农田少耕、免耕、覆盖耕作、草田轮作、沟垄种植等方面的研究,取得了一定的成效,我国科学家先后研究提出了陕北丘陵沟壑区坡地水土保持耕作技术、渭北高原小麦秸秆全程覆盖耕作技术、小麦高留茬秸秆全程覆盖耕作技术、旱地玉米整秸秆全程覆盖耕作技术、华北夏玉米免耕覆盖耕作技术以及机械化免耕覆盖技术、内蒙古山坡耕地等高种植技术、宁南地区草田轮作技术以及沟垄种植技术,为我国大面积推广应用保护性耕作技术奠定了良好基础。近年来,随着沙尘暴等环境问题的日益严峻,保护性耕作的大规模试验、示范、推广在我国也正式提上了日程。

2.2.1.3　技术推广应用

我国政府对发展保护性耕作高度重视。2002年6月5日,温家宝同志在一份关于保护性耕作的报告上批示:"改革传统耕作方法,发展保护性耕作技术,对于改革农业生产的条件和生态环境具有重要意义,农业部要制订规划和措施积极推进这项工作。"原农业部副部长路明也对这一技术体系予以高度评价,多次表示,"农业部下决心要推广这项技术"。"九五"以来,通过"丰收计划"、"跨越计划"、"农业节本增效工程"和"机械化秸秆还田工程"等项目的实施,推动了保护性耕作技术的试验示范和推广应用。2002年,农业部、财政部在以前保护性耕作技术应用的基础上,投资启动了我国保护性耕作项目,在北京、天津、河北、山西、辽宁、内蒙古、陕西、甘肃等北方8省(区、市)建立了38个保护性耕作示范县。2003年,项目实施范围扩展到青海、新疆、宁夏、山东、河南等省(区、市),新增示范县20个。2004年,在以上13个省(区、市)再次增加示范县34个,使全国保护性耕作项目示范县达到92个,核心示范面积达到20万 hm²。目前,据不完全统计,我国各类保护性耕作技术推广应用面积达到0.19亿 hm²,约占耕地的14%。保护性耕作技术在保障粮食安全与农业资源安全、生态安全等方面发挥了积极作用,中国政府已经将保护性耕作技术列为国家现代农业技术的重要领域(高旺盛,2009年银川会议开幕式发言)。

2.2.1.4　研究发展总体特点

总体来说,我国保护性耕作技术研究发展具有如下5个特点:①土壤少耕技术研究较多,但大面积免耕技术发展缓慢。②秸秆还田技术近年发展加快,但是大量还田下的稳产丰产配套技术没有突破。③裸露农田的地表高留茬、等高种植等技术有所发展,但是防沙固土效果明显的突破性覆盖技术研究储备不足。④保护性耕作区域性单项技术研究近年来得到不同程度的发展,但是缺乏对技术标准的统一规范和技术布局研究。⑤已有不少保护性耕作的定位试验基地,但是缺乏相对一致的试验方法和监测标准,试验基地不规范,试验手段落后。

2.2.2　中国北方保护性耕作制发展趋势

我国是世界上主要的干旱国家之一。干旱、半干旱及半湿润偏旱地区的面积占国土面积的52.5%,遍及昆仑山、秦岭、淮河以北的16个省、市、自治区,雨养农业面积达3 300万 hm²。旱区农业持续发展的主要问题,一是降雨少、土壤贫瘠、自然条件恶劣、产量低而不稳,农民生活贫困;二是水土流失和风蚀沙化严重。水土流失不仅导致土壤肥力下降,而且蚕食可利用土地。为了抗旱增产、节本增效、保护生态环境、实现旱区可持续发展,我国从20世纪60年代开始的保护性耕作技术研究与推广基本上都在北方旱区开展,这与国际上的发展趋势是一致的。目前,我国北方地区保护性耕作制的研究和应用情况如下:

第一,东北地区是研究保护性耕作最早的地区,当前垄作与平作并存,已初步形成具有区域特色的保护性耕作体系。东北平原为一熟区,气温低,时有春旱,垄作有利于排水、抗旱、春季升温,盛行的3年垄作体系包含着原垄免耕播种与破垄播种。平作多实行年际机械深松—耙茬—翻耕结合,辅之以秸秆翻埋还田(这里秸秆覆盖不利于春季升温)。近年来,玉米宽窄行深松技术研究获得成功。东北的这种保护性耕作体系不是美国模式,而是从该地的实际情况出发,农艺与农机已初步形成配套,还需进一步完善提高。

第二,黄淮海地区与美国一年一熟不同,是以小麦—玉米为主的一年两熟地区,两季作物茬口衔接很紧,给耕作活动和秸秆分解的时间极短,因而增加了耕作与秸秆还田的难度。当前的情况是,夏季在小麦收获后玉米免耕播种及麦秸覆盖的模式已普遍应用,面积在几千万亩以上。冬小麦播种前的耕作措施尚缺乏稳定模式,免耕覆盖往往减产,目前多以旋耕为主,但翻埋玉米秸秆效果较差,引起小麦缺苗。连年免耕或旋耕又容易引起土壤紧实化和耕层变浅的问题,专家建议应隔两三年进行一次翻耕。对于秸秆还田,究竟是全量还是半量,也尚无定论。虽有许多农业科研和农机单位进行研究,但农艺上尚未形成稳定的保护性耕作体系,有待进一步研究探讨。

第三,西北半干旱地区降雨少、坡耕地多,黄土高原水土流失严重,一年一熟,以旱作为主,少部分农田有灌溉条件,与盛行免耕覆盖的美国中西部有颇多相似之处,因而是最需要开展保护性耕作的地区。20世纪后期以来,西北农林科技大学、甘肃农业大学和甘肃省农业科学院、中国科学院水土保持研究所等做了许多有益的研究工作,已有少量的免耕覆盖试验比较成功,有些则表现减产,但大范围总体状况尚不清楚。由于缺乏现代免耕覆盖技术和相应机具的研究,因而目前生产上仍以低效的传统耕作保墒技术为主,机械化免耕播种、深松耕留茬、秸秆覆盖等现代技术应用尚少,因而亟需加强机械化保护性耕作体系和农机具的研究和推广。

2.2.3 中国南方稻田保护性耕作制度发展趋势与存在的问题

2.2.3.1 发展趋势

我国南方稻区于20世纪60年代开始研究垄作、厢作等稻田保护性耕作技术,少耕、免耕的研究则始于70年代末期至80年代初期。西南农业大学(现西南大学)等单位针对西南地区冷浸田、烂泥田、深沤田等冬水田存在的问题,变传统的平作为垄作,创造了把种植、养殖和培肥有机结合起来的水田半旱式少耕法,明显地改善了此类冬水田的土壤理化性状,收到了增产、增收的效果。80年代以后探索和研究了以水稻少耕、分厢撒直播、垄作稻萍鱼立体栽培、麦类少免耕高产栽培技术。90年代以后,南方稻区又加强了免耕与秸秆覆盖相结合的稻田保护性耕作技术的研究和推广。

如今,我国南方稻区已形成了各种类型的保护性耕作技术模式。湖南稻田多熟复种高效保护性耕作模式,四川小麦免耕露播、稻草秸秆覆盖栽培技术和水稻免耕覆盖抛秧技术,江西省的绿肥—早稻免耕抛秧—晚稻免耕抛秧和绿肥—早稻直播—晚稻直播两项综合技术,江苏省的小麦—水稻、油菜—水稻、牧草—水稻免耕秸秆覆盖技术和小麦田高留茬套栽水稻技术,再加上各地水稻冬闲田的绿色覆盖技术等,形成了整个南方稻区的保护性耕作技术体系:即少免耕保护性耕作技术,包括水稻免耕直播、水稻免耕抛秧和水稻免耕套播;秸秆还田覆盖保护性耕作技术,包括秸秆覆盖免耕栽培水稻和秸秆覆盖免耕旱作;冬闲稻田保护性耕作技术,包括休耕和绿色覆盖技术。

目前,我国南方稻区保护性耕作制有以下发展趋势:

(1)耕作方式上。少免耕技术运用越来越广,传统翻耕基本消失,取而代之的将是少免耕、浅旋耕的有效结合,集中体现在少动土、保护土壤质量和养分循环,为作物吸收养分和生长发育创造良好环境。

(2)作物配置上。更强调轮作技术,更加关注作物搭配和轮换,尤其是粮食作物与经济作物和牧草等的合理搭配,以充分发挥作物自身的优势和茬口的有效利用,更加强调保护性耕作措施的周年和长期效应。

（3）覆盖方式上。除了秸秆覆盖外，更强调冬闲田的绿色覆盖，如作物覆盖和牧草覆盖，进而增加生物多样性，提高覆盖效果，同时更强调覆盖作物的经济效益，满足生态经济的双重需求。

2.2.3.2 南方稻田保护性耕作制发展中存在的问题

保护性耕作作为农业可持续发展的一项新技术，虽然在南方稻区开始应用较晚，但近年来推广迅速并且效果明显，已成为南方稻田保护性农业的一项主要措施。不过在南方稻区保护性耕作制的发展过程中，也明显地存在着一些影响其推广的滞后因素。

（1）在技术上，整个南方稻区保护性耕作的技术模式繁多，没有统一的规范。各种技术缺乏具体的技术指导，造成模式混乱、技术无标准，严重影响保护性耕作技术的大规模规范性推广实施。因此，急需对南方稻区不同地域的保护性耕作技术和模式进行规范，制定明确的技术标准，提出适应当地情况的主导模式，形成保护性耕作技术的规范化推广实施体系。

（2）在保障上，南方稻田保护性耕作技术的监测、评价和推广服务体系极不完善。缺乏对南方稻田保护性耕作技术的监测和评价体系，与技术配套的相关信息、政策、法规、服务等保障体系薄弱落后，严重制约着保护性耕作技术在南方稻区的进一步推广普及。

（3）在研究上，明显地存在着理论研究、技术机理研究落后于生产实际的问题。保护性耕作技术在南方稻田开始实施至今已有二三十年的时间，但很多技术机理问题尚未得到解决，缺乏技术创新研究，因此亟待加强对南方稻田保护性耕作技术的理论研究。

由于保护性耕作技术最初是在干旱、半干旱地区推广实施的，因此南方稻田保护性耕作技术的推广有很多不同于北方干旱、半干旱地区的实际情况。需要根据南方稻田的地理、气候、土壤、耕作方式、种植制度和稻田生态系统实际，不断规范技术模式，继续加强技术机理研究，完善技术监测和评价体系建设，形成南方稻田保护性耕作的技术规范和理论体系。

2.3 中国特色保护性耕作技术体系建设前景

我国保护性耕作的研究和推广正在积极发展中，前景广阔。据刘巽浩先生（2008）初步估算，当前，全国各地各类单项性保护性耕作的面积（包括传统的和现代的）可能已有 1.3 亿 hm² 以上，各种单项性秸秆还田（包括秸秆覆盖和秸秆翻埋）也至少在 0.6 亿 hm² 以上，至于美国式的机械化免耕加秸秆覆盖的有 100 万～200 万 hm²。其效果主要是改变了"年年耕翻、茬茬动土"的传统做法，减少能源消耗、降低成本，受到农民欢迎。另外，各地保护性耕作法五花八门，有的是鱼目混珠，一些关键农艺技术和相应的农机具尚未成熟定型，不规范，科学性差，重经济而轻生态，重当前而轻长远，甚至将保护性耕作误解为"懒耕"或"不耕作"。值得关注的是，近些年以少免耕名义，南北各地大量推广旋耕和浅松，造成耕层变浅、犁底层形成。因而，必须加强各地区保护性耕作措施与技术体系的研究。

2.3.1 目前存在的问题

（1）宏观布局上，缺乏保护性耕作发展的总体规划方案，没有形成适合不同区域耕作制度特点的保护性耕作技术体系。我国大部分地区虽然开展保护性耕作技术研究已有多年,但由于缺乏区域发展总体战略指导,技术分散,并没有形成先进适用的保护性耕作主导技术和配套体系,如东北平原、华北平原和长江中下游平原多年来由于连续种植高产作物,重用地轻养地的掠夺式生产方式,使土壤肥力和有机质含量下降,保护性耕作关键技术的突破还有待深化。

(2)技术的规范性上,模式多样,标准化程度低。我国地域辽阔,气候、土壤、经济、社会等差异性大,作物类型多样,熟制多样,保护性耕作技术种类多样且零散,各项技术规范性差,没有适于不同区域特色的保护性耕作技术标准,技术的可操作性差,配套的栽培管理技术跟不上,导致少/免耕技术得不到有效的推广。

(3)配套技术上,保护性耕作的配套技术没有得到根本性解决,限制了保护性耕作技术的大面积的推广。

①播种质量控制及保苗技术。由于大量的秸秆还田及机具问题,造成保护性耕作条件下作物播种质量和出苗差,特别是华北平原免耕冬小麦问题尤为突出。

②施肥问题。实行保护性耕作以后,基肥不能深施,肥效也不能持久,有的把用作基肥的化肥和有机肥施在土壤表层,肥分挥发快,流失较大,有的地方不施底肥,重施苗肥,造成后期脱肥,同时有机肥施用困难。

③病虫草害问题。保护性耕作条件下由于秸秆覆盖难于耕作,杂草控制就成为一大问题,增加秸秆覆盖量可以在一定程度上控制杂草,但又影响作物的播种,另外,由于大量秸秆还田,给越冬性的病虫害提供了生长的温床,如果控制不好,会造成病虫害的大发生。

④高产栽培技术问题。现行的栽培技术体系都是基于常规耕作的高产栽培技术体系,缺少与保护性耕作特点相配套的栽培技术体系,不能充分发挥保护性耕作技术的优点。

⑤专用机具问题。这是保护性耕作技术在我国难以大面积推广的主要原因之一。机具存在的问题主要有:一是关键产品性能尚不能满足生产需要。如小麦免耕播种机存在性能尚未完全过关、对地域和土壤条件适宜能力差、机具通过能力不强、可靠性差等问题。二是产品少。如我国现有的耕作机具以小型、单机作业为主,缺少与大中型拖拉机配套的机具和联合作业机具。产品品种集中在深松、播种和秸秆粉碎还田机具上,缺少保护性耕作所需的其他机具,如表土整地机具、除草机具、喷药机具等。三是耕作机具还没有形成完整的产业。目前,国内生产耕作机具的专业厂很少,产品开发能力很弱,现有的产品无论在产品数量和质量上都不能满足生产需要。因此,保护性耕作机具产业的发展还需要国家在产业政策上给予扶持。

(4)耕作措施的配合上,保护性耕作与常规耕作技术的配合问题尚待进一步深化。保护性耕作不是万能的,仍有一些负效应,国内外大量研究表明,长期采用免耕技术,会造成土壤理化性状的不良影响,如表层容重增加、犁底层明显变浅、土壤有机质上层增加、下层削弱等,不利于作物的生长发育。所以,保护性耕作与常规耕作技术的配合,即轮耕技术,正是通过合理配置土壤耕作技术措施,来解决长期保护性耕作的负效应。但轮耕的周期、翻、旋、免、松等土壤耕作措施合理的组合与配置问题还没有科学的试验依据。

(5)观念意识上,仍需加大宣传和教育力度。从保护性耕作技术的发展过程以及近年来我国各地的实践看,保护性耕作并非"刀耕火种"的重演,更不能理解为"种懒庄稼",不能"一免了之"。它是建立在近代农业科学基础上,实现农业现代化的有效途径。要更新概念,提高认识,开拓思路,才能有计划、有步骤地使之更大范围地向前发展。同时,不能将保护性耕作与我国传统的精耕细作对立起来,二者既矛盾又统一,相互联系。要根据自然资源条件、气候、土壤、作物等综合考虑选择耕作措施,同时应将免耕与精耕细作结合起来,扬长避短,充分发挥彼此的作用。

（6）环境效应问题上,还需进一步深入研究。有研究提出,保护性耕作后随着土壤渗透性和生物活动增强,大孔隙增多,产生优先流,造成地下水中农药和硝酸盐污染增加。另外,免耕杂草的防除靠除草剂来控制,增加了除草剂的用量,对环境有潜在的威胁。

2.3.2　未来技术研究与发展思路及重点

2.3.2.1　发展战略思路

1. 要走中国式保护性耕作的道路

中国的特点是人多地少,自然与社会经济条件十分复杂,保护性耕作要根据国情去探索一条适合各地区的特有路子。外国的经验可资借鉴,但不能照猫画虎,不能视美国式保护性耕作为唯一选择。对保护性耕作的理解和内容不宜窄化、绝对化、简单化。除了免耕覆盖外,也要重视我国各地行之有效的各种传统或现代的保护性耕作措施,如梯田、耕作保墒、地膜、节水灌溉、生物覆盖、免耕套种、带状间作等。

2. 重在体系

作为开展保护性耕作的第一步,单项关键技术与机具是很重要的,目前各地正在积极研究与试验。在此基础上,各地区必须从全局、长远、配套出发,加强与该地种植制度相适应的保护性耕作体系的研究,将免耕、少耕、翻耕、深松耕、旋耕、秸秆覆盖、秸秆翻埋、水平梯田、地膜覆盖、生物覆盖等单项措施有机地结合起来,将农艺与农机结合起来,将生态与生计结合起来,促进农业的可持续发展。

3. 农艺与农机必须密切配合

缺乏农艺科学依据的农机具推广是低效或无效的,同样,在现代农业中缺乏农机具支撑的农艺只是空中楼阁,两者必须密切结合。当前,我国少数地区（如东北）已初步找出保护性耕作的农艺与农机体系,但多数地区农艺的一些关键技术尚未定型,或者还比较混乱,保护性耕作体系更远未成熟,或者只处于开始研究阶段,农机推广尚缺乏可靠的农艺科学依据。

2.3.2.2　从区域多样化出发,建立区域化的保护性耕作技术模式

针对我国目前保护性耕作的研究情况,保护性耕作的研究要突出我国的不同区域特点,应充分发挥其保水、保土的作用,在土地类型上,重点研究干旱土地、南北方坡耕地和南北方裸露农田等"三大重点"。在区域布局上重点研究北方水蚀区、北方风蚀区、东北退化区、华北缺水区、南方丘陵区、南方稻草富集区等"六大典型区域"。针对区域关键问题,结合共性关键技术,组合形成区域特色关键技术体系开展研究与示范。

（1）东北平原区:土壤水蚀退化严重,耕层逐年严重变浅,部分地区黑土层由开垦初期的 $60\sim70$ cm 减少到 $20\sim30$ cm,一些薄层黑土变成露黄黑土,对粮食生产具有潜在的威胁。重点研究遏制土地退化、培肥地力、减轻风蚀的保护性耕作技术体系。

（2）长城风沙沿线区:冬春季节农田裸露严重,是京津地区沙尘暴的主要源头。重点研究防沙减尘的覆盖作物及保护性耕作技术体系。

（3）西北黄土高原区:世界上水土流失最严重的区域,年土壤流失量达 21 亿 t,侵蚀面积达 3.4×10^5 km²。重点研究减少侵蚀的水土保持型保护性耕作技术体系。

（4）华北平原区:水资源矛盾突出,地下水超采严重,形成多个地下漏斗,粮食高产压力大。

重点研究稳产节水型保护性耕作技术体系。

（5）南方平原双季稻区：劳动力紧缺，秸秆资源浪费严重，省时、省工、高效的耕作技术体系是该区的客观需求。重点研究秸秆资源高效利用及冬季资源利用技术体系。

（6）南方丘陵区：水土流失严重，季节性干旱突出，土地生产力低下。重点开展减少土壤水蚀的保水抗旱保护性耕作技术体系。

2.3.2.3 深化保护性耕作关键技术研究

保护性耕作研究自"十五"开始正式被列入国家科技支撑计划，研究与示范得到了有力推进和发展，有效地促进了我国保护性耕作技术队伍建设以及定位试验基地建设。未来要继续紧紧围绕保护性耕作的关键技术上进行突破与创新，理论研究围绕技术创新开展深入的机理研究，为技术突破提供理论支撑。共性关键技术的研究重点是：

（1）土壤耕作技术：重点研究不同区域、不同耕作方式条件下的土壤耕层功能调节关键技术，不同地形土壤耕作的机械化/半机械化，不同区域少—免—松—旋—翻的轮耕模式。

（2）秸秆覆盖还田保护技术：重点研究不同作物秸秆覆盖技术的规范化、定量化和标准化。

（3）裸露农田绿色覆盖技术：重点研究东北和内蒙古冷凉地区高抗寒覆盖植物选择与覆盖保护，华北平原大面积棉田冬季裸露覆盖技术，南方冬季高效益牧草及经济作物覆盖技术。

（4）关键环节适宜机具技术：重点研究大量秸秆还田、多熟、丘陵地形等条件下的高保苗率的播种机，以适应不同区域特点，如东北垄作播种机、华北秸秆全量还田播种机、南方稻田免耕播种机等。

（5）稳产、保产增效关键技术：要从技术上解决保护性耕作可能导致减产的问题，重点研究北方免耕条件下抗低温保苗技术，华北全量还田高保苗技术，黄土高原抗旱保苗技术，关键病虫草害防除技术，低成本、高效益水肥管理技术等。

2.3.2.4 加强保护性耕作理论研究

由于长期试行大量秸秆还田和免耕措施，是否会带来新的生态问题，这是国际研究关心的热点。我们认为，从确保技术的科学性角度，也要加强重大科学问题的长期研究：

（1）加强不同种植制度连续大量秸秆还田长期效应研究：在全国有选择地建立10个左右的不同作物秸秆类型的长期定位基地，重点围绕土壤有机质动态监测、病虫草害变异规律、不同作物反应以及碳循环等环境效应方面开展研究，探明大量秸秆长期还田的负面效应并提出技术方案。

（2）加强不同侵蚀类型区长期少免耕及不同耕法的长期效应研究：在全国有选择地建立10个左右的不同土壤类型的长期定位基地，重点研究长期少/免耕条件下的土壤结构、耕层质量、土壤水、微生物及作物反应等，探明少/免耕作技术对土壤生态系统的作用机制。

（3）加强保护性耕作的技术评价体系、技术推广的组织机制与配套技术政策研究。重点解决区域保护性耕作技术标准不一、技术分布零散、缺乏可行的评价技术和规划方案以及配套经济政策滞后等问题。

2.3.3 我国保护性耕作发展的技术政策

2.3.3.1 探索建立适合我国国情的保护性耕作技术补贴政策

法律、法规限制与财政补贴政策并重，是发达国家推行保护性耕作的成功经验。如美国政府一方面制定相应的水土保持法,来推动保护性耕作技术的发展;另一方面通过教育和技术培训、财政补贴、研究与发展政策及宏观调控政策等,促进免耕技术推广应用。政府设立公共经费鼓励采取免耕技术,用于技术启动、技术过渡和调整的花费(产量损失、风险、管理增加费用等)。加拿大、澳大利亚政府同样从20世纪80年代初期先后启动了大量的研究、示范、培训项目,对采用免耕技术的农民在机具改进、税收、农机用油等方面都给予相应的优惠政策。

目前,我国保护性耕作技术补贴仅限于项目示范层次,在国家层面上仍缺乏明确的政策措施,覆盖面和影响力还很弱。随着我国国家财政实力增强,以及对农业的补贴水平的不断提高和补贴范围的不断增大,设立保护性耕作推广技术补贴既是建设现代农业的现实需求,也是完善我国农业补贴政策的客观要求。需要重点研究和解决的问题:一是确立适于不同区域特色的保护性耕作技术规范,并在此基础上明确技术推广应用标准模式及技术补贴范围;二是确定保护性耕作技术补贴的原则与标准,明确技术补贴范围、补贴环节;三是从生态补偿角度,紧紧围绕土壤侵蚀控制、耕地质量提高、节本增效等资源环境效应评价,确立生态补偿额度、补贴标准及相应的监管制度。

2.3.3.2 尽快制订我国保护性耕作技术发展规划

由于我国不同农业生态区域的种植制度、气候、土壤及社会经济条件差异性很大,开展保护性耕作技术示范推广必须要有科学的规划和布局,通过规划制定和实施引导各地保护性耕作技术规范、持续发展。规划需要研究和解决的重点问题包括:①确立我国保护性耕作技术发展的指导思想和原则,明确保护性耕作技术发展及技术推广应用的主要目标和具体任务;②针对不同区域气候、土壤、种植制度及社会经济特点,确立各区域的主体保护性耕作技术模式,明确关键技术、配套技术;③研究保护性耕作技术发展的区域布局问题,包括总体的空间布局、时间进程及分区、分片发展重点等;④从政策层面和条件支撑角度研究保护性耕作技术发展的保障条件与措施,包括资金投入的数量及筹措渠道、技术推广应用的模式与机制、组织管理与绩效考评制度等。

2.3.3.3 加强保护性耕作技术攻关和示范带动

我国保护性耕作技术总体上仍属于新兴农业技术,尽管已经在生产中得到广泛应用,但诸多关键技术仍然有待突破,包括长期免耕的耕层变浅及表层养分富集问题、保护性耕作的高效施肥技术问题、病虫草害综合防治问题、长期大量秸秆还田的生态环境效应问题、农机配套和机具质量问题等等。与发达国家比较,我国保护性耕作的技术类型多、规范性差,缺乏适于不同区域特色的技术标准和技术规范,这直接影响保护性耕作技术的快速推广应用。在保护性耕作的基础及应用基础研究方面的差距也很大,包括对保护性耕作对土壤性状、节水培肥、作物生育、环境效应等影响机制都需进一步深入研究。同时,保护性耕作是一项综合技术体系,需要突出技术集成和示范样板引导,推进农机与农艺配套、单项技术与综合技术组装配套,以点带面,稳步推进。

2.3.3.4 创新保护性耕作技术推广模式与机制

保护性耕作技术本质上是公益性的环境友好型技术,技术推广需要政府部门的大力推动、技术部门和推广机构的有效支撑。针对现阶段我国农村家庭承包经营及以农户为基本生产单位的现状,应该逐步建设和完善农科教结合的技术推广服务网络及以科技示范户为核心的辐射带动机制。首先,要以项目为载体,构建专家、技术推广人员、科技示范户、辐射带动农户的技术推广服务网络,建立部、省、县上下联动及行政与技术互动的工作体系;其次,需要建立人、财、物直接进村入户的技术推广新机制,推进农业技术人员与农户建立稳定而长期的联系,建立"以点带面,以户带户,以户带村,以村带乡"的技术推广新模式;第三,通过建立核心示范区和示范农户,进行"手把手"、"面对面"的技术指导,有效解决技术推广渠道不畅、手段单一及各环节缺乏有机联系的问题;第四,有效整合资源,充分利用包括良种、农机补贴、科技推广培训等现有农业补贴政策和各类项目资金,加大保护性耕作技术推广投入力度。

(本章由高旺盛、陈源泉主笔,张海林参加编写)

参考文献

[1]刘巽浩.泛论我国保护性耕作的现状与前景.农业现代化研究,2008,29(2):208－212.

[2]高旺盛.论保护性耕作技术的基本原理与发展趋势.中国农业科学,2007,40(12):2702－2708.

[3]高旺盛.切实加强北方沙尘源农田保护性耕作制度建设的考察报告.科技日报,2004－05－20.

[4]中国耕作制度研究会.中国少免耕与覆盖技术研究.北京:北京科学技术出版社,1991.

[5]李向东.南方稻田保护性耕作制生态经济综合评价研究——以成都平原为例[中国农业大学博士学位论文].北京:中国农业大学,2007.

[6]杜娟.中国北方旱区保护性耕作技术效果及其问题和对策[中国农业大学推广硕士学位论文].北京:中国农业大学,2005.

[7]郭恒.河北省一年两熟区机械化保护性耕作发展研究[中国农业大学推广硕士学位论文].北京:中国农业大学,2006.

[8]侯卢旭.华北一年两熟区不同秸秆还田模式的效应与生态服务价值研究[中国农业大学硕士学位论文].北京:中国农业大学,2008.

[9]金亚征.华北平原小麦—玉米两熟区保护性耕作产量效应研究[中国农业大学硕士学位论文].北京:中国农业大学,2008.

[10]李伊梅.影响农户采纳保护性耕作模式的因素分析——以北方三省的实地调查为例[中国农业大学硕士学位论文].北京:中国农业大学,2007.

[11]李昱.冷凉风沙地区机械化保护性耕作体系试验研究[中国农业大学硕士学位论文].北京:中国农业大学,2004.

[12]万平.宁夏不同区域保护性耕作技术模式研究[中国农业大学推广硕士学位论文].北京:中国农业大学,2004.

[13]张飞.冀西北保护性耕作农田杂草发生与土壤温湿变化[中国农业大学硕士学位论文].北京:中国农业大学,2004.

[14]朱晓江.宁南山区保护性耕作技术应用、问题及对策研究[中国农业大学推广硕士学位论文].北京:中国农业大学,2008.

共性技术

第**3**章

保护性耕作制的土壤耕作技术

土壤耕作包括一系列技术措施,主要有翻耕、旋耕、深松耕、灭茬、耙地、耱地、镇压、起垄、开沟、筑畦、中耕等。现代农业阶段,耕作技术在大部分地区都实现了半机械化、机械化操作。传统土壤耕作主要是铧式犁翻耕、全面旋耕等作物播前动土量大的耕作技术。保护性耕作与传统耕作的最大区别是土壤耕作技术的差异,以减少耕作次数和耕作强度为主的保护性土壤耕作技术通过秸秆覆盖还田与少耕、免耕播种作物相结合,达到保土、保水、保护土壤的作用。但长期采用保护性耕作技术后也会产生如表层容重增加,犁底层明显变浅,土壤有机质上层增加、下层削弱等问题,不利于作物的生长发育。轮耕技术通过合理配置土壤耕作技术措施,将翻、旋、免、松等土壤耕作措施进行合理的组合与配置,既可以解决长期少免耕的负效应,同时又综合考虑到农田土壤质量改善,土壤综合生产力的提高,是未来我国农业可持续发展的重要支撑技术,也是保护性土壤耕作的一项重要内容。本章根据保护性土壤耕作技术特点,介绍不同区域保护性耕作技术类型及其技术效应。

3.1 华北保护性土壤耕作技术

华北地区是我国重要的粮食生产基地,冬小麦—夏玉米一年两熟制是本区主要种植方式。华北一年两熟区秸秆的生产量大,通过采用保护性土壤耕作技术使玉米秸秆还田或覆盖地表,将大大解决秸秆堆积问题,而且可改善土壤结构,增加土壤肥力。目前华北小麦—玉米保护性耕作技术是以秸秆覆盖还田条件下的少免耕播种为主,与之相适应的该地区主要的土壤耕作技术包括:冬小麦少免耕技术、夏玉米免耕覆盖技术。

3.1.1 冬小麦少免耕技术

3.1.1.1 冬小麦少免耕技术

耙茬少耕、旋茬少耕技术是华北地区在小麦—玉米一年两熟条件下,于传统翻耕的基础上,秋季将玉米秸秆全部粉碎还田,用重型缺口圆盘耙耙地或旋耕机旋耕土壤后直接播种冬小麦,是以耙、旋代耕的保护性土壤耕作技术。

耙茬少耕技术改传统翻耕为耙耕,地面有大量作物秸秆覆盖,所以耙耕采用重型缺口圆盘耙或驱动滚齿耙进行表土作业。耙茬时,耙深为 10～15 cm,重型圆盘耙采用对角耙 1 遍,顺耙 1 遍,耙后秸秆掩埋率可达 85%;再用轻耙(圆盘耙)顺耙 1 遍,耙深 8～10 cm,达到上虚下实的种床要求。

旋茬少耕技术改传统翻耕为旋耕,玉米秸秆粉碎后采用旋耕机旋耕土壤播种小麦。旋耕深度为 8～12 cm,一般旋耕 2 遍以达到比较好的小麦播种土壤条件。

小麦免耕播种是一项新的播种技术,是除播种外不再进行其他任何土壤耕作,尽量减少作业次数,是用专用的免耕播种机在有秸秆覆盖的土地上一次性地完成带状开沟、种肥深施、播种、覆土、镇压、扶垄等的作业。

3.1.1.2 冬小麦少免耕技术效应

1.试验设计

在河北(栾城)和山东(龙口)两地以冬小麦播种时秸秆还田方式和耕作方式的不同进行冬小麦少免耕定位试验。

栾城试验设置如下:

(1)CK:玉米秸秆不还田,深耕后播种小麦。

(2)F:玉米秸秆还田后深耕播种小麦,深耕深度 16～20 cm,秸秆还田位置与耕作深度相同。

(3)X:玉米秸秆粉碎后,用旋耕犁旋耕两遍后直接播种,耕作深度为 7～10 cm,玉米秸秆与表土混合。

(4)M2:玉米秸秆不粉碎直接用 2BMFS 小麦覆盖免耕播种机播种,秸秆无规则覆盖于地表。

(5)M3:玉米秸秆粉碎后用 2BMFS 小麦覆盖免耕播种机播种,秸秆粉碎后覆盖于地表。

龙口试验设置如下:

常规耕作(C,简称"常无"),秋季作业程序:施底肥→圆盘耙耙地→铧式犁翻耕→旋耕机旋耕→筑埂打畦→机播小麦。

深松耕作(S),秋季作业程序:施底肥→圆盘耙耙地→铧式犁翻耕→旋耕机旋耕→筑埂打畦→机播小麦。

耙耕(H),秋季作业程序:施底肥→圆盘耙耙地→筑埂打畦→机播小麦。

免耕覆盖(Z),作业程序:施底肥→机播小麦。

以上各处理在小麦收获时,采用联合收割机收获小麦,小麦秸秆全部还田覆盖。小麦、玉米套作模式,在麦收前 15～20 d 于畦埂、套作行中分别套作 1 行玉米;小麦、玉米复种模式,于麦收后,用免耕播种机播种玉米。

2.冬小麦少免耕对土壤物理性状的影响

在山东龙口地区少免耕与秸秆还田试验结果表明,少免耕可提高表层土壤毛管孔隙度。小麦收获期在无秸秆还田各处理 0～10 cm 土壤层次中,免耕和耙耕的两种保护性耕作措施土壤毛管孔隙度极显著地高于常规耕作,分别高出 21.41% 和 29.75%;而深松处理与常规耕作的差异较小;10～20 cm 土层中,免耕、耙耕和深松等保护性耕作间的差异较小,但平均比常规耕作高4.25%。在秸秆还田条件下,0～10 cm土层的耙耕处理的毛管孔隙度最高,其次是深松和免耕,3种保护性耕作分别比常规耕作的土壤毛管孔隙度高38.09%、30.23%和25.33%,差异达极显著水平。在10～20 cm土层中常规耕作和深松的土壤毛管孔隙度极显著或显著低于耙耕和免耕,平均低17.19%和9.39%。上述结果表明,无论是秸秆还田与否,少免耕保护性耕作由于减少对土壤的扰动,使得耕层土壤处于相对紧实状态,可极显著或显著地提高土壤毛管孔隙度,这对于保蓄土壤水分具有积极意义,秸秆还田配合保护性耕作措施,其作用更大(表3.1)。

表3.1 不同保护性耕作措施对土壤毛管孔隙度的影响 %

处理模式		土壤层次/cm		
		0～10	10～20	20～40
无秸秆还田	免耕覆盖	38.85cCD	36.19bBC	29.17dC
	耙耕	41.52bAB	35.08cCD	31.23cB
	深松耕作	31.89dD	36.82bAB	33.24bA
	常规耕作	32.00dD	34.56cCD	34.36aA
秸秆还田	免耕覆盖	38.93cCD	34.72cCD	33.40bA
	耙耕	42.89aA	37.99aA	33.17bA
	深松耕作	40.45bcBC	30.12dD	20.70eD
	常规耕作	31.06dD	32.79dD	18.43eD

注:数据中不同大小写字母分别表示在0.1和0.05水平上存在显著性差异。

3. 冬小麦少免耕对土壤蒸发和土壤水储量的影响

(1)少免耕显著降低麦田土壤蒸发:不同耕作措施下麦田土壤蒸发结果见图3.1。从冬小麦返青到成熟期,秸秆粉碎免耕处理的日棵间蒸发量都是最低的,而深耕处理日棵间蒸发量均位居最高,旋耕和全免耕居中。返青期、拔节期、灌浆期和成熟期秸秆粉碎免耕比传统深耕减少日蒸发量分别为64.9%、42.1%、23.5%和57.0%。可见,秸秆粉碎覆盖免耕措施对棵间无效蒸发的抑制作用效果明显。从返青到成熟,深耕、旋耕、秸秆粉碎免耕、全免耕的日蒸发总体平均值分别为0.90 mm/d、0.64 mm/d、0.45 mm/d和0.52 mm/d。免耕措施减少了棵间蒸发,这一作用与残茬秸秆覆盖是分不开的,它能有效避免耕翻晾晒过程中造成的表土水分损失。

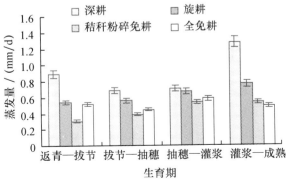

图3.1 不同耕作方式对冬小麦田棵间蒸发量的影响(2006—2007)

(2)少免耕提高土壤剖面储水量:不同耕作方式对土壤水分的影响由图3.2可见,各处理土壤水分含量随时间有明显的动态变化。M3、M2两处理在0~15 cm土层各个生育期上的体积含水量均居最高,一方面由于少耕和免耕情况下不扰动田间土壤使表层土壤容重增加,另一方面因为秸秆覆盖可大大减少土壤水分蒸发。在比较强的降雨后(七八月份)深翻处理土壤含水量的增减幅度相对于免耕变化较大,表明免耕比深耕具有更强的导水效果。在15~30 cm土层各种耕作处理的土壤含水量的变动方向和大小基本相同,但是在6月中旬,M2处理明显低于其他处理,可能是由于没有耕作活动保持土层上下毛管的通畅,促进表层以下水分蒸发。从图3.2中可以看出,各处理土壤含水量在110 cm土层变化比较平缓,只有在六七月份和10月份略有下降,因为这些时期地表裸露蒸发较大,并且缺少降水和灌溉。另外,免耕处理深层含水量仍略高于翻耕处理,说明地表的水分补给对深层含水量仍然存在一定的影响。

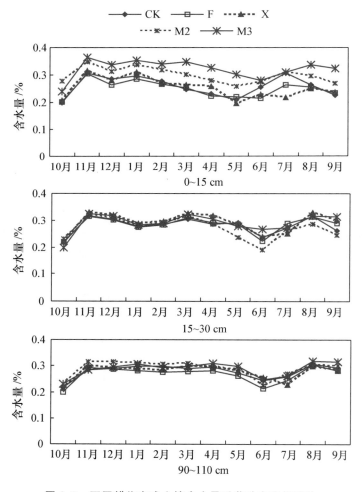

图3.2 不同耕作方式土壤含水量季节动态变化影响

总之,采用免耕可以起到作物生长前期蓄水后期充分供水的作用。耕作方式对土壤蓄水作用差异主要发生在作物生育前期,对于不同土层主要影响耕层土壤水分。

4. 少免耕对土壤碳库的影响

关于土壤碳储量的研究,一般需要考虑到土层深度的影响。但在 30 cm 以下土壤有机碳含量没有差异,所以我们只针对 0～30 cm 土层的土壤碳储量变化。由于土壤容重影响,在计算过程中依据土壤等质量原则对实际土层深度进行矫正。

试验结果显示,经过 5 年的不同耕作措施后,0～30 cm 土层(以 4 865 t 干土计)的碳储量具有显著的变化。其中,M2 处理最大(41.8 mg/hm²)。所有处理碳储量变化顺序为:M2＞X＞F＞CK。与试验开始第一年(2001 年)相比,也是 M2 处理的碳储量增加最多,5 年总共增加 4.9 mg/hm²,其次为 X 和 F 处理,分别为 4.7 mg/hm² 和 2.8 mg/hm²。而 CK 和 M3 处理,则在 5 年之内没有显著变化。

经过 9 年不同耕作管理之后,土壤耕层有机碳储量变化与 5 年变化基本一致。其中 M2 处理碳储量依然最大(43.6 mg/hm²),所有处理碳储量变化大小略有变化,其顺序为:M2＞X＞F＞CK。这说明,在长期传统翻耕条件下,土壤碳储量达到了输出与输入的平衡状态。如果采取保护性耕作措施,则有可能减缓有机碳的分解速率,碳输入量大于输出量,从而增加土壤有机碳的储量,但是随着年份的增加,保护性耕作碳增加速率逐渐减小,最终与传统翻耕速率没有差异(表 3.2)。

表 3.2　长期不同耕作措施对土壤碳储量的影响(0～30 cm)　　　　　mg/hm²

时限、增加量及截留量	耕作措施			
	CK(翻耕)	F(翻耕秸秆还田)	X(旋耕秸秆还田)	M2(免耕秸秆还田)
2001 年	38.1	37.1	36.4	36.9
2006 年	38.0	39.9	41.1	41.8
2009 年	38.1	41.9	42.7	43.6
5 年增加量	−0.1	2.8	4.7	4.9
5 年平均年截留量	−0.01	0.56	0.94	0.99
8 年增加量	0.05	4.77	6.27	6.68
8 年平均年截留量	0.01	0.60	0.78	0.84

5. 少免耕具有节约农时、节本增效的作用

小麦免耕覆盖耕作比翻耕能简化播前整地作业,使小麦播种农时缩短 3～5 d,能使前茬夏玉米的生长期延长,采用中熟品种,进一步增产。采用小麦免耕播种技术,只需一次操作,就可以完成开沟、化肥深施、半精量播种、覆土镇压、扶垄等多项工作。而这些程序靠常规操作,至少需要两次机械作业和较多人工操作才可以完成。由于减少作业环节,用小麦免耕播种比常规播种可以降低投入 225～300 元/hm²。使用免耕播种还避免了机械多次进地碾压造成的土地板结。由于免耕播种小麦节约了农时,可以延长夏季作物的生长发育时间,特别是玉米晚收增加了夏季作物产量。

小麦免耕播种技术可以做到化肥深施,深施化肥可以有效减少化肥的挥发,大大提高化肥利用率,尤其是氮肥。

3.1.2　夏玉米免耕覆盖技术

在黄淮海小麦—夏玉米一年两熟种植区,一般采用上茬小麦秸秆覆盖、免耕播种机直播玉

米、除草剂防除杂草等相配套的一套高产、高效保护性耕作技术体系。夏玉米免耕覆盖模式的形成取决于农村小麦秸秆应用方式的变化和机械化水平的提高。20世纪80年代初,随着农业现代化的发展,粮食生产全面实现机械化的需求日益提高。1980年以前,小麦秸秆主要用作燃料和沤肥还田。夏玉米播种方式为畜力或手扶拖拉机耕翻,人工整地后畜力牵引播种。1985年以后,随着农村燃煤和化肥的充足供应,秸秆不再作为燃料,秸秆沤肥费力又费工,因而出现了大面积焚烧秸秆现象。在政府的干预下,农村广大农户采取麦垄点种玉米或小麦收获后铁茬点播玉米。1995年以后,随着联合收割机的改进,在小麦收割的同时,小麦秸秆或呈条带堆放,或通过悬挂秸秆切抛机将秸秆切碎并抛撒于田间,进行机械免耕播种玉米。

3.1.2.1 夏玉米免耕覆盖播种技术

采用小麦机械化联合收割技术,使小麦秸秆在收获过程中基本得到粉碎,配合秸秆粉碎及抛撒装置,使小麦秸秆均衡分布于田间,玉米采用机械免耕直接播种施肥,或者在冬小麦收获前7~10 d套种玉米。夏玉米免耕播种要求麦秸粉碎的长度不宜超过10 cm,铺撒要均匀,不成堆、不成垄。选择适宜品种,种子要经过清选加工和包衣。"麦黄水"可根据土壤质地情况,在小麦收割前4~7 d灌溉。未浇麦黄水的,可先播玉米,然后再浇"蒙头水"。但浇"蒙头水"时容易造成麦秸堆壅,要注意在浇水后及时将堆壅的麦秸散开,以免影响出苗。小麦收割后尽早播种,一般应在6月15日前完成。采用免耕播种机,最好带有分草器,以避免麦秸拥堵。播深4~5 cm,行距60~70 cm。在播种同时,每亩施长效尿素20~25 kg,或长效碳铵60~70 kg。

3.1.2.2 夏玉米免耕覆盖播种技术效应

1. 试验设计

秸秆覆盖免耕(MC):冬小麦用联合收割机收割后,冬小麦秸秆的上部2/3被联合收割机悬挂的秸秆切抛机粉碎覆盖于地面,留下秸秆的1/3根茬,用玉米播种机免耕播种夏玉米。

不覆盖免耕(CK):在冬小麦用联合收割机收割后,将根茬拔下和粉碎的秸秆清理出去,采用免耕播种机播种夏玉米。

2. 夏玉米免耕覆盖对棵间蒸发的影响

覆盖处理的棵间蒸发量远远小于不覆盖处理。特别是苗期,在LAI小于3的6月份和7月中旬,随着LAI的增加,夏玉米田的土壤蒸发量变小,秸秆覆盖的作用减弱。秸秆覆盖夏玉米田可抑制土壤棵间蒸发的58%(3年平均),节水量94.9 mm,节余的水分更多地变为蒸腾,增加了作物的有效产出。特别是干旱季节,当降水和灌水均不能满足作物需水量时,覆盖的增产效果更明显。

3. 麦秸覆盖对夏玉米田土壤地温的影响

比较覆盖与不覆盖5 cm地温的变化可知,在夏玉米生长初期,由于地面裸露,秸秆覆盖具有明显的降低地温的作用。随着夏玉米LAI的增大,秸秆的降温作用逐渐减弱。在夏玉米苗期的7月份,由于地面裸露,秸秆覆盖对土壤温度具有明显的降低作用,不覆盖比覆盖日均高2.39℃,全月高74℃,此期,覆盖处理受气温的影响较大,随气温的升高而升高,但覆盖处理则相对受气温的影响较小;中、后期随着叶面积的增大,裸露地面减少,覆盖的降温作用逐渐减小,8月份不覆盖比覆盖日均高0.33℃,全月高10.08℃;9月份覆盖与不覆盖处理的地温差异更加不明显,不覆盖比覆盖低 11.75℃,随气温的降低,覆盖的保温效应明显,覆盖处理的地温高于不覆盖。温度的降低能减少土壤水分的蒸发,对增强土壤的保墒效应,在盛夏酷暑降低根部土壤温度,为作物生长创造适宜的土壤环境,对防止夏玉米早衰具有重要的意义。

4.秸秆覆盖对夏玉米水分利用率的影响

秸秆覆盖有效地抑制了土壤的棵间蒸发,为夏玉米的生长提供了充足的水分条件,通过缓解地温的急剧变化,对夏玉米的生长过程和产量非常有利,从而影响夏玉米的产量和水分利用效率。试验结果表明,覆盖处理夏玉米能够显著提高作物产量,降低耗水量,调高水分利用效率,降低耗水系数(表 3.3)。

表 3.3　秸秆覆盖对夏玉米水分利用率的影响

处理方式	降雨量 /mm	灌水量 /mm	土壤耗水量 /mm	总耗水量 /mm	产量 /(t/hm²)	WUE/kg /(hm²·mm)
覆盖	139.1	120	106.9	366.0	5.57	15.3
不覆盖	139.1	120	101.2	360.3	5.09	14.1

试验中覆盖处理是人工完成的,覆盖均匀,加上根茬是拔下后覆盖在地面上的,抑制土壤蒸发的效果会大于机械覆盖的效果。所以,目前大部分地区推行的小麦秸秆机械覆盖还田对土壤蒸发的抑制率在 34.7%~58%,节水效果为 56.7~94.8 mm,相当于 1 次的灌水量。小麦秸秆覆盖夏玉米田,虽然前期降低了土壤无效蒸发,保墒效果好,但覆盖处理的夏玉米长势好,后期的作物叶面蒸腾量增大,前期节省的水分差异后期可能消失,总耗水量差异不大,对夏玉米水分利用效率的提高,主要是产量提高的贡献。因此,覆盖节水效应的评价,应同时考虑土壤蒸发的减少量和植物蒸腾作用的增加量的差值和对作物产量的提高。

3.2　东北保护性土壤耕作技术

东北种植作物以一茬玉米或大豆为主。该区保护性耕作模式以抵御春旱、控制水土流失和恢复黑土地肥力为主要目的。该区保护性耕作技术措施是秸秆、根茬覆盖与少免耕有机结合,并配合传统的垄作技术解决低温的不利影响,实现抵御春旱、控制水土流失和恢复黑土地肥力的目的。东北地区为一年一熟制地区,该区域的耕作方法主要是传统的垄作耕法,其地面特征是常年有垄型。垄距为 60~70 cm、垄高为 14~18 cm,标准垄型为方头垄。随着保护性耕作技术在东北地区的发展,东北地区保护性土壤耕作技术主要有:留茬免耕技术、浅旋耕、垄作深松等土壤耕作技术。

3.2.1　免耕技术

3.2.1.1　留茬免耕技术

东北垄作区实行一年一作制,玉米根茬较粗壮,由于气温低、降雨量少,根茬不易腐烂,为了实现原垄播种以及保证播种质量,必须对玉米根茬进行处理。目前主要通过全面旋耕、重耙、灭茬机灭茬等来处理根茬,动土量大,而且原垄完全被破坏,播种后至中耕期地形与平作无异。

留茬免耕技术以高留茬覆盖为主,即秋季地表不作处理,保留玉米高茬(20～50 cm)、垄间覆盖大尺寸秸秆,立茬护土越冬。次年春季,采用适合的免耕播种机,一次进地完成苗带破茬开沟、精量播种、化肥深施作业。垄作扩大了土壤表面积 40% 左右,还增加了光的截获量,大大地提高了作物光合作用的能力。该技术保留了垄作技术的优势,同时改变了土壤的物理、化学性状,土壤容重,土壤养分含量明显提高,土壤微生物数量和酶活性增强,土壤表层松结态腐殖质含量比常规平作高,紧结态腐殖质有所降低。灌溉方式由传统平作的大水漫灌改为沟内小水渗灌,不仅有利于提高地温,还有助于防止土壤风蚀。

3.2.1.2 留茬免耕技术效应

1. 留茬免耕对土壤物理性状的影响

不同耕作措施对土壤容重具有一定影响(图 3.3)。常规灭茬打垄处理由于长期采用小四轮耕整地作业,导致土壤紧实,下层有坚硬的犁底层;连年翻耕处理 0～20 cm 土壤容重明显低于其他处理;免耕处理 0～20 cm 土壤容重、20～40 cm 土壤容重均较为紧实,且整体表现为耕层上下容重差异不大;宽窄行种植的宽行由于深松作业,其土壤容重较低,而窄行苗带土壤较宽行略为紧实。

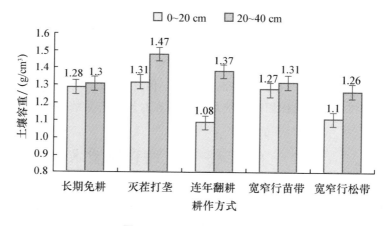

图 3.3　土壤容重测定结果

2. 提高土壤养分含量,增加土壤有机质含量

长期免耕后能够显著增加土壤养分含量,0～20 cm 土壤有机质也明显高于连耕。少耕 5 年的处理土壤有机质与连耕比较变化不明显(表 3.4)。

表 3.4　耕作对土壤养分的影响

处理模式	全氮/%	全磷/%	全钾/%	速效氮/(mg/kg)	速效磷/(mg/kg)	速效钾/(mg/kg)	有机质/%	pH
免耕	0.199 1	0.065 5	2.090 1	263.403 0	22.385 4	157.065 3	3.598 4	5.83
少耕	0.194 2	0.060 9	2.006 2	260.586 7	14.022 5	164.085 2	2.912 8	6.40
连耕	0.188 1	0.053 4	2.119 1	254.148 3	14.902 8	159.071 0	2.901 7	8.87

3. 减少作业环节,降低生产成本

采用玉米留高茬行间种植方式,由于减少了田间耕整地作业环节,每公顷节省成本 300 元以上(表 3.5)。

表 3.5 不同作业方式生产成本分析 元

种植方式	整地	种子	播种	田间管理	合计	节省费用
留高茬免耕	300	机播 100		除草 150,深松+追肥 100	650	
现行耕法 CK	翻+耙 260	300	机播 100	除草 150,中耕两次+追肥 200	1 010	360

4. 垄作免耕对作物产量的影响

垄作保护性耕作方式具有明显的增产效果,留茬免耕、留茬覆盖和灭茬免耕分别比传统耕作增产 12.0%、3.6% 和 7.8%。垄作保护性耕作方式的玉米穗行数和行粒数均优于传统耕作,其中又以留茬覆盖方式为最佳,分别比传统耕作高出 0.85 个百分点和 1.40 个百分点。

3.2.2 浅旋耕作技术

3.2.2.1 浅旋耕作技术要点

浅旋耕作实际上是对表土进行的土壤耕作,是特指对 10 cm 以内的地表浅层进行旋耕处理的作业,通常处理的深度在 6~10 cm。浅旋作业后,由于部分植被被埋于表层土中,减少了地表的覆盖量,降低了保护性耕作的效果。秋季玉米收获后使用秸秆粉碎还田机对地里的秸秆进行粉碎还田,秸秆切碎长度小于 10 cm。然后,使用联合整地机进行浅旋,将秸秆残茬与浅层土壤混合,同时进行碎茬、起垄和镇压。在保证残茬不会被风刮走的前提下尽量浅旋,一般旋耕深度不大于 70 mm。另外,也可采用秸秆还田旋耕机进行复式作业,将秸秆粉碎还田和旋耕两项作业一次完成。第 2 年春季,使用免耕播种机进行精量播种和一次性深施肥。除草方式为人工或化学除草。

3.2.2.2 浅旋耕作技术效应

(1)浅旋耕作对土壤容重的影响:通过在秋季对长期少耕及连耕耕层的土壤容重测定结果来看(表 3.6),少耕初期土壤容重明显高于翻耕,但随着少耕年限的增加,少耕土壤容重趋于稳定,并接近于翻耕地。

表 3.6 土壤容重结果 g/cm³

处理模式	年 份		
	1986	1988	1992
连耕	1.15	1.18	1.20
少耕	1.31	1.26	1.26
少玉米较翻耕玉米增产/%	6.04	4.53	1.43

(2)浅旋耕作对土壤墒情的影响:东北地区的雨水集中于 6~9 月份,春播季节的 4 月份多为干旱少雨,因此春季土壤墒情对该区的玉米苗情影响极大。土壤剖面 0~50 cm 范围内,留茬少耕宽窄行苗带的土壤含水率显著高于传统翻耕的土壤含水率;与现行耕法的匀垄相比,

整体剖面含水量平均高出 17.8％,表层 0～10 cm 高出 22.3％;与现行的秋灭茬均匀垄相比,整体剖面含水率平均高出 21.6％,土壤表层 0～10 cm 高 28.4％。留茬少耕宽窄行松带由于和苗带长期交替休闲,土壤含水量也略高(表 3.7)。

表 3.7　春播前土壤墒情测定结果(0～20 cm)　　　　　　　　　　　　　　　％

处理模式	年　份			
	1998	2001	2003	2005
少耕	22.8	23.6	20.9	21.2
连耕	21.7	24.1	18.7	19.1
比较	+1.1	−0.5	2.2	2.1

(3)浅耕耕作对作物产量的影响:由少耕 20 年的数据结果来看,少耕玉米平均产量为 9 015.7 kg/hm²,较连年翻耕产量(8 649.4 kg/hm²)增产 4％(图 3.4)。

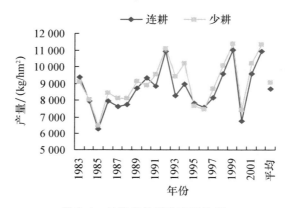

图 3.4　长期定位试验产量结果

3.2.3　深松耕作技术

3.2.3.1　深松耕作技术要点

深松耕作是在翻耕基础上总结出的一种适合于旱地耕作的保护性土壤耕作技术。它利用深松铲疏松土壤,加深耕层而不翻转土壤,达到调节土壤三相比,改善耕层土壤结构,减轻土壤侵蚀,提高土壤蓄水抗旱的能力。东北地区农业传统生产为垄作耕作,因此东北地区深松耕作技术分为:垄体深松、垄沟深松、全方位深松、宽窄行深松技术。

深松耕作技术有如下特点。

垄体深松:一是要满足分层施肥深度的要求,应深于肥下 5～8 cm;二是要打破犁底层 3～5 cm,种床深松深度 15～20 cm,过深会翻起土块和根茬,影响播种质量,在春季干旱地区可以浅一些。

垄沟深松:根据土壤类型确定松土的深浅,黑土以垄沟下 25 cm 为宜,草甸土、盐碱土在动力允许的情况下可适当深些,深松到 30 cm 为好。深松时间掌握在出苗后提早进行,春季较旱时,一般在雨季来临前可与中耕同时进行,前松后趟。

全方位深松：一般在秋季进行，以利于蓄水保墒，深松深度30～40 cm。

宽窄行深松：把现行耕法的均匀垄(65 cm)种植，改成宽行90 cm，窄行40 cm种植，宽窄行种植追肥期在90 cm宽行结合追肥进行深松，秋收时苗带窄行留高茬(40 cm左右)。秋收后用条带旋耕机对宽行进行旋耕，达到播种状态，窄行(苗带)留高茬自然腐烂还田。第2年春季，在旋耕过的宽行播种，形成新的窄行苗带，播种后及时采取重镇压，追肥期再在新的宽行中耕深松追肥，即完成了隔年深松、苗带轮换、交替休闲的宽窄行耕种。

3.2.3.2 深松耕作技术效应

1.深松有利于提高土壤蓄水保墒能力

2006—2007年秸秆不同还田方式不同时期的土壤含水率都高于现行耕法均匀垄，差异均达到了极显著水平。各处理玉米全生育期平均比对照高1.0～2.5个百分点。

2007年试验年份降水量偏大，较常年降水量高20%以上，前期各种耕法耕层水分差异并不明显，6月下旬至9月份进入雨季，单次降雨量过大，普通耕法蓄水能力弱，径流较重，与保护性耕作比较其水分差异明显(表3.8、表3.9)。

表3.8　不同处理土壤水分变化(0～50 cm)(2006)

处理模式	日　期					
	5月19日	5月29日	6月15日	6月29日	9月8日	平均
高茬还田	24.9	24.8	25.2	23.9	34.1	26.6
粉碎还田	24.8	25.0	24.0	24.2	34.5	26.5
覆盖还田	24.7	24.6	24.1	24.6	34.1	26.4
全方位深松	25.1	24.7	23.9	24.8	34.6	26.6
现行耕法(CK)	24.0	24.1	24.0	23.5	28.9	24.9

表3.9　不同处理土壤水分变化(0～50 cm)(2007)

处理模式	日　期					
	7月16日	7月28日	8月16日	8月28日	9月16日	9月28日	平均
高茬还田	22.5	26.2	24.6	23.8	23.9	22.1	23.8
粉碎还田	22.4	27.4	23.5	23.5	22.2	22.4	23.6
覆盖还田	22.3	26.4	25.4	23.7	23.2	22.5	23.9
全方位深松	22.1	26.1	23.6	23.4	22.1	22.0	23.2
现行耕法(CK)	20.0	22.6	23.5	21.5	22.6	22.4	22.1

总体而言，深松地块的含水量为24.7%，而传统耕作地块的含水量为17.5%，深松地块比对比田提高了7.2%。可见，深松可增强土壤蓄水保墒能力。这是由于土壤经过深松后，打破了犁底层，消除了土壤板结，建立了土壤地下水库，使土壤在自然降水时容易渗透，不再产生径流，进而减少了水土流失。

2.深松有利于促进作物生长发育

在宽窄行种植的条件下，不同秸秆覆盖方式作物的叶面积差异不显著，但是不同保护性土壤耕作方式与现行耕法比较叶面积有差异，且都大于现行耕法的叶面积(表3.10)。

表 3.10　不同处理的叶面积变化　　　　　　　　　　　cm²/株

处理模式	日　　期							
	6月5日	6月18日	7月1日	7月18日	8月5日	8月16日	8月30日	9月17日
全方位深松	649.1	1 968.3	5 146.8	7 357.1	6 725.5	6 489.6	5 733.8	438.6
高茬还田	660.1	2 137.5	5 359.7	7 446.4	6 953.2	6 234.0	4 856.0	516.8
粉碎还田	739.5	2 489.4	5 757.0	7 928.9	7 381.4	6 822.5	4 855.6	498.9
条带覆盖还田	500.3	1 889.4	4 636.8	7 126.9	6 698.9	6 050.0	4 731.8	531.1
现行耕法(CK)	309.9	1 234.6	3 340.5	7 103.1	6 531.2	6 340.1	4 630.0	429.5

保护性耕作与现行耕法在比较植株生长发育上有差异。各处理比对照生物产量都高,收获期各保护性耕作处理的干物质积累都高于对照。试验结果表明,干物质积累从苗期、拔节期、抽雄期处理间的变化都没有明显的变化规律,但是同一个处理不同时期的干物质积累逐渐增加,吐丝期各保护性耕作处理的干物质积累都高于对照现行耕法。原因是无论哪一种保护性耕作方式都通过机械深松,由于创建了良好的土壤环境,当玉米进入吐丝期生殖生长以后,生态环境条件能够充分地满足作物生育后期对土壤环境的需求,所以收获时期各处理的干物质积累都高于现行耕法的均匀垄种植。

深松地块玉米长势较好,玉米黄叶片比传统耕作地块明显降低;玉米植株根层多而密,平均有 5 层根,比对比田玉米植株根层多 2 层;根盘直径为 28 cm,比对比地块长 9 cm;根须长度为 30 cm 左右,比对比地块长约 11 cm;玉米穗长 27 cm,比对比地块长 4 cm,差别明显。

3.宽窄行留高茬行间深松条件下对玉米产量的影响

采取宽窄行种植较常规耕法种植 9 年平均增产 13.6%。保护性作耕作技术和对照现行耕法比较,在同等密度条件下是不增产的,因为保护性耕作(宽窄行交替休闲种植技术)加大了玉米的播种密度,增加了单位面积的保苗株数和收获株数,所以增产。玉米宽窄行条件下适宜种植密度研究选用郑单 958 分别在玉米宽窄行种植条件下和均匀垄种植条件下开展适宜种植密度研究。研究结果表明,在玉米宽窄行种植条件下,选用耐密型品种郑单 958 在宽窄种植条件下较均匀垄种植条件下应当增加种植密度(表 3.11)。

表 3.11　产量结果比较

处理方式	年　度	单产/(kg/hm²)	增产幅度/%	经济系数/%
宽窄行	第 1 年	11 869.1	115.5	53.6
	第 2 年	11 796.0	117.2	54.1
	第 3 年	12 693.0	115.2	53.9
	第 4 年	9 122.0	114.4	—
	第 5 年	8 363.4	110.8	53.2
	第 6 年	9 731.1	116.4	—
	第 7 年	9 977.0	117.5	52.1
	第 8 年	8 959.0	104.9	—
	第 9 年	8 928.6	110.9	50.8
	第 10 年	12 139.5	12.17	54.9
	平均	10 357.8	113.6	53.0

续表3.11

处理方式	年　度	单产/(kg/hm²)	增产幅度/%	经济系数/%
现行耕法(CK)	第1年	10 276.3	100	51.1
	第2年	10 064.8	100	50.2
	第3年	11 018.2	100	51.0
	第4年	7 973.8	100	—
	第5年	7 548.2	100	51.3
	第6年	8 360.1	100	—
	第7年	8 489.6	100	51.8
	第8年	8 539.2	100	—
	第9年	8 053.8	100	48.2
	第10年	10 822.5	100	51.0
	平均	9 114.7	100	48.2
宽窄行与CK比较		+1 243.1	+13.6	+2.4

注:第1～3年品种为四密25;第4年品种为吉单260;第5～9年品种为郑单958。

3.3　南方稻田保护性土壤耕作技术

该区属于北、中亚热带气候,温暖湿润,水热资源丰富。一年可两熟或三熟。该区需要解决的农业生产的主要问题是:南方稻区冬闲田面积大,冬种覆盖度低,容易发生土壤水蚀;秸秆焚烧,环境污染严重,秸秆利用率低;耕地退化,由于地形复杂,降雨集中,部分地区发生严重的水土流失。南方保护性土壤耕作技术主要有:水稻免耕栽培技术、油菜免耕直播技术、免耕种植马铃薯栽培技术。

3.3.1　水稻免耕栽培技术

3.3.1.1　水稻免耕栽培技术要点

水稻免耕栽培技术是指在收获上季作物或空闲后未经任何耕作的稻田上,先使用除草剂灭除杂草植株和落粒谷幼苗,灌水并施肥沤田,待水层自然落干或排水后,进行直播或移栽种植水稻,再根据免耕作物的保留特点,进行栽培管理的一项水稻耕作栽培技术。它改变了传统的翻耕栽培做法,直接平地播插,具有增产、节约成本、降低劳动强度和改良土壤等优点,是农业耕作技术的一项革新。

与常规直播稻比,由于免耕田在播种时软化程度不及翻耕田,因此,免耕直播稻播后扎根较常规迟1～2 d,但其根系发生多而壮,吸水吸肥力较强,生长快,因而各生育阶段两者没有明显差异。该栽培技术除具有翻耕直播固有的优点外,还免去了耕田做秧板等操作环节,因而比翻耕直播更具省工、节本的优势。目前,我国南方稻田水稻免耕栽培技术主要包括水稻免耕直播栽培技术、水稻免耕抛秧技术、水稻免耕套播技术。

3.3.1.2 水稻免耕栽培技术效应

1. 改善土壤理化性状,减少水土流失,提高土壤肥力

从耕层 0～5 cm、5～10 cm 和 10～20 cm 土壤容重分析(图 3.5),在稻田少免耕秸秆全量还田(NT 全)条件下,与对照翻耕秸秆不还田(CTO)比较,3 种耕作方式秸秆全量还田 0～5 cm 土壤容重明显降低,降低 0.12～0.13 g/cm³;5～10 cm 以翻耕秸秆全量还田(CT 全)最低,比对照降低 0.13 g/cm³,免耕秸秆全量还田最高,为 1.11 g/cm³,比对照增加 0.10 g/cm³,其次为旋耕秸秆全量还田(RT 全),比对照增加 0.04 g/cm³;10～20 cm 以免耕秸秆全量还田最高,为 1.24 g/cm³,比对照增加 0.23 g/cm³,其次为翻耕秸秆全量还田,为 1.19 g/cm³,比对照增加 0.18 g/cm³,第三为旋耕秸秆全量还田,为 1.15 g/cm³,比对照增加 0.14 g/cm³。说明免耕秸秆覆盖还田因有机物积累在表层,有利于表层土壤结构的改善,而在秸秆全量还田的条件下,采用旋耕和翻耕两种耕作方式,有利于稻田耕作层 10～20 cm 土壤结构的改善。

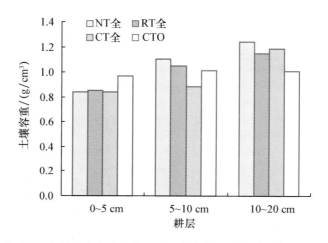

图 3.5 不同土壤耕作方式与秸秆还田方式及还田量对土壤容重的影响

免耕可使有机质在土壤表层富集,可能的原因是长期免耕不翻动土壤,面施的有机肥料和植物残体主要积聚于表层,而翻耕使肥土相融,有机物随土壤耕作分布较为均匀。连续免耕田,在一定的栽培措施下,有机质在表层富集效应不会逐渐增强,而是稳定在一定的状态,其增长作用主要发生在前 5 年,但综观整个耕层,免耕与翻耕间的有机质含量无明显差异(表 3.12)。

表 3.12 不同耕作方式的土壤化学性状

耕作方式	土层/cm	有机质/(g/kg)	全氮/%	有效氮/(mg/kg)	有效磷/(mg/kg)	有效钾/(mg/kg)
免耕	0～5	23.96	15.67	98.17	91.09	44.97
	5～10	22.84	14.90	90.38	59.15	11.38
	10～20	22.64	13.69	86.87	53.94	13.36
翻耕	0～5	23.22	14.03	92.17	54.33	17.31
	5～10	23.58	14.28	97.78	51.05	13.36
	10～20	22.06	12.64	88.82	45.64	19.28

与传统耕作（翻耕）相比，稻田土壤连续免耕后，氮、磷、钾等养分元素分别向表层富集。免耕稻田 $0\sim5$ cm 土层的全氮含量明显高于翻耕稻田，而 $5\sim10$ cm 和 $10\sim20$ cm 土层的全氮含量则明显低于翻耕。免耕土壤的 pH 值显著低于传统翻耕土壤，是因为有机质分解产生的中间产物（有机酸）及其最终产物（CO_2）都能增加土壤溶液的酸度，酸度的增加对某些固定磷的化合物具有一定的溶解力，并能削弱黏土矿物对钾的固定作用，从而提高土壤中固态磷、钾的有效度。有研究认为，在磷、钾用量相同的情况下，适当增加氮肥施用量有利于免耕抛秧稻早生快发，早够苗，增加粒数和有效穗以及总颖花量，提高产量。氮肥施用量比常耕抛秧增加 $10\%\sim20\%$，有利于免耕抛秧稻高产稳产。

2.免耕具有低节位分蘖优势，协调群体结构，实现稳产增产

在水稻产量方面，多位学者研究认为，与翻耕相比，免耕抛秧水稻的有效穗有所减少，但穗长，每穗总粒数、实粒数、粒重均增加，而翻耕的空、秕粒较多，结实率低，穗大粒多使免耕产量上升 $1.3\%\sim4.3\%$。梁文伟等（2003）研究指出，稻草不还田免耕抛秧区为 7 716.0 kg/hm^2，稻草不还田翻耕耙沤抛秧区 7 324.5 kg/hm^2，稻草不还田免耕比翻耕增产 5.35%。

李少泉等（1999）研究认为，不同的施肥技术对抛秧栽培的水稻产量有一定影响，早稻施用基肥会因前期施肥比例过大，促进水稻的分蘖生长，使分蘖过多，中、后期因营养不足有效穗反而少，影响水稻产量，施好施足穗肥，能促进水稻的生殖生长，有利于碳水化合物的形成和积累，使有效穗、穗粒数和结实率增加，提高产量（表3.13）。

表 3.13　免耕水稻产量及其构成因素分析

水稻类型	处理	穗实粒数	结实率/%	有效穗/(万/亩)	分蘖成穗/%	千粒重/g	产量/(kg/hm²)	
							实际	理论
中稻	免耕	153.4	83.5	13.39	68.7	28.2	8 688.0	8 256.0
	翻耕	121.4	84.4	17.16	82.5	27.4	8 562.0	8 133.0
晚稻	免耕	117.7	84.1	16.05	66.7	25.0	7 084.5	6 732.0
	翻耕	118.3	89.4	14.88	62.5	25.4	6 706.5	6 370.5

注：数据来源于孝感农业信息网。

3.节约生产成本，增加种粮收益

免耕抛秧稻与常耕抛秧稻产量差异不明显，但由于免耕抛秧栽培能明显减少生产成本，因而经济效益明显高于常耕抛秧栽培（陈旭林等，2000）。刘军等（2002）研究认为免耕抛秧与传统耕作抛秧在产量上无明显差异，但节约了耕作成本（$825\sim1$ 125 元/hm^2），土壤的理化性状得到了改良，根系活力明显提高。不同类型水稻免耕抛秧栽培技术中免耕抛秧与翻耕抛秧相比单产可以持平，与翻耕手插相比有增产效果，增产幅度达$4.8\%\sim9.5\%$，节省成本1 155 元/hm^2，增收 1 650~2 250 元/hm^2。

此外，水稻免耕抛秧结合稻田养鱼，每公顷还可增收 4 500 元以上，免耕抛秧结合稻田养鸭，每公顷还可增收 1 500 元以上。

4.减少温室气体排放，降低农田温室效应

对双季稻区不同耕作方式下温室气体排放进行研究，试验设置如下：

(1)秸秆粉碎全量翻耕还田(CTS)：早稻和晚稻收获后将秸秆全量还田,并在水稻抛秧前进行翻地。

(2)秸秆粉碎全量旋耕还田(RTS)：早稻和晚稻收获后将秸秆全量还田,并在水稻抛秧前进行旋地。

(3)秸秆粉碎全量免耕还田(NTS)：早稻和晚稻收获后将秸秆全量还田,水稻抛秧前不进行整地。

试验结果如下：

早稻生长季 CH_4 排放具有明显的季节性特征,各处理在整个早稻生育期 CH_4 呈单峰排放,均从插秧开始逐渐上升,在晒田期出现峰值,随后直到早稻收获 CH_4 排放持续低排放(图 3.6、图 3.7)。晒田开始后各处理 CH_4 排放通量持续偏低,一方面由于晒田期间田间土壤处于较强的氧化状态, CH_4 菌活性受损,复水后也没能很好地恢复,导致土壤中 CH_4 的产生较少；另一方面水稻生长后期,水稻生理活动减弱,对 CH_4 的传输能力下降,导致 CH_4 排放较少。稻田淹水一段时间后 CH_4 排放量随土壤 Eh 的迅速下降而急剧增加。

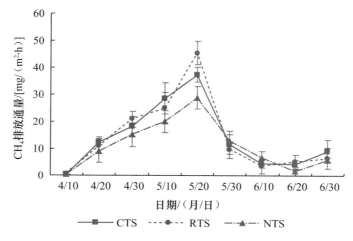

图 3.6　耕作方式对早稻 CH_4 排放的影响

比较 CTS、RTS 和 NTS 这 3 个仅在耕作方式上存在差异的处理,发现耕作方式对早稻生长季 CH_4 排放通量影响较大(图 3.6)。在晒田前各 CH_4 排放通量以 NTS 最低,且与 CTS 和 RTS 的差异基本都达到显著水平,晒田后各处理 CH_4 排放通量差距减小。CTS 和 RTS 在整个早稻生育期 CH_4 排放通量差异不显著。比较早稻生育期 CH_4 排放量(不包括晒田期间的排放量,下同),CTS>RTS>NTS,分别为 248.59 kg/hm^2、239.41 kg/hm^2 和 199.17 kg/hm^2；CTS 和 RTS 分别比 NTS 高 24.81% 和 20.20%,差异达显著水平。

比较翻耕秸秆不还田(CT)和翻耕秸秆还田(CTS)这两个秸秆还田方式不同的处理,发现秸秆还田对早稻 CH_4 排放通量有一定的影响(图 3.7),除 4 月 20 日外,各测定时期均表现为 CTS 处理 CH_4 排放通量高于 CT 处理。上一季晚稻收获后秸秆直接还田,经过了冬闲期近 6 个月的时间,秸秆基本腐烂,因此秸秆是否还田对早稻生长季的 CH_4 排放通量的影响随之减小。对整个早稻生育期 CH_4 排放量进行估计,CTS 为 248.59 kg/hm^2,CT 为 225.44 kg/hm^2,翻耕秸秆不还田比翻耕秸秆还田高 10.27%。

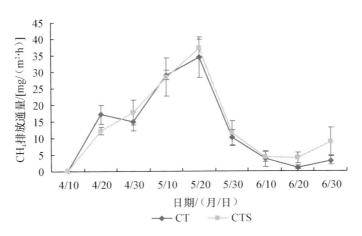

图 3.7 秸秆还田对晚稻 CH₄ 排放的影响

综上所述,该项技术具有省工节本、简便易行、提高劳动生产率、缓和季节矛盾、减少水土流失、保护土壤、保护生态平衡和增加经济效益等优点。中国水稻研究所试验示范结果表明,免耕稻田每亩用药成本 25 元左右,可增产 8%~10%,比常规稻田可节本增效 40~55 元。水稻免耕栽培不仅能增加产量、降低成本、不误农时、减轻劳动强度,同时还具有改善土壤理化性状和减少水土流失,发展持续农业的作用,因而深受农民欢迎。在当前种粮比较效益低,农民外出务工增多的新的农村形势下,免耕栽培具有很大的推广价值和应用前景。

3.3.2 免耕油菜直播技术

传统手工移栽油菜耗时耗工,劳动强度大,效率低。随着农村劳力大量外出务工,劳动力出现短缺,愈来愈多的农民放弃了冬季油菜的种植,稻田冬季出现大面积摞荒,浪费大量宝贵耕地资源。油菜免耕直播技术的出现,解决了这个问题。

免耕油菜直播技术是油菜种植中的一项新技术,即水稻收获后,免耕种植油菜,其优势在于进一步提高机械化程度,节省人工,降低劳动强度,降低生产成本,具有较好的经济效益,并对稳定和扩大油菜种植面积、提高油菜种植效益、减少冬季摞荒都具有积极意义。该技术解决了南方一季、二季晚稻收割后留茬种植油菜过程中的各种矛盾,是保面积、保产量的一项有效措施,深受农民欢迎。该技术在我国南方水稻产区有大面积的推广种植,除江南丘陵、山地的部分梯田,因坡度过大,农业机械不能到达或进行操作外,其余均可实施该技术。

3.3.2.1 免耕油菜直播技术要点

1. 稻田选择

选择排灌方便的稻田,并在稻田四周开好围沟和工作沟,沟泥要打碎,均匀撒在畦上,做到沟沟相通,畦面平坦。

2. 油菜播种

在水稻收割前 10~15 d,把稻田中的水排干,以便拖拉机和油菜开沟机能顺利下田作业。水稻收割后,应将大部分稻草清除出田,再在田面上均匀撒一层干稻草,点火烧尽,提高机械开沟质量。随后,应施足基肥,并将油菜籽与适量湿润细土灰或磷肥充分拌匀后播种,以保证播种均匀。播种后盖土时土层不能盖得太厚,以免影响出苗,确保全苗。

3.机械开沟

油菜种子撒在田里后,应立即进行机械开沟。机械开沟不仅是应用该项技术的基础条件,也是节本增效的关键措施。一般用手扶拖拉机配油菜田开沟机机组进行油菜种子撒播后的开沟覆土作业,一次性完成开沟、碎土、抛土覆盖等作业项目。开沟深度以 0.15~0.20 m 为宜,垄宽以 1.2~1.5 m 为好。直沟开完后,应沿田块四周开一圈沟,圈沟与直沟应相通。

3.3.2.2 免耕油菜直播技术效应

1.节省人工,降低劳动强度,提高机械化程度

与传统的人力、畜力种植方法相比,油菜免耕直播技术的优势十分明显:一是操作简便、实用,农民很乐意接受;二是省工、省苗床,劳动强度小,免耕直播油菜比移栽油菜每公顷要少花45~60 个用工,缓和了当前农村主要劳力外出打工而造成的劳动力紧缺的矛盾;三是撒播可确保田间有足够的基本苗,根本解决油菜移栽基本苗不足而影响产量的问题;四是有利于农业机械技术(机械开沟、机械收割等)的推广应用;五是免耕稻田的高稻桩有利油菜安全越冬。

油菜免耕直播技术解决了南方晚稻收割后留茬种植油菜过程中的各种矛盾,便于机械化操作(播种、施肥、收获),为土地向生产大户、科技大户集约种植创造了必要条件,是保面积、保产量的一项有效措施,是传统农业向现代农业转变的一个新起点,符合现代的农业发展趋势。

2.有利于抗灾减灾

免耕栽培由于保持了原来的土壤结构,既有较好的保水性能,蒸发量小,又可通过毛管接通底层,利用深层土壤水分,达到抗旱效果。免耕直播油菜主根发达,入土较紧(深),抗倒能力明显增强。2002 年春,由于较长时间阴雨天气并伴随大风冰雹,油菜大面积倒伏。据调查,免耕移栽油菜(华杂 4 号)倒伏株率为 39.6%,冻株率为 37.5%;同品种翻耕移栽的倒伏株率达87.2%,冻株率为 83.4%。

此外,采用免耕直播,减少因土壤翻耕造成的水分消耗和损失,保蓄了土壤水分,改善了土壤生态环境,有利于土壤生物的生存和繁殖,从而保护了土壤的生物多样性。

3.节约生产成本,提高经济效益

稻田免耕直播油菜具有节约生产成本,提高油菜籽产量,明显提高经济效益的优点。据李群慧对典型田块的调查,在同样栽培管理水平下,免耕移栽和免耕直播分别比翻耕移栽和翻耕直播每公顷节约成本 555 元和 600 元(表 3.14)。免耕直播每公顷总投入 4 545 元,比育苗移栽 5 310 元节省 765 元,详见表 3.14。

表 3.14　油菜(浙双 6 号)免耕直播与育苗移栽效益比较　　　　　　元/hm²

种植方式	投　入									产　出		
	人工投入					机械开沟	化肥	农药种子	总投入	产量/(kg/hm²)	平均产值	净产出
	播种育苗	拔身移栽	间苗定苗	田间管理	收获脱粒							
免耕直播	150	0	750	1 125	750	300	1 290	180	4 545	2 160.0	5 616	1 071
育苗移栽	525	1 125	0	1 125	600	300	1 425	210	5 310	2 209.5	5 745	435

注:人工按 25 元/d 计,油菜籽产值按 2.6 元/kg 计。

3.3.3 免耕种植马铃薯栽培技术

3.3.3.1 免耕种植马铃薯栽培技术

稻田免耕种植马铃薯技术,是近年来研究开发的一种省工、省力、帮助农民致富的马铃薯种植保护性轻型耕作栽培新技术。根据马铃薯地下茎的膨大部分是在温、湿度适合的条件下,只要将植株茎部遮光就可结薯的原理,将种薯直接摆放在稻茬田的地面上,盖上 8～10 cm 厚的稻草,马铃薯就能正常生长,而且绝大多数薯块就长在地表,拨开稻草就能收获。推广这项技术,不仅有利于冬季农业的开发,增加冬季绿色覆盖作物面积,而且有利于农作物秸秆(稻草)还田,促进可再生资源的合理利用,改善农田生态环境。加上稻草覆盖种植的薯块圆整,色泽鲜嫩,表皮光滑,收获时带土少,破损率低,具有较好的商品性,是一项省工节本,高效增收的稻田保护性耕作技术。

3.3.3.2 免耕种植马铃薯栽培技术效应

1.减轻劳动强度,节省人工

该栽培方法改翻耕为免耕,只需分畦开沟;播种时改种薯为摆薯,将种薯直接摆放在畦面上,盖上稻草即可;覆盖稻草栽培不用中耕培土和除草;收获时拨开稻草就能收薯,极少数薯块扎入土层的,入土也很浅,用手轻拉便能拔出,比常耕挖薯迅速。一般每亩可节省 10 个工日左右。

2.生态效益

油菜、黑麦草、春马铃薯—双季稻 3 种不同耕作模式与冬闲—双季稻比较,土壤有机质分别提高 6.7 g/kg、7.9 g/kg 和 10.7 g/kg;pH 值各处理变化不大;全氮分别增加 0.05 g/kg、0.58 g/kg 和 0.73 g/kg;全磷分别增加 0.26 g/kg、0.14 g/kg 和 0.20 g/kg;全钾无明显的差异。碱解氮分别增加 24 mg/kg、24 mg/kg 和 30 mg/kg,有效磷和有效钾差异不明显,但缓效钾分别增加 85 mg/kg 和 64.85 mg/kg,说明上述 3 种保护性耕作模式有利于改善土壤化学性状(表 3.15)。

表 3.15 不同稻田保护性耕作模式土壤化学性状变化

种植模式	取样日期/(月/日)	有机质/(g/kg)	pH	全氮/(g/kg)	全磷/(g/kg)	全钾/(g/kg)	碱解氮/(mg/kg)	有效磷/(mg/kg)	有效钾/(mg/kg)	缓效钾/(mg/kg)
冬闲—稻—稻	10/20	35.5	5.31	1.90	0.61	12.1	148	12.9	75	175
	7/9	34.6	5.59	2.45	0.67	13.0	168	17.6	57	183
	10/19	28.5	5.68	1.92	0.69	12.4	135	14.9	49	152
绿肥—稻—稻	10/20	39.9	5.65	2.38	0.68	12.3	164	14.4	49	177
	7/9	42.2	5.62	2.10	0.78	12.8	180	19.7	45	222
	10/19	39.2	5.82	2.54	0.89	12.4	172	16.1	52	214
黑麦草—稻—稻	10/20	43.7	5.46	2.33	0.76	12.2	176	15.9	47	179
	7/9	37.0	6.14	2.14	0.75	13.3	176	15.7	47	225
	10/19	36.4	6.10	2.50	0.74	12.6	159	14.0	50	216

续表 3.15

种植模式	取样日期/(月/日)	有机质/(g/kg)	pH	全氮	全磷/(g/kg)	全钾	碱解氮	有效磷	有效钾/(mg/kg)	缓效钾
油菜—稻—稻	10/20	40.1	5.51	2.18	0.64	12.4	178	13.4	55	177
	7/9	40.8	5.75	2.43	0.73	13.0	179	14.7	47	220
	10/19	35.2	5.80	1.97	0.86	13.2	159	15.8	47	237
马铃薯—稻—稻	10/20	41.0	5.88	2.13	0.77	12.9	178	15.9	58	180
	7/9	42.2	5.79	2.00	0.77	13.4	185	20.4	88	231
	10/19	39.2	5.60	2.65	0.80	12.7	165	16.9	60	237

在少免耕条件下,双季稻多熟制不同保护性种植模式,土壤容重、总孔隙度、毛管孔隙度、非毛管孔隙度无明显变化,而三相比表现气相有所增加(表 3.16)。可见,不同种植模式土壤物理性状在短期内变化不明显,有待进行长期定位监测。

表 3.16　不同稻田保护性种植模式土壤物理性状分析

种植模式	取样时间/(月/日)	土壤含水量/%	容重/(g/cm³)	密度/(g/cm³)	总孔隙度/%	毛管孔隙度/%	非毛管孔隙度/%	三相比(固:液:气)
冬闲—稻—稻	4/8	44.98	0.85	2.62	67.6	64.0	3.6	1:2.0:0.11
	10/19		0.78	2.65	70.6	63.7	6.91	1:2.2:0.24
绿肥—稻—稻	4/8	45.25	0.75	2.63	72.2	67.7	4.5	1:2.4:0.16
	10/19		0.77	2.67	71.3	63.4	7.9	1:2.2:0.28
小黑麦—稻—稻	4/8	46.92	0.89	2.65	66.4	62.0	4.4	1:1.8:0.13
	10/19		0.73	2.64	72.4	64.5	7.8	1:2.0:0.33
黑麦草—稻—稻	4/8	42.89	0.77	2.65	70.9	65.1	5.8	1:2.2:0.20
	10/19		0.80	2.65	71.6	63.5	7.5	1:2.0:0.33
油菜—稻—稻	4/8	41.09	0.91	2.62	70.4	63.0	7.4	1:1.9:0.10
	10/19		0.87	2.68	67.7	60.4	7.4	1:1.9:0.23
马铃薯—稻—稻	4/8	43.16	0.82	2.63	71.2	65.2	5.9	1:2.1:0.15
	10/19		0.81	2.65	69.5	61.4	8.2	1:2.0:0.24

3.4　西北少免耕土壤耕作技术

西北地区地处欧亚大陆腹地的干旱带,属温带大陆性气候,为干旱、半干旱和季风气候降水的西北边缘带,远离海洋,四周高山阻挡,区内气候干旱多风。天然降水不足,干旱缺水是我国西北地区水资源先天不足的一个根本原因。全区有 3/4 的地方年降水量不足 250 mm,而蒸发量高达 1 000~2 600 mm 甚至更高,是世界上同一纬度最干旱的地区之一。降水量变率大,地区分布不均衡,是西北地区气候的另一个特点。北部耕地面积大降水量反而少,干旱地区往往连续几个月乃至半年滴水不降,汛期降水又过于集中,七八月份降水量占全年降水量的40%～50%,而有时1～2 d内会骤降全年1/2乃至2/3的降水。在西北干旱地区实施有效的保护性土壤耕作技术,对改变坡面微地貌,减少土壤侵蚀,增加土壤抗性、蓄水、保土性能、培肥地力和提高作物产量均有显著作用。保护性耕作有利于减少农田扬沙,抑制沙尘,防止水土流失,保护土壤墒性,改善土壤水分结构,提高土壤肥力,促进作物增产,简化农田作业,减少耕作次数,节约生产成本。

目前西北地区主要的保护性土壤耕作技术有:秸秆覆盖免耕技术、留高茬免耕直播技术、耙地浅旋、深松碎秆覆盖等免耕及覆盖为主的保护性耕作技术。

3.4.1 免耕耕作技术

西北地区免耕土壤耕作技术主要包括两种形式:秸秆覆盖免耕技术、留高茬免耕直播技术。

1.秸秆覆盖免耕技术

秸秆还田方式可采用联合收割机自带粉碎装置和秸秆粉碎机作业两种。采用秸秆粉碎机作业,可在当年收获后或在下年春播前进行秸秆覆盖处理,秸秆切碎长度小于10 cm,秸秆覆盖度大于30%,使秸秆基本得到粉碎,配合秸秆粉碎及抛撒装置,使秸秆均匀覆盖地表。免耕播种通过地表残茬、秸秆覆盖增加植被保护农田,防止和减少风蚀、水蚀与沙化的发生,达到保水、保土与保肥的目的。

2.留高茬免耕直播技术

留高茬免耕是指在作物收获时,按照秸秆高度与质量的比例关系,确定收割高度,保证适宜数量的作物基部茎秆的一种免耕耕作方式。高留茬保护地表和免耕播种一起构成了保护性耕作技术的重要内容。留高茬免耕直播技术是保护性耕作技术体系的重要技术。留茬覆盖免耕保护性耕作措施较传统耕作有明显的增产并提高小麦水分利用效率的作用,继而起到防风、保肥、保水作用。

3.4.1.1 西北地区免耕技术特点

(1)免耕覆盖直播技术具有省工、省力、节约成本、增效等作用,同时也是抗灾播种、提高质量的有效措施。

一般采用联合收割机、割晒机收割或人工收割。要求留茬高度保持在20 cm左右,脱粒后的秸秆在地表均匀覆盖。其目的是更好地发挥秸秆覆盖的保水、保土作用,防止由于覆盖不均匀造成后续播种作业时的堵塞。在小麦播种适宜期及时播种。

(2)留高茬免耕直播技术前茬农作物的收获使用联合收获机或割晒机收割作物籽穗和秸秆,割茬高度控制在20～30 cm,残茬留在地里不做处理,到播种时使用免耕播种机直接进地作业。用免耕播种机一次完成破茬开沟、播种、施肥、覆土和镇压作业。

3.4.1.2 西北地区免耕技术效应

1.节省人工,降低劳动强度,提高机械化程度

留高茬免耕土壤耕作具有以下优点:一是节省农时。秸秆还田期间是农时繁忙季节,采取高留茬技术简化了还田程序,省工节能,还可以避免多风地区秸秆随风移走;二是该方法简单

易行,增产、改土效益高,群众乐意接受,推广阻力小,缓和了用地和养地之间存在的尖锐矛盾;三是有利于推广机械收割,促进农业机械化发展。

2.保水、保土、保肥、抗风蚀

不同免耕处理土壤水蚀均表现为随着坡度的增加而加剧,但是增加的幅度有所不同(表3.17),留高茬覆盖、留低茬覆盖、留高茬、留低茬和常规耕作 5 个处理在坡度为 $7°4'$ 的地表水年总径流量分别较坡度为 $4°6'$ 的增加 18.18%、14.36%、14.14%、16.89% 和 19.70%,土壤年总流失量分别增加 19.00%、17.55%、17.34%、20.55% 和 20.63%。说明留高茬覆盖和留低茬覆盖能够减小坡度带来的水蚀危害。在降雨强度较小的 7 月 26 日、29 日和 8 月 21 日,不同坡度对应处理之间差值也较小,之后随降雨强度的增加,差值明显增大。降雨强度达到 23.47 mm/h 时,坡度为 $7°4'$ 的常规耕作地表水径流量和土壤流失量分别为 62 775.0 L/hm² 和 253.3 kg/hm²,而坡度为 $4°6'$ 的分别为 52 312.5 L/hm² 和 210.0 kg/hm²。土壤的流失量随降雨量的增加呈现缓慢上升趋势。

表 3.17　不同坡度对各免耕处理土壤水蚀量的影响

坡度	时间/(月/日)	径流量/(10^4 L/hm²)					土壤流失量/(kg/hm²)				
		留低茬	留低茬覆盖	留高茬覆盖	留高茬	常规耕作	留低茬	留低茬覆盖	留高茬覆盖	留高茬	常规耕作
$4°6'$	6/3	0.33	0.32	0.29	0.33	0.36	46.5	32	30.2	44.3	71
	7/6	0.19	0.18	0.17	0.19	0.22	26.3	13	11.5	25	47.4
	7/29	0.18	0.16	0.16	0.18	0.22	10.5	4.6	3	9.8	22.5
	8/2	3.12	2.95	2.99	3.1	3.4	108.6	90.3	81.7	101	123
	8/13	5	4.12	3.96	4.79	5.23	201	171	165	193	210
	8/21	0.28	0.19	0.18	0.23	0.35	33	18.9	17.2	31.6	45.1
	8/27	1.76	1.43	1.38	1.69	1.94	50.8	43	41.4	48.1	61.3
	9/13	2.95	1.93	1.9	2.87	3.05	65	58.3	57.7	62	98.2
$7°4'$	6/3	0.39	0.36	0.34	0.38	0.43	55.34	37.62	35.44	52.48	85.65
	7/6	0.22	0.2	0.2	0.22	0.27	31.3	15.28	13.5	29.62	57.18
	7/29	0.23	0.19	0.18	0.21	0.26	12.5	5.41	3.52	11.61	27.14
	8/2	3.69	3.37	3.41	3.63	4.07	129.23	106.15	95.87	119.64	148.37
	8/13	5.92	4.71	4.52	5.61	6.28	239.19	201.01	193.63	228.63	253.32
	8/21	0.26	0.23	0.21	0.25	0.39	39.27	22.22	20.18	37.43	54.4
	8/27	2.08	1.63	1.57	1.98	2.32	60.45	50.55	48.58	56.98	73.95
	9/13	3.5	2.21	2.16	3.36	3.66	77.35	68.53	67.71	73.45	118.46

内蒙古农业大学 3 年连续研究表明(表 3.18),留高茬的径流量分别较传统耕作减少 34.8%、72.3% 和 32.2%,相应的土壤侵蚀量分别较传统耕作减少 44.5%、38.4% 和 62.5%;留高茬覆盖的径流量分别较传统耕作减少 62.3%、68.4% 和 67.5%,相应的土壤侵蚀量分别

较传统耕作减少 74.2%、52.3% 和 75.6%。保护性耕作显著降低了水土流失量,尤其是秸秆覆盖耕作方式的保水保土效果更明显。

表 3.18 作物留高茬对土壤水土流失量的影响

年度	留高茬		留高茬覆盖		传统耕翻	
	地表径流量/(m³/hm²)	土壤侵蚀量/(kg/hm²)	地表径流量/(m³/hm²)	土壤侵蚀量/(kg/hm²)	地表径流量/(m³/hm²)	土壤侵蚀量/(kg/hm²)
2004	52.24	644.0	30.38	300.0	80.48	1 162.5
2005	27.21	279.0	30.96	216.0	98.12	453.0
2006	240.36	970.5	115.19	928.5	354.56	2 586.0

另外,从内蒙古农业大学对土壤风蚀试验的结果看,以免耕、免耕秸秆覆盖、秸秆翻压技术为主的保护性耕作可改变表土层的土壤物理性状,增加地表覆盖,提高表土层土壤含水量,显著降低这些地区农田地表风速,进而降低农田土壤风蚀发生的可能性(图 3.8)。

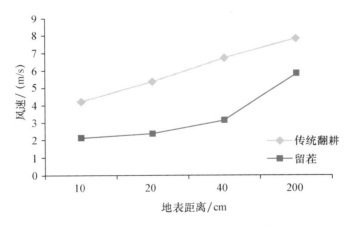

图 3.8 保护性耕作留茬地和传统翻耕地地表风速

3.蓄水增产

5 年的试验结果表明(表 3.19),随着免耕年限的增加,播前 0~100 cm 土层土壤含水量均表现为逐年增加的趋势,且留高茬覆盖、留低茬覆盖、留高茬、留低茬、常规耕作在前两个土层间均达到了显著水平($p < 0.05$,2009 年除外)。不同土层间土壤含水量逐年增加的幅度均为 0~10 cm>10~20 cm>20~40 cm>40~60 cm>60~80 cm>80~100 cm,且随着土层的加深土壤含水量增加的幅度逐渐降低。不同处理间土壤含水量总体表现为留高茬覆盖>留低茬覆盖>留高茬>留低茬>常规耕作。土壤水分的垂直变化可分为:①0~40 cm 土层主要受降雨、蒸散以及作物根系等因素的影响,秸秆覆盖起到了较好的蓄水保水作用,蓄贮了较高的水分,留茬秸秆覆盖处理的土壤含水量最高,留茬覆盖、留茬不覆盖处理分别比常规耕作土壤含水量提高 24% 和 7.7%;②40~80 cm 土层受各处理的影响相对减小,秸秆覆盖作用明显减小;③80 cm 以下土层土壤水分趋于相对稳定,秸秆覆盖作用不明显。

表 3.19　不同耕作方式对 0～100 cm 土壤含水量的影响　　　　　　　%

| 年份 | 处理方式 | 土层/cm | | | | | |
		0～10	10～20	20～40	40～60	60～80	80～100
2005	免耕	10.63	10.02	9.26	10.35	9.87	9.39
	常规耕作	9.57	8.99	8.83	8.90	8.99	7.67
2006	留低茬	8.75	8.70	8.72	10.56	9.35	11.41
	低茬覆盖	10.18	10.47	11.77	12.24	11.46	11.92
	高茬覆盖	11.06	11.18	11.86	13.45	11.62	12.18
	留高茬	9.10	10.26	11.19	10.81	10.00	11.20
	常规耕作	8.03	8.20	8.70	9.31	8.90	9.13
2007	留低茬	9.70	9.30	9.38	10.71	9.81	10.90
	低茬覆盖	10.69	10.93	11.89	11.23	11.50	11.70
	高茬覆盖	12.24	12.30	12.17	12.40	12.21	11.90
	留高茬	9.89	10.49	10.36	11.20	10.01	11.05
	常规耕作	8.48	8.74	9.40	8.3	8.59	9.25
2008	留低茬	10.10	9.84	10.56	8.78	11.51	10.64
	低茬覆盖	11.30	11.75	12.20	10.73	12.22	11.92
	高茬覆盖	12.80	12.46	12.63	10.86	12.98	12.13
	留高茬	10.80	10.63	10.88	9.13	11.87	10.74
	常规耕作	8.90	8.75	9.89	8.35	9.84	9.94
2009	留低茬	6.75	5.7	6.718	9.81	8.51	7.41
	低茬覆盖	8.18	8.47	9.767	9.45	9.87	8.64
	高茬覆盖	9.06	9.18	9.855	10.40	10.08	9.18
	留高茬	7.1	8.26	9.189	7.56	9.20	8.2
	常规耕作	6.03	5.2	6.702	7.31	7.84	7.13

天气过于干旱时,可进行造墒,抗旱节水,提高周年粮食产量。与传统种植技术相比,可节水 40%～50%,增产粮食 10%～15%。免耕秸秆覆盖技术可减少径流 60%,减少水蚀 80%,休闲期土壤贮水量增加 14%～15%,提高水分利用率 15%～17%,土壤有机质年均提高 0.03%～0.06%,农作物产量提高 15%～17%。西北农林科技大学研究表明,在旱作农区,采用保护性耕作技术可提高粮食产量 15% 以上,提高自然降水利用率达 20%。

3.4.2　少耕耕作技术

3.4.2.1　少耕技术

西北地区的主要保护性少耕技术是在秸秆覆盖还田条件下对土壤进行浅松、浅旋和深松耕作。

1.浅松

浅松作业是利用浅松铲在表土下通过时铲刀在土壤中运动,达到疏松表土、切断草根等目的,浅松机上自带的碎土镇压轮可使表土进一步破碎和平整。浅松作业不会造成土壤翻转,因而不会大量减少地表秸秆覆盖量,主要目的为松土、平地和除草。要求播前土壤湿度为宜耕期湿度,浅松深度为 8 cm 左右。

2. 浅旋

地表秸秆量过大、腐烂程度差、杂草多、地表状况差时采用。要求在播前 15 d 或更早进行,以保证土壤有足够的时间回实,浅旋深度为 5～8 cm。

3. 深松

深松作业可以代替翻耕,与翻耕相比具有土壤扰动少,不破坏地表秸秆覆盖状态,有利于形成虚实并存的耕层结构,利于蓄水等作用。因此,对于土质坚硬、多年翻耕存在犁底层的地块,应进行深松作业,以松代翻。

3.4.2.2　少耕技术效应

1. 保墒作用

少耕全程秸秆覆盖 0～20 cm 土层含水率比传统耕作法高 2.58 个百分点;0～20 cm 土层平均含水率较传统耕作法高 1.97 百分点。全程覆盖技术使旱地自然降水的保蓄率由原来的 25％～35％ 提高到 50％～65％,每公顷保水 600～1 200 m³。这项技术减少了土壤水分蒸发提高土壤蓄水量,有利于小麦幼苗的生长。据测,小麦幼苗在 0～20 cm 土壤含水率达 16.7％ 的情况下,单株鲜重达 3.3 g,分蘖达 6 个,次生根 8.6 条,分别比 12.4％ 含水量的多 2.6 g、3.6 个和 6.2 条。覆盖不仅增加了土壤底墒,而且还有利于深层水分充分利用(具吊水作用),提高小麦抗旱性。

2. 增产、增收作用

收割农作物时,采用少耕技术耕地,用农作物的秸秆和从陡坡上割来的沙打旺覆盖在地表(25％ 以上的陡坡上种植耐旱的沙打旺)。在干旱地区播种小麦,10 年示范结果平均亩产量达 407 kg,较不覆盖的传统耕作法增产 72.6％;玉米 5 年平均亩产量 572.5 kg,较传统耕作方法增产 75.6％。

3. 生态、社会效益显著

小麦收获后,留茬覆盖,可以防止大风吹走覆盖物,防止水土流失和雨蚀;秸秆用于覆盖,减少焚烧,防止了环境污染;覆盖降低地表风速与温度,可以防止土壤风蚀、雨蚀,地面不板结,有利于水分下渗,改善表层土壤微环境,增加蚯蚓数量;土壤耕层微生物显著增加,细菌数量增加 20.8％,真菌增加 53.8％,放线菌增加 108.3％。同时,由于覆盖的土壤减少了蒸发,对地下水补充、河流和水井水分补充以及粮食安全等都有深刻的影响。

4. 培肥地力

全程覆盖可以增加土壤养分含量,使旱地麦田肥力得到提高,为旱地冬小麦高产、稳产,以及再上新台阶奠定营养基础。据研究,覆盖处理 0～5 cm 土层根系量由对照的 636 kg/hm² 增加到 1 150.5 kg/hm²,提高 81％;耕层土壤容重由 1.29 g/cm³ 下降到 1.13 g/cm³,耕层土壤有机质达 1.04％,较对照的 0.87％ 提高 0.17％;速效氮达 51.26 mg/kg,比 CK 增加 6.86 mg/kg;速效磷达 16.65 mg/kg,比 CK 提高 9.55 mg/kg;速效钾达 148.3 mg/kg,比 CK 的 94.6 mg/kg 高 53.7 mg/kg。

3.5　土壤轮耕技术

保护性耕作不是万能的,仍有一些负效应,国内外大量研究表明,长期采用少、免耕技术,会造成土壤理化性状的不良影响,如表层容重增加,犁底层明显变浅,土壤有机质上层增加、下层削弱等,不利于作物的生长发育。土壤轮耕技术通过合理配置土壤耕作技术措施,解决长期少、免耕的负效应,将翻、旋、免、松等土壤耕作措施进行合理组合与配置,既考虑节本增效问题,同时又综合考虑农田土壤质量改善,土壤综合生产力的提高,是未来我国农业可持续发展的重要支撑技术。

针对长期少、免耕的弊病,通过对耕作措施的合理组合,在华北平原及南方双季稻区进行轮耕试验研究,取得了初步进展,为我国土壤轮耕技术体系奠定了基础。

3.5.1 华北平原土壤轮耕技术效应

3.5.1.1 试验设计

在华北麦玉两熟区选连续 5 年免耕处理土壤,于秸秆粉碎后分别设置翻耕(CT)、旋耕(RT)和免耕(NT)处理进行长期免耕土壤轮耕效应研究。结果表明,长期免耕后进行土壤耕作能够显著改善土壤理化性质,提高土壤有机碳含量,增加作物产量。试验具体设置如下:

(1)免耕(NT):玉米收获后,秸秆粉碎全量还田,采用免耕播种机一次性完成播种、施肥和镇压作业,播种后地表形成具有垄沟(NTF)、垄背(NTR)的微地表(垄背垄沟高度差为13 cm),小麦种播于垄沟两侧土壤中。

(2)翻耕(CT):玉米收获后,秸秆粉碎全量还田,撒施化肥,旋耕机旋耕一遍(耕深 8~10 cm,粉碎秸秆和破除根茬),平整地表,播种小麦。

(3)旋耕(RT):玉米收获后,秸秆粉碎全量还田,撒施化肥,旋耕机旋耕两遍(耕深 8~10 cm,粉碎秸秆和破除根茬),播种小麦。

3.5.1.2 轮耕效应

1.轮耕对土壤物理性状的影响

轮耕对土壤容重的影响:与连续免耕相比,轮耕处理(翻耕、旋耕)耕层土壤容重呈下降趋势,且在小麦冬前分蘖期达到显著水平;分蘖期翻耕、旋耕土壤表层 0~5 cm 和 5~10 cm 显著低于免耕,翻耕与免耕相比分别降低 11.7% 和 13.7%,旋耕与免耕相比分别降低 10.8%、7.9%;免耕、翻耕、旋耕 10~20 cm 的土壤容重分别为 1.55 g/cm³、1.42 g/cm³ 和 1.56 g/cm³,翻耕显著低于免耕、旋耕;开花期容重除翻耕 5~10 cm 显著低于免耕,各处理在各层次土壤上均差异不显著;冬小麦收获期,轮耕处理土壤容重与免耕差异进一步缩小,各土层的容重差异均不显著;20~30 cm 土壤容重一直都比较稳定,各处理差异不显著(表 3.20)。

表 3.20　轮耕处理后土壤容重的变化情况　　　　　　　　　　　　g/cm³

| 取样时期/
(年/月/日) | 处理方式 | 土层/cm | | | |
		0~5	5~10	10~20	20~30
	处理前	1.19	1.47	1.57	1.60
冬前分蘖期 2008/11/20	NT	1.20a	1.39a	1.55a	1.56a
	CT	1.06b	1.20b	1.42b	1.57a
	RT	1.07b	1.28b	1.56a	1.58a

续表 3.20

取样时期/ (年/月/日)	处理方式	土层/cm			
		0～5	5～10	10～20	20～30
开花期	NT	1.24a	1.37a	1.54a	1.59a
2009/5/1	CT	1.15a	1.26b	1.50a	1.59a
	RT	1.18a	1.30ab	1.52a	1.56a
收获期	NT	1.22a	1.37a	1.52a	1.57a
2009/6/10	CT	1.18a	1.32a	1.49a	1.60a
	RT	1.20a	1.34a	1.52a	1.56a

注:a,b 表示 LSD($p<0.05$)水平差异显著性。

(2)土壤总孔隙度:随土壤深度各处理总孔隙呈降低趋势,与耕作前相比,轮耕处理显著增加了 0～10 cm 的土壤总孔隙度,同时翻耕也显著增加了 10～20 cm 的总孔隙度,深层土壤耕作前后变化不明显。0～5 cm 总孔隙度变化表现为 RT>CT>NT,5～10 cm 的土壤总孔隙度为 CT>RT>NT,且翻耕旋耕与免耕在($p<0.05$)水平差异显著;10～20 cm 表现为 CT>NT>RT,翻耕土壤总孔隙度 48%,显著高于旋、免处理;20～30 cm 土层总孔隙度比较稳定,耕作处理对 20～30 cm 土层总孔隙度影响不大。不同轮耕处理对土壤影响深度不同,进而对土壤总孔隙度的影响产生差异,翻耕旋耕均显著增加了 0～10 cm 土壤总孔隙,同时翻耕耕作深度达到 20 cm 土壤也显著增加了下层 10～20 cm 土壤总孔隙(图 3.9)。

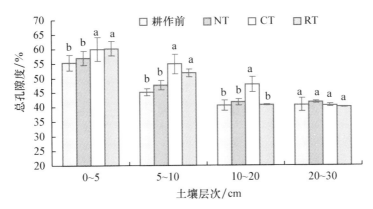

图 3.9　轮耕处理对土壤总孔隙度的影响

注:a,b 表示 LSD($p<0.05$)水平差异显著性。

(3)毛管孔隙:与耕作前相比,轮耕处理均提高了 0～5 cm 和 5～10 cm 土壤毛管孔隙,且 0～5 cm 与耕作前相比差异显著。3 种轮耕处理 0～5 cm 和 5～10 cm 均为 CT>RT>NT,且翻耕旋耕显著提高了 5～10 cm 的土壤毛管孔隙,分别比免耕提高 17.9% 和 15.1%,这与总孔隙度具有类似的变化规律。10～20 cm 和 20～30 cm 土层毛管孔隙度耕作前后均比较稳定,耕作处理对 10～30 cm 土层毛管孔隙度变化没有显著影响(图 3.10)。

(4)轮耕对土壤饱和导水率的影响:在小麦收获期分 0～10 cm、10～20 cm 和 20～30 cm 3 个层次测定不同轮耕措施对土壤饱和导水率的影响。土壤饱和导水率随土壤层次呈现自上

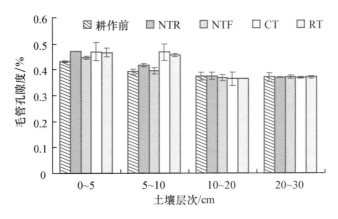

图 3.10　轮耕处理耕作前后土壤毛管孔隙的影响

而下减小的趋势,0~10 cm 土壤饱和导水率表现为旋耕>翻耕>免耕,翻耕旋耕与免耕差异显著;10~20 cm 和 20~30 cm 土层均表现为翻耕>旋耕>免耕,且 10~20 cm 翻耕显著高于免耕。这主要是由于耕作导致翻耕旋耕表层土壤中大孔隙较多,增强了土壤水分的通透性;表层以下耕作难以到达,因此土壤较为板结,从而导水率逐渐减小(图 3.11)。

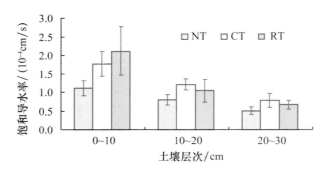

图 3.11　轮耕处理对土壤饱和导水率的影响

2. 轮耕对土壤有机碳的影响

连续免耕后,翻耕和旋耕能够增加 0~30 cm 土壤有机碳含量,促进耕层土壤有机碳均匀分布;翻耕处理较连续免耕表层 0~5 cm 土壤有机碳降低了 11.2%,10~20 cm 有机碳提高了 18.2%,达到了显著水平($p<0.05$);旋耕处理较连续免耕表层 0~5 cm 土壤有机碳降低了 4.5%,5~10 cm 和 10~20 cm 土壤有机碳分别提高了 7.8% 和 3.5%(图 3.12)。

3. 轮耕对冬小麦产量构成的影响

从产量构成看,有效穗数表现为翻耕>旋耕>免耕,且翻耕、旋耕与免耕差异极显著,分别比免耕提高了 24.1% 和 22.3%;穗粒数表现为免耕>旋耕>翻耕,但各处理间差异不显著;千粒重表现为旋耕>免耕>翻耕,旋耕分别比免耕、翻耕高 2.5% 和 3.8%,差异达显著水平;理论产量和实测产量均表现为旋耕>翻耕>免耕,分别比免耕增产 16.9% 和 11.8%,旋耕与免耕差异达到极显著水平,翻耕与免耕差异达到显著水平。在产量构成中起决定作用的是有效穗数,其相关系数 $r=0.856(n=9)$。与免耕相比,翻耕的理论产量、有效穗数分别提高 24.1% 和 22.4%,旋耕的理论产量、有效穗数分别提高了 11.7% 和 21.6%(表 3.21)。

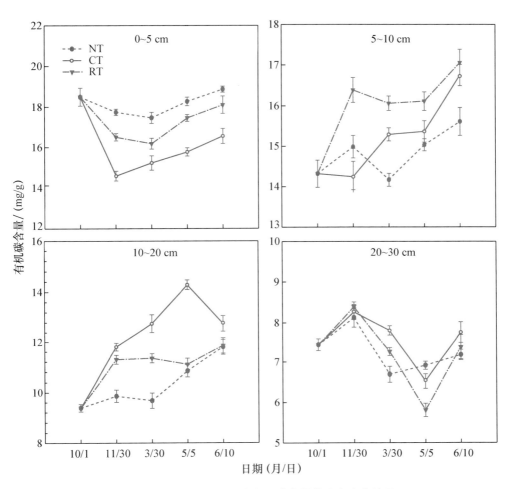

图 3.12　轮耕模式下土壤有机碳含量的动态变化情况

表 3.21　轮耕对冬小麦产量构成和产量的影响

处理	有效穗数/ （个/m²）	穗粒数/个	千粒重/g	理论产量/ （kg/hm²）	实测产量/ （kg/hm²）
NT	515Bb	29.60Aa	47.7Bb	7 272Bc	7 125Bb
CT	639Aa	27.01Aa	47.1Bb	8 126Ab	7 968ABa
RT	630Aa	28.71Aa	48.9Aa	8 842Aa	8 330Aa

注：A,B 表示 LSD（$p<0.01$）水平差异显著性；a,b 表示 LSD（$p<0.05$）水平差异显著性。

3.5.2　南方双季稻区土壤轮耕技术效应

3.5.2.1　试验设计

在连续免耕 7 年的稻田上，设置免耕（NT）、旋耕（RT，6～8 cm，4 遍）和翻耕（CT，12～15 cm）3 种耕作处理。为了研究轮耕效应，于 2007 年 4 月采取轮耕处理，即将翻耕稻田一半免耕（CT-NT），剩下一半继续翻耕（CT-CT），同时，将旋耕稻田一半免耕（RT-NT），剩下一半继续旋耕(RT-RT)。2008 年和 2009 年耕作措施与 2007 年一致,即分别为 NT-NT、CT-CT、CT-NT、RT-RT 和 RT-NT 5 个耕作处理。

以长期免耕处理为对照。各处理田间作业顺序如下:免耕(NT),灌水泡田→喷施除草剂→撒施复合肥→免耕抛秧→撒施追肥(尿素)→搁田→早稻收获→早稻秸秆不还田→灌水泡田→喷施除草剂→撒施复合肥→免耕抛秧→撒施追肥(尿素)→搁田→晚稻收获→晚稻秸秆全量覆盖还田→冬闲;翻耕(CT),灌水泡田→铧式犁耕翻→耙平→撒施复合肥→抛秧→撒施追肥(尿素)→搁田→早稻收获→早稻秸秆不还田→灌水泡田→铧式犁耕翻→耙平→撒施复合肥→抛秧→撒施追肥(尿素)→搁田→晚稻收获→晚稻秸秆全量覆盖还田→冬闲;旋耕(RT),灌水泡田→旋耕机旋耕 4 遍→耙平→撒施复合肥→抛秧→撒施追肥(尿素)→搁田→早稻收获→早稻秸秆不还田→灌水泡田→旋耕机旋耕 4 遍→耙平→撒施复合肥→抛秧→撒施追肥(尿素)→搁田→晚稻收获→晚稻秸秆全量覆盖还田→冬闲。

3.5.2.2 双季稻区土壤轮耕效应

1. 轮耕对稻田土壤物理性状的影响

(1)容重:长期连续免耕表层 0～5 cm 土壤容重呈相对降低趋势。长期免耕后,翻耕、旋耕降低了下层 10～20 cm 土壤容重。同时,长期连续免耕趋向于增加表层 0～5 cm 土壤毛管孔隙度,而翻耕、旋耕趋向于增加下层 10～20 cm 土壤毛管孔隙度。

(2)饱和导水率:长期连续免耕后,各轮耕处理耕层 0～20 cm 土壤饱和导水率较长期免耕均有不同程度的降低,特别是 10～20 cm 差异显著。主要是由于稻田犁底层存在于 10～20 cm 土层,同时,翻耕、旋耕会破坏犁底层的孔隙连续性,进而降低了该层饱和导水率(表3.22)。

表 3.22 轮耕模式下稻田原状土饱和导水率的研究 10^{-5} cm/s

处理		土层/cm		
		0～5	5～10	10～20
早稻晒田	免耕—免耕	0.37～3.93	0.74～19.4	1.05～15.8
	翻耕—翻耕	0.56～2.87	0.65～2.22	0.08～0.26
	翻耕—免耕	0.23～14.1	0.07～2.34	0.05～0.64
	旋耕—旋耕	0.57～26.8	0.50～1.22	0.06～6.23
	旋耕—免耕	0.85～14.3	0.14～0.80	0.55～3.38
晚稻晒田	免耕—免耕	4.94～15.2	0.87～3.15	2.08～4.60
	翻耕—翻耕	1.49～3.32	0.80～1.35	0.23～0.82
	翻耕—免耕	2.55～7.36	0.85～2.34	0.58～1.71
	旋耕—旋耕	1.52～6.05	1.33～2.03	0.17～1.39
	旋耕—免耕	1.33～3.58	1.37～6.08	0.35～0.63

(3)轮耕模式下稻田土壤孔隙分布:轮耕模式下,2007 年晚稻晒田时,表层 0～5 cm 土壤总孔隙度以免耕—免耕最高,翻耕、旋耕后免耕的孔隙度有所下降;土壤大孔隙(>30 μm)也以免耕—免耕最高,翻耕、旋耕后免耕的大孔隙(>75 μm)含量有所增加,而 75～30 μm 间孔隙有所下降。5～10 cm 土壤总孔隙度呈现免耕—免耕<旋耕—旋耕<翻耕—翻耕,且翻耕、旋耕后免耕的孔隙度有所下降;该层土壤大孔隙(>30 μm)以翻耕—翻耕最高,而其他轮耕模

式都低于免耕—免耕。10～20 cm 土壤大孔隙(>30 μm)以免耕—免耕最高,而翻耕后免耕有所下降,但旋耕后免耕有所增加,因而轮耕有利于降低犁底层大孔隙含量,进而降低饱和导水率,增强稻田土壤保水保肥作用(表 3.23)。

表 3.23　轮耕模式下晚稻晒田时土壤孔隙分布情况

土层/cm	处理	总孔隙度	>75 μm	75～30 μm	<30 μm
0～5	免耕—免耕	0.695	0.078	0.031	0.587
	翻耕—翻耕	0.651	0.051	0.028	0.573
	翻耕—免耕	0.630	0.068	0.013	0.549
	旋耕—旋耕	0.664	0.028	0.036	0.600
	旋耕—免耕	0.654	0.033	0.020	0.602
5～10	免耕—免耕	0.642	0.059	0.026	0.557
	翻耕—翻耕	0.687	0.068	0.040	0.579
	翻耕—免耕	0.613	0.049	0.019	0.545
	旋耕—旋耕	0.644	0.045	0.023	0.576
	旋耕—免耕	0.629	0.048	0.019	0.562
10～20	免耕—免耕	0.612	0.054	0.022	0.536
	翻耕—翻耕	0.609	0.042	0.015	0.553
	翻耕—免耕	0.598	0.034	0.014	0.550
	旋耕—旋耕	0.584	0.030	0.019	0.545
	旋耕—免耕	0.631	0.038	0.018	0.575

(4)轮耕稻田土壤贮水量:长期免耕耕层土壤贮水量均低于翻耕和旋耕处理,但翻耕、旋耕后免耕表层 0～5 cm 均呈现增加的趋势,而下层均呈现降低的趋势。从耕层总贮水量来看,2009 年晚稻收获时,长期免耕 0～20 cm 贮水量最低,为 93.2 mm;翻耕次之,为 95.9 mm;旋耕最高,为 100.5 mm。翻耕、旋耕后免耕贮水量均呈现降低的趋势,分别为 94.6 mm 和 96.9 mm。因此,轮耕有利于提高耕层土壤贮水量,能够有效提高土体含水量,有利于作物抵御季节性干旱(图 3.13)。

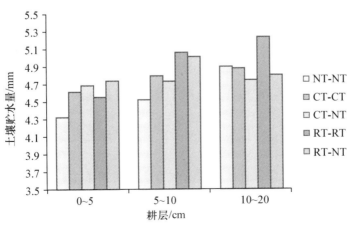

图 3.13　轮耕对稻田土壤贮水量的影响(2009 年 10 月)

2.轮耕兑水稻产量及其构成因素的影响

2009年，与长期免耕水稻产量相比，翻耕处理水稻产量呈现增加的趋势，但翻耕后免耕略有降低；而旋耕处理水稻产量呈现降低的趋势，但旋耕后免耕增产效果明显（表3.24）。

表3.24 轮耕模式下晚稻产量及其构成因素的研究（2009年）

处理模式	有效穗数/ （个/m²）	穗粒数/个	空壳数	结实率/%	千粒重/g	实际产量/ （kg/hm²）	理论产量/ （kg/hm²）
免耕—免耕	306.4	111.4	8.5	92.3	28.0	7 735.5	8 802.0
翻耕—翻耕	295.4	122.5	12.6	89.7	28.8	7 875.0	9 321.0
翻耕—免耕	270.9	132.1	15.2	88.5	27.7	7 737.0	8 749.5
旋耕—旋耕	279.8	117.2	10.0	91.4	27.0	7 237.5	8 091.0
旋耕—免耕	305.6	126.6	12.5	90.1	27.3	7 990.5	9 502.5

长期少免耕后，华北麦玉两熟区存在土壤紧实，容重大，犁底层上移，土壤养分和有机质在表层富集，影响作物生长发育等现象。在南方双季稻区同样存在长期免耕后土壤紧实，养分在表层富集，以及水稻作物根系难以下扎，作物易倒伏，进而造成作物减产等问题。通过土壤轮耕能够显著改善土壤的理化性状，提高土壤耕层有机碳含量，促进作物生长发育，进而提高产量。然而，对不同地区土壤轮耕效应的初步研究也表明，不同区域土壤类型、种植制度存在差异，土壤轮耕效应也存在差异。因此，有必要加强对不同区域土壤轮耕效应的深入研究，为构建我国土壤轮耕制度提供科学参考依据。

（本章由陈阜、张海林主笔，孔凡磊、刘武仁、李增嘉、肖小平、李军参与编写）

参考文献

[1]吕美蓉,李增嘉,张涛,等.少免耕与秸秆还田对极端土壤水分及冬小麦产量的影响.农业工程学报,2010(1):41-45.

[2]刘军,黄庆,刘怀珍,等.水稻免耕抛秧的特点及高产技术.作物杂志,2000(4):11-12.

[3]孔凡磊,张海林,孙国峰,等.轮耕措施对小麦玉米两熟制农田土壤碳库特性的影响.水土保持学报,2010,2(24):150-154.

[4]孙国峰,陈阜,肖小平,等.轮耕对土壤物理性状及水稻产量影响初步研究.农业工程学报.2007,23(12):109-113.

[5]于稀水,廖允成,袁泉,等.秸秆覆盖条件下冬小麦棵间蒸发规律研究.干旱地区农业研究,2007(3).

[6]黄高宝,罗珠珠,辛平,等.耕作方式对黄土高原旱地土壤渗透性能的影响.水土保持通报,2007(6).

[7]吴美娟,黄洪明.不同免耕直播方式及稻草数量对油菜生长的影响.耕作与栽培,2006(6):30-31.

[8]李少泉,徐龙铁,黄庆裕.水稻抛秧栽培不同施肥技术对产量的影响.土壤肥料,1999(6):35-37.

[9]彭贵喜,刘刚.保护性耕作中深松技术的应用研究.农业科技与装备,2009,2:119-120.

[10]李世成.辽宁省保护性耕作技术模式、应用效果及发展前景.农业机械化与电气化,2007,2:33-34.

[11]赵印英.不同覆盖技术特点及其节水增产效果与投入产出分析.山西农业科学,2004,32(4):37-40.

[12]赵二龙.旱地小麦留茬少耕秸秆全程覆盖栽培技术研究与推广.陕西农业科学,2006(3):84-86.

[13]李立科,等.西北农业耕作技术的切入点——留茬少耕或免耕秸秆全程覆盖技术.农机推广与安全,2002(4):7-9.

[14]高瑾瑜,等.玉米高留茬免耕栽培增产机理探讨.陕西农业科学,2005(5):73-74.

[15]韦振耀,陆喜,蒙英勋,等.南方超级稻—免耕马铃薯丰产栽培技术.现代农业科技,2009(17):39-41.

第 **4** 章

保护性耕作制的秸秆还田技术

4.1　秸秆还田技术概述

保护性耕作的核心内容是秸秆残茬与表土处理技术、免耕播种施肥技术、杂草和病虫害控制技术、土壤深松技术等 4 项关键技术的组合,保护性耕作五大特征中的"少裸露"特征主要是通过秸秆覆盖、绿色覆盖等地表覆盖技术实现地表少裸露,达到减少土壤侵蚀以及提高土地产出效益;"高保蓄"特征是通过减少土壤的翻动,加上秸秆覆盖作用,有效地控制土壤侵蚀,减少水分的无效蒸发,从而提高水分、养分利用效率。由此可见,秸秆还田技术是保护性耕作制极为重要的一环。

4.1.1　秸秆还田技术研究与应用的必要性

我国农作物秸秆年产量为 7 亿 t 左右,其中玉米秸秆占 36.7%,稻草秸秆占 27.5%,小麦秸秆占 15.2%,粮食作物秸秆约占了总量的 90.5%。50% 以上的秸秆资源集中在四川、河南、山东、河北、江苏、湖南、湖北、浙江等省,西北地区和其他省份秸秆资源分布量较少。稻草主要在长江以南的诸多省份,而小麦和玉米秸秆分布在黄河与长江流域之间,以及黑龙江和吉林等省份。

图 4.1 展示了 2005 年我国各省(区、市)的秸秆产量与秸秆消费量。数据表明,我国长期以来对秸秆的利用效率一直很低,仅保持在 20% 左右。秸秆还田仅为产量的 1/4,剩余的堆放到田边道旁或就地焚烧,这样既浪费了资源又污染了环境,尤其影响空气质量和交通安全。未来作物秸秆的产量越来越高,如不合理解决,问题会日益严峻。随着中国农业向现代化、简便化方向发展,堆沤肥的减少使农田有机肥源不足的问题日益凸显。近年来,许多地方的土壤测定都表明,土壤 K 素含量呈下降趋势。如河北省第 2 次全国土壤普查时,土壤速效钾平均含

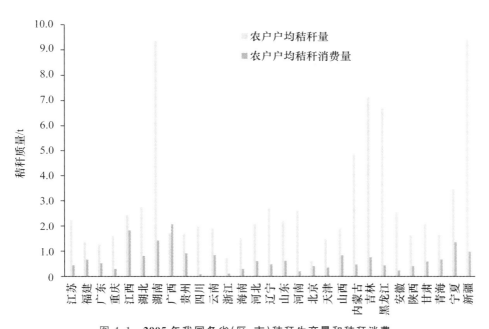

图4.1 2005年我国各省(区、市)秸秆生产量和秸秆消费

注:秸秆产量采用1992年中国农业统计年鉴提供的秸秆折算系数乘以相应的农作物产量求得,
粮食产量数字来源于中国统计年鉴(2006)。

量135 mg/kg,处于比较丰富的水平,而1994—1996年测定的土壤速效磷含量平均为101.5 mg/kg,下降了33.5 mg/kg。全国肥料试验网曾于1958—1963年和1981—1983年间研究了不同作物的施肥增产效应,发现在1981—1983年的试验中,氮肥对小麦、玉米、水稻3种作物的增产效应都明显下降,钾肥的增产效应都明显提高,可达到10%以上,这反映了我国土壤钾素减少,已成为制约产量提高的重要因素。因此,科学利用秸秆还田技术,提高秸秆的还田率,不仅能减少资源的浪费和环境污染,还可以提高整个农业生产系统的产出水平,是实现农业可持续发展的重要途径之一。

4.1.2 秸秆还田技术研究与应用概况

4.1.2.1 国际秸秆还田技术应用与研究概况

尽管我国自古以来就有将秸秆堆沤还田的传统,但从技术角度去加以研究,一些国家却走在了我们的前面。加拿大和美国的农业科学家于20世纪50年代末60年代初,最先倡导了秸秆留茬还田、少耕和免耕技术,在防止土壤风蚀沙化、培肥土壤和保墒蓄水方面效果显著。

美国保护性耕作技术信息中心(Conservation Technology Information Center,CTIC)提出了作物秸秆管理系统,其主要包括免耕(no-till)、垄耕(ridge-till)、覆盖耕作(mulch-till)和一些其他保护性措施,其作用就是在土壤表面提供覆盖,减少风蚀和水蚀。美国由1989年到1994年4年间秸秆覆盖小于15%的耕地面积逐渐减少。在美国保护性耕作是通过一套操作性很强的作物残留物管理(crop residue management,CRM)来实现的,其主要的秸秆还田技术主要包括如下几种:①免耕。农作物收获以后,将作物秸秆整秆或切碎平铺于土壤表面,采用免耕播种机进行播种。所用机具有少耕机、条状耕作机、施肥机。②垄耕。与免耕作业相似,在播种季节进行起垄以后,垄上种植作物,配合人工将秸秆覆盖在垄沟,减少秸秆对种子出苗的影响,所用机具有条播耕作机、施肥机等。③覆盖。这是在美国应用最广的保护性耕作方式,这种方式适合侵蚀比较严重的地方,将大量秸秆覆盖在土壤表面。加拿大在20世纪50年代以前,也是采用铧式犁翻耕方式,土壤过度翻耕,地表覆盖物太少,导致土壤侵蚀。

加拿大的机械化保护性耕作主要由4项关键技术组成:免耕播种技术、秸秆残茬处理技术、杂草及病虫害控制技术、土壤深松技术。其中秸秆残茬处理技术主要包括用大量秸秆残茬覆盖地表,将耕作减少到只要保证种子发芽即可,并主要使用农药来控制杂草和病虫害。秸秆覆盖的目的是保水、保肥、保土。其突出特点是增强土壤蓄水能力,可减少径流60%左右,减少水分蒸发11%,并提高水分利用效率17%左右。

在机理研究基础上,国外特别是发达国家的秸秆还田技术得到广泛推广,英国还田量占秸秆总量的73%,美国还田量占2/3,日本稻田秸秆还田量几乎占100%。美国在20世纪40年代实现农业机械化后,就开始了秸秆大量直接还田。不但小麦、玉米等秸秆大量还田,而且大豆、番茄等秸秆也尽量回田。美国年产秸秆(干有机物)近4.5亿t,其中有68%实行机械还田,占美国总有机残物生产量返田的70%。在美国的很多地方将谷物秸秆留在原地以防止水土流失和保蓄水分,许多耕作和播种机具也都为此目标而设计。

4.1.2.2　我国秸秆还田技术研究与应用概况

我国对于秸秆直接还田的研究最早开始于20世纪60年代,以秸秆粉碎、田间堆置、腐熟还田为主要方式开展了相关研究,在80年代达到高潮后有所降温。80年代末期,随着水、土资源危机和秸秆焚烧问题的扩大,秸秆还田的研究又引起广泛重视,相继开展了少耕和免耕秸秆覆盖还田、粉碎还田等实验研究,取得了一定的研究成果和结论。90年代末,小麦、玉米秸秆还田机械取得重大突破,北方粮田秸秆还田得到大面积推广,随着"十五"和"十一五"国家科技支撑项目"保护性耕作技术研究与示范"、"农田生态系统健康调控"以及"农田循环生产关键技术研究与集成示范"等的开展,有关秸秆还田技术机理、模式及配套农艺措施、机械设备等得到了全面、系统和深入的研究,取得了重大进展和丰硕成果。

4.1.3　秸秆还田主要作用

由于研究时间上的限制,研究区域资源与气候特点的差异性以及研究的作物对象的不同,对秸秆还田技术效果及作用评价结果尚不能达到完全一致,但综合多方面研究,以下结果或结论得到普遍认同。

4.1.3.1　有利于防止风蚀与水蚀,减少蒸发

秸秆覆盖保护土壤免受雨滴拍击,避免了结壳;秸秆阻碍水流、减缓径流速度,使雨水入渗时间增加,径流大幅度减少,降低了土壤水蚀;秸秆覆盖明显减小了阳光直射地面、风力直吹地面,土壤里的水分蒸发也因地表上的秸秆覆盖增加了阻隔层,降低蒸发散失的速度,使蒸发减少,也有利于降低土壤的风蚀。周建忠和路明(2005)探讨了保护性耕作防止农田土壤风蚀及起沙扬尘的关键技术环节,并提出了保护性耕作防治土壤风蚀及起沙扬尘的关键技术参数,即留茬高度不低于30 cm,秸秆残茬覆盖率大于32%,可有效防止农田土壤风蚀和起沙扬尘,又有利于农业生产。

4.1.3.2　增加土壤有机质,促进土壤生物活性

作物秸秆富含大量的纤维素、半纤维素、木质素和蛋白质等有机物质,其中含碳量占40%~60%,含氮量占0.6%~1.1%,是宝贵的可再生资源。秸秆还田技术最重要的作用就是提高土壤有机质的含量和质量,活化土壤氮、磷、钾养分,提高土壤肥力。秸秆作物的主要成分是纤维素、半纤维素和一定数量的木质素、蛋白质、糖,经过微生物作用以后转化成土壤中的腐殖质。同时秸秆中 C/N 较高,对土壤中的氮素也有很大影响。新鲜秸秆的加入,为土壤生物提供充足的食物,刺激土壤中生物的活性。土壤生物活性提高,加速秸秆的分解,有利于土壤物理质量的提高。

4.1.3.3　改善土壤物理结构

秸秆还田,可改善土壤的结构。土壤容重是土壤物理质量的综合指标,秸秆还田后土壤容重降低;提高了土壤的有机质含量,减缓了土壤压实,孔隙度增加,土壤的导水率提高,有利于兑水分和养分的贮存和利用,改善土壤团粒结构,增大土壤中水稳定性团聚体的数量。

4.1.3.4　有助于改善土壤养分状况

秸秆含有一定的碳、氮、磷、钾等多种元素。据分析,一般主要的禾本科作物秸秆含氮为 0.7%,磷为 0.075%(折 P_2O_5 为 0.17%),钾为 1.4%(折合 K_2O 为 1.69%),分别占到作物总含量的 24%~44%、25%~30% 和 80%~85%,即每公顷若返还 15 t 秸秆,最终将给土壤补充105 kg 氮(225 kg 尿素)、24 kg P_2O_5(过磷酸钙 150 kg)、254 kg K_2O(340 kg 硫酸钾)。其中钾的返还率和数量巨大,研究结果一致表明,秸秆还田后土壤中的速效钾显著增加。

4.1.3.5　秸秆还田对作物产量的影响

从已有的中、长期定位试验结果看,秸秆还田多数有利于增加作物产量,少数减产。其中增产原因如上所述,减产原因主要是秸秆还田质量影响了播种出苗、农田部分杂草和虫害不易防治以及化肥管理不科学情况下的作物与微生物争氮等。

4.1.4　秸秆还田主要技术模式

4.1.4.1　小麦—玉米秸秆还田主体模式

(1)麦玉秸秆全量粉碎耕翻还田模式。秸秆粉碎还田技术,秸秆粉碎长度应小于 5 cm,最大不超过 10 cm,粉碎秸秆的抛撒宽度以割幅同宽为好,正负在 1 m 左右。秸秆破碎合格率大于 90%。秸秆被土覆盖率大于 75%,根茬清除率大于 99.5%。麦秸还田采用浅层还田耕作办法,浅翻 10~15 cm 或耙耕 10~15 cm,并结合深松耕作。在这个过程中要解决以下问题:①秸秆还田的数量和时机。一般秸秆还田数量不宜过多,还田 4.5~6.0 t/hm² 为宜,否则影响耕翻质量。秸秆含水量大于 30% 时还田效果好。②秸秆粉碎的质量。秸秆粉碎长度最好小于5 cm,勿超过 12 cm,留茬高度越低越好,撒施要均匀。③玉米秸秆粉碎、旋耕技术。长期以来,制约玉米秸秆还田的主要因素就是影响后季小麦播种和出苗。目前,采用改进的锤爪式玉米秸秆粉碎还田机,粉碎效果良好。④调整 C/N。据研究,秸秆直接还田后,适宜秸秆腐烂的 C/N 为(20~25):1,而秸秆本身的碳氮比值都较高,玉米秸秆为 53:1,小麦秸秆为87:1。这样高的碳氮比在秸秆腐烂过程中就会出现反硝化作用,微生物吸收土壤中的速效氮素,把农作物所需的速效氮素夺走,使幼苗发黄,生长缓慢,不利于培育壮苗。因此,在秸秆

还田的同时,要配合施入氮素化肥,保持秸秆合理的碳氮比。一般每 100 kg 风干的秸秆掺入 1 kg 左右的纯氮较合适。⑤深耕重耙。一般耕深为 20 cm 以上,保证秸秆翻入地下并盖严,耕翻后还要用重型耙耙地。有条件的地方应及时浇塌墒水。

(2)机械化免耕覆盖秸秆还田技术。又包括:玉米秸秆整秆覆盖还田,人工收获玉米以后对秸秆不做任何处理,直立于田间。采用免耕播种机进行播种,播种时将秸秆按照播种机的行走方向进行压倒,覆盖于土壤表面。小麦整秆覆盖还田,人工将小麦收获以后,将小麦秸秆均匀覆盖于土壤表面,然后进行播种。玉米或小麦粉碎覆盖还田,将玉米或小麦地秸秆用秸秆粉碎机粉碎,与一定肥料混合铺于土壤表面,采用免耕播种机进行播种。

4.1.4.2 麦—稻两熟秸秆还田模式

(1)麦稻两熟制秸秆全量还田模式。①麦草全量机械还田:具体操作流程为机收小麦→机碎草(人工耙匀)→撒施化肥(碳酸氢铵 450～600 kg/hm²)→机旋耕埋草→晒垡或沤制→上水→撒施混合肥(375～750 kg/hm²)→水田驱动耙耙地→移栽水稻。②稻草全量机械还田:包括两种技术,即机械浅旋灭茬稻秸秆全量还田和稻田套种麦秸秆高留茬加覆盖全量还田。机械浅旋灭茬稻秸秆全量还田技术操作流程为:机收水稻→机碎稻草→人工耙匀稻草→施小麦基肥→旋耕灭茬→播种小麦→盖麦机碎土盖粒→开沟机开沟覆土。机械配套:洋马 CA355CEX 或久保田 PR0481 半喂式联合收割机收获脱粒并切碎秸秆约 8 cm 长,IGF-160 旋耕灭茬机浅旋 5～10 cm,东风 IG-120 型碎土盖麦机盖麦,申光 IK-35 型单圆盘开沟机开沟盖土。③稻田套种麦秸秆高留茬加覆盖全量还田:技术操作流程为,小麦于水稻收获前 1～5 d 套撒播于稻田,洋马或久保田半喂入联合收割机高留茬(约 20 cm)收割、脱粒、切碎稻草,人工耙匀稻草覆盖还田,申光 IK-35 型单圆盘开沟机开沟覆土。

(2)麦田套播麦稻秸秆高留茬加覆盖全量还田。技术要求简述如下:①田块选择。前茬为稻茬免(少)耕麦田,排灌自如。②播种方式。与小麦的套播共生期 15～20 d。提前 2～3 d 浸种露白,先用河泥包衣,再用细土搓成单粒,按畦称种匀播,播量比常规增 50% 以上。③窨水齐苗。播后立即灌透水并速排。确保次日日出前沟内无积水。④高留茬加覆盖秸秆全量还田。桂林 2 号收割机收割,留茬 30 cm,切碎的秸秆覆盖于畦面和置于麦田沟内约各一半。⑤杂草防除。⑥水浆管理。麦收后立即灌两次跑马水,使稻苗有一适应的过程;分蘖期薄水勤灌,不宜轻易断水;拔节分化期水肥促进为主;灌浆结实期干湿交替。⑦肥料运筹。一般每公顷施氮 225～300 kg,分蘖肥和穗肥比 4∶6 或 5∶5,分两次施用,注意配施钾肥。⑧播种立苗期注意药剂灭鼠防雀。

(3)川西平原麦稻两熟劳力密集型秸秆还田模式。主要技术方式如下:①稻草还田。一是稻草直接用于覆盖秋季作物(马铃薯、大蒜等);二是将稻草切成 10～20 cm 小段,小麦播种后直接覆盖;三是将鲜稻草加入秸秆腐熟剂堆沤,小麦播种后将完全腐熟的堆肥盖种。②麦草还田。小麦采用联合收割机收割,脱粒,秸秆切碎,再用耕整机将秸秆压埋于地下。

4.1.4.3 双季稻劳力密集型秸秆还田模式

主要技术如下:①早稻草翻压移栽晚稻。早稻收割后,将鲜稻草总量的 1/3～2/3 均匀撒在稻田,每公顷施碳酸氢铵 750～1 200 kg,用牛或拖拉机犁翻,耙平后移栽晚稻。②早稻草覆盖免耕移栽晚稻。

4.1.4.4　留高茬秸秆还田模式

1. 小麦留高茬还田

小麦收割时一般留茬 20～40 cm,用链轨拖拉机配带重型四铧犁,在犁前斜配一压秆将秸秆压倒,随压随翻。技术要求是:小麦收割时,要做到边割边翻,以免养分散失,也便于腐烂;必须顺行耕翻,以便于秸秆覆盖和整地质量提高;耕深要求在 26 cm 以上,做到不重、不漏、覆盖严密;耕翻后,要用重耙、圆盘耙进行平整土地;麦茬作物定苗后必须及时追施氮、磷肥,同时灭茬除草。

2. 水稻留高茬还田

水稻割茬高度在 10～15 cm,最好不超过 20 cm,以秋季作业为好,要在土壤含水量25%～30%(不陷车)时结合秋翻进行作业,封冻前结束。耕翻深度以不破坏犁底层为宜,一般为 15～18 cm,手扶拖拉机牵引两铧犁翻地。耕深应大于 10 cm,翻平扣严,不重不漏,不立垡,不回垡,深度一致。根茬混拌于土中的覆盖率大于 95%。应注意的是:水稻高茬收割还田由于茬高不宜进行旋耕作业,但要进行旱耙(耢)。旱耙(耢)作业适宜的土壤含水量为 19%～23%,耙地深度分轻耙 8～12 cm、重耙 12～15 cm 两种。耙好的标准为不漏耙、不拖堆、无堑沟,且耕层内无大土块,每平方米耕层内最大外形尺寸大于 5 cm 的土块小于或等于 5 个。尤其要注意的是水稻高茬收割还田要配施一定量的氮、磷肥。结合翻地深施,用量为 150～225 kg/hm²,氮磷比以 3:1 为宜。

3. 玉米留高茬还田模式

秋季收获后留茬 30 cm,实现全量的 1/3 还田,3 年全量还田一次。此模式适用于东北、西北一熟区,与隔行深松耕等配合进行。

4.1.5　秸秆还田技术问题与展望

4.1.5.1　秸秆还田应注意的问题

秸秆的 C/N 都大于微生物活动所需要的 C/N,所以在进行秸秆还田时,要与一定量的尿素或铵态氮肥混合使用,调节 C/N。可以将氮肥溶液喷洒在已抛撒地表的秸秆表面上,然后进行还田后的机械作业。考虑到施氮和还田秸秆在土壤中分布的不均匀性而可能影响后作幼苗的正常生长,可以将部分氮肥作为种肥施入。还田秸秆的长度与质量影响秸秆还田后的转变,一般将秸秆切成 5～10 cm 长碎段为宜,若秸秆粉碎过长或直接翻压(不经切碎处理),不仅拖延了分解时间,还不利于土壤保墒,降低还田整地质量,影响出苗率。秸秆整秆覆盖还田一般适合在风力比较大的地方。注意秸秆还田的温度和土壤水分条件。秸秆还田后矿质化和腐殖化的速度主要取决于田间的温度和含水量。通常情况下,温度在 27℃左右,土壤含水量在55%～75%,秸秆腐化分解最快。当温度和含水量过低时,秸秆基本不发生分解。

4.1.5.2　秸秆还田技术应用展望

首先要加大秸秆还田机械的研制。大面积机械化作业是实现秸秆还田的有效方式之一,要以大、中、小型机械相结合,使机械还田既适合于平原地区,又适合于丘陵山区。新研发的机械要与科学施肥和施药相结合,达到秸秆还田、施肥施药、省工节本的综合目的。其次要走农艺、生物技术、机械化相结合的道路。农艺、生物工程技术与农机相结合是农业机械化的必由之路,秸秆还田机械化能够改变秸秆的物理性状,促进秸秆腐解。腐解剂、微生物将进一步加速秸秆的腐解。因此,将机械化秸秆还田与生物技术有机地结合,能够更有效地解决秸秆还田问题。此项配套措施即在采用相应的农艺措施进行秸秆还田的同时,还要研制配套的农业机械(如插秧机、抛秧机)、生物制剂(如快速腐解剂等)来简化覆盖栽培等农艺措施的工序,加速秸秆腐解。此外,在采用农业机械化秸秆还田的同时,实施配套的农艺栽培措施(如覆盖栽培、抛秧、免耕直播等),用生物化学制剂来加速腐解,克服秸秆机械还田只能从物理性状上破坏秸秆结构,而不能从根本上快速腐解秸秆的弱点。

4.2　秸秆还田技术和效应研究进展

4.2.1　秸秆还田对土壤有机质及碳库的影响

比较农田秸秆还田前以及还田若干年后的土壤有机质状况,多数结果表明秸秆还田农田的有机质是持续增加的。例如山东桓台县土肥站测定,1982—1997 年期间,该县土壤有机质平均由 1.30% 增加到 1.50%,其中定点观察的郭家村从 1982 年的 1.33% 增加到 1996 年的1.56%,年递增率为 0.016%;北京北郊农场在 1987—1992 年期间土壤有机质由 1.33% 增加到 1.56%,年增率为 0.023%～0.046%。

试验研究中,短期试验与中长期试验结果存在一定差异,绝大多数短期实验表明秸秆还田有机质和碳库增长明显。华北徐新宇(1985)报道,4 年麦秸还田,土壤有机质由 0.88% 增加到1.06%,年增量 0.045%;河北辛集马兰农场连续 5 年每亩翻压麦秸 400 kg,土壤有机质由1.05% 增加到 1.15%,年增率为 0.025%;浙江嵊县 1987—1991 年,经过 4 年稻草还田,年增土壤有机质 0.04%。多数地区中长期试验得出,连续多年秸秆还田可逐步增加土壤有机质,这一点是肯定的,但在等于或低于作物当年生产的秸秆量条件下,增长幅度较小,大致为0.005%～0.03%,平均年增率为 0.01%(表 4.1)。

表 4.1　秸秆还田对耕层土有机质的影响

地点	资料年限	年返还秸秆量 /(kg/hm²)	当年可能增加土壤有机质 /(kg/hm²)	土壤有机质			
				期间变化量/%		实际年净增量	
				期初	期末	kg/hm²	%
景县	2	0(CK)	0	不显著		不显著	
		6 750	1 688				
		13 500	3 375				
		27 000	6 750				
曲周	11	0(CK)	0	0.70	1.02*	0	—
		2 250	675	0.70	1.07*	79	0.005
		4 500	1 350	0.70	1.15*	221	0.014
北京农业大学(现中国农业大学)	9	0(CK)	0	1.37	1.58	0	—
		4 000	1 200	1.37	1.64	216	0.007
张家港	8	0(CK)	0		2.1*	0	—
		4 500	1 350		2.5*	270	0.006
望城	10	0(CK)	0	3.55	3.56	0	—
		7 875	2 363	3.55	3.74	1 438	0.018

续表 4.1

地点	资料年限	年返还秸秆量 /(kg/hm²)	当年可能增加土壤有机质 /(kg/hm²)	土壤有机质			
				期间变化量/%		实际年净增量	
				期初	期末	kg/hm²	%
衡水	12	0(CK)	0		1.044	0	—
		2 250	675		1.103	117	0.005
		4 500	1 350		1.111	194	0.006
		9 000	270		1.140	205	0.008
栾城	9	0(CK)	0		0.90	0	—
		12 000	3 600		0.97	169	0.01
	4	0(CK)	0	1.237	1.176	0	—
		3 750	1 125	1.232	1.216	277	0.01
		7 500	2 230	1.226	1.301	828	0.03
		15 000	4 500	1.234	1.347	1 111	0.04
寿阳	6	879(CK)	264		2.33*	0	—
		5 121	1 356		2.33*	0	0.0
陵县	7	4 500(CK)	1 350	0.73	1.01	0	—
		6 000	1 800	0.73	1.04	82	0.005
		7 500	2 250	0.75	1.12	253	0.015
		15 000	4 500	0.84	1.21	567	0.03
		30 000	9 000	0.85	1.36	956	0.05
滨州	4	0(CK)	0		1.07	0	—
		4 500	1 350		1.10	193	0.008
		9 000	2 700		1.12	313	0.013
		13 500	4 050		1.15	482	0.02
		18 000	5 400		1.19	722	0.03
		22 500	675		1.23	963	0.04

注：* 表示全期平均。

　　进一步的研究证明,不同的秸秆还田量及耕作方式对土壤有机质的影响有一定差异。中国农业大学耕作组 2000—2002 年的研究结果表明,总体上随着每年秸秆还田量的增加,土壤中有机质的含量表现出增加的趋势,但秸秆还田量与土壤有机质含量关系如图 4.2 所示。从图 4.2 可见,增加的秸秆量与增加的土壤有机质量之间并不是呈线性关系。小麦秸秆还田量超过 9 000 kg/hm² 时,土壤有机质增加的速率开始显示出减少的趋势。可见过量的秸秆还田后,土壤有机质的边际量并未增加。这说明,C/N 较大的秸秆其有机碳在大量或过量还田的情况下,已在分解过程中变成 CO_2 散逸到大气中而白白浪费掉了。

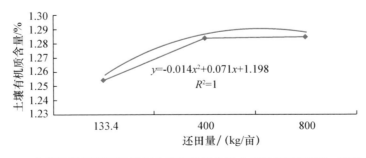

$$y=-0.014x^2+0.071x+1.198$$
$$R^2=1$$

图 4.2　小麦秸秆不同还田量与土壤有机质含量之间的关系(2000—2002 年)

对南方稻田不同有机质还田量的研究表明,有机肥—化肥混施和秸秆还田处理的有机质含量高于化肥和无肥对照,0～20 cm 土壤层有机质含量增长规律为有机肥加化肥处理有机质增长幅度最大,秸秆还田加化肥处理次之,而纯化肥和不施肥的对照有机质增长缓慢,差异达到显著水平,秸秆还田显著提高了有机质含量(表 4.2)。对定位实验的长期跟踪测定得出了相同的结论(图 4.3)。

表 4.2　不同施肥处理的土壤有机质含量、容重及密度(0～20 cm)

处理模式	土壤有机质含量/%		土壤容重/(g/cm³)		土壤密度/(g/cm³)
	0～10 cm	10～20 cm	0～10 cm	10～20 cm	
M60+F	5.02(0.09)	4.35(0.20)	0.90(0.04)	0.96(0.07)	2.57
M30+F	4.30(0.06)	3.31(0.23)	0.98(0.03)	1.13(0.05)	2.63
RS+F	3.42(0.07)	3.00(0.23)	1.04(0.04)	1.09(0.06)	2.63
F	2.89(0.12)	2.48(0.08)	1.08(0.08)	1.27(0.03)	2.64
UNF	2.89(0.06)	2.72(0.12)	1.20(0.05)	1.31(0.08)	2.64

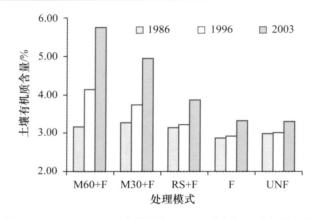

图 4.3　1986—2003 年间耕层(0～20 cm)有机质含量的变化

伍芬琳(2008)在南方稻田的研究结果也表明在秸秆还田当年及初期,土壤有一个碳汇的过程(表 4.3)。

表 4.3　稻田秸秆还田对土壤碳库的影响　　　　　　　　　　　　　　　　　　g/kg

土壤层次/cm	处理模式	总有机碳 TOC/mg	活性碳 AC/mg	稳定碳 UA/mg	碳库活度 A	活度指数 AI	碳库管理指数 CPMI
0～5	秸秆还田	32.48	5.42	27.06	0.20	1.00	100.00
	秸秆不还田	29.26	4.75	24.51	0.19	0.97	87.09
5～10	秸秆还田	31.22	5.16	26.06	0.20	1.00	100.00
	秸秆不还田	29.56	4.70	24.87	0.19	0.95	90.40
10～20	秸秆还田	23.22	3.61	19.61	0.18	1.00	100.00
	秸秆不还田	24.28	3.80	20.48	0.19	1.01	105.40

中国科学院栾城农业生态系统试验站从 2001 年开始设定了翻耕秸秆粉碎还田、旋耕秸秆粉碎还田和免耕秸秆直立还田与翻耕秸秆不还田定位实验,多项研究结果表明,无论在还田当年,还是从长期状态方面,秸秆还田比不还田土壤有机碳含量有提高。0~30 cm 剖面土壤中,翻耕、旋耕和免耕秸秆还田处理,土壤有机碳(SOC)均显著高于($p<0.05$)传统翻耕秸秆不还田处理,特别在连续还田情况下。但相互间总储量无显著差异,RT 和 NT 处理在 0~10 cm 土层中的 SOC 储量较高,而 CT 处理在 10~20 cm 土层中 SOC 储量较高。对 NT、RT 和 CT,最高 SOC 储量分别出现在 0~5 cm、5~10 cm 和 10~20 cm 土层(表 4.4)。

表 4.4　不同秸秆、模式的土壤有机碳在土壤剖面中的分布　　　　mg/hm²

土壤层次/cm	2007 年				2008 年			
	CK	CT	RT	NT	CK	CT	RT	NT
0~5	6.40c	6.93c	8.26b	9.56a	7.10c	7.72c	9.07b	9.83a
5~10	6.97b	7.16b	8.79a	8.54a	7.48c	8.21b	9.51a	9.07a
10~20	14.10ab	14.71a	13.64ab	13.58b	13.92c	16.69a	15.95ab	15.32b
20~30	11.31a	11.98a	11.16a	11.03a	11.19a	12.18a	11.84a	11.34a
30~40					5.79a	6.16a	6.23a	5.61a
40~50					5.51a	5.73a	5.98a	5.80a
0~30	38.79b	40.78ab	41.85a	42.71a	39.69b	44.80a	46.36a	45.55a
0~50					50.99b	56.69a	58.57a	56.96a

注:CK 表示翻耕秸秆不还田;CT 表示翻耕加粉碎秸秆还田;RT 表示旋耕加粉碎秸秆还田;NT 表示免耕加秸秆直立还田。同一采样时间,数据中不同字母代表不同耕作处理之间差异显著($p<0.05$)。

6 年的长期定位试验表明,秸秆还田处理的土壤微生物量碳、氮显著高于不还田对照。在 0~5 cm 土层,微生物量碳、氮浓度的变化趋势为 NT>RT>CT>CK,差异均显著,而 RT 和 CT 间差异不显著。在 5~10 cm 土层,不同耕作方式对土壤微生物量碳、氮的影响与 0~5 cm 土层相似(杜章留,2006)。

4.2.2　秸秆还田对土壤养分的影响

4.2.2.1　秸秆还田对土壤全氮含量的影响

无论是北方麦玉农田还是南方稻田,秸秆还田后土壤全氮量略有增加的结论较为一致(表4.5),并且随着秸秆还田年限与数量的增加,全氮含量也有相应增长。但速效氮含量变化规律不明显,这与土壤理化因素影响及作物的即时消耗有一定关系。

表 4.5　秸秆还田对耕层养分状况的影响

地点	资料年限	年还田秸秆量/(kg/hm²)	全氮含量/%	碱解氮含量/(mg/kg)	P_2O_5 含量/(mg/kg)	K_2O 含量/(mg/kg)
景县*	2	0(CK)	0.085	81.3	24.5	140.3
		6 750	0.080	77.2	22.6	118.6
		13 500	0.085	87.7	23.6	125.4
		27 000	0.088	95.7	37.1	152.9

续表 4.5

地点	资料年限	年还田秸秆量/(kg/hm²)	全氮含量/%	碱解氮含量/(mg/kg)	P₂O₅ 含量/(mg/kg)	K₂O 含量/(mg/kg)
曲周	11	0(CK)	0.073	95.7	13.7	9.4
		2 250	0.073	94.4	18.1	11.6
		4 500	0.077	99.1	14.7	11.7
北京农业大学	9	0(CK)	0.095	82.5	26.0	—
(现中国农业大学)		6 000	0.097	97.1	24.5	—
张家港	8	0(CK)	0.119	135.0	13.8	87
		4 500	0.129	140.0	13.4	94
望城	12	0(CK)	0.226	187.5	—	63.4
		7 875	0.242	204.6	—	
衡水	12	0(CK)	0	7.7~12.2	2.5~10.6	93.5
		2 250	—	—	—	62.3
		4 500	—	—	—	72.2
		9 000	0.018	15.8~15.9	2.1~16.6	72.4
						74.3
寿阳	6	879(CK)		79.6	19.2	88.0
		9 121		79.1	25.4	100.5
滨州	4	0(CK)	0.061	47.3	36.1	—
		4 500	0.063	52.0	38.2	—
		9 000	0.067	56.1	39.2	—
		13 500	0.070	60.9	40.1	—
		18 000	0.069	65.0	41.2	—
		22 500	0.068	69.2	43.0	—

注：* 表示全期平均量，其余为期末量。

华北麦玉两熟秸秆还田土壤全氮含量表现出了增加的趋势,小麦、玉米秸秆全量还田的土壤 0~10 cm 剖面全氮含量最高,倍量还田的 10~20 cm 土壤剖面全氮含量最高。研究结果表明,还田第 1 年,秸秆全量还田和倍量还田后,虽然还田时已经调节了其 C/N 为 20：1,但土壤整个耕层中的全氮含量还是分别减少了 0.009 7% 和 0.001 3%,这也充分证明了争氮现象的存在。从第 2 年开始,秸秆还田后土壤全氮含量开始表现出逐渐增加,其平均年增量为 0.001 6%,可见秸秆还田后,土壤全氮含量虽有增加,但却是非常缓慢的(表 4.6)。

表 4.6　秸秆不同处理对土壤全氮平均年增量的影响(0~20 cm)　　　　　　%

土层/cm	处理 1	处理 2	处理 3	处理 4	处理 5	处理 6
0~10	−0.003 3	0.002 5	0.003 7	0.000 3	0.000 5	−0.001 7
10~20	0.001 8	0.000 8	0.000 9	0.003 3	0.004 3	0.002 2
0~20	−0.000 7	0.001 7	0.002 3	0.001 8	0.002 4	0.000 2

注:处理 1 表示两茬焚烧;处理 2 表示小麦低茬,玉米全量还田;处理 3 表示小麦、玉米均全量还田;处理 4 表示小麦低茬,玉米有机肥还田;处理 5 表示小麦、玉米均倍量还田;处理 6 表示小麦高留茬,玉米秸秆不还田。

4.2.2.2 秸秆还田对土壤速效磷含量的影响

秸秆还田对磷的影响文献报道不一,如在江西稻草还田后第 6 年 P_2O_5 达 25.9 mg/kg,比对照(14.2 mg/kg)增加82%。多数结果表明,土壤全磷与速效磷增加不明显(朱文珊等在北京得出,7 年秸秆还田后全磷与速效磷均未增加;曲周 11 年、张家港 8 年秸秆还田后速效磷无明显变化)或缺乏规律性。原因认为是秸秆中含磷量太低,每公顷返还粮食作物秸秆 15 t 仅相当于纯磷量25.5 kg。但河北景县的定位实验表明,连续秸秆还田虽然没有显著增加土壤含磷量,但还田与焚烧或秸秆不还田比较,土壤速效磷含量仍相对较高(表 4.7),倍量还田(处理5)和全量还田(处理 3)的土壤有效磷含量从 1998 年的 16.55 mg/kg 增加到 2001 年的 22.90 mg/kg(>10 mg/kg)、18.51 mg/kg,这一结果与滨州的实验结果有一致性。

表 4.7 秸秆不同处理对 0～20 cm 土壤有效磷含量的影响 mg/kg

处理方式	土壤深度/cm	取样时间/(年/月/日)							
		1998/6/29	1998/9/16	1999/6/10	1999/9/24	2000/6/11	2000/9/29	2001/6/14	2001/10/1
处理 1	0～10	23.13	16.68	49.64	18.28	11.93	10.14	19.82	10.60
	10～20	9.98	3.05	4.20	2.99	15.19	12.49	9.30	4.20
	0～20	16.55	9.86	26.92	10.64	13.56	11.31	14.56	7.40
处理 2	0～10	23.13	21.93	17.39	20.87	29.04	8.99	22.58	11.10
	10～20	9.98	3.00	4.40	3.60	17.49	8.79	8.70	2.70
	0～20	16.55	12.46	10.90	12.24	23.26	8.89	15.64	6.90
处理 3	0～10	23.13	17.83	45.18	18.28	28.69	11.09	23.73	25.30
	10～20	9.98	6.90	13.20	7.59	21.59	8.75	13.30	4.10
	0～20	16.55	12.36	29.19	12.94	25.14	9.92	18.51	14.70
处理 4	0～10	23.13	15.95	17.37	26.06	17.08	10.74	23.4	15.50
	10～20	9.98	1.15	6.40	7.40	20.79	10.90	9.20	2.30
	0～20	16.55	8.55	11.89	16.73	18.93	10.82	16.30	8.90
处理 5	0～10	23.13	15.88	19.95	18.17	24.43	10.29	33.99	7.70
	10～20	9.98	3.60	15.70	3.60	15.23	11.50	11.80	4.60
	0～20	16.55	9.74	17.83	10.89	19.83	10.89	22.90	6.15
处理 6	0～10	23.13	15.95	7.40	17.98	17.43	3.35	17.79	7.50
	10～20	9.98	1.15	25.52	13.68	10.59	3.50	12.30	2.30
	0～20	16.55	8.55	26.46	15.83	14.01	3.42	15.04	4.90

注:处理 1 表示两茬焚烧;处理 2 表示小麦低茬、玉米全量还田;处理 3 表示小麦、玉米均全量还田;处理 4 表示小麦低茬、玉米有机肥还田;处理 5 表示小麦、玉米均倍量还田;处理 6 表示小麦高留茬、玉米秸秆不还田。

4.2.2.3 秸秆还田对土壤速效钾的影响

目前多数实验实验表明,秸秆还田后土壤的速效钾显著增加。湖南望城县试验,秸秆还田第 7 季以后,K_2O 增加近一半。曲周 11 年试验和衡水 12 年实验的结果是 K_2O 增加近 1/4,张家港与寿阳的研究结果增加 8%～14%。景县在第 1 年麦秸还田后,土壤中 K_2O 迅速增加35%～90%。定位实验 3 年后,仅根茬还田的对照处理的耕层速效钾增长了 17.6%,而秸秆全量还田的处理耕层速效钾含量增长了 27.22%,但秸秆直接还田速效钾的增长量低于有机肥处理(40.41%)。详见表 4.8。

表 4.8　秸秆不同处理对土壤耕层的土壤速效钾含量的影响　　　　　　mg/kg

处理模式	测定土层/cm	取样时间/(年/月/日)			
		1998/9/10	1999/9/24	2000/9/29	2001/10/1
秸秆不还田	0～10	102.40	130.90	111.56	127.05
	10～20	71.2	75.3	89.47	77.17
	0～20	86.8	103.10	100.52	102.11
秸秆全量还田	0～10	112.00	191.70	135.01	152.82
	10～20	84.90	98.90	110.83	97.68
	0～20	98.45	145.30	122.92	125.25
有机肥还田	0～10	102.40	155.00	122.97	134.91
	10～20	71.2	84.80	103.48	108.69
	0～20	86.80	119.90	113.22	121.80

4.2.3　秸秆还田对土壤主要物理性状的影响

4.2.3.1　秸秆还田对土壤温度的影响

北方小麦秸秆一般为覆盖还田方式,因此在盛夏可明显降低耕层温度,有利于玉米苗期的生长(图 4.4)。

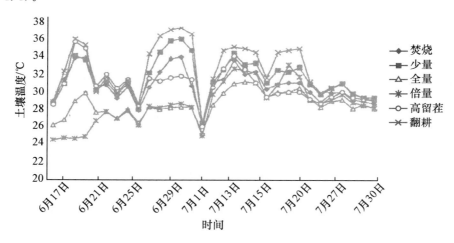

图 4.4　秸秆还田对 0～5 cm 土壤温度的影响

小麦不同秸秆还田方式对玉米苗期土壤温度有一定影响,但影响时期主要表现在玉米播种到封行。从图 4.5 可以看出,秸秆翻耕处理的土壤温度基本上最高,尤其是在 5～20 cm 土壤,高于秸秆焚烧和低茬还田的处理,直到玉米快封行时,才较其他处理低些。可见,秸秆翻耕还田有提高土壤温度的作用,这可能是秸秆腐解引起的。在还田初期,没有或玉米植株影响很小时,秸秆覆盖还田具有降温作用,且基本上随着秸秆量(确切地说是覆盖还田量)的增加而增强,而且秸秆的覆盖降温作用在还田初期很明显,其中秸秆倍量覆盖的处理比秸秆翻耕还田的处理 5 cm 土壤温度低达10℃。秸秆覆盖还田在 6 月下旬和 7 月份的高温天气条件下,对于玉米出苗到拔节至封行前这段时期的生长是有利的,这为玉米的苗期长势创造了良好的生长环境,容易壮苗,从而为提高产量打下了基础。玉米、小麦季土壤最高温如表4.9所示。

表 4.9　2001—2002 年玉米、小麦季土壤最高温　　　　　　　℃

土壤深度/cm	处理方式	2001 年玉米季/节			2001—2002 年小麦季节				
		2001/7/15	2001/7/31	2001/8/9	2001/11/15	2002/3/9	2002/4/11	2002/6/12	2002/7/15
5	DN	40.3	34.0	31.5	0.40	14.8	14.5	26.8	38.8
	NN	37.8	32.0	29.5	0.65	15.3	14.6	29.0	37.8
	TN	38.0	32.3	29.5	0.60	15.0	14.5	29.5	38.0
10	DN	34.5	30.5	27.5	0.50	13.5	12.1	23.0	34.5
	NN	37.8	29.5	27.5	0.55	13.8	13.0	28.5	36.3
	TN	35.0	31.0	28.0	0.55	14.3	13.0	23.5	35.0
15	DN	31.8	28.5	26.5	0.55	12.0	10.8	21.9	31.8
	NN	30.7	27.8	26.2	0.46	12.7	12.5	24.5	31.2
	TN	31.2	28.2	26.2	0.46	11.4	12.0	—	30.7
20	DN	29.6	27.4	25.7	0.30	—	—	—	29.6
	NN	28.7	26.2	25.0	0.36	9.7	10.0	20.5	28.7
	TN	26.0	—	25.4	0.30	9.7	10.0	20.5	26.0

注:NN 秸秆不还田;TN 秸秆全量还田;DN 秸秆倍量还田。

4.2.3.2　秸秆还田对耕层容重、孔隙度等性状的影响

不同区域多数实验研究表明了秸秆还田可降低土壤容重,增加土壤孔隙度与渗水性。湖南望城和河北衡水的秸秆还田试验结果,秸秆还田后土壤容重降低、总孔隙度增加(表 4.10)。

表 4.10　秸秆还田对耕层物理性质的影响

地点	资料年份	年返还秸秆量/(kg/hm²)	容重/(g/cm³)	总孔隙度/%	毛管孔隙度/%	非毛管孔隙度/%	水稳性团聚体(>0.25 mm)/%	结构系数/%	土壤含水量/%
望城	3 年后	0	1.11	58.2	—	1.6	—	—	—
		5 250	1.07	62.2	—	4.5	—	80.0	—
	5 年后	0	1.04	61.5	—	2.6	—	—	—
		5 250	0.98	63.7	—	4.5	—	92.5	—
衡水	12~14 年后	0	1.49	41.6	36.4	5.2	29.4	88.6	10.75
		2 250	1.45	42.7	36.9	5.5	23.1	84.7	10.55
		4 500	1.44	42.9	37.4	5.8	19.2	86.5	10.95
		9 000	1.46	41.5	37.1	4.9	19.3	85.5	10.75

李琳(2007)对稻田秸秆还田及不同耕作模式的长期定位实验研究结果表明,经过长期秸秆还田后,还田与不还田处理在土壤物理指标上仍能表现出差异性。翻耕秸秆还田土壤容重低于秸秆不还田处理,而土壤有机碳含量则高于不还田处理(表 4.11)。但无论是稻田还是旱地,这种物理结构上的变化对作物生长发育是否是有利影响,学术界还存在争议。

表 4.11   双季稻区秸秆还田与不还田土壤物理指标比较

物理指标	土层/cm	翻耕秸秆不还田及取样时间		翻耕秸秆还田及取样时间	
		2005/7/10	2006/7/10	2005/7/10	2006/7/10
土壤有机碳含量					
/(g/kg)	0～10	27.56	29.16	27.56	29.94
	10～20	21.73	22.67	21.73	23.93
土壤容重					
/(g/cm)	0～10	0.91	0.97	0.91	1.05
	10～20	1.09	1.22	1.09	1.26
	20～30	1.40	1.41	1.40	1.42
土壤质量					
/(mg/hm²)	0～10	910	970	910	1 050
	10～20	1 090	1 220	1 090	1 260
	总和	2 000	2 190	22 000	2 310
增加的深度/cm		3.50	2.13	3.50	1.27
增加的 TOC					
/(mg/hm²)		10.65	6.80	10.65	4.31

4.2.3.3 秸秆还田对水分的影响

秸秆还田后对土壤水分性状的影响是复杂的。在非灌溉土壤上,还田后秸秆腐解的过程中将消耗大量土壤水分,因而产生与作物争夺水分的现象。当这种腐解过程基本结束后,由于秸秆还田增加了土壤的保水性、渗水性,因而有利于土壤水分性状的改善或土壤含水量的增加。

河北景县试区的研究表明:玉米季秸秆还田的各土层含水量均高于秸秆焚烧的处理,而麦季秸秆还田增加土壤水分的效应主要表现在土壤表层(0～10 cm),与秸秆焚烧的处理相比差异显著。麦秸不同还田方式对土壤含水量影响显著,秸秆翻耕由于疏松了土壤使土壤水分散失快,其土壤含水量在所有处理中最低,其次是留茬,秸秆覆盖的土壤含水量最高。3 种还田方式的 0～10 cm 土壤水分含量差异显著。秸秆不同还田方式的土壤含水量差异在玉米封行后逐渐缩小。秸秆倍量还田处理在玉米季的土壤含水量虽高于半量和全量处理,但差异不显著。景县试区秸秆还田 2 年后,倍量还田处理的土壤含水量比其他处理高出 4%～10%。但衡水实验站的结果则是秸秆还田与不还田土壤含水量基本持平(表 4.12、表 4.13)。

表 4.12   秸秆焚烧与还田对土壤含水量的影响   %

日 期	土层/cm	处理模式		日 期	土层/cm	处理模式	
		秸秆焚烧	秸秆还田			秸秆焚烧	秸秆还田
1998 年 7 月 25 日	0～10	19.25	19.64	1999 年 4 月 27 日	0～10	12.15	15.80
	10～20	20.14	20.97		10～20	16.12	15.78
	20～30	19.69	20.90		20～30	16.63	16.26

表 4.13　秸秆不同还田方式对土壤含水量的影响　　　　　　　　　　%

日　期	土层/cm	处理模式			日　期	土层/cm	处理模式		
		覆盖	翻耕	留茬			覆盖	翻耕	留茬
1998 年 7 月 25 日	0～10	20.03	17.01	19.73	1998 年 9 月 9 日	0～10	13.80	12.44	13.27
	10～20	20.51	19.84	22.28		10～20	12.68	13.47	13.03
	20～30	21.24	20.84	20.22		20～30	14.00	15.03	13.90

4.2.4　秸秆还田对土壤微生物及酶的影响

秸秆还田腐解的过程提供了微生物所需的能源,促进了土壤微生物与酶的活动。还田区 0～20 cm 耕层细菌数和真菌数分别比对照区增加 143% 和 115%。秸秆配施适量化肥更有利于细菌的生长繁殖。麦秸还田经 3 个月腐解后,土壤细菌提高 1.7 倍,好气性纤维素细菌提高 7.5 倍。调查表明,秸秆覆盖 1 年后土壤蚯蚓数量比对照增加 11%,2 年后增加 1.98 倍。土壤酶是土壤内生物化学过程的产物,其活性可以作为土壤肥力的指标之一。据研究,秸秆还田的土壤脲酶、磷酸酶、过氧化氢酶等的活性均有提高。

秸秆不同还田方式对土壤微生物影响有一定不同,主要在分布层次上。秸秆翻耕的处理在还田初期(7 月 1 日),其 0～5 cm 的土壤微生物量低于 5～10 cm 的,这与其秸秆集中在 5～10 cm 有关。但随着秸秆的快速分解,0～5 cm 与 5～10 cm 土壤微生物量的差异缩小。而秸秆覆盖与留茬处理的土壤微生物量一直是 0～5 cm＞5～10 cm＞10～20 cm,这与其秸秆分布及秸秆分解速度快慢有关。从玉米季的平均值来看,秸秆覆盖与留茬处理表层(0～5 cm)土壤微生物量高于秸秆翻耕处理,但差异不显著。从耕层(0～20 cm)土壤微生物量来看,不同秸秆还田方式之间在整个玉米生长季节几乎没有差异,即使是秸秆还田量相对少些的留茬还田的土壤微生物量也不比翻耕和覆盖的少。翟瑞常等在加拿大安大略省圭夫尔大学试验地上测定整个玉米生育期传统耕作和长期免耕处理 0～20 cm 土层土壤微生物碳量,发现二者的变化趋势大致相似,t 值测定表明,差异不显著。

土壤的新陈代谢过程是土壤微生物本身活动与土壤酶相互作用的过程,土壤酶的活性一定程度可以反映土壤微生物及其生境状态。研究结果表明:从土壤周年蔗糖酶活性看,0～5 cm 土层中,秸秆覆盖是秸秆翻压还田的 2.3 倍,是铁茬秸秆还田的 1.5 倍,铁茬是翻压的 1.5 倍;5～10 cm 土层覆盖是翻压的 1.6 倍,铁茬与翻压相近,翻压比铁茬高 20%～30%;整个 0～20 cm 耕层,覆盖是翻压和铁茬的 1.4 倍。土壤碱性磷酸酶活性测定结果表明:0～5 cm 土层,秸秆覆盖是翻压的 2.2 倍,是铁茬的 1.3 倍,铁茬是翻压的 1.7 倍;5～10 cm 土层覆盖是翻压还田的 1.3 倍,是铁茬的 1.2 倍,铁茬与翻压相近;10～20 cm 土层翻压是覆盖的 1.3 倍,铁茬与覆盖相近;整个 0～20 cm 耕层覆盖是翻压的 1.3 倍,铁茬与翻压相近。土壤纤维素酶活性周年平均:0～7.5 cm 表层,覆盖分别比翻压高 43.4%,比铁茬高 45.9%,翻压与铁茬无明显差异;7.5～15 cm 土层翻压比覆盖高 32.5%,覆盖比铁茬高 28.95;0～15 cm 土层平均,覆盖与翻压差异不明显,均显著高于铁茬。土壤木聚糖酶活性处理间表现出与土壤纤维素酶活性相同的趋势。总体上,从酶的活性看,秸秆覆盖方式高于铁茬和翻耕。

免耕覆盖还田能提高表层土壤酶活性的原因:一是作物秸秆覆盖还田分解后使植物体内

的酶向土壤释放而成为土壤酶,尤其是增强表土层酶的活性;二是覆盖与铁茬作物根系分布浅而广,根系活动分泌的土壤酶多分布于土壤表层;三是覆盖的微生物量较大,微生物的活动与死亡,增大了土壤酶的活性与容量;四是覆盖的土壤表层有机质含量高,酶的底物多,导致土壤酶活性增大。

4.2.5 秸秆还田对温室气体排放的影响

4.2.5.1 CO_2:暂时减少排放

在秸秆还田的当年,大致有30%的植物碳残留于土壤中,也即减少了约1/3 CO_2的排放,这是公认的。但是这部分残留于土壤中的有机碳仍具有较大的活性,在第1~4年期间,它的半衰期仅为4年,而先前存在于土壤中的有机质半衰期为25年。有研究得出,玉米秸秆第1年分解率为67.6%,第2年为12.8%,第3年为6.2%,以后还将不断分解。

稻田秸秆还田对CO_2排放影响不显著。早稻从早稻分蘖期到晒田结束,CO_2排放均表现为翻耕秸秆还田(CTS)大于翻耕秸秆不还田(CT),其他时期基本上表现为秸秆不还田高于秸秆还田(图4.5)。计算整个早稻生育期CO_2排放量,两种方式土壤均表现为大气CO_2的汇,其中翻耕秸秆还田较低为−1 311.94 kg/hm²,而秸秆不还田较高为−1 269.84 kg/hm²,差异不明显。早稻秸秆还田对晚稻田的影响规律与此相似,对整个生育期排放量进行计算,秸秆还田和秸秆不还田排放量分别为−1 048.50 kg/hm²和−1 121.17 kg/hm²,排放通量分别为−46.98 mg/(m²·h)和−50.23 mg/(m²·h)。

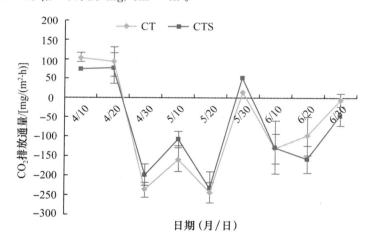

图 4.5　晚稻秸秆还田对早稻田 CO_2 排放的影响(伍芬琳,李琳,2008)

4.2.5.2 CH_4:倍量排放

甲烷排放主要发生在水稻田。稻田秸秆还田研究结果证明,秸秆还田对早稻 CH_4 排放通量有一定的影响(图4.6),翻耕秸秆还田(CTS)整个生育期各时期 CH_4 排放通量基本上比翻耕不还田(CT)高。对整个早稻生育期 CH_4 排放量进行估计,CTS 为 248.59 kg/hm²,CT 为225.44 kg/hm²,翻耕秸秆还田比翻耕秸秆不还田排放量高 10.27%。早稻秸秆还田后 CH_4 排放增长更加明显,在整个生育期晚稻生长季 CH_4 排放均表现为秸秆还田高于秸秆不还田,并在水稻分蘖期内差异达到极显著。CT 和 CTS 晚稻生长季 CH_4 排放通量分别为 7.39 mg/

$(m^2 \cdot h)$和 12.17 mg/$(m^2 \cdot h)$,秸秆还田比秸秆不还田提高了 64.58%。

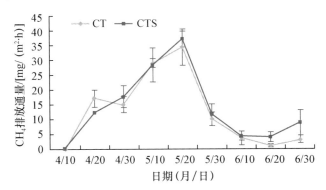

图 4.6 晚稻秸秆还田对早稻田 CH_4 排放的影响（伍芬琳,2008）

秸秆不同还田方式间 CH_4 的释放量差异也很大。秸秆覆盖免耕的处理比对照（无秸秆）处理高 2.2 倍,稻草翻埋处理的又比稻草覆盖免耕的高出 54%。这说明稻草翻埋还田更易造成土壤无氧环境,从而强化了 CH_4 的生成。

（本章由隋鹏、任图生主笔,张海林参与编写）

参考文献

[1]刘娣,范丙全,龚明波.秸秆还田在中国生态农业发展中的作用.农业资源与环境科学,2008,24(6):404-407.

[2]李清泉.秸秆还田技术应用发展现状与前景分析.中国农村小康科技,2008(9):10-11.

[3]汤树德,王凤书.秸秆还田原理及其应用.北京:北京农业大学出版社,1993:123-152.

[4]周建忠,路明.保护性耕作的秸秆残茬覆盖与土壤风蚀的研究.//路明,赵明.土地沙漠化治理与保护性耕作.北京:中国农业科学技术出版社,2005:24-28.

[5]赵强基,李庆康.南方稻区秸秆还田状况与展望.//刘巽浩,高旺盛,朱文珊.秸秆还田的机理与技术模式.北京:中国农业出版社,2001:138-146.

[6]王爱玲.黄淮海平原小麦玉米两熟秸秆还田效应及技术研究[中国农业大学博士学位论文].北京:中国农业大学,2000.

[7]杜章留.集约种植下耕作和施肥措施对土壤物理特性的影响[中国农业大学硕士学位论文].北京:中国农业大学,2006.

[8]杜章留.太行山前平原集约种植区保护性耕作下土壤质量与碳氮固持机制研究[中国农业大学博士学位论文].北京:中国农业大学,2009.

第 5 章

保护性耕作制的绿色覆盖技术

5.1 农田绿色覆盖技术应用进展

5.1.1 农田绿色覆盖技术的内涵

农田绿色覆盖也称农田生物覆盖,包含于农田地表覆盖技术之内,是保护性耕作制的关键技术之一。广义的农田绿色覆盖主要是指一年内农田主要作物生长季节或休闲期,在时间或空间上通过各种植物(作物、草、灌木)覆盖地面,最终达到培肥地力、控制侵蚀、增加生物产量、减少水分蒸发、降低硝态氮对地下水污染的一种种植方式。20 世纪 70 年代以来,发达国家一般都十分重视轮作休耕,用地与养地相结合的耕作方式,普遍采用农田休闲期生物覆盖等措施来达到上述目标。不同国家和地区种植方式不同,覆盖作物种类和主要功能也各有差异。美国在开展作物残茬覆盖的同时,设计开展了各种不同的覆盖作物(cover crops)与主作物轮作体系,以减少土壤侵蚀,增加农田生物产量。在 60 年代,我国南方冬季稻田为了培肥地力和改良土壤,将生长中的田间紫云英翻压于土壤中,这种覆盖作物一般称为绿肥(green manures)。冬季覆盖作物(winter cover crops)在夏末或者秋天种植播种,主要在冬季为土壤提供保护,使农田免遭风蚀和水侵蚀。还有一种覆盖作物通常在主作物收获后种植,可以利用土壤中残留的氮,这样可以降低硝态氮对地下水污染的可能性,也称其为截留作物(catch crop)。覆盖作物可以是一年生、二年生或多年生的草本植物,也可以是一种或多种草本植物类型混种。

历史上,我国南方在水稻收获后利用冬季作物(主要是紫云英)作为土壤主要的有机肥源。随着现代化技术在农业上的推广应用,传统农业的生产方式将被集约化农业所代替。因此,经典的绿肥概念,既不适应生产发展的需要,又限制自身作用的充分发挥。冬闲田绿色覆盖作物更加强调其对农田生态系统健康的贡献。

5.1.2 农田绿色覆盖技术研究进展

在过去10多年,关于农田生物覆盖技术的研究报道、长期定位试验的相关新闻评论逐年增加。与此同时,美国、加拿大等科研单位针对覆盖作物开展了大量的试验研究,依此来阐明覆盖作物对农田生态环境的影响。美国著名的研究期刊《The Journal of Soil and Water Conservation》在1998年第3期有17篇关于覆盖作物研究论文。我国对绿色覆盖技术研究,主要集中在南方稻田冬季农业,与美国覆盖作物目的不完全相同,南方冬闲田开发冬季农业或者冬季覆盖作物种植,兼顾农田生态环境与冬季农业经济收益。

5.1.2.1 农田绿色覆盖对土壤生物活性的作用

试验研究表明,覆盖作物在生长过程中的分泌物和翻压后新鲜有机物质提高了土壤微生物的活性。Schutter等(2001)指出,有些土壤中微生物群落结构和微生物潜能的变化与冬季是否种植覆盖作物有关,冬季种植覆盖作物的土壤比休耕土壤检测出较高含量的真菌和原生动物脂肪酸甲酯。此外,覆盖作物的残体可增加土壤中脂肪酸甲酯多样性和微生物多样性。Mendes等(1999)研究表明覆盖作物可以提高土壤微生物量碳和标志土壤微生物活性的土壤-糖苷酶活性,Sainju等(2000)研究覆盖作物黑麦、毛苕子、红三叶草得出同样的结论,其中黑麦覆盖提高土壤矿化碳最明显。Ndiaye等(2000)研究覆盖作物与棉花轮作7年后,显著地提高了土壤微生物量碳和土壤-糖苷酶活性。Hu等(1997)研究发现冬闲田覆盖作物的处理土壤微生物量碳、土壤颗粒有机质(POM)和土壤中的碳氢化合物含量比冬闲田的处理提高2~3倍。Kabir和Koide(2002)在美国宾夕法尼亚研究发现农田冬季覆盖作物显著地提高了泡囊丛枝菌根(VAM)的活性,而冬闲田由于VAM缺乏寄主植物,VAM活性降低。

5.1.2.2 农田绿色覆盖技术对土壤有机质的作用

农田休闲期进行作物覆盖,大量的作物根茬和枯枝落叶归还于土壤中增加了土壤有机质的含量。Yang等(2004)经过6年的试验研究,主作物和覆盖作物牧草轮作比作物连作能提高土壤有机碳,同时土壤中胡敏酸和胡敏素碳含量也相应的增加。Puget和Drinkwater(2001)用^{13}C标记毛苕子根系,研究发现一个生长季节后有50%左右源自根系中的碳仍存留于土壤中,而且试验发现覆盖作物根系中的碳与土壤中颗粒中有机质的(POM)部分是相联系的。禾谷类冬季覆盖作物黑麦和一年生黑麦草地上和地下高的生物量具有很强的供给土壤碳的潜力。Kuo等(1997)估计在主作物播种前黑麦地上部干物质4.4 t/hm²,地下20 cm深生物量积累达到5 t/hm²。Kuo等(1997)研究还表明:覆盖作物生物群对土壤表层15 cm内的土壤碳和碳水化合物含量的影响,饲料玉米与黑麦、黑麦草、澳大利亚冬豌豆、绒毛野豌豆等冬季覆盖作物连续复种6年后,土壤碳和碳水化合物的含量表现增加的趋势,增加范围在0.5~1.0 g/kg,而且覆盖作物对土壤有机碳(SOC)的影响是一个渐进的过程,利用豆科覆盖作物与玉米连续轮作,最初2年有机碳没有明显的增加,轮作12年后土壤有机碳对比冬闲田增加了10%(Barthes等,2004)。

5.1.2.3 农田绿色覆盖技术对土壤氮的作用

农田休闲期种植覆盖作物,它可以吸收上茬作物剩余的容易挥发、淋溶损失掉的不同形态的氮,将其转化为植物养分,同时也通过生物固氮积累贮存氮;另外,覆盖作物的残体可以缓慢释放养分,为下茬作物提供氮。Harry等(2006)研究冬季覆盖作物燕麦、油用种子萝卜、黑麦、红三叶草等作物的 N 含量,结果显示,黑麦氮的含量比其他作物低,但是黑麦的生物产量比其他覆盖作物高 40%~60%,C/N 比达到 39,有利于微生物分解。

农田种植覆盖作物能够减少地表径流,降低了径流沉积运输过程中的养分损失,从而增加了农田耕层氮、磷养分含量,有利于低投入或持续农业发展。覆盖作物在控制地下水质量中最大的作用就是减少 NO_3-N 的淋溶。有研究表明,覆盖作物能够减少土壤水中硝酸盐的浓度(Vos 等,1998)。Brandi-Dohrn 等(1997)研究栽培黑麦比冬闲田在 1.2 m 深度的农田 NO_3-N 的浓度平均减少 22%~58%。覆盖作物黑麦和三叶草对棉花氮的利用的影响表明,土壤矿化速率 0.34~0.58 kg/hm^2 显著地高于冬季没有覆盖作物处理(Harry 等,2004)。

5.1.2.4 农田绿色覆盖技术对主作物产量的影响

覆盖作物与主作物轮作,不同程度地提高了主作物的产量。Kabir 等(2002)研究冬种黑麦处理的农田可以显著地提高甜玉米的产量,试验发现玉米产量的增加主要是由于冬季黑麦覆盖增加 VAM 活性,促进了玉米对磷的吸收。Philip 等(1996)研究表明,与冬闲田相比,冬季种黑麦平均能够提高棉花产量达到 327.84 kg/hm^2。Bowman 等(1999)研究覆盖作物与主作物持续轮作对土壤有机质的影响是显著的,但是土壤有机质的变化并不与主作物的产量成正相关。Kuo(2000)在高肥力的农田种植覆盖作物,主作物的产量并没有受到显著影响。Roberts 等(1998)分别以毛苕子、绛三叶和黑麦作为覆盖作物,研究覆盖作物不同收获期及不同氮肥处理对后茬玉米的影响,结果表明:在早收早播情况下,休闲期种植毛苕子、绛三叶及黑麦处理玉米产量分别比对照增加 92.9%、67% 和 −21.9%;但在施肥 100 kg/hm^2 和 200 kg/hm^2,3 种处理分别比对照增产 42%、36% 和 29.5% 及 38.5%、40% 和 37.5%。

5.1.2.5 我国南方稻田绿色覆盖技术研究

我国南方稻田耕作方式和种植模式复杂,既是水田,又是两熟、三熟地区,同时也是我国粮食的主产区。由于人口的快速增长和经济的持续发展,南方 15 个省市耕地面积由 1986 年的 5 700 万 hm^2 下降到 2004 年的 5 100 万 hm^2,其中长江流域下降了 12.9% 以上。在耕地总面积下降的同时,复种指数也持续下降,冬闲稻田超过了 2 000 多万 hm^2,资源浪费严重,导致了农田系统稳定性下降,系统功能严重失调。因此,南方冬闲田绿色覆盖技术,在重视产量的同时,更要强调对农田生态环境的保育作用。

1. 冬闲稻田绿色覆盖技术提高了稻田土壤基础肥力

曾希柏等(1999)在洞庭湖地区 6 年的定位试验研究表明,冬闲—双季稻和紫云英—双季稻两种种植模式,全年的施氮量完全一致,但前者全氮含量较监测前下降了 0.05 g/kg,而后者则较监测前上升了 0.07 g/kg。杨中艺等在我国南亚热带地区建立了"黑麦草—水稻"轮作系统,该系统不仅能产生大量的优质牧草,同时还能改善稻田土壤性状,促进后作水稻生产。黑麦草在增加土壤有机质和土壤肥力方面起到了积极的作用(辛国荣等,2000)。

2. 稻田绿色覆盖技术控制了地下水污染

南方稻田水稻收获后,一方面当季施入的化肥还有很大一部分残存在土壤内,另一方面水稻根茬等残体的分解又释放出大量可溶性氮素。在农田休闲情况下,降雨使土壤中残存的化肥随地表径流进入水源,或者进入地下水,随地下水进入井水和江河,从而造成农业水源污染。水稻收获后,稻田排干,种植冬季种作物,可以有效地控制地表径流,另外,冬季作物能将土壤中的可溶性氮吸收固定在植物体内,同时植物的蒸腾作用又使得土壤水分降低,并且不是流向地下而是流向根系,这样就有效地控制了硝酸盐进入地下水。

3. 冬闲稻田绿色覆盖技术降低了稻田温室气体排放

有研究表明,种植冬季作物能够抑制冬灌田冬季 CH_4 的排放,同时可以有效地减少后续水稻生长期 CH_4 排放量(蔡祖聪等,2003,徐华等,2000)。稻田冬季种植豆科作物,可以减少冬季稻田 N_2O 排放量。水稻田冬季种植紫云英,N_2O 平均排放通量为 $11\ \mu g/(m^2 \cdot h)$,比休闲田 $18.3\ \mu g/(m^2 \cdot h)$ 降低 39%(熊正琴等,2002,徐华等,1995)。对于南方冬灌稻田,除了在水稻生长期排放 CH_4 外,冬季仍然排放 CH_4(Cai Z C 等,2000)。稻田在晚稻收获后排干,种植冬季作物,不仅可以抑制冬灌田 CH_4 排放,而且可以有效地减少后续水稻生长期 CH_4 排放量(徐华等,2000)。统计分析表明,我国现有测定的稻田 CH_4 排放量与冬季降水量呈极显著的指数关系(蔡祖聪等,1999),冬季作物能够大量地吸收土壤水分,能够减少冬季稻田浸泡时间,也是抑制冬季 CH_4 排放的原因之一(蔡祖聪,2003)。

5.1.3　农田绿色覆盖技术应用现状

农田休闲期种植紫云英来培肥地力在我国早有记载,紫云英—水稻轮作模式主要有两类:紫云英—双季稻模式与紫云英—中稻模式。另外,黑麦草—水稻在 20 世纪 90 年代中期才有研究应用,水稻—马铃薯种植模式最近几年才开始发展推广。杨中艺等研究表明,冬季种植黑麦草,水稻的产量比冬闲田提高 7%。谢红梅等(2006)研究表明水稻—秋菜—春马铃薯、水稻—秋马铃薯/油菜以及水稻—秋菜—小麦种植模式下,水稻产量分别比传统的稻油、稻麦种植模式增产:158.7 kg/hm²、99.2 kg/hm² 和 109.0 kg/hm²。

5.2　农田绿色覆盖技术应用基础理论研究

5.2.1　南方冬闲田不同覆盖作物对土壤生态环境影响

5.2.1.1　试验设计

试验在湖南农科院试验站进行,该地具亚热带季风湿润气候,气候温和,四季分明,热量丰富,无霜期长,降雨充沛,干湿季节明显。年平均气温 16~18℃,≥10℃ 的活动积温 5 000~5 800℃,无霜期 260~310 d,年降雨量 1 200~1 700 mm。冬季作物供试品种:黑麦草(多花黑麦草特高,播量 22.5 kg/hm²),紫云英(湘肥 3 号,播量 37.5 kg/hm²),油菜(湘杂优 4 号,育苗移栽 5.4 万株/hm²),马铃薯(东农 303,稻草覆盖栽培)。水稻供试品种为当地推广品种,早稻供试品种湘杂优 31 号,晚稻供试品种威优 16 号。

试验设 5 个处理:冬闲田—早稻—晚稻、黑麦草—早稻—晚稻、紫云英—早稻—晚稻、油菜—早稻—晚稻、马铃薯—早稻—晚稻,每个处理 3 次重复,随机区组排列。2004 年 9 月 28 日黑麦草和紫云英播种,油菜 2004 年 10 月 28 日移栽,马铃薯 2004 年 11 月 30 日稻草覆盖栽培。早稻 2005 年 3 月 23 日播种,5 月 2 日移栽插秧,晚稻 2005 年 7 月 13 日插秧。

土壤类型为第四纪红色黏土发育的红泥田水稻土。其有机碳含量 13.3 g/kg,全氮 1.46 g/kg,全磷 0.81 g/kg,全钾 13 g/kg,碱解氮 154.5 mg/kg,有效磷 39.2 mg/kg,pH 5.4。分别于 2004 年 10 月冬季作物播种前,2005 年 4 月上旬冬季作物收获或翻压前,早稻收获前、晚稻收获前,每个小区采用五点取样法取 0～20 cm 土层土壤剔除石砾及植物残茬等杂物,新鲜土壤培养测定土壤细菌、土壤真菌、土壤放线菌菌数量。分别于冬前 2005 年 12 月,2006 年 4 月 8 日冬季作物收获或翻压前,早稻最高分蘖期、孕穗期或抽穗期(6 月中旬)、乳熟期或成熟期(7 月上旬);晚稻最高分蘖期、孕穗期或抽穗期(8 月下旬)、成熟期(10 月上中旬)。土壤取 0～20 cm 土壤剔除石砾及植物残茬等杂物,新鲜土壤过 2 mm 筛子,4℃冰箱保存,测定土壤微生物量碳和土壤微生物量氮。

5.2.1.2 分析方法

土壤细菌用牛肉膏蛋白胨琼脂培养基培养,好气性细菌在 36℃下培养 30 h,厌气性细菌在 36℃下培养 48 h,好气性细菌采用稀释平板计数法,厌气性细菌的计数采用液体石蜡油法测定,真菌用马丁-孟加拉红链霉素琼脂培养基 28℃培养 5 d,采用稀释平板计数法;放线菌用高泽氏 1 号琼脂培养基 28～30℃培养 5 d,稀释平板计数法计数。土壤微生物活度测定采用改进的 FDA 法测定,在 490 nm 波长处进行比色,记录微生物活度(OD)值,各设 3 次重复,以隔日 2 次高压湿热灭菌土壤为对照。

采用氯仿熏蒸浸提－重铬酸钾容量法测定土壤微生物量碳,用氯仿熏蒸浸提－全氮测定法测定土壤微生物量碳。采用常规分析方法测定土壤基础养分。

5.2.1.3 结果分析

1. 不同冬季覆盖作物对稻田土壤微生物数量的影响

土壤微生物种类、数量和微生物活度是反映土壤性质好坏的活性生物指标。双季稻田冬季覆盖作物为土壤微生物提供了寄主环境,对土壤理化性质和微生物环境产生影响,引起了土壤微生物群落的变化。由表 5.1 可以看出,冬季覆盖作物收获时,各处理农田土壤中好气性细菌数量均高于冬闲田,其中 Rg-R-R,Mv-R-R,P-R-R,Ra-R-R 分别比冬闲田多 174.2%、13.6%、116.7%和 37.9%,冬季黑麦草覆盖增加的最明显。土壤真菌数量不及细菌多,但生物量比较大,土壤放线菌数量介于细菌和真菌之间,因此土壤真菌和放线菌对土壤微环境的影响不容忽视。冬季覆盖作物处理稻田土壤真菌数量均高于冬闲田,而放线菌数量各覆盖处理变化不一致,冬季黑麦草和油菜处理高于冬闲田,紫云英和马铃薯处理比冬闲田要明显减低。从土壤微生物总数分析 Rg-R-R,P-R-R 和 Ra-R-R 分别比冬闲田多 99.3%、50.7%和 60.2%,Mv-R-R 与冬闲田变化不明显。土壤微生物活度各覆盖处理均高于冬闲田,其中冬季黑麦草覆盖微生物活度最高,是冬闲田的 1.02 倍。

表 5.1　冬季覆盖作物收获后土壤微生物数量变化　　　　　×10⁵CFU/g 干土

处理	好气性细菌	厌气性细菌	真菌	放线菌	微生物总数	微生物活度(OD)
Rg-R-R	18.1	1.02	0.48	4.6	24.2	0.659
Mv-R-R	7.5	0.35	0.73	3.5	12.08	0.334
Fa-R-R	6.6	0.47	0.47	4.6	12.14	0.327
Ra-R-R	9.1	0.56	0.99	8.8	19.45	0.379
P-R-R	14.3	0.97	1.02	2.0	18.29	0.654

注:Rg-R-R 表示黑麦草—早稻—晚稻;Mv-R-R,Fa-R-R、Ra-R-R、P-R-R 分别表示紫云英—早稻—晚稻、冬闲田—早稻—晚稻、油菜—早稻—晚稻、马铃薯—早稻—晚稻,下同。

冬季覆盖作物对后茬稻田土壤微生物数量也产生不同程度的影响。在晚稻收获后土壤三大微生物种群数量变化不同(表 5.2),土壤好气性细菌数量 Rg-R-R＞P-R-R＞Ra-R-R 分别比冬闲田高 138.9％、70.8％和 52.8％；而紫云英—早稻—晚稻处理比冬闲田—早稻—晚稻低13.9％。在晚稻收获后土壤真菌和放线菌也发生了变化，Rg-R-R，Mv-R-R 变化不明显；而 P-R-R，Ra-R-R 土壤真菌和放线菌数量明显增加均高于冬闲田。土壤微生物总数 P-R-R，Rg-R-R，和 Ra-R-R 分别比冬闲田高 75.9％、138.1％和 58.8％，冬季马铃薯处理明显地高于其他处理，主要原因是由于稻草作物栽培马铃薯，部分作物稻草秸秆还田在水稻生长后期腐解速率增加从而增加了土壤微生物的活性。土壤微生物活度各冬季作物处理明显高于冬闲田，黑麦草微生物活性最高，是冬闲田的 2.44 倍。

表 5.2　　晚稻收获后土壤微生物变化　　　　　　　　　　　　　　　×10⁵CFU/g 干土

处理	好气性细菌	厌气性细菌	真菌	放线菌	微生物总数	微生物活度(OD)
Rg-R-R	17.2	0.93	0.57	5.2	23.9	0.733
Mv-R-R	6.2	0.34	0.81	4.7	12.05	0.341
Fa-R-R	7.2	0.56	0.53	5.3	13.59	0.213
Ra-R-R	11	0.47	1.11	9.0	21.58	0.468
P-R-R	12.3	0.83	1.13	18.1	32.36	0.705

2.绿色覆盖稻田土壤微生物量碳、氮变化动态

(1)不同冬季覆盖作物土壤微生物量碳、氮变化：不同覆盖作物收获后土壤 SMBC 存在显著差异($p < 0.05$)。图 5.1A 表明，黑麦草处理微生物量碳(soil microbial carbon,SMBC)为398.5mg/kg 显著高于其他处理；黑麦草、油菜、紫云英、马铃薯 SMBC 分别比冬闲田高143.7％、50.5％、30.5％和 25.7％。图 5.1B 表明，不同处理土壤微生物量氮(soil microbial nitrogen,SMBN)也存在显著差异($p < 0.05$)，冬季紫云英处理 SMBN 最高，为 97.8 mg/kg，其次是黑麦草，为 76.9 mg/kg；冬季覆盖作物处理 SMBN 均比冬闲田有所增加，紫云英增加最明显为 68.6％，其次是黑麦草，增加 46.0％。

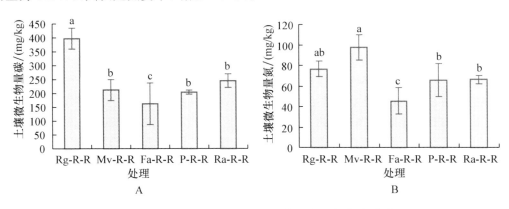

图 5.1　不同冬季覆盖作物的土壤微生物量碳、氮变化

(2)对水稻生育期土壤微生物量碳、氮的影响：图 5.2A 表明，在水稻生长期，SMBC 从稻田翻耕到早稻移栽后至分蘖期缓慢上升。与翻耕前比，分蘖期 Rg-R-R、Mv-R-R、Fa-R-R、P-R-R 和 Ra-R-R 分别增加了 119.5 mg/kg、64.0 mg/kg、49.1 mg/kg、61.6 mg/kg 和73.8 mg/kg，黑麦草增加的最多；各冬季作物处理均大于冬闲田。至早稻抽穗期各处理均逐渐下降；早稻成熟期，土壤中的 SMBC 又渐渐回升。晚稻 SMBC 的变化趋势看出，黑麦草处理

从早稻成熟至晚稻分蘖期急剧下降,而紫云英、油菜、马铃薯和冬闲田处理逐渐增加;到晚稻成熟期 SMBC 各处理趋于平衡,说明短期内冬季作物对早稻土壤微生物活动的影响明显比晚稻强。

在早晚稻生长过程中 SMBN 变化(图 5.2B)表明,各处理从冬季作物收获后到晚稻成熟的整个水稻生长过程中,SMBN 在早稻分蘖期和晚稻分蘖期出现两个高峰,在早晚稻抽穗期均显著降低,晚稻收获后,SMBN 比分蘖期有所增加。其中以紫云英处理 SMBN 在水稻整个生育期表现最高。

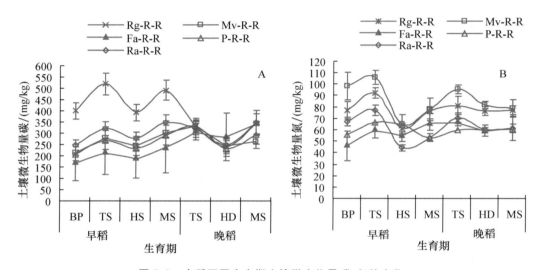

图 5.2 水稻不同生育期土壤微生物量碳、氮的变化

注:BP 表示翻耕前;TS、HS、MS 分别表示水稻分蘖期、抽穗期、成熟期,下同。

(3)对水稻生育期土壤微生物熵的影响:由于 SOC 和 SMBC 含量在不同冬季作物对水稻生长过程受到的影响程度不同从而导致 SMBC/SOC 比值,即土壤微生物熵(MQ)差异。土壤微生物熵随着水稻生长发育进程有不同程度的变化,总的水稻生长过程中以 Rg-R-R 土壤微生物熵最高(图 5.3)。不同冬季作物根系等残留物,在水稻生长过程中为微生物生长提供了相对较多的有机碳源,提高了土壤微生物活性。从水稻田翻耕到晚稻最高分蘖期,冬闲田处理土壤微生物熵均比其他冬季作物处理要低,到晚稻生长后期各处理变化不明显。晚稻收获期 Rg-R-R(2.28%)和 Ra-R-R(2.34%)土壤微生物熵略高于 Fa-R-R(1.92%)。

(4)对稻田土壤基础肥力的影响:定位试验第 2 年晚稻收获后,土壤基础养分变化(表5.3)看出,土壤有机碳、全氮和全钾各处理间无显著差异。Rg-R-R、Mv-R-R、Ra-R-R 和 P-R-R 处理,土壤有机碳分别比试验前增加了 0.42 g/kg、0.62 g/kg、0.42 g/kg 和 0.72 g/kg;增幅分别为 3.16%、4.67%、3.16%和5.42%;而 Fa-R-R 处理比试验前降低 0.48 g/kg。土壤中全氮各处理变化不同,Rg-R-R 全氮降低了 0.09 g/kg,主要可能因为微生物分解黑麦草根系需要消耗土壤中的氮,Mv-R-R 全氮增加 0.01 g/kg;土壤全磷总体上基本持平;土壤全钾均有所降低。土壤中速效养分,碱解氮、有效磷和速效钾因不同取样时期变化很大,变幅均高于土壤中的全量成分。

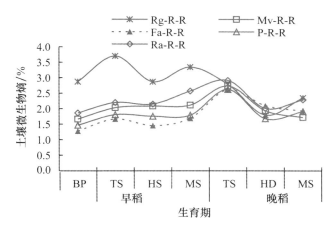

图5.3　水稻不同生育期土壤微生物熵的变化

表5.3　稻田土壤基础肥力变化

处理	pH	有机碳	全氮	全磷	全钾	碱解氮	有效磷	速效钾
		g/kg				mg/kg		
Rg-R-R	5.42	13.7a	1.37a	0.82a	10.7a	163.7a	32.8b	49b
Mv-R-R	5.40	13.9a	1.47a	0.84a	11.4a	154.6a	36.3a	62a
Fa-R-R	5.50	12.8a	1.42a	0.81a	11.8a	159.0ab	30.9b	52b
Ra-R-R	5.34	13.7a	1.36a	0.83a	11.4a	131.0c	31.2b	50b
P-R-R	5.47	14.0a	1.43a	0.89a	11.8a	120.7c	37.6a	35c

注:不同小写字母表示在0.05水平上存在显著性关系。

5.2.1.4　小结

本研究结果表明,冬季覆盖作物比冬闲田可不同程度增加稻田土壤微生物量碳和氮。冬季覆盖作物改善了土壤通气性,为冬闲期土壤微生物提供了栖息环境,增加了土壤微生物多样性。冬季覆盖作物根茬和大量的枯枝落叶归还土壤,改善了土壤微环境,提高土壤微生物量碳、矿化碳和氮以及与土壤微生物活性密切相关的酶活性。Schutter等(2001)指出,农田生态系统中有些土壤中微生物群落结构和微生物潜能的变化与冬季是否种植作物有关。

冬季覆盖作物对水稻生育期土壤微生物量碳、氮的影响,其结果受到稻田不同茬口特性对土壤作用程度的影响。本研究表明,4种冬季作物中,黑麦草显著增加土壤微生物量碳,改善土壤微生态环境,而且对早稻的作用要比晚稻明显。主要因素是黑麦草具有强大的根系,其分泌物如有机酸等可以提高土壤微生物活性和促进有些难溶性养分转化为易溶性养分;另外,大量黑麦草根系在土壤中的腐熟分解也有利于土壤肥力的提高。本试验中,冬季种植紫云英提高了土壤微生物量氮,主要因素是紫云英固氮作用强,植株体腐解释放部分有机氮源,供应水稻生长所需养分,但在晚稻生长后期作用不显著。冬季种植油菜和马铃薯,对水稻生长发育过程中土壤微生物量碳、氮的作用不稳定,可能因为油菜和马铃薯茬口短期内对土壤生态环境的作用不明显,有待进一步研究论证。

5.2.2 黑麦草和紫云英覆盖对土壤微生物活性的影响

5.2.2.1 试验设计

本试验在湖南省农科院资阳试验站进行,选在近10年冬季无人为栽培作物的水稻田块上设置试验,试验地力基本均匀,耕层土壤为第四纪红色黏土发育的红黄泥水稻土。试验前各处理土壤理化性状见表5.4。试验地气候条件,农田种植制度与微区试验基本相同。

表5.4 试验前各处理土壤基础化学性状

处理	pH	有机碳	全氮	全磷	全钾	碱解氮	有效磷	速效钾
		g/kg				mg/kg		
Mv-R-R	5.65	23.14	2.38	0.68	12.3	164	14.4	49
Rg-R-R	5.46	23.84	2.33	0.76	12.2	176	15.9	47
Fa-R-R	5.31	21.93	1.9	0.61	12.1	148	12.9	75
平均	5.47	22.97	2.2	0.68	12.2	163	14.4	57

试验设计3个处理:冬闲—稻—稻(Fa-R-R),黑麦草—稻—稻(Rg-R-R),紫云英—稻—稻(Mv-R-R)。小区面积240 m²,不设重复,田间管理按照大田丰产要求进行,各处理之间用宽50 cm的水渠完全隔开。黑麦草和紫云英晚稻收获后免耕散播种植。水稻供试品种为当地推广品种,早稻供试品种湘杂优31号,每公顷约30万穴;晚稻供试品种威优16号。

取样时间分别2005年4月8日冬季作物收获后,早稻盛蘖期(5月29日),齐穗期(6月21日),成熟期(7月10日),晚稻收获后(10月21日),采用"S"形多点取样法取0~20 cm耕层土壤,土壤剔除石砾及植物残茬等杂物,新鲜土壤培养测定土壤细菌、土壤真菌、土壤放线菌菌数量和土壤微生物活度,同时自然风干的土壤进行常规土壤养分分析。

5.2.2.2 结果分析

1.对水稻生育期土壤微生物数量的影响

黑麦草和紫云英对稻田土壤微生物三大种群数量的影响见表5.5。在翌年冬季作物收获后,黑麦草和紫云英处理土壤好气性细菌数量均大于冬闲田,其中Mv-R-R和Rg-R-R土壤好气性细菌数量分别比Fa-R-R增加了94.29%和25.71%。在早稻整个生育期内,土壤好气性细菌数量均呈现移栽后前期迅速增加,然后随着水稻的生长发育逐渐下降,到早稻成熟期有渐渐回升的趋势,而Fa-R-R在水稻生长后期数量逐渐下降。在早稻分蘖盛期各处理土壤好气性细菌数量分别比冬季作物收获时增加,Mv-R-R、Rg-R-R、Fa-R-R分别增加727.94%、679.75%和625.71%。在水稻生长后期,各处理Mv-R-R、Rg-R-R、Fa-R-R抽穗期好气性细菌数量分别比分蘖盛期下降了38.72%、42.05%和61.42%,其中Fa-R-R下降得最快。Fa-R-R对早稻生长中好气性细菌数量变异系数达87.3%,稳定性最差;晚稻收获后测定土壤好气性细菌数量,Fa-R-R最高,而Mv-R-R下降得最快。

土壤厌气性细菌数量与好气性细菌数量从冬季覆盖作物收获到早稻成熟,变化趋势基本一致(表5.5)。但是,不同冬季覆盖作物处理之间相差明显,冬季覆盖作物收获后,Fa-R-R处理厌气性细菌数量明显地高于其他处理,是紫云英处理的2.46倍。在水稻移栽后不同生育期内冬闲田对照区也高于其他处理,平均厌气性细菌数量Mv-R-R和Rg-R-R分别比Fa-R-R降低 28.13% 和 23.73%，Fa-R-R 处理最稳定变异系数 22.22%。

表 5.5 **黑麦草和紫云英对土壤微生物数量的影响** ×10⁵ CFU/g 干土

种类	处理	4月8日	5月29日	6月21日	7月10日	10月21日	平均	标准偏差
好气性细菌	Rg-R-R	7.9	61.6	35.7	47.0	11.4	32.7	23.0
	Mv-R-R	6.8	56.3	34.5	48.6	3.9	30.0	23.9
	Fa-R-R	3.5	25.4	9.8	6.2	17.1	12.4	8.9
厌气性细菌	Rg-R-R	1.19	2.90	2.12	2.79	1.18	2.04	0.83
	Mv-R-R	1.15	3.20	2.30	1.80	1.30	1.95	0.83
	Fa-R-R	2.80	4.10	2.50	2.40	0.95	2.55	1.12
真菌	Rg-R-R	0.20	0.29	0.16	0.07	0.06	0.16	0.10
	Mv-R-R	0.19	0.27	0.21	0.06	0.07	0.16	0.09
	Fa-R-R	0.23	0.30	0.14	0.03	0.07	0.15	0.11
放线菌	Rg-R-R	0.20	0.89	0.95	1.80	0.61	0.89	0.59
	Mv-R-R	0.19	1.23	0.89	1.85	0.25	0.88	0.70
	Fa-R-R	0.23	0.78	0.99	1.42	0.45	0.77	0.47
微生物总数	Rg-R-R	9.49	65.68	38.93	51.66	13.25	35.8	24.3
	Mv-R-R	8.33	61	37.9	52.31	5.52	33.0	25.2
	Fa-R-R	6.76	30.58	13.43	10.05	18.57	15.9	9.3

　　土壤真菌和放线菌数量均不及细菌，但是在土壤中的作用不容忽视。从冬季覆盖作物翻压到早稻成熟平均真菌数量，Mv-R-R 和 Rg-R-R 处理略高于 Fa-R-R 对照区，分别高 5.20% 和 2.32%；早稻收获后对照区 Fa-R-R 土壤真菌数量下降得最快，仅为翻耕前的 12%，Mv-R-R 和 Rg-R-R 分别为冬季覆盖作物收获后的 31.89% 和 31.16%。晚稻收获后土壤真菌数量与早稻收获后土壤真菌数量 Mv-R-R 和 Rg-R-R 处理相差不明显，Fa-R-R 处理是早稻收获后的 2.56 倍。土壤放线菌 Mv-R-R 和 Rg-R-R 在早稻本田期平均比冬闲田处理多 5.5% 和 6.7%。在早冬季覆盖作物收获后，各冬季覆盖处理放线菌数量均比冬闲田少。

　　2. 对水稻生育期土壤微生物活性的影响

　　土壤微生物活度是土壤养分转化快慢的重要体现。由图 5.4A 可知，土壤微生物活度从冬季作物收获到早稻成熟整个时期内，土壤微生物活度逐渐增加，整个的变化趋势 Mv-R-R 和 Rg-R-R 处理明显高于 Fa-R-R 处理。土壤微生物活度在晚稻收获时显著高于早稻成熟期，但是 Mv-R-R 和 Rg-R-R 处理比 Fa-R-R 处理土壤的高，并且冬季作物处理 Mv-R-R 土壤微生物活度比 Rg-R-R 处理要高。微生物活度是由代谢物总量和其可利用的碳决定的(图 5.4B)，不同处理稻田土壤有机碳测定平均值与土壤微生物活度进行相关分析，结果表明土壤微生物活度与土壤有机碳存在显著的线性相关性($r^2=0.887, p=0.017$)。以上分析表明，冬季作物根系、枯枝落叶增加了土壤有机质的输入，有利于水稻根系养分的吸收利用，通过微生物腐烂分解增加了土壤有机质的含量，促进了土壤微生物活度。

　　5.2.2.3 小结

　　冬季覆盖作物可增加土壤好气性细菌、真菌、放线菌数量，提高土壤微生物活性。冬季覆盖作物收获后，土壤好气性细菌数量比冬闲田高 13.6%～174.2%，土壤真菌数量比冬闲田高

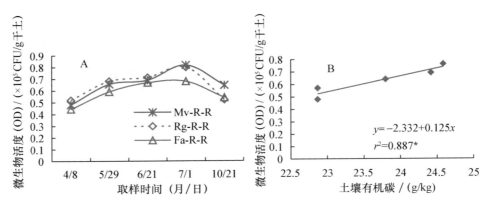

图 5.4　土壤微生物活度变化及与土壤有机碳相关性

1.1%～55.2%,放线菌数量变化不稳定。稻整个生育期内,土壤好气性细菌数量均呈现移栽后前期迅速增加,然后随着水稻的生长发育逐渐下降,到早稻成熟期有渐渐回升的趋势,各个时期 Mv-R-R 和 Rg-R-R 处理明显高于 Fa-R-R 处理;而 Fa-R-R 处理在水稻生长后期数量下降得最快。土壤放线菌数量分蘖盛期增加,孕穗期降低,到水稻成熟期又迅速增加。前茬紫云英和黑麦草比冬闲田处理增加了水稻田整个生育期的微生物多样性。

冬季覆盖作物处理稻田土壤微生物活度略高于冬闲田,土壤微生物活度从冬季作物收获到早稻成熟整个时期内,土壤微生物活度逐渐增加,整个的变化趋势 Mv-R-R 和 Rg-R-R 处理明显高于 Fa-R-R 处理。另外,土壤微生物活度与土壤有机碳含量存在正显著的相关性($r^2 = 0.887, p = 0.017$)。水田土壤中细菌、真菌和放线菌种群数量与土壤养分含量具有正相关关系,相关水平的高低因微生物种类不同有一定的差别。

5.2.3　南方冬闲田不同土壤黑麦草覆盖功能效应研究

5.2.3.1　试验设计

试验在湖南省土壤肥料研究所试验站进行。试验小区面积 2 m²,水泥池底采用鹅卵石垫底(厚度为 40 cm),上层填装 90 cm 厚原状土壤。试验土壤为花岗岩风化物发育的麻沙泥水稻土(granitic sandy soil,GSS)、石灰岩风化物发育的灰泥田水稻土(grey clayey soil,GCS)、紫色页岩风化物发育的紫泥田水稻土(purple clayey soil,PCS)、第四纪红土发育的红泥田水稻土(red clayey soil,RCS)、板页岩风化物发育的黄泥田水稻土(Yellow clayey soil,YCS)、河流沉积物发育的河沙泥水稻土(alluvial sandy soil,ASS)。于 2004 年春将 6 种土壤置水泥池内,随机区组排列,水泥池有良好的排灌水设备,土壤基础理化性状见表 5.6。每种土壤设置种草施肥区(处理区)和冬闲无肥区(对照区),每个处理区重复 3 次。

表 5.6　试验前不同土壤基础理化性状

土壤名称	pH	有机碳	全氮	全磷	碱解氮	有效磷	速效钾
		g/kg			mg/kg		
麻沙泥	5.3	13.90	1.66	0.64	144.1	15.53	43
灰泥田	7.5	11.75	1.30	0.54	98.4	8.92	94

续表5.6

土壤名称	pH	有机碳	全氮	全磷	碱解氮	有效磷	速效钾
		g/kg			mg/kg		
紫泥田	8.0	14.48	1.66	0.62	122.6	9.56	75
红泥田	5.3	11.41	1.21	0.73	135.0	28.57	52
黄泥田	5.2	20.13	2.09	0.73	180.5	19.75	72
河沙泥	5.2	7.34	0.85	0.48	86.2	17.79	36

种植模式为黑麦草—早稻—晚稻,定位试验的第2年(2005年10月至2006年10月)取样分析。2005年晚稻收获后种草区于10月21日稻田免耕播种黑麦草,品种为多花黑麦草特高,播量22.5 kg/hm²。黑麦草第1次刈割氮磷肥的施用量分别为N 75 kg/hm²,P_2O_5 375 kg/hm²。2005年10月至2006年4月黑麦草整个生长期刈割两次,第1次2006年3月9日,第2次2006年4月10日。每次收割黑麦草,测定地上部鲜产和干物质产量,测产同时测定植株粗蛋白质(crude protein,CP)、中性洗涤纤维(neutral detergent fiber,NDF)、酸性洗涤纤维(acid detergent fiber,ADF)含量。

2006年4月黑麦草收获土壤翻耕前,每个小区采用五点取样法取0~20 cm土层土壤剔除石砾及植物残茬等杂物,用新鲜土壤测定微生物量碳和土壤微生物量氮。同时分出自然风干的土壤进行常规土壤养分分析。

5.2.3.2 结果分析

1.不同稻田土壤冬种黑麦草饲草生产比较

(1)黑麦草产量比较:黑麦草总鲜草产量和干物质产量,6种稻田土壤均具有5%水平上的显著性(表5.7)。总干草产量最高的是河沙泥田为11.3 t/hm²,其次是紫泥田11.1 t/hm²,较低的是红泥田和黄泥田各位9.75 t/hm²和9.64 t/hm²;河沙泥田总鲜草产量最高,为72.77 t/hm²。从第1茬和第2茬黑麦草产量分析,不同稻田土壤处理第1茬从出苗后(127 d)日干草产量是河沙泥＞麻沙泥＞紫泥田＞灰泥田＞红泥田＞黄泥田,而第2茬(生长期32 d)各处理日干草产量是紫泥田最高0.23 t/hm²,麻沙泥最低0.18 t/hm²。

表5.7 不同稻田土壤黑麦草产量性状比较 t/hm²

土壤名称	第1茬		第2茬		总产量	
	鲜重	干物质	鲜重	干物质	鲜重	干物质
麻沙泥	32.52a	4.55a	38.67a	5.96b	71.20ab	10.5b
灰泥田	24.14b	3.68bc	38.66a	6.91a	62.81c	10.6b
紫泥田	24.55b	3.79b	41.01a	7.32a	65.55bc	11.10a
红泥田	24.44b	3.33bc	38.34a	6.41ab	62.78c	9.75b
黄泥田	23.94b	3.00c	41.34a	6.64ab	65.27bc	9.64b
河沙泥	33.43a	4.79a	39.34a	6.53ab	72.77a	11.30a
LSD$_{0.05}$	4.538	0.680	5.826	0.942	6.717	1.060

注:数据中不同字母表示在0.05水平上存在显著性差异。

(2)黑麦草品质比较:6种稻田土壤的理化性质、耕作性能及肥力特征直接或间接影响黑麦草养分变化。表5.8,从粗蛋白质含量分析,第1茬麻沙泥、河沙泥和黄泥田黑麦草CP含量显著高于另外 3 种土壤;而第 2 茬麻沙泥和河沙泥黑麦草 CP 含量明显的又低于其他土壤,这表明麻沙泥和河沙泥黑麦草产量虽然增加,但是 CP 含量降低了;粗蛋白质总产量(两茬之和),河沙泥 1.53 t/hm² >紫泥田 1.49 t/hm² >麻沙泥 1.43 t/hm² >灰泥田 1.42 t/hm² >红泥田 1.31 t/hm² >黄泥田 1.29 t/hm²。黑麦草可消化干物质采食量均大于 60%,有很强的适口性,有利于牲畜的采食;黑麦草的相对饲用价值(RFV)各处理均明显大于 100%,最高达 142.16%。

表 5.8　不同稻田土壤黑麦草品质比较　　　　　　　　　　　%

土壤名称	粗蛋白质	酸性洗涤纤维	中性洗涤纤维	可消化干物质	潜在干物质采食量	相对饲用价值
第 1 茬						
麻沙泥	14.17a	29.61ab	47.54b	65.83cd	2.52b	128.81b
灰泥田	12.97b	28.63abc	49.71a	66.59bcd	2.41c	124.62c
紫泥田	11.7c	25.83d	45.01c	68.78a	2.67a	142.16a
红泥田	12.17bc	27.0dc	45.29c	67.87ab	2.65a	139.41a
黄泥田	14.84a	30.42a	48.42ab	65.20d	2.48bc	125.27c
河沙泥	14.29a	27.85bc	48.97ab	67.20bc	2.45bc	127.65bc
LSD$_{0.05}$	0.851 3	1.834 9	1.823 6	1.430 1	0.097 3	3.124 2
第 2 茬						
麻沙泥	13.04b	34.96bc	54.43a	61.66bc	2.20b	105.38ab
灰泥田	15.0a	35.90ab	50.78b	60.93cd	2.36a	111.62a
紫泥田	14.73a	33.11d	52.19ab	63.10a	2.30ab	112.48a
红泥田	14.76a	35.08bc	53.82ab	61.58bc	2.23ab	106.43ab
黄泥田	14.19a	34.645c	52.08ab	61.91b	2.30ab	110.58ab
河沙泥	12.37b	36.27a	54.79a	60.65d	2.19b	102.97b
LSD$_{0.05}$	0.816 7	1.053 5	3.389 4	0.823 4	0.161 8	8.614 4

注:同表 5.7。

2. 不同稻田土壤冬种黑麦草对土壤微生物的影响

(1)冬种黑麦草土壤微生物量碳、氮的变化:图 5.5,不同稻田土壤种草区和冬闲田 SMBC 和 SMBN 变化,除灰泥田外,冬种黑麦草处理均大于冬闲田处理。以平均值表示种草区土壤 SMBC 的变化情况是紫泥田 618.37 mg/kg >黄泥田 597.41 mg/kg >麻沙泥 384.05 mg/kg >河沙泥 314.19 mg/kg >灰泥田 279.41 mg/kg >红泥田 227.23 mg/kg;冬闲田土壤 SMBC 变化,河沙泥最低只有 173.14 mg/kg。6 种稻田土壤冬季种草区分别比冬闲田 SMBC 增加是河沙泥 81.47% >红泥田 55.9% >紫泥田 29.75% >黄泥田 26.28% >麻沙泥 14.22% >灰泥田 >3.52%。SMBN 变化与 SMBC 变化基本相同,种草区比冬闲田 SMBN 增加紫泥田为 36.1% >河沙泥 26.17% >麻沙泥 23.69% >黄泥田 20.72% >红泥田 10.45% >灰泥田 3.93%。

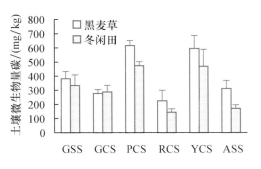 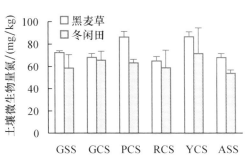

图5.5 不同稻田土壤微生物量碳、氮变化

（2）冬种黑麦草土壤微生物熵变化：由于土壤有机碳和 SMBC 含量在农田土壤变化过程中受到的影响程度不同从而导致 SMBC/SOC 即土壤微生物熵（soil microbial quotients，MQ）差异。从土壤微生物熵的变化分析（表5.9），除灰泥田外，各土壤种草区均高于冬闲田对照区，说明冬季种植黑麦草增加了土壤微生物熵，种草区土壤微生物熵变化情况为：河沙泥＞紫泥田＞黄泥田＞麻沙泥＞灰泥田＞红泥田。土壤微生物量碳氮比值（C：N）麻沙泥、灰泥田、红泥田、河沙泥处理区低于对照区，而紫泥田和黄泥田对照区高于处理区。

表5.9 土壤微生物熵和土壤微生物量碳氮比变化

土壤名称	处理	麻沙泥	灰泥田	紫泥田	红泥田	黄泥田	河沙泥
土壤微生物熵/%	黑麦草	2.63	2.37	4.45	2.08	3.14	4.49
	冬闲田	2.44	2.71	3.64	1.32	2.54	2.62
土壤微生物量 C：N	黑麦草	5.32	4.15	7.09	3.41	6.92	4.63
	冬闲田	5.70	5.73	5.68	5.66	5.73	5.65

5.2.3.3 小结

本试验研究结果表明，南方稻田冬闲期黑麦草覆盖产生大量优质牧草的同时，能够改善稻田土壤的微生态环境，一定程度地提高耕地质量。黑麦草有发达的须根，其在土壤表层的数量可达 $597 \sim 1\ 148\ g/m^2$，可通过吸收前茬作物根区内及根区下部残留的、易淋失的 $NO_3\text{-}N$ 来保护水质，对农田污染起到一定的抑制作用。亚热带冬春季降雨占全年降雨的 60% 以上，稻田冬季种植黑麦草能够一定程度阻止降雨造成的土壤养分淋失，黑麦草的根系深入土中，可有效固结土壤，增进土壤团粒结构与空隙，并减缓径流速度，减少径流，从而减少地表水体的富营养化。6 种稻田土壤（除灰泥田外）种植黑麦草后土壤微生物量碳、氮均高于冬闲田，土壤微生物熵也存在相同的变化，这一结果与 Schutter 等的研究结果一致。

冬种黑麦草改善稻田土壤微环境的主要原因可能为黑麦草通过根际活性，包括根系分泌物如有机酸等，可以提高土壤微生物活性和促进有些难溶性养分转化为易溶性养分，另外大量黑麦草根系在土壤中的腐熟分解也有利于土壤肥力的提高。6 种不同成土母质发育的稻田土壤中，河沙泥田因其良好的通气性，有利于黑麦草根系生长，而根系中碳的沉析作用又提高了土壤肥力，从而也增加了土壤微生物的活性。因此，河沙泥田有利于发展冬季黑麦草生产，而冬季最不适合黑麦草种植的是灰泥田。

5.2.4 南方冬闲田绿色覆盖技术效果与效益评价

5.2.4.1 试验设计

试验在湖南农科院试验站进行。试验设 5 个处理:冬闲田—早稻—晚稻,黑麦草—早稻—晚稻、紫云英—早稻—晚稻、油菜—早稻—晚稻、马铃薯—早稻—晚稻,每个处理 3 次重复,随机区组排列。水稻供试品种为当地推广品种,早稻供试品种湘杂优 31 号,晚稻供试品种威优 16 号。2004 年 9 月 28 日黑麦草和紫云英播种,油菜 2004 年 10 月 28 日移栽,马铃薯 2004 年 11 月 30 日稻草覆盖栽培。早稻 2005 年 3 月 23 日播种,5 月 2 日移栽插秧,晚稻 2005 年 7 月 13 日插秧。

5.2.4.2 结果分析

1.不同冬季覆盖生物产量比较

两年实验研究表明(表 5.10),2005 年和 2006 年冬季作物经济产量,黑麦草鲜草产量 2005 年为 72 943.1 kg/hm²,2006 年为 59 698.4 kg/hm²。黑麦草产量不稳定,主要因为 2005 年黑麦草 2004 年 9 月 28 日播种,田间生育期比 2006 年长 1 个月左右。试验第 2 年紫云英采取晚稻成熟期套播,2006 年收获时鲜草重 61 972.8 kg/hm²,比第 1 年产量高 21 216.2 kg/hm²。油菜籽和马铃薯产量不稳定。

表 5.10 **2005 年和 2006 年冬季作物经济产量** kg/hm²

处理	黑麦草	紫云英	冬闲田	油菜	马铃薯
2005 年	72 943.1	40 759.6	—	1 064.0	14 142.2
2006 年	59 698.4	61 972.8	—	2 794.0	20 152.5
平均	66 320.8	51 366.2	—	1 929.0	17 147.4

注:黑麦草和紫云英为鲜重。

冬季覆盖作物和冬闲田杂草地上部和地下部干物质产量存在显著差异。由表 5.11 可见,2004—2005 年,地上部干物质量黑麦草 10 681.1 kg/hm²、紫云英 4 471.5 kg/hm²、油菜 2 632.6 kg/hm² 和冬闲杂草 733.2 kg/hm²,各冬季覆盖作物生物量均比对照冬闲田高;总生物量积累黑麦草 15 448.8 kg/hm²＞紫云英 5 301.1 kg/hm²＞油菜 3 557.6 kg/hm²＞冬闲杂草 1 372.0 kg/hm²,各处理间存在差异显著性($p<0.05$)。定位试验第 2 年 2005—2006 年,各冬季覆盖作物干物质地上部分紫云英 10 711.9 kg/hm² 与黑麦草地上部干物质 9 858.7 kg/hm² 差异不明显,明显高于油菜和冬闲田杂草。冬季覆盖作物总生物量两年试验平均,黑麦草 16 028.9 kg/hm²＞紫云英 9 191.5 kg/hm²＞油菜 3 630.1 kg/hm²＞冬闲杂草 1 337.4 kg/hm²。黑麦草地下根系生物量积累两年平均高达 5 758.9 kg/hm²,明显高于紫云英地下根系 1 599.8 kg/hm²,油菜 916.8 kg/hm²,冬闲田杂草 620.1 kg/hm²,分别占总生物量的 26.4%、14.8% 和 20.2%,两年试验结果黑麦草地上和地下生物量积累最高。马铃薯块茎产量两年平均为 17 147.4 kg/hm²(表 5.11)。因此,黑麦草高的生物量积累和发达的根系,使南方冬季稻田黑麦草生产具有很大的发展潜力。

表 5.11　冬季作物地上部和地下部干物质积累　　　　　　　　　　kg/hm²

冬季作物	地上部	地下部	总生物量积累*
2004—2005 年			
黑麦草	10 681.1a	4 767.7a	15 448.8a
紫云英	4 471.5b	829.6b	5 301.1b
冬闲田	733.2d	638.8b	1 372.0c
油菜	2 632.6c	925.0b	3 557.6bc
马铃薯	28 183.3	14 142.2	—
2005—2006 年			
黑麦草	9 858.7a	6 750.2a	16 608.9a
紫云英	10 711.9a	2 369.9b	13 081.8b
冬闲田	701.5c	601.3d	1 302.8d
油菜	2 794.0b	908.5c	3 702.5c
马铃薯	23 334.5	20 152.5	—

注：油菜地上部不包括油菜籽产量，马铃薯地上薯秧和地下块茎均为鲜重。同表 5.7。

2.冬季覆盖作物对水稻产量的影响

（1）对早稻产量的影响：水稻产量形成是由多方面因素决定的，其构成因素主要包括种植密度、有效穗数、结实率和千粒重等，收获指数与水稻产量也有显著的相关性。2 年定位试验研究不同冬季覆盖作物处理对早稻籽粒产量和产量构成的影响（表 5.12）。结果表明，试验的第 1 年前茬冬季覆盖作物处理水稻产量均比冬闲田低，但是处理间差异不显著；Rg-R-R、Mv-R-R、Ra-R-R P-R-R 处理早稻产量比 Fa-R-R 分别低 11.9%、7.3%、12.7% 和 5.5%。试验的第 2 年前茬冬季覆盖作物处理 Rg-R-R 和 Mv-R-R 水稻产量比对照 Fa-R-R 均增加了，分别增加 1.5% 和 10.3%，Mv-R-R 处理与其他处理存在显著差异；Ra-R-R 和 P-R-R 水稻产量比 Fa-R-R 略有减少。轮作的第 2 年水稻籽粒的千粒重与第 1 年比略有增加，其他产量构成因子两年试验没有显著差异。

表 5.12　不同冬季覆盖作物处理早稻产量及其构成　　　　　　　　kg/hm²

处理	有效穗数	每穗实粒数	结实率	千粒重	收获指数	实测产量
2005 年						
Rg-R-R	448.0	69.9	70.6	20.2	59.8	5 363.6
Mv-R-R	470.0	77.7	73.9	21.9	60.1	5 642.4
Fa-R-R	474.0	74.1	78.2	20.8	60.7	6 090.9
Ra-R-R	462.0	71.4	86.8	20.4	61.8	5 315.1
P-R-R	516.0	73.2	87.5	21.2	59.4	5 757.6
Sig.	NS	NS	NS	NS	NS	NS
2006 年						
Rg-R-R	461.8	79.1	77.1	24.3	54.7	6 659.1
Mv-R-R	498.2	74.5	75.0	25.2	57.6	7 266.5
Fa-R-R	465.4	71.1	77.3	24.2	54.5	6 590.1
Ra-R-R	476.4	81.0	56.2	24.0	52.2	6 585.3
P-R-R	421.8	75.7	66.2	23.8	53.8	6 502.3
Sig.	NS	NS	NS	NS	NS	NS

（2）对晚稻产量的影响：由表5.13可知，冬季作物对晚稻产量及产量构成也有不同程度的影响。与早稻产量不同，两年试验晚稻产量变化，冬季作物处理均显著高于冬闲田。试验第1年，Rg-R-R、Mv-R-R、Ra-R-R 和 P-R-R 处理晚稻产量比 Fa-R-R 分别高 6.7％、2.6％、10.7％ 和 8.2％；第 2 年 Ra-R-R 处理变化不稳定，出现比对照降低的趋势，Rg-R-R、Mv-R-R 和 P-R-R 比 Fa-R-R 分别增加 2.9％、4.6％ 和 13.1％。从水稻产量构成分析，冬季作物处理，晚稻单位面积有效穗数，有所增加，但是结实率、千粒重没有显著变化；水稻收获指数轮作第2年有增加的趋势，说明冬季种植作物对水稻的产量形成有积极的作用。

表 5.13　不同冬季作物处理晚稻产量及其构成

处理	有效穗数	每穗实粒数	结实率/%	千粒重/g	收获指数/%	实测产量/(kg/hm²)
			2005 年			
Rg-R-R	339.5	57.5	58.2	27.07	42.9	7 245.4
Mv-R-R	357.0	62.7	60.6	28.30	43.5	6 969.6
Fa-R-R	283.5	79.1	59.6	25.58	44.9	6 790.8
Ra-R-R	364.0	49.0	43.3	27.2	42.0	7 515.1
P-R-R	322.0	58.6	55.8	29.5	40.9	7 348.4
			2006 年			
Rg-R-R	436.9	125.9	65.1	26.8	55.6	9 515.6
Mv-R-R	338.7	160.2	63.3	27.0	57.1	9 667.1
Fa-R-R	338.7	178.6	70.6	27.3	54.2	9 242.9
Ra-R-R	364.9	144.7	65.8	26.6	54.9	8 303.4
P-R-R	327.2	161.0	64.3	28.0	51.8	9 364.1

（3）双季稻总产量变化：冬季覆盖作物对早稻和晚稻总产量两年试验均没有显著差异（表5.14），第1年试验各冬季覆盖作物处理比冬闲田处理早晚稻总产量有所减少，但是差异并不明显，Rg-R-R、Mv-R-R、Ra-R-R 和 P-R-R 分别比 Fa-R-R 降低 272.7 kg/hm²、269.7 kg/hm²、51.5 kg/hm² 和 224.3 kg/hm²。第 2 年试验各冬季覆盖作物处理水稻总产量均表现比冬闲田增加（油菜处理除外），Rg-R-R、Mv-R-R 和 P-R-R 分别比 Fa-R-R 增加 341.7 kg/hm²、1 100.6 kg/hm² 和 33.4 kg/hm²。油菜处理表现不稳定，其他处理产量有所增加。由表5.12和表5.13可以看出，冬季覆盖作物对早稻产量的影响比晚稻略有增强。两年试验表明，冬季种植作物，有利于水稻生长发育，水稻的产量表现增加的趋势。

表 5.14　早稻和晚稻总产量

处理	2005 年		2006 年	
	早稻晚稻总产量/(kg/hm²)	比冬闲田增产/%	早稻晚稻总产量/(kg/hm²)	比冬闲田增产/%
Rg-R-R	12 609.0	−2.2	16 174.7	2.3
Mv-R-R	12 612.0	−2.1	16 933.6	6.9
Fa-R-R	12 881.7	—	15 833.0	—
Ra-R-R	12 830.2	−0.4	14 888.7	−5.9
P-R-R	13 106.0	1.7	15 866.4	0.2
Sig.	NS		NS	

3.稻田冬季覆盖作物经济效益分析

我国南方稻田冬季覆盖作物种植,其功能有别于美国、加拿大等国,不但要充分地发挥其对后作水稻、稻田土壤环境等积极作用,同时要根据目前稻田耕地生产力状况,进一步开发冬季作物新的功能。黑麦草和紫云英等冬季作物用途应转向肥地和饲料兼用等综合利用上来,即地下部分根系作肥料直接增强地力,地上部分作饲料,通过家畜过腹还田,改变两者不可兼得的传统观念,使单一效益转化为多重效益。

2005 年和 2006 年早稻和晚稻产量计算得出不同冬季作物—双季稻系统经济效益如表5.15 所示。黑麦草、紫云英地上部用做饲料出售,仅这一项单位面积耕地产值,2005 年分别增加 6 053.2 元/hm² 和 2 191.2 元/hm²;2006 年分别增加 4 463.8 元/hm² 和 4 736.7 元/hm²(不包括收获时还田部分产量)。从黑麦草、紫云英 2 年试验结果不稳定,田间生长期长,生物产量高。因此,从播种时间上分析,均可以晚稻收获前套种,既能充分吸收稻田残余的养分,又能增加田间生长期,提高生物产量和稻田经济效益。

表 5.15　冬季作物—双季稻经济效益分析　　　　　　　　　　元/hm²

处理		Rg-R-R	Mv-R-R	Fa-R-R	Ra-R-R	P-R-R
总投入	物质投入	8 545.2	7 705.4	7 473.3	8 297.4	14 193.3
	劳动力	7 560.0	6 030.0	5 400.0	9 225.0	9 247.5
	合计	15 025.2	13 735.4	12 873.3	17 522.4	23 440.8
2005 年总产值	冬季作物产值	6 053.2	2 191.2	0	2 128.0	14 142.2
	早稻产值	7 509.0	7 899.4	8 527.3	7 441.1	8 060.6
	晚稻产值	10 868.1	10 454.4	10 186.2	11 272.7	11 022.6
	合计	27 130.3	23 244.9	18 713.6	20 841.8	33 225.4
2006 年总产值	冬季作物产值	4 463.8	4 736.7	0	5 588.0	20 152.5
	早稻产值	9 322.7	10 173.1	9 226.1	9 219.4	9 103.2
	晚稻产值	14 273.4	14 500.7	13 864.4	12 455.1	14 046.2
	合计	30 759.9	32 110.5	23 090.5	27 262.5	43 301.9
2005 年净产值		9 405.1	6 809.5	5 840.2	3 319.4	9 784.6
2006 年净产值		13 034.7	15 675.6	10 217.2	9 740.1	19 861.1
两年净产值平均		11 219.9	11 242.3	8 028.7	6 529.8	14 822.9

注:物质投入主要包括种子、化肥、农药、机械等,价格依照当地市场价。冬季作物产值按当地收购价,黑麦草和紫云英鲜草按 0.12 元/kg,油菜籽 2.0 元/kg,马铃薯 1.0 元/kg;稻谷按照 2006 年市场价,早稻 1.4 元/kg,晚稻 1.5 元/kg;每个工日工资 30 元。

冬季油菜、马铃薯—双季稻这种水旱轮作系统在南方大面积稻田排灌水设备不够完善的田块冬水田、冬泡田是不适宜采取这种模式的,冬季油菜、马铃薯与早晚稻轮作停留在微区试验水平。鉴于南方马铃薯稻草作物栽培面积逐渐增加,马铃薯大面积分布在南方的旱坡地,可以充分利用冬季温光资源提高耕地生产力。这些年油菜籽收购价格低,再加上油菜产量低,生产投入高,南方油菜的发展很难形成农民自动的大面积生产。

综合以上分析南方稻田冬季作物黑麦草和紫云英地上部分转移到饲料利用上来可以使得单位面积耕地产生更高的经济效益,而且不会降低早稻和晚稻的产量,由于黑麦草和紫云英大量的根系可以作为肥料翻耕还田,水稻产量有不同程度的增加的趋势。冬季油菜发展成本高,油菜子产量低,投入的劳动力相对也高,不适宜发展。从经济效益角度分析马铃薯经济效益高,不同地区春马铃薯和一季中稻轮作,要因地制宜的大面积发展。

5.3 农田绿色覆盖技术发展趋势与前景

冬季覆盖作物的形势和内涵是多种多样的,除了国内外应用比较广泛的禾本科和豆科作物,还有如十字花科作物饲用萝卜、饲用油菜等作物。适应南方发展的冬季作物小黑麦、饲用燕麦还有过去广泛种植的蚕豆、豌豆,冬季蔬菜等都归冬季作物的范畴。因此,在不同地区选择冬季作物时,要因地制宜,发挥冬季覆盖作物最大的功效。

针对南方稻区,农业人口比重大,人均占有耕地少,经营规模小,效益低,难以形成农业产业化这一发展形势。冬季作物发展一方面扩大冬季牧草的种植面积,研发冬季牧草—水稻高效性轮作制,变冬闲田—双季稻种植模式为冬季黑麦草—双季稻。充分利用冬闲田温、光、水、肥等资源种植饲草将不仅有效促进冬闲田的规模化开发,而且还能提高稻田复种指数和土地利用率,促进南方耗粮型为主的畜牧业结构的改变,提高畜牧业和农业经济效益。南方地区70%以上的土地为丘陵和山地,饲草发展蕴藏着巨大的生产潜力(李向林,2001),结合不同地区区位优势,冬季稻田牧草和草山草坡饲草生产结合起来,促进农牧结合,实现区域农业的可持续发展。

我国是油菜种植大国,菜籽油是主要的食用植物油,近年来植物食用油的缺口越来越大,年进口量达到1 200万~1 350万t,相当于国内需求总量的55%,超过国内年需求量。充分利用南方冬闲田,形成以免耕直播油菜为主体的绿色覆盖技术体系对于保障我国食用油安全具有重要的意义。

随着化石能源的日趋枯竭,生物质能源正以其独特的生态环境效应和巨大的潜在储量,被全球学界、政界和企业所普遍重视,纷纷启动相应重大计划,发展本国能源新领域。种植业是农业生产的基础,是将太阳能转化为人类可利用能源的关键环节,能源农业潜力巨大。适宜南方冬闲农田的覆盖作物包括淀粉类和油料类作物,如马铃薯和油菜,均可以用来开发成乙醇和燃油。开展能源作物和配套种植技术,将在南方冬季覆盖作物中大有作为,对缓解我国能源危机意义重大。通过对南方稻田冬季作物试验研究,不仅对南方农业的可持续发展有借鉴,而且对减轻我国北方生态脆弱区农业生产的资源与环境压力,具有重要的理论参考和生产指导意义。

(本章由胡跃高、曾昭海主笔,王丽宏参加编写)

参考文献

[1]蔡祖聪.中国稻田甲烷排放研究进展.土壤学报,1999,31(5):266-269.

[2]黄国勤,熊云明,钱海燕,等.稻田轮作系统的生态学分析.土壤学报,2006,43(1):69-77.

[3]焦彬.中国绿肥.北京:农业出版社,1980.

[4]王华,黄宇,阳柏苏,等.中亚热带红壤地区稻—稻—草轮作系统稻田土壤质量评价.生

态学报,2005,25(12):3271-3280.

[5]谢红梅,朱钟麟,郑家国,等.不同种植模式对水稻生长特性的影响.核农学报,2006,20(1):79-82.

[6]辛国荣,杨中艺,徐亚幸,等."黑麦草—水稻"草田轮作系统的研究Ⅴ稻田冬种黑麦草的优质高产栽培技术.草业学报,2000,9(2):17-23.

[7]曾希柏,关光复.稻田不同耕作制下有机质和氮磷钾的变化研究.生态学报,1999,19(1):90-95.

[8]Harry H,Schomberg,Dinku M,et al. Cover crop effects on nitrogen mineralization and availability in conservation tillage cotton. Biol. Fertil. Soils,2004,40:398-405.

[9]Hu S,Grunwald N J,Bruggen A H C van et al. Short term effects of cover crop incorporation on soil carbon pools and nitrogen availability. Soil Sci. Soc. Am. J. ,1997,61(3):901-911.

[10]Kabir Z,Koide R T. Effect of autumn and winter mycorrhizal cover crops on soil properties,nutrient uptake and yield of sweet corn in Pennsylvania U S. Plant and Soil,2002,238(2):205-215.

[11]Kuo S,Jellum J. Long-term winter cover cropping effects on corn(Zea mays L.) production and soil nitrogen availability. Biol. Fertil. Soils,2000,31:470-477.

[12]Kuo S,Sainju U M,Jellum E J. Winter cover crop effects on soil organic carbon and carbohydrate in soil. Soil Sci. Soc. Am. J. ,1997,61:145-152.

[13]Philip J,Bauer,Warren J,Busscher. Winter Cover and Tillage Influences on Coastal Plain Cotton Production . Journal of production agriculture,1996,9(1):50-54.

[14]Puget,Drinkwater. Short-term dynamics of root and shoot-derived carbon from a leguminous green manure. Soil Sci. Soc. Am. J. ,2001, 65(3):771-779.

[15]Schutter M E,Sandeno J M,Dick R P. Seasonal,soil type and alternative management influences on microbial communities of vegetable cropping systems. Biology and Fertility of Soils,2001,34(6):397-410.

第**6**章

保护性耕作制的产量效应
与栽培管理技术

保护性耕作技术在推广应用中不同程度的存在机具不配套、耕作质量不高、病虫草害发生严重、栽培管理技术不完善、作物产量不稳定、经济效益不高等问题,客观上制约了保护性耕作技术的推广应用。本章立足我国保护性耕作制生产现状,对我国典型生态类型区域主体保护性耕作条件下作物稳产丰产技术存在的问题进行分析,以保护性耕作条件因少免耕和秸秆大量还田造成的作物播种质量差、保苗率低、作物生长发育受阻等导致作物产量不稳定的共性问题为研究对象,创新保护性耕作条件下作物保苗、作物生长调控等关键技术,综合品种选择、肥水运筹、密度控制和化学药剂控制等栽培管理措施,建立与保护性耕作制度相配套的稳产丰产高效栽培管理技术体系,实现作物丰产高效的目标。

6.1　主要生态区保护性耕作技术的产量效应

我国在 20 世纪 70 年代就开始了少、免耕等保护性耕作技术的试验、示范工作。有关保护性耕作研究的报道几乎涉及了所有地区、作物及其栽培耕作方式。我国地域辽阔,各地的气候、作物、土壤、种植制度存在很大差异,各地推行的保护性耕作模式也大相径庭,根据《中国知网》收录的数据,1994—2005 年,以少耕、免耕、秸秆覆盖、秸秆还田以及保护性耕作等为题名发表的研究报告有 2 246 篇。通过逐一的甄别,筛选出有详细研究背景、周密试验设计和完整产量数据的研究报告共计 141 篇,获得 751 组产量数据,进行我国保护性耕作产量效应分析。

6.1.1　保护性耕作的产量、效益

保护性耕作产量数据均以当地传统耕作模式为对照,大部分是增产或平产报告,平均增产幅度为 12.51%,其中小麦为 8.98%,水稻为 6.23%,玉米为 15.88%。但也有一些报道提供

了比较极端的数据:内蒙古玉米留根茬免耕精密播种增产 68.5%;山西免耕整秆半覆盖处理的玉米增产 191.1%;山西玉米秸秆高留茬少耕全覆盖处理的小麦增产 208%,小麦深松玉米秸秆高留茬半覆盖增产 59.93%;江苏玉米秸秆还田的水稻增产 27.3%;陕西秸秆粉碎还田旋耕处理的棉花增产皮棉 21.4%;贵州稻茬免耕打窝移栽的油菜增产 29.55%;稻田免耕全程秸秆覆盖的马铃薯增产 29.8%。这些研究数据虽然是在特定的生产条件下产生的,但是也充分表明适宜的保护性耕作措施有巨大的增产潜力。

实行保护性耕作,减少土壤耕作次数,有效降低了农业生产成本,具有比较明显的经济效益。全国农业技术推广中心在 19 个省、市总计 107 个试验点的材料表明,虽然气候、作物、土壤和种植制度不同,秸秆还田的数量、方式和方法不同,但在每公顷秸秆还田量 4 611 kg/hm² (1 500～9 000 kg/hm² 之间)的情况下,平均增产 15.17%(1.7%～145.8%)。以水稻免耕直播为例,与常耕移栽相比,华南农业大学的试验增产 5%～15%;山东农业大学的研究结果每公顷增产 186.8 kg,净增效益 1 115.1 元/ hm²;浙江嘉兴水稻大面积种植每公顷增产 181.5 kg,节省成本 195～270 元,节省用工费 600～900 元;广西合浦的研究结果是每公顷增产 18～370 kg,节省成本 510 元,比免耕抛秧和常耕抛秧每公顷净增效益分别为 325.05 元和823.5 元。

Riley 等(1994)比较了国外翻耕和免耕的试验结果,认为免耕对产量几乎没有不利影响,90% 的免耕产量与翻耕没有差异,而节省的机械、能源和劳力的费用,以及对土壤的有益性则是非常明显,本章对中国保护性耕作条件下作物产量的分析结果也基本相同,保护性耕作技术的推广应用将产生良好的生态效益和巨大的经济效益。

6.1.2　保护性耕作条件下作物增产原因分析

6.1.2.1　保护性耕作对作物出苗的影响

保护性耕作影响作物的苗情,不同耕作措施对作物出苗的影响不同。逄焕成(1999)认为秸秆覆盖处理的土壤表层墒情好,养分充足,小麦的出苗率高,冬前总茎数和春季总茎数增加;由于减少了耕翻次数和耙地面积,在干旱严重的年份,大豆带作少耕栽培的出苗率比传统耕作方式高 20% 左右,而秸秆覆盖处理的夏玉米出苗率可提高 4%～13%。秸秆粉碎直接还田条件下,种子发芽和生长有了充足的水分和养分,出苗率较高;而灭茬旋耕处理则因土地整地质量差,种子播深不一致,出苗率和出苗质量均受到影响。

6.1.2.2　保护性耕作对作物根系的影响

保护性耕作影响作物的根系分布及其生理生化指标。前人研究表明,免耕处理的小麦0～20 cm 土层根系较传统耕作高出 4.8%;间隔深松处理促进根系下扎,0～20 cm 土层根系比传统耕作降低 3.5%～11.4%;麦后免耕直播的杂交稻深土层的根量增加;稻田垄作免耕水稻的根系总吸收面积、根系活力及根系的干物质积累也都明显高于常规耕作;免耕水稻比常耕水稻根冠比变大,水稻根系活力提高。

6.1.2.3　保护性耕作对作物生长的影响

保护性耕作改变了作物的生长进程,其效应受作物种类及生育阶段的影响。与常规育秧移栽相比,麦后免耕直播水稻的全生育期和营养生长期有较大幅度的缩短,株高降低,单株分蘖能力增强,低节位分蘖多,而且生长动态平稳,后期绿叶面积多,不易早衰;秸秆覆盖处理的水稻个体生长在前期受到一定的抑制,分蘖发生时间推迟、数量少、叶片变小、叶面积小,但生育中后期有利于水稻高位分蘖的发生与成穗;少、免耕处理的大麦生育时期提前,出苗比常规翻耕套作处理早,分蘖期、抽穗期也早,干物重比较高,在生长前期优势明显;油菜直播则能提早播期,能够充分利用温光条件,促进苗期生长;秸秆覆盖的处理冬季有保温作用,有利于冬小麦安全越冬,但推迟了返青期,起身拔节后麦苗生长势由弱变强,小麦植株生长发育良好,叶面积增大,小麦的光合效率显著提高,后期叶片功能期延长,有利于小麦结实和灌浆。

6.1.2.4 保护性耕作对作物产量结构的影响

保护性耕作影响了作物的产量结构。与常耕栽培水稻相比,免耕水稻的有效穗数、每穗实粒数和千粒重分别增加 1.1％、5.1％和 0.6％,产量提高 10.0％。秸秆覆盖量在每公顷4 500～7 500 kg 时,小麦的亩穗数、穗粒数、千粒重都明显提高,产量有随覆盖量的增加而提高的趋势。棉花秸秆覆盖增加果枝数、棉铃重、子棉重,提高棉花产量,而且覆盖量越大产量越高。秸秆覆盖处理的玉米叶面积和株高均高于对照,光合面积增加,单株干物重提高,秃尖长减少,平均穗粒数增加,实现子粒产量的增加。

6.1.2.5 保护性耕作的生化他感效应

不同作物对自身或其他作物都有明显的生化他感作用(allelopathic):蚕豆秸秆对小麦和大豆幼苗生长有明显的他感相克作用;大豆秸秆对小麦幼苗生长有他感相克作用,而对大豆幼苗生长有自感相生作用;玉米秸秆对小麦幼苗的相克作用最强,但对大豆幼苗生长的他感相生和玉米幼苗的自感相生作用显著。李录久(2000)也报道,玉米秸秆覆盖的小麦产量总是高于小麦秸秆覆盖的处理。棉田秸秆覆盖杂草减少的原因很可能与秸秆分解产生的有机物质对杂草种子萌发及生长有毒害作用有关。还有学者推测,秸秆在土壤中分解会产生一些生理活性物质,对产量的影响在于缓解气候及其他不利条件的危害,从而实现稳产,但这方面的研究还有待于进一步深入。

6.1.3 保护性耕作减产情况分析

6.1.3.1 保护性耕作研究减产的情况

虽然多数研究都从正面评价保护性耕作的效益,但保护性耕作减产的现象也是客观事实。Rattan Lal(2004)在《Science》的文章虽然极力推崇保护性耕作的生态价值,也没有回避以少免耕和秸秆还田为主要措施的保护性耕作技术会因排水不畅、土壤板结以及土壤低温等原因造成作物减产的问题。

收集的材料中有 31 篇 82 组保护性耕作减产的数据涉及小麦、玉米、水稻、棉花、大豆、油菜、甜菜和青稞等 8 种作物,与常规耕作处理相比,比较极端的减产例子有:①甘肃免耕不覆盖的小麦减产 52.74％;②陕西免耕沟播出苗前秸秆覆盖的小麦减产 31.8％;③河北玉米秸秆高留茬间松少耕的小麦减产 28.36％,玉米秸秆覆盖处理的小麦减产 24.71％;④陕西免耕不覆盖种植的玉米减产 32.77％;⑤四川免耕直播的水稻减产 11.48％;⑥湖北前茬为大麦免耕处理的棉花减产皮棉 23.11％;⑦青海前茬为青稞的免耕播种春季浅耕的油菜减产 29.97％,而全免耕处理的油菜则减产 25.58％。保护性耕作影响作物产量的原因是多方面的,前人也对其进行了研究。

1. 保护性耕作持续时间影响作物产量

贾树龙(2004)认为连续少耕和免耕处理的前3年对作物产量没有影响,之后小麦产量显著降低(最大降幅达到31.83%),但连续免耕对玉米产量则没有明显影响。小麦秸秆还田处理第一年略有减产,其后5~6年略有增产但不甚显著,随后则显示出明显增产的效果。康红(2001)的研究表明,免耕覆盖初期小麦产量明显低于常规耕作,随着处理年限的增加,处理间的差异减小,产量基本相当。王昌全(2001)长达8年的长期定位试验表明,在施肥量相同的情况下,免耕处理的小麦和水稻均比传统处理产量高,双季免耕又比单免略高,免耕处理在前两年产量变幅不大,在第3年明显增加,且随免耕年限增加作物产量呈增加趋势,达到最高产量后趋于稳定。

2. 不同耕作处理影响作物产量

山西的小麦少耕沟播处理比常规耕作增产8.7%,大面积生产示范比常规耕种增产2.2%,但是免耕沟播则减产比较明显。春小麦上翻下松的耕作处理较传统耕作增产5.6%,低茬间松的少耕处理产量为常规耕作的96.3%,但高茬免耕则仅为常规耕作的88.7%。赵燮京(2003)认为谷地进行秸秆覆盖时会造成减产,但差异不大。

3. 秸秆处理的数量、时间影响作物产量

玉米秸秆少量覆盖可增加冬小麦产量2.7%,而增大覆盖量则会减产4.1%,主要原因是覆盖造成了小麦返青期低温,影响了冬小麦的正常生长。李录久(2000)报道,秸秆施用量在3 000 kg/hm² 时,麦秸处理和玉米秸处理的小麦减产率分别为7.16%和0.91%,秸秆施用量6 000 kg/hm² 时,麦秸处理减产4.00%。马忠明(1998)发现,早期秸秆覆盖,降低土壤温度,影响了玉米的出苗和生长,千粒重减少,产量降低。秸秆覆盖能有效地抑制蒸发、增加降水入渗、改善土壤的水分状况,但在土壤含水量高的情况下有可能出现作物减产。

4. 作物种类对保护性耕作的反应不同

冯常虎(1994)报道,在大麦、棉花一年两熟制连续少、免耕5年处理的条件下,免耕套作棉花的子棉和皮棉较常规翻耕套作增产2.93%和3.20%,而大麦产量则仅与翻耕区相当。固定厢沟双免耕技术(PBDZ)显著提高稻麦产量,小麦增产幅度大于水稻,小麦增产幅度呈逐年上升趋势,而水稻则呈下降趋势。

5. 品种类型对保护性耕作的适应性不同

生育特性适宜的水稻杂交组合B优838、岗优725和E优540进行免耕直播可获得与育秧移栽相近的产量,但D优527则减产12.97%,且差异达极显著水平。不同冬小麦品种对秸秆覆盖的响应也存在很大差异:8901和6365对春季低温不敏感,在充分灌溉的条件下,秸秆覆盖增产2.40%和2.24%,而邯6172和石733则分别减产10.43%和24.71%。

6.1.3.2　我国保护性耕作减产原因分析

综合我国保护性耕作研究的报道,保护性耕作减产的原因可以归结为以下几个方面:

1. 土壤性质的变化影响了作物产量

保护性耕作措施直接作用于农田土壤,改变了土壤的理化性质,从而影响作物生长。一般认为保护性耕作会增加土壤的容重,不利于作物的生长,但王昌全(2001)的长期定位试验研究结果表明,连续8年的小麦、水稻双免能增加土壤孔隙度、促进团聚体的形成,免耕处理的土壤容重小于传统翻耕处理;何奇镜(2004)报道,连续进行少免耕引起的土壤紧实对吉林玉米生长没有不利影响。

2. 土壤温度的变化影响作物产量

一些研究者提出了"秸秆覆盖在低温时有增温效应,高温时有降温效应"的观点,认为有利于作物生长,但减产现象也都被归咎为土壤温度的变化。高亚军(2005)认为,"覆盖增温"的说法主要以早晚的地温结果作为依据,而"覆盖降温"的说法则往往以白天的结果为基础。由于绝大多数研究只是测定了作物某一生长阶段的温度,没有土壤温度变化的完整、系统测定结果,需要进行深入、系统的相关研究。

3. 病虫草害的发生造成减产

理论上,秸秆还田增加了病虫害在田间发生的概率,但发病情况受到多种因素的影响,危害情况也存在很大差异;田间作业次数的减少为杂草的生长提供了较好的环境,而秸秆覆盖又抑制了杂草的生长,除草剂的应用也减轻了草害的发生,病虫草害对保护性耕作的实际危害程度难以界定。

4. 耕作措施、栽培技术对作物生产的影响

由于采用少免耕及秸秆还田技术,土地整地质量差,种子播深不一致,出苗率和出苗质量均受到影响,但也有报道认为保护性耕作处理的土壤表层墒情好,养分充足,提高了出苗率;秸秆还田的数量、秸秆还田的方式以及还田的时间都存在很大的争议。

5. 秸秆的他感效应

不同作物对自身或其他作物生化他感作用会在不同程度上影响后茬作物的生长。小麦秸秆对小麦、玉米和大豆幼苗生长有相克作用。小麦秸秆覆盖后释放的他感化合物抑制了玉米地上部鲜重的增加,对玉米苗期的株高、干重、根干重、叶面积等方面也有不同影响,覆盖量越大效应越明显,因此,在黄淮海地区小麦玉米一年两熟区难以回避的情况下,其影响程度以及解决方法都值得研究。

6. 作物的品种适应性

由于遗传背景不同,品种对保护性耕作措施造成的生长环境变化的适应性存在明显的差异,种植不适合保护性耕作技术模式的作物品种会造成减产。

保护性耕作采取的任何措施都会作用于作物的生长环境,直接、间接地影响作物生长发育,保护性耕作的效益也通过作物的生长发育过程最终在产量、效益上体现。作物的生长受自身的遗传节律控制,在不同生长时期有不同的要求,保护性耕作措施对作物生长环境的影响究竟对作物生长发育起什么作用、在多大程度上起作用应该进行具体分析,与作物生产的生态环境、生长季节、生产条件以及作物需求一起进行综合评价。

6.1.4 保护性耕作减产的区域和耕作方式分析

6.1.4.1 保护性耕作减产的区域和措施分布

根据我国农业生态条件、种植模式和保护性耕作研究特点,将我国进行保护性耕作研究区域划分为以下5个:

区域Ⅰ,包括黑龙江、吉林、辽宁、内蒙古,主要种植模式是以玉米、大豆为主的一年一熟制;区域Ⅱ,包括山东、河南、河北、北京、天津,主要种植模式是以小麦—玉米为主的一年两熟制;区域Ⅲ,包括江苏、江西、上海、安徽、浙江、湖南、湖北、福建、广东、广西,以水稻种植为主,一年两(多)熟或两年多熟等多种模式共存;区域Ⅳ,包括四川、重庆、云南、贵州,生态条件特色明显,种植模式多种多样;区域Ⅴ,包括山西、陕西、宁夏、甘肃、青海、新疆、西藏,因生态条件限制,种植模式以一年一熟为主。

减产数据量在Ⅰ、Ⅱ、Ⅲ、Ⅳ、Ⅴ5个区域的分布比例依次为13.41％、23.17％、15.85％、10.98％和36.59％(图6.1),在少耕、免耕、秸秆覆盖以及综合措施的分布比例为29.27％、32.93％、28.05％和9.76％(图6.2)。相比其他耕作措施,免耕减产几率最大;相比其他地区,区域Ⅱ和区域Ⅴ的保护性耕作减产概率高。

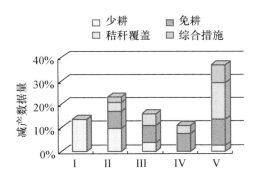

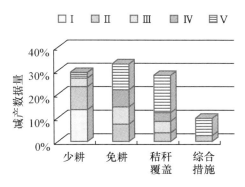

图6.1 中国保护性耕作试验研究减产分布:区域　　**图6.2 中国保护性耕作试验研究减产分布:耕作措施**

区域Ⅰ保护性耕作的减产比例是5个区域中最少的,仅少耕处理有减产现象,且减产的概率并不高(13.58％),甚至低于少耕处理的平均减产水平;区域Ⅱ少耕处理减产比例最大,高达36.36％,免耕处理也有24％的试验结果为减产,但秸秆处理和综合型的保护性耕作措施的稳产性能比较好,秸秆处理减产比例为6.67％,而综合型处理则仅有5.13％,不仅远低于该区域的平均减产水平,也低于总体保护性耕作的减产比例;区域Ⅲ少耕处理减产比例为20％,免耕处理的减产概率则仅为7.41％,是比较适应当地生产条件的保护性耕作措施;区域Ⅳ减产概率较小,免耕和秸秆处理的减产概率虽然高于该区域的平均水平,但相比该措施的平均并不突出;区域Ⅴ的免耕处理减产比例高达31.03％,是免耕措施减产发生最频繁的地区,秸秆处理的减产比例虽然略低,也大大超过了该耕作措施的平均减产水平,具有较高的减产概率。综合型保护性耕作措施减产比例最小,远低于其他耕作措施的减产比例,是稳产性能比较高的耕作模式,而且在各个区域的表现相同(表6.1)。

表6.1　中国保护性耕作研究作物减产比例　　　　　　　　　　　　　　　％

区域	少耕	免耕	秸秆处理	综合	平均
Ⅰ	13.58	—	—	—	7.33
Ⅱ	36.36	24.00	6.67	5.13	14.50
Ⅲ	20.00	7.41	9.09	—	8.18
Ⅳ	—	13.95	12.50	—	8.41
Ⅴ	11.11	31.03	18.57	6.90	14.71
平均	17.02	13.78	10.31	4.19	10.92

6.1.4.2　水稻、小麦、玉米田保护性耕作减产分析

本文收集的产量数据中,以当地传统的铧犁翻耕模式为对照,保护性耕作处理的小麦、水

稻和玉米平均增产幅度分别是 8.98％、6.23％和 15.88％。小麦、水稻和玉米提供了 72 组减产数据,占本研究收集的减产数据总量的 87.8％,减产的比例为 11.75％,略高于总数据的减产比例。小麦、水稻和玉米三种作物的减产比例分别为 16.50％、10.14％和 8.88％,保护性耕作条件下小麦发生减产的概率较高,水稻和玉米的减产比例均低于平均水平,玉米的稳产水平最高。少耕、免耕、秸秆处理和综合措施提供的产量数据中减产数据的比例分别是 19.44％、17.60％、11.06％和 3.87％,Ⅰ、Ⅱ、Ⅲ、Ⅳ、Ⅴ 共 5 个区域的减产数据占提供总数据量的比例分别为 9.17％、18.45％、5.80％、10.53％和 14.77％。

统计数据表明,小麦的减产概率最高,而且各种保护性耕作措施的减产概率都高,区域Ⅱ、Ⅴ的减产比例均高于 20％,但在区域Ⅳ的减产概率则仅为 5.56％,稳产性能较好。水稻在区域Ⅲ的减产概率小,而在区域Ⅳ的减产概率则高得多,秸秆处理的水稻减产概率较高,不仅高于水稻的平均减产水平,也高于秸秆处理的平均减产水平。在玉米种植区域的减产现象大致相当,但秸秆覆盖处理的减产比例仅为 2.25％,无论是与玉米的平均减产比例(8.88％)还是秸秆处理的平均减产比例(11.06％)相比都有明显差别,是稳产性能最高的耕作模式(表6.2)。

表 6.2 小麦、水稻、玉米田保护性耕作减产比例　　　　　　　　　　　　　%

	平均	耕作措施				区域				
		少耕	免耕	秸秆处理	综合	Ⅰ	Ⅱ	Ⅲ	Ⅳ	Ⅴ
小麦	16.5	25.71	19.51	18.92	5.36	—	27.59	—	5.56	20.73
水稻	10.14	—	14	16.67	3.33	—	—	7.77	17.07	—
玉米	8.88	16.9	20.59	2.25	3.08	10.68	6.67	—	—	9.57
平均	11.75	19.44	17.6	11.06	3.87	9.17	18.45	5.8	10.53	14.77

特别值得注意的是,3 种作物的少、免耕与秸秆处理相结合的综合型保护性耕作处理的减产概率都非常小,即使是小麦这种减产概率比较高的作物,也仅有 5.36％的减产数据出现,水稻和玉米的减产比例更小,均在 3％左右,远低于该作物的平均减产比例。

6.2 典型生态区保护性耕作产量限制因素与栽培管理技术

6.2.1 东北春玉米区

玉米宽窄行留高茬交替休闲保护性耕作是吉林省农科院多年研究成果,刘武仁等(2003)研究表明:与现行耕法相比,这种耕作方法明显地改善了土壤物理性状,在土壤的容重、硬度、土壤孔隙度、田间持水量等方面均有改善,可操作性强。但由于产量不稳,缺乏配套的栽培技术,现仍无法大面积推广。该研究通过对玉米宽窄行留高茬交替休闲保护性耕作技术的系统研究,为该地区保护性耕作稳产丰产技术提供理论依据。

试验设为均匀垄传统耕作(65 cm 等行距)和宽窄行留高茬交替休闲耕作(40～90 cm)两个处理,宽窄行留高茬交替休闲耕作试验为连续 10 年的定位试验。玉米品种为当地主栽品种,田间管理与当地大田生产一致。均匀垄传统耕作为东北地区比较普遍的耕作方式之一,

65 cm 等行距种植,秋天玉米收获后翻地、旋耕、起垄。宽窄行留高茬交替休闲耕作:40～90 cm 宽窄行种植(在秋翻地的基础上将 65 cm 的均匀行距改成 40 cm 的窄苗带和 90 cm 的宽行空白带,有的地区苗带和空白带距离大小不等),用双行精播机实施 40 cm 窄行带精密点播,秋季玉米收获后,40 cm 种植带留高茬(30～40 cm),宽行带用小型旋耕机整平土壤,为来年备好种床,翌年在旋耕整平的宽行带用双行精播机播种,完成宽窄行耕种的全过程,6 月中旬中耕一次,玉米收获后地表留高茬,播种前旋耕播种带。

6.2.1.1　保护性耕作种植模式对玉米物质积累和产量的影响

从两种耕作模式花前花后的干物质积累比较中可以发现,在宽窄行处理中花前、花后的干物质积累无显著差异,而均匀垄处理花前的干物质量显著低于花后的干物质积累量,较花后低约 10％。花前宽窄行干物质积累量显著高于均匀垄处理,较均匀垄高 10.96％,花后则是均匀垄处理显著高于宽窄行处理,较宽窄行处理高 16.41％(图 6.3)。玉米产量分析结果表明(表 6.3),2007 年宽窄行处理产量显著低于均匀垄处理产量,较均匀垄处理低 24.89％,穗粒数亦显著低于均匀垄处理,较均匀垄处理低 6.91％;2008 年仍为宽窄行产量较低,但处理间差异不显著,容重和百粒重两年处理间均差异不显著。

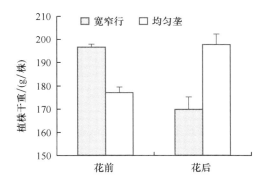

图 6.3　宽窄行留高茬交替休闲耕作对玉米物质积累的影响

表 6.3　东北春玉米不同耕作方式下的产量结果

处理		理论产量 /(kg/hm²)	穗粒数 /个	容重 /(g/L)	百粒重 /g
2007 年先玉 335	宽窄行	5 093.8 a	530.52a	705.4a	23.2a
	均匀垄	6 781.9 b	569.94b	7 130a	24.2a
2008 年郑单 958	均匀垄	11 085.92a	548.35a	365.89a	34.11a
	宽窄行	10 740.72a	579.2a	358.45a	32.66a

注:不同小写字母表示在 0.05 水平上存在显著性关系。

6.2.1.2　保护性耕作种植模式对玉米光合效率的影响

群体的透光率可以很好地反映群体结构状况。群体的透光率随着玉米的生长呈现下降趋势,到后期趋于稳定,各个生育时期均为宽窄行处理高于均匀垄处理,且在 6 月 18 日、7 月 24 日、8 月 29 日达到显著水平,分别较均匀垄处理高 16.12％、5.15％和 4.95％。在两种耕作方式间的比较中,除 8 月 18 日外,均为宽窄行处理的消光系数低于均匀垄处理,其中 6 月 18 日和 7 月 4 日测定,分别较均匀垄处理低 56％和 27.48％(图 6.4)。

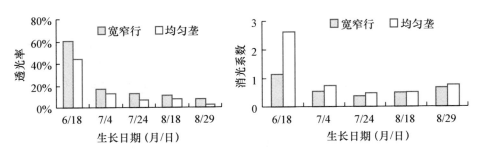

图 6.4　不同耕作方式对玉米群体透光率和消光系数的影响

2007 年的数据显示,宽窄行处理在吐丝期和乳熟期单叶光合速率均高于均匀垄处理,但处理间差异不显著。2008 年在开花期,均匀垄的光合速率显著高于宽窄行处理,较宽窄行处理高 25.49%,在灌浆期,均匀垄处理高于宽窄行处理,在乳熟期,宽窄行处理高于均匀垄处理,但这两个时期处理间差异不显著(图 6.5)。

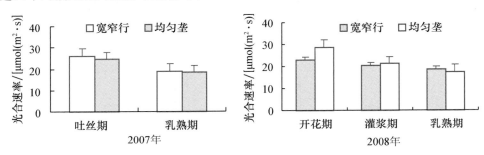

图 6.5　不同耕作方式对玉米单叶光合速率的影响

两个生育时期叶片胞间 CO_2 浓度均为宽窄行处理高于均匀垄处理,但处理间差异不显著。且两个耕作处理均为开花期的胞间 CO_2 浓度高于乳熟期。两种耕作模式胞间 CO_2 比较发现,均匀垄处理在开花期和灌浆期显著高于宽窄行处理,宽窄行处理的胞间 CO_2 浓度仅占均匀垄处理的 50% 左右。在乳熟期无明显差异。不同生育时期比较以灌浆期最高(图 6.6)。

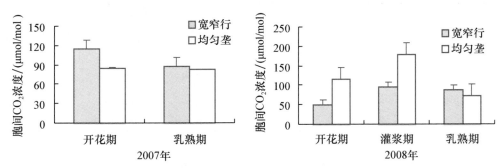

图 6.6　不同耕作方式对玉米叶片胞间 CO_2 浓度的影响

6.2.1.3　保护性耕作对春玉米根系的影响

1. 根系生长动态

均匀垄处理在各个生育时期根系干重均高于宽窄行处理,且在乳熟期和成熟期达到显著水平,分别较宽窄行高 13.47% 和 29.62%。不同生育期间比较,宽窄行处理中从吐丝期到成熟期呈下降趋势,吐丝期和乳熟期根量差异不显著,成熟期根量显著低于吐丝期和乳熟期,分别低 47.07％和 37.05％。在均匀垄处理中,从吐丝期到成熟期仍然是下降趋势,且成熟期根量显著低于吐丝期,较吐丝期低 36.35％。乳熟期与成熟期根量比较差异不显著(图 6.7)。

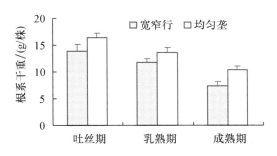

图 6.7　宽窄行和均匀垄两种耕作模式下根系生长动态

2. 根系水平分布

在吐丝期根系水平分布情况见图 6.8,两处理在行间、株间、株中处的根系干重均为宽窄行处理低于均匀垄处理,在株间位置达到显著水平,宽窄行株间较均匀垄低 14.65％。在乳熟期两处理的比较中,仍然是宽窄行处理根干重低于均匀垄处理,在行间和株中位置达到显著水平,分别较均匀垄处理低 52.20％和 11.59％。在成熟期的比较中,在各个点均是宽窄行处理低于均匀垄处理,在株中点达到显著水平,宽窄行处理较均匀垄处理低 29.62％。

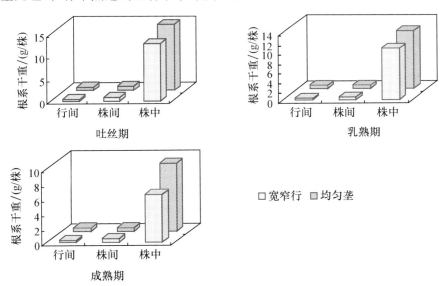

图 6.8　宽窄行和均匀垄两种耕作模式下根系的水平分布

3. 根系垂直分布

在吐丝期的根系垂直分布图(图 6.9)中可以看出,宽窄行处理在 0～15 cm 土层根系干重低于均匀垄处理,在 15～30 cm 和 30～45 cm 均高于均匀垄处理,但两种耕作处理在各个土层间差异均不显著。从各土层根系分布的百分比可以看出,宽窄行处理在 0～15 cm 土层根系百分比低于均匀垄处理,分别为 91.09％和 93.16％。在 15～30 cm 均为宽窄行高于均匀垄处理,在 15～30 cm 土层宽窄行的分布为 6.59%,均匀垄的分布为 5.21%;在 30～45 cm 土层宽窄行的分布为 2.30%,均匀垄的分布为 1.62%。

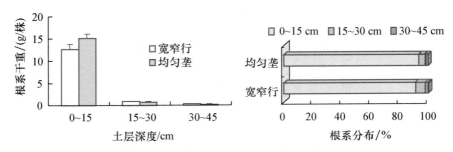

图 6.9　吐丝期宽窄行和均匀垄两种耕作模式下根系的垂直分布

在乳熟期,根系从上到下的分布趋势与吐丝期相同,在根系干重方面 0～45 cm 均为宽窄行处理低于均匀垄处理,且在 0～15 cm 达到显著差异,较均匀垄低 16.96%。根系分布百分比,在 0～15 cm 为宽窄行较均匀垄分布了较少的根系,分别为 89.18% 和 89.99%,在 15～45 cm 土层,宽窄行分布量均高于均匀垄处理。在 15～30 cm 土层分别为 8.21% 和 7.48%,在 30～45 cm 土层分别为 2.61% 和 2.53%(图 6.10)。

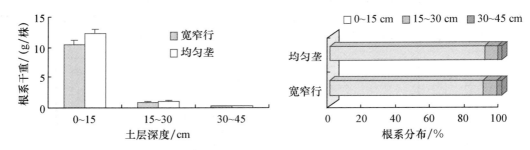

图 6.10　乳熟期宽窄行和均匀垄两种耕作模式下根系的垂直分布

在成熟期,两种耕作方式的根系分布比较,在 0～15 cm 土层为宽窄行处理根系干重显著低于均匀垄处理,较均匀垄处理低 33.22%;在 15～45 cm 土层,均为宽窄行根系干重高于均匀垄处理,但处理间差异不显著。从根系的分布百分比上,宽窄行处理在 0～15 cm 低于宽窄行处理,两者分别占 87.76% 和 92.49%;在 15～45 cm 土层为宽窄行处理高于均匀垄处理,两者分别占 9.00% 和 5.42%;在 30～45 cm 分别为 3.24% 和 2.09%(图 6.11)。

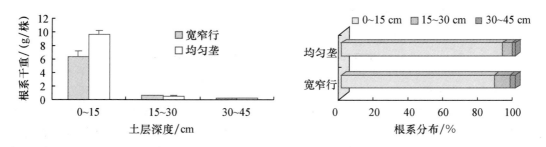

图 6.11　成熟期宽窄行和均匀垄两种耕作模式下根系的垂直分布

6.2.1.4 保护性耕作条件下东北春玉米稳产丰产关键栽培技术

1. 春玉米品种适应性

在两种耕作模式下对不同玉米品种的产量比较(图 6.12)可以看出,在同一品种两种耕作方式的表现上均为宽窄行处理高于均匀垄处理;在同一种耕作方式下不同品种的比较中发现,宽窄行处理以品种先玉 335 产量最高,在均匀垄处理中仍然是以先玉 335 产量最高。统计分析表明,宽窄行先玉 335 处理产量显著高于宽窄行银河 101、均匀垄吉单 271、均匀垄银河 101、宽窄行平全 13、宽窄行吉单 271、均匀垄平全 13 处理;宽窄行郑单 958 处理也显著高于宽窄行平全 13、宽窄行吉单 271、均匀垄平全 13 的产量;均匀垄先玉 335、均匀垄郑单 958 显著高于均匀垄平全 13 处理。其他处理间差异不显著。

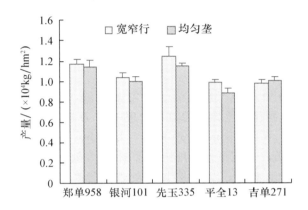

图 6.12 两种耕作方式下不同玉米品种的产量比较

2. 春玉米耕作方式

(1)深松与未深松处理对玉米产量的影响

深松处理产量较未深松处理有所提高,但处理间差异不显著。从产量构成上看,深松处理的穗长、百粒重、行粒数等指标均较未深松处理高,但只有行粒数达到显著水平,深松行粒数较未深松处理高 6.38%(表 6.4)。

表 6.4 深松与未深松处理对玉米产量及产量构成因素的影响

处理	产量/(kg/hm²)	穗长/cm	容重/(g/L)	百粒重/g	籽粒水分/%	穗行数	行粒数
不深松	10 157.58a	15.28a	359.44a	31.44a	17.16a	16.47a	34.03a
深松	10 740.72a	16.00a	358.45a	32.66a	17.56a	16.00a	36.20b

注:不同小写字母表示在 0.05 水平上存在显著性关系。

(2)深松与未深松对玉米根系的影响

通过对不同生育期两种耕作方式的根系生长动态研究(图 6.13 和图 6.14)表明,两种耕作方式下玉米根系干重随生育期的延伸呈下降趋势,成熟期根系干重仅为吐丝期的 55% 左右,而且在各个生育时期表现规律为宽窄行深松处理>宽窄行不深松处理,在吐丝期和乳熟期达到显著水平,宽窄行深松处理分别较不深松处理高 19.18% 和 18.41%。不同耕作方式间的衰减率有所差异,仍是以宽窄行深松下降幅度较小,下降比例上成熟期较吐丝期更迅速,两个时期分别较未深松处理减缓 24.53% 和 16.52%。可见深松更有利于根系的发育,具有延缓植株衰老的作用。

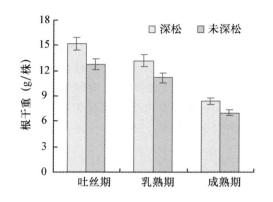

图 6.13　深松处理对玉米根系干重的影响

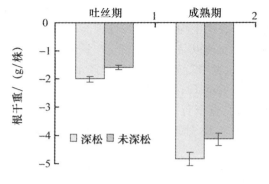

图 6.14　深松处理后玉米根系的衰减量

3. 春玉米种植密度

在同一密度下宽窄行处理的产量均高于均匀垄处理,且在密度 6 万株 hm²、7.5 万株 hm²、9 万株 hm² 处理中达到显著差异。均匀垄处理中,6 万株 hm² 处理显著高于 3 万株 hm² 处理和 9 万株 hm² 处理;4.5 万株 hm² 处理和 7.5 万株 hm² 处理也显著高于 3 万株 hm² 处理,其他处理间差异不显著。在宽窄行处理中,6 万株 hm² 处理显著高于 4.5 万株 hm² 处理、9 万株 hm² 处理、3 万株 hm² 处理;7.5 万株 hm² 处理显著高于 1 万株 hm² 处理,其他处理间差异不显著。耕作方式与密度的互作比较可以看出,宽窄行 6 万株 hm² 处理显著高于除宽窄行 7.5 万株 hm² 处理以外的其他处理,宽窄行 7.5 万株 hm² 处理显著高于均匀垄 9 万株 hm² 处理、均匀垄 3 万株 hm² 处理和宽窄行 3 万株 hm² 处理。产量最低的为均匀垄 3 万株 hm² 处理(图 6.15)。

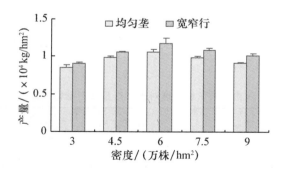

图 6.15　两种耕作模式下不同密度的玉米产量比较研究

4. 春玉米肥料管理

在花前,宽窄行各个处理的干物质积累量均高于相对应的均匀垄处理,在花后宽窄行拔＋穗、缓释肥处理高于对应的均匀垄处理,其他处理均低于均匀垄处理,可见宽窄行的优势主要在于前期的旺盛生长为后期打下的基础。从花前花后的干物质积累量比较中可以发现,宽窄行拔＋穗、缓释肥处理的这种增加后期肥效的方式对后期干物质积累有很好的促进作用(表6.5)。

表 6.5　耕作措施与肥料互作对玉米干物质积累的影响　　　　　　　g/株

处理	花前		花后	
	宽窄行	均匀垄	宽窄行	均匀垄
无肥	138.87	141.30	129.21	143.09
一炮轰	185.75	172.22	147.79	211.52
拔节肥	196.38	176.99	169.76	197.62
拔＋穗	192.24	167.73	203.67	177.30
缓释肥	168.54	166.75	203.41	193.62

　　所有处理中,宽窄行拔＋穗处理(k4)产量最高,较同一耕作方式下一炮轰(k2)处理和无肥(k1)处理较无肥处理增产 17.42％和 30.29％,宽窄行各处理产量依次为穗肥(k4)＞缓释肥(k5)＞一炮轰(k2)＞拔节肥(k3)＞无肥(k1);均匀垄处理表现较好的是一炮轰(j2)和拔节肥(j3),分别较无肥处理高 22.83％和 19.30％,产量表现依次为一炮轰(j2)＞拔节肥(j3)＞缓释肥(j5)＞穗肥(j4)＞无肥(j1);相同施肥方式下比较,k4 处理显著高于 j4 处理,较 j4 高 15.77％,j2 处理显著高于 k2 处理,较 k2 处理高 14.45％,其他依次为 j1＞k1,j3＞k3,k5＞j5,但两耕作方式间差异不显著。耕作与肥料互作下,k4＞j2＞j3＞k5＞j5＞k3＞j4＞k2＞j1＞k1,产量最低的为两个无肥处理。产量构成中,k5 处理穗长显著高于 j3、j1 和 k1 处理,其他处理间差异不显著;百粒重表现为施肥处理显著高于无肥处理,其他处理间差异不显著。籽粒容重和穗行数各处理差异均不显著,行粒数 k5 处理显著高于 j4 处理和两个无肥处理(表 6.6)。

表 6.6　不同施肥处理对玉米产量及其构成因素的影响

处理	产量/(kg/hm²)	穗长/(cm)	容重/(g/L)	百粒重/g	水分/%	穗行数	行粒数
J1	9 292.75e	15.10b	363.78a	29.67b	17.47a	15.47a	33.93c
J2	11 413.85ab	15.50ab	366.11a	33.56a	16.74a	15.60a	35.57ab
j3	11 085.92ab	15.20b	365.89a	34.11a	17.17a	15.33a	35.77ab
J4	10 113.96cd	15.73ab	361.78a	33.44a	17.70a	16.16a	34.20b
J5	10 876.06b	16.00ab	366.22a	34.11a	17.13a	16.10a	36.68ab
k1	8 987.46e	15.19b	360.00a	28.31b	16.83a	16.06a	33.26c
k2	9 972.37d	16.00ab	362.22a	32.94b	16.99a	15.93a	36.23ab
k3	10 740.72bc	16.00ab	358.45a	32.66a	17.56a	16.00a	36.20ab
k4	11 709.33a	15.90ab	364.33a	33.76a	16.86a	15.80a	36.50ab
k5	10 937.99b	16.40a	363.11a	33.33a	17.15a	15.80a	37.30a

注:不同小写字母表示在 0.05 水平上存在显著性关系。

6.2.2　黄淮海麦—玉两作区

　　华北平原保护性耕作模式以秸秆还田旋耕播种小麦和麦茬免耕直播玉米等秸秆还田、少免耕综合措施为主。为研究本区保护性耕作的稳产技术,设置 5 种耕作方式处理,分别为玉米秸秆不还田翻耕,即传统耕作方式(A,CK);玉米秸秆粉碎还田并翻耕(B);玉米秸秆粉碎覆盖旋耕(C);玉米秸秆粉碎覆盖直播(D);玉米秸秆立秆直播(E)。其中,供试小麦品种为冀麦9204,播种量为 210 kg/hm²,采用 12 cm＋24 cm 宽窄行配置,每处理种植 667 m²,其他管理同大田。

6.2.2.1 保护性耕作对冬小麦生长发育和产量的影响

1. 对冬小麦出苗状况的影响

调整耕作层和地面状况,创造适宜的播床以保证作物种子的萌发和出苗是土壤耕作的主要作用之一。免耕由于地表不平整、软硬不均匀、秸秆覆盖量过多或覆盖物分布不均等原因会导致播种时种子分布不均匀,甚至出现缺苗断垄等播种质量问题。为保证免耕正常的出苗率和基本苗数,本试验采取了增大播量。免耕的播量都较其他 3 种耕作方式高,2005 年和2006 年免耕的播量 262.5 kg/hm²,较常耕增加 75～97.5 kg/hm²,但出苗率不足 60%。2007年调整了播幅和播种深度,播种技术改进后,立秆免耕、碎秆免耕出苗率分别达到了 76.9%、72.0%(表 6.7)。因此,仅增大播量并不能从根本上解决出苗问题,也并不经济,而应通过播种技术的逐步完善、播种质量的提高、一定程度上增大播量三者相结合的方式以解决免耕方式下冬小麦的出苗问题。

表 6.7 不同耕作方式下冬小麦出苗情况

耕作方式	2004—2005 年			2005—2006 年			2006—2007 年		
	播量/(kg/hm²)	出苗率/%	基本苗/(株/hm²)	播量/(kg/hm²)	出苗率/%	基本苗/(株/hm²)	播量/(kg/hm²)	出苗率/%	基本苗/(株/hm²)
A(CK)	187.5	75.2a	3 664 080a	165.0	98.5a	4 356 705	142.5	61.4b	2 451 225
B	187.5	76.1a	3 705 735	165.0	79.5b	3 500 175	142.5	71.2ab	2 838 915
C	187.5	59.0b	2 872 365	165.0	80.0b	3 514 065	142.5	77.2a	3 084 045
D	262.5	36.6c	2 494 560	262.5	55.8c	3 921 495	202.5	76.9a	4 367 565
E	262.5	50.1b	3 419 610	262.5	55.6c	3 898 350	202.5	72.0a	3 959 865

注:不同的小写字母表示在 0.05 水平上存在显著性差异。

玉米秸秆还田后所有种植方式的小麦出苗率均有不同程度下降,其中以玉米秸秆粉碎覆盖与立秆直播两种植方式下的出苗率最低,分别较传统耕作方式(对照)降低 13.4% 和16.2%,差异达显著水平($p=0.05$)。

进一步调查表明,播种后 20 d 苗龄,秸秆还田方式 2 叶、1 叶 1 心等较小苗龄比例均明显高于对照,D、E 两种秸秆还田覆盖方式下麦苗苗龄主要集中在 2 叶阶段,且 1 叶、1 叶 1 心和 2叶苗龄比例均明显高于其他耕作方式,表现出幼苗的整齐度降低(表 6.8)。

表 6.8 5 种不同耕作方式下冬小麦出苗率及麦苗整齐度调查

耕作方式	出苗率/%	比 CK 低	麦苗整齐度				
			3 叶	2 叶 1 心	2 叶	1 叶 1 心	1 叶
A(CK)	90.2a	0	9	73.7	14.3	3.0	0
B	88.1ab	2.1	0	67.2	31.0	1.8	0
C	84.1ab	6.1	0	63.1	26.2	9.7	1.0
D	76.8b	13.4	0	19.2	46.9	26.0	7.9
E	74.0b	16.2	0	35.0	48.9	15.0	1.1

注:统计分析采用新复极差测验,不同小写字母表示在 0.05 水平上存在显著性差异。

分析表明,造成小麦保苗率低的主要原因可划分为播种过浅、秸秆(或根茬)物理阻碍、种子霉烂、播种过深及土壤水分不足或干湿不均等 5 种类型。但不同耕作方式下各因素对出苗的影响程度不同(表6.9),对照影响出苗关键因素的优先序列依次是土壤水分不足、播种过浅、根茬阻碍;秸秆粉碎还田后翻耕播种的处理依次为土壤水分不足、秸秆阻碍、播种过浅;秸秆粉碎还田旋耕播种的处理为秸秆阻碍、土壤水分不足、播种过浅;秸秆粉碎还田直播的处理为秸秆阻碍、播种过深、种子霉烂、播种过浅、土壤水分不足;秸秆立秆直播的处理为秸秆阻碍、种子霉烂、播种过浅、土壤水分不足、播种过深。

表6.9　不同耕作方式处理下影响小麦出苗主要因素及影响率

耕作方式	影响出苗的主要因素				
	播种过浅	秸秆阻碍	种子霉烂	播种过深	水分因素
A(CK)	24.4(2)	12.2(3)	0.0(4)	0(4)	53.4(1)
B	28.5(3)	32.8(2)	0.0(4)	0(4)	38.7(1)
C	28.7(3)	40.2(1)	0.0(4)	0.0(4)	31.1(2)
D	15.5(3)	33.2(1)	15.5(3)	27.2(2)	8.6(4)
E	15.4(3)	44.6(1)	16.5(2)	10.4(5)	13.1(4)

注:括号内数字表示不同处理方式下影响小麦出苗因素的优先序列。

传统翻耕(CK)与秸秆粉碎还田翻耕后播种的处理中土壤水分不足是影响小麦出苗的首要原因,而在不翻动土壤的处理中,此因素的影响程度在诸因子中降为最低。即采取秸秆覆盖和免耕处理,因减少动土可明显降低土壤表层水分散失,并有聚积降雨的作用,保墒效果明显。播种深浅不一致,是影响秸秆还田与免耕种植小麦出苗的首要原因,粉碎秸秆还田直播的处理因播种过浅与过深对小麦出苗的影响率之和为52.7%,比直接的秸秆物理阻碍的影响程度(占33.2%)高出19.5%。分析造成播种深浅不一致的原因主要有两个方面:一方面是粉碎的秸秆抛撒不均匀,另一方面是播种时出现秸秆拥堵,致使播种器入土深度不一致,此外,从田间可以看到,秸秆还田覆盖处理还常出现30～50 cm长的断垄现象,主要是秸秆集中堆积的地方,形成物理阻碍所致。

2. 对冬小麦生长发育的影响

冬小麦在不同耕作方式下单株叶面积随着生育进程逐渐增加,到抽穗期达最大值,然后开始缓慢下降;群体叶面积指数趋势与单株叶面积一致,到抽穗期达最大值。几种耕作方式间,从出苗至返青期由于植株小,群体小,生长量较小,因此单株叶面积、群体叶面积指数无显著差异。返青后,随着温度上升,植株进入迅速生长期,拔节后碎秆免耕、立秆免耕由于生育进程的延迟,长势明显弱于其他3种耕作方式,单株叶面积、群体叶面积指数低于其他3种耕作方式,立秆免耕与其他3种耕作方式之间差异达显著水平,旋耕表现最优(图6.16、图6.17)。

由于3年播量的调整及不同年际间气候条件差异,相同耕作方式下群体茎数大小在年际间有一定的波动性,但5种耕作方式趋势基本一致。基本苗耕作方式间接近,虽然两种免耕方式在2004—2006年的出苗率较低,但在提高播量的基础上,其基本苗与其他耕作方式无明显差异。而冬前茎数、最大茎数和有效茎数,常耕、旋耕开始表现出优势,较其他耕作方式高,与立秆免耕差异性达显著水平。翻耕、旋耕两者接近,无显著性差异,都高于立秆免耕。五种耕作方式下群体的有效分蘖率为传统耕作、翻耕、旋耕3年平均分别为1.8、1.7和1.8;碎秆免耕、立秆免耕为1.5和1.4,低于传统、翻耕、旋耕3种耕作方式(图6.18)。

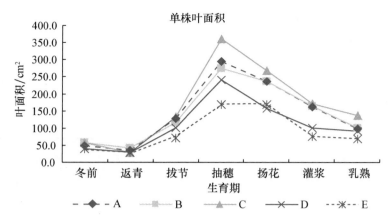

图 6.16　不同耕作方式下冬小麦单株叶面积

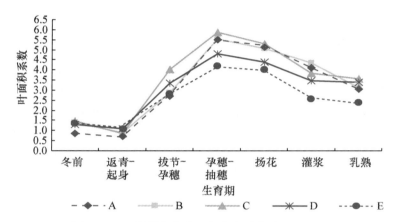

图 6.17　不同耕作方式下冬小麦群体叶面积指数

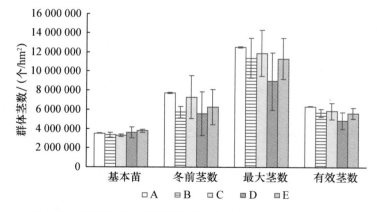

图 6.18　不同耕作方式下群体茎数变化(2004—2007 年平均)

3. 对冬小麦产量的影响

2004—2007 年 3 年不同耕作方式下冬小麦两种免耕方式下较常耕均表现减产:立秆免耕较常耕减产 10.4% ~ 44.8%,碎秆免耕减产 8.3% ~ 25.0%。翻耕、旋耕 2004—2005 年产量较常耕分别低 3.6% 和 11.7%,2005—2007 年 2 年均表现增产,翻耕增产 7.3% ~ 14.0%,旋耕增产 5.7%～9.3%，但 3 种耕作方式产量在 3 年之间均未达显著性差异。

表 6.10 不同耕作方式下 3 年冬小麦产量

耕作方式	2004—2005 年		2005—2006 年		2006—2007 年	
	产量/(kg/hm²)	产量比/CK%	产量/(kg/hm²)	产量比/CK%	产量/(kg/hm²)	产量比/CK%
A(CK)	8 109.2a	0.0	5 847.4ab	0.0	6 659.4ab	0.0
B	7 819.4a	−3.6	6 665.3a	14.0	7 146.9a	7.3
C	7 156.5ab	−11.7	6 180.6ab	5.7	7 280.5a	9.3
D	4 474.1c	−44.8	5 240.6b	−10.4	5 376.9c	−19.3
E	6 080.6b	−25.0	5 364.3ab	−8.3	6 043.4bc	−9.3

注：不同的小写字母表示在 0.05 水平上存在显著性差异。

相关分析结果显示千粒重与产量呈显著的正相关关系（$R=0.569^*$），千粒重的大小影响了产量的高低。碎秆免耕、立秆免耕两种免耕方式下冬小麦连续 3 年的千粒重都较其他 3 种耕作方式低，2004—2005 年、2005—2006 年均与翻耕、旋耕之间达到了显著性差异，2006—2007 年与常耕、翻耕达到了显著性差异，两种免耕方式 3 年之间均无显著性差异。其产量结果与千粒重结果一致，两种免耕方式下冬小麦 3 年的产量结果都低于其他 3 种耕作方式。

表 6.11 3 年不同耕作方式下冬小麦千粒重与籽粒的产量

耕作方式	2004—2005 年		2005—2006 年		2006—2007 年	
	千粒重/g	产量/(kg/hm²)	千粒重/g	产量/(kg/hm²)	千粒重/g	产量/(kg/hm²)
A(CK)	38.1ac	8 109.2a	33.2bc	5 847.4ab	42.4a	6 659.4ab
B	40.6a	7 819.4a	38.6a	6 665.3a	43.6a	7 146.9a
C	39.5a	7 156.5b	35.6b	6 180.6ab	40.0b	7 280.5a
D	37.6c	6 080.6b	31.3b	5 364.3ab	39.9b	6 043.4c
E	37.4c	4 474.1c	32.5b	5 240.6ab	38.8b	5 376.9c

注：不同的小写字母表示在 0.05 水平上存在性显著差异。

4.冬小麦产量与产量相关性状的相关分析

冬小麦产量与产量相关性状的相关分析表明，花前群体干物质生产、花后群体干物质生产、有效穗数均与产量相关系数达到极显著性正相关，最大茎数与产量呈显著性相关；千粒重、冬前茎数与产量正相关，穗粒数、基本苗与产量负相关，但均未达显著水平；花后群体干物质生产、有效穗数、最大茎数和冬前茎数与花前群体干物质生产均显著正相关。此结果表明，花前干物质生产影响了花后干物质生产，影响了群体有效穗数、最大茎数、冬前茎数的多少，最终影响了产量的高低，对产量的形成起到了至关重要的作用。

表 6.12 产量与产量相关性状的相关系数

	有效穗数	穗粒数	千粒重	基本苗	冬前茎数	最大茎数	花前干物质	花后干物质	产量
有效穗数	1								
穗粒数	−0.556*	1							
千粒重	0.427	−0.156	1						

续表 6.12

	有效穗数	穗粒数	千粒重	基本苗	冬前茎数	最大茎数	花前干物质	花后干物质	产量
基本苗	0.270	−0.478	−0.548*	1					
冬前茎数	0.783**	−0.75	0.177	0.522	1				
最大茎数	0.832**	−0.211	0.480	0.128	0.673**	1			
花前干物质	0.656**	−0.289	0.354	0.130	0.525*	0.565*	1		
花后干物质	0.579*	−0.010	0.081	0.331	0.301	0.585*	0.571*	1	
产量	0.650**	−0.032	0.497	−0.129	0.297	0.609*	0.895**	0.731**	1

注：* 表示在 0.05 水平相关性显著，** 表示在 0.01 水平相关性显著。

6.2.2.2 保护性耕作对夏玉米生长发育和产量的影响

1. 对夏玉米生长发育的影响

不同夏玉米品种在不同耕作方式下叶面积指数从拔节期开始增大，到吐丝期达最大值，然后缓慢减小。拔节期至大喇叭口期，3 种耕作叶面积指数值接近，无明显差异；大喇叭口期开始双免、旋免表现出优势，至吐丝期，双免、旋免与翻免叶面积指数差异显著。吐丝后随着籽粒灌浆的进程，叶片逐渐衰老，双免叶片衰老速度明显低于其他两种耕作方式。至成熟期，双免仍保持较高的叶面积指数，4 个品种表现一致。因此，双免方式更能促进夏玉米叶面积的形成，促进其光合作用，制造更多的有机物，更有利于干物质的积累（图 6.19）。

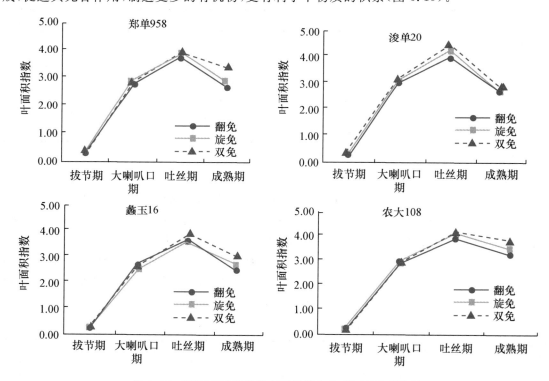

图 6.19　不同夏玉米品种在不同耕作方式下叶面积指数

2. 不同耕作方式下夏玉米干物质生产与分配

玉米籽粒产量来源于两部分，一部分是吐丝前群体植株贮藏物质向籽粒的转移，另一部分是吐丝后群体光合产物在籽粒中的积累。2005年、2006年5个品种在3种耕作方式下群体吐丝前干物质积累、吐丝后干物质积累与产量通过相关、通径分析,结果表明,吐丝前干物质积累与产量相关系数为0.390,差异显著;吐丝后干物质积累与产量相关系数0.797,差异极显著。通径分析与相关分析结果一致,吐丝后干物质积累与产量直接通径系数为0.756,大于吐丝前干物质积累与产量的直接通径系数0.112。因此,吐丝前、吐丝后干物质积累对产量的形成都具有重要的作用,但增加群体花后干物质生产量是籽粒获得高产的关键。

夏玉米吐丝后干物质积累量在3种耕作方式下两年的表现趋势一致(图6.20),耕作方式间,双免吐丝后干物质积累高于其他两种方式,且差异达显著水平,5个品种表现一致;翻免在吐丝后干物质积累量最少,除品种农大108、蠡玉16外,其他品种与旋耕差异性均未达显著水平。品种间,郑单958、浚单20在3种耕作方式下吐丝后干物质积累量显著高于其他3个品种。

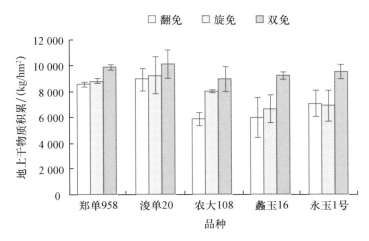

图6.20　不同耕作方式下玉米吐丝后干物质积累量(2005年、2006年平均)

吐丝后干物质积累量是由吐丝后光合势与净同化率乘积决定的。分析这两个因素对花后干物质积累的相对作用(表6.13),光合势不同品种不同耕作方式的表现不一致,且同一品种在不同年际间波动性较大。从4个品种的综合表现来看,2005年、2006年两年3种耕作方式间在吐丝后光合势无显著性差异,说明耕作方式对夏玉米吐丝后光合势大小无显著影响;吐丝后净同化率4个品种3种耕作两年表现一致,双免大于其他两种耕作方式,且差异性达显著水平。进行吐丝后光合势、净同化率与干物质积累的通径分析,结果显示,每个品种吐丝后净同化率对吐丝后干物质积累量的直接通径系数均显著大于光合势对干物质积累量的直接通径系数。因此,吐丝后净同化率对吐丝后干物质积累起主导作用。

3.不同耕作方式下夏玉米粒叶比与经济系数

表6.14为不同夏玉米品种在3种不同耕作方式下的总粒数/叶面积、粒重/叶面积、收获指数结果。从总粒数/叶面积上看,耕作方式间,双免>旋免>翻免,4个品种表现一致,2005年、2006年两年表现趋势一致,且与耕作方式间产量表现趋势一致;年际间,2006年每个品种在相同耕作方式下的值均高于2005年,与年际间产量趋势一致。从粒重/叶面积上看,不同品种在3种耕作方式下的表现与总粒数/叶面积的规律一致,双免>旋免>翻免,年际间2006年比值仍高于2005年,且与产量趋势一致。从收获指数上看,3种耕作方式收获指数接近,双免

表 6.13　吐丝后光合势(x1)、净同化率(x2)及两者与干物质积累(y)的通径系数

品种	LAD/(m²·d)						NAR/[g/(m²·d)]						通径系数		
	2005年			2006年			2005年			2006年			X1→y	X2→y	Ri.y
	翻免	双免	旋免	翻免	旋免	双免	翻免	旋免	双免	翻免	旋免	双免			
郑单958	1 744 177 A	1 465 926 A	1 530 945 A	1 299 191	1 484 866 A	1 583 771	4.87	5.74	6.67	6.29	6.32	6.83	0.646 42	1.211 38	0.953 4
浚单20	1 760 331 A	1 664 322 A	1 995 374 A	1 409 024 A	1 390 375 A	1 367 087	4.80	4.87	5.66	7.28	7.52	7.71	−0.163 07	0.776 55	0.868 9
蠡玉16	1 369 146 A	1 564 591 A	1 551 351 A	1 260 207 A	1 279 202 A	1 328 307	3.60	3.83	5.83	7.86	8.07	9.81	0.768 35	1.235 73	0.937 0
农大108	1 524 305 A	1 408 496 A	1 578 421 A	1 470 082 A	1 509 628 A	1 540 838	3.67	5.09	5.90	6.45	7.99	9.46	0.082 73	0.765 21	0.765 21
平均	1 599 490 A	1 525 834 A	1 664 022 A	1 359 626 A	1 416 018 A	1 455 001	4.24B	4.88B	6.02A	6.97A	7.47A	8.46B	0.333 61	0.997 22	

注:不同的大写字母表示同一年在0.05水平上差异显著。

的收获指数稍低于其他两种耕作方式。双免收获指数与吐丝后充足的干物质积累密切相关，籽粒产量形成向吐丝前群体植株贮藏物质的调运比例双免显著低于其他两种耕作方式（表6.15），除 2006 年品种浚单 20 外，其他品种表现一致。

表 6.14　不同耕作方式下夏玉米粒叶比与经济系数

项目	耕作方式	2005 年					2006 年				
		郑单958	浚单20	蠡玉16	农大108	平均	郑单958	浚单20	蠡玉16	农大108	平均
总粒数/叶面积	翻免	0.071	0.064	0.061	0.060	0.064	0.093	0.085	0.072	0.074	0.081
	旋免	0.082	0.070	0.076	0.064	0.073	0.098	0.088	0.085	0.076	0.087
	双免	0.087	0.076	0.077	0.079	0.080	0.103	0.089	0.085	0.080	0.089
粒重/叶面积	翻免	0.215	0.196	0.201	0.187	0.200	0.302	0.241	0.222	0.223	0.247
	旋免	0.245	0.173	0.209	0.203	0.207	0.308	0.255	0.236	0.236	0.259
	双免	0.262	0.227	0.224	0.240	0.238	0.328	0.270	0.262	0.252	0.278
收获指数	翻免	0.56	0.62	0.47	0.57	0.56	0.66	0.58	0.48	0.61	0.58
	旋免	0.56	0.59	0.51	0.58	0.56	0.62	0.52	0.58	0.59	0.58
	双免	0.55	0.58	0.49	0.51	0.53	0.63	0.56	0.51	0.54	0.55

表 6.15　玉米吐丝前群体植株贮藏物质向籽粒的转移比例　　　　　　%

年份	耕作方式	郑单958	浚单20	蠡玉16	农大108	永玉1号	平均
2005	翻免	20.4	17.5	33.0	38.1	19.8	25.8A
	旋免	18.0	19.9	23.2	10.7	28.8	20.1A
	双免	10.8	10.6	0.1	11.7	5.5	7.7B
2006	翻免	26.0	1.1	9.7	28.7	15.9	16.3A
	旋免	27.0	4.4	14.2	17.4	24.5	17.5A
	双免	23.1	7.6	6.9	7.8	13.8	11.8B

4. 不同耕作方式下夏玉米产量及产量相关性状

夏玉米品种永玉 1 号不同耕作方式产量及相关性状分析如表 6.16 所示，双免处理两年的产量结果都高于其他两种耕作方式，2005 年、2006 年较翻免分别增产 17.0% 和 21.9%，较旋免分别增产 2.4% 和 12.3%，且与翻免达到显著水平。耕作方式不同对夏玉米产量相关性状也产生不同程度的影响，双免增加了穗长、穗行数、行粒数和百粒重，减小了秃尖。翻免方式下的植株产量性状较差，秃尖长增加，穗长、行粒数、百粒重低于其他两种耕作方式，且与双免达到显著性水平。

表 6.16　不同耕作方式下夏玉米产量及相关性状

年份	耕作方式	秃尖长/cm	穗长/cm	穗粗/cm	穗行数	行粒数	百粒重/g	产量/(kg/hm²)
2005	翻免	1.92a	18.0b	15.5a	15.1a	37.1b	28.4b	8 302.9b
	旋免	0.91b	18.4b	15.2a	15.4a	39.0a	30.8a	9 489.9a
	双免	0.45b	20.1a	16.1a	17.8b	39.6a	31.61a	9 716.8a

续表6.16

年份	耕作方式	秃尖长/cm	穗长/cm	穗粗/cm	穗行数	行粒数	百粒重/g	产量/(kg/hm²)
2006	翻免	1.43a	19.1b	15.4a	16.9a	38.2b	29.5b	9 411.0b
	旋免	0.65b	20.1ab	15.6a	17.4a	40.1a	31.6a	10 208.2ab
	双免	0.20b	21.9a	16.5a	18.2a	41.2a	32.8a	11 463.9a

注:不同的小写字母表示同种因素在同一年度0.05水平上差异性显著。

6.2.2.3 保护性耕作条件下冬小麦—夏玉米稳产丰产栽培关键技术

1.冬小麦品种适应性

供试品种在不同耕作方式下的产量结果如图6.21所示:科农9204、石家庄8号在3种耕作方式下,产量都表现较高,并且变幅小,表现最稳定,与其他品种相比差异显著;而大穗型品种邯6172在3种耕作方式下产量均为最低,在相同的耕作方式下与其他4个品种之间都达到了显著差异;不同耕作方式之间产量变化大,均以常耕方式产量最高,旋耕次之,免耕最低。

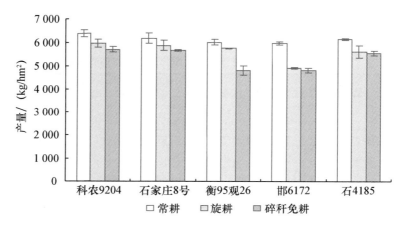

图6.21 冬小麦不同品种在不同耕作方式下的产量

2.冬小麦适宜播期确定

不同播期的产量结果(表6.17)表明,10月10日播种的冬小麦产量最高,但5日、10日和15日播种的产量差异性不显著,成穗数、穗粒数、千粒重差异性也不显著;10月20日播种的产量最低为4 684.2 kg/hm²,且差异性显著,产量降低的原因是有效穗数减少之故。因此,在石家庄地区冬小麦的适宜播期不能晚于10月15日。

表6.17 冬小麦不同播期的产量结果

播期/(月/日)	成穗数/(个/hm²)	穗粒数(粒/穗)	千粒重/g	产量/(kg/hm²)
10/05	6 812 280.9a	35.7a	33.4a	4 684.2a
10/10	6 656 655.3a	37.3a	34.6a	4 980.4a
10/15	6 576 615.3a	35.2a	34.5a	4 665.0a
10/20	6 247 965.4b	32.8a	33.5a	3 600.5b

注:不同的小写字母表示在0.05水平上差异性显著。

3. 冬小麦播种密度确定

不同小麦品种在不同耕作方式下获得最高产量的播量存在明显差异:常耕方式下,科农9204、石家庄8号获得最高产量的播量为 120 kg/hm^2,且与其他播量的差异达到了显著水平;邯6172在播量 180 kg/hm^2 时的产量最高,但仅与播量 360 kg/hm^2 差异显著。旋耕方式下,科农9204 和石家庄8号播量为 180 kg/hm^2 的处理产量最高,而邯6172 播量为 240 kg/hm^2 的产量最高。碎秆免耕方式下,3 个品种均以 240 kg/hm^2 播量的产量最高,且科农9204、石家庄8号与其他播量的差异达到了显著水平(表6.18)。3 个品种在碎秆免耕方式下适当提高播量可以提高小麦的产量;大穗型品种邯6172,在常耕、旋耕方式下取得高产的播量要比中间型品种高。

表 6.18 冬小麦不同播量、不同品种下的产量结果 kg/hm^2

播量/ (kg/hm^2)	常耕			旋耕			碎秆免耕		
	科农 9204	石家庄 8号	邯 6172	科农 9204	石家庄 8号	邯 6172	科农 9204	石家庄 8号	邯 6172
120	6 129.0a	6 025.3a	4 827.6ab	4 513.5bc	4 141.4b	4 389.4ab	4 123.5b	4 171.5c	4 144.5bc
180	6 009.2ab	5 586.2ab	5 214.6a	5 338.5a	5 038.5a	4 596.0a	4 228.5b	4 257.1b	4 297.5ab
240	5 436.1bc	5 133.2c	5 076.7ab	5 178.0ab	4 954.5ab	4 821.7a	4 894.5a	4 779.3a	4 599.3a
300	5 266.7bc	5 038.1c	4 891.5ab	4 776.0abc	4 753.0b	4 258.5b	4 059.4b	4 179.0c	4 183.5ab
360	4 843.5c	5 128.7c	4 711.0b	4 374.3c	4 654.1b	4 138.5b	3 954.7b	4 126.5c	3 618.6c

注:不同的小写字母表示同种耕作方式下相同品种在不同播量条件下 0.05 水平上差异性显著。

4. 夏玉米品种筛选

夏玉米在不同耕作方式、品种下的产量表现如表 6.19 所示,耕作方式间,3 年"双免"产量最高,表现了较强的优势,其次是旋免,翻免表现最差,5 个品种表现一致;品种间,郑单 958、浚单 20 表现稳定,产量较高。耕作方式、品种对产量影响的方差分析表明(表 6.19),耕作措施间、品种间夏玉米产量差异均达极显著性水平,双免与旋免、翻免差异显著,旋免与翻免差异显著;郑单 958、浚单 20 较其他 3 个品种差异显著,蠡玉 16 产量表现最低,与其他 4 个品种差异也达到显著水平。不同年际间,5 个品种同一种耕作方式随着免耕年限的延长产量仍有增加的趋势。以郑单 958 为例,翻免方式下 2007 年较 2005 年、2006 年分别增产 15.4% 和 8.1%;旋免方式下 2007 年较 2005 年、2006 年分别增产 18.7% 和 6.8%;双免方式下 2007 年较 2005 年、2006 年分别增产 30.8% 和 11.5%。双免增产幅度较大。

5. 夏玉米播种密度确定

2005 年、2006 年两年夏玉米在不同密度下的产量趋势如图 6.22 所示,由于两年中气候、环境条件的差异,年际间同种密度下夏玉米的产量有一定的波动性,但总体规律是一致的。随着种植密度的增加,夏玉米产量随着增加,当密度达到 75 000 株/hm^2 时,产量达到最大值,再增加密度,产量不再增加,开始缓慢下降。密度 67 500 株/hm^2 和 75 000 株/hm^2 产量在 0.01 水平上无显著性差异,表明郑单 958 在本地区种植密度为 67 500~75 000 株/hm^2。

表6.19 不同耕作方式、品种下夏玉米产量

kg/hm²

品种	翻免				旋免				双免				平均
	2005年	2006年	2007年	平均	2005年	2006年	2007年	平均	2005年	2006年	2007年	平均	
郑单958	10 477.0	11 186.6	12 089.0	11 250.9	10 607.6	11 785.5	12 590.2	11 661.1	10 784.0	12 644.7	14 102.6	12 510.4	11 807.5A
浚单20	10 018.7	9 704.7	—	9 861.7	10 370.7	10 881.8	—	10 626.3	10 459.2	11 844.5	—	11 151.8	10 546.6B
豫玉16	7 971.4	8 120.0	—	8 045.7	8 525.0	8 803.0	—	8 664.0	9 056.4	10 166.4	—	9 611.4	8 773.7D
农大108	8 776.9	8 701.2	—	8 739.1	9 114.1	9 693.7	—	9 403.9	9 261.8	10 404.1	—	9 832.9	9 325.3CD
永玉1号	8 302.2	9 411.0	—	8 856.6	9 489.3	10 208.2	—	9 848.8	9 716.0	11 463.9	—	10 589.9	9 765.1C
平均				9 350.8C				10 040.8B				10 739.3A	—

注:不同大写字母表示在0.05水平上差异显著。

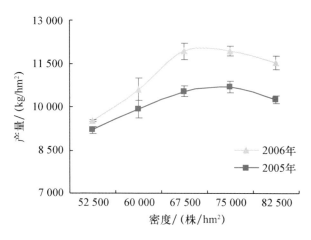

图 6.22　不同种植密度下夏玉米的产量

6.2.3　成都平原以稻—麦为主体的多熟种植区

目前,成都平原保护性耕作模式以小麦或油菜或马铃薯等作物免耕＋稻草覆盖为主,在秸秆不覆盖条件下免耕播种玉米、小麦等作物也占一定比例。

6.2.3.1　免耕水稻与常规(旋耕)水稻产量对比

两年 7 个点的大区比较与 1 个点的小区试验结果一致表明(表 6.20),免耕水稻比传统耕作水稻极显著增产($p<0.01$),增幅平均为 9.45%,且选用的 5 个品种均显著增产,表明当地主要推广的水稻品种均适合免耕种植。但不同品种增产幅度不同,增幅为 7.54%～13.8%,说明品种对免耕条件的反应有一定差异,筛选适合免耕方式的水稻品种是有效的。

表 6.20　免耕水稻与常规(旋耕)水稻产量之比

样点	品种	产量/(kg/hm²)		增产率/%
		NT	CK	
金桥镇金沙村[1]*	D 优 527	10 156.5	8 964	13.30
金桥镇金沙村[2]*	网优 527	7 408.5	6 510	13.80
黄水镇红桥村[1]	新香优	7 545	7 015.5	7.55
黄水镇红桥村[2]	Ⅱ优 906	7 986	7 399.5	7.93
黄水镇红桥村[2]	Ⅱ优 906	9 633	8 733	10.31
黄甲镇寨子村[2]	宜香优 1 577	8 001	7 695	3.98
东升镇团邻村[2]	Ⅱ优 838	9 148.5	8 440.5	8.39
广汉连山镇锦花社[2]	Ⅱ优 838	7 549.5	6 840	10.37
平均		8 428.5	7 699.7	9.45

注:1 表示 2004 年试验数据;2 表示 2005 年数据。

与传统耕作水稻相比(表 6.20),免耕麦秸还田处理均表现增产趋势,但秸秆不同量的还田处理水稻增产效果不同,免耕＋无秸秆还田处理水稻虽有增产,但不显著;3 000 kg/hm² 麦秆覆盖还田量处理增产显著($p<0.05$),超过 3 000 kg/hm² 麦秸覆盖还田量处理均达极显著增产($p<0.01$)。免耕条件下麦秸覆盖不同还田量处理间水稻产量比较结果表明,仅有

9 000 kg/ hm² 麦秆覆盖还田处理的水稻产量显著高于免耕无秸秆还田处理（$p < 0.05$）。

6.2.3.2 不同耕作方式与麦秸还田量处理间水稻产量的差异（广汉）

免耕条件下，水稻产量随秸秆覆盖还田量的变化呈"S"形曲线，秸秆覆盖还田量与对应水稻产量间呈极显著相关（$r = 0.911^{**}$），二者的关系符合多项式 $y = 7\ 238.6 + 0.011\ 7x + 2.12 \times 10^{-5}x^2 - 1.49 \times 10^{-9}x^3$（$R = 0.988^{**}$），即水稻产量随麦秸覆盖还田量的增加而增加，当秸秆还田量为 5 041 kg/hm² 时，产量增加速率最大，但当达到一定量后开始下降。经对多项式求极值，当秸秆还田量为 10 089 kg/hm² 时，水稻产量最高，为最佳还田量。由此确定最佳麦秸覆盖还田量为 10 089 kg/hm²。当秸秆覆盖还田量超过该值时，水稻产量开始缓慢下降（表 6.21）。

表 6.21 不同耕作方式与麦秸还田量处理间水稻产量的差异（广汉）

处理	平均产量/（kg/hm²）	比 CK 增加/%	与 CK 的多重比较*	
旋耕种稻	6 840	0	a	A
免耕无麦秸还田	7 250	5.99	ab	AB
免耕＋3 000 kg/hm² 麦秸还田	7 379	7.88	b	AB
免耕＋6 000 kg/hm² 麦秸还田	7 820	14.33	b	B
免耕＋9 000 kg/hm² 麦秸还田	7 935	16.01	b	B
免耕＋12 000 kg/hm² 麦秸还田	7 879	15.19	b	B

注：* a,b 表示 $p < 0.05$；A,B 表示 $p < 0.01$。

6.2.3.3 不同耕作及还草量处理间水稻产量结构的差异

进一步分析麦秸覆盖不同还田量处理的水稻产量结构表明（表 6.22），各处理间单穗颖花数、单穗实粒数、结实率虽有差异，但其差异较小且与处理间产量的变化趋势并非完全一致，而单位面积有效穗数差异相对较大且与处理间产量变化一致，可以认为是导致各处理产量差异的主要原因。单穗颖花数、单穗实粒数及结实率主要是在水稻生长的中后期所决定，而各处理间这些方面的差异较小，表明导致处理间水稻产量差异的时间主要不在中后期，而在生长前期。另外，各处理的结实率普遍较低，原因与开花结实期（8 月 6—13 日）遇 8 d 的连阴雨有关。

表 6.22 不同耕作方式和秸秆还田量处理间水稻产量比较

处理	密度/（株/hm²）	单株有效穗数/个	单位面积有效穗数/（穗/hm²）	单穗颖花数/个	单穗粒数/个	结实率/%	千粒重/g
旋耕种稻	228 714	8.59	1 965 517	194.8	123.0	63.1	28.3
免耕无麦秸还田	228 714	7.64	1 747 371	241.5	142.1	66.2	29.2
免耕＋3 000 kg/hm² 麦秸还田	228 714	8.13	1 859 379	210.9	135.9	64.4	29.2
免耕＋6 000 kg/hm² 麦秸还田	228 714	8.72	1 995 012	215.8	131.1	60.8	29.9
免耕＋9 000 kg/hm² 麦秸还田	228 714	9.63	2 202 109	208.5	123.4	59.2	29.2
免耕＋12 000 kg/hm² 麦秸还田	228 714	8.71	1 992 404	213.4	134.5	63.0	29.4

大区试验各点水稻产量结构分析表明（表 6.23），免耕使单位面积有效穗数显著增加（$p < 0.05$），7 个试验点有效穗数平均增加 6.97%；单穗实粒数增加不显著，平均增加 2.63%；对结实率影响较小，仅平均增加 0.3%，结果与小区试验一致。即免耕使水稻增产，主要是免耕条件下水稻有效穗数增加所致。

表 6.23 免耕水稻与常规(旋耕)水稻产量结构

地 点	有效穗数/ (×10⁴/hm²)		单位穗数/ (粒/穗)		空壳率/%		千粒重/g	
	NT	CK	NT	CK	NT	CK	NT	CK
金桥镇金沙村[1*]	265.5	238.5	141.7	138.8	19.7	12.6	27	27
金桥镇金沙村[2*]	173.7	192.7	152.3	142.9	26.3	28.7	28	28
黄水镇红桥村[1]	207.0	202.5	135.0	128.3	21.9	24.4	27	27
黄水镇红桥村[2]	204.0	198.0	138.4	135.0	18.7	22.3	27	27
黄水镇红桥村[2]	259.4	242.0	178.1	171.1	18.2	18.2	27	27
黄甲镇寨子村[2]	160.5	157.5	135.8	142.6	10.7	11.2	27	27
东升镇团邻村[2]	249.5	219.3	146.3	142.6	20.2	23.7	27	27
平均	217.1	202.9	146.3	142.6	19.7	19.4		

6.2.3.4 不同耕作及还草量处理间田间杂草发生数量的差异

分别于水稻生长时的 7 月 5 日及收获后休闲期的 10 月 20 日进行了杂草发生数量的调查。结果表明(表 6.24),水稻生长期,免耕在一定程度上会使稻田杂草的发生量增加,但麦秸不同覆盖还田处理的杂草发生量随着秸秆还田量的增加而显著减少($p < 0.05$)。在水稻收获后的休闲期,免耕一定程度抑制了杂草的发生,且有随着秸秆还田量越多抑制作用越大的趋势。

表 6.24 不同耕作方式和秸秆还田量处理下田间杂草量调查

处 理	7 月 5 日		10 月 20 日	
	密度/(株/hm²)	比 CK 多/%	密度(株/hm²)	比 CK 多/%
旋耕种稻	13	0	206	0
免耕无麦秸还田	478	3 577	126	38.8
免耕+3 000 kg/hm² 麦秸还田	252	1 838	80	61.2
免耕+6 000 kg/hm² 麦秸还田	199	1 431	51	75.2
免耕+9 000 kg/hm² 麦秸还田	129	892	32	84.5
免耕+12 000 kg/hm² 麦秸还田	82	531	17	91.7

6.2.4 长江下游以水稻为主体的多熟种植区

水稻直播作为一种轻型栽培技术在我国长江中下游稻区迅速发展。目前全国直播稻面积在 333 万 hm² 左右,主要集中在江苏、浙江、上海、湖南、江西、湖北、安徽等省市的双季早稻和单季稻上。

6.2.4.1 直播水稻产量差异分析

目前,大田水稻的产量差异普遍存在,不仅存在于不同品种中,同一品种区试的产量和实际大田生产的产量、农民种植水稻的产量与专家指导种植的产量、不同农户间的产量差异也很大。水稻的大田生产产量与品种产量潜力相差甚远,同一品种的最高可获产量和田间产量差距在 10%~60%,许多水稻品种的实际产量仅 4~6 t/hm²,而潜在产量达到 10~11 t/hm²。为调查长江下游直播稻的产量差异,从群体结构上分析直播稻产量差异的原因,2007—2008 年,在水稻收获季节,对浙江省嘉善、平湖和嘉兴南湖区等3地的水稻产量及其构成进行了实地调查,其涉及7个水稻主栽品种,田块170块。

调查结果表明,浙江省直播杂交粳稻每公顷的有效穗240万～295万,平均产量为8 464.30 kg/hm²;直播常规粳稻每公顷的有效穗330万～450万,平均产量为8 459.7 kg/hm²。单季常规粳稻和单季杂交粳稻品种间产量的变异系数分别为7.79%和3.56%,多数品种不同田块间产量的变异系数在6%以上(表6.25)。在产量构成因素中,无论是品种间还是田块间,均是每穗粒数、有效穗数的变异系数较大,千粒重的变异系数较小,即每穗粒数和有效穗数差异是导致品种间和田块间产量差异的主要因素,而千粒重则相对较稳定(表6.26)。

表6.25　浙江省水稻品种的产量调查表

类型	品种	田块数	有效穗(10⁴/亩)		每穗粒数		千粒重(g)		产量(kg/亩)	
			平均	田块间CV	平均	田块间CV	平均	田块间CV	平均	田块间CV
单季常规粳稻	嘉991	16	26.54	8.88	80.06	7.84	25.19	2.53	532.63	6.36
	秀水09	34	27.89	12.34	81.29	12.75	24.02	5.57	539.54	11.75
	秀水123	16	27.73	4.31	96.06	3.56	24.16	1.15	643.83	5.82
	秀水128	18	24.10	7.00	96.02	16.32	24.33	2.82	560.17	13.83
	秀水114	26	25.92	8.19	90.03	7.35	24.47	3.10	568.74	6.42
	品种间CV		5.84		8.72		1.86		7.79	
单季杂交粳稻	嘉乐优2号	30	18.63	9.26	118.79	9.98	26.29	2.97	578.5	8.98
	秀优5号	30	15.33	11.63	147.08	15.66	24.74	3.98	550.09	10.48
	品种间CV		13.74		15.05		4.30		3.56	

注:1亩=0.066 7 hm²。

表6.26　不同产量水平直播稻田种植密度、产量及产量构成因子的多重比较

粳稻类型	产量水平/(kg/亩)	单产/(kg/亩)	千粒重/g	有效穗数(10⁴/亩)	每穗实粒数
杂交粳稻	<500	474.27c	24.78	17.38	111.02b
	500～580	542.97b	24.95	16.81	129.94a
	>580	597.91a	25.89	17.71	130.76a
常规粳稻	<500	450.10c	22.41b	26.20	78.11a
	500～580	523.98b	23.58a	26.59	84.52a
	>580	624.87a	23.80a	27.60	98.46b

注:1亩=0.066 7 hm²。

将杂交和常规粳稻分别按产量高低排列,对其产量构成进行多重比较(表6.27),结果表明,不同产量水平田块亩有效穗数并无明显差别。每穗粒数高产田块多于低产田块,其中杂交粳稻产量高于7 500 kg/hm²的田块显著大于产量低于7 500 kg/hm²的田块,而常规粳稻产量高于8 700 kg/hm²的田块显著大于产量低于8 700 kg/hm²的田块。千粒重杂交粳稻不同产量田块无明显差别,但常规粳稻产量高于7 500 kg/hm²的田块显著大于产量低于7 500 kg/hm²的田块。

对直播稻产量与产量构成因子做相关分析,结果表明,影响直播稻产量的主要是每穗实粒数,杂交粳稻和常规粳稻每穗实粒数均与产量极显著相关($r=0.58**$,$r=0.70**$),因此,在生

产上,直播稻应选择大穗品种并在栽培上注重发挥其个体大穗优势增产。

表6.27 直播稻产量与产量构成因子间的相关系数

	千粒重	有效穗数	每穗实粒数
杂交粳稻	0.36	0.30	0.58**
常规粳稻	0.45	−0.05	0.70**

6.2.4.2 播量、播期对直播稻产量的影响

适宜的播种量是建立直播稻合理群体结构的基础,在选用耐逆境发芽出苗较好的水稻品种的基础上,适期播种对直播稻的生长发育和产量建成有显著影响。

2006—2008年,在浙江平湖以杂交粳稻秀优5号和常规粳稻秀水09为材料,研究播期、播种量对水稻产量及构成因子的影响。

1. 播期试验

设5月18日、5月25日、6月1日、6月8日和6月15日共5个播期,播种量为22.5 kg/hm²,品种为"秀优5号"。结果表明,"秀优5号"的产量以播期为5月18日的产量较高,除6月15日播种的产量明显下降外,其余4期的产量差异不明显;从生育期来看,每推迟一期播种的齐穗期推迟1~3 d,成熟期推迟1~2 d,总生育期后推5~7 d(表6.28);从苗、穗结构来看:每公顷播种量为22.5 kg时,基本苗在59.5万~64.5万,有效穗在246万~276万,两者均随着生育期的推迟而降低,成穗率在49.3%~60.9%,播种越迟,分蘖越少但成穗率较高(表6.28)。

表6.28 不同播种期水稻(秀优5号)的生育期和分蘖发生情况

播量/ (kg/亩)	播期/ (m/d)	齐穗期/ (m/d)	成熟期/ (m/d)	全生育 期/d	基本苗/ (10^4/亩)	最高苗/ (10^4/亩)	有效穗数/ (10^4/亩)	成穗率/ %
1.5	5/18	9/2	10/30	165	4.3	41.0	17.9	49.3
	5/25	9/3	10/31	159	4.2	38.2	18.4	50.0
	6/1	9/5	11/1	154	4.2	34.1	17.3	52.8
	6/8	9/6	11/2	147	4.0	29.9	16.8	57.2
	6/15	9/9	11/4	142	3.9	28.1	16.4	60.9

注:1亩=0.066 7 hm²。

从株高与穗长来看:"秀优5号"株高在113.6~123.2 cm,穗长17.1~17.9 cm,5个播期间差异明显,早播的高于迟播;在穗粒结构上,总粒数为154.3~166.3粒,除5月25日播种因穗数多,其穗型相对较小外,其他处理播种越迟穗型越小;结实率为90.3%~95.4%,千粒重变化为26.4~27.4 g,均是迟播要比早播低(表6.29)。

表6.29 播期对杂交粳稻秀优5号产量及其构成的影响

播种量/ (kg/亩)	播期/ (m/d)	株高/ cm	穗长/ cm	每穗 总粒	结实率/ %	千粒重/ g	产量/ (kg/亩)
1.5	5/18	123.2	17.9	166.3	95.4	27.3	661.7
	5/25	122.1	17.4	154.3	95.4	27.2	647.3
	6/1	117.6	17.8	162.7	95.1	27.4	637.2
	6/8	115.1	17.7	160.2	93.3	27.0	624.5
	6/15	113.6	17.1	158.0	90.3	26.4	568.6

2. 播量试验

设 7.5、11.25、15.0、18.75 和 22.5 kg/hm² 等 5 个处理,品种为杂交粳稻"秀优 5 号",播期为 6 月 1 日。结果表明,随着播种量的增加,虽然每穗粒数下降,但基本苗、最高苗、有效穗数等增加足以弥补其对产量下降的影响,因此产量随着播种量的上升而增加,在 22.5 kg/hm² 时的产量最高(表 6.30)。

表 6.30　播种量对杂交粳稻"秀优 5 号"产量及其构成的影响

播种量/ (kg/亩)	基本苗/ (10⁴/亩)	最高苗/ (10⁴/亩)	有效穗数/ (10⁴/亩)	成穗率/%	株高/ cm	穗长/ cm	每穗总粒	结实率/%	千粒重/g	产量/ (kg/亩)
0.5	1.5	21.6	11.7	57.9	118.4	18.4	171.5	95.3	27.5	470.6
0.75	2.2	31.2	13.6	54.2	117.3	18.1	166.4	95.0	27.5	531.7
1.0	2.8	32.6	16.0	54.9	117.1	17.5	158.6	94.7	27.5	586.4
1.25	3.2	34.6	17.2	57.2	118.1	17.3	156.1	93.9	27.4	625.0
1.5	4.2	36.6	18.8	56.3	117.6	17.0	152.8	95.0	27.5	656.9

3. 播量与播期联合试验

以常规粳稻"秀水 09"为材料,进行播量与播期联合试验,播种期设 3 个处理,分别为 6 月 1 日、6 月 8 日和 6 月 15 日,播种量设 3 个处理,分别为 37.5、56.25 和 75 kg/hm²,共 9 个处理。结果表明,产量最高的是播期为 6 月 1 日和播种量 56.25 kg/hm² 处理(表 6.31)。

表 6.31　播量和播期对常规粳稻"秀水 09"生长发育及产量构成的影响

播种量	播种期/ (m/d)	齐穗期/ (m/d)	叶龄	全生育期	基本苗/ (10⁴/亩)	有效穗数/(10⁴/亩)	成穗率/%	株高/cm	穗长/cm	每穗粒数	结实率/%	千粒重/g	产量/ (kg/亩)
2.50	6/1	9/6	17.0	151	7.2	23.4	53.8	98.2	15.8	108.2	96.0	27.6	609.5
3.75					10.8	24.8	44.5	97.4	16.0	109.8	95.8	27.4	639.5
5.00					12.0	27.4	46.7	98.4	15.1	93.1	96.0	27.0	611.0
2.50	6/8	9/7	16.5	144	7.8	22.8	53.8	94.5	15.8	109.0	95.2	27.5	587.1
3.75					10.8	24.6	44.9	93.5	15.7	104.7	95.4	27.2	619.0
5.00					12.0	27.6	44.5	92.6	15.0	90.7	94.4	26.9	600.0
2.50	6/15	9/10	16.0	139	7.8	22.8	51.4	91.2	15.9	104.7	94.8	27.3	566.7
3.75					10.2	25.8	39.0	91.5	15.8	96.7	94.6	27.1	576.2
5.00					12.0	26.4	48.5	90.7	15.2	92.3	94.5	26.8	571.4

以上对常规粳稻播期、播量研究说明,在天气允许的情况下应适当早播,以增加有效穗数,充分发挥其大穗优势,杂交粳稻秀优 5 号的播种量以 22.5 kg/hm² 为宜,常规粳稻秀水 09 的播种量以 56.25 kg/hm² 为宜。

(本章由李少昆、谢瑞芝主笔,章秀福参加编写)

参考文献

[1]逢焕成. 秸秆覆盖对土壤环境及冬小麦产量状况的影响. 土壤通报,1999,30(4):

174−175.

[2]陶诗顺. 麦后免耕直播杂交水稻的生育特性及产量研究. 西南科技大学学报, 2003, 18(3): 61−64.

[3]高明, 车福才, 魏朝富, 等. 垄作免耕稻田水稻根系生长状况的研究. 土壤通报, 1998, 29(5): 236−238.

[4]萧复兴, 李海金, 刘国定, 等. 旱地麦田二次秸秆覆盖增产模式及机理研究. 水土保持研究, 1996, 3(3): 70−76.

[5]陈素英, 张喜英, 胡春胜, 等. 秸秆覆盖对夏玉米生长过程及水分利用的影响. 干旱地区农业研究, 2002, 20(4): 55−58.

[6]杨思存, 霍琳, 王建成. 秸秆还田的生化他感效应研究初报. 西北农业学报, 2005, 14(1): 52−56.

[7]张振江. 长期麦秆直接还田对作物产量与土壤肥力的影响. 土壤通报, 1998, 29(4): 154−155.

[8]高延军, 陈国阶, 张喜英, 等. 不同冬小麦品种对秸秆覆盖响应的差异. 干旱地区农业研究, 2005, 23(5): 7−12.

[9]高亚军, 李生秀. 旱地秸秆覆盖条件下作物减产的原因及作用机制分析. 农业工程学报, 2005, 21(7): 15−19.

[10]谢瑞芝, 李少昆, 李小君. 中国保护性耕作研究分析—保护性耕作与作物生产. 中国农业科学, 2007, 40(9): 1914−1924.

[11]谢瑞芝, 李少昆, 金亚征. 中国保护性耕作试验研究的产量效应分析. 中国农业科学, 2008, 41(2): 397−404.

[12]金亚征, 谢瑞芝, 李少昆. 保护性耕作方式下华北平原夏玉米产量效应的研究. 玉米科学, 2008, 16(4): 143−146.

[13]刘朝巍, 谢瑞芝, 张恩和, 等. 玉米宽窄行交替休闲种植根系分布规律研究. 玉米科学, 2009, 17(2): 120−123.

[14]徐春梅, 王丹英, 邵国胜. 浙江省水稻产量构成差异调查与合理种植密度分析. 浙江农业学报, 2010, 22(3): 330−336.

第**7**章

保护性耕作制的机械化技术

保护性耕作技术多是在地表残茬上完成作业的,同时,往往是开沟、施肥、播种等多项作业一次完成。因此,与传统耕作机具相比,保护性耕作机具更为复杂,其性能的好坏会极大地影响保护性耕作技术的推广。

国外的保护性技术主要应用于一年一熟区,作业机具复式化、大型化、产业化,作业规模适应于大型农场,以环境保护和生态修复为重要内容,不需要过多考虑单产等因素。与国外保护性耕作技术和研究相比,多熟制的种植制度,一家一户的土地经营模式,缺乏大型作业机具等实际问题,并且粮食安全是我国必须面对的现实问题,作物的稳产、丰产是保护性耕作技术推广应用的前提,也是中国保护性耕作研究的特色之一。

在"十五"、"十一五"期间,我国各区域通过大量的研究,形成了适宜各区域的机械化保护性耕作模式,并且研发了与之相配套的农业机具,对保护性耕作技术的推广应用起到了积极的作用。

7.1 东北地区机械化保护性耕作技术研究

7.1.1 技术背景

中国东北地区的农业主要是在清朝末期由于汉族的大量移入而发展起来的,农业发展较晚,但发展速度较快。垄作与平作并存,已初步形成自己的耕作体系。东北平原一熟区,气温低,时有春旱,垄作有利于排水抗旱春季升温,盛行的 3 年垄作体系包含原垄免耕与破垄播种。在此背景下,实行年际机械深松耙茬翻耕结合,辅之秸秆翻埋还田保护性机械化技术,并且在东北迅速发展。20 世纪 70 年代后在中国东北首先掀起了深松、耙茬、耕翻相结合的保护性耕作机械化土壤耕作制,在生产上广泛应用并取得了良好的效果。

目前,东北地区由于农村燃料结构的改变和牲畜减少,秸秆已不再作为燃料和饲料,存在秸秆大量剩余就地焚烧浪费资源和污染环境的问题。同时,农村劳动力向城市转移,导致农村劳动力的不足而影响粮食安全生产的问题。因此,在这样的背景下,针对这些问题和不同地区的特点提出了不同保护性耕作机械化模式。辽宁省提出了浅旋覆盖模式、灭茬覆盖技术模式、重耙覆盖技术模式、高留茬技术模式、深松覆盖技术模式及免耕覆盖技术模式;吉林省提出了玉米垄侧栽培、宽窄行交替休闲种植、行间直播及灭高整地等保护性耕作技术体系;黑龙江省是农业大省,也是全国机械化程度和水平最高的省份,拥有全国最大面积的农场,搞保护性耕作也是较早的区域之一,秸秆粉碎还田机械收获基本实现全程机械化,尽管黑龙江所处纬度较高,温度较低,秸秆很难腐解,保护性工作的开展有一定的难度,但结合本区自然环境特点,提出铁茬播种保护性耕作技术系比较成功,有一定的推广面积。

7.1.2　生产上存在的主要问题

7.1.2.1　秸秆全量还田,影响机械播种质量

东北地区基本属于雨养农业区,一年一熟制,降水 $300 \sim 900$ mm,分布不均,而且降水集中。本区播种作物主要有玉米、水稻和大豆,其中又以玉米为主,玉米秸秆产量非常高,与籽粒产量基本持平,秋季收获后,秸秆全量还田,覆盖地表,进入漫长而又干燥的冬季,由于冬季雨雪较少,秸秆难于与表土接触腐烂,从而影响春季播种质量,造成出苗不全,对化学药剂除草技术掌握不好,杂草丛生,影响产量,使农民对机械化保护性耕作技术产生误解,制约保护性耕作技术在东北地区的推广。

7.1.2.2　燃烧秸秆、污染环境、降低土壤肥力

随着生产力的提高,生活水平的改善,家用电气的普及,农村不再以秸秆作为主要燃料,动力机械代替以畜力以主的耕作方式,秸秆不再作为牲畜饲料,农田产生大量剩余秸秆无法消化,农民多采取就地焚烧,焚烧产生大量烟尘,污染空气,既给交通带来安全隐患,对人的身体也产生危害,一些有毒气体刺激人的眼角膜和呼吸系统,给人带来不适。而且焚烧秸秆释放出大量的热,炙烤土壤,使得土壤成分发生变化,有机质得不到补充,直接在田间焚烧秸秆会降低土壤肥力,这也是机械保护性作推广的一个重要因素。

7.1.2.3　机械成本高,缺少大量动力机械

东北地区农业生产主要以"小四轮"作业为主,经营方式分散,种植作物种类多样,不利于大型动力机械的推广。除此以外,大型动力机械成本高,如果不用于美国农场式的大片土地,那么就会造成机械保养、燃油动力和肥料种子等生产资料的浪费,更加重了生产成本,从而阻碍机械化在农业生产的普及和推广。

7.1.3　主体机械化技术模式

7.1.3.1　留高茬宽行交替休闲种植模式

技术的主要内容是把现行耕法的均匀垄(65 cm)种植,用自行研制的 2BD-2 型宽窄行免耕播种机播成宽行 90 cm,窄行 40 cm,用 3ZSF-1.86T2 型带有"V"形深松铲的通用追肥机结合深松进行追肥。秋收时苗带留高茬 45 cm 左右,秋收后用 1GQN-320T3 型条带旋耕机对宽

行进行旋耕,达到播种状态,窄行(苗带)留高茬自然腐烂还田;第2年春季,在旋耕过的宽行播种,形成新的窄行苗带,追肥期在新的宽行中耕深松追肥,即完成了隔年深松苗带轮换,交替休闲的宽窄行耕作(刘武仁,2007)。

7.1.3.2 高留茬行间直播技术模式

春季用2BQ-4型气吸型茬地播种机播种,种肥分离同时入土,减少对土壤耕作次数。拔节期用3Z-2型留茬直播行间窄幅深松机结合深松进行追肥,深度为25~30 cm,造成苗带紧行间松的土壤环境。玉米收获后留高茬不灭茬,第2年高茬中间播种。

7.1.3.3 灭高茬深松整地技术模式

第1年在均匀垄种植(垄距为65 cm)的玉米收获时留高茬30 cm(留茬高度),进行秋整地,用通用灭茬机灭掉高茬,同时,起垄镇压达到播种状态。碎茬在土壤中自然腐烂还田;第2年春天不进行整地,直接在第1年整地所成的垄上用2BDJ-2型多功能精播精量播种,播种后用用1YM-6型苗眼镇压器镇压。追肥期在田间进行中耕(深度18~25 cm),秋收时仍留高茬20~30 cm,进行秋整地灭掉高茬成垄;第3年春天仍不整地直接在第2年行间精量播种玉米,追肥期在行间进行中耕(深度18~25 cm),秋收时仍留高茬20~30 cm,进行秋整地灭掉高茬成垄。

7.1.3.4 高留茬垄侧播种技术模式

在玉米收获后留茬15 cm(留茬高度),第2年春天再在留茬垄的垄侧先浅穿一犁,施入底肥,做到化肥深施,然后在垄侧深穿一犁起垄,用播种器人工精量播种并施入口肥,覆土后压实保墒。坡地或垄距较宽的可先在垄侧深穿一犁起垄,用播种器播种和覆土。

7.1.3.5 大豆、玉米机械化秸秆还田少免耕技术模式

秋季机械收获、秸秆粉碎抛撒→春季秸秆粉碎还田机粉碎覆盖→原垄免耕播种或灭茬播种玉米→苗期垄沟深松→化学除草与机械除草结合→中耕起垄培土1~2次→秋季机械收获粉碎秸秆或人工收获立秆越冬(杨悦乾,2006)。

7.1.3.6 大豆、玉米轮作机械化秸秆还田少耕耕作技术模式

1.玉米后茬种大豆技术模式

前茬玉米机械收获、秸秆粉碎抛撒→灭玉米茬→原垄播种大豆→免耕、化学除草→秋季机械收获、秸秆粉碎抛撒→留茬或深松整地越冬→翌年春季播种玉米。

2.大豆后茬种玉米耕作技术模式

前茬大豆机械收获、秸秆粉碎抛撒,留茬或深松整地起垄越冬→春季原垄免耕播种或垄上播种玉米→苗期垄沟深松→化学除草与机械除草结合→中耕起垄培土1~2次→秋季机械收获、秸秆粉碎抛撒→翌年早春灭茬播种大豆。

7.1.4 机械化技术操作程序

机械化保护性耕作其操作程序通过机械免耕施肥播种作业,实现"少动土",结合深松作业,建立土壤水分库,加速秸秆腐烂,实现"高保蓄",最后做到秸秆不影响播种出苗的情况下,加大还田量铺盖地表,实现"少裸露",同时加强田间管理,使用化学药剂加强对杂草和病虫害的控制。可见,机械化保护性耕作其操作程序是免耕播种、镇压保墒、深松蓄水、秸秆还田和化学除草防治病虫害一套体系完整的农艺技术。

7.1.4.1　免耕播种技术

选择耐密型品种,播种作业前,种子进行药剂处理,当土壤 5～10 cm 耕层,地温稳定通过 8℃以上,土壤含水率≥16％开始播种,土壤含水率不足时增墒播种。用免耕播种机播种,播种量根据自然、环境而定,满足当地农艺要求,实际播量与理论播量误差≤5.0％。

7.1.4.2　播后镇压作业

播后用 1YM-6 型苗眼镇压器镇压作业,目的是播后保墒。镇压中心线与种床中心线重合,偏差±2 cm,合格率≥90.0％,镇压强度 550～650 g/cm²,土壤容重为 1.2～1.25 g/cm³。

7.1.4.3　化学除草控制技术

化学除草机械作业选择在播后出苗前,用喷药机具喷洒除草药剂,施水足量,保证土壤湿润。喷药均匀,各喷药嘴喷药量一致。做到不漏药,不重喷。

7.1.4.4　雨季深松作业技术

雨季用 3ZSF-1.86T2 型深松机作业,深松作业深度为 30～45 cm,合格率为≥90％。中耕作业深松深度为 25～30 cm,合格率为≥90％。结合深松和中耕进行深施追肥。

7.1.4.5　秸秆机械还田技术

用还田机作业,按 NY/T 500 规定执行。秸秆机械粉碎还田覆盖地表。无漏切,粉碎后秸秆长度＜10 cm,合格率≥90.0％。秸秆铺撒均匀,无堆积,每年满足有 1/3 以上秸秆还田量。收获时,种植带留高茬,留茬高度在 30～40 cm,合格率≥90.0％。

7.1.5　配套机具的特点

7.1.5.1　2BJ-2、4、6 多功能精量播种机

1997 年通过鉴定,1999 年获国家专利,专利号为:ZL972499079。该机由排种排肥系统、限深轮、开沟器及主架等部件组成,可用于垄上播、平播、沟种和条带留茬播种,可精播玉米、大豆、高粱等多种作物。其特点是该机可同步侧深分施多种肥料,满足配方施肥要求;种箱、肥箱拆装方便;复合式开沟器具有窄开沟、可抗旱、保全苗。其设计新颖。机械式排种器结构简单,工作可靠成本低,便于推广普及。

7.1.5.2　1YM-6 型苗眼镇压器

1YM-6 型苗眼镇压器由吉林省农业科学院马骞研究员发明,并且获得国家发明专利。

该项农机配套设备由镇压轮、牵引架和主框架等部件组成,具有结构简单,成本低廉,效益显著的特点。在东北地区,特别春旱易发生地区,播种后用 1YM-6 型苗眼镇压器镇压,可以起到保墒的作用。试验研究表明,在雨水较少的年头,镇压过的出苗率能达到 90％以上,明显高于未镇压的。这项配套的农机设备在农业生产上普及较广,深受农民欢迎。

7.1.5.3　3Z-2 型行间窄幅深松机

吉林省农科院自行研制 3Z-2 型行间窄幅深松机,具有自主知识产权,获得国家发明专利。深松机由深松铲、施肥总成、限深轮和主架总成等部件组成,能够在留茬免耕田上实现窄开沟、开窄沟、肥料深施的特点,符合保护性耕作"少动土"的理念。而且该机能够精准施肥,节约肥料,提高施肥效率,实用性较强,是与推广的保护性耕作技术配套较好的一款机型。

7.1.5.4　3ZSF-1.86T2 型深松追肥机

3ZSF-1.86T2 条带中耕深松追肥机于 2000 年 6 月通过鉴定,同年获国家实用新型专利,

专利号为:00212632X。该农机设备由"V"形深松铲、限深排肥系统和主框架等部件组成。"V"形深松铲只松不翻,同时追肥,松后碎土,作用是建立一个虚实并存的耕层结构,积蓄雨水,形成一个水分库,提高自然降水的利用效率,做到伏雨春用,利于春季抗旱保全苗。

7.1.5.5　2BD-2 型多功能精密播种机

2BD-2 型多功能精密播种机,2000 年通过测试鉴定,1999 年获国家实用新型专利,专利号为:00211092X。吉林省农科院自行研制,该机由勺式排种器、外槽轮排肥系统、窄幅镇压器及主框架等部件组成,是与高留茬宽窄交替休闲种植机械化保护性耕作模式相配套的播种机,本机能够实现在 90 cm 的宽行做到种肥分离同时施入,精量播种,经济效益显著。播种幅宽可调,比较灵活,并配有多种的播种盘,可播大豆和小麦等多种作物。

7.1.5.6　深松中耕机

东北农业大学杨悦乾等(杨悦乾,2006)设计的深松中耕机,在机架总成的前横梁和后横梁上分别固装圆盘开沟总成和深松铲总成,其圆盘开沟总成的圆盘开沟刃线与深松铲总成的纵向中心线重合,深松铲总成的深松最低点位于圆盘开沟总成的开沟最低点下方。在有秸秆覆盖的农田实施深松作业中,防堵效果非常明显,而且通过性强。

7.1.5.7　圆盘刀与凿形铲组合式破茬开沟免耕播种机

东北农业大学研究设计了圆盘刀与凿形铲组合式破茬开沟免耕播种机,经过几年来的实验和改进,目前在东北垄作区,免耕有秸秆覆盖的地表,可以顺畅地进行作业。而且具有牵引阻力小,侧深施肥等优点。使用圆盘刀与凿形铲组合式破茬开沟的免耕播种机具有非常强的破茬开沟能力,2005 年第一轮样机施肥深度可以达到 12 cm 以上。在土壤含水率 30% 的情况下能够正常播种,播种速度 3～4 km/h。经过几年来的改进,现在能够实现侧深施肥,肥料与种子相距 5 cm,施肥深度可以达到 15 cm,可以实现玉米原垄原茬免耕播种玉米,也可播种双条大豆。

7.1.6　推广应用现状、效益与前景

机械化保护性耕作技术,实现了机械化耕种,减少了作业次数,具有明显的节能降耗作用,经济效益、社会效益和生态效益显著。

吉林省梨树县 2006—2010 年集成的保护性耕作技术改变了传统种法,保护土壤生态环境,节约生产成本,高产高效,机械化保护性耕作面积累计推广 6 万 hm²,新增产量 26 850 t,节约成本 1 342.5 万元,增加效益 0.994 亿元。公主岭市 1996—2010 年,采用机械化保护耕作模式,改善土壤结构,增加了土壤有机物料,精密播种,苗后镇压,节本保苗,促进玉米产量与品质协同提高,受到农民认可,累计推广面积 3.9 万 hm²,新增产量 17 550 t,节约成本 877.5 万元,增加效益 0.649 亿元(刘武仁,2003)。黑龙江省讷河市 2008—2010 年在兴旺乡建立核心示范区 33.4 hm²,玉米平均增产 8.1%～10.2%,亩降低成本 15 元以上。2008 年示范面积 333.4 hm²,增产 7.3%;2009 年示范面积 5 000 hm²,增产 9.2%;2010 年示范面积 5 666.7 hm²。绥化市在 2006—2010 年通过推广机械化保护性耕模式,减少耕地环节,亩降低成本 15 元以上,通过深松蓄水,提高抗旱能力,增加作物产量。绥化市在 2008—2010 年在绥胜和太平川等乡镇建立核心示范区 33.4 hm²,玉米增产 11.0%～13.1%。2008 年示范面积 1 467 hm²,增产 7.8%;2009 年示范面积 5 533 hm²,增产 11.2%;2010 年示范面积 6 667 hm²。

东北地区包括黑吉辽三省和内蒙古东部地区,有松嫩平原、三江平原和辽河平原,是世界三大黑土带之一,是我国面积最大质量最好的耕地。传统耕作掠夺经营使我们最好的耕地地力持续下降,水蚀和风蚀严重,黑土层变薄,急需新的耕作技术变革传统耕作方式,机械保护性耕作技术符合时代需求。通过秸秆覆盖,降低风蚀和水蚀;通过有机物料还田恢复地力;通过蓄水增加有机质含量来保育黑土厚度。东北平原是我国最大的商品粮基地,确保粮食高产持续高效以保证国家粮食安全是非常重要的。通过合理的田间管理,机械化保护性耕作技术保苗率提高 10%,产量提高 5%~10%,生产成本每公顷降低 300 元以上,节本增效效果明显。另外,东北农业的机械化程度比较高。尤其是在近几年,由于政府补助,鼓励农民购买大型的农机具,组成了很多机械化的农业合作社。保护性耕作的推广需要大型动力机械,如果没有大型动力机械很难实现免耕播种、秸秆处理覆盖地表和深松作业等农艺程序。从目前东北地区大型动力机械数量增加和农业合作社的形成来看,为机械化保护耕作在东北地区的推广提供了便利条件和坚实基础。因此,从保护黑土、确保粮食安全和机械动力等方面来看,机械化保护性耕作技术在东北地区的发展,市场需求大,前景广阔。

（本节由刘武仁、龚振平主笔,郑金玉、罗洋、马春梅、郑洪兵、杨悦乾、李瑞平参加编写）

7.2　华北地区机械化保护性耕作技术研究

7.2.1　技术背景

自 20 世纪 80 年代中期华北地区一年两熟区开始探索机械化保护性耕作发展的路子。这一新的耕作方式以机械化为主要手段,按照农作物的栽培要求,采取免耕方法,利用作物秸秆和残茬覆盖保护土壤,达到蓄水保墒、培肥地力的目的。自 20 世纪 80 年代中期以来,相继示范推广了玉米免耕覆盖播种、小麦沟播、机械化秸秆还田等保护性耕作技术,初步形成了一批各具特色的机械化保护性耕作技术模式。其中的玉米免耕覆盖播种技术,到 20 世纪 90 年代后期已基本达到了普及。

玉米免耕覆盖播种,农民称之为"铁茬"播种,即摒弃原先的耕透耙细、地表无秸秆杂草的传统"大耕大种"方式,播种机把玉米种子按照农艺要求精确地播在小麦茬地中。这项技术免去了耕、耙、灭茬等生产环节,节省了劳力,缩短了农时,增加了玉米生长积温,提高了土壤蓄水保墒和玉米抗倒伏能力,降低了生产成本,增加了玉米产量。在玉米免耕播种技术、秸秆还田技术成功推广、基本普及的基础上,开始了小麦少免耕保护性耕作的研究,2000 年研制出了2BMFS-5/10 型免耕覆盖施肥播种机,该机一次性完成秸秆残茬处理、还田覆盖、开沟播种、侧深施肥、覆土镇压等多项耕作程序,大大地减少了作业环节和动力消耗,但生产应用中,该机的作业效率低、秸秆缠堵严重、行距大,小麦群体小等问题限制了该机的大面积推广,在机具原设计框架的基础上,又研制出了 2BMFS-6/12、2BMFS-7/14 机,平均行距为 15 cm,确立了中央动力传动,基本解决了缠轴、堵草的通过性问题,并对排种排肥机构和镇压轮进行了性能改进等。该机作为小麦玉米两作区小麦免耕播种的机具已经在华北平原的山东、河北和河南大面积推广。

7.2.2 生产上存在的主要问题

华北平原冬小麦夏玉米一年两熟种植模式占总播种面积的 60% 以上,玉米的播种方式为上茬秸秆覆盖还田＋玉米免耕播种的保护性耕作制,小麦大部分的播种方式为上茬玉米秸秆粉碎 2 遍＋旋耕 2 遍＋播种,小麦和玉米的种植基本实现了机械化的保护性耕作种植。但仍存在不少问题尤其是小麦免耕播种发展面积非常迟缓。机械化小麦保护性耕作这项新技术形成了久推而不广的局面(李晋生,2006)。主要原因如下。

1. 保护性耕作机具功能不够完善

现有小麦免耕播种机功能不够完善,存在的问题主要有小麦免耕播种机打埂困难,小麦生长后期,由于起垄的塌陷和沟底小麦植株阻挡,水流无法顺畅顺沟底流动,造成浇水困难,个别地方农户因为怕浇水麻烦;小麦免耕播种采用垄沟种植,小麦收获后,虽说沟深有所降低,但沟底土壤较虚,垄下土壤较实,影响下茬作物玉米机播质量;另外,现行机具作业下的小麦保护性耕作的增产效应不明显,操作不当甚至引起减产,直接影响农民使用。

2. 小麦免耕覆盖施肥播种机具尚需改进

目前生产上主要使用的是 2BMFS-6/12 型免耕施肥播种机,该机属少耕播种机具,其技术水平和产品质量有待进一步提高,主要表现在以下几个方面:一是机具通过性问题仍未较好解决,特别是在玉米秸秆直立,秸秆潮湿的情况下作业,极易发生堵塞;二是质量安全问题,主要是链传动无护罩或护罩不完整,警示标示不齐全;三是可靠性问题,主要是机架强度不够、焊接质量差,开沟器易磨损,传动轴易变形,传动链易脱落等;四是机具其他作业性能方面的问题,主要是机具的镇压效果差,漏播断条现象时有发生;五是作业效率远远低于常规小麦播种机,现阶段华北地区小麦播种以圆盘开沟器为主,与 15～20 马力小型拖拉机配套,作业效率每小时可达 0.5～0.7 hm²,尤其与现行的一家一户小地块经营体制相适应;六是消耗动力大,配套动力必须是大中型拖拉机,配套动力少,又与秸秆粉碎及旋耕争夺配套动力,引起大型拖拉机利用率下降的问题。其他种类保护性耕作机具质量状况虽相对免耕播种机较好,但也存在一定质量问题:深松机机架强度不高;植保机械可靠性较差、药液浪费大、有跑冒滴漏现象等。

3. 机具价格高、效益低

小麦免播机:机具价格 12 500 元/台,作业百亩油耗 100 L,作业效率 4 亩/h,作业价格 35 元/亩,作业期经济收入 1 万元。旋播机:机具价格 6 000 元,作业百亩油耗 65 L,作业效率 10 亩/h,作业价格 25 元/亩,作业期经济收入 2 万元。小麦圆盘播种机:机具价格 3 000 元,作业百亩油耗 20 L,作业效率 10 亩/h,作业价格 15 元/亩,作业期经济收入 1 万元。均比小麦免播机操作、维修简单,价格便宜、作业效率高、省油降耗。

4. 较难形成市场化运作机制

耕作技术的推广速度,决定于应用技术的农户积极性和使用机具的农民机手或农机专业户的积极性两个方面,更重要的还在于后者。如果机具作业效率、可靠性低的问题不解决,则直接结果是机手收入低;现行问题就是收费高了没人用,收费低了不挣钱,机手没有购买的积极性,形不成市场化运作机制,技术就很难大面积推广。

7.2.3　主要机械化技术模式

7.2.3.1　秸秆粉碎免耕播种技术模式

工艺路线:小麦联合收获→玉米免耕覆盖播种→玉米田间管理(喷施除草剂、定苗、追苗、浇水等)→玉米收获→秸秆粉碎1遍→小麦免耕施肥播种(2BMFS-6/12)→小麦田间管理(浇水、喷施除草剂、追肥、喷施杀虫剂等)→小麦收获。

作业质量:播种量:玉米 30～75 kg/hm²,小麦 180～300 kg/hm²;播种深度玉米 2.5～4 cm,小麦 3～5 cm,施肥深度 8～10 cm,秸秆残茬覆盖率平均在 30.9% 以上,缺苗率不大于 3.8%,无明显缺苗断垄现象。

7.2.3.2　秸秆直立免耕播种技术模式

工艺路线:小麦联合收获→玉米免耕覆盖播种→玉米田间管理(喷施除草剂、定苗、追苗、浇水等)→玉米收获→小麦免耕施肥播种(2BMFS-6/12)→小麦田间管理(浇水、喷施除草剂、追肥、喷施杀虫剂等)→小麦收获。

作业质量:玉米播种量为 30～75 kg/hm²,小麦为 180～300 kg/hm²;玉米播种深度为 2.5～4 cm,小麦为 3～5 cm,施肥深度 8～10 cm,秸秆残茬覆盖率平均在 33% 以上,缺苗率不大于 5.9%,无明显缺苗断垄现象。

7.2.3.3　秸秆高留茬免耕播种技术模式

工艺路线:小麦联合收获→玉米免耕覆盖播种→玉米田间管理(喷施除草剂、定苗、追苗、浇水等)→玉米收获→秸秆高留茬→小麦免耕施肥播种(2BMFS-6/12)→小麦田间管理(浇水、喷施除草剂、追肥、喷施杀虫剂等)→小麦收获。

作业质量:玉米播种量为 30～75 kg/hm²,小麦为 375 kg/hm²;玉米播种深度为 2.5～4 cm,小麦为 3～5 cm,施肥深度 8～10 cm,秸秆残茬覆盖率平均在 30% 以上,缺苗率不大于 3.9%,无明显缺苗断垄现象。

在上述 3 种作业模式中,玉米免耕覆盖播种为常规玉米播种方式,近 2 年玉米深松精量播种机具已经在某些地方推广,即在免耕播种的时候同时完成深松、深施肥等联合作业。

玉米收获可以是机械联合收获,由于玉米联合收获机具有收获和秸秆粉碎的功能,如果是玉米联合收获则不需要进行秸秆粉碎,直接利用新型小麦免耕播机种。

专业的深松机可以在玉米收获后单独进行深松作业,然后再进行土壤旋耕播种。

7.2.4　机械化技术操作程序

机械化保护性耕作是一个完整的工艺体系,实行机械化保护性耕作就要从前茬作物的收获开始考虑,其主要作业内容有收获及其秸秆处理、深松、表土作业、播种和田间管理等。分别介绍如下。

7.2.4.1　秸秆覆盖技术

秸秆粉碎还田覆盖。秸秆粉碎还田主要有小麦秸秆粉碎还田覆盖和玉米秸秆粉碎还田覆盖两种。秸秆覆盖要求秸秆粉碎后均匀抛撒在地表,秸秆还田要求秸秆细碎与土壤混匀。

秸秆还田作业中,要根据作物的实际情况,采取不同的作业速度,严禁带负荷起动或起动过猛。行进中严禁倒退,转弯时要提升机具。地头留 3～5 m 的机组回转地带。运输时必须切断后输出动力。严禁非操作人员靠近作业机组或在机后跟踪。要及时清除缠草,避开土埂、树桩等障碍物。作业后要及时清除转动部位积物及护板内壁粘集的泥土层,并对各转动部件紧固件进行检查,及时调整、更换。长时间不用时,应将机具存放于干燥通风库房内。

7.2.4.2 免耕播种技术

1. 玉米免耕播种作业

播种量:一般为 22.5～37.5 kg/hm²;播种深度 30～50 mm,沙土和干旱地区应适当增加 10～20 mm。

施肥:一般选用氮、磷、钾配比适宜的三元复合肥或玉米专用肥,养分总量≥40%,施用量 225～300 kg/hm²,或根据测土推荐结果进行施肥。

施肥深度:种子侧下方 40～50 mm。

玉米免耕播种机有气吸式精量播种机、勺轮式玉米精量免耕播种机和仓转式穴播机等,可根据经济条件和需求进行选择。实施玉米精量播种,可不用间苗,玉米种子发芽率要达到 97% 以上,确保玉米播种质量。

作业时按照使用说明书正确调整机具,正确调整排种(肥)器的排量和一致性,确保种植密度;调整镇压轮的上限位置,保证镇压效果;调整播种机架水平度,确保播种深度一致。种肥合理施用,确保种肥间距。

2. 小麦免耕播种作业

播种量:根据播期不同,一般比当地传统耕作播量增加 10%～30%。

播种深度:一般在 20～40 mm,比传统耕作稍浅,应排种均匀,覆盖严密。

施肥:一般采用氮、磷、钾配比适宜的三元复合肥或小麦专用肥,养分总量≥40%,施用量 375～450 kg/hm²,或根据测土推荐结果进行施肥。

施肥深度:种子侧下 40～50 mm。

作业时,机具的前进速度不宜太快,一般应保持在 1～3 km/h 范围内,其负荷大小一般以满足农艺要求为准。过深造成拖拉机负荷太重,过浅则达不到农艺要求,影响出苗。在行驶中要保持匀速直线前进,尽量避免中途变速或停机。如确需停机时,切勿将机具前后移动,以免造成重播或漏播。

7.2.4.3 深松技术

深松作业为选择性作业,不要求每年进行。深松作业一般 2～4 年 1 次。间隔年数应根据田间机械作业的多寡和土壤紧实程度而定,一般情况下,壤土耕层(0～20 cm)容重大于 1.5 g/cm³,黏土大于 1.6 g/cm³ 时,需进行深松作业。深松深度不小于 25 cm。

根据不同土壤条件选择相应机具进行深松作业,作业时土壤含水量以 15%～22% 为宜,天气过于干旱时,应进行造墒。深松作业时间。深松作业可选择玉米播种或小麦播种时进行。玉米行间深松与玉米免耕播种同时进行,深松间隔与玉米种植行距相同,作业后镇压或覆盖。小麦免耕播种前的深松作业在残茬粉碎后、表土处理前进行。

深松作业方式。可选用局部深松或全方位深松。局部深松选用凿形铲单柱式或其他适宜的深松机;全方位深松,机具一般选用"V"形全方位深松机或其他适宜的深松机。

7.2.5　配套机具的特点

保护性耕作配套机具主要包括秸秆粉碎机、根茬切碎机、免耕播种机及各种深松机等，简要介绍如下。

7.2.5.1　秸秆粉碎机

1.1JQ 系列玉米秸秆粉碎机

结构：1JQ 系列秸秆粉碎还田机主要结构由悬挂装置、变速箱及传动机构、罩壳、刀轴组成，与各种轮式拖拉机配套。采用后悬挂式。拖拉机动力输出轴输出的动力经万向节传递到变速箱，再经齿轮传动和皮带传动两级增速后带动滚筒及锤爪一起高速运转。在工作过程中，直立或铺放的秸秆受到高速旋转锤爪（甩刀）的冲击。同时，由于锤爪高速旋转，在喂入口处形成负压，秸秆被吸入机壳内，并在机壳内的第一排定齿处第一次切割；接着秸秆流经折线型的机壳内壁时，由于截面的变化导致气流速度不断变化，致使秸秆多次受到锤爪的锤击，使秸秆进一步被粉碎，最后被气流抛出去，经导流板均匀地抛撒到田间。

特点：该机适用于小麦、玉米等秸秆作物的还田作业，无论地块大小，都可以增加土壤有机质，改善土壤结构，提高地力而且可以迅速腾茬以解决三夏三秋农忙时节抢农时、争地力的矛盾，还可以避免由于焚烧秸秆产生的环境污染。

2.4MQP-34 型稻麦秸秆切碎机

结构：4MQP-34 型稻麦秸秆切碎机的主要结构由传动机构、三角形连接壳、主机等部分组成，而主机由罩壳、刀轴等部件组成。主要与各种联合收割机配套，对水稻、小麦秸秆进行抛撒还田，工作时，联合收割机传来的动力使刀轴上的刀片高速旋转，将秸秆切入罩壳内，并合定刀一起对秸秆进行多次击打、搓揉、撕裂等作用直至将秸秆粉碎，粉碎秆在气流和离心力的作用下随导板均匀地抛撒在后方地面上。

特点：加强型刀轴，高强度作业时不会断裂、撕裂、拉裂，强度为普通刀轴的 2 倍。凹型刀座，强度高，垂直性好、稳定性好，不会从刀轴上脱落、撕裂。加厚型双面切削刀片，可双面使用。加长型角度可调式导流板，导流角度大距离远，抛撒均匀。

7.2.5.2　玉米免耕播种机

1.仓转式玉米精位穴播机

(1)结构：主要由机架、施肥开沟器、单组总成三大部分组成。施肥开沟器通过犁柱连接装置(U 形螺丝和方板)安装于机架前梁，单组总成通过总成连接装置(U 形螺丝和方板)安装于机架后梁，施肥开沟器通过输肥管与单组总成中的肥箱连接。该机主要用于玉米免耕播种，兼播大豆、花生、棉花，可条施晶粒状化肥，一次完成开沟施肥、开种沟、播种、覆土、镇压等项工序。

(2)特点：采用重力清种，取消了刮种器，不伤种子，可将种子浸泡或包芽后播种，确保苗全，又保农时；清种精度高，播量均匀，稳定，省种，少间苗；采用"零速"、等势，低位投种，穴距精确，穴内种子集中，易定苗，降低劳动强度，多苗穴可择优留取，促进苗齐、苗壮、苗距均匀，竞争小，个体优势能够充分发挥，作物生长旺盛，产量高；主播玉米，兼播大豆、花生、棉花、油葵，一机多用。

2.2BYQF-3 气吸式玉米精量播种机

(1)结构:本机采用单梁机架、三点悬挂联结,播种单体四连杆仿形结构;风机动力由拖拉机皮带轮提供,在小麦收割后免耕地或已耕地中播种玉米、大豆等。机具配备有施肥装置,在播种同时深施化肥。该机排种装置由地轮传递动力。

(2)特点:单粒精量播种,单体仿型。该机型可与18~28马力拖拉机配套使用。与机械式播种机相比,实现了高速精播,省种、省工、生产效率高。精播实现单粒播种,降低了种子成本,一般可节省种子8%~10%。提高播种精密度,播种株距合格率可达到94%以上。漏播率、重播率明显降低,并且不嗑种、不伤种,保护种衣剂不受损伤。可满足长圆、扁、大、中、小等各种类型的作物种子播种要求。根据近几年气吸式播种机应用效果总结,比机械精量播种大豆增产5%~8%,玉米增产10%~15%。

7.2.5.3 玉米深松精量免耕联合作业机

1. 结构

玉米精量免耕播种深松机主要由排肥机构、排种器总成、镇压轮总成、深松铲总成等部分组成。机具一次作业能完成种床秸秆清理、开沟、施肥、播种、覆土、镇压、深松和喷药等多道工序。工作时,深松铲靠机具两侧的地轮限深,精量播种采用新式转仓式结构替代气吸式结构,并单体仿型以保证播种深度;尖角式窄型开沟器完成开沟施肥、下种作业;镇压机构将播下的种子盖好、压实。在玉米免耕播种机构完成玉米播种的同时,深松机构完成深松作业。该机集深松、玉米精量免耕播种、化肥深施等功能于一体,解决了玉米免耕播种和深松单独作业带来的作业次数多、压实土壤和功率消耗大的问题。

2. 特点

该机既可以作为复式机具使用,也可作为专门的玉米精量免耕播种机或振动深松机使用,一机三用。

7.2.5.4 2BMF-8 小麦免耕播种机

1. 结构

该小麦免耕播种机由机架、变速箱、免耕刀轴、L形旋耕刀、种箱、肥箱、圆盘开沟器、镇压轮及传动装置组成。作业时,采用带状旋耕,仅耕作播种带旋耕;地轮带动排种轴转动,排种轴带动排肥轴转动,肥料均匀撒在播种带地面上然后旋耕,由圆盘开沟器开沟以解决播种时的堵塞问题。

2. 特点

与18~20马力小型拖拉机配套实现小麦免耕播种,免耕面积60%,与传统的2BMF-6(12)免耕面积相当。将秸秆堆放在小麦大行间,小麦播种带旋耕,种床质量好,采用4密1稀或3密1稀播种形式。采用圆盘开沟器平播方式播种小麦,既解决了堵塞问题又比沟播容易让农民接受。

7.2.5.5 深松机

1. 1SZL-2 深松整地机

结构:1SZL-200Q 深松整地机配套80马力以上拖拉机使用。耕幅为2 m,松土深度为30~40 cm,为间隔深松式耕作机械,松土铲为5行前后排列,行距435 mm,由深松部分和整地部分组成。特点:深松整地机通过悬挂机构与拖拉机相连,不需要动力输出装置,作业地面平整。

2.1LZ-360 振动深松机

结构：该机由带悬挂架的双夹板梁机架及带深松犁的双振动杠杆牵引臂组成，由与拖拉机动力轴连接的传动轴经传动链、传动曲轴，使两振动杠杆牵引臂带动两深松犁上下振动。该机牵引阻力小，松土效果好，能满足间隔松土的作业要求，是现有四轮拖拉机理想的深松作业配套机具。是与免耕播种机配套作业的一种新型机械化旱作农机具。特点：振动深松，节省动力。

7.2.6　推广应用现状、效益及前景

华北平原一年两熟种植区，主要的保护性耕作技术模式为夏玉米的覆盖免耕、冬小麦少耕和冬小麦的免耕。华北平原的农业机械化发展较早、较快，农业机械化水平普遍高于全国水平。

20 世纪 90 年代初，河北省有秸秆还田机生产企业 3 家，年产量在 1 500 台左右，主要是与大中型拖拉机配套的大型秸秆还田机，切碎装置有甩刀式和锤爪式两种。随着秸秆还田技术的推进，到 2010 年秸秆还田机生产厂达到近百家，产品也由单一的与大中型拖拉机配套发展到与小型拖拉机、联合收获机配套，产品已实现系列化、标准化，机具性能也得到显著提高。目前夏玉米覆盖免耕模式和冬小麦少耕模式基本全部普及，至 2007 年，华北平原的山东省、河北省和河南省玉小麦的机播和机收水平达到了 90% 以上，玉米机播水平为 60% 以上。

华北平原一年两熟区保护性耕作的生态效益表现在秸秆全量全程机械化还田杜绝了秸秆焚烧造成的环境污染；秸秆还田能有效地提高土壤有机碳库、改善土壤肥力、扩大土壤容量，为粮食持续增产提供物质保障。玉米机械化免耕覆盖播种可以有效地缩短农时，提早播种延长玉米的生育期，保证玉米全苗，并且随着播种可以增施底肥起到壮苗作用，可有效提高玉米产量潜力的发挥，增产 10% 左右；秸秆覆盖可有效地保墒土壤，为夏玉米生长提高良好的土壤水分环境，提高夏玉米的水分利用率 10% 左右，节水 300～390 m^3/hm^2。冬小麦秸秆还田和少耕播种，随着玉米机械化收获的发展，实现了玉米秸秆还田和小麦少耕播种的机械化，缩短了农时，为延长玉米生育期提高玉米产量潜力提供了技术支撑，同时玉米秸秆和表层土壤形成的复混层对抑制土壤无效蒸发具有重要作用，与传统种植模式相比，每公顷节水 750 m^3/hm^2。实施冬小麦秸秆还田＋免耕播种，可以有效地减少作业环节、缩短农时和减少动力消耗，但是目前对冬小麦造成的减产影响了该模式的推广，随着机具性能的改进和配套体系的完成，将是小麦种植的主要模式。

但自 20 世纪 90 年代以来开始推行的秸秆还田和少免耕土壤耕作，在推广和应用中出现了许多新问题，也提出了新的技术需求。如犁底层变浅、亚表层土壤容重增加、下耕层养分贫化，影响土壤养分供应、作物根系生长，阻碍了产量的持续增产。长期秸秆还田，表层土壤的秸秆覆盖层越来越厚，虽然起到了保护土壤和保墒效应，但阻碍了化肥向根系层的下渗，秸秆的表聚减弱了灌溉水的流动速度，增大了灌溉量。因此，华北平原一年两熟区未来保护性耕作机械化发展的主要任务是解决保护性耕作制机械化施肥、机械化灌溉、土壤轮耕机械的研发、秸秆还田机的切碎性能的改进、玉米免耕、精量、深施肥、深松复合作业机的研发、小麦免耕机性能的改进、深松机的研发、玉米联合收获＋秸秆粉碎机具的研发等。通过以上保护性耕作机具的研发，改进机具的作业性能和效率，实现一年两熟全程秸秆还田和少免耕耕作的机械化。

保护性耕作的发展将推动保护性耕作制的完善与建立,并将引领现代农业的发展。随着城市化进程与区域经济发展促进了大量的农村劳动力的转移,保护性耕作作业环节简化、机械作业程度高,符合现代农民对农事作业的简化、高效的需求,对推动农业规模化、社会化和现代化的发展具有重要意义。

(本节由陈素英、张西群主笔,胡春胜参加编写)

7.3 农牧交错区保护性耕作制的机械化技术

7.3.1 技术背景

农牧交错区也称半农半牧区是因自然、历史、人为等诸多因素综合形成,耕地与草地共存,农业与牧业并举的一种复合的生产、生活系统。该区是我国主要的生态脆弱带和贫困地区之一,也是受荒漠化威胁最严重的一个地区。北方农牧交错区,属农牧过渡区,是干旱、大风、土地沙漠化、沙尘暴频发的多灾地带。年降水量为 $250\sim450$ mm,由东南向西北更替,空间递变率为 $8\sim8.5$ mm/100 km。降水量多集中在夏季,七八月份 2 个月降水占全年降水的 $45\%\sim55\%$,并在 6—8 月份转移,年际降水率为 $20\%\sim50\%$。对该地区进行生态环境保护、减少土壤风蚀沙化、遏制草原退化和保护耕地是该类地区亟待解决的问题。

7.3.2 生产上存在的主要问题

1. 保护性耕作机械化技术发展规划制定与农业区划结合不够

在农牧交错区,气候跨度大、地形地貌复杂,生态类型多样,保护性耕作机械化的区域和范围应结合新一轮农业区划进一步科学合理地划定。以便更好争取和享受国家和自治区相应的扶持政策和资金支持。在实际规划中,要优先发展土壤侵蚀严重的地区,增产增效显著的地区和容易实现规模化经营的地区。

2. 保护性耕作农机农艺结合不够,配套技术严重滞后

保护性耕作不仅是机械化技术,而且也涉及轮作倒茬、作物品种与种子选择、水肥管理、植株调整、杂草和病虫害防治等配套农艺技术。农牧交错区气候与生态条件地区差异大,种植制度多种多样,很难以集中使用统一的技术标准,因此要加强农机与农艺的结合,充分发挥高等院校、科研院所和推广机构中农业技术部门的作用,研究探索适合不同作物、不同区域特点的保护性耕作农艺配套技术,是现阶段农牧交错区保护性耕作进一步发展的关键。

3. 机具的专用性和可靠性还需进一步提高

目前,在农牧交错区缺乏不同作物专用配套机具,已有的中小型播种机存在地面仿形能力较差,播种精度不高,机具性能不完善、不稳定等问题。要根据农户小规模经营的特点,进一步开发中小型、多功能、可靠性高的保护性耕作机具,是农牧交错区今后一个时期农机研制中的重要方面。

4. 杂草发生及危害成为农牧交错区保护性耕作进一步发展的瓶颈

随着保护性耕作技术的大面积推广和应用,农田杂草种类、发生规律及其危害特点与传统

耕作农田相比发生了显著变化。在农牧交错区的部分地区,由于保护性耕作综合配套技术运用不够,特别是田间杂草综合控制不到位,加之取消了铧式犁翻耕,实施免少耕作业,杂草种子和营养繁殖体输出因子增强,部分农田杂草发生密度较传统耕作增大,发生频度增加,防治难度加大,一定程度上制约了保护性耕作技术的进一步推广和效益的发挥。研究和解决农田杂草发生及危害问题是农牧交错区推广保护性耕作需要解决的又一瓶颈性的技术难题。

7.3.3 保护性耕作机械化技术模式

由于保护性耕作技术的区域性和复杂性,各地实践中形成了多种技术模式,对一个具体地方来说,选择技术模式要涉及很多因素,兼顾5个原则(保护生态原则、经济有利原则、技术可行原则、应用者能接受原则和统筹兼顾原则),正确的选择技术模式可指导保护性耕作技术推广应用的顺利实施,也是选择保护性耕作机具的依据。农牧交错区区域范围大,生态类型性复杂,其自然条件、经济条件、种植作物、农艺技术等都存在很大差别,这就决定了保护性耕作技术模式的区域性、差异性和复杂性。开展区域性保护性耕作的技术模式研究,形成完善、规范和可操作的适合不同类型区保护性耕作推广的技术模式和体系,是农牧交错区进一步发展保护性耕作机械化技术的关键。

7.3.3.1 高秆穴播作物模式

该模式侧重于解决蓄水、保肥和提高有机质含量。主要适用于以玉米、葵花等高秆作物为主的地区,如河套、土默川、西辽河和大兴安岭丘陵平原区等。其中,免耕种植模式,农田保土、保墒效果好,机械作业成本低,但播种技术要求高,杂草发生较重;少耕模式,通过浅旋或耙地,农田秸秆与土壤混合在一起,秸秆易腐烂,播种机通过性好,播种质量高,出苗好,但作业成本高,土壤搅动大,特别适用于河套平原等根茬大、黏重土壤的农田。

操作规程:秋冬季留高茬(高度25 cm以上)→适年轮作→深松(隔2年左右进行一次深松)→春季免耕(或少耕)播种→杂草综合控制→病虫害综合防治→田间管理→秋季收获。

7.3.3.2 矮秆条播作物模式

该模式侧重解决风蚀沙化和水土流失问题。主要适用于以小麦、杂粮、杂豆为主的地区,如阴山丘陵川滩区、燕山山地丘陵区和大兴安岭山地丘陵区等。其中,免耕模式作业程序少,人为耕作对土壤造成的破坏小,保土保水效果好,节本增效显著,但一般杂草发生和为害较重,播种技术要求高;少耕模式通过浅旋或耙地,农田秸秆与土壤混合在一起,秸秆易腐烂,播种机通过性好,播种质量高,抑制杂草好,出苗好,但作业成本高,土壤搅动大。

操作规程:秋冬季留茬(高度10~20 cm)→适年轮作→深松(隔2年左右进行一次深松)→春季免耕(或少耕)播种→杂草综合控制→病虫害综合防治→田间管理→秋季收获。

7.3.3.3 块根、块茎类作物模式

该模式将保护性耕作与马铃薯等块根茎类作物种植相结合,较好地解决了发展保护性耕作和块根茎类作物种植的矛盾,既推广了保护性耕作,保护了生态环境,又解决了经济作物种植和轮作倒茬的矛盾。适宜于农牧交错区马铃薯和小麦、燕麦、油菜、大麦等条播作物种植地区。

操作规程:采用与条播作物带状间作种植,并与其他作物轮作倒茬块根茎按传统种植方法作业,间作作物采用留茬免耕播种方式,一般带宽6~10 m为宜。

7.3.3.4　草原改良模式

该模式有利于提高优质牧草产量、增加植被覆盖度,增强草地自身生态恢复能力。主要适应于农牧交错区温性荒漠草原、温性草原化荒漠和温性荒漠等地带性草原的改良。同时,该模式还适应于退耕地或撂荒地种植牧草,可以有效防治土壤风蚀沙化,提高土壤肥力和抗旱能力,既可增加植被覆盖度,又可改良土壤。

操作规程:草原围栏封育→结合轮牧或休牧进行雨季机械补播、喷(撒)播优质牧草→病虫鼠害控制→机械收获加工。

7.3.4　机械化技术操作程序

保护性耕作技术模式是在传统农业生产技术的基础上,通过秸秆残茬覆盖、免耕或少耕播种、综合防治杂草和病虫害、合理深松、合理轮作等核心技术,来实现保水、保土、保肥、抗旱增产、节本增效、改善生态的技术工艺,包括从种到收及收后地表处理等全部作业工序,技术模式的选择体现在作业工序的选择上。

7.3.4.1　合理进行轮作

由于作物轮换造成了不同的生态环境,改变了病虫的食物链组成,不利于某些病虫以及杂草的正常生长、繁衍,从而达到防除病、虫、草害和均衡利用土壤养分实现稳产高产的目的。选择轮作模式要求:①吸收营养不同、根系深浅不同的作物互相轮作;②不同科互不传染病虫草害的作物互相轮作;③适当配合豆科、禾本科作物轮作,豆科、禾本科作物之后,种植需氮较多的作物,再接着种植需氮较少的作物,能改进土壤结构;④注意不同作物对土壤酸碱度的需要;⑤考虑前茬作物对杂草的抑制。

7.3.4.2　残茬覆盖管理

各种作物生产的技术都以留根茬秸秆覆盖还田为基础,根据各地情况不同,可选择适宜的覆盖方式和覆盖量:①对于作物秸秆残茬量大或有效积温低、秸秆太长不易腐烂的地区,采用秸秆粉碎覆盖,还田方式可采用联合收割机自带粉碎装置和秸秆粉碎机作业两种,秸秆量以达到免耕播种作业要求为准;②对于作物产量低、秸秆残茬量少的地区,采用秸秆全量覆盖;③对于风蚀严重以防治风蚀为主,且农作物秸秆需要养畜、燃料综合利用的地区,采用留高茬覆盖,即在农作物成熟后,用联合收获机或割晒机进行收获,割茬高度控制在玉米至少 20 cm,小麦、谷、黍等至少 15 cm,作物休闲期残茬留在地表不做处理;④对于冬春季风大,机械化水平低的地区,可采用整秆顺行压倒覆盖。

7.3.4.3　少免耕播种

减少对土壤耕翻作业,利用适用的免耕播种机在留根茬和秸秆覆盖的农田进行免耕播种,是实现保护性耕作核心技术的关键手段。免耕比少耕的保水保土效果好、作业成本低,条件具备时,采用免耕比少耕效益好。但是,免耕要求的条件高,如果不能满足这些条件,免耕可能导致减产。在保证播种质量的前提下,要尽可能减少机械作业。要根据秸秆覆盖量和表土状况确定是否采用辅助作业措施(耙地、浅松)进行表土处理,播种时尽可能采用复式作业机具。

少耕表土处理用于地表不平整、覆盖物分布不均等,有可能出现播种深浅不一、种子分布不均,甚至缺苗断垄等问题,在播种前进行必要的表土作业。必须进行表土浅旋作业时,一般在播种作业前或播种作业同时进行,以防止过早作业引起土壤的失墒和风蚀。

一般情况下选择免耕或少耕播种可考虑:①大根茬作物宜实行少耕;②黏质土壤或形成板结的地块宜实行少耕;③种植食用地下根、茎的作物(如马铃薯)的田块宜实行带状耕作;④土壤条件好的地块,采用大型机械、规模经营宜实行免耕。

7.3.4.4　综合杂草病虫害防控体系

保护性耕作以轮作等农业措施为基础,结合化学、机械、人工、生物等除草方法进行综合除草:①可结合浅松、耙地、深松、中耕等作业进行机械除草;②为了能充分发挥化学药品的有效作用并尽量防止可能产生的危害,要使用高效、低毒、低残留化学药品,使用先进可靠的施药机具,采用安全合理的施药方法;③保护性耕作农田杂草防除要由主要注重作物生长季除草转向以非生长季(播前、播后苗前、收获后)除草与生长季除草并重。

在病虫害防治上,对种子要进行包衣或拌药处理;对作业田块病虫害情况做好预测;根据苗期作物生长情况进行药物喷洒。

7.3.4.5　合理进行深松

深松是选择性作业,不需要年年深松。①刚开始实行保护性耕作且土壤中有犁底层存在的地块先进行一次深松作业,以后再视土壤情况决定是否深松;②土壤有机质低下容易板结、土质黏重(壤质土壤容重在 1.3 g/cm³ 以上,黏质土壤容重在 1.4 g/cm³ 以上)的地区,每2～3 年可进行一次间隔深松,以提高土壤疏松程度,为蓄水和作物生长创造更好的条件。

7.3.5　配套机具特点

保护性耕作与传统耕作在配套机具上有很大不同,主要是播种机和深松机差异大,整地、除草和收获等机械在一些机型性能要求上有所不同,其他机械是通用的。因此,配套机具选择,应遵循依据种植模式选择机型,依据当地的农艺要求选择机型,选择成熟机型和选择推荐机型 4 个原则,实现配套机具满足农艺要求,利于保护性耕技术的顺利推广。

7.3.5.1　铁茬免耕播种机(窄型开沟器式)

该机型的免耕播种机,开沟入土部件是窄行开沟器,能够同时实现开沟、播种、施肥、覆土、镇压等工序。开沟窄,扰土面积小,一般是种下正深施肥,是目前理想的免耕播种机机型。

7.3.5.2　带状旋耕免耕播种机

带状旋播机是通过开沟器前设置旋转刀具,在作业时完成秸秆还田、灭茬,对地表形成浅旋带,从而减少机具播种作业时的拥堵。带状旋播机适用于前茬作物为玉米、小麦、高粱、豆子作业,秸秆无论是直立地、茬地还是秸秆还田地均可使用。但在玉米秸秆地播种小麦时,由于秸秆量大,对秸秆进行 1～2 遍还田作业播种效果会更好些。带状旋播机因需对地表进行条带旋耕处理,因此,动土量较大,且播种后形成垄埂和垄沟,需控制好播种深度,在出苗前不宜浇水。

7.3.5.3　圆盘切刀式免耕播种机

圆盘切刀式免耕播种机的工作原理是利用圆盘切刀切断地表的秸秆和杂草,入土开沟。根据圆盘切刀的数量可分为单圆盘和双圆盘切刀两种,根据圆盘切刀的驱动形式可分为动力驱动和不带动力驱动两种形式。不带动力驱动的机具主要是靠自身的重量使圆盘刀对秸秆切割并入土开沟。目前从国外进口的大型机具基本都是这种型式,如迪尔和大平原的机型。我国目前在借鉴的基础上研制的机具,如中国农业机械化研究院研制的 2BMG-18、2BMG-24、6115 等机型也是这种型式。我国研制的带动力驱动的机型,用动力驱动圆盘刀对秸秆切割并入土开沟,这种型式对圆盘刀磨损较为严重。

7.3.6 推广应用现状、效益及应用前景

7.3.6.1 秸秆根茬覆盖技术及应用效果

秸秆根茬覆盖技术,是农牧交错区风沙大,农畜秸秆矛盾突出的客观选择。近年来,各部门研究并确定了一系列技术指标。小麦等条播作物留茬高度 15~20 cm,残茬秸秆地表覆盖率 30% 以上,留茬秸秆覆盖量 2 550~3 900 kg/hm²;玉米等穴播作物留茬高度 25~40 cm,留茬秸秆覆盖量 600~1 500 kg/hm²,地表覆盖率 25% 左右;杂粮作物留茬高度 10 cm 以上,留茬覆盖量 30% 左右,地表覆盖率一般在 20% 以上。秸秆根茬覆盖保护性耕作可提高农田土壤含水率 9.3%~25%,增加有机质含量 0.03~0.094 g/kg,减少农田大风扬尘 35.9%~68%,最高可达 90%;每公顷节约作业成本 195~330 元,农作物一般增产 5%~8%。

7.3.6.2 免耕、少耕播种技术及应用效果

免耕、少耕播种技术:前茬为条播小根茬作物采用免耕播种方式,使用免耕播种机作业;前茬为穴播大根茬作物采用表土处理后播种方式,使用苗带旋播机等作业;若杂草种类多且量大的情况下,也可采用表土处理播种方式。经试验对比证明,从播种到出全苗时间,条播作物免耕地与秋耕地基本没有差异,穴播作物免耕较秋耕地提前 1~5 d,干旱年份留茬免耕地作物各项生育指标明显优于秋耕地作物。

7.3.6.3 杂草危害的防治技术及应用效果

农牧交错区,杂草种类多,多年生杂草发生量增加,危害加重,成为项目技术应用中的一大难题。近年来内蒙古积极开展了保护性耕作机械化杂草防治专项研究,取得了重大突破,首次提出并推广了"农牧交错保护性耕作非生长季除草为主或与生长季除草并重"的理论观点与技术体系,研究并推广了"以轮作等农业措施为基础,以化学除草、机械除草、生物除草相结合的农牧交错区保护性耕作农田杂草综合控制技术"模式和技术体系。较为有效地解决了玉米、小麦等部分作物田间杂草危害的问题。

7.3.6.4 深松技术及应用效果

深松一般在春季和秋季进行,主要根据种植作物种类、秋季降雨情况、土壤容重和土壤含水率进行适时深松。为了打破多年耕翻形成的犁底层,在实施项目的第一年就采用深松,以后视土壤板结情况采用全方位深松。一般早熟作物、土壤含水率在 15%~22%,容重大于 1.26 g/cm³农田,宜在秋季深松。晚熟作物或干旱严重,土壤含水率低于 15% 的农田,宜选择春季深松。一般视土壤板结情况隔 2 年左右深松一次。土壤深松后打破犁底层,土壤孔隙变大,雨水下渗快,减少了雨水的径流量,提高了土壤含水率,有利于提高作物的产量。

7.3.6.5 牧草松土补播技术及应用效果

草地退化沙化是农牧交错区存在的生态、经济和社会的主要问题之一。内蒙古研究并大面积推广了牧草免耕(少耕)松土补播和切根复壮等草原保护性耕作技术模式与技术体系。在示范区的伊金霍洛旗和四子王旗,采用松土补播技术的草地,优质牧草频度由 0 度增加到 8 度,劣质牧草频度降低 2 度;牧草平均高度增加 1.41 cm;干牧草产量平均增加 159 kg/hm²,草场得到了明显改良,生产能力得到了提高。

(本节由路战远主笔,张德健、程国彦参加编写)

7.4　长江下游机械化保护性耕作技术研究

7.4.1　技术背景

长江下游长期以来存在土壤耕变浅、稻田土壤次生潜化严重、耕地质量下降、冬种覆盖度降低、化肥农药超量使用、绿肥和有机肥施用量减少,农田污染加剧,严重制约了该区域农业可持续发展。随着保护性耕作技术的引进和发展,有效地缓解了这些问题,并朝向良性方向发展。

20世纪80年代,长江下游稻麦轮作种植区耕作以翻耕为主,强调深耕晒垡,熟化耕层,耕前将秸秆全部移出田外,用于燃料和牲畜饲料。随着免耕技术的引入和逐渐兴起,加上特定生产环境对耕作技术变革的需求,于80年中期开始开展免少耕技术研究,到了90年代中期之后,免少耕技术得到了广泛应用。但这一时期的免耕作业基本上都靠人畜力完成,配套机具比较简陋,且没有实施秸秆还田。

20世纪90年代中期以后,随着农村燃料结构的改变和牲畜的减少,秸秆不再作为主要燃料和饲料,为了简单便捷,农民主要采取就地焚烧的方式加以处理。在这种背景之下,进行小麦免耕播种,结合稻草覆盖还田,研发集成了"稻麦全程机械化保护性耕作模式",很好地解决了稻草还田与小麦高产的关系。

机械化保护性耕作是相对人畜力的保护性耕作而言的,其作业如免耕播种、秸秆处理、深松等使用机器来完成。目前,机械化保护性耕作技术在长江下游稻麦轮作种植区的应用最为广泛。和其他区域相比,麦稻轮作区地势平坦、土层深厚,利于机械作业,且经过近年的研发和改进,配套机具较为成熟。

7.4.2　生产上存在的主要问题

稻麦生产具有季节性强、用工量多、劳动强度大等特点,特别是在农村经济较为发达和劳动力相对短缺的长江下游稻麦轮作地区,探索实现农机农艺相互配套,推进稻麦生产机械化进程,是提高农业劳动生产率和粮食综合生产能力的重要举措。经过多年的研究与实践,稻麦生产的机械化程度较高,而油菜种植和收获两个重要环节的机械化作业尚不成熟,随着农业适度规模经营比例的增加,长江下游稻油生产模式呈逐年下降趋势,稻麦种植面积进一步扩大。鉴于秸秆焚烧带来一系列的环境问题,江苏省已经立法禁止田间焚烧秸秆,这使得秸秆直接还田面积快速增加,但不同的秸秆还田方式还要与一定的耕作技术相配合才能为下茬作物的前期生长提供良好的生长环境。在长江下游水稻生产过程中,传统的水田土壤既可以先耕作后上水,也可以先上水后耕作,后者可导致草土分层影响还田效果,由于采用水稻小苗机插,在梅雨季节,小麦秸秆的不当还田容易使麦秸漂浮从而造成麦秸压死秧苗,并且,小麦秸秆还田不均匀引发秸秆局部堆积增加有机酸等毒害伤苗。稻茬麦的茬口较为紧张,加上水稻收获后秸秆还田量大,通常在7 500 kg/hm² 以上,采用犁耕加旋耕种麦模式,埋草效果最好,但费工费时。小麦如果采用免耕覆草种植,极可能导致苗数减少而减产,采用旋耕后撒播小麦再配合盖麦机盖子,也可能因土壤含水量高或土性黏重不易散开而影响出苗。因此,长江下游稻麦全程机械化保护性耕作生产过程中急需解决的问题主要表现在：一是如何解决水稻生产中小麦秸秆还田问题，以满足机插水稻对整地质量较高的要求；二是如何解决小麦生产中水稻秸秆还田量大以及还田后小麦机械化播种问题(张岳芳，2009)。

7.4.3　主体机械化技术模式

稻麦全程机械化保护性耕作模式收割机一次完成稻麦脱粒和秸秆粉碎，只需人工挑匀秸秆成堆处后施用基肥便可进入土壤耕作环节，解决了以往人工收割→运回脱粒→切碎秸秆→再运回还田的费工情况。采用反转旋耕机进行土壤耕作，一次性完成稻草翻压还田。该模式通过稻麦秸秆周年全量还田，增加了土壤有机物料的还田量，同时秸秆还田与少耕的有机结合避免了烂耕烂种对土壤结构的破坏，显著改善了土壤物理性，提高了土壤生产力。在水稻和小麦的田间播栽、管理和收获等环节实现了机械化作业，大大减少了人力投入，提高了周年稻麦产量和效益。该模式具有省工省力、秸秆还田量大、机械化程度高的特点，实现了高产高效、节能环保的目标，对稻麦两熟制农田的可持续发展具有重要意义。

7.4.4　机械化技术操作程序

稻麦全程机械化保护性耕作模式机械化技术操作程序：

采用全喂入联合收割机收获小麦，解决小麦穗层平整度不高的问题，收获时直接将小麦秸秆粉碎后还田，如有麦秸成堆现象，需人工挑匀麦秸，有底施基肥后，采用反转旋耕机进行旋耕整地，一次性完成埋草、灭茬、耕整碎土，然后放水泡田，水层不要超过 3 cm，避免麦秸和土壤分层。水田驱动耙压草平地起浆，作业时水层保持在 3 cm 左右，作业完毕后沉实 1 d。机插水稻时田间水层保持在 3 cm。在水稻成熟前半个月田间断水，采用半喂入联合收割机收获水稻，同时将稻秸切碎还田，人工挑匀田块中间稻秸成堆的地方，施用基肥后采用反转旋耕机进行旋耕整地，小麦采用小型条播机播种，播后麦田机械开沟防渍，避免麦田积水影响小麦出苗。

7.4.5　配套机具的特点

7.4.5.1　小麦收获机

全喂入小麦收获机(如福田雷沃谷神 4LZ-2)可有效应对小麦穗层不齐的情况，同时将脱粒后的小麦秸秆粉碎还田。具体性能：

工作幅宽：2 200/2 360 mm；配套动力：61～73.5 kW；喂入量 2 kg/s；整机质量：4 620～4 680 kg；驱动轮距：1 700/1 640 mm；外形尺寸(长×宽×高)：6 450 mm×2 500/2 700 mm×3 280 mm。

7.4.5.2　水稻收获机

采用动力较大的半喂入水稻收获机(如久保田 PRO 488)，将水稻脱粒后秸秆粉碎还田，较大的动力能确保水稻秸秆粉碎作业时不易发生堵塞，影响收获质量。具体性能如下。

工作幅宽：1 450 mm；割茬高度：35～150 mm；配套动力：35.3 kW；作业效率：0.2～0.4 hm²/h；整机质量：2 220 kg；切草长度：50 mm；外形尺寸(长×宽×高)：4 150 mm×1 900 mm×2 220 mm。

7.4.5.3　反转旋耕机

反转旋耕机(如1GF-160型旋耕机)对残茬和秸秆有较好的掩埋覆盖作用,比普通正转旋耕碎土率提高20%～30%,残茬埋覆率提高20%,碎土性能及覆盖性能有明显改善,并能形成一个播种所必需的下大上小、下粗上细的土壤层。其最大旋耕深度160 mm,工作幅宽1 594 mm,配套动力33～40.4 kW拖拉机,油耗12～16.5 L/h,工作效率0.2～0.4 hm²/h,刀轴转速245 r/min。

7.4.5.4　小麦条播机

在反转旋耕机完成整地后,采用撒播方式的麦种有的漏在地表,有的聚集在土块缝隙中,分布很不均匀,深浅不一,以致播种质量差。采用小型条播机播种(如2BG-6A型稻麦播种机),一次完成小麦播种、覆土、镇压等作业,出苗质量好。其结构为后置式,最大旋耕深度60 mm,播深10～50 mm,播种量0～300 kg/hm²,行距200 mm内调节,工作幅宽1 200 mm,行数在6行以内可调,工作效率≥0.25 hm²/h,播种器形式为外槽轮式,配套动力8～11 kW手扶拖拉机,碎土率85%,各行排量一致性变异系数2.6%,总排量稳定性变异系数0.8%,播种量均匀性变异系数7%,种子破碎率0.3%,露子率4%。

7.4.6　推广应用现状及效益

稻麦全程机械化保护性耕作模式主要适宜于长江下游灌排条件良好的稻麦两熟制农田,特点是劳动力缺乏、茬口紧张。本区保护性耕作模式以解决秸秆全量还田、配合水稻机械插秧或小麦机条播为主要目的,保护性耕作技术措施是秸秆还田与少耕有机结合。

目前,长江下游地区建立核心示范区面积66.68 hm²。以少免耕机直播土壤轮耕机械留高茬收割秸秆多元利用和生物覆盖等技术为核心,通过集成研究与示范,提出适于长江下游稻麦两熟机械化保护性耕作模式。这套模式在2006—2010年在本区常熟市示范应用2.67万hm²,粮食总产39 600 t,平均增产16.4%,增产粮食55 840 t。这种耕作模式的应用使劳动成本平均下降13%,创经济效益12 508万元。通过示范推广应用,提高了粮食产量和种粮效益,对于粮食增产和农民增收起到较好的推动作用,有利于农田生态环境的改善。

由于该模式实现稻麦全程机械化生产,省工省力,并能有效解决秸秆还田量大的问题,周年稻麦产量高而稳定,因此,符合粮食生产适度规模经营的需求,应用前景广阔。

(本节由张岳芳、陈留根主笔)

7.5　西南地区机械化保护性耕作技术研究

7.5.1　机械化技术背景

目前在西南地区特别是四川省,机械化保护性耕作技术在麦—稻轮作种植区的应用最为广泛。和其他区域相比,麦—稻轮作区地势平坦、土层深厚,利于机械作业,且经过近年的研发和改进,配套机具较为成熟。

20世纪80年代以前,西南麦—稻轮作区耕作以翻耕为主,强调深耕晒垡,熟化耕层,耕前将秸秆全部移出田外,用于燃料和牲畜饲料。随着免耕技术的引入和逐渐兴起,加上四川两季田特定生产环境对耕作技术变革的需求,四川省于80年代中期开始开展免少耕技术研究,到了90年代中期之后,免少耕技术得到了广泛应用。据统计,1995年,稻茬麦免耕技术已占稻茬麦面积40%左右。但这一时期的免耕作业基本上都靠人畜力完成,配套机具比较简陋,且没有实施秸秆还田。

20世纪90年代中期以后,随着农村燃料结构的改变和牲畜的减少,秸秆不再作为主要燃料和饲料,为了简单便捷,农民主要采取就地焚烧的方式加以处理。在这种背景之下,四川省农业科学院引入2BJ-2型简易人力播种机进行小麦免耕播种,结合稻草覆盖还田,研发集成了"稻茬麦免耕精量露播稻草覆盖栽培技术",很好地解决了稻草还田与小麦高产的关系。而此时水稻仍以翻耕或旋耕后人工移栽为主。

近年来,随着农村劳动力的大量转移,一些人力或半机械化的播种方式逐渐不适应农业发展的要求,农民对机械化耕作与播栽技术的需求日益强烈。在此背景下,四川省农业科学院作物研究所同各级农机部门和农机公司紧密合作,成功研制了免耕条件下集施肥、播种、盖种等功能于一体的2BMFDC-6型和2BMFDC-8型半旋高效播种机,在机具定型之后,开展了一系列的配套技术研究,集成熟化了"稻茬麦半旋高效播种技术"。在水稻方面,围绕麦秸快速还田与整地技术、育秧栽插技术开展机具选型与配套研究,集成熟化了"麦秸还田水稻机插秧技术"。

7.5.2 生产上存在的主要问题

四川麦稻轮作种植模式主要分布在川西平原和川中丘陵地区,是粮食的主产区和高产区,该区地势平坦,集约化水平高,生产条件好,但该区域的机械化保护性耕作技术在最近几年才发展起来,其主要原因如下。

1. 小麦秋播时土壤湿黏,不适合大中型机械操作

四川盆地秋季雨水较多,小麦播种期间土壤水分含量高,对机具的承载能力小,引进的大中型播种机难以进田作业。而小型播种机受动力限制,一次作业又难以实现稻草的有效还田和高质量的盖种。过去推广面积比较大的半机械化的2BJ-2播种机在完成免耕播种后,还需要人工施肥和覆草,虽然保证了播种质量,便于稻草的有效还田,但工作效率较低,不适合规模化生产。

2. 麦秸产出量大,茬口紧,全量还田后不利于整地和水稻移栽

与小麦相比,水稻机械化保护性耕作技术研究和推广相对滞后。一方面,是因为在完全免耕条件下,采用机械化技术难以实现水稻高质量移栽立苗;另一方面,小麦的收获期和水稻的高产移栽期重叠,茬口紧,大量麦秸还田之后给稻田整地、插秧带来了困难。过去小麦多用人工或全喂入式收割机收获,收获后的秸秆柔软、细长,更加剧了还田的困难。因此,在整地前,麦秸多被农民在田间焚烧掉,以便为整地插秧创造良好条件。

7.5.3 主体机械化技术模式

针对生产上存在的技术难题,四川省农业科学院作物研究所与农机部门、农机公司合作,共同开展机具的研发、选型与配套技术研究,提高机械化的保护性耕作技术在麦—稻轮作区的适应性。现已集成熟化的技术有"稻茬麦半旋高效播种技术"(汤永禄,2000)和"麦秸还田水稻

机插秧技术"(李朝苏,2009)。

7.5.4　机械化技术操作程序

7.5.4.1　"稻茬麦半旋高效播种技术"主要操作程序

1. 水稻收获

水稻成熟后用半喂入式联合收割机顺行收割,收获时将稻草切成 6～8 cm 的小段,自然撒于田间,小麦播种前采用非选择性除草剂进行化学除草。

2. 小麦播种

小麦播前及时开沟排水晾田,减少田间渍水,降低土壤水分含量。播种时根据土壤类型和湿度状况选择适宜的播种机具。一般粘壤土承载力较小,可以选择 2BMFDC-6 型播种机播种;沙壤土承载力较大,2BMFDC-6 型和 2BMFDC-8 型播种机均可进田作业。

作业前对机具进行全面检查,添加齿轮箱中的齿轮油,拧紧紧固件,确保传动、转动部件灵活,开沟器锋利,试运转正常;调节排种器和排肥器,使播种量、施肥量合适,下种、下肥均匀一致。根据品种特性,播种量控制在 135～150 kg/hm²,分蘖力弱的品种适当增加播种量,分蘖力强的品种适当降低播种量。全生育期施纯氮 135～150 kg/hm²,底肥选用氮、磷、钾配比适宜的颗粒状复合肥,按照 90～100 kg/hm² 纯氮量调整施肥量,剩余氮肥在拔节期追施。

播种时将种子箱和肥料箱加入适量的种子和肥料。机手作业时要行速均匀,行距一致,保证不漏播、不多播,开沟深度一致,种子全部落入沟内,落子均匀,泥土和秸秆混合盖种完全。作业时非地头处应尽量避免停车,以防起步时造成漏播。地头转弯时应降低速度。更换品种时,仔细清理种子箱,以免混杂。作业过程中,机手要经常观察播种机各部件工作是否正常,特别是看排种器是否排种、输种管是否堵塞,种子和肥料在箱内是否充足。

7.5.4.2　"麦秸还田水稻机插秧技术"主要操作程序

1. 麦秸收获

小麦成熟后用半喂入式收割机顺行收割。麦秸切成 6～8 cm 的小段,自然撒于田间。

2. 泡田旋耕

在旋耕前 1～2 d 灌水充分泡田,当水分下渗,水面高度 3～5 cm 时,施入所需肥料,用水田旋耕机进行埋草整地作业。旋耕时水面太深,秸秆和泥浆难以混合,秸秆易漂浮在水面;水面过浅,田面难以旋耕平整,达不到理想的埋草和整地质量。作业时,需用慢速和中速按纵向和横向作业 2 遍,旋耕深度 10～15 cm,秸秆和泥浆混合均匀,旋耕后地表起浆平整,旋耕后水面保持在 1.0～2.0 cm,沉实 1 d 后即可插秧。

3. 水稻育插秧

选择高产品种,采用旱育秧方式育秧。麦稻轮作区的小麦一般在 5 月上中旬收获,根据水源优缺,在 4 月上中旬选择适宜时机育秧,移栽秧龄控制在 40 d 左右。

市场上插秧机种类较多,可选用插秧效果稳定的久保田 SPW-48C 等型号的插秧机。作业前要仔细调试,除检查插秧机的工作状态是否正常,各运转部件运转是否良好外,根据要求还需调整插秧深度、插秧株距和取苗株数。其中插秧深度约 1 cm,在保证所插秧苗不倒不浮的前提下,越浅越好。根据品种特性、移栽早迟,秧苗素质好坏等因素确定机插密度,多数插秧机的行距固定为 30 cm,密度只能由株距和取苗数来确定。一般稀密度为每公顷 21.8 万穴,中密度 24.8 万穴,高密度 28.1 万穴。5 月 10 日前移栽的中迟熟品种,适宜稀密度,每穴抓秧 2 苗左右,保证每公顷基本苗 42 万株左右;5 月 11—20 日移栽的中熟品种,适宜中密度,每穴抓秧 2.5 苗左右,保证每公顷基本苗 60 万左右;5 月 21—25 日移栽的中早熟品种,适宜高密度栽插,每穴抓秧 3 苗左右,保证每公顷基本苗 82.5 万株左右。

栽插时,保持田间水深 1～2 cm。根据田块大小以及田块形状选择合理的插秧行走路线,要求驾驶员开机直行,速度均匀,插秧量一致,行间距一致,不压苗、不重插或漏插,控制地头长度在一个工作幅宽左右以便转弯,机器不能插秧的边角人工补栽。在秧块不足 10 cm 长时应补秧,注意将补给秧块与剩余秧块对齐,不要起拱引起阻塞,导致整行漏插。插秧结束后及时灌水护苗,返青后浅水管理,以利于分蘖。

7.5.5 配套机具的特点

7.5.5.1 半喂入式联合收割机

目前市场上半喂式联合收割机种类较多,如久保田 PRO588 或洋马 AG600 等,均可以用于稻、麦秸秆的粉碎还田。半喂式联合收割机多是履带式行走类型,主要包括立式割台、夹持链输送装置、脱粒分离装置、谷粒清选装置、茎秆处理装置等构件。在实现谷物籽粒脱粒、清选的同时,可以将作物茎秆进行切碎,抛撒还田。

7.5.5.2 2BMFDC-6 型稻茬麦半旋播种机

2BMFDC-6 型稻茬麦半旋播种机由手扶拖拉机驱动,重量约 150 kg,具体参数和结构见表 7.7 和图 7.1。播种机立刀轴的每个播种带位置安装 3 套开沟刀片,排肥口在开沟刀片前侧对应位置,工作时,肥料落在播种带上,转动链轮带动立刀轴转动,开沟刀片前行破除根茬和地表硬壳,混合泥土和肥料,开出宽 5～6 cm、深 3～5 cm 的播种沟,由于挡土播种器在后紧邻对应位置,开沟的同时种子均匀地撒落在播种沟内,再由后面的集土胶板将开沟器甩出的泥土连同碎草挡回覆盖在播种沟上。

播种带浅旋耕,而带间免耕,减少了动土量,旋耕起的泥土直径和重量相对较小,覆盖后对种子萌发出苗影响小。种子落在墒情较好的沟底,萌发出苗迅速。肥料落在播种带上,提高了肥料利用效率,下种前与泥土混合,避免烧伤种子。挡土播种器紧贴旋耕刀片,一旦有根茬或稻草挂在排种口,通过旋耕刀片转动可将其打掉,防止排种口堵塞。机具的重量相对较轻,对湿粘的稻茬田碾压程度小,适应性强。

7.5.5.3 插秧机

目前生产上使用的插秧机种类较多,在四川省应用较广泛的是久保田系列插秧机,该系列插秧机性能稳定,对不同类型土壤适应性强,插秧后匀秧、伤秧率低。插秧行数为 6 行,行距 30 cm,采用双排方式送秧,横向传送次数、纵向取苗量以及栽插穴数根据需要均可调节,具有自动平衡系统,可以实现插深均匀一致。

7.5.6 推广应用现状、效益及应用前景

受生产生态条件以及配套机具研发进程的限制,2006 年以前,西南地区机械化保护性耕作技术仅在小范围试验。2006 年,2BMFDC-6 型播种机的研发成型,其配套技术也逐渐完善,

"稻茬麦半旋高效机播技术"应用范围随之扩大。近年,随着跨区作业的兴起以及农机补贴政策的执行,在稻麦收获时,省外大量半喂式联合收割机纷纷涌入四川,省内购置的收割机以及高性能的插秧机也大量增加,促进了"麦秸还田水稻机插秧技术"推广应用(汤永禄,2000)。

截至目前,"稻茬麦半旋高效播种技术"和"麦秸还田水稻机插秧技术"已在四川省内的广汉、绵竹、金堂、旌阳、新都等 10 余县市以及贵州省部分县市示范推广 8 133 hm²,两种技术合计年种植效益达 16 380 元/hm²,节支增收效果明显。因此机械化保护性耕作技术在西南地区有很好的应用前景。

(本节由汤永禄、李朝苏主笔,林世友参加编写)

参考文献

[1]刘武仁,郑金玉,罗洋,等. 东北黑土区玉米保护性耕作技术模式研究. 玉米科学,2007,15(6):86−88.

[2]刘武仁,郑金玉,罗洋,等. 玉米宽窄行种植技术的研究. 吉林农业科学,2007,32(2):8−10.

[3]刘武仁,冯艳春,郑金玉,等. 玉米宽窄行行留高茬交互种植技术经济效果. 农业与技术,2008,28(2):33−34.

[4]刘武仁,刘凤成,冯艳春,等. 玉米秸秆还田技术研究与示范,玉米科学,2004,12(专刊):118−119.

[5]杨悦乾,龚振平,纪文义,等.保护性耕作体系及配套机械系统的研究.农机化研究,2006,1:61−62.

[6]刘武仁,郑金玉,冯艳春,等. 玉米宽窄行交替休闲保护性耕作的土壤水分变化规律研究. 2006,14(4):114−116.

[7]杨悦乾,纪文义,赵艳忠,等. 2BM-2 免耕播种机的设计及实验研究.农机化研究,2007,3:61−63.

[8]刘武仁,郑金玉,罗洋,等. 玉米宽窄行种植产量与效益分析. 玉米科学,2003,11(3):63−65.

[9]李晋生,马吉利,刘玉升.河北省两熟制农田小麦保护性耕作实践经验、问题与对策.中加保护性耕作论坛论文集.2006,9:51−54.

[10]路战远,白明辉,程国彦,等.关于内蒙古自治区农牧业机械化技术推广工作的思考.农村牧区机械化,2006,4:14−15.

[11]张岳芳,郑建初,陈留根,等.麦秸还田与土壤耕作对稻季 CH_4 和 N_2O 排放的影响.生态环境学报,2009,18(6):2334−2338.

[12]汤永禄,黄钢,袁礼勋,等.小麦精量露播稻草覆盖高效栽培技术研究.麦类作物学报,2000,20(2):42−47.

[13]李朝苏,汤永禄,黄钢,等.麦秸快速还田水稻机插丰产栽培技术研究与示范.中国科技成果.2009,18:19−22.

[14]汤永禄,程少兰,李朝苏,等. 稻茬麦半旋高效播种技术. 四川农业科技.2010,9:20−21.

第**8**章

保护性耕作制的病虫草害防治技术

保护性耕作制度直接影响到作物本身及其农田环境,也影响到田间生态系统中生物种群结构和组成。耕作方式影响最大的是土壤环境以及土壤生物种群,因而杂草、地下害虫、土传病害病原菌种群等,都将发生不同的变化,特别是以秸秆为生存场所的害虫和病原菌的增加,可能导致一些病虫害种类增多、危害加重。而从宏观的角度分析,大范围地实现保护性耕作对整个农业生态环境都会产生较大的影响,对于迁飞性害虫如黏虫、草地螟、蝗虫,气传病害如小麦锈病、白粉病、赤霉病等病害的发生均会产生较大的影响。

8.1 保护性耕作条件下的草害发生规律

杂草的种类、分布及危害程度与环境条件、耕作制度等关系密切。与传统耕作相比,保护性耕作在耕作方式和农田生态环境方面的变化,在一定程度上有利于杂草发生和造成危害,秸秆或残茬留田有利于杂草种子积累,少、免耕使杂草不能及时掩埋,因此,农田杂草危害增加是保护性耕作农田的共性。

保护性耕作农田杂草发生、危害和防除与传统耕作农田明显不同,前人总结了以下4个特点:一是杂草种子主要集中在 1～10 cm 的表层土壤,杂草发生早,出草浅而整齐。二是多年生杂草发生量增加,种类增加,防除难度加大。这是由于多年生杂草常常有很大的地下根茎繁殖体,免耕不能像翻耕那样对其进行撕扯、切割、曝晒。此外,保护性耕作农田一般在苗前或苗期喷除草剂,而此时多年生杂草的地上部分刚刚开始生长,由于庞大的地下营养体对除草剂的稀释作用,喷到叶片上的除草剂很难使整个营养体死亡。三是保护性耕作比传统耕作农田杂草危害更严重,除草剂用量增加,可能导致残留加大,污染环境。四是缺乏专用除草剂和抗除草剂的作物品种。

山东省农业大学的李增嘉、甘肃农业大学的黄高宝等分别以定位 5 年和 7 年以上的保护性耕作试验地块为研究对象,开展了详细的调查工作,系统研究了华北小麦玉米一年两作及陇中黄土高原旱地保护性耕作小麦、豌豆田的杂草发生规律,为保护性耕作的草害防治奠定了基础。

8.1.1 华北平原保护性耕作麦田杂草

8.1.1.1 保护性耕作麦田杂草发生规律

小麦拔节期杂草主要有麦蒿、荠菜、刺儿菜、繁缕等。不同耕作措施下,田间杂草的种类和密度差异显著,秸秆全量还田未经药剂处理情况下,免耕和深松条件下杂草的总密度显著提高,分别为 575 757.6(株/hm²)和 3 666 666.7(株/hm²),免耕、深松、耙耕、旋耕、常规耕作杂草总密度分别比药剂处理高 77.9%、67.8%、74.0%、23.3% 和 42.1%。免耕、深松未经药剂处理条件下,麦蒿的密度提高显著,荠菜的密度远低于麦蒿且各耕作方式下差异不大,刺儿菜、繁缕个数比较少,仅在个别样方出现。在药剂处理情况下,杂草的总密度显著下降,且杂草种类显著减少,因为大部分杂草缺乏抗药性而无法存活。

不同耕作方式不仅影响田间杂草的总密度,而且影响各种杂草在群落的相对重要程度。小麦拔节期,在常规耕作条件下,优势杂草为荠菜,未经药剂处理时,荠菜量占总杂草量的 58.6%,而免耕、深松、耙耕、旋耕条件下的优势杂草为麦蒿,其数量分别占总杂草量的 80.0%、71.9%、79.5% 和 95.3%。药剂处理情况下,杂草种类数量都显著减少,优势杂草为麦蒿。耕作方式对小麦田杂草种类的影响可能是由于不同耕作措施处理下的田间生态环境、土壤养分、土壤水分状况发生了很大变化,因此杂草种类在不同耕作措施处理下有很大差异。

杂草干物质量反映了杂草吸收养分生长发育情况。对同一种杂草,未经药剂处理的杂草干物质量普遍高于药剂处理的。未经药剂处理时,麦蒿的干物质量最大为旋耕,可达 0.72 g/株,免耕、常规耕作与深松分别为 0.67 g/株、0.59 g/株和 0.49 g/株。荠菜的干物质量由大到小依次为免耕、旋耕、深松、常规耕作,且总体上麦蒿的干重普遍大于荠菜。可能的原因是麦蒿的分支多,叶面积指数大,光和能力强,导致的干重大;而荠菜大部分为单株生长,分支少,叶片稀而少,进行光和能力弱,积累的干物质少。

杂草株高反映了杂草竞争光的能力,植株高的杂草有利于接受光能,进行充足的光合作用。未经药剂处理情况下,深松、耙耕、免耕中荠菜的株高普遍高于麦蒿,说明荠菜在光能的竞争中较麦蒿有优势,因为,荠菜单株生长养分供应集中,且叶片少,必须有充足的光照,导致其植株高。在旋耕、常规耕作条件下,麦蒿稍高于荠菜,两者在光的竞争中比较激烈。药剂处理情况下,杂草株高普遍降低,生长受到抑制,可能因为杂草受到了弱的药物影响,生长受到了一定程度的抑制,也可能是药物有效期过后,杂草才开始生长,是杂草生长期过短造成的生长缓慢,植株相对矮小(表8.1)。

试验结果还表明,不同耕作方式下,除草剂对杂草的防除效果有较明显差异。除草剂总除草效果大约为 57%,其中对优势杂草麦蒿的除草效果为 59.4%,对荠菜的除草效果为 97.9%。旋耕条件下除草剂对麦蒿的防除效果为 19.5%,对荠菜的防除效果为 100%;深松耕作条件下除草剂对麦蒿的防除效果 66.7%,对荠菜的防除效果为 93.9%;耙耕条件下除草剂对麦蒿的防除效果为 67.2%,对荠菜的防除效果为 100%;免耕条件下除草剂对麦蒿的除草效果为 72.4%,对荠菜的防除效果为 100%;常规耕作条件下除草剂对麦蒿的防除效果为 16.7%,

表 8.1　不同耕作方式下小麦田杂草生物量

处理		样点	株数/hm²	单株株高/cm	单株干重/g
未经药剂处理	耙耕	麦蒿	87 878.8	17.42	0.32
		荠菜	4 545.5	17.98	0.19
		刺儿菜	15 151.5	5.78	0.02
		繁缕	3 030.3	10.20	0.11
	旋耕	麦蒿	124 242.4	22.50	0.72
		荠菜	6 060.6	21.28	0.27
	免耕	麦蒿	460 606.1	19.98	0.67
		荠菜	115 151.5	22.25	1.20
	深松	麦蒿	263 636.4	21.38	0.49
		荠菜	100 000.0	26.75	0.29
		繁缕	3 030.3		
	常规	麦蒿	45 454.5	26.42	0.59
		荠菜	64 393.9	19.43	0.26
药剂处理	耙耕	麦蒿	28 787.9	10.51	0.47
	旋耕	麦蒿	100 000.0	9.60	0.28
	免耕	麦蒿	127 272.7	6.70	0.19
	深松	麦蒿	87 878.8	9.11	0.19
		荠菜	6 060.6	7.65	
		未知	24 242.4	8.44	0.04
	常规	麦蒿	54 545.5	10.95	0.32
		未知	9 090.9	8.3	0.01

对荠菜的防除效果为100%。除草剂对荠菜的防除效果明显好于对麦蒿的防除效果。在耙耕处理田里还有少数刺儿菜、繁缕,可能是某些生物因素或非生物因素引起的,例如鸟或风对种子的传播。由于不同的耕作方式对土壤的扰动程度不同,因此不同处理下的麦田杂草种子的分布不同,除草剂只对一定土层的杂草起到防除作用,所以不同耕作方式下杂草的密度是有差异的,免耕、深松、旋耕、耙耕耕作方式下的杂草防除效果要好于常规耕作。

8.1.1.2　保护性耕作麦田杂草对小麦生长的影响

常规耕作田间小麦生长状况最好,深松、旋耕、耙耕次之,免耕最差。小麦次生根数在常规和深松耕作条件下最多,免耕次之,旋耕、耙耕条件下最少,比常规、深松处理条件下少23.5%~46.1%。小麦的单株株高和含水量在5种耕作方式下没有明显差异。小麦的分蘖数在常规和旋耕条件下最多,深松、耙耕次之,免耕最少,常规条件下小麦分蘖数比免耕条件下小麦分蘖数多41.4%。小麦的单株干重在常规和旋耕条件下最多,深松、耙耕次之,免耕最少,常规条件下小麦单株干重比免耕条件下小麦单株干重多37.7%(表8.2)。

总体而言,常规处理下小麦的生长状况最佳,能够达到较高的满意度,深松、耙耕、旋耕处理下小麦的生长状况也比较理想,而免耕条件下小麦的生长状况最差,可能是由于不同的耕作方式导致杂草、水分、土壤孔隙度等不同,从而导致小麦的生长状况不同。

表8.2　拔节期小麦生长情况

	处理	单株次生根 /条	株高 /cm	单株叶片数	分蘖数 /(10⁴/hm²)	单株分蘖数	单株干重 /g	含水量 /%
未经药剂处理	耙耕	13.9	35.8	28.6	559.09	7.7	2.33	78.7
	旋耕	13.7	37.3	34.3	777.27	9.5	2.34	80.0
	免耕	21.5	34.5	21.4	522.72	7.1	1.93	77.3
	深松	25.4	35.3	29.2	722.72	9.6	2.60	78.8
	常规	24.7	40.7	36.5	772.72	11.4	3.10	81.2
药剂处理	耙耕	21.0	36.6	34.5	936.36	11.5	2.49	81.3
	旋耕	12.3	32.1	32.2	436.36	9.3	2.16	78.5
	免耕	18.1	34.1	22.1	836.36	7.5	1.75	78.7
	深松	15.0	40.3	29.1	868.18	9.1	2.69	80.9
	常规	18.0	40.1	38.0	972.73	10.5	2.85	80.4

　　是否使用除草剂对小麦的生长发育状况有较显著的影响,在相同耕作方式下,药剂处理的小麦分蘖数比未经药剂处理的小麦分蘖数多13.1%～40.3%。在耙耕耕作条件下经药剂处理的小麦生长状况优于未经药剂处理的小麦生长状况,药剂处理的小麦次生根数和单株分蘖数分别比未经药剂处理的小麦次生根数和单株分蘖数多33.8%和33.0%;在旋耕条件下未经药剂处理的小麦生长状况优于经过药剂处理的小麦生长状况,前者的次生根数和株高比后者的次生根数和株高多10.2%和13.9%;在免耕耕作条件下药剂处理的小麦次生根数比未经药剂处理的小麦次生根数少15.8%,干重少9.3%;在深松耕作条件下药剂处理的小麦次生根数比未经药剂处理的小麦次生根数少40.9%,株高高12.4%;在常规耕作条件下药剂处理的小麦次生根数比未经药剂处理的小麦次生根数少27.1%,干重多12.4%。

　　以上现象可解释为:农田杂草与作物之间存在对光照、土壤、养分与水等资源的竞争,在不同耕作措施处理下,以免耕条件下杂草密度最大,在未除草情况下,杂草数过多必然对小麦生长状况造成负面影响。而在其他几种耕作条件下,杂草密度相对较小,对小麦生长的负面影响较小,并且杂草与小麦的竞争对小麦产生压力,小麦植株未获得较好的光照条件,必然会在株高、叶片、分蘖等指标上产生一定的补偿效应。

　　秸秆全量还田常规耕作条件下,杂草密度最小,而未经药剂处理的小麦的次生根数和株高都劣于未经药剂处理的小麦次生根数和株高,可能是除草剂对小麦植株的生长有一定的抑制作用(见表8.3)。

表8.3　杂草防除对拔节期小麦生长状况的影响　　　　　　　　　%

	次生根数	株高	叶片数	单株分蘖数	单株干重	含水量
耙耕	+33.8	+2.2	+17.1	+33.0	+6.4	+3.2
旋耕	−10.2	−13.9	−6.1	−2.1	−7.7	−1.9
免耕	−15.8	−1.1	+3.2	+5.3	−9.3	+1.8
深松	−40.9	+12.4	−0.3	−5.2	+3.3	+2.6
常规	−27.1	−1.5	+3.9	−7.9	+8.8	−1.0

　　注:+、−表示药剂处理各性状指标高于、低于未经药剂处理的小麦各性状指标。

8.1.1.3　杂草对麦田土壤水分的影响

　　在小麦拔节期,测定了0～20 cm、20～40 cm和40～60 cm 3种不同土层下土壤水分含量,对于同一土层,旋耕、耙耕、深松、免耕 4 种耕作土壤水分含量有所差异。药剂处理试验田,土壤水分含量的动态变化规律与未经药剂处理试验田基本相同(图 8.1)。

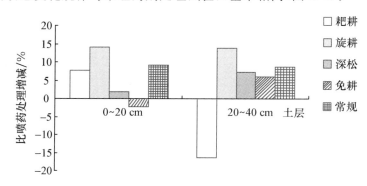

图 8.1　未经药剂处理土壤水分含量与药剂处理比较

作物和杂草根系主要分布于土层 0～40 cm 的土壤,对于大部分耕作方式,拔节期未经药剂处理麦田 0～40 cm 土层土壤水分含量大于药剂处理麦田。由于在未经药剂处理的麦田杂草数量明显高于药剂处理麦田,说明杂草的存在能够提高土壤表层的土壤含水量。这可能是因为生长于小麦间的杂草减少了棵间蒸发或是杂草的存在减少了作物的蒸腾量,从而减少了整个农田的总蒸腾量,其机制还需进一步深入研究。20～40 cm 土层,耙耕药剂处理试验田的水分含量高于未经药剂处理试验田的水分含量,该种条件下土壤水分含量的较大反常,可能与这些杂草的生长有关,其机制还需做进一步试验研究。40～60 cm 土层,拔节期小麦和杂草的根系基本无法到达,且土壤蒸腾也达不到这种深度,所以两种不同处理在此土层的含水量基本一致。

8.1.2　华北平原保护性耕作玉米田杂草

8.1.2.1　保护性耕作玉米田杂草发生规律

不同耕作方式对土壤的干扰程度不同,犁耕>耙耕>免耕,增加土壤干扰能局部改变杂草种子所处的环境,进而影响到杂草的密度和种类组成。通过调查,玉米灌浆期间共发现马唐、旱稗、牛筋草、苘麻、鸭跖草、画眉草、鳢肠、碎米莎草、反枝苋、铁苋菜、马齿苋和狗尾草等 12 种一年生杂草,多年生杂草仅有香附子。经方差分析表明,不同耕作措施条件下,田间杂草的种类和总密度差异显著,说明不同保护性耕作制度对杂草种类和数量的影响有质的差别。由表8.4 可以看出,秸秆全量还田时,免耕显著提高杂草的总密度,这是因为秸秆全量还田为杂草的滋生创造了条件。采用免耕后,多年生杂草(香附子)、一年生禾本科杂草(马唐、旱稗、牛筋草)及风播杂草(马唐、旱稗、牛筋草、画眉草、碎米莎草、狗尾草和香附子)均显著增多。耙耕、旋耕和深松的杂草密度在秸秆全量还田时大于常规耕作田,这是因为耙耕还田和旋耕还田仅进行了土壤表层耕作,只造成了土层表层杂草种子的扰动;而常规耕作的作业深度深,具有一定的土层均匀性,其表层杂草种子密度低于耙耕还田和旋耕还田。无秸秆还田时,常规耕作的杂草密度高于免耕、旋耕、耙耕和深松等耕作措施,这是因为保护性耕作措施对土壤所做的是减少或不进行扰动,而杂草也难以在不受或少受扰动的土壤中萌发生存。

表8.4　不同耕作处理下玉米田杂草的种类及其密度　　　　　　　　　株/m²

处　理	秸秆全量还田					无秸秆还田				
	免耕	旋耕	耙耕	深松	常规	免耕	旋耕	耙耕	深松	常规
一年生杂草										
马唐	53.27a	30.25d	42.75b	39.52c	22.61e	40.02bc	48.61b	14.47d	40.18bc	92.33a
旱稗	50.36a	13.58c	29.51b	10.03c	5.95d	12.95d	23.81bc	25.96b	27.68b	50.23a
牛筋草	4.62c	6.69b	15.12a	2.40cd	1.50de	7.06b	2.60e	8.24a	6.66c	3.65d
苘麻	1.00b	—	1.00b	1.00b	22.61a	—	—	—	—	—
鸭跖草	—	0.58	—	—	—	0.58b	—	1.00a	—	—
画眉草	1.00									
碎米莎草								1.00		
反枝苋				0.56b	1.00a					
鳢肠								2.00		
铁苋菜							1.00			
马齿苋						1.00				
狗尾草	1.00									
多年生杂草										
香附子	7.75a	2.00c	5.00b	1.77c	8.00a	8.73b	3.38c	—	—	20.00a
总密度	119.00a	52.52c	93.95b	55.27c	39.06d	70.34bc	80.40b	48.66d	77.52b	166.21a
种类	7a	4d	6b	6b	5c	6a	6a	5b	3d	4c

注：表中数据表示5次重复平均值。数据后不同字母表示在同种还田方式中，同一种杂草在不同耕作方式处理间差异显著(p＜0.05)。"—"表示调查中没有发现该草。

　　长期采取不同耕作方式不仅影响田间杂草的总密度，而且影响各种杂草在群落中的相对重要程度。本试验发现，同一种杂草在不同耕作方式下的相对密度，达到了显著和极显著差异。秸秆全量还田后，免耕和深松条件下，仅有马唐和旱稗的相对密度大于10%；旋耕和耙耕条件下，优势杂草(相对密度＞10%)为马唐、旱稗和牛筋草；常规耕作条件下，优势杂草为马唐、苘麻、旱稗和香附子；无秸秆还田条件下，免耕和常规耕作的杂草优势种均增加，其中，前者增加了牛筋草和香附子，后者只增加了香附子。总体来看，马唐与旱稗是玉米田间两种最重要的杂草。耕作方式对玉米田杂草种类的影响可能是由于不同耕作措施处理下田间的生态环境、土壤养分和秸秆还田后土壤水分状况发生了很大变化，因各种杂草对土壤养分需求和吸收利用能力存在差异，故杂草种类在各耕作措施处理下有很大差异(表8.5)。

表8.5　不同耕作方式处理下玉米田杂草的相对密度　　　　　　　　　%

处　理	秸秆全量还田					无秸秆还田				
	免耕	旋耕	耙耕	深松	常规	免耕	旋耕	耙耕	深松	常规
一年生杂草										
马唐	44.76c	57.60b	45.50c	71.50a	36.66cd	56.90b	60.46a	28.00d	51.83c	55.85b
旱稗	42.32a	25.86c	31.41b	18.15d	9.65e	18.41d	29.61c	50.24a	35.71b	30.22c
牛筋草	3.88c	12.74ab	16.09a	4.34c	2.34cd	10.04a	3.23d	15.95a	8.59bc	2.20de
苘麻	0.84b	—	1.06b	1.81b	36.66a					
鸭跖草	—								3.87	
画眉草	0.84									

续表 8.5

处　理	秸秆全量还田					无秸秆还田				
	免耕	旋耕	耙耕	深松	常规	免耕	旋耕	耙耕	深松	常规
碎米莎草	—	1.10	—	—	—	0.82b	—	1.94a	—	—
反枝苋	—	—	—	—	—	—	1.24	—	—	—
鳢肠	—	—	—	2.35a	1.62b	—	—	—	—	—
铁苋菜	—	—	—	—	—	—	1.24	—	—	—
马齿苋	—	—	—	—	—	1.42	—	—	—	—
狗尾草	0.84	—	—	—	—	—	—	—	—	—
多年生杂草										
香附子	6.51b	3.81c	5.32b	3.20c	12.97a	12.41a	4.20b	—	—	12.03a

注:同表 8.4。

　　长期不同耕作方式条件下,田间杂草的总密度和分布发生了改变,必然引起生物多样性变化。从表 8.6 可以看出,秸秆全量还田后,尤其在免耕、耙耕和深松等条件下,杂草群落中不同杂草之间数量分布均匀程度高。这是因为在秸秆还田后,这些耕作措施使田间杂草的总密度增大,杂草的种类数增多,且各种杂草在数量上的分布均匀性增大,优势杂草均为马唐和旱稗,导致杂草群落的物种丰富度及均匀度都较高,相应地 Shannon 多样性指数也较高;与此相反,常规耕作时田间杂草在无秸秆还田时的总密度最大,但杂草的种类数少,且各种杂草在数量上的分布也不均匀。因此,在无秸秆还田常规耕作条件下,杂草群落的 Margalef 物种丰富度指数、Shannon 均匀度指数、Shannon 多样性指数均较低(表 8.6)。

表 8.6　不同耕作方式处理下玉米田杂草的生物多样性指数

	秸秆全量还田					无秸秆还田				
	免耕	旋耕	耙耕	深松	常规	免耕	旋耕	耙耕	深松	常规
DMG	1.26	0.76	1.10	1.25	0.61	1.18	1.14	0.95	0.46	0.59
E	0.10	0.12	0.12	0.02	0.01	0.12	0.10	0.13	0.11	0.09
H′	0.50	0.46	0.54	0.08	0.07	0.53	0.44	0.55	0.47	0.45

8.1.2.2　杂草对保护性耕作玉米产量的影响

　　在秸秆还田和不同耕作方式作用下,不论秸秆还田与否,免耕方式杂草的生物量最高,夏玉米的生物量、有效收获株数和子粒产量却较低。通过回归方程拟合可知,田间杂草的生物量(x)与各耕作方式处理下玉米子粒产量(y_1)、夏玉米生物量(y_2)及夏玉米有效收获株数(y_3)均呈负相关关系,其回归方程分别为:$y_1 = 16\ 986 - 12.312x$、$y_2 = 31\ 048 - 22.925x$ 和 $y_3 = 65\ 362 - 1.047\ 5x$,相关系数分别为 0.765 8、0.852 7 和 0.770 6。可见,有效收获株数受杂草的危害较夏玉米的生物量要低(表 8.7)。

表 8.7　不同耕作方式处理下杂草生物量和夏玉米生物产量及子粒产量

处　理		杂草生物量 /(kg/hm²)	夏玉米生物量 /(kg/hm²)	夏玉米收获株数 /(株/hm²)	夏玉米子粒产量 /(kg/hm²)
秸秆全量还田	免耕	713.16a	15 269.59e	64 667de	8 829.68e
	旋耕	603.41b	17 432.12d	64 733cd	9 622.15d
	耙耕	634.52b	17 878.49cd	64 765bc	10 104.77c
	深松	435.09c	20 350.58ab	64 822ab	10 980.53b
	常规	409.55c	21 876.01a	64 980a	12 187.19a

续表8.7

处　理		杂草生物量 /(kg/hm²)	夏玉米生物量 /(kg/hm²)	夏玉米收获株数 /(株/hm²)	夏玉米子粒产量 /(kg/hm²)
无秸秆还田	免耕	688.47a	12 731.28f	64 502f	6 671.86f
	旋耕	478.39c	20 626.86a	64 889ab	11 388.90b
	耙耕	413.58d	21 208.73a	64 899ab	11 687.00a
	深松	589.97d	18 550.06bc	64 777bc	10 267.56c
	常规	473.13c	19 859.55ab	64 887ab	11 146.61b

注:数据中不同小写字母表示在0.05水平上存在显著性差异。

8.1.3　陇中黄土高原旱地保护性耕作杂草发生规律

8.1.3.1　不同耕作方式对小麦、豌豆田主要杂草生物量的影响

小麦传统耕作处理由于常年耕作杂草株数以一年生地肤最高(10.07 株/m²),占同期杂草总数的33.63%;其次为稗草(6.27 株/m²)和野艾蒿(4.13 株/m²)、灰绿藜(3.27 株/m²),其株数占同期杂草总数的20.94%、13.81%和10.91%,株数排前4位的杂草株数差异不显著;其他杂草的株数为0.67~2.47 株/m²,占杂草总数的百分比均低于10.00%,与地肤株数差异达极显著水平。但灰绿藜的地上部分鲜重位居第1,为3.45 g/m²,鲜重百分比为22.75%;灰绿藜地上部分干重为0.72 g/m²,干重百分比为14.55%,位次也列第3。其次是野艾蒿,地上部分鲜重为2.62 g/m²,鲜重百分比为17.28%,位次居第2;地上部分干重0.67 g/m²,干重百分比为13.54%,位次列第4。稗草、灰绿藜的鲜重差异达显著水平,但与其他杂草的鲜重均无达显著差异,除打碗花外其他杂草的干重差异不显著。地肤、稗草、野艾蒿、灰绿藜等杂草虽然株数较多,但其出苗后即处于遮荫状态,无论株高、株幅和生物量都处于较低水平,因此对小麦生长的影响也较小。

免耕秸秆覆盖杂草株数以地锦最高,为24.07 株/m²,占同期杂草总数的41.78%;其次是地肤,株数为15.73 株/m²,占同期杂草总数的27.32%;野艾蒿株数占同期杂草总数的7.46%,居第3位,地锦和地肤与野艾蒿株数差异达极显著水平;其他杂草的株数为1.67~3.87 株/m²,占同期杂草总数的比率均低于7.00%,株数差异均不显著。野艾蒿的地上部分鲜重为6.04 g/m²,鲜重百分比23.76%,位次居第1;比处于第2位的打碗花鲜重高出0.08 g,野艾蒿地上部分干重为4.51 g/m²,位居第1。所有杂草的地上部分鲜重和干重差异均不显著。

免耕处理时地肤株数最多,为45.67 株/m²,占同期杂草总数的49.53%;其次是地锦,其株数为24.07 株/m²,占同期杂草总数的26.10%,两种杂草株数差异不显著;稗草株数为11.13 株/m²,占同期杂草总数的12.08%;其他几种杂草的株数为0.07~5.87 株/m²,占同期杂草总数的比率低于7.00%。地肤、地锦、稗草与灰绿藜、野艾蒿、藜、打碗花、田旋花株数差异达显著水平。灰绿藜的地上部分鲜重为12.84 g/m²,鲜重百分比25.55%,位次居第1;灰绿藜地上部分干重2.87 g/m²,干重百分比21.69%,位居第2;其次是稗草,地上部分鲜重和干重分别为9.62 g/m²和3.31 g/m²,鲜重和干重百分比分别为19.14%和25.02%,鲜重位居第3,但干重居第1。稗草、灰绿藜、地锦、地肤、野艾蒿、藜地上部分鲜重和干重差异均不显著。

传统耕作秸秆翻压杂草株数以地肤最高,为7.60 株/m²,占同期杂草总数的35.73%;其次是稗草,株数为3.80 株/m²,占同期杂草总数的17.87%;地锦、野艾蒿株数占同期杂草总数

的 12.85％，并列位居第 3 位，地肤、稗草与地锦、野艾蒿株数差异达极显著水平；其他杂草的株数为 0.33～2.73 株/m²，占同期杂草总数的比率均低于 12.00％，株数差异不显著。灰绿藜的地上部分鲜重为 4.62 g/m²，鲜重百分比为 39.77％，位次居第 1；比处于第 2 位的藜鲜重高出 2.46 倍。灰绿藜地上部分干重比处于第 2 位的田旋花高 2.28 倍。灰绿藜与田旋花及其他杂草的地上部分鲜重差异均达显著水平，灰绿藜与地锦、野艾蒿、稗草地上部分干重差异均达显著水平（表 8.8）。

表 8.8　小麦田不同耕作主要杂草的鲜重和干重（8 月 4 日）

处理	杂草种类	株数（株/m²）	株数百分比/％	地上部分鲜重/(g/m²)	鲜重百分比/％	位次	地上部分干重/(g/m²)	干重百分比/％	位次
T	打碗花	1.67B	5.57	1.96ab	12.89	5	1.36a	27.47	1
	田旋花	0.67B	2.23	2.12ab	13.97	3	0.82ab	16.57	2
	灰绿藜	3.27AB	10.91	3.45a	22.75	1	0.72ab	14.55	3
	野艾蒿	4.13AB	13.81	2.62ab	17.28	2	0.67b	13.54	4
	地肤	10.07A	33.63	1.98ab	13.07	4	0.57b	11.52	5
	稗草	6.27AB	20.94	0.64b	4.23	8	0.29b	5.86	6
	藜	1.40B	4.68	1.33ab	8.75	6	0.27b	5.45	7
	地锦	2.47B	8.24	1.07ab	7.05	7	0.25b	5.05	8
NTS	野艾蒿	4.40cB	7.64	6.04a	23.76	1	4.51a	42.35	1
	灰绿藜	3.67cB	6.36	5.68a	22.35	3	1.73a	16.24	2
	地锦	24.07aA	41.78	6.02a	23.68	2	1.60a	15.02	3
	打碗花	3.87cB	6.71	1.27a	4.99	7	0.98a	9.2	4
	藜	1.67cB	2.89	2.16a	8.51	4	0.67a	6.29	5
	田旋花	1.73cB	3.01	1.67a	6.59	6	0.57a	5.35	6
	地肤	15.73bA	27.32	1.82a	7.14	5	0.38a	3.57	7
	稗草	2.47cB	4.29	0.76a	2.98	8	0.21a	1.97	8
NT	稗草	11.13ab	12.08	9.62a	19.14	2	3.31a	25.02	1
	灰绿藜	3.47b	3.76	12.84a	25.55	1	2.87a	21.69	2
	地锦	24.07ab	26.1	7.57ab	15.05	4	2.25ab	17.01	3
	地肤	45.67a	49.53	8.44ab	16.78	3	2.14ab	16.18	4
	野艾蒿	5.87b	6.36	6.48ab	12.89	5	1.37ab	10.36	5
	藜	1.67b	1.81	5.13ab	10.2	6	1.19ab	8.99	6
	打碗花	0.27b	0.29	0.10b	0.2	7	0.07b	0.53	7
	田旋花	0.07b	0.07	0.09b	0.18	8	0.03b	0.23	8
TS	灰绿藜	2.40B	11.28	4.62A	39.77	1	1.07a	38.49	1
	藜	1.07B	5.01	1.88B	16.13	2	0.47ab	16.91	2
	田旋花	0.33B	1.57	1.42B	12.19	4	0.40ab	14.39	3
	地肤	7.60A	35.73	1.56B	13.4	3	0.38ab	13.67	4
	地锦	2.73B	12.85	0.38B	3.27	7	0.18b	6.47	5
	野艾蒿	2.73B	12.85	0.48B	4.09	6	0.13b	4.68	6
	稗草	3.80AB	17.87	0.25B	2.15	8	0.09b	3.24	7
	打碗花	0.60B	2.82	1.05B	9	5	0.06a	2.16	8

注：数据中不同的大写和小写字母表示处理间在 $p < 0.01$ 和 $p < 0.05$ 上呈显著性差异。下同。

豌豆田传统耕作处理杂草株数以地锦最高,占同期杂草总数的 36.39%;其次为稗草和地肤、藜、灰绿藜,其株数占同期杂草总数的 33.48% 和 10.92%、8.66% 和 5.1%,5 种杂草株数差异不显著;其他杂草的株数为 0.4~0.6 株/m²,占杂草总数的百分比均低于 5.00%,与地锦株数差异显著。主要杂草中,地锦株数最多,地上部分鲜重和干重也位居第 1,鲜重百分比为 35.01%,干重百分比为 47.57%。

免耕秸秆覆盖杂草株数以地锦最高,为 5.37 株/m²,占同期杂草总数的 52.96%,与除稗草外的其他 5 种杂草株数达到极显著水平;其次是稗草,株数为 3.53 株/m²,占同期杂草总数的 32.64%;其他杂草的株数为 0.20~0.53 株/m²,占同期杂草总数的比率均低于 5.00%,株数差异均不显著。

免耕处理测定株数以地锦最高,为 13.67 株/m²,占同期杂草总数的 37.5%;其次为稗草和地肤,分别占同期杂草总数的 31.65% 和 19.76%,3 种杂草的株数差异不显著,而地锦与藜、灰绿藜、打碗花、田旋花株数差异达显著水平。测定 1 m² 主要杂草地上部分鲜重和干重的结果,地锦、稗草和地肤的地上部分鲜重分别为 10.74 g/m³、3.15 g/m³ 和 1.79 g/m²,鲜重百分比分别为 57.61%、16.88% 和 9.61%,位次分别列第 1、2、3;藜、反枝苋和稗草的地上部分干重分别为 0.93 g/m³、0.82 g/m³ 和 0.47 g/m²,干重比分别为 30.1%、26.54% 和 15.21%,位次分别也列第 1、第 2 和第 3。其中,地锦与地肤、藜、灰绿藜、打碗花、田旋花的地上部分鲜重差异达显著水平,地锦与灰绿藜、打碗花、田旋花的地上部分干重差异达显著水平。马齿苋、狗尾草、荠菜、刺儿菜的地上部分干重差异不显著。

传统耕作秸秆翻压杂草株数以地锦最高,为 2.87 株/m²,占同期杂草总数的 22.24%;其次是稗草,株数为 2.53 株/m²,占同期杂草总数的 19.61%;地肤株数占同期杂草总数的 17.59%;其他杂草的株数为 0.60~2.15 株/m²;7 种主要杂草株数差异不显著;地锦的地上部分鲜重为 9.18 g/m²,鲜重百分比为 53.10%,地上部分干重为 2.54 g/m²,干重百分比为 55.1%,都位居第 1;稗草处于第 2 位,地上部分鲜重为 5.14 g/m²,鲜重百分比为 29.74%,地上部分干重为 1.44 g/m²,干重百分比为 31.24%;其他杂草的地上部分鲜重为 0.15~1.31 g/m²,鲜重百分比都小于 10.00%,地上部分干重为 0.01~0.28 g/m²,干重百分比也皆小于 10.00%;其中,地锦与灰绿藜、打碗花、田旋花地上部分鲜重、干重差异均达极显著水平(表 8.9)。

表 8.9　豌豆田不同耕作主要杂草的鲜重和干重(7 月 20 日)

处理	杂草种类	株数/(株/m²)	株数百分比/%	地上部分鲜重/(g/m²)	鲜重百分比/%	位次	地上部分干重/(g/m²)	干重百分比/%	位次
T	地锦	6.67a	36.39	4.71a	35.01	1	1.27a	47.57	1
	稗草	6.13ab	33.48	4.39a	32.64	2	0.73ab	27.34	2
	地肤	2.00ab	10.92	2.68a	19.93	3	0.26ab	9.74	3
	藜	1.59ab	8.66	0.89a	6.63	4	0.16b	5.99	4
	灰绿藜	0.93ab	5.1	0.45a	3.31	5	0.14b	5.24	5
	打碗花	0.60b	3.28	0.31a	2.3	6	0.09b	3.37	6
	田旋花	0.40b	2.18	0.25a	1.89	7	0.02b	0.75	7
NTS	地锦	5.73A	52.96	1.10a	34.52	1	0.33a	37.5	1
	稗草	3.53AB	32.64	0.69ab	21.49	2	0.19ab	21.59	2
	地肤	0.53B	4.93	0.46ab	14.54	3	0.17ab	19.32	3

续表8.9

处理	杂草种类	株数/ (株/m²)	株数 百分比 /%	地上部分 鲜重 /(g/m²)	鲜重 百分比 /%	位次	地上部分 干重 /(g/m²)	干重 百分比 /%	位次
	藜	0.36B	3.32	0.39ab	12.28	4	0.10ab	11.36	4
	灰绿藜	0.27B	2.46	0.27ab	8.58	5	0.04b	4.55	5
	打碗花	0.20B	1.85	0.17b	5.45	6	0.03b	3.41	6
	田旋花	0.20B	1.85	0.10b	3.13	7	0.02b	2.27	7
NT	地锦	13.67a	37.5	10.74a	57.61	1	0.93a	30.1	1
	稗草	11.53ab	31.65	3.15ab	16.88	2	0.82ab	26.54	2
	地肤	7.20ab	19.76	1.79b	9.61	3	0.47abc	15.21	3
	藜	1.28b	3.51	0.92b	4.92	4	0.32abc	10.36	4
	灰绿藜	1.20b	3.29	0.78b	4.17	5	0.24bc	7.77	5
	打碗花	0.89b	2.45	0.75b	4	6	0.17c	5.5	6
	田旋花	0.67b	1.83	0.52b	2.8	7	0.14c	4.53	7
TS	地锦	2.87a	22.24	9.18A	53.1	1	2.54A	55.1	1
	稗草	2.53a	19.61	5.14AB	29.74	2	1.44AB	31.24	2
	地肤	2.27a	17.59	1.31AB	7.6	3	0.28AB	6.07	3
	藜	2.15a	16.66	0.75AB	4.33	4	0.16B	3.47	4
	灰绿藜	1.52a	11.8	0.45B	2.61	5	0.13B	2.82	5
	打碗花	0.96a	7.45	0.30B	1.75	6	0.05B	1.08	6
	田旋花	0.60a	4.66	0.15B	0.87	7	0.01B	0.22	7

8.1.3.2 保护性耕作对杂草群落组成及优势度的影响

从杂草的发生优势度来看,地肤、灰绿藜为该地区小麦田杂草的综合优势类群,在不同的耕作方式中差异不显著,其次是地锦、野艾蒿、藜、稗草、田旋花、打碗花。常见杂草在不同处理的农田优势度差异不显著。田间杂草群落基本构成以优势杂草为主,但杂草的发生存在较大的差异:免耕+秸秆覆盖(NTS)处理优势杂草为地锦、地肤、灰绿藜,形成地锦+地肤+灰绿藜+稗草为主的杂草群落,免耕(NT)处理优势杂草为地肤、地锦、灰绿藜、稗草、野艾蒿,形成地肤+地锦+灰绿藜+稗草+野艾蒿+藜为主的杂草群落,其中,地锦在 NT、NTS 处理的发生优势度与传统耕作(T)、传统耕作+秸秆覆盖(TS)的差异达极显著水平,TS 处理优势杂草为地肤、灰绿藜,形成地肤+灰绿藜+藜+田旋花以藜科为主的杂草群落(表 8.10)。

表 8.10 保护性耕作小麦田主要杂草的优势度

杂草种类	T	NTS	NT	TS	综合
地肤	16.89a	14.92a	21.68a	18.62a	18.03
灰绿藜	14.83a	14.36a	14.45a	17.71a	15.34
地锦	5.17D	17.65AB	15.18BC	6.67D	11.17
野艾蒿	13.51a	9.12a	13.96a	7.12a	10.93
藜	9.55ab	9.70ab	12.36a	12.02a	10.91
稗草	9.73ab	4.55ab	14.33ab	11.16ab	9.94
田旋花	12.96ab	12.20ab	2.80b	11.73ab	9.92
打碗花	8.19ab	8.99ab	1.26b	7.71ab	6.54

续表8.10

杂草种类	T	NTS	NT	TS	综合
猪毛菜	5.23ab	0.00b	1.04b	6.01ab	3.07
猪殃殃	0.55B	4.62A	0.00B	0.00B	1.29
独行菜	2.20a	0.00a	0.47a	0.00a	0.67

注：表中所列为综合优势度在0.5以上的杂草。

在豌豆田中，NTS处理优势杂草为地锦、地肤、野艾蒿、灰绿藜，形成以地锦＋地肤＋野艾蒿＋灰绿藜公英藜为主的杂草群落，其中，地锦的优势度达25.28，与T、NT、TS差异达极显著水平（$p<0.01$）。NT处理优势种为地肤、地锦，形成以地肤＋地锦＋稗草＋田旋花＋猪毛菜为主的杂草群落，其中，优势杂草地锦在T、NT、TS处理的优势度均无显著差异（$p<0.05$）。TS处理优势种为田旋花、打碗花，形成以田旋花＋打碗花＋灰绿藜＋地肤＋稗草为主的杂草群落，田旋花、打碗花优势度与NTS处理差异达到显著水平，但与T、NT、TS的优势度均无显著差异（表8.11）。

表8.11　保护性耕作豌豆田主要杂草的优势度

杂草种类	T	NTS	NT	TS	综合
地肤	18.71a	17.24a	19.79a	12.22a	16.99
田旋花	15.33ab	4.72b	10.90ab	25.78a	14.18
地锦	5.20D	25.28A	14.6BC	7.49CD	13.14
灰绿藜	15.43a	13.89a	7.28a	12.59a	12.29
稗草	15.65a	3.22b	11.47ab	11.98ab	10.58
打碗花	8.81ab	3.24b	7.39ab	15.23a	8.66
藜	9.47ab	7.43ab	6.18b	7.67ab	7.68
野艾蒿	4.34a	13.96a	4.22a	1.07a	5.89
猪毛菜	2.31b	0.00b	10.12a	0.51b	3.23
蒲公英	0.00a	10.03a	0.00a	0.00a	2.51
萹蓄	3.41ab	0.00b	5.19a	1.03b	2.40
独行菜	1.34a	0.00a	2.76a	4.07a	2.04

注：表中所列为综合优势度在0.5以上的杂草。

8.1.3.3　不同保护性耕作方式农田杂草群落结构动态

豌豆田、小麦田T、TS、NT、NTS处理杂草群落物种多样性时间动态如图8.2所示。豌豆田（图8.2a）、小麦田（图8.2b）不同保护性耕作方式杂草群落物种丰富度总体变化趋势与T处理基本一致。豌豆田的TS、NT、NTS处理和小麦田的NTS处理杂草群落物种丰富度均在作物出苗后开始增高，6月25日（豌豆结荚期、小麦开花期）前增加缓慢，但随后增长迅速，其中豌豆田以NT处理增长量最大，TS、NTS相对较小，而小麦田的T处理在小麦开花期前杂草群落物种丰富度增加速度只略高于NTS处理。小麦田TS处理5月5日（小麦分蘖期）后杂草群落物种丰富度开始降低，在5月18日（小麦拔节期）降到低谷，随后又迅速增加，在6月12日（小麦抽穗期）增达全季最高峰后又迅速减少，在6月25日（小麦开花期）达到另一低谷，此时的杂草群落物种丰富度均小于同期的NT、NTS处理。6月25日到8月4日（小麦成熟期）杂草群落物种丰富度又迅速增加。小麦田的NT处理6月12日（小麦抽穗期）出现一个季节峰值外与TS变化相似。

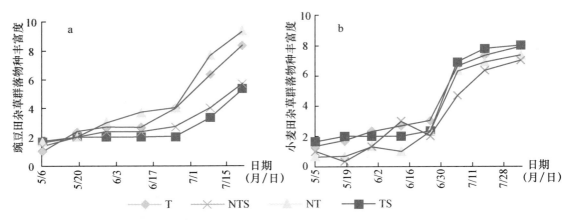

图 8.2 农田杂草群落物种丰富度季节动态变化（甘肃定西，2007）

豌豆田 TS、NTS 与 T 处理杂草群落香农指数和均匀性指数的季节动态变化一致，从 5 月 6 日（豌豆分枝期）至 6 月 25 日缓慢增加，豌豆结荚期后增长迅速，而 NT 处理从 5 月 6 日到 7 月 8 日香农指数和均匀性指数直线增加，在 7 月 8 日到成熟期香农指数和均匀性指数基本无变化。TS、NTS 与 NT 处理的辛普森指数在 5 月 19 日（豌豆现蕾期）存在差异，TS、NTS 处理均低于分枝期，NT 呈明显增加趋势（图 8.3）。

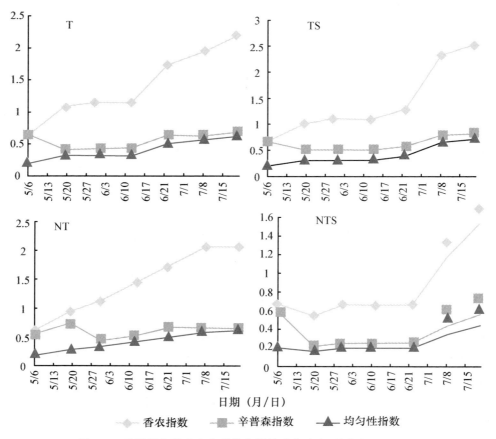

图 8.3 豌豆田各处理杂草群落多样性季节动态（甘肃定西，2007）

小麦田 7 月 7 日(小麦灌浆期)前 T、NTS 处理,TS、NT 处理杂草群落香农指数和均匀性指数的各季节动态变化相似,7 月 7 日到 8 月 4 日(小麦成熟期)T、TS 处理,NT、NTS 处理季节动态变化趋势基本一致,从小麦的整个生育期的辛普森指数季节动态变化来看,T 与 NT 处理,TS 与 NTS 处理变化趋势一致(图 8.4)。

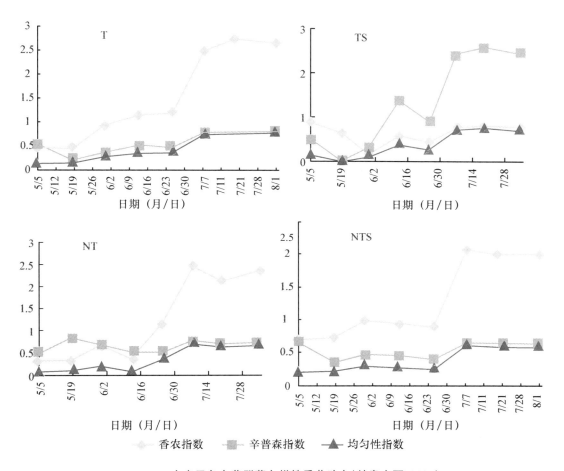

图 8.4　小麦田各杂草群落多样性季节动态(甘肃定西,2007)

8.1.3.4　不同耕作方式对农田杂草群落物种多样性的影响

从保护性耕作不同处理田杂草群落的物种多样性来看,小麦田、豌豆田的对照区 T、TS、NT、NTS 4 种处理杂草群落的 Shannon-Wiener 指数、Simpson 指数、Pielou 均匀度指数均无显著差异。在豌豆田中 NT、TS 处理与对照 T 处理田间杂草的物种丰富度差异均不显著,豌豆田 NTS 处理与 T、NT 田间杂草的物种丰富度差异均达到显著水平。田间调查结果表明,NTS 田间杂草群落的物种丰富度均小于 T、NT 处理,但 Pielou 均匀度指数同 T、TS、N 均无显著差异,说明豌豆田免耕秸秆覆盖减少了杂草的种类,但农田杂草个体数量分布均匀。这表明多年实施传统耕作秸秆翻压或免耕、免耕秸秆覆盖没有增加农田杂草群落的多样性,尚未形成单一优势杂草(表 8.12)。

表 8.12   保护性耕作不同处理田杂草群落的物种多样性

作物	处理	香农指数	辛普森指数	均匀性指数	物种丰富度指数
豌豆	T	1.850a	0.717ab	0.535a	7ab
	TS	1.996a	0.828a	0.577a	6bc
	NT	1.600ab	0.670ab	0.463a	9a
	NTS	1.094abc	0.649ab	0.316a	5cd
小麦	T	2.302a	0.815a	0.665a	8a
	TS	2.053ab	0.787a	0.593ab	7a
	NT	1.523abc	0.688ab	0.440abc	7a
	NTS	1.788ab	0.742a	0.517abc	8a

注:不同的大写和小写字母表示处理间在 $p < 0.01$ 和 $p < 0.05$ 上呈显著性差异。

采用 Sprensen 种相似性系数测度,豌豆田、小麦田各处理区之间的相似性系数如表 8.13 和表 8.14 所示,由表可以看出,经过 7 年的保护性耕作处理后,NT、TS 处理与对照 T 杂草群落完全相似,但 NTS 与 T、TS、NT 处理相似性是 0.8,T 与 3 种保护性耕作方式的相似性系数依次为 NT(1) = TS(1) > NTS(0.8)。小麦田各处理区之间的相似性系数,T 与 3 种保护性耕作方式的相似性系数依次为 NTS(0.88) = NT(0.88) > TS(0.87)。各群落之间种相似性系数的变化表明,传统耕作秸秆翻压或免耕、免耕秸秆覆盖经过多年的实施后农田杂草群落逐步向较稳定杂草群落方向转化。

表 8.13   7 年保护性耕作对豌豆田杂草群落相似性的影响

		对照区	保护性耕作		
		T	NTS	NT	TS
对照区	T	1	0.8	1	1
保护性耕作	NTS	0.8	1	0.8	0.8
	NT	1	0.8	1	1
	TS	1	0.8	1	1

表 8.14   7 年保护性耕作对小麦田杂草群落相似性的影响

		对照区	保护性耕作		
		T	NTS	NT	TS
对照区	T	1	0.88	0.88	0.87
保护性耕作	NTS	0.88	1	0.75	0.82
	NT	0.88	0.75	1	0.91
	TS	0.87	0.82	0.91	1

8.2   保护性耕作条件下的病害发生规律

一般认为,保护性耕作条件下土传病害和苗期病害有加重的趋势。大量秸秆覆盖地表特别适合侵染作物残体和在作物残体生存的病原菌。这些病原菌寄生在植物组织上,当作物成熟后,作物残体作为这些病原菌的生存场所度过腐生阶段,下茬作物种植后侵染下茬作物。把作物残体留在农田表面,延缓作物残体降解,增加病原菌生存和侵染的时间。因此,以作物残体为生的病原菌大量增加,土传病害加重。近年,灰斑病、弯孢菌叶斑病、纹枯病、茎基腐病和顶腐病危害区域和程度呈增加趋势。吉林省农科院刘武仁等对长期定位的玉米保护性耕作农田的病害进行了系统研究。

8.2.1　保护性耕作对土壤致病菌、非致病菌和有益菌的影响

土壤真菌群体庞大、种类繁多。为统计方便,将所分离出的真菌依据对玉米的致病性进行归类,分成了3大类,即致病菌、非致病菌和有益菌。致病菌包括禾谷镰刀菌、串珠镰刀菌、腐霉菌等。非致病菌包括曲霉族的一大类菌群、霉菌、壳二孢和链格孢菌等。有益菌主要指的是木霉菌(表8.15)。

表 8.15　致病菌、非致病菌和有益菌的菌落数量　　　　　　　　　　　个/皿

耕作方式	耕作年限			
	5 年		10 年	
	保护性耕作	常规农田	保护性耕作	常规农田
菌落总数	79.0	68.3	100.7	51.0
致病菌	13.0	9.7	16.7	8.0
非致病菌	62.0	56.3	79.3	39.0
有益菌	4.0	2.3	4.7	4.0

分离结果表明,土壤中的致病菌、非致病菌和有益菌3类菌群中,以非致病菌数量居多,菌落数量在 39.0~79.3 个/皿;其次是致病菌,菌落数量在 8.0~17.4 个/皿;有益菌较少,菌落数量在 2.3~5.3 个/皿。符合菌群分布规律。测定结果明确,保护性耕作土壤中的真菌数量均多于常规农田,保护性耕作 5 年的土壤菌数量为 79.0 个/皿,常规农田是68.3 个。保护性耕作 10 年的土壤菌数量为 100.7 个/皿,常规农田是 51.0 个。随着保护性耕作年限的延长,与常规农田真菌数量的差异更加显著,数量多了近 1 倍。表明保护性耕作田和深松田的土壤疏松、透气性好,有利于致病菌的生长和繁殖。保护性耕作田的致病菌数量较常规农田有较大幅度的提高,保护性耕作 5 年的致病菌数量为 13.0 个/皿,常规农田为 9.7 个。保护性耕作 10 年的致病菌数量为 16.7 个/皿,常规农田为 8.0 个。随着保护性耕作年限的延长,致病菌数量也不断增加。非致病菌和有益菌数量的变化趋势与上述变化趋势相一致,均为保护性耕作田数量多于常规农田,而且其数量的变化随着耕作年限的延长而增加。

从土壤中分离出的真菌种类主要集中于串珠镰刀菌、腐霉菌、禾谷镰刀菌和曲霉菌 4 大类中。对玉米有致病力的菌种有 3 大类,即禾谷镰刀菌、串珠镰刀菌和腐霉菌。禾谷镰刀菌引起玉米苗期病害、根腐病、茎腐病及穗腐病等;串珠镰刀菌引起玉米穗腐病、茎腐病、顶腐病、苗枯病及根腐病等;腐霉菌引起玉米茎腐病、根腐病等。尚有一些分离出的交链孢菌引起玉米交链孢叶斑病、丝核菌引起玉米纹枯病等,因数量很少,不具代表性,则忽略不计。玉米致病菌的种类及分离频率结果见表 8.16。

表 8.16   玉米田不同耕作方式土壤真菌种类及分离频率   %

耕作方式	串珠镰刀菌	腐霉菌	禾谷镰刀菌	曲霉菌
保护性耕作 10 年	27.6	7.9	5.2	56.6
保护性耕作 5 年	19.0	10.1	3.9	64.6
常规耕作农田	18.4	6.9	2.6	62.1

试验结果表明,3 种耕作方式的玉米田土壤真菌种类以曲霉菌数量最多,占总菌量的 56.6%～64.6%,其次是串珠镰刀菌,占 18.4%～27.6%,腐霉菌占 6.9%～10.1%,禾谷镰刀菌最少,为 2.6%～5.2%。串珠镰刀菌、腐霉菌和禾谷镰刀菌 3 种致病菌中,以串珠镰刀菌数量最多,腐霉菌次之,禾谷镰刀菌较少。曲霉菌为非致病菌,变化规律不明显。3 种不同耕作方式的土壤中玉米病原菌的数量变化趋势相一致,玉米病原菌分离频率由高到低排序为:串珠镰刀菌＞腐霉菌＞禾谷镰刀菌。可以看出,保护性耕作玉米田中的土壤病原菌数量明显高于常规田,而且保护性耕作时间越长,病原菌数量积累就越多。

8.2.2   保护性耕作方式对玉米病害发生程度的影响

8.2.2.1   保护性耕作方式对玉米苗期病害发生的影响

玉米苗期常发生的病害种类主要是根腐病。根腐病是以串珠镰刀菌和腐霉菌为主要病原菌引起的根部病害,可导致种子、幼芽、幼茎及根系腐烂,造成缺苗断垄。保护性耕作方式的不同年限会影响到苗期病害发生程度的变化,保护性耕作年限持续时间与玉米苗期根腐病相关性研究结果见表 8.17。

表 8.17   玉米(吉单 137 和银河 101)苗期病害种类及发病率   %

	吉单 137			银河 101		
	保护性耕作 10 年	保护性耕作 5 年	常规农田	保护性耕作 10 年	保护性耕作 5 年	常规农田
苗期根腐病	17.7	14.3	12.7	20.3	16.7	12.3

试验结果表明,吉单 137 和银河 101 两个品种在 3 种耕作方式条件下,苗期根腐病发生程度的变化趋势相一致。保护性耕作 10 年的病害重于其耕作 5 年,保护性耕作 5 年的病害重于常规农田,呈现出梯度递增趋势。表明以玉米苗期根腐病为主的玉米苗期病害,在保护性耕作条件下的玉米田中发生程度会加重,并且随着保护性耕作年限的延长,病害呈梯度递增的加重趋势。品种间对病害的加重趋势差异不明显。

8.2.2.2   保护性耕作方式对玉米成株期病害发生程度的影响

玉米成株期病害种类有:茎腐病、丝黑穗病、纹枯病、弯孢叶斑病、大斑病、灰斑病等多种病害。以保护性耕作 10 年的病害发生情况进行分析,保护性耕作方式对茎腐病的影响较明显,发病率为 23%,常规耕作为 0.7%。表明保护性耕作方式有利于加重玉米茎腐病的发生。对丝黑穗病的影响呈相反趋势,保护性耕作田的发病率很低,仅为 1%,常规农田为 7.6%。纹枯病的变化趋势在 90%～92.9% 之间,变化幅度不大。表明保护性耕作方式对纹枯病的影响不明显。耕作方式对玉米叶斑病的影响不大。对弯孢菌叶斑病和大斑病发病程度的影响趋势是一致的,即保护性耕作和常规农田发病程度相同,均为 7 级和 5 级。灰斑病在保护性耕作田为 7 级,常规农田为 5 级。表明耕作方式对玉米叶斑病的影响无明显的规律性,在土壤真菌分离的种类中也未见到玉米叶斑病菌(表 8.18)。

表 8.18　耕作方式对玉米成株期病害发生程度的影响

耕作方式	茎腐病 发病率/%	丝黑穗 发病率/%	纹枯病 病情指数	弯孢菌叶斑 病病级	大斑病 病级	灰斑病 病级
保护性耕作	23.0	1.0	92.9	7	5	7
常规农田	0.7	7.6	90.0	7	5	5

保护性耕作田的玉米苗期病害的主要种类是串珠镰刀菌和腐霉菌引起的苗期根腐病。苗期病害发生程度与保护性耕作田中病原菌积累的发展趋势相一致。保护性耕作田中的苗期病害发生程度重于常规农田,并且随着保护性耕作年限的延长,病害呈明显加重趋势。保护性耕作方式能加重玉米茎腐病的发生程度,与土壤中病原菌数量的多年积累呈正相关。

8.3　保护性耕作条件下的虫害发生特点

前人的研究表明,免耕比较有利于在土壤中越冬越夏害虫的发生,其危害会加重。秸秆覆盖和免耕播种为地下害虫提供了较好的生存环境,特别是以植物秸秆腐烂物为食物的地下害虫(如蛴螬、蝼蛄)增多;小麦吸浆虫、叶螨的数量、危害的程度有加重趋势。

华北平原夏玉米区保护性耕作的广泛采用,会促使玉米、小麦、杂草共生性虫害的发生和造成危害。在小麦收获后及时带茬播种玉米,使得在小麦和麦田杂草上为害的蓟马、灰飞虱(传播粗缩病)在夏玉米出苗后,及时转移到玉米幼苗上为害,这也是近年来玉米田苗期蓟马和粗缩病危害严重的原因之一。小麦收获后,小麦全蚀病菌丝体除在小麦残茬上越夏外,还可以再侵染夏玉米,并在其根部越夏蔓延。另外,过去次要病虫害可能上升为主要病虫害,老病虫害严重回升。河北省调查发现,大面积推行保护性耕作后,气传病害如小麦赤霉病菌、小麦叶枯病危害加重,发生面积明显增加。随着秸秆还田,小麦吸浆虫、黏虫、玉米螟危害也有加重的趋势。山东省农业大学李增嘉、韩惠芳等对定位 5 年以上的地块的地下害虫进行了详细的调查工作。

8.3.1　地下害虫发生情况

在华北地区,地下害虫除蝼蛄为地表水平活动外,绝大多数害虫活动范围较小,根据地温和温度变化而上下垂直活动。0～10 cm 土层是多数地下害虫产卵和 3 龄前幼虫活动为害的主要土层。一般活动的土壤温度在 15～30℃之间。因此,每年地下害虫一般有两个活动期间,一是仲春时节,即农作物春播期;二是仲秋时节,正值农作物秋播期。2008 年秋播期小区内的害虫主要有 5 种,分别为金针虫、蛴螬、蝼蛄、小地老虎、根蛆。金针虫是叩甲(鞘翅目 Coleoptera:叩甲科 Elateridae)幼虫的通称,蛴螬是鞘翅目金龟子科昆虫(Melanagromyza sojae (Zehntner)de Meijere)幼虫的通称。

表 8.19   不同耕作处理下地下害虫的种类及其密度   头/m²

	处理	金针虫	蛴螬	其他	合计
秸秆全量还田	免耕	3.50e	3.33d	0.56c	7.39d
	旋耕	1.00h	7.00ab	0.70b	8.70bc
	耙耕	1.00h	7.82a	0.30d	9.12ab
	深松	1.50gh	7.67a	1.32a	10.49a
	常规	2.00g	4.33c	0.14d	6.47
无秸秆还田	免耕	4.50d	1.33ef	0.02g	5.85fg
	旋耕	4.95c	1.15fg	0.02g	6.12f
	耙耕	5.56b	1.47ef	0.02g	7.05de
	深松	3.21ef	1.67e	0.14e	5.02g
	常规	8.73a	1.98e	0.10ef	10.81a

注:表中数据为 5 次重复平均值。同一列数据后小写字母不同表示不同处理间 5%水平差异显著(LSR 法检验)。下同。

不同耕作方式区地下害虫种类分布存在一定差异,分析不同耕作方式区不同地下害虫种类和数量,金针虫分布规律为常无>耙无>旋无>免无>免还、深无>常还、深还>旋还、耙还,并且差异显著($p<0.05$)。蛴螬分布规律为耙还、深还、旋还>常还>免还>常无、深无、耙无、免无、旋无,并且差异显著($p<0.05$)。其他地下害虫以深还最多,旋还、免还、耙还次之,接下来为深无、常无,以免无、旋无和耙无田最少。总体而言,常无田的地下害虫虫口密度最高,达 10.81 头/m²,深无田的地下害虫虫口密度最低,仅 5.02 头/m²。

8.3.2 优势地下害虫种类

长期的不同耕作方式不仅影响田间地下害虫的总密度,而且影响各种地下害虫在群落中的相对重要程度(表 8.20)。本试验发现,无论秸秆还田与否,金针虫和蛴螬均为各耕作方式下的优势地下害虫(相对密度>10%),但无秸秆还田以金针虫为主,秸秆全量还田以蛴螬为主,其他地下害虫的相对密度超过 10%的只有深还。总体来看,金针虫和蛴螬是秋播期田间两种最重要的地下害虫,耕作方式对秋播期地下害虫种类组成有一定影响(表 8.20)。

表 8.20   不同耕作方式处理下地下害虫的相对密度   %

	处理	金针虫	蛴螬	其他
秸秆全量还田	免耕	47.36d	45.06e	7.578c
	旋耕	11.49fg	80.46b	8.046b
	耙耕	10.96fg	85.75a	3.289d
	深松	14.30f	73.12c	12.58a
	常规	30.91e	66.92d	2.164e
无秸秆还田	免耕	76.92ab	22.74g	0.342f
	旋耕	80.88a	18.79gh	0.327f
	耙耕	78.87a	20.85g	0.284f
	深松	63.94c	33.27f	2.789e
	常规	80.76a	18.32gh	0.925f

8.3.3　生物多样性指数

长期的不同耕作方式条件下，田间地下害虫的总密度和分布发生了改变，必然引起生物多样性发生变化。从表 8.21 可以看出，秸秆全量还田后，尤其免耕、耙耕和深松等条件下，地下害虫生物群落中不同害虫之间数量分布均匀程度高。这是因为在秸秆还田后，这些耕作措施田间地下害虫的总密度增大，害虫的种类数增多，且各种地下害虫在数量上的分布均匀性增大，优势害虫均为金针虫和蛴螬，导致地下害虫群落的物种丰富度及均匀度都较高，相应地 Shannon 多样性指数（H'）也较高；与此相反，常规耕作田间地下害虫在无秸秆还田时的总密度最大，但地下害虫的种类数少，且各种地下害虫在数量上的分布也不均匀。因此，无秸秆还田常规耕作条件下，地下害虫群落的物种丰富度 SR 指数、均匀度 J 指数、Shannon 多样性指数（H'）均较低（表 8.21）。

表 8.21　不同耕作方式处理下地下害虫的生物多样性指数

项目	多样性指数									
	秸秆全量还田					无秸秆还田				
	免耕	旋耕	耙耕	深松	常规耕作	免耕	旋耕	耙耕	深松	常规耕作
DMG	2.00	0.92	1.36	1.70	1.07	1.13	1.10	1.02	1.24	0.84
E	0.21	0.13	0.10	0.16	0.17	0.14	0.12	0.12	0.20	0.10
H'	0.43	0.27	0.22	0.36	0.31	0.24	0.22	0.23	0.33	0.23

8.4　保护性耕作病虫草害综合防治策略

目前，保护性耕作技术体系中防治病虫草害主要依靠化学防治，但是从技术发展和生产实际需要的角度来分析，必须发展和完善保护性耕作农田病虫草害的综合防治技术。

首先，通过农机与农艺技术结合能够有效地预防和减轻病虫草害。免耕播种、深松、秸秆覆盖和作物栽培管理等各项技术措施都会影响农田生态环境以及病虫草害的发生，通过间、混、套作，增加覆盖度和覆盖时间，抗病（虫）品种合理布局、不同作物的轮作以及水肥管理，可以较好地预防和控制病虫害，减少农药的使用。其次，保护性耕作农田病虫草害种类繁多，防治方法和施用药剂不同，单一使用机械施药不可能同时防治多种病虫草害，必然造成施药量增多和人工成本增加。因此，只有充分发挥农业防治、生物防治的作用，实现多种综合防治措施才能减少化学农药的使用，持续控制病虫草害，实现保护性耕作节本增效和保护环境的目标。随着生物技术的发展，许多新型生物农药、转基因抗病（虫）作物品种已经实现了产业化，部分生物农药完全可以替代化学农药，结合新的抗病（虫）品种的种植以及其他防治措施的应用，病虫草害的防治已经逐渐摆脱了对化学农药的依赖。病虫草害防治技术的发展已经为实现保护性耕作条件下病虫草害综合防治奠定了基础。

8.4.1　加强病虫草害发生规律以及综合防治策略的研究

保护性耕作是可持续发展的重大措施，明确新耕作条件下病虫草害的发生规律是制定防治策略以及开发新技术的基础。根据我国实际情况,有必要在我国不同农业生态区开展保护性耕作长期定位试验,深入调查研究保护性耕作条件下病虫草害的发生规律,制定适合不同地区、不同种植模式中的防治策略以及病虫草害监测预报方法。

8.4.2 探索保护性耕作条件下病虫草害综合防治技术

根据作物不同生长期,在多种病虫草害同时存在的情况下确定主要危害病虫草种类,研究一种方法兼治多种病虫草害和综合利用各种方法的技术。根据病虫草害发生情况,确定农业防治、生物防治或化学防治的技术路线和实施方法,研究病虫草害应急防治与持续控制相结合的综合治理技术。

8.4.3 加强化学防治与生物防治技术研究

筛选高效、低毒、低成本、低残留的化学(生物)农药品种及其使用技术,协调化学防治与生物防治的矛盾。在保护性耕作农田病虫害防治上,充分发挥农业防治和生物防治的优点,加强以轮作和水肥管理为重点的病虫草害农业防治技术研究,开展利用生物农药防治病虫草害和利用天敌防治虫害的生物防治技术研究,引用、消化和吸收国内外病虫草害防治的新技术、新品种,建立适合保护性耕作特点的综合防治技术体系。

(本章由谢瑞芝、李少昆主笔,李增嘉、宁堂原、刘武仁和李玲玲参加编写)

参考文献

[1]张克诚.保护性耕作与病虫草害综合防治.农机科技推广,2006(5):11-12.

[2]韩惠芳,宁堂原,田慎重,等.土壤耕作及秸秆还田对夏玉米田杂草生物多样性的影响.生态学报,2010,30(5):1140-1147.

[3]韩惠芳,宁堂原,田慎重,等.保护性耕作下秋播期地下害虫的群落分布特点初步研究.山东农业科学,2009,6:58-60.

[4]赵森霖,黄高宝.保护性耕作对农田杂草群落组成及物种多样性的影响.甘肃农业大学学报,2009,44(3):122-127.

[5]吴海燕,范作伟,刘春光,等.保护性耕作条件下玉米田土壤微生物区系变化与影响因素分析.玉米科学,2008,16(4):135-139.

[6]王铁栓.两茬平作保护性耕作病虫草害防控技术应用.农机科技推广,2006(6):21.

[7]赵子俊,林忠敏,牛荣山.旱地玉米免耕秸秆覆盖条件下病虫害发生特点及防治技术研究.山西农业科学,1994,22(3):37-40.

[8]龙庆海,崔世群,伍春英,等.稻茬免耕麦田间盖草综合效应的探讨.上海农业科技,1998(5):32.

[9]桑芝萍,季林友,朱继发,等.麦田覆草的控草效果及其对除草剂药效的影响.植保技术与推广,1999,19(01):24-25.

[10]冯亚军,郭林永,周艳,等.直播稻田杂草及其综合治理.现代农业科技,2008,

(20):135.

[11]虞轶俊,王植杏,吴春,等.直播稻田杂草发生特点成因与综合治理对策.植保技术与推广,1997,17(1):26-27.

[12]张夕林,张谷丰,孙雪梅,等.轻型栽培稻田杂草群落发生特点及其综防技术.农药科学与管理,1999,20(4):21-25.

[13]魏守辉,强胜,马波,等.不同作物轮作制度对土壤杂草种子库特征的影响.生态学杂志,2005,24(4):385-389.

[14]肖红,周启星,曹莹,等.不同除草剂用量对水稻生产的影响研究.应用生态学报,2003,14(4):601-603.

[15]李孙荣,赵明.保护性耕作地的杂草防治.北京:中国科学技术出版社,2004.

第**9**章

保护性耕作制的固碳减排技术

9.1 农田温室气体排放及增碳减排技术研究进展

9.1.1 全球气候与温室气体变化趋势

9.1.1.1 全球气候变化特征

全球气候变暖及极端性天气频发的趋势越来越明显,成为世界上政界和学界广泛关注的重大科学难题。IPCC 第四次工作报告明确指出,全球气候变化已成事实,这主要体现在以下几方面:

(1)全球平均温度升高。地表温度 1906—2005 年上升了约(0.74±0.18)℃,北半球高纬度地区温度升幅较大,预计到 21 世纪末仍将上升 1.1~6.4℃。

(2)大范围积雪和冰融化。1978 年以来的卫星资料显示,北极年平均海冰面积以每十年(2.7±0.6)%的速率退缩,南北半球的山地冰川和积雪平均面积已呈现退缩趋势。

(3)平均海平面上升。1961 年以来,全球平均海平面上升的平均速率为每年(1.8±0.5)mm。

(4)降水变化。1900—2005 年,在北美和南美的东部地区、北欧和亚洲北部及中亚地区降水显著增加,但在萨赫勒、地中海、非洲南部地区和南亚部分地区降水减少。就全球而言,自从 20 世纪 70 年代以来,受干旱影响的面积已经扩大。大多数陆地上的强降水事件发生频率有所上升(IPCC,2007)。

9.1.1.2 我国气候变化特征

与全球气候变化比较,我国气候变化的基本特征是:

(1)温度变化。我国近百年来(1908—2007 年)地表平均温度升高了 1.1℃,西北、华北和东北等地区气候变暖明显,长江以南地区变暖趋势不显著;四季中冬季增温最明显。

(2)我国山地冰川快速退缩,并有加速趋势。

（3）沿海海平面上升。近50年，我国沿海海平面年均上升速率为2.5 mm，略高于全球平均水平，与1978年相比，2007年沿海海平面上升了90 mm。预测未来我国沿海海平面仍将继续上升。

（4）降水变化。近百年来我国年均降水量变化不显著，但降水分布格局发生了明显变化，西部和华南地区降水增加，而华北和东北大部分地区降水减少。预计未来我国干旱区范围可能扩大、荒漠化可能性加重。

（5）极端气候事件变化。近50年来，我国主要极端天气与气候事件的频率和强度出现了明显变化。华北和东北地区干旱趋重，长江中下游地区和东南地区洪涝加重。高温、干旱、强降水等极端气候事件有频率增加、强度增大的趋势。未来100年极端天气与气候事件发生的频率可能性增大。

依据我国东北101个气象台站的多年逐日资料，结合农作制实地考察与GIS技术分析了该区气候资源演变趋势。结果表明，近50年来东北区光热水资源的时空布局发生了明显变化，其中年均温递增显著，每10年增温0.392℃，高于我国同期年平均地表气温每10年增加0.22℃的增速（图9.1）；夜间最低温度升高突出，每10年增加0.525℃，高于均温的增加速度（图9.2）；年降水总量变化不明显，降水次数明显增加，降雨强度明显增大，每10年减少3 d，特别是20世纪以来，减少幅度进一步加大（图9.3、图9.4）；年总辐射量呈现下降趋势，尤其是日照时数。总辐射量每10年减少辐射量为38.8 MJ/m^2，日照时数每10年减少25 h。

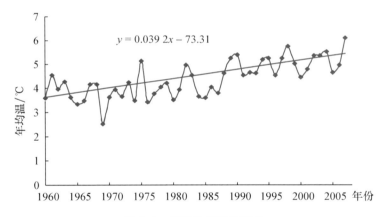

图9.1　年平均气温的变化

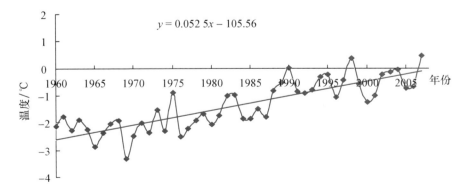

图9.2　年平均最低气温的变化

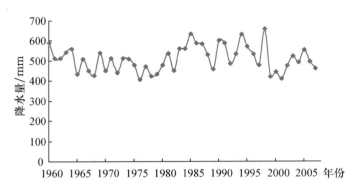

图 9.3　年降水量的变化

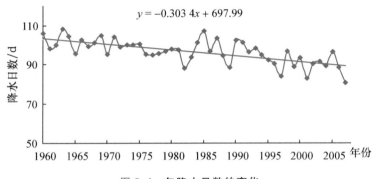

图 9.4　年降水日数的变化

综上所述,气候变化已经成为不争的事实。根据 IPCC 的预估,若沿用当前的气候变化减缓政策和相关的可持续发展做法,未来几十年全球还将进一步变暖,将以每 10 年升高 $0.1\sim0.2$℃的速率变暖(IPCC2007)。

大量的证据表明,人类对陆地生态系统干扰的加剧导致温室气体大量排放,是引起全球气候变化的主要原因之一。自 1750 年工业化时代开始以来,人类活动引起的全球温室气体排放显著增加,其中在 1970—2004 年期间增加了 70%。其中最重要的人为温室气体 CO_2 在此期间增加了约 80%,从工业化前的约 280×10^{-6},增加到 2005 年的 379×10^{-6}。其他重要温室气体浓度也急剧升高,如大气 CH_4 浓度在 2005 年约为 1774×10^{-9},是工业化前浓度的两倍以上,N_2O 浓度在 2005 年为 319×10^{-9},约比工业化前高 18%,对流层臭氧浓度平均以每年 2% 的速度递增,本世纪初已达 60×10^{-9},超出了敏感植物包括主要农作物臭氧损伤的阈值 40×10^{-9}(IPCC,2007)。我国温室气体排放总量 1994—2004 年的年均增长率约为 4%。1994 年总量为 40.6 亿 t CO_2 当量,其中 CO_2 排放量为 30.7 亿 t,CH_4 为 7.3 亿 t CO_2 当量,N_2O 为 2.6 亿 t CO_2 当量。2004 年排放总量约为 61 亿 t CO_2 当量,其中 CO_2 排放量约为 50.7 亿 t,CH_4 约为 7.2 亿 t CO_2 当量,N_2O 约为 3.3 亿 t CO_2 当量。CO_2 排放量在温室气体排放总量中所占的比重由 1994 年的 76% 上升到 2004 年的 83%。

9.1.2　农田生态系统与大气间的温室气体交换

农业生产对农田温室气体排放响应显著。将森林、草地等自然土壤转换为农田的过程中会使大量的有机碳以 CO_2 形式排放到地球大气中。森林被用作农田后，1 m 深度土层内的土壤碳损失 25%～30%，其中 0～20 cm 损失最大，达 40%，而草地开垦成农田也会导致 1 m 深度土层内的土壤碳损失 20%～30%。此外，草地森林被转化为农田后还降低了土壤对 CH_4 的吸收能力，如草地被开垦后，土壤对甲烷的吸收能力降低约 35%，从而间接造成温室气体的排放。2005 年全球农业温室气体排放量为 51 亿～60 亿 t CO_2 当量，占全球人为温室气体排放的 10%～12%，其中 CH_4 和 N_2O 分别为 33 亿 t 和 28 亿 t CO_2 当量，约占全球人为 CH_4 和 N_2O 排放的 50% 和 60%。2005 年全球农业 CH_4 和 N_2O 的排放量与 1990 年相比共增长了 17%，大约平均每年增加 6 000 万 t CO_2 当量（IPCC，2007）。我国 1994 年温室气体排放总量为 40.6 亿 t CO_2 当量，农业源温室气体占总量的 17%，农业 CH_4 和 N_2O 排放清单见表 9.1 和表 9.2。

表 9.1 1994 年农业活动 CH_4 排放清单

排放源	CH_4/万 t	构成/%
动物肠道发酵	10 18.2	59.21
水稻种植	6 14.7	35.75
动物粪便管理系统	86.7	5.04
合计	17 19.6	100.00

表 9.2 1994 年农业活动 N_2O 排放清单

排放源	N_2O 排放量/万 t	构成/%
农田直接排放	47.4	60.30
农田间接排放	15.4	19.53
放牧	11.0	14.03
粪便燃烧	0.1	0.10
动物粪便管理系统	4.4	5.56
田间焚烧秸秆	0.4	0.46
合计	78.6	100.00

农田土壤是大气温室气体的一个重要源，不同的农作模式和栽培技术下，农田温室气体排放强度与总量差异显著。

9.1.2.1 肥料管理

稻田施用有机肥后，由于为产甲烷菌提供了碳源和产 CH_4 基质，从而明显增加稻田 CH_4 排放量，但有机肥种类和施用量会导致不同的稻田 CH_4 排放量。如我国北方稻田，施用猪粪 CH_4 排放通量最大，稻草次之，牛粪最低。华中地区 CH_4 排放量的研究表明，施入畜粪便＞绿肥＞沼渣肥和稻草。沼渣肥比常规的有机肥能够更有效降低 CH_4 排放量。施用腐熟度高的沼渣可使稻田甲烷排放通量控制在与单施化肥同样低的水平上。邹建文等（2003）研究了基肥施用不同有机肥对稻田 CH_4 排放的综合影响，结果表明，基肥施用猪厩肥降低了 4% 的甲烷排放，施用菜饼、小麦秸秆和牛厩肥分别增加了 252%、250% 和 45%。施肥方式的不同还会改变农田 N_2O 排放，如早稻生长季既施绿肥又施化肥，N_2O 排放量分别是只施绿肥不施化肥、只施化肥不施绿肥或既不施绿肥也不施化肥的 848.3%、685.7% 和 1 427.8%；基肥的不同也会

导致稻田 N_2O 排放量不同,与施用化肥相比,施用菜饼＋化肥使 N_2O 季节排放总量增加 22％,施用小麦秸秆＋化肥、牛厩肥＋化肥、猪厩肥＋化肥分别减少 N_2O 排放 18％、21％和 18％,此外,有机肥料的腐熟程度也影响着 N_2O 的排放。

9.1.2.2 水分管理

不同水分管理方式稻田 CH_4 排放有显著影响

研究结果表明,推广干湿交替和烤田相结合的栽培能够显著降低稻田 CH_4 排放量,如采用间歇灌溉后,东北稻田 CH_4 平均排放量比对照减少了 32.5％,华东稻田的 CH_4 排放量减少 13％～60％,华中早晚稻的 CH_4 平均排放通量分别比淹灌降低 64.0％和 35.4％。

9.1.2.3 种植不同作物对农田温室气体排放的影响

这主要是由于不同作物的栽培管理措施不同,作物与土壤的地下生物化学过程不同及作物本身对气体的传输能力不同等导致的。如水稻发达的通气组织是稻田 CH_4 排放的重要途径,且不同的水稻品种对 CH_4 传输能力不尽相同;我国亚热带旱地玉米—油菜轮作、大豆—冬小麦轮作和休耕的 3 种种植制度下,N_2O 排放量存在较大差异;有研究认为,在相应生育期,大豆表现出比谷子和春小麦更高的 N_2O 释放速率。

9.1.2.4 不同耕作措施和土壤管理方式对温室气体排放的影响

如免耕秸秆还田使稻田 CH_4 和 N_2O 排放速率平均值比翻耕还田和旋耕还田分别降低了 24.3％、27.0％和 42.1％、16.7％,同时使 CH_4 排放峰值比翻耕还田和旋耕还田分别降低 67.0％和 54.3％。

9.1.2.5 土壤质地、氮素状况等也可影响温室气体排放

由于不同的土壤类型,其土壤生物学特性、团聚体构成以及 pH 等理化性状差异显著,导致土壤中碳氮循环过程各自不同。因此,同一类农作模式与技术,使用在不同的土壤类型上,其气体交换特征差异非常显著。

农田生态系统也是大气温室气体的一个重要的汇。旱地农田生态系统可消耗大气中的 CH_4,如 1997 年在内蒙古的研究表明,玉米地和土豆地 CH_4 吸收通量分别为 4.83 g/(hm² · d) 和 3.58 g/(hm² · d)(李玉娥等,2000)。在不同的施肥和灌水技术模式下,以及不同的作物类型,其对 CH_4 的吸收和氧化的能力不同,合适的农作模式和技术可以显著增强农田旱地土壤对 CH_4 的氧化能力。另外,稻田 CH_4 在其排放过程中有 50％～90％在水稻根际及土壤与灌溉水交界面这两个富氧区域被氧化。不同栽培管理技术可使稻田土壤对 CH_4 的氧化能力不同,如长期单一施用氮肥为主的化肥可显著降低土壤对 CH_4 的氧化能力,而有机无机肥料配施则可增强土壤对 CH_4 的氧化能力。因此,采用合理的栽培管理方式可以有效地减少稻田 CH_4 排放量。此外,农田土壤还是一个有效碳库(我国不同地区水稻生长季稻田生态系统的净 $C-CO_2$ 固定量见表 9.3),结合适宜的灌溉、施肥、耕作方式可有效提高农田固碳能力,如扩大水田种植面积,采取保护性耕作,增施有机肥等。发达国家通过采取以上管理措施已使农业土壤碳库在近期呈现出稳定和增长的趋势。West 等(2002)在分析了全球 67 个长期定点试验结果后,发现免耕替代传统耕作后,土壤有机碳贮存增加速率为(57±14)g/(m² · a)。我国的研究表明,通过提高化肥施用量、秸秆还田量、有机肥施用量和推广免耕,可使我国农田土壤固碳量分别提高到 94.91 Tg/a、42.23 Tg/a、41.38 Tg/a 和 31.58 Tg/a,合计为 182.1 Tg/a。而稻田是我国的特色农田生态系统,我们的研究表明稻田以其独特的厌氧环境和水稻秸秆的结构特征,与旱作相比,固碳潜力更加突出。

表 9.3　我国稻田生态系统在水稻生长季净 $C\text{-}CO_2$ 固定量

地区	固定量/(t/hm²)	观测方法
东北	7.3~8.04	静态箱/气相色谱法
华中	3.85~4.00	静态箱/气相色谱法
华东	7.42	静态箱/气相色谱法
西南	5.61~8.83	静态箱/气相色谱法

9.1.3　农田温室气体减排技术

综观国内外农田减排技术体系,可以将它们划归为间接减排和直接减排两大类。

9.1.3.1　间接减排技术

主要是走资源节约之路的节能型减排,包括节水、节肥、节电等技术。这类技术主要是通过减少农资消耗,从而从根本上降低农田能源消耗间接导致的温室气体排放。

1. 节水技术

由于传统农业土地平整度差、田间灌溉工程不合理、灌溉技术落后、管理粗放等,使得农田水资源利用率低,从而导致灌溉的过量耗能。微灌、渗灌、滴灌、地表覆盖、少免耕等节水技术,不仅可大大提高水的利用率,还可不修渠道和田间工程,从而节能降耗。因此,发展节水农业,可大大减少能耗,达节能减排目的。如我国黑龙江的研究结果表明,微灌比传统漫灌方式节水 40%~60%、节电 30%、节约土地 12%,并可增产 40%以上;安徽的研究结果表明,采用渗灌技术后,可节水 80%、节电 75%。

2. 节肥技术

肥料,作为一种石油化工产品,由于在其生产过程中大量消耗化石燃料,因此可造成温室气体排放。即使在 100%的效率下,合成 1 mol 的氨也会排放 0.375 mol CO_2。在美国,生产每吨氮肥导致的 C 排放为 0.8 t。Lal(2004)则指出,每吨氮肥的生产、包装、储存和运输等环节可导致 0.9~1.8 t C 当量的温室气体排放。因此,实际生产中节约施肥,有利于实现节能减排。

3. 节电

由于目前全球农业的集约化程度低,因此存在大量农业用电浪费现象,如农业排灌、农用电动机等,因此在农业生产中的节电是一个重要的节能减排的措施。

9.1.3.2　直接减排技术

主要是通过农机、农艺技术的改进,直接增强土壤固碳保氮能力,减少农田温室气体的排放。

1. 施肥技术

选择合理的施肥技术可有效减少农田温室气体排放。首先,要合理选用氮肥品种,不同氮肥的 N_2O 转化率不同,液氮 N_2O 的转化率为 1.63%,铵态氮肥为 0.12%,尿素为 0.11%,硝态氮肥为 0.03%,而缓释/控释肥料由于其能够减缓或控制养分的释放,能够更有效地减少 N_2O 的排放。其次,不同作物不同生育阶段对氮肥需求不同,因此氮肥供应尽可能与作物生长需求相吻合,按需定氮,从而减少氮素在土地中的积累量。最后,在氮肥施用时还应根据当地的情况测土配方施肥,进行合理的养分配比、改表施为深施、有机肥与化肥混施等,以提高氮肥利用率。目前我国氮肥利用率在 20%~50%,若将氮肥利用率从 20%~30%提高到

$30\%\sim40\%$，则可相应降低 10% 的 N_2O 排放（黄耀 2006）。水稻生长季采用合理的施肥方式可减少稻田 CH_4 排放，如采用有机肥与 $(NH_4)_2SO_4$ 混施作为基肥，$(NH_4)_2SO_4$ 单独施入作为分蘖肥，能减少 58% 的 CH_4 排放量，同时还可增加 31.7% 的水稻产量。而施用有机肥、绿肥和秸秆直接还田等则为产甲烷菌提供了有利的生长条件和产甲烷基质，明显促进稻田 CH_4 排放。

2. 水分管理技术

采用合理的水分管理技术可显著减少农田 CH_4 的排放。如与持续淹水的稻田相比，采用烤田和间歇灌溉的稻田 CH_4 排放量降低了 $30\%\sim72\%$。我国冬水田的 CH_4 排放量约占全国稻田 CH_4 排放总量的 $10\%\sim25\%$，若将其在冬季排水种植旱作物不仅可减少其非水稻生长季的 CH_4 排放，还可使水稻生长季的 CH_4 年排放总量减少 $47.2\%\sim67.8\%$（Cai 等，2003）。同时，在稻田秸秆还田的情况下，如果进行厢沟浸润灌溉，能显著降低因秸秆所导致的 CH_4 增排量。同时发挥秸秆还田对氮的保存，显著降低 N_2O 的排放。

3. 耕作方式

土壤耕作方式的改变也可有效达到农田减排的目的，如采取保护性耕作，秸秆还田等。由于保护性耕作减少了对土壤的扰动及土壤和空气接触的机会，从而使土壤有机质矿化减弱，同时还使得不稳定性碳输入增加，流失减少。保护性耕作还能减少农田土壤 N_2O 的排放，如采用免耕法将使得 N_2O 排放量减少 5.2%。

4. 其他措施

农田生态系统温室气体的减排还有其他诸多方式，如种植合适的水稻品种可减排 CH_4 达 $25\%\sim50\%$。改善水稻栽培技术，增加光合产物向籽粒的输送、减少空瘪粒、提高结实率和千粒重，有助于提高收获指数也可有效减少稻田 CH_4 排放。除此，还可以采用温室气体抑制剂来减少温室气体的排放，CH_4 抑制剂通过减少产甲烷基质（如减少土壤中有机质含量）和抑制产甲烷菌活性来减少稻田 CH_4 排放量，如 CH_4 抑制剂 AMI-AR2 可降低稻田 CH_4 排放量的 30.5%，而 AMI-DJ1 可抑制稻田 CH_4 排放量的 18.5%。N_2O 抑制剂则是通过添加在肥料中来减缓土壤中尿素酰胺态氮水解至铵态氮，抑制铵态氮至硝态氮的氧化，进而达到控制氨的挥发、淋溶与反硝化的损失，减少 N_2O 与 N_2 等的排放，如目前研究较多的脲酶/硝化抑制剂组合—氢醌和双氢胺，与尿素混施于稻田，在提高产量的同时减少 $10\%\sim60\%$ N_2O 排放量，一定程度上还降低了 CH_4 排放量。

另外，除了技术减排外，政策性减排也非常重要。对一个国家的温室气体（Grean House Gas，GHG）减排来说，要制定相应的法规措施和标准，收取 GHG 排放税费，同时要制定产业和政府间关于减排的资源协议，推出财政激励措施（如补贴和减免税）来鼓励新的、GHG 排放较少的技术发展和应用等（Intergov. Panel Clim. Change，2007）。在全球温室气体排放问题上，《联合国气候变化框架公约》京都议定书还建立了旨在减排温室气体的 3 个灵活合作机制：排放贸易机制、联合履行机制和清洁发展机制。排放贸易机制指两个已列入量化的限制和减少排放承诺的缔约方之间可以进行排放额度买卖的"排放权交易"，让难以完成承诺的量化任务的国家，通过贸易形式买进超额完成任务国家所超出的额度，即进行碳贸易。此机制已不仅限于京都议定书中的缔约方，而成为各行业、国家、国际层面上控制温室气体排放的日益普遍的经济手段。虽然允许的排放量决定了碳的价格和这些手段的环境成效，然而交易中减排价格的不确定性会使得减排目标的总成本难以准确估算。联合履行机制指可以采取"集团方式"

来达到减排目的,如已列入量化限制和减少排放承诺的欧盟内部的许多国家可视为一个整体,采取有的国家削减、有的国家增加的方法,在总体上完成减排任务。清洁发展机制则指允许公约里已列入量化的限制和减少排放承诺的缔约方从其在其他缔约方实施的有利于其他缔约方可持续发展的减排项目中获取"经证明的减少排放量"。

9.2 保护性耕作的温室气体减排技术特点与原理

9.2.1 保护性耕作的增碳减排技术

农业土壤具有巨大的固碳潜力,而保护性耕作的核心技术—秸秆还田和少免耕技术被认为是最有效的固碳措施之一(Lal,2004)。土壤有机碳的水平取决于有机质输入和矿化分解的相对平衡。秸秆还田和覆盖、有机培肥等保护性耕作措施能够直接增加有机物的投入水平,从而提高土壤有机碳的含量;而少免耕则可以降低土壤干扰和土壤有机质的分解矿化。大量实验证明秸秆还田能增加土壤有机碳的含量,且不同耕作方式影响不同,免耕最有利于土壤有机质的积累。此外,秸秆还田还能降低土壤容重,扩大土壤孔隙度,改善土壤结构和保水保肥能力,进而提高土壤肥力和生产力。

耕作扰动直接导致了土壤团聚体的破坏,降低了团聚体的物理保护作用,从而加快了土壤有机质的分解。Six 等(1999)研究表明:免耕提高了土壤的团聚体水平,同时伴随着有机碳含量的增加。并且认为,减少耕作干扰所带来的大团聚体相对含量的上升并不能完全解释土壤有机碳的增加,而土壤耕作导致的团聚体周转速率(即团聚体的形成和退化的速率)的提高可能是引起土壤碳损失的主要原因。微团聚体较为稳定,被认为是长期碳储存的理想场所。土壤耕作不仅减少了大团聚体的数量,更重要的是加快了其周转速率,阻碍了大团聚体内新微团聚体的形成,从而降低了被微团聚体包裹的颗粒有机质的数量。我国东北黑土玉米田的研究也表明,与传统翻耕相比,长期免耕能显著提高土壤有机碳的含量。免耕微团聚体内颗粒有机碳和大团聚体包裹的微团聚体内颗粒有机碳分别是翻耕的 1.6 倍和 1.8 倍。因此,免耕下土壤有机碳的增加主要是由于微团聚体保护碳的积累,并且证明微团聚体保护碳组分可以用来评价耕作管理对土壤有机碳库的影响。

此外,土壤耕作还可能通过改变土壤环境和其他土壤过程来影响土壤有机碳的动态。其一,翻耕不断地使深层土壤到表层经受干湿和冻融循环,从而增加了土壤团聚体破碎退化的速度。其二,耕作改变了土壤的基本条件(如土壤温度、湿度及通气性),增加了土壤有机质的分解速率。其三,耕作及其导致的有机质分布的改变可能会影响微生物群落。免耕有利于真菌的生长和繁殖,而真菌菌丝则能促进大团聚体的形成。有研究估算表明,由于免耕技术的广泛采用,即使是在目前的推广水平下,免耕使美国的农田每年的碳固定量达到 47 Tg。欧洲的研究也表明,采用保护性耕作技术可以使欧盟每年固定 23 Tg 的土壤有机碳,并且进一步预测,如果全部农田均采用免耕技术,土壤的固碳量将能够抵消所有农业部门使用的化石燃料带来的碳排放。最近的研究显示,在目前的水平下,秸秆还田和免耕技术能使我国农田每年分别固定 9.76 Tg 和 0.80 Tg 的土壤有机碳。如果进一步加以推广,秸秆还田和免耕的固碳潜力有可能分别达到每年 34.4 Tg 和 4.60 Tg。而对长江三角洲水田保护性耕作制度的碳收集效应进行的估算表明,小麦的少免耕和作物秸秆还田分别使该地区农田耕层土壤有机碳增加了 2.76 Tg 和 3.95 Tg。

9.2.2 保护性耕作的保氮减排技术

保护性耕作的有机培肥技术(有机肥、秸秆利用等)对 N_2O 排放的影响受有机物的质量、土壤水分状况和气候条件等多种因素的综合影响,并无一致性的结论。有研究表明,N_2O 排放量与输入植物的 C/N 呈显著负相关。相关研究发现,与单纯施用化肥相比,菜饼配施显著促进了稻田 CH_4 和 N_2O 的排放;配施小麦秸秆或牛厩肥能明显增加 CH_4 排放,但却降低了 N_2O 的排放;而化肥配施猪厩肥 CH_4 和 N_2O 排放均有所减少。对 CH_4 和 N_2O 排放的综合温室效应分析表明,菜饼和秸秆处理的综合温室效益约为化肥处理的 2.5 倍,牛厩肥和化肥处理基本持平,但施用猪厩肥可减少 10%~15%。此外,不同的秸秆还田方式对 N_2O 排放也会产生截然不同的影响。田间试验表明,与不施用稻秆相比,稻秆表面覆盖显著增加了麦田 N_2O 的排放,而均匀混施却显著减少了 N_2O 的排放量。而且 N_2O 排放量与土壤温度无显著相关性,这可能是秸秆不同还田方式下土壤水分的差异导致了 N_2O 排放量的不同。

保护性耕作的少免耕技术也会影响农田 N_2O 的排放。一方面,免耕土壤较常规耕作土壤含有较多的水分和较小的总孔隙度,生物反硝化作用强于耕作土壤,所以能产生和排放更多的 N_2O。另一方面,也有报道表明,少免耕降低了 N_2O 的排放。Six 等(2004)在综合分析文献数据的基础上发现,免耕对排放的影响与时间尺度密切相关。在常规耕作转变为免耕的开始 10 年,免耕表现出更高的 N_2O 排放,而随着时间的延长,免耕 N_2O 的排放减少,即长期形成的少免耕系统可以减少 N_2O 的排放。

农业源的 N_2O 排放占人类总 N_2O 排放的 58%,主要是因为无机和有机氮肥的大量施用。因此,任何提高氮肥利用效率的措施都可能减少 N_2O 的排放,例如精确施肥、调整施肥量和施肥方式、施用缓释肥料等。另外,施用硝化抑制剂,可降低导致 N_2O 生产的微生物过程,有效地降低 N_2O 排放。有研究表明,施用不同种类的抑制剂均能降低农田的 N_2O 排放,而且以氢醌和双氰铵配合施用效果最好。来自稻田系统的相关研究也指出,在稻田的水面、土壤的表面和土壤中施用硝化抑制剂均可明显抑制 N_2O 的排放。

保护性耕作的作物轮作技术,通过禾本科和豆科作物的合理轮换,可以起到一定的减排效应。不同作物类型的根际环境和向土壤中输入的有机质的数量和质量不同,将影响到温室气体的排放。一般认为,豆科作物由于自身的生物固氮作用可能增加土壤 N_2O 排放。但是,Rochette 等(2005)在综合分析文献资料后指出,与无机氮肥相比,生物固氮的排放系数更低。因此,通过种植豆科作物或与豆科植物进行轮作,利用其生物固氮作物作用来代替部分氮肥,从而降低无机氮肥的施用量可以降低 N_2O 排放。来自我国双季稻区稻田 N_2O 排放的测定结果也显示,与单施化肥相比,只施紫云英绿肥降低了 N_2O 的排放。水稻生长季节豆科绿肥与化肥 N 间存在极显著的交互效应,表明豆科绿肥易于矿化分解,作为绿肥施用后,能在早稻季节迅速矿化分解,供早稻生长所需,从而可降低化学氮肥的施用量,减少稻田 N_2O 的排放。

9.2.3 保护性耕作的节能减排技术

人类对化石燃料的大量消耗导致了大气 CO_2 浓度的快速升高(IPCC,2007),少免耕技术能显著降低作物生产的能耗,起着间接减排的效应。随着机械化的广泛采用,农业生产消耗了大量的能源。其中,土壤耕作占了相当的比重。有研究显示,农事操作55%～65%的能量消耗被用于土壤耕作。而以少免耕为代表的农田保护性耕作技术能够直接减少对化石燃料的依赖,从而达到节能减排的目的。有研究指出,与传统耕作相比,少耕能减少15.0%～29.0% CO_2 排放。有估算表明,免耕能使每公顷农田每年减少20 kg碳的排放。特别是少免耕与固定作业道作用相结合的保护性耕作技术将少免耕的保水保土功能与固定道耕作的减少机械压实、节约能耗等功效相结合,取得了良好的经济和生态效益,仅播种和深松两项作业每年每公顷就能节省15.7 L柴油。我国旱农地区的保护性耕作研究也证明,固定作业道能够减少农田压实面积,改善土壤结构,提高土壤蓄水能力,减轻地表径流,提高土壤作业适时性和准确性。而且,该耕作技术可以提高拖拉机田间作业的牵引性能,减小机具的作业阻力,降低了燃油消耗。该农机耕作模式在固定作业道占地20%的情况下,对作物总产量并没有显著减少。West等(2002)通过综合分析发现,仅农业操作方面,免耕技术平均能使美国农田每年每公顷少排放30 kg CO_2(West等,2002)。在我国华北平原的研究也显示,与传统翻耕相比,保护性耕作技术(少免耕)不仅增加了土壤碳的固定,而且降低了农田各项投入造成的碳释放量,因此大大减少了整个农业活动造成的碳排放,并且有可能使农田成为大气 CO_2 的吸收"汇"。

9.2.4　保护性耕作的节水减排技术

保护性耕作的地表覆盖(生物覆盖和非生物覆盖)和免耕播种等技术,具有显著的节水抗旱功能,表现出明显的节水节能减排效应。中国是水资源相对贫乏的国家。我国的人均占有水资源量仅有2 300 m^3,不足世界人均占有水量的1/4,列世界第110位;我国耕地每公顷平均水量约26 250 m^3,只占世界平均值的1/2。由于农田基本建设和灌水技术的影响,我国用水浪费严重,水资源利用效率较低,这不仅造成了严重的资源浪费,而且也导致了间接的碳排放。另外,不合理的灌水,引起了比较严重的土壤渍害,提高了农田 CH_4 的排放。目前,我国农业用水利用率仅为40%～50%,灌溉用水有效利用系数约0.4。随着经济的快速发展和人民生活水平的提高,我国对水资源的需求将进一步扩大,而全球气候变化可能导致水资源在时间和空间上的分配更加失衡。农业生产用水约占世界总淡水消耗的75%。因此,保护性耕作的节水减排技术,不仅能提高农业水资源利用效率,而且对提高农业对气候变化的适应能力也具有重要意义。

水资源不足是限制我国北方农业生产的重要因素之一。而传统农业的精耕细作更是加剧了作物对水的消耗和农田水分的散失。因此,采取适宜的保护性耕作技术可以降低土壤水分蒸发,减少农田水分的非生产性消耗,提高水分的利用效率。合理的保护性耕作措施还能够提高土壤的保水能力,缓解干旱灾害,是节水农业的重要的技术。比较我国华北地区保护性耕作与传统耕作冬小麦田土壤水分的动态变化,结果表明免耕显著提高了土壤含水量,具有很好的蓄水保墒能力。张海林等的研究也表明,免耕比传统耕作增加土壤蓄水量10%,减少土壤蒸发约40%,耗水量减少15%,水分利用效率提高10%,显著减少了因灌水所需的电能。在黄土高原旱区农业的研究显示,虽然不同保护性耕作措施对0～200 cm剖面贮水量影响不大,但作物耗水量却存在显著差异。免耕秸秆覆盖在增加作物耗水量的同时也提高了作物产量以及水分利用效率。也有研究表明,干旱地区单纯的免耕在提高土壤水分含量上作用不太明显,尤其是降低了表层土壤的含水量。免耕只有在覆盖下才能真正起到增加土壤水分含量和提高水分利用效率的作用。而对于深松处理,无论是覆盖还是不覆盖,与传统翻耕处理相比,土壤水分均明显提高。同种耕作措施覆盖与无覆盖相比,覆盖处理下土壤含水量明显高于无覆盖处理,说明保护性耕作之所以能够提高土壤水分含量,关键因素在于残茬覆盖,同种耕作方式下轮作种植土壤水分含量与水分利用效率明显高于连作。因此,提出轮作深松覆盖是我国农牧交错带最佳的耕作方式。来自东北的试验发现,"夏季深松、春季不翻动土壤直接播种"的保护性耕作措施是提高东北春玉米区水分利用效率和产量的重要技术途径之一。在一般的气候和水分条件下,免耕、覆盖、垄作等保护性耕作都比传统的耕作提高了作物对地下水和地表水的利用效率。

稻田保护性耕作中的水分控制技术,在减少 CH_4 排放上作用显著。我国稻田面积巨大,稻田 CH_4 的排放一直是国内外关注的焦点。稻田 CH_4 是严格厌氧条件下产 CH_4 菌作用于产 CH_4 基质的结果,与土壤还原条件关系密切的土壤水分状况是影响稻田 CH_4 排放量的最重要的因素之一。我国传统的水稻栽培多采用有水层的淹水格田灌溉模式。水稻生长期持续淹水会造成稻田极端厌氧,土壤通气性相对较差,土壤氧化还原电位较低,有利于 CH_4 的产生和排放。自 20 世纪 90 年代以来,我国各种水稻节水灌溉技术,如"湿润灌溉"、"间歇灌溉"、"控制灌溉"、"覆膜旱作"等技术都得到了大面积的推广应用,它们的一个共同点就是在水稻某些生育期,稻田田面有一段时间无水层或土壤含水量低于其饱和含水量,使田间的水分条件不同于传统的淹灌。节水灌溉条件下,排水晒田改善了土壤通气状况,土壤含氧量增加,氧化还原电位升高,既促进了 CH_4 氧化过程,同时又部分地抑制了 CH_4 的产生过程。对水稻节水控制灌溉模式下稻田 CH_4 排放的研究表明,控制灌溉水稻全生育期的稻田 CH_4 排放总量比淹水稻田减少了 39%。淹水造就了产 CH_4 菌生存的厌氧环境,而间歇灌溉,使土壤表层经常接触空气,氧化还原电位提高,不利于产 CH_4 菌的活动,同时还增加了 CH_4 的再氧化。蔡祖聪等(1999)对不同水分管理下土壤排放的三种温室气体(CO_2、CH_4 和 N_2O)的综合研究表明,虽然好气条件下 N_2O 的排放增加,但连续淹水导致大量 CO_2 和 CH_4 排放,连续淹水土壤产生的总温室效应最好,淹水好气交替的综合温室效应最小。通过测定不同水分管理下稻田的综合温室效应,结果显示干湿交替下稻田的综合温室效应只是连续淹水处理的 60%。

9.2.5 保护性耕作的生物覆盖减排技术

作物休闲期进行绿色生物覆盖,特别是在我国南方地区,是保护性耕作的核心技术之一。休闲期种植绿肥是我国的优良传统。绿肥种植主要以豆科作物为主,不仅可以增加土壤有机质,提高土壤肥力和质量,而且能够降低化肥投入,生态和经济效益显著。除种植绿肥外,因地制宜充分利用当地光热水资源,选择高经济效益的作物(如牧草、蔬菜等),在南方地区也广为流行,对提高农民收入发挥了重要作用。研究显示,南方地区在水稻收获后采用生物覆盖对降低 CH_4 排放具有重要作用。因为在休闲期,主动进行生物覆盖,需要对农田水分进行科学管理,冬春季稻田土壤含水量适宜,可显著降低稻田休闲期 CH_4 排放。如果不进行冬季利用,农户多保持稻田淹水或湿润状况,CH_4 的排放量大。因此,在稻田冬闲期采用绿色生物覆盖,进行水旱轮作不仅可以降低温室气体排放,而且有利于提高土壤肥力和经济效益,不失为一个双赢之举。

比如在稻田休闲期,长期保持土壤淹水,稻田 CH_4 排放通量是干燥处理的 4～5 倍。如将我国西南和华南地区的冬灌田冬季排干,种植冬小麦,不仅减少了冬季 CH_4 的排放,而且可以使次年水稻生长期 CH_4 平均排放通量减少 60% 以上。另外,在农田休闲期进行生物覆盖不仅可以增加有机物向土壤中的输入,而且可以吸收前茬作物剩余的有效氮素,从而降低土壤 N_2O 的排放。来自南方红壤稻田的试验呈现,冬季不同耕作制度下农田 N_2O 排放量差异显著,水稻田冬季种植紫云英使 N_2O 平均排放通量比休闲处理降低了 39%。因此,在南方稻作区,进行生物覆盖能够大大减少温室气体的排放。

9.3　保护性耕作的固碳减排潜力

9.3.1　国外保护性耕作的农田固碳减排潜力

在 IPCC 全球气候变化评估报告中,农田被认为是当前具有很大缓解能力和潜力的一个重要陆地生态系统。至 2030 年,全球农业固碳与温室气体减排的自然总潜力(total biophysical potential)高达 5 500～6 000 Mt CO_2-eq/a,其中 89% 来自减少土壤 CO_2 释放(即土壤碳固定),仅 11% 可以通过其他温室气体的减排达到。有研究表明:全球农业土壤在未来的 25 内平均固碳速率可达到 (0.9 ± 0.3) Pg/a,就农业的产业和种植作物而论,欧洲和美国的生物能作物的种植被认为是潜力最大的减排途径。在地区分布上,东南亚是全球最大的农业(土壤)固碳与温室气体减排的潜力所在。估计欧盟 15 国农业土壤的固碳潜力为 90～120 Tg C/a,美国为 107 Tg C/a,结合气候等因素的估计值则低于该水平,只有 60～70 Tg C/a。

不同固碳技术的实施对于土壤固碳的效应及潜力存在一定的差异。由传统耕作方式转变为免耕后全球土壤平均固碳速率可达 (0.57 ± 0.14) t C/(hm²·a),复种的潜力为 0.20 ± 0.12 t C/(hm²·a)。另有估算认为在 2008—2012 年期间,农田土壤使用有机肥每年可收集 1.5 t C/(hm²·a),而少耕的固碳效应则只有 0.25 t C/(hm²·a),作物秸秆还田更少,只为 0.15 t C/(hm²·a)。也有研究表明秸秆还田的固碳潜力远大于以上的研究,达到 0.7 t C/(hm²·a)。同一措施在不同地区所实现的固碳潜力大小也存在很大的差异。研究还发现,不同土壤类型对土壤固碳潜力存在极大的影响,一般的土壤有机碳含量较高的土壤其收集潜力较小,收集速率增长较缓慢。

对于农田土壤固碳潜力的持续时间问题也多有研究,一般地认为,采用固碳技术使土壤固碳速率呈非线性增长方式,这种增长方式也决定了在农田土壤固碳中可能也有碳饱和现象的存在,一般认为实施某种农作模式转变 20 年后,农田生态系统基本稳定,土壤的固碳速率达到最小。措施实施的持久性将大大影响其固碳速率,间断性实施的速率将大大小于持续实施。近年来,我国也陆续开展农田土壤固碳潜力方面的研究,CEVSA 模型研究发现,在免耕和秸秆还田普及率为 50% 的条件下,农田土壤固碳潜力将达到 32.5 Tg C/a。基于长期试验数据,认为施用化肥、秸秆还田和免耕在我国的固碳潜力分别能够达到 12.1 Tg C/a,34.4 Tg C/a 和 4.60 Tg C/a。

9.3.2　农田固碳减排潜力的影响因素

影响农田土壤有机碳的因素众多,可以归纳分为自然因素与人为因素。自然因素包括气候、土壤特性等。人为因素主要为土地利用方式、耕作方式与管理等。其中在土壤有机碳的蓄积过程中,气候因子起着重要的作用。一方面,气候条件制约植被类型、影响植被的生产力,从而决定输入土壤的有机碳量;另一方面,从土壤有机碳的输出过程来说,微生物是其分解和周转的主要驱动力,气候通过土壤水分(同时影响土壤通气状况)和温度等条件的变化,影响微生物对有机碳的分解和转化。

关于温度对土壤有机碳的影响存在诸多争议,是目前研究的热点。一般认为随着温度的升高土壤有机碳降低,温度既影响土壤中有机质的分解速率,又影响植物残体有机碳进入土壤的速率,是控制土壤微生物活性及有机质分解速率的关键因素。温度升高将导致微生物种群增长,从而促进土壤有机碳分解。有研究表明很小的土壤温度变化就会使土壤成为大气 CO_2 的重要源。但在不同的温度范围内,温度对土壤有机碳的影响表现不尽相同。在年平均温度介于 10～20℃ 的区域,温度上升将导致土壤有机碳蓄量增加。但随着温度继续升高,土壤碳的矿化率又会增加,在平均温度为 30℃ 时,温度每升高 1℃ 会使得有机碳损失 3%。温度高于36℃ 的条件下,继续升高温度对有机碳分解的促进作用又会降低。研究也认为,在温度较低的情况下,升高温度促进有机碳的分解,在温度较高的情况下,升高温度对有机碳分解的促进作用降低。温度对有机碳分解的影响随时间的延长而逐步减小。土壤理化特性在局部范围内影响土壤有机碳含量,其中研究最多的是土壤质地与有机碳蓄积的关系,诸多有机碳周转模型中纷纷把土壤质地因素作为作物模型的重要驱动因素之一。一般认为,土壤中的有机碳量随粉粒和黏粒含量的增加而增加。这主要反映在粉粒对土壤水分有效性、植被生长的正效应及其黏粒对土壤有机碳的保护作用,而黏粒的保护作用则主要是通过与有机碳结合形成有机—无机复合体实现的。另外,土壤质地不仅影响土壤中有机碳的蓄积量,还影响其在土壤有机碳的各组分中的分配。此外,其他土壤特性,如黏土矿物类型、pH 值、物理结构及其养分状况等均会影响有机碳在土壤中的蓄积。

对于农田土壤,人为因素对土壤有机碳的影响更受到关注。研究表明,相对于自然土壤,气候因素对农田土壤有机碳的影响相对减小,可能更多地受到人为因素的影响。通过耕作或者管理能够直接或者间接地影响土壤有机碳。影响到土壤有机物投入,有机物降解的人为农业活动都能对土壤有机碳动态产生影响。如耕翻会改善土壤通气性,增强微生物活性,增加土壤有机质与空气的接触面积,因此通常会导致土壤有机碳降解过程加速。而增加地表覆盖,减少休闲和撂荒可降低土壤侵蚀,改善有机质和养分循环,最终为植物创造更有利的生长环境。降水少的旱地,夏季休闲常会因地表无植被覆盖,在风蚀作用下造成土壤有机碳大量损失。连续 12 年的田间定位试验表明,与小麦—休闲种植方式相比,小麦—玉米—谷子连作可使 0～10 cm 土壤的有机碳含量提高 20%。此外,最近的研究开始关注影响农田土壤有机碳固碳潜力的因素研究。研究认为,农田土壤有机碳收集存在一定的碳饱和状态,其土壤碳饱和水平主要取决于土壤本身特性以及对碳收入的综合响应,而其固碳速率以及可持续时间受诸多因素影响。如土壤初始碳含量水平,土壤黏粒含量等。总体而言,对于影响农田有机碳变化的主控因素或农业调控途径还未有充分认识,究竟是自然—地理因素还是管理因素对有机碳演变动态及区域固碳规模容量的影响更强烈,土壤的农业利用变化(种植结构、耕作制度、肥料施用等方面的演变)对这种有机碳库变化的影响也还没有翔实的研究报道。

9.3.3 我国保护性耕作的固碳减排效应估算

随着保护性耕作理论与技术的提高,我国保护性耕作的推广应用面积得到了快速发展。以秸秆还田和少免耕为主体的保护性耕作技术,具有显著的增碳保氮节能减排效应,是国际上普遍认可的生物固碳技术之一。通过对中国知网、维普科技期刊网两大中文数据库和 Science Direct,Springer Link 等外文数据库的检索,选择文献标准为田间长期定位试验、试验时段的起止年份清楚、试验时段的各管理措施下 SOC 的初始值和变化值明确、土样采自表层土壤,目前已获得中国秸秆还田与免耕对土壤有机碳影响方面的文献分别为 87 篇和 17 篇,试验数目分别为 139 组和 19 组(表 9.4、表 9.5)。

表 9.4　不同区域试验数

地区	秸秆还田	免耕
东南沿海区	34	10
东北区	22	1
黄淮海区	25	3
长江上中游区	26	4
西北区	32	1

表 9.5　不同试验年限试验数

试验年限(年)	秸秆还田	免耕
3～5	49	12
6～10	39	2
11～15	23	5
16～20	13	0
>20	17	0

由于土壤、气候和我国耕作制度的地区性差别显著,保护性耕作在不同地区固碳不同。从目前有限的试验结果来看,秸秆还田对长江上中游农田土壤的固碳作用最大,年平均为 0.84 t C/hm²,秸秆还田对增加西北地区农田碳储量作用最低,年平均为 0.41 t C/hm²。免耕措施对长江上中游农田土壤的固碳作用最大,年平均为 1.94 t C/hm²,免耕对增加东北地区农田碳储量作用最低,年平均为 0.39 t C/hm²。从表 9.6 的计算结果看,由于试验年限、种植制度、土壤等条件的差异,造成估算结果的不确定性范围很大。西南地区长期试验数据缺乏,目前只收集到了 1 篇秸秆还田的论文,因此在分析时没有考虑西南地区的结果。

表 9.6　中国各区不同农田管理 SOC 增加量　　　　　　　　　　　　　　　t C/(hm² · a)

地区	秸秆还田	免耕
东南沿海区	0.67±0.49	0.42±0.64
东北区	0.53±0.45	0.39
黄淮海区	0.68±0.44	0.76±0.27
长江上中游区	0.84±0.58	1.94±1.06
西北区	0.41±0.38	0.91
平均	0.63	0.88

另外采用 DNDC 模型模拟(表 9.7),发现秸秆还田对东南沿海区农田土壤的固碳作用最大,年平均为 0.58 t C/hm²,秸秆还田对增加东北地区农田碳储量作用最低,年平均为 0.18 t C/hm²。免耕措施对东南沿海区农田土壤的固碳作用最大,年平均为 0.85 t C/hm²,免耕对增加东北地区农田碳储量作用最低,年平均为 0.41 t C/hm²。模型中秸秆还田措施假定作物残茬 50%还田,并配合施常量化肥调节土壤碳氮比。目前我国农村对作物秸秆的处置不同地区差别比较大,有的地区实现秸秆全量还田,有些地区秸秆部分还田甚至仍采取焚烧的办法。还有我国土壤类型多种多样,同一地区不同站点对化肥类型的需求不同,模型区域模拟无法实现这一差别,这些因素均对土壤固碳量产生影响。

表 9.7　中国各区不同农田管理 SOC 增加量 DNDC 模拟结果　　　t C/(hm² · a)

地区	秸秆还田	免耕
东南沿海区	0.58	0.85
东北区	0.18	0.41
黄淮海区	0.46	0.68
长江上中游区	0.56	0.81
西北区	0.44	0.66
平均	0.44	0.68

9.3.4　长江三角洲保护耕作技术的固碳效应比较

根据 Meta 分析的步骤,在中国知网、Springlink 等数据检索数据库中选择长三角地区关于秸秆还田、有机肥施用、少免耕的田间试验研究。文献选择标准为试验必须持续 3 年以上,且发表的文献中必须有明确的实验持续时间、处理和对照的初始及最终有机碳含量、土壤类型、土壤厚度、种植制度等信息。依据以上要求,总共 26 个长期定位研究,共 86 对处理符合研究标准。这些研究的时间从 3 年到 26 年不等,平均实验持续时间为 10 年,具有一定的研究稳定性。所有的研究平均耕层厚度为 16.5 cm。86 对处理中,约 60.5%($n=52$)为秸秆还田处理,31.4%($n=27$)有机肥处理,8.1%($n=7$)为少免耕处理。另外,有 56 对处理的种植制度为一年两熟的单季稻种植,30 对为一年三熟的双季稻种植。

分析表明,与对照(CK)相比,采用固碳技术下的农田耕层土壤有机碳含量普遍提高。在 1:1 线下的点表示处理下的有机碳含量低于对照,而位于线上面的点表示处理下的有机碳含量高于对照。由图 9.5 可以看出,绝大部分处理高于对照,约有 80 对处理显示了固碳技术在本地区的固碳效应,仅有 6 个研究的为负效应。对所有的成对处理进行 Meta 分析发现,三种固碳技术的平均固碳效应显著大于 0。其中,和对照相对比,秸秆还田处理($n=52$)有机肥处理($n=27$)在试验期内分别提高土壤有机碳 0.41 t/(hm² · a)(t=7)和 0.34 t/(hm² · a)

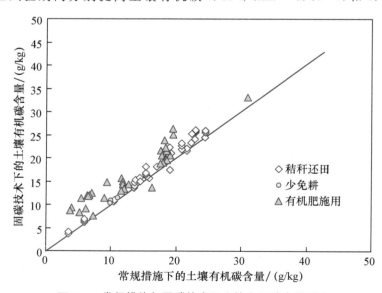

图 9.5　常规措施与固碳技术下土壤有机碳含量对比

($t=14$)。由校正置信区间可以看出,秸秆还田和有机肥施用在该地区的固碳效应达到了显著水平。少免耕($n=7$)在该地区的平均固碳效应为 0.03 t/(hm² · a),表现为一定的正效应,但统计分析显示置信区间含有 0 值,其正效应在该地区表现不显著(图 9.6)。

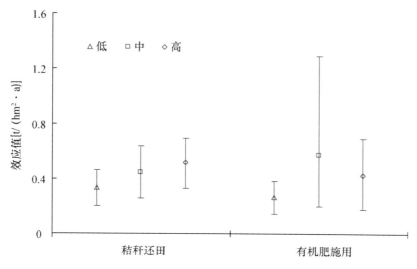

图 9.6　固碳技术的固碳效应值(95%置信区间)

　　分析还发现,不同种植制度下不同固碳技术的固碳效应存在一定的差异。由于少免耕在该地区的固碳效应不显著,因此本部分及对固碳时间效应的分析中均不含少免耕技术的分析。其中对秸秆还田处理的研究按照种植制度分组进行研究发现,一年两熟与一年三熟条件下秸秆还田的固碳效应均呈现显著的正效应,其 95% 的校正置信区间均大于 0。此外,两者比较分析发现其效应存在显著的差异(Q_b, $Rand\ p=0.07$),一年三熟条件下的固碳效应比一年两熟的 0.35 t/(hm² · a)高出 0.70 t/(hm² · a)。有机肥施用条件下也存在类似的研究结果,均表现为显著的正效应,并且一年三熟的效应比一年两熟显著高出 0.30 t/(hm² · a)(图 9.7)。对不同固碳技术下的处理水平进行分组分析发现,不同的秸秆还田量或者有机肥还田量呈现不

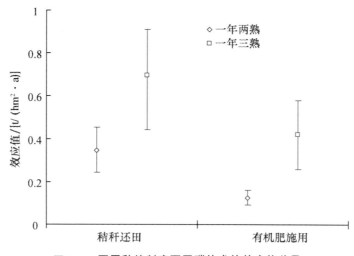

图 9.7　不同种植制度下固碳技术的效应值差异

同的固碳效应,除有机肥的中量和高量水平比较外,总体而言,随着投入水平的提高,其固碳效应越明显。不同秸秆还田量下均表现显著的固碳效应,但组间差异不显著(Q_b, $Rand\ p = 0.43$),特别是中量与低量还田量之间的差异更小。有机肥处理下也有相似的研究结果,即不同处理水平下在 0.05 水平上均表现显著的固碳效应,但组间差异也未达到显著水平(Q_b, $Rand\ p = 0.28$)(图 9.8)。

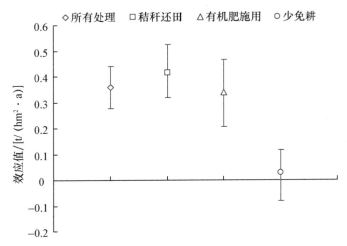

图 9.8　不同处理水平下固碳效应值差异

利用逐步回归方法探讨不同固碳技术条件下的土壤固碳的时间效应,分别得到秸秆还田下固碳时间效应公式和有机肥施用条件下固碳时间效应公式:

秸秆还田下固碳时间效应公式:$\Delta D_{soc}a\% = -0.003\ 4 + 0.070\ 4/t$　$n = 52, p < 0.01$

有机肥施用条件下固碳时间效应公式:$\Delta D_{soc}a\% = -0.005\ 6 + 0.229\ 8/t$　$n = 27, p < 0.01$

其中 $\Delta D_{soc}a\%$ 为和对照相比下,固碳技术在试验期内的平均固碳增量的百分比;t 为各研究的试验持续年数。结果显示,随着试验年数的增加,土壤固碳技术的年平均固碳呈下降趋势,年数越低,相对于初始年年均提高的土壤有机碳幅度越大。根据上述两个公式可以得出,在年均变化量为 0 时,秸秆还田和有机肥施用的固碳时间效应分别约为 20 年(图 9.9a)和40 年(图 9.9b)。根据不同固碳技术的固碳时间与年固碳变化百分比的关系得到可固碳年限

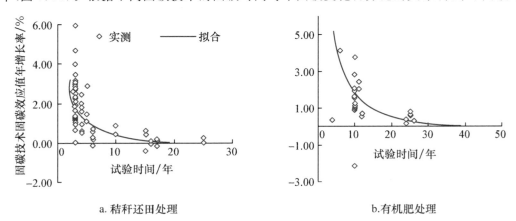

a.秸秆还田处理　　　　　　　　　　　b.有机肥处理

图 9.9　固碳持续期

内随时间变化的累计固碳增加百分比,可以看出,在施用秸秆还田 2 t C/hm² 情况下,平均固碳增加量约为初始有机碳的 18%(图 9.10a),而施用有机肥 1.4 t C/hm² 的固碳增加量达 75.9%(图 9.10b)。

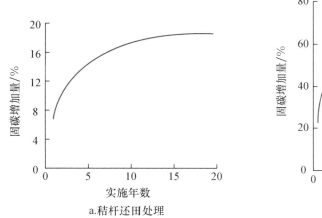
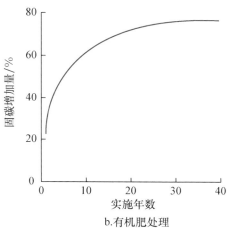

a.秸秆还田处理　　　　　　　　　　　b.有机肥处理

图 9.10　累积固碳增加量

9.3.5　长江三角洲保护性耕作的固碳潜力

利用 RothC 模型对长三角地区的主要固碳技术:秸秆还田和有机肥施用的农田土壤有机碳动态进行模拟,共假设 5 个农田固碳技术使用情景:①为对照,即在目前仅施用化肥而保持其产量不变;②在对照的基础上每年进行半量秸秆还田;③在对照的基础上每年进行全量秸秆还田;④在对照基础上每年施 1.5 t C/hm² 有机肥(约合 22 500 t/hm² 鲜有机肥);⑤在对照基础上每年施 3 t C/hm² 有机肥;⑥在对照基础上每年实施秸秆半量还田及施 1.5 t C/hm² 有机肥。以该地 2006 年平均有机碳密度 26 t C/hm²,气候为多年平均,产量达到 12 t/hm² 进行农田土壤有机碳变化模拟。

模拟发现,在对照情景,即在维持现有产量的无机肥施用水平下,仅仅依靠作物根系生物量还田只能基本维持土壤有机碳现有水平,50 年仅增加 5%。在实施半量秸秆还田下,土壤有机碳含量有所增加,由初始值 26.1 t/hm² 增加为 37.45 t/hm²,以固碳 50 年计平均固碳速率达到 0.23 t/hm²。其中前 20 年年均固碳速率达到 0.37 t/hm²。全量还田有机碳密度 50 年增加了 81.8%,50 年固碳速率达到 0.43 t/hm²,前 20 年固碳速率则达到 0.70 t/hm²。情景 3 的模拟结果与半量秸秆还田相似,50 年平均土壤固碳速率达到 0.22 t/hm²,前 20 年固碳速率平均为 0.36 t/hm²。施用相当于 3 tC 的有机肥土壤有机碳增加幅度略低于全量秸秆还田,50 年增加了 79.9%,平均固碳速率达到 0.41 t/hm²,其中前 20 年平均固碳速率为 0.68 t/hm²。两种固碳技术的较低处理水平组合施用效果介于全量秸秆还田和施用 3 t/hm² 有机肥之间,50 年约增加 80%,其中 50 年平均固碳速率为 0.42 t/hm²,20 年平均固碳速率为 0.69 t/hm²(图 9.11)。

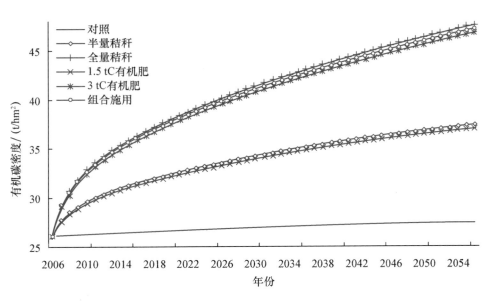

图 9.11　模拟不同情景土壤有机碳密度动态

9.4　保护性耕作减排技术应用前景及政策建议

9.4.1　保护性耕作减排技术的应用前景

随着经济和社会生活水平的快速提高,我国温室气体排放总量超过美国成为全球温室气体排放的头号大国,我国将面临着巨大的国际减排压力。我国政府自 2002 年开始向国际社会承诺控制全球气候变化的义务,温室气体减排不仅仅是政治问题,更是经济和发展问题。因此,研究温室气体减排技术是我国战略和民生迫切需要。保护性耕作技术具有巨大的温室气体减排潜力,运用保护性耕作技术可以实现我国农田的固碳、节能和减排,具有良好的应用前景。

此外,保护性耕作技术还具有多目标性。保护性耕作除了可能实现节能和固碳减排外,不同生态区极具地方特色的保护性耕作技术往往着重解决当地所面临的经济和生态问题。例如,以秸秆覆盖、免耕和深松等为核心的东北黑土区保护性耕作技术有效地减少了地表裸露和水土流失,提高了土壤肥力和作物的水分利用效率,既保护了农田生态环境还显著增强了黑土区的粮食综合生产能力。保护性耕作技术降低了能耗和生产成本,这一点在东北地区的规模生产中优势更加明显,可大幅增加农业的经济效益和农民收入(孙传生等,2006;冯君等,2007)。邓健等对我国华北平原保护性耕作技术的综合效益分析也表明,免耕和秸秆还田不仅提高了作物产量,降低了能源和劳动力消耗,提高了农业的收益和农民收入,而且,土壤有机质含量显著增加,改善了土壤的结构和保水与保肥能力,提高了土壤的生产力。同时,保护性耕作有效地减少了农田扬尘,降低了土壤风蚀,还解决了秸秆焚烧问题,保护了生态环境。因此,保护性耕作技术在华北平原取得了良好的经济、社会和生态效益。再如,水稻节水灌溉技术不

仅仅是减少了稻田 CH_4 排放和节约水资源,节水灌溉还有利于水稻根系的生长和产量的提高。而且,节水栽培减少了排水量,降低了养分的流失,从而大大减轻了水稻生产对周边水体富营养化的压力(杨建昌等,1996;程旺大等,2000)。因此,各农业区依据地方特色,研究和开发适于当地实际的保护性耕作技术体系,可在实现温室气体减排的同时,协同提高农业的经济、社会和生态效益,进而实现本地区农业的可持续发展。

9.4.2 保护性耕作固碳减排技术的生态补贴依据

为减缓全球气候变化,保护人类生存环境,国际社会早在 1990 年开始谈判制定《联合国气候变化框架公约》。在《气候公约》第三次缔约方大会上通过了以发达国家承诺 2008—2012 年量化温室气体排放义务为核心的《京都议定书》,首次为 39 个发达国家和经济转轨国家规定了具有法律约束力的温室气体减排指标。《京都议定书》允许发达国家采用发达国家之间通过项目合作、联合履行、发达国家之间排放贸易和发达国家与发展中国家之间的清洁发展机制(CDM)手段履约减排任务。目前 CDM 项目多为提高能效和减少温室气体排放项目,根据规定增加农业土壤碳储量的活动还不能作为合格的 CDM 项目,其他国家也没有对增加农田土壤碳进行补偿的先例。因此,农田固碳补偿价格的确定可以参考林业 CDM 项目的碳汇价格来确定,这主要是由于农业土壤固碳效果与林业 CDM 项目类似,都具有固碳效果的非持久性。

通过保护性耕作固定在农业土壤中的碳可能会因为翻耕等措施又以 CO_2 排放到大气中。目前造林 CDM 项目的价格在 6 美元/t CO_2 左右。另外,实施秸秆还田农民需要额外投入,包括还田机械及相关能源消耗,因此在考虑推广秸秆还田补贴时还应考虑农民的这部分额外投入,不能只考虑了实施秸秆还田单位油耗的成本。根据查到的数据表明,目前秸秆还田机械每公顷耗油 7.5~10.5 L,油价为 6.52 元/L。补贴的计算结果如表 9.8 所示。

表 9.8　中国各区土壤碳汇补贴价格　　　　　　　元/(hm² · a)

地区	利用文献数据		利用模型模拟结果	
	秸秆还田	免耕	秸秆还田	免耕
东南沿海区	103.5	64.5	90.0	130.5
东北区	81.0	60.0	27.0	63.0
黄淮海区	105.0	117.0	70.5	105.0
长江上中游区	129.0	298.5	87.0	124.5
西北区	63.0	141.0	67.5	102.0
平均	96.0	136.5	69.0	105.0

根据固碳量大小确定补贴数额存在如下问题:①由于不同地区的气候、土壤特性和种植制度等条件的差异,造成秸秆还田和免耕的固碳效果不同;②由于目前国内开展的相关长期定位试验数量少、年限短和地理分布不均等,本建议中的估算结果还存在很大的不确定性;虽然对DNDC 模型进行了验证,但能否作为估算补贴的依据还需要探讨。主要是因为,DNDC 模型存在一定的地区差异,参数调整上也需要相应的长期定位试验。所以,应加强长期定位试验的实施,并与模型分析结合,以提高测算的准确性。

9.4.3 保护性耕作固碳减排技术的政策建议

加大科研投入,强化多部门和多学科合作,加强保护性耕作的理论与技术创新研究。虽然我国保护性耕作理论与技术水平上升迅速,但与国际一流水平相比、与国内农业生产发展现状相比,仍存在较大差距。在理论与技术水平上,总体上存在理论研究不深、技术集成度不高,亟待全面提升。同时,在科研攻关与推广应用上,还存在部门合作、学科交叉不够的问题。在科学研究上,要针对我国不同区域的自然资源背景、农业发展趋势和农户经营模式特征,分区域重点研究:保护性耕作的高产稳产理论与技术体系、保护性耕作下的合理轮耕轮作理论与技术体系、闲置农田资源的环境友好型利用理论与技术体系、保护性耕作下农田有害生物防治及生物多样性保持的理论与技术体系、保护性耕作下农田土壤生产力培育与保持理论与技术体系、适宜的保护性耕作机具和农艺农机配套理论与技术体系等。在部门合作上,尤其要注重农艺部门与农机部门的合作,促进农艺与农机的配套结合。在学科交流上,要注重作物学、土壤学、植物保护学、生态学和经济学的合作交流,强化理论体系的系统性和全面性,提高技术体系的集成度和实用性。

加强对保护性耕作综合效应的评价,提高公众对保护性耕作的认识,促进保护性耕作的大力发展。以往政府和学界对保护性耕作的认识,主要侧重在其保水保土功能上,关注其产量效应和经济效应,但对其生态环境效应关注较少,对保护性耕作效应的综合评价不足。随着全球环境的日益恶化,全球气候变化趋势的日益明显,人们对作物生产的生态环境效应将日益关注。事实上,保护性耕作的生态环境效应显著,尤其是在节能减排、固碳保氮上。今后对于一项作物生产技术的评价,不但要关注其产量效应、资源利用效率和经济效应,同时还要注重其生态环境效应。因此,强化对保护性耕作的生态环境效应评价,不仅可以提高公众对该技术体系的认识,而且可以为保护性耕作技术的筛选提供理论依据和技术参考,促进保护性耕作的发展。

强化保护性耕作固碳效应的定量评价,制定配套的补贴政策,是我国农业持续发展和环境政策制定的双重需求。保护性耕作不仅是一项作物稳产高产、资源高效利用和生态环境健康的技术措施,而且也是全球认可的生物固碳技术途径。为了促进该项技术的大面积应用,美国、加拿大和欧洲的一些国家纷纷展开了全面的保护性耕作综合效应评价,并依此建立了相应的保护性耕作农户激励机制,对实行该项技术的农户进行政策补贴。由于补贴机制的高效运行,保护性耕作的应用面积在这些国家不断扩大。由于各国的农业生产特色、农户行为特征和国民经济水平的众多差异,不同的国家所采取的政策差异显著。近几十年来,我国耕作制度发生了显著变化,多样化的保护性耕作模式在我国不同地区得到快速发展,但对其固碳效应的综合评价还亟待展开。为了提升农田综合生产力,改善农田生态环境,我国正在制定系列化的农业补贴政策,但对保护性耕作的固碳补贴仍是空白。这不仅影响到保护性耕作在我国的大面积推广应用,也在一定程度上不利于我国在世界环境谈判中争取应有的权利。因此,加快对我国保护性耕作固碳效应的定量评价,不仅是我国农业生产自身的需要,也是我国国际环境谈判和国内环境政策制定的迫切需求。

比较分析不同保护性耕作技术的固碳潜力及其区域特征,可为我国农田土壤固碳潜力估算、优势区域及技术选择提供科学依据。由于我国耕作制度的地区性差别显著,保护性耕作在不同地区的应用推广进程差异明显,不同的保护性耕作技术措施在相同地区、相同的保护性耕作技术措施在不同的地区,其固碳效应和固碳潜力不同。通过对保护性耕作技术措施的综合评价,可以明确不同技术措施的提升潜力、推广应用趋势和适用范围,以明确主要技术措施的固碳潜力。同时,比较分析不同区域的保护性耕作推广应用状况,发现技术推广存在的技术问题和配套政策问题,明确保护性耕作在不同区域的发展潜力,确定我国各种保护性耕作技术措施的优势发展区域和区域发展的优先序列及技术提升方向。因此,进行保护性耕作的综合效应评价,不仅可以进一步提升技术水平,而且可以为我国保护性耕作发展的区域优先序和技术选择优先序及配套激励政策制定提供科学依据,为我国主要农区保护性耕作提供技术途径。

(本章由张卫建主笔,宋振伟、芮雯奕、郭嘉参加编写)

参考文献

[1]Cai Z C,Tsuruta H,Gao M,et al. Options for mitigating methane emission from a permanently flooded rice field. Global Change Biology,2003,9:37—45.

[2]Hu Shuijin,Firestone M K. ,F. Stuart Chapin,III. Soil microbial feedbacks to atmospheric CO_2 enrichment. Trends Ecol Evol,1999,14(11):433—437.

[3]IPCC. 2007. Climate Change 2007:The Physical Science Basis. The Fourth Assessment Report of the Intergovernmental Panel on Climate Change,Cambridge University Press,Cambridge,UK.

[4]Lai R. Soil carbon sequestration to mitigate climate change. Geoderma,2004,123:1—22.

[5]Luo Yiqi. Terrestrial Carbon-Cycle Feedback to Climate Warming. Annu. Rev. Ecol. Evol. Syst. ,2007,38:683—712.

[6]Rochette P,Janzen H H. Towards a revised coefficient for estimating N_2O emissions from legumes. Nutrient Cycling in Agroecosystems,2005,73:171—179.

[7]Six J,Callewaert P,Lenders S,et al. Measuring and understanding carbon storage in afforested soils by physical fractionation. Soil Science Society of America Journal,2002,66:1 981—1 987.

[8]蔡祖聪.水分类型对土壤排放的温室气体组成和综合温室效应的影响.土壤学报,1999,36(4):484—491.

[9]程旺大,赵国平,王岳钧,等.浙江省发展水稻节水高效栽培的探讨.农业现代化研究,2000,21(3):197—200.

[10]冯君,李万辉,姜亦梅,等.实施保护性耕作对保护黑土带的效应.东北林业大学学报,2007,35(9):59—60.

[11]黄耀.中国的温室气体排放、减排措施与对策.第四纪研究,2006,26(5):722—732.

[12]李玉娥,林而达.天然草地利用方式改变对土壤排放 CO_2 和吸收 CH_4 的影响.农村生态环境,2000,16(2):14—16.

[13]孙传生,黄长海,朱大为,等.东北黑土区水土保持保护性耕作措施探讨.水土保持研

究,2006,13(5):133-134.

[14]杨建昌,朱庆森,王志琴.不同土壤水分状况下氮素营养对水稻产量的影响及其生理机制的研究.中国农业科学,1996,29(4):58-66.

[15]邹建文,黄耀,宗良纲,等.不同种类有机肥施用对稻田 CH_4 和 N_2O 排放的综合影响.环境科学,2003,24(4):7-12.

第**10**章

保护性耕作制的生态经济评估技术

10.1　我国对保护性耕作技术的评价研究进展

10.1.1　我国对保护性耕作技术的机理评价研究进展

10.1.1.1　土壤结构和理化性状方面

保护性耕作技术有利于改善土壤结构,促进营养循环和转移。刘世平等(1998)通过对江苏省 5 大农区 5 个点连续免耕两年后土壤容重收缩率性能和破碎强度的测定,发现免耕能改善土壤结构和土壤排水通气状况,体变率与土壤<0.01 mm 物理性黏粒和<0.001 mm 黏粒含量相关密切,常规耕作与免耕破碎强度的差值也与黏粒含量有一定的相关。因此对土壤黏粒含量较高的土壤更不能进行滥耕滥种和过多的水耕水耙。

张强(1990)研究发现免耕条件下麦棉两熟土壤碱解氮含量在作物各生育期与常规耕作下的土壤碱解氮相持平,能够保证氮的供应水平,速效磷和速效钾则有明显的提高,一般提高17%～40%,因不同的作物类别和生长期而异。刘世平(1996)也对连续 11 年免耕土壤有机质、全氮、碱解氮、速效钾的含量进行了测定,结果表明:连续 11 年免耕,不论是施肥区还是不施肥区,土壤耕层的养分含量并未明显减少,表层有机质、全氮含量反而有所增加;不施肥碱解氮的变化趋势是移栽期(即苗期)免耕较低,分蘖期到拔节期与翻耕差异不大,施肥区碱解氮与无肥区变化趋势一致。耕层土壤碱解氮的平均含量少免耕比翻耕高 2.3～11.7 mg/kg 土;不同耕法的耕层土壤速效钾变化趋势一致,但少免耕平均比翻耕高 11.6%,分蘖末期前不同耕作差异很小,拔节后仍以少免耕高。在地表 0～10 cm 内,免耕的比传统耕作的有机质含量高0.142%,保护性耕作的较传统耕作的土壤有机质含量高 0.127%。在 10～20 cm 土层内免耕的比传统耕作的有机质含量高 0.069%,保护性耕作的比传统耕作的高 5%,而在 20～40 cm 土层内,不同耕作方法土壤有机质含量无明显差异(马大敏等,1998)。

据有关资料表明,连续 2～3 年实施秸秆还田技术的地块,土壤有机质含量可增加 0.06%～0.10%,速效磷含量可提高 33%～45%,速效钾含量可提高 25%～35%,含氮量可增加 1.06%～1.15%,土壤容重可减少 1.5%～3.0%,总孔隙度可增加 3%,土壤抗御干旱的能力明显得到提高(朱彦辉等,2005)。但也有人认为,长期的保护性耕作措施,会造成土壤理化性状的不良影响,如犁底层明显变浅、紧实度增加等,不利于作物的生长发育。侯雪坤等(1995)研究发现,轮作与连作处理氮、磷肥利用率均以常规耕作最高,免耕最低。朱文珊等(1991)研究指出,低氮施肥水平下玉米产量免耕与翻耕无明显差异,而高氮施肥水平下免耕高于常规耕作,其结果表明免耕条件下作物需肥可能会更多。

10.1.1.2　产量和生态效益方面

我国的保护性耕作技术已经由当初的少、免耕技术发展成为以保护农田水土、增加农田有机质含量、减少能源消耗、减少土壤污染、抑制土壤盐渍化、受损农田生态系统恢复等领域的保护性技术研究(张海林等,2005)。保护性耕作具有明显的保土、保水、保肥、抗旱和增产效果(赵廷祥等,2002)。保护性耕作可增加土壤有机质含量,提高肥力,保护性耕作技术,使作物秸秆与残茬覆盖于地表,从而起到减少水分蒸发,同时还可以减少沙尘暴的发生(杨淑敏,2005)。研究表明,由于地表覆盖秸秆或留有残茬,保护性耕作可比传统耕作减少径流 60% 左右,尤其在降水较少的干旱和半干旱区表现得更为明显(常旭虹,2004)。保护性耕作地比传统翻耕地保墒蓄水,保护性耕作播种出苗率好于传统耕作播种(王世学等,2003)。秸秆还田具有减少土壤水分蒸发,强化降水入渗,增加土壤贮水量;稳定土壤湿度;缩小昼夜温差;减轻土壤流失,抗御土壤风蚀,维持土壤耕层;抑制田间杂草等覆盖变异和改善土壤结构,优化土壤孔性;增加土壤有机质积累,提高营养元素含量;增加土壤微生物,激活土壤酶活性等效应,可为作物生育创造良好的土壤水、肥、气、热条件,促进作物增产(杜守宇等,1994)。

10.1.1.3　土壤微生物和生物多样性

研究表明,保护性耕作具有改善土壤微生物结构和活性、增加生物多样性的功能。高云超等(1994)研究了连续 11 年秸秆覆盖免耕土壤微生物生物量的变化,发现 0～7 cm 土层比翻耕处理平均增高 51.7%,但翻耕能增加土壤活跃微生物的生物量 0～30 cm 比免耕高 25.3%。调查结果表明,少(免)耕区蚯蚓比常耕区增加 7.48 倍。蚯蚓可以加速土壤中腐殖质的氧化分解速度,并能为作物生长提供养分,对提高土壤肥力和生物耕作具有重要意义(陶继哲等,2004)。少耕有利于增加土壤微生物生物量,免耕和秸秆还田可增加土壤麦角固醇含量,即增大土壤真菌群体(范丙全等,2005)。秸秆覆盖可能造成土传病虫害和一些杂草危害的加重,也是长年保护性耕作可能带来的不利于土壤环境的后续变异。

10.1.2　我国对保护性耕作技术的综合评价研究文献总体分析和探讨

为了对中国保护性耕作的理论和实践的评价研究有一个透彻系统的了解和认识,本研究查阅了有关我国保护性耕作的中文研究文献,利用总体分析(meta-analysis)方法进行系统归纳总结。以保护性耕作为主题词,通过文献检索,在中国期刊网(www.cnki.net)上共搜索以保护性耕作为题名的国内有关保护性耕作研究论文 210 篇(一些报道性和简述性的未被列入,文章录入时间为 1990—2005 年)。按其研究内容进行分类,分为产量与土壤理化性状、生态环境;单一作物、周年作物;多因子、单因子;大尺度(省域以上)、小尺度(县、区或乡)和机械农具等类别。将各类别的篇数和所占比例分别计算并分析,得出如下结果(图10.1)。

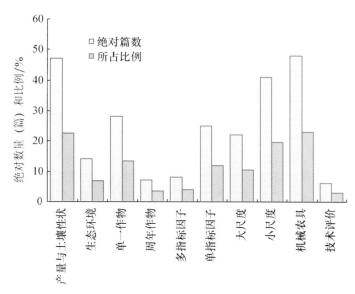

图 10.1　保护性耕作研究文献综合分析

从图 10.1 中可以看出,在有关保护性耕作的研究中,占比例最多的是机械农具和产量与土壤理化性状,分别有 48 篇和 47 篇,各占 22.9% 和 22.4%;而关于生态环境的仅有 14 篇,只占总数的 0.67%,研究最少的关于保护性耕作技术评价的仅有 6 篇,只占总篇数的 0.29%。同样,研究单一作物的有 82 篇,占总篇数的 13.3%;研究周年作物的只有 7 篇,只占总篇数的 3.3%。多数研究注重于单指标因子,有 25 篇,占总数的 11.9%;而进行多指标因子综合研究的只有 8 篇,只占总篇数的 3.8%。在小尺度上进行研究的多,共 41 篇占总篇数的 19.5%,在大尺度上的研究较少,共 22 篇占总篇数的 10.5%。

从以上分析来看,对于保护性耕作技术的研究,亟须加强技术评价、周年作物评价的研究工作。尤其是在大尺度上,运用多目标、多因子的综合评价指标体系,对保护性耕作进行涉及社会、经济、生态环境和社会制度等各个领域的技术可持续性评价,已经和必将成为今后保护性耕作技术评价研究的重要方向和趋势。

10.1.3　我国对保护性耕作技术的评价研究存在的问题和不足

综合分析,在我国关于保护性耕作制的评价研究中,存在如下问题和不足:

(1)对保护性耕作技术的理论研究多限于较小尺度的定点研究,没有大尺度或宏观方面的研究。在大尺度上尤其是整个气候带或耕作区的宏观研究比较欠缺,对保护性耕作技术区划的研究也亟待加强。对保护性耕作造成的农田变异方面单指标、单目标的研究较多,对保护性耕作制进行整体综合评价的研究比较欠缺。

(2)对干旱半干旱地区保护性耕作技术研究较多,对南方水田稻区保护性耕作技术研究不足;关注防风固沙、保持水土多,对南方稻田防止水土流失、减少土壤破坏和稻田生物多样性及稻田生态系统的生物调节关注不够。对单季作物的研究多于周年作物,需加强对保护性耕作在整个作物轮作周期及后续生态变异的研究。

（3）对技术机理等基础项目研究较多，对技术的生态经济效果等宏观研究不足。目前的研究仅限于单纯的经济效益或生态效益，对保护性耕作技术的社会认知研究不够，对保护性耕作技术的可持续性即生态、经济、社会综合效益研究匮乏，不能有效地把握保护性耕作技术发展的长期变异和可持续性发展趋势。

（4）产量经济效益和土壤理化性状研究较多，生态环境效益评价研究单一、分散、肤浅，没有专门就生态功能价值评价和估算方面进行系统、深入的研究，不能充分体现和正确估价保护性耕作技术的巨大生态功能价值，不能为国家进行保护性耕作作为一项公益性技术进行国家生态经济补偿提供理论依据。

总之，我国保护性耕作技术评价研究滞后于实践探索，各地的生产实践过多的关注该技术及其模式的生产效益，缺乏对其生态经济效益及综合效益的评估，仅有的一些研究也存在指标不统一、科学性不强等问题，导致不同技术的生态经济效果缺乏可比性。因此，急需在对区域不同保护性耕作技术模式进行全面调查基础上，运用可持续发展理论，围绕保护性耕作技术对自然资源与环境、农业生产和经济发展以及社会的影响反应，建立适合于不同区域特点的保护性耕作技术综合评价方法和指标体系，从经济效益、生态环境效益以及社会效益等多方面进行综合评价，对其生态功能价值进行量化估算，为不同区域保护性耕作技术理论及模式的完善、推广提供科学的理论依据和决策参考。

10.2 保护性耕作共性关键技术界定评价指标与技术特征量化分析

当前，人们对保护性耕作技术的生态经济效果的认识较为一致，世界各国、各地区都根据自己区域的特点发展了类型各异的保护性耕作技术类型与模式。但是，由于对其概念及内涵的认识的不一致性，导致了如何界定保护性耕作与非保护性耕作技术成为当前急需解决的关键问题。美国根据其对保护性耕作的定义，在经历了 3 个阶段的补充和完善后采取了作物收获后农田表层残茬覆盖度（保持 30% 以上）这一定量指标来界定某种耕作方式和种植方式是否属于保护性耕作。中国区域农业类型各异、保护性耕作类型多样化，不宜统一采用美国的界定指标，目前的研究多数是基于田间定位监测测定其保水、保土和效益等一些关键指标，总体上存在技术理论研究滞后于实践探索，尚没有形成科学定量化的评价指标来界定保护性耕作技术。这将导致中国的保护性耕作技术研究与发展存在两大重要障碍，一是由于没有科学的界定指标，以往的研究在研究范畴上过窄、有些基础较好的技术缺乏系统性和针对性，导致了中国保护性耕作关键技术研究上存在许多问题有待于进一步深入研究突破；二是由于缺乏对保护性耕作技术的科学界定，导致保护性耕作技术规范性与区域适用性差，推广与应用受到一定的局限。因此，如何根据不同区域保护性耕作技术（模式）的共性技术原理，设计一套适用性强的技术界定与评价指标是目前保护性耕作技术研究与发展的重大问题。

10.2.1 评价指标

本节根据本书提出的"三少两高"的技术原理，初步对保护性耕作技术界定的共性评价指标进行探讨。

10.2.1.1 "少动土"技术原理与界定评价指标

该原理主要是通过少免耕等技术尽量减少土壤扰动,达到减少土壤侵蚀的效果。根据此原理,保护性耕作技术与非保护性耕作技术的区别必须在土壤耕作上实现"少动土"的目标。因此,本研究设计了"动土指数"(Is)这一综合指标作为界定保护性耕作的"少动土"特征。某项技术必须达到"少动土"(动土指数必须低于传统的耕作方式)的原则,才能纳入保护性耕作技术的范畴。动土指数的内涵是某地区某种农业生产模式(技术)每年的耕作次数及能量投入的总和。能量投入包括机械、畜力、人工等与土壤扰动有关的耗能。具体表达公式如下:

$$Is = \sum_{1}^{n} E_i \tag{10.1}$$

式中:Is 为动土指数;E_i 为第 i 次耕作单位面积的能量投入($i=1,2,3\cdots$);n 为全年耕作次数。

"少动土"是为了避免"多动土"对土壤质量的破坏和生产耗能大等不利影响,动土指数需要进一步通过定位试验验证,分析其与土壤物理结构和生态效益的相关性才能确定其合理的界定范围,不是越低越好。

10.2.1.2 "少裸露"技术原理与界定评价指标

该原理主要是通过秸秆覆盖、绿色覆盖等地表覆盖技术实现地表少裸露,达到减少土壤侵蚀以及提高土地产出效益。少裸露指标值反应的是地表覆盖状况,包括绿色覆盖和秸秆覆盖、薄膜、沙石覆盖等。本研究采用覆盖度指数来计算,覆盖度指标是地表周年覆盖度(YCI_i),不仅包括了作物生长期的覆盖度,也包括了冬春季节的非作物生产期(休闲期)的地表覆盖,具体的计算公式如下:

$$周年覆盖度:YCI_i = \frac{\left(\sum CI_i + \sum MCI_i\right)}{12} \tag{10.2}$$

式中:CI_i 为作物生长期的覆盖度;MCI_i 为休闲期地表覆盖度。

本研究覆盖度的数据主要由科研人员采取目测法对每个月田间的覆盖物情况估算得出。

10.2.1.3 "少污染"技术原理与界定评价指标

此原理是通过合理的作物搭配、耕层改造、水肥调控等配套技术,实现对温室气体、地下水硝酸盐、土壤重金属等对大气环境不利因素的控制。根据此原理,要使保护性耕作农田实现"少污染"的目标,必须通过技术的改进,促进农田碳、氮、磷等物质的高效循环,实现肥、药的减量化以及土壤增碳稳氮能力。因此,可以采用以下 3 个关键指标来评价保护性耕作的这一特征。

(1)减少农药使用量:单位面积农田全年农药投入量减少比例(与对照相比)。

(2)减少化肥使用量:单位面积农田全年化肥投入量减少比例(与对照相比)。

(3)减少温室气体排放:通过单位面积的农资投入来计算其单位面积农资投入带来的农田全年增温潜势,并与对照对比减少的百分数。

本研究主要考虑农机燃烧所释放的二氧化碳和生产农药化肥所释放的二氧化碳以及其使

用造成的潜在污染,根据化学品投入清单,应用生命周期评价法(LCA)来计算其全球增温潜势(GWP),不同温室气体排放当量参数采用联合国政府间气候变化专门委员会(IPCC)标准(CO_2 为 1;N_2O 为 298;CH_4 为 25),化学品投入的排放参数如表 10.1 所示。

表 10.1　我国柴油、化肥、农药生产及使用过程中主要温室气体排放清单

物质名称	CO_2	N_2O	CH_4	CO_2-eq
柴油生产	690.691	0.121	0.645	742.874
柴油燃烧	3 185.005	0.016	0.007	3 189.948
化肥				
纯氮	10 125.555	0.173	0.241	10 183.134
P_2O_5	1 496.488	0.018	0.021	1 502.377
K_2O	973.2	0.027	0.044	982.346
农药原药	—	—	—	18 000

10.2.1.4　"高保蓄"技术原理与界定评价指标

该原理主要通过少免耕、地表覆盖以及配套保水技术的综合运用,达到保水效果。保护性耕作可以改善耕层土壤持水性能,增加土壤有效水。根据此原理,本研究设计了保肥指数、保土指数以及蓄墒指数作为评价"高保蓄"的共性技术界定指标。

(1)保肥指数:先分别计算土壤有机质、全氮、速效磷、速效钾含量,采用全国土壤普查中规定的肥料等级计算(表 10.2)。

表 10.2　全国土壤养分含量等级

肥力级别	有机质/%	全氮/%	速效磷/$\times 10^{-6}$	速效钾/$\times 10^{-6}$
1	>4.0	>0.2	>40	>200
2	3.0~4.0	0.15~0.2	20~40	150~200
3	2.0~3.0	0.10~0.15	10~20	100~150
4	1.0~2.0	0.075~0.10	5~10	50~100
5	0.6~1.0	0.05~0.075	3~5	30~50
6	<0.6	<0.05	<3	<30

注:资料来源于全国土壤普查办公室.中国土壤普查技术.北京:农业出版社,1992。

土壤保肥指数＝0.4×有机质指数＋0.2×全氮指数＋0.2×速效磷指数
＋0.2×速效钾指数单项指数＝(2×丰％＋1×中％＋0×缺％)/2

(2)保土指数:单位面积农田全年减少的土壤流失量/对照的土壤风蚀量。

(3)蓄墒指数:作物生长期平均土壤含水量与对照相比增加的百分数。

10.2.1.5　"高效益"技术原理与界定评价指标

该原理主要是通过保护性耕作核心技术和相关配套技术的综合运用,实现保护性耕作条件下的耕地最大效益产出。根据此原理,本研究设计的评价指标主要包括:

(1)增加产量:指单位面积农田全年作物产量增加的比例。

（2）减少成本（肥、药、水、能）：指单位面积农田全年减少化肥、农药、灌溉以及油品（机械耗油）投入的花费。

（3）减少劳动力消耗：指单位面积农田全年减少劳动时间，可折算成标准工核算。

本研究从广义的保护性耕作技术定义出发，按照"三少两高"的原理，初步设计出了上述几类共性评价指标，可为界定保护性耕作技术提供定量评价的基础。"三少两高"的原理是区别保护性耕作技术与非保护性耕作技术的重要特征，保护性耕作技术必须在五大原理的界定指标上与非保护性耕作技术有明显优势，这些指标在应用过程中需要以田间定位试验相关效果指标的数据进行验证，才能确定其合适的参数范围。

在具体使用过程中还需要结合区域具体情况对指标的测定内容进行调整，注重共性与区域个性的相结合。例如，北方干旱半干旱地区，保护性耕作的主要效果是保水保土，重点关注"少动土"、"少裸露"和"高保蓄"，不一定要求达到高效益；而南方地区的重点更多的是关注"少污染"和"高效益"。在研究与发展农业技术过程中，可以根据共性界定指标，评价其与非保护性耕作技术的区别与生态经济效果，并可对具体某项保护性耕作的技术特征有个清晰的认识，从而为区域农业发展模式技术选择提供科学评价基础。

10.2.1.6　综合保护度评价方法

为了综合分析各种保护性耕作模式的综合特征，本研究基于"三少两高"的技术特征表现，提出了"综合保护度"（C_d，Conservation Degree）综合反映指标，以某种保护性耕作模式的每个具体技术指标与对照模式相应指标相比的提高比例为基础，采用"百分制"的方法计算出该种模式的综合保护度。综合保护度越高，说明该种保护性耕作模式越好。具体可用下式表示：

$$C_d = \sum (p_i)/5 \tag{10.3}$$

$$p_i = \frac{1}{n} \sum_{j=1}^{n} x_{ij} \tag{10.4}$$

式中：p_i 为各二级指标的得分值（本研究为少动土、少裸露、少污染、高保蓄、高效益 5 项指标的得分值）；x_{ij} 为第 i 项二级指标所包含的第 j 项三级指标值，是按照保护性耕作模式各具体指标与对照相比的增加/减少比例计算得到的，按照"百分制"的规则，本研究定义：

$|p_i| \in [0 \sim 100]$，若 $|p_i| \notin [0 \sim 100]$ 则令 $p_i = \pm 100$（$p_i < 0$ 取 $p_i = -100$，否则取 $p_i = 100$）

x_{ij} 若为正效应指标，如高产则指标值乘以 $+1$，如为负效应指标，如农药化肥消耗、动土等则指标值乘以 -1。

10.2.2　中国区域不同保护性耕作模式的技术特征值及其量化分析

10.2.2.1　研究对象

本研究评价的模式对象主要来源于国家"十一五"科技支撑计划重点项目"保护性耕作技术体系研究与示范"（2006BAD15B00）涉及的主要研究示范区。包括了东北、华北、农牧交错带、黄土高原及长江流域五大区域 10 个省 28 种模式。具体模式内容如表 10.3 所示。

表 10.3　不同地区保护性耕作模式名称及其主要内容设计(共计 28 种模式)

区域	省份	种植模式	设计
长江流域	江苏	JS-CT1:水稻—小麦两熟周年全程机械化保护性耕作技术	水稻机械插秧、打药、收获小麦机械播种、打药、收获,秸秆还田
		JS-CK1:水稻—小麦两熟传统耕作技术	水稻人工插秧、打药,小麦人工播种、打药;秸秆还田
	四川	SC-CT1:成都平原麦稻双免耕秸秆还田技术模式	小麦免耕露播稻草覆盖+水稻免耕抛秧
		SC-CK:麦稻翻耕栽培	小麦翻耕+水稻翻耕
	湖南(双季稻区)	HuN-CT1:双季稻—马铃薯结合型保护性耕作技术	早稻留高茬收获后犁地、旋耕、耙地种植晚稻,晚稻收获后秸秆覆盖免耕种植马铃薯
		HuN-CT2:双季稻—黑麦草保护性耕作技术	早稻留高茬收获后犁地、旋耕、耙地种植晚稻,晚稻收获后免耕种植黑麦草
		HuN-CT3:双季稻—紫云英保护性耕作技术	早稻留高茬收获后犁地、旋耕、耙地种植晚稻,晚稻收获后免耕种植紫云英
		HuN-CT4:双季稻—油菜结合型保护性耕作技术	早稻留高茬收获后犁地、旋耕、耙地种植晚稻,晚稻收获后秸秆还田免耕直播油菜
		HuN-CT5:双季稻双免栽培保护性耕作技术	早稻留高茬收获后不耕地直接喷施土壤调理剂疏松表土种植晚稻,收获晚稻后在下季早稻种植前除草、免耕直接喷施土壤调理剂疏松表土
		HuN-CK:双季稻—冬闲翻耕种植	早稻留高茬收获后犁地、旋耕、耙地种植晚稻,晚稻收获后冬季休闲,种早稻前犁地、旋耕、耙地
黄土高原	甘肃	GS-CT1:小麦免耕秸秆还田技术	免耕播种小麦,小麦收获后秸秆粉碎全量还田
		GS-CK1:小麦常规种植技术	翻耕种植小麦,秸秆不还田
		GS-CT2:玉米全膜双垄沟播技术	翻耕、起垄覆膜,在垄沟处种植玉米,地膜能"一膜两用"
		GS-CK2:玉米常规种植技术	翻耕、起垄在垄沟处种植玉米
		GS-CT3:豌豆免耕秸秆还田技术	免耕播种豌豆,豌豆收获后秸秆粉碎还田
		GS-CK3:豌豆常规种植技术	翻耕种植豌豆,秸秆不还田
		GS-CT4:坡耕地地道药材甘草与板蓝根隔带状种植	甘草和板蓝根的带宽均为 1.8 m,带长 5 m。甘草带免耕,板蓝根带少耕,板蓝根带分别与春小麦轮作,甘草带不变
		GS-CK4:坡耕地种植板蓝根	连片种植板蓝根
		GS-CT5:坡耕地地道药材甘草与春小麦带状种植	甘草和春小麦的带宽均为 1.8 m,带长 5 m。甘草带免耕,板蓝根带少耕,春小麦带与板蓝根轮作,甘草带不变,春小麦秸秆还田
		GS-CK5:坡耕地种植春小麦	连片种植春小麦
		GS-CT6:鹰嘴豆与苜蓿隔带种植	苜蓿和鹰嘴豆隔带种植,带宽均为 1.8 m,带长 5 m。苜蓿带免耕,鹰嘴豆带少耕,鹰嘴豆带与马铃薯、春小麦轮作,苜蓿带不变

续表 10.3

区域	省份	种植模式	设计
黄土高原	甘肃	GS-CK6:鹰嘴豆种植	连片种植鹰嘴豆
		GS-CT7:春小麦与苜蓿隔带种植	苜蓿和春小麦隔带种植,带宽均为1.8 m,带长5 m。苜蓿带免耕,春小麦带少耕,春小麦带与马铃薯、鹰嘴豆轮作,苜蓿带不变
		GS-CK7:春小麦种植	连片种植春小麦
		GS-CT8:马铃薯与苜蓿隔带种植	苜蓿和马铃薯隔带种植,带宽均为1.8 m,带长5 m。苜蓿带免耕,马铃薯带少耕,马铃薯带与鹰嘴豆、春小麦轮作,苜蓿带不变
		GS-CK8:马铃薯种植	连片种植马铃薯
		GS-CT9:坡耕地柴胡与小麦带状种植	柴胡和小麦的带宽、带长一致;小麦秸秆还田
		GS-CK9:春小麦种植	连片种植春小麦
华北平原	河北	HeB-CT1:小麦玉米套作两熟旋耕秸秆还田	小麦秸秆机械化覆盖还田,玉米免耕播种,玉米收割后秸秆粉碎旋耕还田,种植小麦,小麦收获前将玉米种到小麦的宽行
		HeB-CK1 小麦玉米两熟深耕秸秆还田	小麦秸秆机械化覆盖还田,玉米免耕播种,玉米收割后秸秆粉碎深耕还田,种植小麦
	山东	SD-CT:小麦玉米套作两熟旋耕还田	玉米收割后秸秆粉碎旋耕还田,种植小麦,小麦收获时秸秆还田
		SD-CK:小麦玉米两熟深耕秸秆还田	玉米收割后秸秆粉碎深耕还田,种植小麦,小麦收获时秸秆还田
东北地区	吉林	JL-CT1:玉米留茬垄侧播种	玉米收获后留茬15 cm,下次播种时在垄侧播种
		JL-CT2:玉米宽窄行交替休闲种植	宽行90 cm,窄行40 cm,秋收时对宽行旋耕窄行免耕,下次播种时在宽行播种
		JL-CT3:玉米留茬直播技术	均匀垄种植,玉米收获后不灭茬,下次原垄播种
		JL-CT4:玉米灭高茬深松整地种植技术	均匀垄种植,玉米留茬30 cm,深松耕起垄镇压,来年春天直接播种
		JL-CK:玉米均匀垄种植方式	垄距65 cm,均匀垄种植,玉米收获秸秆不还田
	黑龙江	HNJ-CT1:玉米留茬免耕播种机械化少耕模式	前作作物收获后留高茬越冬,春季原垄免耕播种玉米,苗期垄沟深松
		HJ-CK1:玉米深耕	前茬作物收获后秸秆不还田,深耕,春季重新起垄播种玉米
		HJ-CT2:大豆留茬免耕播种机械化少耕模式	前作作物收获后留茬越冬,春季原垄施肥播种大豆,苗期垄沟深松
		HJ-CK2:大豆深耕	前茬作物收获后秸秆不还田,深耕,春季重新起垄播种大豆

续表 10.3

区域	省份	种植模式	设计
农牧交错带	河北	HeB-CT2:(林与作物间作)南瓜	林带间离林带 2 m 和 4.5 m 处种植小南瓜,每个带间种植 3 行,南瓜覆膜种植
		HeB-CT3:(林与作物间作)亚麻	林带间离林带 2 m 和 4.5 m 处种植亚麻
		HeB-CK3:莜麦(对照)	莜麦单作
	内蒙古	NMG-CT1:马铃薯与燕麦带状留茬间作	马铃薯、燕麦带宽相同,燕麦留茬种植马铃薯秸秆全量还田,马铃薯与燕麦轮作
		NMG-CK1:普通连片种植马铃薯、燕麦(对照)	马铃薯、燕麦单作
	宁夏	NX-CT1:沙田种植西瓜	深耕、施肥铺砂播种
		NX-CK:油葵	裸地种植油葵

10.2.2.2 结果分析

1.东北平原

东北平原地域辽阔,土壤肥沃,是我国玉米的主要生产基地。近年来,随着土地的不断开垦,东北平原的土壤不断退化,因此高保蓄的种植业是实现东北平原农业可持续发展的重要内容。本研究选取吉林省 4 种玉米保护性耕作模式和黑龙江大豆、玉米留茬免耕的保护性耕作技术为例来综合分析评价保护性耕作带来的效应。

表 10.4 东北平原保护性耕作模式的五大指标值

综合得分值	JL-CT1	JL-CT2	JL-CT3	JL-CT4	HLJ-CT1	HLJ-CT2
少动土	67.6	20.6	65.6	14.7	44.9	44.9
少裸露	17.5	23.1	22.9	15.2	0.0	0.0
少污染	−15.0	−15.2	−15.0	−15.3	15.5	−33.4
高保蓄	63.2	41.1	65.3	42.6	19.8	26.4
高效益	9.6	10.4	11.7	10.0	29.8	31.0
综合保护度	28.6	16.0	30.1	13.4	22.0	13.8

注:JL-CT1 表示玉米留茬垄侧种植技术;JL-CT2 表示玉米宽窄行交替休闲种植技术;JL-CT3 表示玉米留茬直播种植技术;JL-CT4 表示玉米灭高茬深松整地种植技术;HLJ-CT1 表示大豆留茬免耕播种机械化少耕模式;HLJ-CT2 表示玉米留茬免耕播种机械化少耕模式。

由表 10.4 可以明显看出,吉林省研究提出的 4 种保护性耕作模式的综合保护度表现出较大的差异,其中 JL-CT3 玉米留茬直播种植技术模式的综合保护度最高,为 30.1;其次是 JL-CT1 玉米留茬垄侧种植技术,为 28.6;JL-CT2 玉米宽窄行交替休闲种植技术的综合保护性显著低于前两种模式,为 16.0;JL-CT4 玉米灭高茬深松整地种植技术模式的综合保护度最低,为 13.4。从"三少两高"的分项指标得分,结合上文的详细分析可以看出,后两种模式综合保护度低于前两种的原因主要是其"少动土"、"少污染"、"高保蓄"三项指标的表现较差。综合吉林省 4 种玉米保护性耕作模式的五大指标值可以看出,4 种模式的高保蓄值均表现良好,达到了 41.1～65.3,其中土壤水分提高了 7.7%～15.8%,土壤养分综合指标提高了 35.7%～131.4%,JL-CT1 和 JL-CT2 模式提高的幅度较高养分提高了 131.4% 和 128.8%。

黑龙江大豆、玉米留茬免耕的保护性耕作技术均表现一定的保护性,其中大豆留茬免耕的综合保护度高达 22.0,玉米留茬免耕的为 13.8;二者在减少土壤扰动方面均有一定的效果,均提高了土壤的高保蓄指标值,其中玉米高保蓄值达到 26.4,大豆为 19.8,具有良好的土壤保蓄能力;两种保护性耕作模式的高效益指标值均达到 39.7;但是玉米留茬免耕由于农药使用量的增加使得少污染的指数为负值。

以上 6 种模式的保护性耕作模式的综合保护度均较高,土壤保蓄指数和高效益指标均达到了较高的水平,6 种模式均具有较好的效应。

2. 华北平原

华北平原地区属于温暖带湿润或半湿润气候,冬季干燥寒冷,夏季高温多雨,春季干旱少雨,蒸发强烈。春季旱情较重,夏季常有洪涝,华北平原地区农业长期受到干旱、洪水、沥涝盐碱和风沙的危害。高保蓄、高效益种植模式有利于华北平原种植业的可持续发展。本研究选取河北和山东的两种小麦—玉米种植模式,尝试分析各种模式的优劣。

表 10.5 华北平原保护性耕作的五大指标值

综合得分值	HeB-CT1	SD-CT1
少动土	22.1	−42.7
少裸露	0.0	2.9
少污染	−0.2	−0.3
高保蓄	−2.5	20.7
高效益	−1.6	4.9
综合保护度	3.6	−2.9

注:HeB-CT1 表示小麦玉米套作旋耕秸秆还田;SD-CT1 表示小麦—玉米秸秆还田保护性耕作技术。

计算结果显示(表 10.5),以上两种小麦—玉米种植模式的综合保护度均不高,SD-CT1 小麦—玉米秸秆还田保护性耕作技术表现为一定的负效应。

HeB-CT1 小麦玉米套作旋耕秸秆还田表现一定的保护性,但综合保护度值不高仅为 3.6;保护性耕作的五大指标值中除了少动土指标值为正值 22.1 外,其余指标值均为负值,其中由于增加了耗电量使得少污染指标值为负值;土壤含水量的下降使得高保蓄指标值也为负值为 −2.5;保护性耕作技术的小麦产量较传统的深耕有所下降(下降了 10.1%),使得高效益指标值也为负值。

山东地区的 SD-CT1 小麦—玉米秸秆还田保护性耕作技术的综合保护度值为负值 −2.9;主要原因是其耙地后旋耕两遍使得动土能耗耗能较高,动土指数的负效应值达到了 −42.7,同时由于机械的投入,机械耗油量增加,温室气体排放也增加了 0.8%。但是 SD-CT1 模式的土壤保蓄指标较高,提高了 5.7% 的土壤水分和 35.6% 的土壤养分。SD-CT1 模式能降低 12.8% 的劳动力消耗,而且能提高 7.8% 的小麦产量和 5.0% 的玉米产量,总收入达到 1.7 万元/hm²,比对照提高了 8.2%,值得借鉴。

3. 黄土高原

黄土高原的气候较干旱,植被稀疏,生态系统十分脆弱,水土流失严重。因此保持土壤水分和养分是黄土高原区种植业追求的重点。近几年来随着农业科技的不断进步,人们不断尝试减少水土流失的途径。本研究主要引用甘肃地区的 9 种保护性耕作模式,以土壤高保蓄和高效益为主要内容来综合分析 9 种模式的优劣。

表 10.6 显示 9 种保护性耕作模式的"综合保护度"各不相同,9 种模式的综合保护度均较高。其中 GS-CT7 春小麦与苜蓿隔带种植与 GS-CT8 马铃薯与苜蓿隔带种植的综合保护度最高,分别为 52.6 和 52.3。其次为 GS-CT6 鹰嘴豆与苜蓿隔带种植达到 41.5,其余模式的综合保护度均大于 20,有明显的保护性。

表 10.6 黄土高原保护性耕作模式的五大指标值

综合得分值	GS-CT1	GS-CT2	GS-CT3	GS-CT4	GS-CT5	GS-CT6	GS-CT7	GS-CT8	GS-CT9
少动土	53.5	2.5	53.5	47.1	72.7	72.7	80.6	47.1	23.8
少裸露	100.0	100.0	100.0	71.4	100.0	100.0	100.0	100.0	100.0
少污染	−34	0	0	0	−59.2	−45.3	0	26.5	−14.9
高保蓄	12.4	0.8	21.6	19.7	13.2	11.1	10.8	13.1	21.6
高效益	5.2	8.6	10.7	17.3	2.7	68.9	71.5	74.9	−5.9
综合保护度	27.4	22.4	37.2	31.1	25.9	41.5	52.6	52.3	24.9

注:GS-CT1 表示小麦免耕秸秆还田技术;GS-CT2 表示玉米全膜双垄沟播技术;GS-CT3 表示豌豆免耕秸秆还田技术;GS-CT4 表示坡耕地地道药材甘草与板蓝根隔带种植;GS-CT5 表示坡耕地地道药材甘草与春小麦带状种植;GS-CT6 表示鹰嘴豆与苜蓿隔带种植;GS-CT7 表示春小麦与苜蓿隔带种植;GS-CT8 表示马铃薯与苜蓿隔带种植;GS-CT9 表示坡耕地柴胡与小麦带状种植.

本研究选取的 9 种模式中,土壤保蓄指数最高的是 GS-CT9 坡耕地柴胡与小麦带状种植和 GS-CT3 豌豆免耕秸秆还田技术达到了 21.6,其次为 GS-CT5 为坡耕地地道药材甘草与春小麦带状种植和 GS-CT8 马铃薯与苜蓿隔带种植;GS-CT2 玉米全膜双垄沟播技术的土壤保蓄指数较低。其中保水指数提高幅度最大的是 GS-CT1 小麦免耕秸秆还田技术,提高了 11.6%,保肥指数提高幅度最大的是 GS-CT5 坡耕地地道药材甘草与春小麦带状种植,提高了 15.9%。由于 9 种模式的高覆盖,土壤流失量均有所减少,与对照相比减少幅度最大的是坡耕地甘草与板蓝根隔带种植模式,减少了 45.6% 的土壤流失约 2.6 t/hm²;其次是坡耕地甘草与春小麦隔带种植模式,减少了 33.9% 的土壤流失约 3.7 t/hm²。

在高效益方面,9 种模式均表现出一定的优越性。其中 GS-CT6 鹰嘴豆与苜蓿隔带种植与 GS-CT7 春小麦与苜蓿隔带种植的高效益值较高,分别达到了 71.5 和 74.9,在纯收入上分别高于对照 4 668.4 元/hm² 和 5 559.8 元/hm²。在劳动力消耗方面 9 种模式中仅 GS-CT2 玉米全膜双垄沟播技术模式的劳动力消耗降低了 2.8%,GS-CT7 春小麦与苜蓿隔带种植与 GS-CT8 马铃薯与苜蓿隔带种植的劳动力消耗未变,其余模式的劳动力消耗均大幅度增加。虽然 GS-CT5 坡耕地地道药材甘草与春小麦带状种植的劳动力消耗提高了 2 倍,其提高的幅度最大,但是其劳动力消耗的绝对量并不是最高的,劳动力消耗最大的是 GS-CT2 玉米全膜双垄沟播技术,达到 132.2 元/(hm² · d)。

9 种保护性耕作模式的动土指数除了 GS-CT7 为春小麦与苜蓿隔带种植外,其余均为负值,主要原因是在降低动土次数的同时也降低了动土耗能,二者的比例相比于对照反而增加了,使得动土指数的效应值为负。

4. 北方农牧交错带

北方农牧交错带植被是我国防风固沙的天然屏障,良好的植被能有效减少风沙的危害。多年来,人们不断地尝试不同的种植方式试图在减少土壤流失的同时能增加经济效益。本研究选取河北榆树林与农作物间作模式,内蒙古的马铃薯与燕麦间作模式,宁夏砂田甜瓜种植模

式共 4 种模式为研究对象,综合分析不同保护性耕作的优劣。结果显示(表 10.7):

表 10.7 北方农牧交错带保护性耕作模式的五大指标值

综合得分值	HeB-CT1	HeB-CT2	NMG-CT1	NX-CT1
少动土	−15.0	0.0	70.2	−100.0
少裸露	56.9	19.0	100.0	100.0
少污染	4.5	10.5	15.0	−100.0
高保蓄	14.9	6.3	29.6	50.9
高效益	100.0	54.2	39.5	100.0
综合保护度	15.3	18.0	50.9	10.2

注:HeB-CT1 表示榆树林与南瓜间作;HeB-CT2 表示榆树林与莜麦间作;NMG-CT1 表示内蒙古马铃薯与燕麦间作;NX-CT1 表示宁夏砂田种植甜瓜。

HeB-CT1 榆树林与南瓜间作模式在离林带 2 m 和 4.5 m 处种植小南瓜,每个带间种植 3 行,南瓜覆膜种植。其综合保护度较高为 15.3,其中的高效益得分很明显,覆盖度得分也很高。而相比之下,与莜麦间作 HeB-CT2 的综合保护度表现为 18.0,在土壤保持方面,由于南瓜有地膜覆盖,其土壤保持能力有所提高,从而降低了 41.9% 的土壤流失。

NMG-CT1 马铃薯与燕麦间作综合表现为较高的保护性,综合保护度为 50.9,其中保护性耕作的覆盖状况较好,贡献较大,其次为保护性耕作的动土指数。由表还可以看出,保护性耕作能减少污染还能增加作物产量提高经济效益。

砂田是我国西北干旱地区经过长期生产实践形成的一种世界独有的保护性耕作方法,通过田面覆盖鹅卵石或混合砂石,可起到明显的增渗、减蒸、保温、抗蚀作用,因而可有效提高降水利用效率,活化土壤潜在肥力,增加作物产量,同时还有明显的生态防护效果。本研究选取宁夏中西部的中卫市环香地区的甜瓜砂田种植和油葵传统种植两种耕作方式作为研究对象。研究表明 NX-CT1 沙田种植甜瓜的综合保护度为 10.2,虽然动土指数和污染指数均为负效应值,但是其地表覆盖高,从而减少了 54.9% 的土壤流失,增加了 55.6% 的土壤水分和 42.2% 的土壤养分,且比常规种植油葵的纯收入提高了 2.8 倍,达到了 7 500 元/hm²。

综合来看,不同地区的保护性耕作模式各不相同,与传统的生产方式对比,综合保护度大部分表现出了一定"保护性"效果。但是,从评价结果来看,不同模式的表现存在一定的差异,因此,在技术推广示范的选择上应该优先选择综合保护度相对高的模式,对于综合保护度较低的模式,应该进一步加强技术研究以完善该技术模式。

5. 长江流域

长江流域平均年降水量 1 067 mm,虽然降雨分布不均但大部分地区雨水较为充足,且雨热同季,是我国重要的农产品生产基地。

在长江流域逐渐形成了以追求经济高效益和少污染为主的种植模式。本研究选取江苏、成都和湖南稻区的 7 种稻田保护性耕作模式进行综合评价分析。

由表 10.8 可知,上述 7 种模式的综合保护度均为正值,即均不同程度地表现出一定的保护性,但是不同地区不同模式其优势各不相同。

本研究选取江苏和成都地区的保护性均为麦—稻栽培模式,JS-CT1 为麦—稻全程机械化耕作模式,SC-CT1 为麦—稻双免栽培,二者相比,SC-CT1 麦—稻双免栽培的综合保护度较高。

表 10.8　长江流域保护性耕作模式的五大指标值

综合得分值	JS-CT1	SC-CT1	HuN-CT1	HuN-CT2	HuN-CT3	HuN-CT4	HuN-CT5
少动土	34.5	84.3	−2.4	−2.4	−2.4	−2.4	80.9
少裸露	0.0	30.4	32.0	28.2	16.9	28.2	5.9
少污染	−16.3	−12.0	−45.3	−4.8	7.4	−9.9	−14.3
高保蓄	6.5	19.6	16.1	13.2	4.8	9.1	2.1
高效益	25.7	22.2	100.0	53.4	25.9	55.0	18.7
综合保护度	10.1	28.9	20.1	17.5	10.5	16.0	18.7

　　注:JS-CT1 表示麦—稻全程机械化耕作模式;SC-CT1 表示麦—稻双免栽培;HuN-CT1 表示双季稻—马铃薯栽培模式;HuN-CT2 表示双季稻—黑麦草模式;HuN-CT3 表示双季稻—紫云英模式;HuN-CT4 表示双季稻—油菜模式;HuN-CT5 表示双季稻双免栽培模式。

　　麦—稻双免栽培的动土指数为正效应值且较麦—稻全程机械化耕作高,对土壤的扰动小。麦—稻双免栽培的覆盖度指数也较常规翻耕高。在污染方面由于两种模式分别不同程度地增加了化肥和农药的使用,所以污染指数均表现为一定的负效应,分别达到了 −16.3 和 −12.0,对环境的污染较强。

　　在保蓄方面,麦—稻双免栽培的保蓄指数较麦—稻全程机械化耕作模式的高,尤其是在保持土壤肥力方面。在高效益方面,江苏的年纯收入为 1.5 万元/hm² 比对照提高了 5 012.7 元/hm²,成都的年纯收入在 2.1 万元/hm²,比对照提高了 3 461.8 元/hm²,但是麦—稻双免栽培减少了 37.4% 劳动力消耗。

　　湖南双季稻区的五种保护性耕作模式的五大指标值各不相同,在少污染、高保蓄、高效益方面的效应值也各不相同。HuN-CT1 双季稻—马铃薯模式的综合保护度最高,其主要原因是此模式的高效益和高保蓄两项指标的值均高于其他四种模式,分别为 100.0 和 16.1,表明双季稻—马铃薯种植模式有较高的效益和良好的土壤保蓄能力。但是由于增加了马铃薯种植,HuN-CT1 模式的农药化肥使用量也相应增加了 54.2% 和 52.3%,HuN-CT1 的少污染指标值为负值,达到了 −45.3,是五种模式中负效应最强的,表明双季稻—马铃薯对环境的毒害作用较强。

　　综合保护度居其次的是 HuN-CT5 双季稻双免模式的综合保护度、HuN-CT2 双季稻—黑麦草与 HuN-CT4 双季稻—油菜种植模式,分别达到了 18.7、17.5 和 16.0。后两者的土壤保蓄指数均为 28.2,表明这两种模式对土壤的保蓄能力较强,能够保持良好的土壤水分和养分环境;由于二者的经济效益和劳动生产率较高,其高效益指标值分别达到了 53.4 和 55.0。在少污染方面 HuN-CT2 与 HuN-CT4 两种模式对环境也表现为一定的毒害作用分别达到了 −4.8 和 −9.9,这部分毒害作用主要是尿素和农药的增量投入导致的。HuN-CT5 模式的土壤保蓄指数最低为 2.1,其对土壤的水分和养分保持能力没有其他四种模式的效果好。但是不可否认的是双季稻双免栽培能节约 10.2% 的劳动力消耗,是五种模式中唯一减少劳动力消耗的模式。

　　HuN-CT3 双季稻—紫云英模式的综合保护度为 10.5,其在少污染、少裸露、高保蓄和高效益方面的效应值均为正值,即能减少环境污染、增加年均地表覆盖,具有较好的土壤水分和养分保持能力,且具有较高的经济效益(相比于冬闲种植)。

　　综合上述 7 种模式的特点可以发现 7 种模式除了双季稻—紫云英种植模式外,其余模式的少污染指标值均为负值。其中 HuN-CT1、HuN-CT3 与 HuN-CT5 由于分别加量使用了 71.8% 的化肥和 54.2% 的农药,其污指数较低为 -16.3、-45.3 和 -14.3。如有毒害作用较低的农药可代替,这几种模式的综合保护度会有所提高。

10.2.2.3　主要结论

保护性耕作模式总体上符合保护性耕作的技术原理,但不同区域、不同模式之间的技术特征表现差异较大,需要针对具体区域、具体模式的技术特征表现,进一步研究完善,提高各模式的综合保护度。

(1)通过不同区域的 28 种保护性耕作模式的综合分析,各区域保护性耕作模式的综合保护度有 27 种模式为正值,即表现出一定保护性,但是不同保护性耕作模式在五大指标上的表现各不相同。

(2)在"少动土"方面,除了少数几种模式的少动土指数的得分值为负值外,其余模式均不同程度地降低了对土壤的扰动,对土壤有很好的保护作用。

(3)在"少裸露"方面,保护性耕作模式基本采用秸秆或地膜覆盖,提高了地表覆盖度,使得大部分保护性耕作模式的"少裸露"得分值均很高,尤其在黑龙江、甘肃、宁夏、内蒙古等地,保护性耕作模式由于常年有秸秆覆盖,其覆盖度的得分值达到 100.0。有个别保护性耕作模式的对照也采用了秸秆还田使得保护性耕作的"少裸露"得分值为"0"。

(4)在"少污染"方面,整体表现不容乐观。28 种模式中仅有 8 种模式的少污染得分值为正值,4 种模式的得分值为 0,其余 16 种模式的少污染得分值均为负值,即相比于各自的对照大部分保护性耕作模式增加了对环境的潜在毒害和污染作用。其中,由于增加了化肥投入而带来负面影响的占绝大多数,另外由于少免耕和增加冬季作物而增加农药使用的占其次,由于机械化程度较高而加大耗油量的占比例较少。

(5)在"高保蓄"方面,保护性耕作模式除 1 种模式外其余模式均无一例外地表现出了良好的土壤保持能力(土壤水分保持、土壤养分保持以及减少水土流失)。高保蓄得分值区间为 0.8～63.2,其中有 21 种模式的高保蓄得分值大于 10.0,表现出了极高的土壤保持能力。

(6)在"高效益"方面,不同模式之间差别较大。有的保护性耕作模式由于种植作物的经济效益较高使得高效益的得分值很高,如宁夏砂田甜瓜种植模式,湖南双季稻—冬季作物种植模式,甘肃的粮草豆种植模式和河北坝上林下间作模式,其高效益得分值均高于 50.0;有的模式由于提高了作物产量,同时降低了生产成本而提高了高效益得分值,如吉林玉米保护性耕作的 4 种模式、黑龙江的 2 种留茬免耕播种机械化模式、湖南的双季稻双免模式等。本研究中的 28 种模式仅河北平原地区的小麦产量比对照低,其余模式的作物产量均高于对照。保护性耕作模式高效益得分值较低的模式大部分是由于保护性耕作模式提高了劳动力消耗和生产成本所致。不同耕作模式在劳动力消耗方面表现不同,本研究中的大部分保护性耕作模式由于增加栽培了新的作物(相比于对照)其劳动力消耗大部分有所增加,但劳动生产率也有所增加;有的模式由于采用少免耕或机械化而降低了劳动力消耗,如湖南的双季稻双免栽培和黑龙江的留茬免耕播种,但有部分由于秸秆还田、铺地膜或秒沙时需要消耗一定的劳动力使得总体的劳动力消耗大大提高。本研究中的保护性耕作模式有约 20 种模式的成本有一定程度的降低,其余模式的成本由于增加了农资(农药、化肥、地膜)的投入和劳动力的消耗而有所增加。

本研究从广义的保护性耕作技术定义出发,按照"三少两高"的原理,初步设计出共性评价指标,可为界定保护性耕作技术提供定量评价的基础。"三少两高"的原理是保护性耕作技术区别于非保护性耕作技术的重要特征。应用该指标体系还可对具体某项保护性耕作的技术特征有个清晰的认识,从而对区域农业发展模式技术选择提供科学评价基础。

当前中国保护性耕作要突出中国的不同区域特点,要针对区域关键问题,以五大原理为指导,要在具体研究、开发、完善区域适合的保护性耕作技术过程通过共性关键技术与配套技术的有效组合,形成区域特色保护性耕作技术体系。

10.3 保护性耕作的生态服务价值评估

10.3.1 农业生态系统服务价值评价指标和核算方法

农业生态系统服务是指农业生态系统及其生态经济过程向人类所提供的一系列功能与效益和所维持的人类赖以生存的环境。其内涵包括农业生态系统提供农产品和各种原材料的生物生产功能、提高产品品质,改善人民生活质量功能、调节净化功能、土壤保持功能、水分调节功能、养分循环与贮存功能、维持生物多样性及基因资源功能、传粉播种功能、病虫草害控制功能以及景观审美价值等。

关于生态系统服务功能的价值表现类型,目前普遍采用直接利用价值、间接利用价值、选择价值和存在价值的分类方法(欧阳志云,1999,2000)。本研究将农业生态系统服务的价值类型采用国际上生态系统服务价值的普遍分类方法(UNEP,1991;欧阳志云,2000),将其分为使用价值与非使用价值。使用价值分为直接使用价值和间接使用价值;非使用价值分为存在价值、选择价值和遗产价值。各类价值测算可供选择的方法参考10.9(陈源泉,2006)。

表 10.9 农业生态系统服务价值测算可以选择的方法

价值类型		指标	可以选择的方法
使用价值	直接使用价值	农副产品	市场价格法
	间接使用价值	大气调节	造林成本法、工业制氧法、C税法
		环境净化	替代成本法、损失花费法
		土壤保持	影子价格法、市场价格法
		养分循环	市场价格法
		水分调节	替代工程法、市场价格法
		传粉播种	替代成本法、损失花费法
		病虫草害控制	损失花费法
		生物多样性	揭示意愿法
		景观、娱乐、文化	旅游花费法、享乐价格法
非使用价值			揭示意愿法

目前对生态系统服务价值估测的方法繁多,不同系统使用的方法和指标也极不统一。有些方法和指标不适合农业生态系统的评价。这一方面是由于生态系统本身功能与结构复杂多样,另一方面是生态系统类型多样,很难用统一的方法和指标。从评价技术难度看,使用价值

是目前比较容易实现的,而其他几种价值类型评价难度较大,因此大多数研究基本没有涉及,只是从理论上阐述其价值的存在并探讨了揭示意愿法在评价这些价值的可行性,实际使用还有一定难度。

本研究从技术的可行性和数据的可获得性出发,重点选择农业生态系统的产品服务价值(直接服务价值)和大气调节与环境净化、水土保持、养分循环、景观娱乐等间接服务价值为指标进行测算方法筛选探讨上(表10.9)。

10.3.1.1 农业生物产品服务价值评价

利用市场价值法,计算农业生物的生物量及目标经济产量的价值:

$$Vep = (P + B) \times p \tag{10.5}$$

其中农业生物的生物量与其经济产量的关系为:

$$B = P \times (1 - w) / r \tag{10.5'}$$

式中:Vep 为农业生物产品服务价值;B 为农业生物的生物量;P 为经济产量;p 为产品价格;w 为经济产量含水率;r 为经济系数。

10.3.1.2 大气调节服务价值评价

根据各部门统计资料,运用恢复费用法估算农业生态系统吸收 CO_2 和释放 O_2 的大气调节功能价值。利用农业生态系统的净初级生产力数据,计算得到农业生态系统类型的净初级生产量,根据光合作用方程式,生态系统每生产 1.00 g 植物干物质能固定 1.63 g CO_2 而推算出各生态系统固定 CO_2 的量,再换算成纯碳量。然后使用造林成本法(中国造林成本 260.90 元/t C,1990 年不变价)和碳税法(瑞典碳税率 150 美元/t C)估算各生态系统固定 CO_2 的价值。

另据光合作用方程式可知生态系统每生产 1.00 g 植物干物质能释放 1.20 g O_2,从而推算出农业生态系统释放 O_2 的量。再使用造林成本法(中国造林成本 352.93 元/t O_2)和制氧工业成本法(0.40 元/kg)估算出各类生态系统释放 O_2 的价值。

公式表达如下:

$$Var = NPP \times \left(1.63 \times \frac{12}{44} \times p_c + 1.20 \times p_{o_2} \right) \tag{10.6}$$

式中:Var 为农业生态系统大气调节服务的价值;NPP 为农业生态系统的净初级生产量;p_c 为碳的造林成本或碳税率;p_{o_2} 为氧气的造林成本或制氧工业成本。

10.3.1.3 环境净化价值评价

农业生态系统的环境净化服务价值主要体现对空气污染物、农业废弃物、农业污水灌溉的吸收、滞留或消化等功能上。其价值可用公式表达如下:

$$Vec = Vec_1 + Vec_2 + Vec_3 \tag{10.7}$$

式中:Vec 为农业生态系统的环境净化服务价值;Vec_1 为农业生态系统的空气净化服务价值;Vec_2 为农业生态系统对农业有机废弃物处理与吸收的服务价值;Vec_3 为农业生态系统净化污水的价值。

1. 净化空气

农业生态系统的净化空气的服务主要体现在吸收 SO_2、HF、NOx、粉尘等空气污染物和灰尘的滞纳作用。运用替代法和防护费用法计算出农业作物净化大气环境的价值。公式表达如下：

$$Vec_1 = \sum_{i=1,j=1}^{n} (A_i \times C_{ij}) \times p_j \tag{10.7'}$$

（i＝农作物、果树、蔬菜等；j＝SO_2、HF、NOx、粉尘等）

式中：Vec_1 为农业生态系统的空气净化服务价值；A_i 为 i 类型农业生态系统的面积；C_i 为 i 类型农业生态系统对 i 种污染物的净化能力；p_j 为 j 种污染物的人工净化处理成本。

2. 废弃物处理与吸收

目前对畜禽废弃物的处理与利用还缺少低成本的有效技术，利用粪肥等有机废弃物的主要方式还是直接施入农田土壤。不同类型畜禽的粪便的肥效养分差异较大，可以统一换算成猪粪当量。根据农业生态系统的作物经济产量水平和需氮系数确定各种作物所需氮量，再根据畜禽粪便的氮养分含量估算出特定生产条件下各类作物农田所能消纳的最大畜禽粪便量。如果没有农田这种特有的消纳降解功能，那么为了减少畜禽粪便污染环境，需要对其进行净化处理。目前一般将畜禽粪便加工处理成有机肥料，进行循环利用，其处理成本直接体现在有机肥料价格中。农田对畜禽粪便的消纳净化相当于天然粪便资源化处理。因此，可以用有机肥价格作为农田处理废弃物的替代价格（杨志新等，2005）。具体可用公式表达如下：

$$Vec_2 = A_i \times M_i \times p \tag{10.7''}$$

式中：Vec_2 为农业生态系统对农业有机废弃物处理与吸收的服务价值；A_i 为 i 类型农业生态系统的面积；M_i 为 i 类型农业生态系统的畜禽粪便消纳量；p 为工业处理畜禽粪便的成本。

3. 污水净化

随着农业水资源的紧张，各地采用调污灌溉的办法比较普遍。使用适量污水科学灌溉一定程度上可缓解农业用水和水资源的短缺，在利用水肥资源的同时还能降解水中的有害物质，使污水得到一定程度的净化。可以采用影子工程法计算此价值，计算公式如下（杨志新等，2005）：

$$Vec_3 = VOL \times p \tag{10.7'''}$$

式中：Vec_3 为农业生态系统净化污水的价值；VOL 为农业实际年污灌量；p 为处理污水的费用。

10.3.1.4　土壤保持价值评价

土壤保持价值以下式计算（肖寒，欧阳志云等，2000）：

$$Vsm = Vsm_1 + Vsm_2 + Vsm_3 \tag{10.8}$$

式中：Vsm_1 为土壤肥力保持价值估算；Vsm_2 为减少土地废弃价值；Vsm_3 为减轻泥沙淤积价值估算。

$$Vsm_1 = \sum_{i}^{n} (A_c \times C_i \times p_i) \tag{10.8'}$$

式中：A_c 为土壤保持量；C_i 为土壤中的氮、磷、钾的纯含量；p_i 为氮、磷、钾的价格。

$$Vsm_2 = A_c \times I / (0.6 \times 10\,000\rho) \tag{10.8''}$$

式中:Vsm_2 为减少土地废弃的经济效益(元/a);A_c 土壤保持量(t/a);I 林业年均收益(元/hm²);ρ 为土壤容重(t/m³);0.6 为土层平均厚度(m)。

$$Vsm_3 = 24\% \times A_c \times C \div \rho \tag{10.8'''}$$

式中:24%是根据我国土壤侵蚀流失的泥沙有 24%淤积于水库、江河、湖泊确定为本公式常数;Vsm_3 为减轻泥沙淤积经济效益(元/a);A_c 为土壤保持量(t/a);C 为水库工程费用(元/m³);ρ 为土壤容重(t/m³)。

10.3.1.5　水分贮存价值评价

水分保持价值可以根据农田土壤田间持水量的数据,算出其 2 m 土层平均持水量,然后乘以各自的面积得到各自的持水量。采用替代工程法,以水库蓄水成本来计算得到农业生态系统的持水价值。

采用差值法,以有作物覆盖的土壤持水量减去裸地土壤持水量,计算农田土壤的水分贮存价值。公式表达如下:

$$Vws = (W_i - W_0) \times P_w \times A_i \tag{10.9}$$

式中:Vws 为生态系统涵养水源的价值;W_i 为某种作物覆被条件下土壤的水分含量;W_0 为裸地土壤水分含量;P_w 为水价(元),可根据影子工程代替法,以全国水库建设平均投入成本费替代;A_i 为植被分布面积。

10.3.1.6　传粉播种价值评价

可以通过文献检索或实地调查研究,运用替代法和市场价值法,通过昆虫(如蜜蜂等)传粉的农作物产量的数据与没有通过授粉的作物对比,提高产量的经济价值即为农业生态系统传粉服务功能的服务价值。

10.3.1.7　病虫草害防治价值评价

采用损失花费法或替代法,调查或通过文献资料检索,确定农业生态系统每年花费在农业病虫草害防治的费用,以此来替代农业生态系统病虫草害控制的服务价值。

10.3.1.8　生物多样性及景观、娱乐、文化价值评价

采用意愿调查法和旅游花费法确定农业生态系统在这方面的研究。具体测算时可考虑区域农业观光旅游收入来表示农业生态系统景观、娱乐价值;对于文化价值可以采用区域农业相关的出版物的价值来表示。目前对生态系统这类服务价值的研究材料和方法很少,有些研究由于方法等原因不做计算,有待进一步探讨和研究。

10.3.1.9　非使用价值评价

包括农业生态系统的存在价值、遗产价值和选择价值。此价值目前大多建议采用意愿调查法来研究,因此,本研究初步建议用当地农户每人每年的生活消费价值来计算。因为当地特定的农业生态系统至少维持了当地人的生活需求,如果该系统没有能力支撑该需求,那么当地人就只好移居它地了。

10.3.2　案例 1:四川成都平原稻田保护性耕作生态服务价值评估

保护性耕作在增加农产品收益、涵养水分、增加土壤有机质和养分含量、调节农田大气结

构等方面具有明显的作用。近几年该技术在四川稻区也得到广泛推广使用而且发展迅速,其特点是模式多样、效益明显。本章参考了相关研究,并结合四川盆地保护性耕作条件下稻田生态系统的实际,选取有代表性、推广面积较大的油—稻—芋(水稻油菜秸秆还田双免耕秋种马铃薯,简称油—稻—芋)、麦—稻(水稻小麦秸秆还田双免耕,简称麦—稻保护性耕作)等多熟高效保护性种植模式为例,与相应的传统模式(传统麦—稻耕作和传统油—稻耕作)相比较。同时选取其中的部分服务功能项目并主要考虑其正面影响,评估其服务功能价值。

10.3.2.1 价值核算

1. 农产品服务价值

本研究选取稻田保护性耕作条件下多熟高效种植模式的一个生产周期,利用市场价值法,以农产品的净增价值表示该模式提供的农产品服务价值。其中产量数据由彭山县土肥站提供,其他相关数据来源于农户调查和四川省农业统计年鉴。

劳动力以 20 元/d 计算。油—稻传统耕作按稻 6 个、油 8 个工作日计算;油—稻—芋保护性耕作分别按油 5 个、稻 15 个、芋 8 个工作日计算;麦—稻传统耕作按稻 6 个、麦 5 个工作日计算;麦—稻保耕按稻 5 个、麦 4 个工作日计算。机械投入按油—稻模式 2 400 元/hm²(含水稻的收割、耕种和油菜的耕种),麦—稻传统耕作 3 000 元/hm² 计算;油—稻—芋减去免耕机械投入,麦—稻保耕模式按 1 500 元/hm²(减去稻、麦的耕种费用)计算。

农资按实际使用农资品种的市场综合价碳铵 1.0 元/kg、尿素 1.8 元/kg、复合肥 1.2 元/kg。

每公顷施肥量:稻—油模式按 750 kg 碳铵、150 kg 尿素,油菜按 600 kg 碳铵、225 kg 磷肥计算;油—稻—芋(水稻、油菜秸秆还田,双免耕,秋种马铃薯)稻按 750 kg 碳铵、150 kg 尿素,芋按 75 kg 磷肥,油菜 750 kg 复合肥计算;麦—稻常规模式,麦、稻各按 750 kg 碳铵、75 kg 尿素计算;麦—稻保护性耕作模式,麦、稻各按 375 kg 碳铵计算。

农药除草剂按每季作物 150 元/hm² 计算,其他农药稻田按 150 元/hm² 计算,油菜、小麦、洋芋田按 90 元/hm² 计算。

种子按水稻 15 kg/hm²、20 元/kg;洋芋 150 kg/hm²、1 元/kg;油菜 2.25 kg/hm²,80 元/kg;小麦 187.5 kg/hm²,3 元/kg 计算。

农产品市场价格按水稻 1.5 元/kg、油菜 2.2 元/kg、洋芋 1.0 元/kg、小麦 1.4 元/kg 计。

计算结果表明,油—稻—芋模式比油—稻传统耕作种植模式的农产品服务价值净增 2 896.3 元/hm²,高 32.42%;麦—稻(水稻小麦秸秆还田双免耕,简称麦—稻保护性耕作)模式比麦—稻传统种植模式的农产品服务价值净增 5 612.2 元/hm²,高 55.21%(表 10.10)。

表 10.10　四川稻田保护性耕作模式与传统种植模式农产品服务价值比较

	净作物产量/(kg/hm²)				产品价格/(元/kg)				生产成本/(元/hm²)				农产品服务价值/(元/hm²)
	水稻	洋芋	油菜	小麦	水稻	洋芋	油菜	小麦	劳力成本	生产资料投入	机械投入	其他	
油—稻传统耕作	7 993.65			3 253.5	1.5	1.0	2.2	1.4	4 200	2 940	2 400	675	8 933.2b
稻—芋—油保护性耕作	8 002.8	12 000	2 763.8						8 400	7 380	1 800	675	11 829.5ab
麦—稻传统耕作	8 857.7			4 803.8					3 300	2 872.5	3 000	675	10 164.4ab
麦—稻保护性耕作	9 286.2			6 221.3					2 700	1 987.5	1 500	675	15 776.6a

注:不同小写字母表示在 0.05 水平上存在显著性差异。

2.环境和大气调节功能价值

计算结果表明,油—稻—芋模式比油—稻传统耕作种植模式固定 CO_2 和释放 O_2 的价值净增 1 478.29元/hm^2,高17.03%;麦—稻(水稻小麦秸秆还田双免耕)模式比麦—稻传统耕作种植模式固定 CO_2 和释放 O_2 的价值净增996.91元/hm^2,高9.40%(表10.11)。

表 10.11　保护性耕作模式与传统种植模式生态系统固定 CO_2 和释放 O_2 价值比较

	作物净生产量 /(kg/hm^2)	吸收 CO_2 价值 /(元/hm^2)	释放 O_2 价值 /(元/hm^2)	总价值 /(元/hm^2)
油—稻传统耕作	11 247.15	3 652.25	5 081.75	8 734.00b
稻—芋—油保护性耕作	13 166.55	4 273.14	5 948.15	10 221.29ab
麦—稻传统耕作	13 661.50	4 433.77	6 171.75	10 605.52ab
麦—稻保护性耕作	15 507.50	4 850.55	6 751.89	11 602.43a

$p=0.05$。鲜薯按5:1折粮;产量数据由彭山县土肥站提供。

3.保持土壤肥力、积累有机质功能

本研究选取油—稻秸秆还田双免耕模式、麦—稻保护性耕作种植模式和油—稻传统耕作种植模式、麦—稻传统耕作种植模式进行土壤积累有机质的价值的比较。

其中的数据根据四川省农科院农业部长江上游农业资源与环境重点实验室在简阳的相关实验数据整理。试验地田间种植制为水稻—小麦(油菜)的一年两熟制。试验设6个处理:①稻草秸、麦秸全量覆盖还田;②稻草秸、麦秸半量覆盖还田;③稻草秸、油菜秸秆全量覆盖还田;④稻草秸、油菜秸秆半量覆盖还田;⑤CK1(无覆盖)种植水稻—小麦;⑥CK2(无覆盖)种植水稻—油菜。试验采用大区对比,每区面积为105 m^2(7 m×15 m),试验从2003年开始。

计算结果显示,油—稻秸秆还田双免耕模式比油—稻传统耕作种植模式土壤积累有机质的价值净增1 817.96 元/hm^2,高0.23%;麦—稻保护性耕作种植模式比麦—稻传统耕作种植模式土壤积累有机质的价值净增3 140.11 元/hm^2,高0.39%(表10.12)。

表 10.12　四川保护性耕作模式与传统种植模式土壤积累有机质的价值比较

处理	有机质含量(g/kg)	增加有机质量(t/hm^2)	积累有机质功能价值(元/hm^2)
油—稻、麦—稻传统耕作	14.05	3 017.57	77 400.79
油—稻 保护性耕作	14.38	3 088.45	79 218.75
麦—稻 保护性耕作	14.62	3 139.99	80 540.90

4.维持养分循环功能

计算结果显示,油—稻秸秆还田双免耕模式比油—稻传统耕作种植模式农田生态系统维持营养物质循环的价值净增153 808.6 元/hm^2,高12.35%;麦—稻保护性耕作模式比麦—稻传统耕作种植模式农田生态系统维持营养物质循环的价值净增 159 474.8 元/hm^2,高12.81%(表10.13)。

表 10.13　四川稻田保护性耕作模式与传统种植模式农田生态系统维持营养物质循环价值比较

处理	速效氮/(mg/kg)	速效磷/(mg/kg)	速效钾/(mg/kg)	价值增加/(元/hm^2)
油—稻、麦—稻传统耕作	51.95	12.19	87.46	1 244 921.60
油—稻保护性耕作	60.90	15.30	94.13	1 398 730.18
麦—稻保护性耕作	60.14	15.01	95.87	1 404 396.38

10.3.2.2 结果与分析

通过对四川盆地稻田保护性耕作条件下多熟高效种植模式的农田生态系统服务价值的测算可以看出(表 10.14),保护性耕作条件下稻田生态系统提供的服务价值比传统耕作条件下是很大的,这是传统稻田生产方式所不能比拟的,因此,保护性耕作技术对改变传统的生产方式,促进我国稻田生态系统的经济、社会和生态的可持续发展,具有极大的积极作用。从不同的服务功能来看,除了明显的经济效益(农产品服务价值)外,保护性耕作条件下稻田生态系统提供的服务功能最大的贡献是维持养分循环功能价值,同时对土壤有机质的积累也具有很大的促进作用。此外,保护性耕作在调节大气上也具有极大的功能价值。

表 10.14　四川稻田保护性耕作种植模式与传统模式农田生态系统服务价值比较

服务项目	模式	传统种植模式生态系统服务价值/(元/hm²)	多熟高效保护性种植模式生态系统服务价值/(元/hm²)	增加值/(元/hm²)	增加比例/%
农产品服务	油—稻	8 933.2	11 829.50	2 896.30	32.42
	麦—稻	10 164.4	15 776.6	5 612.20	55.21
调节大气	稻—油	8 734.00	10 221.29	1 487.29	17.03
	麦—稻	10 605.52	11 602.43	996.91	9.40
积累有机质	油—稻	77 400.79	79 218.75	1 817.96	0.23
	麦—稻	77 400.79	80 540.90	3 140.11	0.39
维持养分循环	油—稻	1 244 921.60	1 398 730.18	153 808.60	12.35
	麦—稻	1 244 921.60	1 404 396.38	159 474.8	12.81

保护性耕作在干旱半干旱地区防治风蚀水蚀方面有很大作用,但由于四川盆地稻田风蚀水蚀问题不严重,所以对此方面的生态系统服务价值在本评价中给予忽略;另外,虽然保护性耕作条件下稻田生态系统在控制病虫草害、调节洪涝灾害、净化水质、提高产品品质,改善人民生活质量、提供景观、文化与教育服务等功能方面也具有一定的作用,但由于这些功能在保护性耕作条件下的稻田生态系统中作用不十分明显或难以定量计算,这里没有一一评估。同时,保护性耕作也存在一些负面影响,如秸秆腐解问题,长期免耕后犁底层变浅,土壤病虫害可能会加重,除草剂使用后的遗留效应等问题,都值得在以后的研究中加以关注。

本研究选择四川盆地作为研究区域,虽不能完全代表整个南方稻区,但由于当地保护性耕作开展较早而且模式较为丰富,因此基本上可以反映南方稻田生态系统的特点。在南方其他地区,稻田保护性耕作的特点不尽相同,如湖南的冬季覆盖作物模式、江苏的高留茬麦套稻模式等,对不同地区进行生态系统服务功能价值评估,需要根据当地的实际情况,选择推广面积较大的模式和服务价值明显的项目对其进行评估。如果能对整个南方稻田保护性耕作种植模式进行生态系统服务价值的系统评估,甚至对北方干旱半干旱地区保护性耕作种植模式的生态系统服务价值也进行系统评估,也许更能发现我国保护性耕作种植模式生态系统服务价值的总体状况,为我国保护性耕作技术的研究和推广提供很好的理论评价基础。

10.3.3　案例2:内蒙古武川县保护性耕作技术生态服务价值评估

本研究以内蒙古武川县保护性耕作农田为例,采用生态系统服务的理论和方法对保护性耕作农田的生态服务价值进行量化研究。考虑到数据的可获得性问题,本研究主要对减少土壤损失;增加土壤蓄水功能;营养物质的循环与贮存功能;气候调节功能进行价值测算。具体的测算方法见本章10.3.1相关内容。以传统的耕作方式秋翻地为对照,选择免耕留茬和带状间作为主要的保护性耕作方式进行分析。

10.3.3.1 价值核算

1. 减少土壤损失的生态价值

由表10.15可以看出传统耕作方式年平均土壤风蚀量是最大的。实行保护性耕作后可以明显减少土壤风蚀量86.8%～88.5%。应用工程替代法和影子价格法,从减少土壤流失可以减少土壤养分损失和减少废弃地损失来计算保护性耕作比传统耕作的增加的生态服务经济价值。计算表明,保护性耕作每年每公顷土地可以减少生态服务价值损失平均为164.44元。

表10.15 武川县保护性耕作减少土壤流失的生态价值

	年平均风蚀量/(t/km²)	减少风蚀量/(t/km²)	减少土壤损失的经济价值/(元/hm²)
秋翻地	530.0		
免耕留茬	61.0	469.0	166.03
带状间作	70.0	460.0	162.84

2. 增加土壤蓄水功能生态价值

本研究根据不同耕作方式的年平均土壤含水量,计算实行保护性耕作后单位面积土壤的蓄水增加量,运用替代工程价格法计算得出保护性耕作比传统耕作可以增加土壤蓄水功能的经济价值为205.83～442.54元/hm²(表10.16)。

表10.16 武川县保护性耕作增加土壤蓄水功能的生态价值

	年平均含水量/%	增加水量/(t/hm²)	增加蓄水功能的经济价值/(元/hm²)
秋翻地	9.3		
免耕留茬	16.18	660.51	442.54
带状间作	12.5	307.22	205.83

3. 营养物质的循环与贮存功能的生态价值

根据保护性耕作的土壤的有机质、碱解氮、速效磷、速效钾的平均含量与传统耕作方式对比来计算其生态服务价值。从表10.17可以看出,保护性耕作增加土壤营养物质循环与储存功能的生态服务价值为5 778.80～7 174.97元/hm²,平均比传统耕作增加价值6 476.89元/hm²。

表10.17 武川县保护性耕作增加土壤营养物质循环与贮存功能的生态价值

	碱解氮/(mg/kg)	速效磷/(mg/kg)	速效钾/(mg/kg)	有机质/%	经济价值/(元/hm²)
秋翻地	40.8	5.8	95.1	1.09	
免耕留茬	10.7	7.9	160	2.08	5 778.80
带状间作	25.8	8.9	96.3	2.60	7 174.97

4.气候调节功能的生态价值

本研究以不同耕作方式的作物生物量来计算保护性耕作方式比传统耕作增加的生态服务价值。从表10.18可以看出,保护性耕作比传统耕作每公顷平均增加734元。

表10.18　武川县保护性耕作气候调节的生态价值

	生物量 /(kg/hm²)	增加固定CO_2 /(kg/hm²)	增加释放O_2 /(kg/hm²)	经济价值 /(元/hm²)
秋翻地	6 535			
免耕留茬	8 642	3 434.41	2 528.4	1 136.72
带状间作	7 149	1 000.82	736.8	331.25

注:生物量数据免耕留茬为小麦和莜麦的平均值;秋翻地和带状间作的数据来源:郑大玮,妥得宝,王砚田.内蒙古阴山北麓旱农区综合治理与增产配套技术.呼和浩特:内蒙古人民出版社,2000。

10.3.3.2　结果与分析

通过研究分析,可以清楚地看到农牧交错带风蚀沙化区农田实施保护性耕作与传统的耕作方式相比,具有重要的生态服务价值,其提供的间接服务价值是产品服务价值的2~4倍(表10.19)。

表 10.19　武川县保护性耕作农田生态系统服务价值汇总　　　　　　　元/hm²,%

	免耕留茬		带状间作	
	价值	比例	价值	比例
产品服务价值	1 784	19.2	3 412.5	30.2
减少土壤损失服务价值	166.03	1.8	162.84	1.4
增加土壤蓄水服务价值	442.54	4.8	205.83	1.8
营养物质的循环与贮存服务价值	5 778.8	62.1	7 174.97	63.6
气候调节服务价值	1 136.72	12.2	331.25	2.9
合计	9 308.09	100.0	11 287.39	100.0

在两种保护性耕作农田中,免耕留茬的产品服务价值为1 784.00 元/hm²,但其提供的间接服务价值为7 524.09 元/hm²,产品服务仅占其全部服务价值的19.2%;带状间作的产品服务价值为3 412.50 元/hm²,但其提供的间接服务价值为7 874.89 元/hm²,产品服务占其全部服务价值的30.2%。在保护性耕作农田所提供的间接服务价值中,占绝大部分的是其提供的营养物质循环与贮存服务价值,每年每公顷土地提供的价值为5 668.80~7 174.97 元/hm²,是总服务价值的62.1%~63.6%。此外,保护性耕作每年每公顷土地可以减少土壤风蚀的服务价值损失平均为162.84~166.03 元,是总服务价值的1.4%~1.8%;保护性耕作比传统耕作可以增加土壤蓄水功能的经济价值为205.83~442.54 元/hm²,是总服务价值的1.8%~4.8%;保护性耕作比传统耕作在气候调节功能上提供的服务价值每年每公顷增加331.25~1 136.72 元,是总服务价值的2.9%~12.2%。

10.4　保护性耕作制综合评价指标体系与方法

对保护性耕作进行生态经济综合评价需要在其核心技术的原理的基础上,确定科学合理的综合评价指标体系,再采用模型进行无量纲化的综合评价。

10.4.1　综合评价指标体系的构建

10.4.1.1　指标的确定

本研究综合了层次分析法对保护性耕作制进行可持续性综合评价。结合保护性耕作技术"三少两高"的基本原理,通过电子邮件、问卷打分、会议讨论等方式,咨询国内农学、生态、经济学方面的专家教授、有关研究和地方技术推广人员,经过三轮咨询和集中讨论分析,最后筛选出 18 个指标作为保护性耕作制可持续性生态经济综合评价的指标体系(表 10.20)。

表 10.20　保护性耕作制可持续性生态经济综合评价指标体系

总体层 A	系统层 B	指标层 C	变量层 D
保护性耕作制可持续评价指标体系 A	经济系统 B_1	经济投入指标 C_1	机械投入 D_1
			人工投入 D_2
		经济效益指标 C_2	经济产量 D_3
			纯经济效益 D_4
	生态系统 B_2	土壤结构生态指标 C_3	土壤容重 D_5
			土壤孔隙度 D_6
			耕层厚度 D_7
		土壤营养生态指标 C_4	秸秆利用率 D_8
			土壤有机质含量 D_9
			土层维持养分循环能力 D_{10}
		环境生态指标 C_5	水分利用率/风蚀率/覆盖度 D_{11}
			温室气体排放(CH_4/NO_2/CO_2)D_{12}
			病虫草害 D_{13}
	社会系统 B_3	农化技术依赖指标 C_6	化肥施用量 D_{14}
			农药施用量 D_{15}
		社会认可指标 C_7	农民认可态度 D_{16}
			科技支撑力度 D_{17}
			政府影响程度 D_{18}

本指标体系包括四个层次:

(1)总体层:以经济有效、生态环保、技术保障、社会认可的可持续发展总目标作为农田保护性耕作制第一个层次即总体层 A。

(2)系统层:以农田保护性耕作制涉及的三大系统经济系统、生态系统和社会系统为第二个层次即系统层 B。

(3)指标层:将构成各系统的相关因素即反映系统状况的指标作为指标层 C,其中经济系统中保护性耕作制在减少投入和增加效益方面效果明显,所以选取经济投入和经济效益作为指标,生态系统中保护性耕作制与土壤结构、营养变化和环境影响密切相关,所以选取土壤结构生态、土壤营养生态和环境生态作为指标,社会系统中从可持续发展的角度讲农化技术依赖和社会认可作为指标。

（4）变量层：为了便于归类和分析，根据具体指标的性质和属性，再将反映各指标状态的基本因素即指标作为变量层 D，每个变量基本上能反映相应指标层的基本内涵和特征，与农田保护性耕作制有最密切的实际关联。

- 经济投入指标选取机械投入和人工投入两个变量，充分体现节能减排的原则；
- 经济效益指标选取最具代表性的经济产量和纯经济效益两个变量；
- 土壤结构生态指标选取土壤容重、土壤孔隙度和耕层厚度三个变量，基本上可以反映土壤耕层的特征和变化；
- 土壤营养生态指标中秸秆利用率可以用秸秆还田量或计算出其中的养分归还率来表示，土壤有机质含量作为土壤营养循环的一个重要变量是必不可少的，而土壤养分循环能力可以用土壤耕层氮、磷、钾的总量来表示；
- 环境生态指标选取水分利用率/风蚀率/覆盖度、温室气体排放（CH_4/NO_2/CO_2）和病虫草害等作为其中的变量；
- 农化技术依赖指标层反映了少污染的理念和社会可持续发展的目标，其中的两个变量化肥施用量和农药施用量基本可以反映这个指标层的特征；
- 社会认可指标层主要体现在农民的认可和政府的态度这两个变量上。

其中部分指标和变量可根据区域生态特点的不同选用不同的指标，如土壤营养生态指标中，华北和中南地区可以用秸秆利用率（秸秆还田量或秸秆覆盖度）这个指标，而北方干旱地区则可以选用地表秸秆覆盖度表示秸秆利用率这个指标。土壤环境生态指标里，华北和中南地区可以用水分利用率或覆盖度表示，北方干旱地区则可以用更符合地域生态特点的风蚀率这个指标。总之，指标和变量可以根据不同区域和不同种植模式进行适当调整。

10.4.1.2 指标数据的获取方法

以上指标体系的建立，有一个基本的原则就是要使数据的获取相对容易操作。各个变量数据的获取，可以通过实验数据结合农户和社会调查完成。

- 机械投入、人工投入、经济产量、纯经济效益、秸秆利用率、化肥施用量、农药施用量、农民认可态度、政府影响程度等变量可以通过农户和社会调查获得原始数据；
- 机械投入、人工投入、化肥施用量、农药施用量可以直接采用原始数据；
- 经济产量、纯经济效益、秸秆利用率可以通过简单换算完成可利用数据；
- 农民认可态度和政府影响程度按照农民的满意程度以及政府的支持力度相对值进行评估（如以 10 为很满意和极支持，以 0 为不满意和不支持）；
- 土壤容重、土壤孔隙度、耕层厚度、土壤有机质含量、土层维持养分循环能力、水分利用率/风蚀率/覆盖度、温室气体排放（CH_4/NO_2/CO_2）、病虫草害等变量的实际值可以通过定位实验和田间调查来获取。

10.4.1.3 评价指标的权重和标准值确定

权重是指各指标在系统中的重要程度，权重的确定对系统的评价起着十分重要的作用，为了克服主观因素的影响，本研究采取 Delphi 法和 AHP（层次分析）法以及专家咨询法相结合的方法，最大限度地避免了主观因素的影响，使最后确立的权重比较符合客观现实。

对各层次单排序系数向量即权重分量进行加权综合，得到各指标元素对最高层次的相对重要程度即层次总排序也即权重，如表 10.21 所示。

表 10.21　保护性耕作可持续评价的权重总排序

总体层 A	系统层 B		指标层 C		变量层 D	
1	B1	0.333	C1	0.057	D1	0.043
					D2	0.014
			C2	0.277	D3	0.091
					D4	0.186
	B2	0.333	C3	0.033	D5	0.020
					D6	0.009
					D7	0.004
			C4	0.083	D8	0.013
					D9	0.050
					D10	0.021
			C5	0.217	D11	0.132
					D12	0.059
					D13	0.026
	B3	0.333	C6	0.250	D14	0.188
					D15	0.063
			C7	0.083	D16	0.033
					D17	0.037
					D18	0.010

评价指标的标准值采取文献整理、专家咨询、试验数据和实地调查,确定各评价指标的标准值和区限值(即最优值和最劣值),最终结果见表 10.24。

10.4.1.4　评价值的计算

为克服综合评分法的缺陷,尽可能将各项指标相对独立的评判结果统一起来,充分反映各指标提供的全部信息,运用模糊综合评判方法对保护性耕作制进行可持续性评价,取综合评价值表示可持续性程度。

可持续综合评价指数用 SI(sustainable index)表示,计算公式如下:

$$SI = \sum_{i=1}^{n}(W_j \times F_j) \quad (j=1,2,3)$$

式中:W_j 为第 j 项评价子系统权重值;F_j 为各子系统综合评价指数,计算公式为:

$$F_i = \sum_{i=1}^{n}(W_i \times R_i) \quad (i=1,2,3,\cdots,18)$$

式中:W_i 为第 i 项评价指标的权重,R_i 为第 i 项评价指标的隶属度,计算公式为:

$$R_i = \begin{cases} 0 & x_i \leqslant a_i \\ \dfrac{x_i - a_i}{b_i - a_i} & \\ 1 & x_i \geqslant b_i \quad a_i \leqslant x_i \leqslant b_i \end{cases} \quad 或 \quad R_i = \begin{cases} 1 & x_i \leqslant b_i \\ \dfrac{a_i - x_i}{a_i - b_i} & \\ 0 & x_i \geqslant a_i \quad b_i \leqslant x_i \leqslant a_i \end{cases}$$

根据以上原理和方法,分别运算求得各层次的综合评价值,即可确定各层次和总体层的可持续程度。为方便评价,将评价值(0~1)划分为若干等级,如表 10.22 所示。

表 10.22　可持续指标值分级

评价值	＜0.5	0.50～0.60	0.60～0.70	＞0.80
可持续程度	不可持续	基本持续	可持续较强	极可持续

10.4.2　案例分析:四川盆地稻田保护性耕作制可持续性生态经济评价实证研究

选取四川盆地大面积推广的保护性耕作种植模式进行评价,具体模式、主要耕作栽培措施和作物配置如表 10.23 所示。

表 10.23　四川盆地稻田保护性耕作制主要模式

模式	主要保护性耕作措施
小麦—水稻常规耕作 MC1(CK)	常规耕作措施(水稻浅旋耕、小麦浅旋耕)
油菜—水稻常规耕作 MC2(CK)	常规耕作措施(水稻浅旋耕、油菜浅旋耕)
小麦—水稻保护性耕作 MC3	水稻秸秆还田免耕种小麦、浅旋耕栽水稻(无秸秆还田)
小麦—水稻保护性耕作 MC4	水稻秸秆还田免耕种小麦、免耕栽水稻(无秸秆还田)
小麦—水稻保护性耕作 MC5	水稻小麦双免耕、秸秆双还田
油菜—水稻保护性耕作 MC6	免耕种油菜、浅旋耕栽水稻(无秸秆还田)
油菜—水稻保护性耕作 MC7	免耕种油菜、免耕栽水稻(无秸秆还田)
秋马铃薯/油菜—水稻保护性耕作 MC8	水稻秸秆还田免耕种植秋马铃薯、油菜,水稻浅旋耕
小麦—水稻—蔬菜保护性耕作 MC9	水稻秸秆覆盖种秋菜、免耕种植小麦
中药材—水稻保护性耕作 MC10	水稻秸秆覆盖种植中药材

10.4.2.1　评价指标标准值和隶属度

经过文献查阅、专家咨询、统计资料和实地调查,确定各评价指标的标准值和区限值(即最优值和最劣值)如表 10.24 所示。

表 10.24　四川盆地稻田保护性耕作制可持续性评价指标的标准值

指标	单位	最优值 b_i	最劣值 a_i
机械投入 D_1	元/hm²	油—稻 0;麦—稻 0	油—稻 3 000;麦—稻 33 000
人工投入 D_2	个工/hm²	油—稻 75;麦—稻 45	油—稻 20;麦—稻 15
经济产量 D_3	kg/hm²	水稻 15 000	5 250
		小麦 9 000	4 500
		油菜 3 000	1 200
		马铃薯 30 000	7 500
		萝卜 105 000	45 000
		泽泻 15 000	6 000
纯效益 D_4	元/hm²	15 000	1 500
土壤容重 D_5	G/cm²	1.70	1.50
土壤孔隙度 D_6	%	50	30
犁底层深度 D_7	cm	30	0
养分归还率 D_8	%	100	0

续表 10.24

指标	单位	最优值 b_i	最劣值 a_i
土壤有机质含量 D_9	g/kg	15.00	12.00
土层维持养分循环能力 D_{10}	mg/kg	250.00	140.00
水分利用效率 D_{11}	kg/m³	3.00	1.00
温室气体排放（CH_4）D_{12}	mg/m² · h	16.10	5.00
病虫草害 D_{13}	严重程度	没有 0	很重 10
化肥施用量 D_{14}	纯 N,P₂O₅,K₂O kg/hm²（总）	330	795
农药施用量 D_{15}	元/hm²	150	450
农民认可态度 D_{16}	接受难易	很认可 10 基本认可 5	很不认可 0
科技支撑力度 D_{17}	力度	国省市/县乡支持 10	无支撑 0
社会影响程度 D_{18}	影响程度	极力支持 10	很不支持 0

根据试验测量、统计资料和农户调查,取得各项指标的实际(测)值,计算求得各变量层(基本指标)的隶属度,最后得出的实得值和隶属度如表 10.25 所示。

表 10.25 四川盆地稻田保护性耕作制可持续性评价指标的实得值

		MC1	MC2	MC3	MC4	MC5	MC6	MC7	MC8	MC9	MC10
机械投入 D_1	实得值	3 000	2 400	1 500	1 200	1 200	1 800	1 200	1 800	1 200	1 200
	隶属度	0.090 9	0.200 0	0.500 0	0.600 0	0.600 0	0.454 5	0.636 4	0.454 6	0.600 0	0.500 0
人工投入 D_2	实得值	165	210	135	135	135	195	195	420	300	225
	隶属度	0.333 3	0.400 0	0.500 0	0.500 0	0.500 0	0.466 7	0.466 7	0.000 0	0.000 0	0.333 3
经济产量 D_3	实得值	15 000	11 700	1 575	157 5	16 875	11 700	11 700	11 400	15 750	9 000
	隶属度	0.368 4	0.454 5	0.421 1	0.421 1	0.892 9	0.454 5	0.454 5	0.428 6	0.421 1	0.384 6
纯效益 D_4	实得值	10 500	9 750	13 650	13 350	13 875	10 650	11 250	20 400	18 000	22 500
	隶属度	0.571 4	0.500 0	0.871 4	0.842 9	0.500 0	0.585 7	0.642 9	1.000 0	1.000 0	1.000 0
土壤容重 D_5	实得值	1.61	1.61	1.62	1.65	1.60	1.62	1.63	1.60	1.60	1.60
	隶属度	0.450 0	0.450 0	0.400 0	0.250 0	0.500 0	0.400 0	0.350 0	0.500 0	0.500 0	0.500 0
土壤孔隙度 D_6	实得值	39.25	39.25	39.01	38.30	39.50	39.01	38.77	39.50	39.50	39.50
	隶属度	0.462 5	0.462 5	0.450 5	0.415 0	0.475 0	0.450 5	0.438 5	0.475 0	0.475 0	0.475 0
犁底层深度 D_7	实得值	25	25	15	15	0	15	0	15	15	15
	隶属度	0.833 3	0.833 3	0.500 0	0.500 0	0.000 0	0.500 0	0.000 0	0.500 0	0.500 0	0.500 0
养分归还率 D_8	实得值	10	10	50	50	100	10	10	79	57	50
	隶属度	0.100 0	0.100 0	0.500 0	0.500 0	1.000 0	0.100 0	0.100 0	0.790 0	0.570 0	0.500 0
土壤有机质含量 D_9	实得值	14.05	14.05	14.30	14.30	14.62	14.05	14.05	14.30	14.30	14.30
	隶属度	0.683 3	0.683 3	0.766 7	0.766 7	0.873 3	0.683 3	0.683 3	0.766 7	0.766 7	0.766 7
土层养分循环能力 D_{10}	实得值	151.60	151.60	163.25	163.25	171.20	151.60	151.60	163.25	163.25	163.25
	隶属度	0.105 5	0.105 5	0.211 4	0.2114	0.283 6	0.105 5	0.105 5	0.211 4	0.211 4	0.211 4

续表 10.25

		MC1	MC2	MC3	MC4	MC5	MC6	MC7	MC8	MC9	MC10
水分利用	实得值	2.22	1.29	2.35	2.80	2.80	1.64	1.50	2.35	2.80	2.35
效率 D_{11}	隶属度	0.610 0	0.145 0	0.675 0	0.900 0	0.900 0	0.320 0	0.250 0	0.675 0	0.900 0	0.675 0
温室气体	实得值	5.37	5.00	13.96	13.96	18.795	5.00	5.00	13.96	13.96	13.96
排 CH_4 D_{12}	隶属度	0.966 7	1.000 0	0.192 8	0.192 8	0.000 0	1.000 0	1.000 0	0.192 8	0.192 8	0.192 8
病虫草害	实得值	5	5	4	4.50	3.50	4.50	4	4	4	4
D_{13}	隶属度	0.500 0	0.500 0	0.600 0	0.550 0	0.650 0	0.550 0	0.500 0	0.500 0	0.500 0	0.500 0
化肥施用量	实得值	555	555	495	495	465	555	495	825	825	495
D_{14}	隶属度	0.516 1	0.516 1	0.635 2	0.645 2	0.709 7	0.516 1	0.645 2	0.000 0	0.000 0	0.645 2
农药施用量	实得值	390	390	315	315	315	390	390	465	465	390
D_{15}	隶属度	0.200 0	0.200 0	0.450 0	0.450 0	0.450 0	0.200 0	0.200 0	0.000 0	0.000 0	0.200 0
农民认可	实得值	5	5	8	8	7	8	7	8	7	7
态度 D_{16}	隶属度	0.500 0	0.500 0	0.800 0	0.800 0	0.700 0	0.800 0	0.700 0	0.800 0	0.700 0	0.700 0
科技支撑力	实得值	5	5	8	8	8	8	8	8	8	8
度 D_{17}	隶属度	0.500 0	0.500 0	0.800 0	0.800 0	0.800 0	0.800 0	0.800 0	0.800 0	0.800 0	0.800 0
政府影响程度	实得值	5	5	8	8	8	8	8	8	7	7
D_{18}	隶属度	0.500 0	0.500 0	0.800 0	0.800 0	0.800 0	0.800 0	0.800 0	0.800 0	0.700 0	0.700 0

10.4.2.2 各评价指标及变量层的评价值

各变量层(基本指标)、各层次和各系统的评价值如表 10.26 所示。

表 10.26 四川盆地稻田保护性耕作制可持续性评价指标各变量层的评价值

变量层	权重	MC1	MC2	MC3	MC4	MC5	MC6	MC7	MC8	MC9	MC10
D_1	0.043 0	0.003 9	0.008 6	0.021 5	0.025 8	0.025 8	0.019 5	0.027 4	0.019 5	0.025 8	0.021 5
D_2	0.014 0	0.004 7	0.005 6	0.007 0	0.007 0	0.007 0	0.006 5	0.006 5	0.000 0	0.000 0	0.010 3
C_1	0.057 0	0.008 6	0.014 2	0.028 5	0.032 8	0.032 8	0.026 0	0.033 9	0.019 5	0.025 8	0.031 8
D_3	0.091 0	0.033 5	0.041 4	0.038 3	0.083 3	0.045 5	0.041 4	0.041 4	0.039 0	0.038 3	0.035 0
D_4	0.186 0	0.106 3	0.093 0	0.162 1	0.156 8	0.166 1	0.108 9	0.119 6	0.186 0	0.186 0	0.186 0
C_2	0.277 0	0.139 8	0.134 4	0.200 4	0.195 1	0.211 6	0.150 3	0.161 0	0.225 0	0.224 3	0.221 0
B_1	0.333 0	0.148 4	0.148 6	0.228 9	0.227 9	0.244 4	0.176 3	0.194 9	0.258 5	0.264 1	0.252 8
D_5	0.020 0	0.009 0	0.009 0	0.008 0	0.005 0	0.010 0	0.008 0	0.007 0	0.010 0	0.010 0	0.010 0
D_6	0.009 0	0.004 2	0.004 2	0.004 1	0.003 7	0.004 3	0.004 1	0.003 9	0.004 3	0.004 3	0.004 3
D_7	0.004 0	0.003 3	0.003 3	0.002 0	0.002 0	0.000 0	0.002 0	0.000 0	0.002 0	0.002 0	0.002 0
C_3	0.033 0	0.016 5	0.016 5	0.014 1	0.010 7	0.014 3	0.014 1	0.010 9	0.016 3	0.016 3	0.016 3
D_8	0.013 0	0.001 3	0.001 3	0.000 7	0.000 7	0.013 0	0.001 3	0.001 3	0.010 3	0.007 4	0.000 7
D_9	0.050 0	0.034 2	0.034 1	0.038 3	0.038 3	0.043 7	0.034 1	0.034 1	0.038 3	0.038 3	0.038 3
D_{10}	0.021 0	0.002 2	0.002 2	0.004 4	0.004 4	0.006 0	0.002 2	0.002 2	0.004 4	0.004 4	0.004 4
C_4	0.083 0	0.037 7	0.037 7	0.043 4	0.043 4	0.062 7	0.037 6	0.037 6	0.053 0	0.050 1	0.043 4
D_{11}	0.132 0	0.080 5	0.019 1	0.089 1	0.118 8	0.118 8	0.042 2	0.033 0	0.089 1	0.118 8	0.089 1
D_{12}	0.059 0	0.057 0	0.059 0	0.011 4	0.011 4	0.000 0	0.059 0	0.059 0	0.011 4	0.011 4	0.011 4

续表10.26

变量层	权重	MC1	MC2	MC3	MC4	MC5	MC6	MC7	MC8	MC9	MC10
D_{13}	0.026 0	0.013 0	0.013 0	0.015 6	0.014 3	0.016 9	0.014 3	0.013 0	0.013 0	0.013 0	0.013 0
C_5	0.217 0	0.150 5	0.091 1	0.116 1	0.144 5	0.135 7	0.115 5	0.105 0	0.113 5	0.143 2	0.113 5
B_2	0.333 0	0.204 7	0.145 3	0.173 6	0.198 6	0.212 7	0.167 2	0.153 5	0.182 8	0.209 6	0.173 2
D_{14}	0.188 0	0.097 0	0.097 0	0.121 3	0.121 3	0.133 4	0.097 0	0.121 3	0.000 0	0.000 0	0.121 3
D_{15}	0.063 0	0.012 6	0.012 6	0.028 4	0.028 4	0.028 4	0.012 6	0.012 6	0.000 0	0.000 0	0.012 6
C_6	0.250 0	0.109 6	0.109 6	0.149 7	0.149 7	0.161 8	0.109 6	0.133 9	0.000 0	0.000 0	0.133 9
D_{16}	0.033 0	0.016 5	0.016 5	0.026 4	0.026 4	0.023 1	0.026 4	0.023 1	0.026 4	0.023 1	0.023 1
D_{17}	0.037 0	0.018 5	0.018 5	0.029 6	0.029 6	0.029 6	0.029 6	0.029 6	0.029 6	0.029 6	0.029 6
D_{18}	0.010 0	0.005 0	0.005 0	0.008 0	0.008 0	0.008 0	0.008 0	0.008 0	0.007 0	0.007 0	0.007 0
C_7	0.083 0	0.040 0	0.040 0	0.064 0	0.064 0	0.060 7	0.064 0	0.060 7	0.064 0	0.059 7	0.059 7
B_3	0.333 0	0.149 6	0.149 6	0.213 7	0.213 7	0.222 5	0.173 6	0.194 6	0.064 0	0.059 7	0.193 6
A	1.000 0	0.502 7	0.443 5	0.616 2	0.640 2	0.679 6	0.517 1	0.543 0	0.505 3	0.533 4	0.619 6

10.4.2.3　综合分析

（1）经济系统中：经济投入上 MC4、MC5、MC7、MC10 持续性较强，MC1 最差；经济效益上 MC5、MC8、MC9、MC10 持续性较强，MC1、MC2 最差。从整个经济系统看，MC9 可持续性最强，MC8、MC10 次之，MC1、MC2 最差。

（2）生态系统中：土壤结构生态方面，MC1、MC2、MC8、MC9、MC10 保持土壤良性结构效果较好，可持续性也较强，其他模式较差；土壤营养生态方面，MC5 维持土壤营养循环最好，可持续性也最强，MC1、MC2 最差；土壤环境生态方面，MC1、MC4、MC9 环保效果较好，可持续性也较强，MC2 最差。从整个生态系统看，MC1、MC5、MC9 可持续性较强，MC2、MC7 可持续性较差。

（3）社会系统中：农化技术依赖程度上，MC5 依赖程度最低，可持续性最强，MC8、MC9 因化肥农药投入过大，没有可持续性；社会认可方面，除 MC1、MC2 外，其他模式的可持续性都较高。

综合经济、生态、社会三大系统，在南方稻田保护性耕作制整个系统层面上，四川现有推广的保护性耕作制中，以双免耕秸秆双还田的小麦—水稻保护性耕作模式 MC5 可持续性最强，其生态、经济、社会三大系统发展协调，最适合在四川推广应用。模式 MC3（水稻秸秆还田免耕种小麦、浅旋耕栽水稻的小麦—水稻保护性耕作模式）、MC4（水稻秸秆还田免耕种小麦、免耕栽水稻的小麦—水稻保护性耕作模式）、MC10（水稻秸秆覆盖种植中药材的中药材—水稻保护性耕作模式）三大系统发展也基本协调可以在四川推广应用。模式 MC1（水稻浅旋耕、小麦浅旋耕的小麦—水稻常规耕作模式 CK）、MC6（水稻浅旋耕、油菜浅旋耕的油菜—水稻常规耕作模式 CK）、MC7（无秸秆还田的免耕种油菜、免耕栽水稻的油菜—水稻保护性耕作模式）、MC8（水稻秸秆还田免耕种植秋马铃薯、油菜，浅旋耕种水稻的秋马铃薯/油菜—水稻保护性耕作模式）、MC9（水稻秸秆覆盖种秋菜、免耕种植小麦的小麦—水稻—蔬菜保护性耕作模式）处于基本可持续状态，可慎重选择推广应用。模式 MC2（水稻浅旋耕、油菜浅旋耕的油菜—水稻常规耕作模式 CK）由于近年油菜价格下降产量低而经济效益极差，加上生态效果不好，处于不可持续状态，今后应压缩面积并适当改进耕作措施。

（本章由陈源泉主笔，李向东参加编写）

参考文献

[1]陈源泉.农业生态系统服务:理论、方法及其应用[中国农业大学博士学位论文].中国农业大学,2008.

[2]李向东.南方稻田保护性耕作制生态经济综合评价研究[中国农业大学博士学位论文].中国农业大学,2007.

[3]陈源泉,高旺盛,隋鹏.保护性耕作技术界定指标探讨.//高旺盛,孙占祥.中国农作制度研究进展 2008.沈阳:辽宁科学技术出版社,2008,280-284.

区域模式

第 **11** 章

东北平原保护性耕作模式

　　东北平原主要由松嫩平原、辽河平原和三江平原以及周围山前的丘陵岗缓坡地组成。东北平原处于温带和暖温带范围,有大陆性和季风型气候特征。夏季短促而温暖多雨,冬季漫长而寒冷少雪,冬夏之间季风交替。7 月均温 21~26℃,1 月均温 -24~-9℃;10℃ 以上活动积温 2 200~3 600℃,由南向北递减。年降水量 350~700 mm,由东南向西北递减;降水量的85%~90%集中于暖季(5—10 月份),雨量的高峰在 7—9 月份;年降水变率不大,为 20% 左右。干燥度由东南向西北递增,春季低温和秋季霜冻现象频繁。江河两岸和洼地,汛期常有洪涝灾害。东北平原是我国重要的商品粮生产基地,主要种植水稻、小麦、玉米、大豆等作物,实行一年一熟的种植方式。

　　东北平原区的耕作模式从 20 世纪 50 年代开始至今,经历了传统的畜力机具耕作到耕地、播种、收获机械化过程。最近 30 年,东北地区耕作方式经历了 3 个主要阶段的发展:80 年代推广应用少耕法、留茬少耕和旋耕除茬播种、灭茬起垄垄上播、垄作留茬深松耕法、条带深松耕法、机械化原垄耙茬播种法及地膜覆盖耕作栽培法等。土壤耕作主要是 18~25 cm 的铧式犁翻耕,造成土壤风蚀、水蚀严重发生,土壤有机质迅速下降。90 年代推广轮耕法,铧式犁翻耕逐渐减少,主要是深度 10~15 cm 的旋耕,浅耕面积逐渐扩大,由于作物秸秆收获后移出土壤导致土壤有机质含量继续下降,而且土壤表面缺少覆盖措施,风蚀、水蚀仍然很严重。同时,耕层变浅后,土体储水下降,作物抗旱性也下降。目前,东北黑土区大部分都实行垄作栽培,长期垄作导致耕作层浅,犁底层硬。现行耕作方法由于长期实行同一深度的耕作,使耕作层下部都形成了一个厚度为 5~10 cm 的坚硬的犁底层,这个犁底层的土壤容重在 1.4~1.5 g/cm³ 之间。由于长期垄作条件下形成的"三角形"犁底层(三角形犁铧的耕作深度为 12~15 cm)呈波浪式,耕作层浅和犁底层硬影响了通风透水,妨碍玉米对深层水分的利用及根系深扎。此外,作业次数多,能量消耗大,资金投入多,玉米生产成本高。常规耕作只能根茬还田,有机物料还田量少,部分地区甚至将根茬刨出,运出耕地。因此,东北地区在稳定农业生产的前提下,需要增加秸秆还田量来增加土壤有机质,提高秸秆覆盖度来降低该区土壤风蚀和水蚀问题;同时需要采取措施降低农业生产资源、动力消耗,发展经济高效的保护性耕作模式。

11.1 原垄留茬播种结合苗期深松少耕技术模式

11.1.1 形成条件与背景

土壤耕作是农业生产活动的重要内容,农业生产劳动量中约有 60% 属于各种土壤耕作,农业生产投入资金中约有 1/3 消耗于土壤耕作。因此,采取适宜的土壤耕作技术,对减少劳动量、节约能源、保护环境、提高效益都具有重要意义。

松嫩平原的耕作方法主要是传统的垄作耕法,其地面特征是常年有垄型。垄距 60～70 cm、垄高 14～18 cm,标准垄型为方头垄。技术环节主要是扣种、耲种(原垄播种)和中耕。扣种主要用于大粒种子作物,如玉米、大豆等。典型扣种作业的第一步是破茬(破垄),即将根茬和原垄台上部的表土翻入垄沟,在上年垄沟的松土上播种,然后在破茬处再耲一犁(掏墒),将松土覆于种子上,最后用镇压器镇压。原垄播种主要是沟台不换位置,前茬为大豆茬时,用播种机在原垄台开沟播种;前茬为玉米或向日葵茬,采用扣种或灭茬起垄播种。中耕措施主要是铲耲,消灭板结层和杂草,作物在产后 1～2 d 内耲地。一般耲种地因系原垄,多为三铲三耲,扣种多为两次铲耲。

垄作耕法作业环节少,具有先发的防除杂草体系,产量稳定。耕种结合是垄作耕法的核心,无论扣种、耲种(原垄播种)都是耕种结合。其特点是:多种作业一次完成,减少动力消耗,种后成垄减少风蚀;垄作的杂草种子多集中于垄坡和垄沟中,为中耕除草提供了便利,铲耲结合,以土压草。

传统垄作耕法受农具限制,耕作层浅,播种质量不高。但传统垄作耕法是广大农民长期生产实践与自然条件相适应的经验总结。传统垄作耕法"耕种结合、少耕稳产",应在机械化中予以继承,同时应对其耕层浅、播种质量不高等缺点加以改革。改进耕作方法的基本思路如下:吸收垄作耕法耲种(原垄播种)抗旱、抗风蚀的优点,采用原垄播种,常年有垄型;克服传统耲种(原垄播种)在玉米或向日葵茬上播种质量低、不能实现垄上精量播种和分层施肥的缺点,配套研制铁茬播种机,实现在玉米和向日葵高留茬地块上一次高质量完成垄体侧深分层施肥、精量播种、垄体注水等作业,通过高留茬增强防风蚀能力;为克服耕层浅,增加苗期垄沟深松技术措施,研制在有秸秆覆盖条件下实现深松的圆盘铧刀式深松机。"原垄留茬播种＋苗期深松"机械化抗旱少耕技术模式,通过配套关键农机具实现了机械化作业(杨悦乾,2006)。

11.1.2 关键技术规程

11.1.2.1 农艺程序

1. 留茬覆盖技术模式

在松嫩平原尤其是松嫩平原西部农牧交错带,一是玉米等秸秆是宝贵的牲畜饲料和燃料,作物秸秆收获后移出土壤,造成土壤表面缺少覆盖物而受风蚀;二是因秋、冬、春气温低、降雨少,秸秆还田后不易腐烂;三是夏季、雨水集中,易造成土壤水蚀采用留高茬覆盖既可以减少冬、春季的风蚀和夏季的水蚀,又可以缓解秸秆覆盖导致的土壤春季升温慢的不利影响。还可以缓解农民生活的燃料问题和牲畜的饲料问题。农艺程序:作物收获留高茬越冬→春季原垄免耕施肥播种→苗期垄沟深松→化学除草与机械除草结合→中耕培土。

2.秸秆覆盖技术模式

秸秆覆盖量越大,保水、保肥、培肥地力效果越好,但由于春季地温回升慢,因此,可以结合轮作加以缓解,即玉米田后茬种植大豆时秸秆全量覆盖还田,种植玉米时采用留茬覆盖技术模式。其农艺程序:秋季机械收获玉米→机械粉碎秸秆抛撒→垄台上留高茬→春季原垄免耕施肥播种大豆→苗期垄沟深松→化学除草与机械除草结合→中耕培土。

11.1.2.2 作物收割

采用留茬覆盖技术模式,作物可以机收也可以人工收获。机收玉米采用割秆机将穗、秆一起割倒、全量运回;大豆收割采用人工或联合收割机收割。收割时玉米留茬20～30 cm,大豆留茬3～5 cm。虽然大豆根茬比较低,但其密度大,加之收割后的豆秆、豆皮覆盖,防风固土作用十分显著。秸秆覆盖技术模式中,作物采用机械收获,安装秸秆粉碎抛撒装置,收获的同时粉碎秸秆均匀抛撒。

11.1.2.3 播种施肥

根据墒情适时播种。当5～10 cm地温稳定在8～10℃和土壤墒情满足种子生长要求时即可播种。待播的种子纯度和发芽率应在90%以上,播前必须对种子进行包衣或药剂处理。

采用东北农业大学研制的免耕播种机进行精播(图11.1),一次完成播种、侧深施肥以及垄体浅松,垄体浅松深度15 cm左右。垄距60～70 cm,播种大豆实施垄上双行精播,条距10～12 cm,条内株距10～12 cm,密度25万～30万株/hm²,播后覆土4～5 cm;播种玉米实施垄上精量点播,株距20～30 cm,密度5万株/hm²左右,播后覆土4～5 cm;松嫩平原西部春季较旱年份播后覆土6～7 cm,干旱时要加重镇压强度(杨悦乾,2007)。

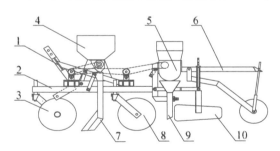

图 11.1 免耕播种机示意图(杨悦乾等,2006)

1.机架总成 2.纵梁 3.施肥破茬圆盘总成 4.肥箱 5.排种器总成 6.镇压器总成
7.施肥器 8.播种破茬圆盘总成 9.护种管 10.覆土器总成

施肥深度和施肥量根据地温和土壤类型而定,需做到分层施肥,特别是播种施肥一体作业时,要求肥料与种子间有3～5 cm土壤分隔。大豆垄上双行播种时,将肥料条施在两行中间,总施肥量的1/3作种肥,2/3作底肥(图11.2);大豆穴播时,将肥料侧深施在距苗行5 cm处。播种玉米时,肥料在距玉米苗行5 cm处采取侧深施,种肥和底肥分层施;施肥深度为:种肥4～7 cm,底肥12～14 cm(图11.3)。低温冷凉区施肥要浅些,高岗温暖区施肥要深些;黏重土壤施肥浅些,壤性土壤施肥深些。

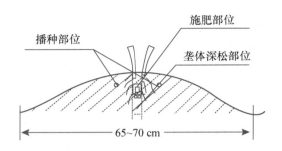

图 11.2　大豆原垄铁茬双行播种示意图

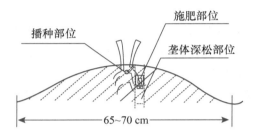

图 11.3　玉米原垄铁茬精量播种或大豆穴播示意图

11.1.2.4　深松与中耕

松嫩平原在 6 月中下旬已开始进入雨季,多贮藏夏季雨水是抗旱防涝的要求,这时结合中耕进行苗期垄沟深松,深松深度 20～25 cm 可以蓄积大量雨水。中耕 2～3 次,中耕深度按照"浅—深—浅"的方法。第 1 次中耕要浅些以防压苗,第 2 次中耕要深些,第 3 次中耕浅些以免伤根过多,妨碍作物生长发育。在作物秸秆覆盖技术模式中,秸秆覆盖影响中耕作业,可采用新型中耕机(图 11.4)。

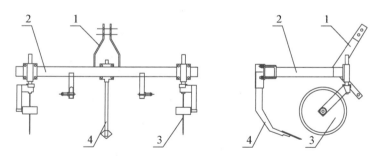

图 11.4　深松中耕机示意图(杨悦乾等,2006)

1.悬挂架　2.机架总成　3.圆盘开沟总成　4.深松铲总成

11.1.2.5　杂草防除

化学除草是根据作物和杂草的生长特点及规律,利用化学除草剂代替人力或机械除草,其优点是除草速度快、效率高、效果好,能克服因降雨不能人力或机械除草的弊端,是少免耕的重要除草措施。采用机械除草一方面可降低作业成本,另一方面可以防止药剂对作物的抑制作用和对环境造成的污染,减少对后作物的不利影响,同时有利于提高地温促进作物生长。化学除草与机械除草相结合,可以互相促进,提高除草效果。

留茬覆盖技术模式采用的除草方法与当地耕种模式基本相同,但应注意该模式中的田间杂草出苗较早,在运用土壤处理剂进行封闭化学除草时,可以通过时差选择原理,加入灭生性除草剂增加封闭除草效果。

秸秆覆盖技术模式中,农田覆盖秸秆有很好抑草作用。应注意的是:在运用土壤处理剂进行封闭化学除草时,由于秸秆覆盖的阻隔,田间秸秆覆盖量越大,土壤处理剂的封闭化学除草效果亦越差,因此应选用茎叶处理剂进行化学除草。机械除草中的耥蒙头土灭草、旋转锄灭草措施,因秸秆覆盖而作业困难,可以选用除草铲进行行间机械除草。

11.1.2.6　病虫害防治

保护性耕作应特别注意病虫害的防治,尤其有秸秆覆盖时,由于地温回升慢,易发生苗期病害。

种植玉米时,在地下害虫重而玉米丝黑穗病轻的地块,可选用 35% 的多克福种衣剂,按药种比 1:(70～100)进行种子包衣;在地下害虫重而玉米丝黑穗病也较重的地块,要采用 2% 立克秀按种子重量的 0.4% 拌种,播种时每公顷再用辛硫磷颗粒剂 30～45 kg 随种下地;黏虫可用菊酯类农药防治,每公顷用量 300～450 mL,对水 450 kg,或用有机磷类农药防治;玉米螟在喇叭口末期,每公顷用 Bt 乳剂 2.5～3 kg,制成颗粒剂撒施,或每公顷放置赤眼蜂 30 万只防治,以卵卡方法投放。

种植大豆时,采用种衣剂包衣能有效防治大豆苗期病虫害,如第一代大豆孢囊线虫、根腐病、根潜蝇、蚜虫、二条叶甲等;促进大豆幼苗生长,特别是重、迎茬大豆幼苗,由于微量元素营养不足致使幼苗生长缓慢、叶片小,使用种衣剂包衣后,能及时补给一些微肥特别是含有一些外源激素的微肥,能促进幼苗生长,使之油绿不发黄。使用种衣剂时要根据防治对象选用适宜的种衣剂类型。大豆中后期主要防治对象有灰斑病、褐纹病、大豆食心虫等。防治大豆灰斑病、褐纹病,每公顷可用 40% 灭病威胶悬剂 1.5 kg;或 50% 多菌灵可湿性粉剂,每公顷用商品量 1.8 kg;或用 50% 甲基托布津可湿性粉剂,每公顷用商品量 1.8 kg,兑水喷雾。防治大豆食心虫,根据测报准确防治,一般在成虫发生盛期及幼虫孵化盛期之前施药为宜,每公顷可用 2.4% 溴氰菊酯(敌杀死)乳油 720 mL,兑水喷雾。防治大豆食心虫也可以用敌敌畏熏蒸:将高粱秸或玉米秸截成两节一根,将其中一节去皮沾药液,另一节留皮插土,每公顷用 80% 敌敌畏乳油 1.5～2.0 L,隔 6 垄 1 行,距 5 m 插 1 根;也可用约 35 cm 长木棍,一端捆上棉球,沾敌敌畏防治;或用玉米穗轴吸收药液,卡在大豆株枝杈上。

11.1.3　生态效益与经济效益

采用新的技术措施必须有相应的效益,才能受到生产者的重视。"原垄铁茬播种＋苗期深松"机械化抗旱少耕技术模式的生态效益、经济效益均比较明显。

11.1.3.1　生态效益

应用"原垄留茬播种＋苗期深松"机械化抗旱少耕技术模式的最大生态效益是抗旱节水、防止水土流失和培肥地力。

播种前土壤水分测定表明,秋季旋耕起垄地干土层比原垄地厚 1～3 cm,耕层 20 cm 土壤水分比原垄地少 1.14%～3.26%(表 11.1),土壤容积水分比原垄地少 2.55%～5.37%,可供根系吸收利用的有效水少 2.55%～5.19%,总储水量少 5.09～9.11 mm(表 11.2)。秋季旋耕起垄地到播前与原垄地比,失墒相当于自然降水 5～9 mm。播种后土壤水分测定表明,自播后至下透雨前,原垄铁茬播种耕层土壤水分比旋耕起垄水分含量高;灌溉后两者差异不明显,但随着时间推移旋耕起垄地土壤水分减少速度快,而到雨季来临后则又显著增加。

表 11.1　播前耕层 20 cm 土壤重量含水量(2003 年甘南县)

处理	测试点 1		测试点 2		测试点 3		测试点 4		测试点 5	
	干土层/cm	水分/%	干土层/cm	水分/%	干土层/cm	水分/%	干土层/cm	水分/%	干土层/cm	水分/%
旋耕地	7.9	10.72	7.5	11.62	5.0	12.73	4.0	13.20	4.0	11.83
原垄地	4.9	13.98	4.9	12.76	2.0	15.68	3.0	14.70	3.0	13.83
相　差	3.0	−3.26	2.6	−1.14	3.0	−2.95	1.0	−1.5	1.0	−2.00

表 11.2　播前耕层 20 cm 土壤容积水、有效水及总储水量(2003 年甘南县)

处理	深度/cm	地块 1			地块 2		
		容积水/%	有效水/%	储水量/mm	容积水/%	有效水/%	储水量/mm
旋耕地	0～5	4.27	0	1.64	5.40	1.55	2.67
	5～10	8.59	4.39	6.43	14.03	8.84	7.52
	10～15	13.83	9.43	6.91	16.72	11.31	8.96
	15～20	13.86	9.56	7.01	16.83	12.42	9.31
原垄地	0～5	5.10	0	2.13	5.85	1.56	3.45
	5～10	18.08	12.98	9.54	18.26	13.89	9.76
	10～15	19.68	15.47	10.67	20.69	15.89	10.76
	15～20	20.27	15.98	10.65	19.63	15.43	10.32

在春季严重干旱条件下,旋耕起垄地由于无封冻雨,旋耕后失墒,春季无底墒可依,不耐旱;而原垄地则有原垄底墒可依,比较耐旱。从保苗情况看,原垄铁茬播种保苗率较高,尤其干旱年份不灌水时更为明显。

作物立茬秸秆覆盖对冬季降雪和运动的土壤颗粒有明显滞留作用,可以使土壤表层的含水量得以提高,并且拦截部分土壤侵蚀物质,减少风蚀危害(表 11.3)。有根茬和秸秆覆盖时,

表 11.3　不同耕法防风蚀效果

耕作处理	风蚀后效	风蚀量/t
玉米原茬地	垄台失去土 0.5 cm,垄沟积土 2.6 cm	−35＋90＝55
玉米秋翻地	表土丢失 1.9 cm	−33
差值		88
大豆原茬地	垄台失去土 0.5 cm	−35
大豆秋翻地	表土丢失 0.9 cm	−69
差值		34
谷子原茬地	垄台失去土 0.3 cm,垄沟积土 2.0 cm	−21＋70＝49
谷子秋翻地	表土丢失 1.7 cm	−119
差值		168

有利于增加土壤有机质而培肥地力。土壤有机质的保持及恢复,直接关系到土壤的保水力、蒸发率、水分有效性和渗透性、土壤温度、植物养分有效性、土壤紧实度和土壤结构的稳定性。随着现代农业发展,需要使用大型农具,经济上也要求农业越来越集约地利用土地,保持和恢复土壤有机质变得比以往任何时候更为重要。以少免耕为特点的保护性耕作技术,其实质性特点是历年的作物秸秆不断地在土壤表层累积,逐渐形成肥沃的腐殖度层。

11.1.3.2　经济效益

采用"原垄留茬播种＋苗期深松"机械化抗旱少耕技术模式种植玉米、大豆,较当地的旋耕地灭茬模式增产 7.0%～9.2%,减少旋耕起垄费用 200 元/hm²,增加经济效益 500～600 元/hm²;较当地原垄播种(不深松)模式增产 10.0%～15.7%,增加一次苗期垄沟深松作业而增加成本 100 元/hm²,增加经济效益 400～500 元/hm²。

11.1.4　技术模式应注意的问题

1.机械选型

"原垄留茬播种＋苗期深松"机械化抗旱少耕技术模式,由于取消了播前整地作业,地表保留大量的秸秆残茬,给播种作业造成了困难。因此,必须选择性能优良的免耕播种机。播种难度大的主要原因是:①土壤容重大,开沟入土困难。传统耕作中经过翻耕、耙、耱等处理的地表,耕层容重一般在 1.0 g/cm³ 左右,免耕地容重却可达到 1.3 g/cm³ 以上。由于土质坚硬,开沟阻力大,传统的播种机械无论从开沟器的入土性能还是结构强度等方面均不能满足免耕地的播种需要。②播前土壤流动性差,播种覆土厚度控制困难。传统地播种时土壤疏松、均匀,而免耕地播种时,由于缺少前序的碎土作业,故开沟器入土后,豁开的土壤经常有较大的土块,流动性较差,导致种子上面的覆盖厚度控制困难。③地表有秸秆残茬覆盖,播种机通过困难。传统地经过翻耕、整地,地表干净,没有秸秆、根茬;而保护性耕作却要求保留秸秆残茬作为覆盖物,并在有秸秆残茬覆盖的地表上直接播种,要求播种机有防止秸秆残茬堵塞的技术,通过性强。④免耕地地表平整度差,播种深度控制困难。传统播种中镇压只是将松碎的土壤进行适当的压实,保证种子与土壤的接触,而铁茬播种时,由于开沟器带起的土壤中往往有较大的土块,在种子上部出现架空等现象,因此,镇压首先要将种行上出现的土块压碎,再完成对土壤的适当压实。

东北农业大学研制的铁茬播种机,在施肥开沟器前和播种开沟器前分别设置了立式圆盘刀,可以有效切割根茬、秸秆以及压碎土块,通过性强。

2.深松技术

垄体浅松,一是要满足分层施肥深度的要求,应深于施肥层 5～8 cm;二是以种床浅松深度 15 cm 左右为宜,过深会翻起土块和根茬,影响播种质量,在春季干旱地区可以浅一些。

垄沟深松,根据土壤类型定松土的深浅,黑土以垄沟下 25 cm 为宜,草甸土、盐碱土在动力允许的情况下可适当深些,深松到 30 cm 为好。深松时间掌握在出苗后提早进行,春季较旱时,一般在雨季来临前可与中耕同时进行,前松后耥。

全方位深松,在秋季进行,以利于蓄水保墒,深松深度 30～40 cm。

3.播种和施肥

留茬覆盖技术模式,采用留高茬覆盖,以减少冬、春季的风蚀和夏季的水蚀,对土壤春季地温影响较小,播种时间、施肥量与当地常规方法相同。秸秆覆盖技术模式,播种时间可以较当地常规方法晚播 3~5 d;另外,由于覆盖秸秆腐解会与作物争氮,可以适当增加施氮水平。

4.注意火患

秸秆覆盖技术模式,秸秆覆盖量越大,保水、保肥、培肥地力效果越好;但春季降雨少、秸秆干燥,易发生火灾,应注意防火。

11.1.5 适宜区域及其推广现状与前景

"原垄留茬播种＋苗期深松"机械化抗旱少耕技术模式主要适宜于东北高寒易旱区,包括黑龙江、吉林、辽宁和内蒙古东部地区。该区域的特点是气温低、无霜期短,春天风大,水土流失导致黑土地肥力迅速下降,种植作物以一茬玉米或大豆为主。该模式以抵御春旱、控制水土流失和恢复黑土地肥力为主要目的,目前已在黑龙江省的泰来县、龙江县、甘南县、绥化市北林区、望奎县、呼兰县、双城市、讷河市、八五二农场及内蒙古自治区的阿荣旗等县(市)建立了示范区,年示范面积万亩以上。

寒地旱作农区保护性耕作的试验、示范及其推广应用是一场耕作方式的改革。该模式及农机具开发为东北寒地保护性耕作的示范推广提供了技术支撑和机械载体,对全国同类区域具有通用性,可以辐射同类区域。农业部计划分两个阶段有重点地在北方旱区逐步推进保护性耕作,改革传统的耕作方式。第一阶段以京津地区为核心建立两条保护性耕作带,一条是环京津保护性耕作带,另一条是沙尘源头保护性耕作带。第二阶段是在华北、西北、东北地区大面积推广应用保护性耕作,计划用 7~10 年的时间,基本上在北方旱作区全面实施保护性耕作。"原垄留茬播种＋苗期深松"机械化抗旱少耕技术模式,以少耕为核心、根茬与秸秆覆盖为特色、机械化生产为载体,符合国家产业发展政策和耕作制度改革的需求,市场需求大,前景广阔。

11.2 垄向区田技术模式

11.2.1 形成条件与背景

11.2.1.1 形成背景

东北农业大学沈昌蒲等人针对东北寒地垄作区农业生产面临的问题,从 1988 年开始探索和研究坡耕地水土保持新技术——垄向区田技术。1990 年东北农业大学与黑龙江省水土保持研究所及宾县科委共同在该县各乡坡耕地进行小面积的垄向区田试点试验,各试验点均表现出较好地防止水土流失及促进作物增产的效果。农民认为垄向区田把水给管住了,往年塌腰子地在其低洼处有小侵蚀沟或冲断垄台,实施垄向区田后,土挡及垄台均未冲毁,未出现侵蚀沟,作物可增产 10% 左右。坡耕地水不向坡下汇集,能减轻洼地涝害,收到治上保下的社会效益。1992—1999 年在黑龙江省哈尔滨市所属 12 市县进行人工筑挡实施垄向区田技术的试验和推广应用,大豆平均增产 25%,玉米平均增产 17% 左右(沈昌蒲,1997)。

11.2.1.2　基本原理

垄向区田就是在坡耕地的垄沟内或平作地作物行间修筑小土挡,将长长的垄沟或长长的行间截成许多小区段,以土挡拦截降雨,以小区段(浅穴)贮存雨水,直到浅穴中的雨水全部渗入土壤,成为土壤水或深层土壤水,进而减少了径流,解决了强降雨和土壤渗透慢的矛盾。垄向区田是最接近水土保持原则的措施,即"将每一滴雨水保留在它降落的地方"。这样,岗地不缺水,洼地不积水,低地不涝,作物生长繁茂一致,产量增加。

修筑土挡时,两土挡间的距离越长,形成浅穴的容积就越大,单位面积上筑的土挡数量就越少,也越省工,但浅穴内的坡长也越长,径流水都堆积到浅穴下段,浅穴上端是空的,白白浪费浅穴容积,同时下端的土挡可能承受不了全容积水的压力,有被冲毁之虞,而且一旦一个土挡被冲毁,下面的所有土挡将被一连串冲毁。如果土挡间距过小,虽可消除土挡过大的缺点,每个浅穴都能盛满雨水,但随修筑土挡数量的增多,用工随之增加,而且土挡占用过多可贮水面积,使总拦蓄水量减少。因此,垄向区田技术中最关键的就是确定最佳挡距,即不计较单个浅穴中的拦雨量和土挡数量,而应使单位面积上所形成的浅穴总容积最大,以最大限度地拦蓄降雨量。

沈昌蒲等(1997)根据垄体各个参数、常年最大一次降雨强度和最大承雨能力的期望值,建立了垄向区田最佳挡距的数学模型 $L = a\theta^b$(式中 L 为最佳挡距, θ 为坡度, a、b 为与垄高和行距有关的系数)。在垄距 70 cm 时,该模型为 $L = 168\theta^{-0.5}$(cm),以此计算出最佳挡距。如 0.1° 坡耕地最佳挡距为 5.3 m,随着坡度增大,最佳挡距减小。降雨引起水土流失的主要因素是瞬时雨强,按黑龙江省县气象资料,20 年一遇最大瞬时雨强为 10 min,降雨 29 mm。按最佳挡距来筑挡,8° 以下的垄向区田都能承受此大雨,而按最大挡距来筑挡的垄向区田只能是 1° 以下的坡耕地。最佳挡距的 1° 坡的垄向区田能承受此降雨的时间可达 17 min。在黑龙江,可运用垄向区田的垄向坡度限值为 8°。但在筑挡时,大于 6° 垄向坡度最佳挡距在 70 cm 以下,在百米长的垄沟中就要筑出 100 多个土挡,机械化筑挡尚可,而人工筑挡显然较费工、费时。同时也为保险起见,以承受最大降雨 11.4 min 的 6° 为界限,<6° 的垄向坡度更为妥当(沈昌浦,2007)。

根据人工模型拟降雨试验,以更大的暴雨(3.6 mm/min)来检验最佳挡距数学模型的可靠性,各坡度最佳挡距拦蓄降雨实测值均大于理论值(因其还包括作物冠层截留及土壤渗透的雨水在内),证明数学模型可靠。

11.2.2　关键技术规程

垄向区田技术关键是在垄沟中修筑土挡以拦蓄雨水,使之不产生径流。从筑挡技术来看较简单,然而这一简单技术在田间应用必须考虑多方面因素。

11.2.2.1　确定筑挡时期

垄向区田的目的是拦蓄大雨,避免水土流失。因此,筑挡时期应在雨季来临之前。干旱地区过早筑挡,易使土壤失墒;过晚筑挡易伤垄沟中分布的根系。

我国北方地区的雨季多在 6—8 月份,较强的降雨多集中于 7 月份。如 10 min 降雨 20~30 mm 时有发生。因此,筑挡时期最好在 6 月中下旬,结合最后一次中耕(耥地)进行,最迟不超过 7 月上旬。如果是蔬菜地或其他中耕结束较早的地段,可在 6 月上旬进行筑挡,以拦蓄 6

月份的降雨(沈昌浦,2005)。

11.2.2.2 确定垱距

垄向的坡度测知后,查表确定最佳垱距。根据最佳垱距 $L=168\theta^{-1.5}$ 数学模型得出的计算值,在田间运用时可采用整数值。如 3°坡的最佳垱距计算值为 95 cm,则可按 1 m 垱距筑垱,其可拦蓄最大降雨量只在个位数上减少。如果垄距为 60 cm 时,则垄高为 14 cm,<6°坡度的最佳垱距稍小于 70 cm。

11.2.2.3 土垱的结构

根据黑龙江省垄体的几何图形,最大限度地拦蓄降雨,同时又不致破坏垄台,土垱在垄沟中的高度不能超过垄台或与垄台一致。在黑龙江省,耥三遍地后垄台高度约 16 cm,所以土垱高度可取 14 cm。这样,承受上一浅穴雨水压力的关键是如何确定土垱顶部的厚度。根据水坝的设计原理,浅穴中储水在下面土垱侧面的水平推力,土垱本身的重力,以及考虑紧实土垱中上坡面及下坡面的水分入渗,土垱顶部厚度取 14 cm,底部厚度 40 cm 是可靠的。经过雨季的拍击,至秋收时土垱高度仅余 5~8 cm,厚 10 cm。

在田间筑垱时,总认为土垱厚一些更为可靠。实际上,土垱过厚有许多弊端:动土量大,费工费时;浅穴中没有剩余的坐犁土(松土)覆盖;处于土垱处的垄台上植株失去了垄作的优越性;垄沟中土垱厚度超过 20~30 cm,影响秋收时车轮在垄沟中行走,最后可能影响深耕和倒垄。

11.2.2.4 机械化筑垱可用 1QD 型垄向区田筑垱机

垄向区田筑垱机是将筑垱部件安装在三铧犁或七铧犁上,组成 1QD-2.1 型和 1QD-4.9 型垄向区田筑垱机,在犁铧耥地时,筑垱部件随之在垄沟中筑垱。

东北农业大学温锦涛、沈昌浦等人研发的 1QD 型垄向区田筑垱机由机械、联接器、四叶板翻转铲、吊杆、加压弹簧、电磁开关、垱臂和电子控制器等组成(图 11.5),需挂接在中耕机上使用,筑垱作业与中耕作业同时完成。

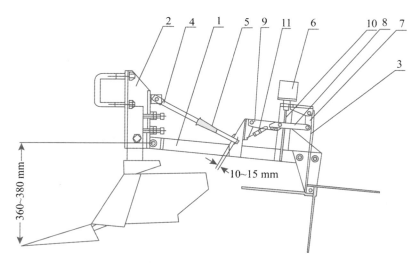

图 11.5　1QD-3 型垄向区田筑垱机单体机构(温锦涛,沈昌浦等)

1.机架　2.连接器　3.四叶板翻转铲　4.吊杆　5.加压弹簧
6.电磁开关　7.垱臂　8.支臂　9.前支臂　10.吊板　11.拉簧

机械化筑挡比人工筑挡有许多优越性。第一,筑出的土挡高度、厚度一致,挡距准确并规格化;第二,一个地段中有多种坡度时,驾驶员可随时调整挡距;第三,可放宽适合运用垄向区田措施的坡度范围,可用于 7°～8°坡的坡耕地;第四,筑挡部件可根据农田或苗圃需要调节土挡厚度;第五,机械化作业速度快(表 11.4),比人工筑挡快几十倍。

表 11.4 1QD 型垄向区田筑挡机的作业效率

挂接农具	耕幅/m	作业速度/(kg/h)	生 产 率/(hm²/h)	增效(倍)
3 铧犁	2.1	3～5	0.6～1.0	74～124
7 铧犁	4.2	5～7	2.1～2.9	261～361
10 铧犁	7.0	5～7	3.5～4.9	436～611
12 铧犁	8.0	5～7	4.0～5.6	499～699
人工(对照)	0.7	0.1～0.12	0.008	

(沈昌蒲等,2007)

11.2.3 生态效益与经济效益

坡耕地水土保持的重大意义众所周知,而且已研究出了许多有效的水土保持措施,如工程措施、生物措施和各种保土的耕作方法等。但是这些措施在生产中如何落实以及落实中存在的问题尚未得到全面解决,以致公认坡耕地水土流失是一个严重问题。一些工程措施投工量大而需要依靠国家投资,而且还占用一部分耕地;有的措施拦蓄小雨时效果显著,但遇到大雨时水土流失仍然严重;有的措施各方面表现良好,但投工和成本太高,坡耕地农民无力投资。由此看出,降低成本是水土保持措施可行性的关键因素之一。

针对上述存在的问题,而研究开发出的垄向区田技术,是一项简便易行、省工、省时、投资少、不另占耕地和当年见效的坡耕地水土保持措施。该项技术措施不仅实现了短期效益和长期效益的统一,而且其生态效益、经济效益和社会效益也较为显著。

11.2.3.1 生态效益

运用垄向区田措施的主要目的是使"三跑田"成为"三保田"。选择 3 个坡度、两种挡距和不筑挡开放垄作为对照,经采用比 2.9 mm/min 雨强更大的 3.6 mm/min(大暴雨)人工模拟降雨测定,最佳挡距承受大暴雨历时最长,拦蓄雨量最多,而且在此瞬时雨强中没有产生径流和土壤流失。与对照区相比较,2°坡最佳挡距区与对照区在同样承受雨强为 3.6 mm/min 的大暴雨 16.7 min 后,每公顷保持了 501.6 t 水和 10.2 t 土壤,比最大挡距多保持了 171 t 水和 6.2 t 土壤。垄向区田拦蓄了雨季中各次小雨和全部大暴雨,而后缓慢地渗入土壤,提高了土壤蓄水量。在宾县乌河乡测定显示,玉米收获前,垄向区田比未做垄向区田的 1 m 深土层增加 30 mm 以上的储水量,相当于每公顷土壤多储水 300 t 以上,其中玉米分布层增加 16.9 mm,相当于每公顷灌溉了 169 t 水。

11.2.3.2 经济效益

垄向区田的经济效益可分为两部分,一是作物增产效益,二是投入产出比。在 6 月下旬至 7 月上旬雨季开始前筑土挡,这时黑龙江省的玉米雌穗正在分化,接近"大豆开花,垄沟摸虾"

水分临界时期,坡耕地垄向区田拦蓄了降雨,因之作物增产显著,玉米平均增产17.9%,大豆平均增产27.7%。影响垄向区田增产的因素有坡度、作物种类、土壤肥力、人工管理、当年降雨量和雨强等。

垄向区田的净收益,玉米价格按1.8元/kg,大豆按4.0元/kg计算,每公顷可净增收800~1 500元。如果采取机械化作业,结合最后一次耥地筑垱,就没有多少工本费的投入了。

11.2.3.3 社会效益

垄向区田的社会效益最为显著。如果全国0.37亿hm²<6°坡(或>6°坡改为<6°坡横垄者)的坡耕地有70%采用垄向区田技术,控制了水土流失,就是保持了我国的耕地面积和耕地质量。如果黑龙江省占耕地总面积60%的缓坡坡耕地运用垄向区田措施,保持了水、土和肥,就是保护了世界上少有的、经过上亿年形成的黑土地,功在当代,利在千秋。此外,历来的水土保持工程措施,国家要投入大量资金,而采用垄向区田措施用工极少,若采用机械,结合中耕筑垱,则无需多少工本费。这样可以减少国家投资,立时取得水土保持效果。而且,在我国后备耕地资源较少的情况下,保护了坡耕地,不但保护了农民生产积极性,还可稳定农田数量,使子孙后代有地可种。

11.2.4 技术模式应注意的问题

应用垄向区田技术较为简单,只有修筑土垱的作业。然而在田间应用,如何发挥垄向区田的最大效益,还须考虑以下几个方面:

1. 坡度

应用垄向区田的最大坡限为6°。在地头上或有倾头地,局部较大的坡虽然超过6°,甚至达8°~10°,但只要上端土垱起作用,也能拦蓄2.5~2.8 mm/min的降雨9 min。不能因坡度小而放弃运用垄向区田,因为坡度小的一般坡长较长。

2. 筑垱时期

旱季筑垱会搅动土层,易使土壤失墒,因此最好在雨季来临前筑垱。我国北方大致在6月份进入雨季。南方雨量虽充沛但也有旱季。雨季前筑垱土壤最疏松,可多贮雨水为旱季所用。此外,我国北方一些地区冬季多雪,亦可秋季筑垱以拦蓄春季融雪水。坡耕地是要雨季有土垱,全年有土垱,还是播种时有土垱,这可根据需要而定。

3. 筑垱应从最高处开始

如果只在坡地下端筑垱,上坡径流将冲击下坡土垱,引起土垱一连串的崩溃。如果地段的上方还有其他用地或荒地,最好用截流沟隔开,确保无外水侵入筑垱地段。

4. 筑垱作业

地块较小的用地可采用镐头人工筑垱,切忌用锹筑垱。筑完垱浅穴中应有松土,以防土壤水分蒸发。地块面积较大,在1 hm²左右的,可用1QD-3型垄向区田筑垱机筑垱;地块面积大于10 hm²的,可用1QD-10型垄向区田筑垱机筑垱。机械筑垱比人工作业分别增效几十至几百倍,便于抓紧农时;机械筑垱比人工筑垱高,且厚度和垱距一致;机械筑垱是推土成垱,土垱较紧实,而人工筑垱是刨土成垱,土垱过松而应踩实。拖拉机作业速度最好在5~6 km/h,最快不超过7 km/h,忌甩土成垱。

5.与原耕作制度的磨合调整

凡在原耕作制度中采用新的农业技术时,都有与原耕作制度相互适应的过程,垄向区田技术也如此。筑垱一般在雨季前进行,筑垱后还要进行中耕除草等作业,为此可在拖拉机和中耕机行走轮前安装破土铲,随破随中耕随再筑垱,连接作业,一次完成。

11.2.5 适宜区域及其推广现状与前景

11.2.5.1 应用范围

影响水土流失的因素很多,其中主要是坡度和坡长。垄向区田措施筑出土垱,使土垱间的坡长缩短了,径流量减少了,所以凡是有坡度的耕地或土地都可应用垄向区田技术防止水土流失。

1.平川地

一般所说的平川地很少是一点坡度都没有的。由于脚踩和机具行走、作业,常使地面宏观平坦、微观起伏,即大平小不平,因此在降雨或喷灌时,就看出有小的径流,使地面水层厚度不均匀,作物旱涝不均。东北农业大学试验场平地垄向区田试验表明,在自然降雨条件下,大豆可增产18%。因此不能忽视平原的水土流失问题,因为地形是动态变化的。

2.垄作地

垄作地应用垄向区田技术最方便,如垄距为60～70 cm。如垄距大于或小于70 cm,可按公式计算。垄作地的地块较小时,可采取人工筑垱,把土垱随筑随踩实。

3.其他用地

有坡度的梯田、坡地茶园、退耕还林的幼林地、漫坡草原、灌溉蔬菜地均可应用垄向区田技术。

不论是横坡还是顺坡耕作,均可选择最佳垱距。不同的是,顺坡是以土垱拦雨,如遇超强暴雨,雨水可越过土垱流向下一个浅穴,最多也只流向下两个浅穴,因为暴雨大都历时短;而横坡是以垄台和土垱两个方向拦雨,如遇超强暴雨,上下垄台之间是主坡,有可能拦不住过急的雨水,断垄出沟。此外,土层薄的地段和年降雨过于频繁的地区不宜采用本措施。

11.2.5.2 推广现状与前景

我国是世界上水土流失最严重的国家之一。根据全国第二次水土流失遥感调查,20 世纪90 年代末全国水土流失总面积为365 万 km²,占国土面积的38%,其中水蚀面积165 万 km²,风蚀面积191 万 km²。黑龙江省坡耕地有 400 万 hm²,约占全省总耕地面积的50%。这些坡耕地自开垦以来,多采取顺坡垄种植,水土流失严重。即使改为横坡垄,也有被冲刷、出现断垄和隔裂土地的现象。更何况其自然地形多为两面坡或多面坡,一块地中顺坡垄和横坡垄同时存在,在高雨强时顺坡和横坡都产生径流和冲刷。垄作区田就是在坡耕地的垄沟中筑出小横土垱,形成垄沟中一节节的浅穴,使其就地拦蓄暴雨,缓解高雨强和土壤入渗慢的矛盾,因此,垄作区田是一项有效的水土保持措施。同时它还可改善坡耕地上坡易旱、下坡易涝的状况,尤其是它的作业简便易行,不占耕地面积,动土量少,成本低,而且在筑垱当年即可增产20%以上,甚至成倍增产。所以它的生态效益、经济效益和社会效益都是较大的,在国内外已开始采用。该技术模式配套了筑垱机,实现了机械化作业,推广前景广阔。

11.3 玉米宽窄行留高茬交替休闲种植技术

11.3.1 形成条件与背景

东北地区是我国重要的粮食生产区,耕作制度特点是一年一熟,旱作农业为主,机械化种植面积大。目前该区域的主要粮食作物以玉米为主,且大多采取连作。其耕作方式大体经历了以下几种:

1.传统垄作制

在20世纪50年代之前,东北地区的耕作方式以传统垄作制为主,根据作物种类的前茬来决定扣种、糠种、搅种、挤种与粘种,人工与畜力相结合,耕地机具以犁杖为主。一般在平地土壤水分较充足的地区主要用大犁扣种,土壤水分不足且为沙壤土的地区多采用挤种,在风沙干旱且有盐碱土壤的地方采用粘种。这些传统耕法在播种环节上基本是开沟、点籽、覆土、镇压同时进行。

2.机械化翻耙播耕作方式

20世纪50年代中后期,随着工业化进程的发展,东北地区开始引进了双轮一铧犁、双轮双铧犁、机引五铧犁、钉齿耙、圆盘耙、24行播种机、中耕机等苏式农机具,开启了玉米机械化耕作的新时期。这个时期正是人民公社管理体制,土地归集体所有,生产方式在管理上高度集中,这种条件促进了机翻、机耙、机械化播种作业方式的大面积应用。

3.深耕轮翻平播苗带重镇压耕种方式

20世纪60年代至70年代,东北地区玉米、大豆、高粱、谷子等各种作物种植比例差距并不是很悬殊,作物的生产轮作换茬很普遍。针对这种作物轮作的生产方式,因作物采取深、浅耕或隔1~2年不翻的轮翻。轮作周期内种大豆、玉米时,深耕20~23 cm(5年轮作内可进行一次深耕,一次浅耕),深耕后一、二年原垄糠种高粱、谷子。玉米可实行耙槎播种,深耕、耙槎后,岗、平地上实行平播后起垄,洼地实行翻后打垄,于垄上播种。

4.小型机械化灭茬垄作方式

进入20世纪80年代,实行了家庭联产承包责任制,土地的经营权由集体所有转变为小农户所有,实现了分散经营。由于生产方式的转变,大型动力及农机具迅速被小型动力及农机具取代,耕作方式又发生了新的变化。至今,东北地区玉米生产上普遍采用的耕作方式以小四轮灭茬打垄垄上机播为主。小型机械化灭茬垄作方式的主要操作程序是:春季或秋季采用小四轮带灭茬机进行灭茬,灭茬后一般采取扶原垄或进行三犁川打垄。播种时采取单体或双行播种机播种,开沟、播种、施肥、覆土、镇压一次完成作业(刘武仁,2004)。

由于生产上长期采用小四轮进行耕、整地作业,作业深度浅,且机械对土壤碾压过重,导致耕地耕层变浅,出现了坚硬的犁底层,土壤结构恶化,土壤水肥调节能力变差,已经成为本区玉米生产的主要障碍因素。玉米宽窄行留高茬交替休闲种植技术主要是针对解决上述问题而产生的一种保护性耕作技术。该技术通过机械化深松以加深耕层,建立土壤水库,改善耕层结构,并通过秸秆立茬覆盖,增加有机物料还田量,提高了农业生产的可持续性。

11.3.2 关键技术规程

把现行耕法的均匀垄(65 cm)种植,改成宽行 90 cm、窄行 40 cm 种植,宽窄行种植追肥期在 90 cm 宽行结合追肥进行深松,秋收时苗带窄行留高茬(40 cm 左右)。秋收后用条带旋耕机对宽行进行旋耕,达到播种状态,窄行(苗带)留高茬自然腐烂还田。第 2 年春季,在旋耕过的宽行播种,形成新的窄行苗带,追肥期再在新的宽行中耕深松追肥,即完成了隔年深松、苗带轮换、交替休闲的宽窄行耕种(图 11.6);通过缩小种植带窄行行距,加宽深松工作带(宽行),实施宽行追肥期宽幅深松,留高茬自然腐烂还田,秋季宽行旋耕整地,翌年春新形成的窄行精密播种,实现宽行和窄行交替休闲(刘武仁,2008)。

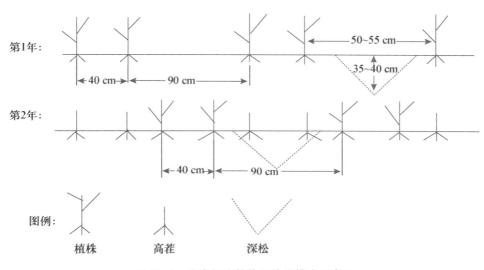

图 11.6　宽窄行交替休闲种植模式示意图

11.3.2.1　宽行追肥期宽幅深松

在玉米拔节期结合追肥进行深松,可以打破犁底层,加深耕层,改善耕层物理性状,减少径流,接纳和储存更多的降水,形成耕层土壤水库,可做到伏雨秋用和春用,提高自然降水利用效率。

11.3.2.2　高茬自然腐烂还田

玉米秋收时留高茬,是目前东北地区农肥资源不足、秸秆安全还田尚无良法情况下一种较好的秸秆还田方式。采取留高茬自然腐烂还田,具有增加土壤有机质、培肥地力、减少土壤风蚀的作用。

11.3.2.3　秋季宽行旋耕整地

在追肥期深松的基础上,收获后在宽行旋耕一次,达到播种标准。翌年春季不整地直接播种,有利于保墒、保苗。

11.3.2.4　窄行精密播种

精密播种系指精细整地和精量播种。窄行精密播种系指在秋季精细整地的基础上,在上年宽行实行精量播种,可节约用种量,降低成本。

11.3.2.5 交替休闲

交替休闲系指苗带隔年轮换后形成的宽行和窄行交替休闲,具有恢复地力、保证苗带处于良好的土壤环境的作用。通过建立土壤水库,为作物生育期间提供充足的水分,保证苗期生长,解决春季水分供求矛盾(刘武仁,2004)。

11.3.3 生态效益与经济效益

11.3.3.1 生态效益

玉米保护性耕作新技术适合于雨养农业区,在东北三省平原区有广阔的推广前景,既高产又高效,同时还能改善农业生态环境,减少土地风蚀和水蚀,实现农业可持续发展(刘武仁,2006)。

11.3.3.2 经济效益

以玉米宽窄行留高茬交替休闲种植新技术示范面积 1 000 hm² 为例。按平均增产 10% 计算,即每公顷增产 750 kg,共可增产 75 万 kg,按玉米 1.80 元/kg 计算,增加收入 135 万元;同时,采用该项目技术可降低生产成本 20%,即每公顷节约费用 400 元,则 1 000 hm² 耕地降低生产成本 40 万元,节本增产共获效益 175 万元(刘武仁,2003)。

11.3.4 技术模式应注意的问题

第一,本技术模式适宜在农机械化程度相对较高的雨养农业区推广应用,适用作物为玉米,品种宜选用耐密品种,采用机械化半精量(加密)播种为宜。

第二,施肥应基肥(底、口肥)和追肥相结合,磷肥、钾肥和 1/4 氮肥作基肥,其余的 3/4 氮肥在玉米拔节前结合深松追施。如果采取一次性施肥,要保证侧深施,侧 5~8 cm,深 8~10 cm。

第三,如果追肥期遇到干旱,深松期应适当延后,深松的深度不宜过深,控制在 30 cm以内。

第四,秋收时玉米留高茬 40~45 cm,要及时旋耕,旋耕不宜过深,8~12 cm 为宜,以地面平整碎土好、达到播种状态为标准。

11.3.5 适宜区域及其推广现状与前景

本技术体系各环节全部采取机械化作业,同时对动力水平要求较高,深松及旋耕作业环节配套动力应在 80 马力以上。因此该项技术适宜于规模化生产区域。目前,该项技术在吉林省中部地区推广面积较大,吉林省中部的四平地区年推广面积达上万公顷。该区机械化程度较高,土地平整连片,属于半湿润平原区,生产上应用本项技术取得了良好的效果,深受农民的欢迎。但该项技术不宜在东部山区及西部半干旱区大面积应用。东部山区应用该项技术的主要限制因素是地块小,地形复杂,不宜于大型动力作业;西部半干旱区伏旱多有发生,因此伏季深松的时期不易掌握,伏季深松后易造成土壤失墒过重的现象。因此本项技术宜于在东北地区的中部平原区大面积推行(刘武仁,2008)。

11.4　玉米留高茬行间直播技术

11.4.1　形成条件与背景

玉米留高茬行间直播技术是进入 2000 年以来,由吉林省农业科学院提出的一种平作少免耕技术。

当前东北地区的耕作方式仍以大型机械翻耙播和小型机具灭茬打垄垄上播两种方式为主体。这两种耕作方式多为春秋两季整地,土壤扰动过频,且地表全部裸露在外,因此地表风蚀严重。近年来东北地区沙尘暴的频发与耕地表土耕作过度有直接关系。而且近些年来由于受全球气候变化影响,东北地区降雨量也持续减少,春旱时有发生,翻耙地及灭茬打垄作业由于频繁动土,土壤失墒严重,因此春季保苗难已经成为生产上的主要问题。

另外,生产上采取的常规耕作措施秸秆还田量严重不足,翻耙地作业与小型机具灭茬打垄作业秸秆还田量仅为地表 10 cm 左右的根茬部分,通过翻地扣入地下或由灭茬机粉碎后混入表土,农田土壤有机质得不到充分的补充(刘武仁,2007)。

针对上述问题,吉林省农业科学院提出了玉米留高茬行间直播少免耕技术。该项技术通过留高茬自然腐烂还田,增加了土壤有机物料的还田量;同时减少了耕整地的作业环节,除春季播种作业及夏季窄幅深松作业,再无其他土壤作业。因此,该技术具有动土量少,地表残茬覆盖量大的特点,实现了保土、保墒、节能、环保的目标。

11.4.2　关键技术规程

第 1 年在均匀垄种植(行宽 60~70 cm)的玉米收获后留高茬 30~50 cm,不进行旋耕,高茬自然腐烂还田;第 2 年春天不整地,直接在第 1 年行间精量播种玉米,追肥期在茬带上结合追肥进行窄幅深松,收获后仍留高茬 30~50 cm,不旋耕;第 3 年春天仍不整地直接在第 2 年行间精量播种玉米,追肥期在茬带上结合追肥进行窄幅深松,收获后仍留高茬 30~50 cm,不旋耕;如此年际间反复进行耕作。

11.4.2.1　高茬自然腐烂还田

在农家肥肥源不足、秸秆安全还田尚无良法时,采取高留茬(30~50 cm)自然腐烂还田(还田秸秆占秸秆总量的 30% 左右),具有增加土壤有机质、培肥地力、减少土壤风蚀的作用。

11.4.2.2　茬带窄幅深松

窄幅深松的宽度为 5~15 cm,深度为 20~40 cm。

北方春玉米区,玉米追肥期在 6 月 20 日至 7 月初,此时已经进入雨季或开始进入雨季,这时深松可接纳和储存更多的降水,形成土壤水库,做到伏雨秋用和来年春用,提高自然降水利用效率。

11.4.2.3　行间精密播种

在上年留茬的行间进行精量播种,可节约用种量,降低生产成本。

11.4.2.4　苗带和茬带交替休闲

苗带和茬带隔年轮换形成了交替休闲的耕种方式,具有恢复地力的作用,保证了苗带处于良好的环境状态。通过深松建立的土壤水库能够为作物生长提供充足的水分,解决由于干旱而造成的土壤水分供求矛盾。

11.4.3　生态效益与经济效益

经试验测试,新的耕种方法与现行秋灭茬、春打垄、垄上播的耕种方法比较,0～40 cm耕层土壤有机质年均提高 0.78 g/kg,春季土壤含水率提高 1.5%～2.5%,全生育期土壤含水率提高 1.0%～2.0%,保苗率提高 10%,产量提高 5%～10%,每公顷成本降低 300 元以上。

11.4.4　技术模式应注意的问题

第一,选择优良品种、确定适宜的播种期、种植密度、合理施肥、田间管理等技术措施与常规技术相同。

第二,可在洼地、平地、岗平地实施,实施时需具备 2BD-3 型精密播种机、3Z-2 中耕深松追肥机、25 马力以上配套动力。

11.4.5　适宜区域及其推广现状与前景

该项技术主要采取小型机械化作业,窄幅深松及播种作业环节所需动力 25 马力以上即可,因此实用性较强。该项技术适宜于在东北中部半湿润区进行大面积推广应用;东部湿润山区的平地、岗平地也可应用该项技术,东部山区的山坡地则不宜采用;西部半干旱区需灌溉田块不宜采取该项技术。目前该项技术已在东北平原中部开展了示范推广。

11.5　玉米灭高茬整地技术

11.5.1　形成条件与背景

玉米灭茬整地技术起始于 20 世纪 80 年代。当时正是农村联产承包责任制初期,土地包产到户,大型机具的规模化经营方式被打破,东北地区大部分农户的农业生产又回到了畜力作业方式,根茬处理多以人工刨茬为主,劳动效率极为低下。小四轮拖拉机的盛行及小型灭茬机的出现迅速改变了这一状况。小型机械灭茬作业极大地提高了耕整地的作业效率,因此很快普及到东北大部分地区,并一直延续至今。

目前东北大部分地区的灭茬起垄作业包括以下两个环节:一是上年秋季或当年春季采取小四轮灭茬作业;二是在灭茬后使用机械或畜力进行打垄,从而形成种床。常规灭茬起垄方式种床的形成需两次机械作业,动力进地次数多,土壤碾压过重,加上多次动土,特别是在春季动土,土壤失墒严重,不利于保苗。而玉米灭高茬整地技术较好地解决了上述问题。该项技术采用灭茬整地复式作业机具,于秋季一次作业完成灭茬起垄,春季不动土,从而避免了土壤的过度失墒,对于保证玉米出苗具有良好效果。

11.5.2　关键技术规程

第1年在均匀垄种植(垄距60～65 cm)的玉米收获时留高茬20～30 cm,然后进行秋整地,灭掉高茬,灭茬深度10～15 cm,同时起垄镇压达到播种状态,碎茬在土壤中自然腐烂还田;第2年春天不进行整地,直接在第1年整地所成的垄上进行精量播种,追肥期在行间进行中耕(深度20 cm),秋收时仍留高茬20 cm,进行秋整地灭高茬成垄;第3年春天仍不整地直接在第2年行间精量播种玉米,追肥期在行间进行中耕(深度20 cm),秋收时仍留高茬20～30 cm,进行秋整地灭高茬成垄;如此年际间反复进行耕作,其余管理措施同现行耕法生产田一致。

11.5.3　生态效益与经济效益

该技术实现了秸秆安全还田,结合追肥进行伏中耕打破犁底层,创建耕层土壤水库,做到保"三水":夏季贮水、秋季保水、春季节水,播种时不用坐水,大大提高了自然降水利用效率。碎茬腐烂还田可增加土壤有机质,培肥地力,使土地资源永续利用。通过减少整地次数,避免了土壤水分散失,做到一次播种保全苗,苗齐、苗壮。采用精密播种,大幅度降低了生产成本,提高了经济效益。

该项耕整地方法与常规方法相比,改善土壤生态环境,土壤有机质呈上升趋势,0～40 cm耕层土壤有机质年均提高0.3～0.8 g/kg,春季土壤含水率提高0.5～2.0个百分点,保苗率提高5%～10%,产量提高5%～10%。

11.5.4　技术模式应注意的问题

该项技术适于在东北雨养农业区推广应用;一定要保证玉米留茬高度20～30 cm,灭茬深度10～15 cm;做到灭高茬、起垄、镇压同时进行,一次整地达到播种状态。

11.5.5　适宜区域及其推广现状与前景

该项技术应用简单,且贴近目前东北地区农民的习惯耕作方式,因此在东北大部分地区均可应用。该项技术推广应用的主要限制因素是配套的灭茬起垄复式作业机具数量较少,常规的小型灭茬机淘汰速度较慢,仍占据农业生产的主流。目前该项技术在吉林省中部地区应用面积较大,随着配套机具生产规模的扩大,该项技术的应用范围将进一步增加。

11.6 玉米留茬垄侧种植技术

11.6.1 形成条件与背景

玉米留茬垄侧种植技术主要针对东北地区的东部山区、丘陵地区等机械化作业程度较低、地块分散、地形复杂的农区而建立的一种保护性耕作技术模式。东北平原的东部山区耕地规模小,而且坡岗地较多,不利于大型动力机具作业,在耕作方式上多以人工和畜力作业为主,根茬处理费时费力,整个生产流程作业环节较多。留茬垄侧种植技术通过立茬覆盖还田,垄侧栽培,减化了根茬处理环节,同时减少了对表土的耕作,对防止山区土壤的水蚀具有良好效果。同时该项技术不需大型动力作业,因此在东部山区推行速度较快。

11.6.2 关键技术规程

留茬垄侧种植系指在现行耕法的均匀垄上玉米收获后留茬 5～15 cm,第 2 年春天在留茬垄的垄侧播种。

11.6.2.1 人工等距点播
在留茬垄的垄侧先浅穿一犁,施入底肥,做到化肥深施,然后在垄侧深穿一犁起垄,用播种器人工精量播种并施入口肥,覆土后压实保墒。坡地或垄距较宽的可先在垄沟施入底肥,然后在垄侧深穿一犁起垄,用播种器播种、覆土。

11.6.2.2 跟犁种
在老垄沟施入底肥,在垄侧穿一犁破茬后跟犁种,并施入口肥,最后在同一垄侧深穿一犁,掏墒覆土,镇压保墒。

11.6.3 生态效益与经济效益

玉米留茬垄侧种植实现了秸秆安全还田、少动土、保墒保苗。结合追肥进行深松,打破犁底层,创建耕层土壤水库,提高了自然降水利用效率,实现了高茬自然腐烂还田、增加土壤有机质培肥地力,使土地资源永续利用。通过减少作业环节,采用精密播种,大幅度地降低了生产成本,提高了产出效益。当年秋天进行整地成垄,第 2 年春天不动土,防止由于春旱造成土壤水分散失,实现了苗全、苗齐、苗壮,使玉米生产持续高产、优质、高效。

玉米留茬垄侧种植与现行秋灭茬、春打垄、垄上播的耕种方法比较,0～40 cm 耕层土壤有机质年均提高 0.29 g/kg,春季土壤含水率提高 1.1%～2.1%,全生育期土壤含水率提高 0.6%～2.0%,保苗率提高 5%～10%,产量提高 5% 以上,每公顷成本降低 200 元以上。

11.6.4 技术模式应注意的问题

该项技术适用于东北雨养农业区推广应用;采取留茬自然腐烂还田,留茬高度在 5～

15 cm;在 6 月 20 日至 7 月初,结合追肥进行深松;等距点播,节省用种量。

11.6.5 适宜区域及其推广现状与前景

该项技术具有较强的区域针对性,通过畜力或小型机械来进行作业,不适宜于集约化规模化经营。目前该项技术的推广主要针对东北平原东部山区机械化程度较低的地区。东北平原的东部山区降雨较多但积温较低,采取该项技术可保持垄作对地温的调节作用,同时通过地表立茬覆盖,可有效降低坡耕地的雨蚀。因此该项技术在东部湿润冷凉山区具有广阔的推广前景。

11.7 国营农场耕作技术模式

11.7.1 形成条件与背景

黑龙江国营农场的耕作技术是随着种植业结构变化而变化的。改革开放初期,黑龙江国营农场小麦面积最大,其次是大豆,再次是谷子和玉米。改革开放 30 年来,大豆面积基本保持稳定,而玉米和水稻面积大幅度增加,小麦、谷子面积明显减少,大麦面积有所增加,但麦类总面积减少,致使原来的轮作体系被打乱。目前,北部农场主要是大豆长期连作和大豆→大豆→小麦或大麦轮作,东部农场主要是大豆→玉米轮作。

11.7.2 关键技术规程

11.7.2.1 连作玉米耕作技术模式

秋季机械收获、秸秆粉碎抛撒→春季秸秆粉碎还田机粉碎覆盖→原垄免耕播种或灭茬播种玉米→苗期垄沟深松→化学除草与机械除草结合→中耕起垄培土 1～2 次→秋季机械收获粉碎秸秆或人工收获立秆越冬。

11.7.2.2 玉米后茬种大豆耕作技术模式

前茬玉米机械收获、秸秆粉碎抛撒→灭玉米茬→原垄播种大豆→免耕、化学除草→秋季机械收获、秸秆粉碎抛撒→留茬或深松整地越冬→翌年春季播种玉米。

11.7.2.3 大豆后茬种玉米耕作技术模式

前茬大豆机械收获、秸秆粉碎抛撒,留茬或深松整地起垄越冬→春季原垄免耕播种或垄上播种玉米→苗期垄沟深松→化学除草与机械除草结合→中耕起垄培土 1～2 次→秋季机械收获、秸秆粉碎抛撒→翌年早春灭茬播种大豆。

11.7.3 生态效益与经济效益

11.7.3.1 生态效益

国营农场的耕作技术模式,以秸秆还田与少免耕技术为核心,具有培肥土壤、增加土壤养分和减少水土流失的生态效益。

1. 增加土壤有机质

土壤有机质是植物营养元素的源泉,调节着土壤营养状况,影响着土壤的水、肥、气、热性状;同时腐殖质也参与和影响植物的生理生化过程,并且有对植物产生刺激或抑制作用的特殊能力。秸秆还田对土壤有机质产生明显影响,从长期定位试验来看,秸秆还田可以增加土壤有机质,起到培肥土壤作用,但增长速度很慢。

2. 提高土壤养分

秸秆还田后土壤中氮磷钾养分含量均有增加,其中尤以钾素的增加最为明显。据赵林萍等(2001)统计全国 60 项试验结果,秸秆还田后土壤全氮提高范围在 0.001%～0.1%,平均提高 0.001 4%;速效磷增加幅度在 0.2～30 mg/kg,平均增加 3.76 mg/kg;速效钾增加幅度在 3.3～80 mg/kg,平均增加 31.2 mg/kg。

3. 减少土壤水蚀量

据张兴义等在八五二农场测定,2009 年 6 月份至 9 月份共降雨 48 次,其中>10 mm 的降雨为 9 次,>20 mm 的降雨为 1 次,降雨量为 225.45 mm。免耕秸秆覆盖防止水土流失的效果最好,在产流次数、总径流量及径流系数上远低于传统耕作方式和苗期深松两个处理。免耕秸秆覆盖有效地阻止了径流的产生及径流量,径流量分别比传统耕作方式和苗期深松处理降低了 16.53 mm 和 13.59 mm,径流系数分别降低了 6.88% 和 6.02%(表 11.5)。

表 11.5 不同耕作方式对径流产生的影响

处理	6—9 月份降雨量/mm	产流次数	总径流量/mm	径流系数/%
传统	225.45	29	19.44	8.62
深松	225.45	26	17.50	7.76
免耕秸秆覆盖	225.45	21	3.91	1.74

11.7.3.2 经济效益

大豆、玉米轮作的机械化秸秆还田少耕技术模式,大豆较当地翻耕模式略有增产,玉米产量持平,但减少了整地费用,增加经济效益为 400 元/hm²。

11.7.4 技术模式应注意的问题

1. 机具选型

目前,玉米、大豆的收获机要带有秸秆粉碎抛撒装置,实现收获的同时进行秸秆粉碎处理。传统地经过翻耕、整地,地表干净,没有秸秆、根茬,而秸秆还田却要求保留秸秆残茬作为覆盖物或混拌入土壤。因此,要求播种机选择免耕播种机,而且通过性要强。

2. 秸秆粉碎

目前,生产上应用的各种作物联合收获机多数都带有秸秆粉碎抛撒装置,可以实现收获的同时进行秸秆粉碎处理。一般除对停车卸粮等出现的成堆秸秆需要人工辅助挑开均匀抛撒外,其余秸秆的抛撒都比较均匀。为不影响免耕播种以及中耕管理等作业,要求留茬高度在 10 cm 以下,秸秆粉碎长度在 10 cm 以下。秸秆粉碎长度越短对播种及中耕管理的影响越小,但由于我国北方春季多风,秸秆粉碎的过细被风吹走的秸秆就会越多。

3.秸秆覆盖部位的选择

秸秆覆盖的位置要考虑后茬作物种类以及当地气候条件。东北地区作物收获后进行秸秆覆盖,尤其在玉米秸秆全量覆盖时,春季地温上升慢,影响播种出苗。这一地区为垄作区,可以采用机械收获,秸秆粉碎抛撒,绝大部分秸秆落在垄沟中,第2年原垄留茬播种,对垄体温度影响小,可以实现通过秸秆覆盖保水、保土、保肥以及培肥作用,又不影响早春播种。

4.化学除草剂的选用

秸秆覆盖还田时,地面覆盖度很高,会影响土壤处理剂的灭草效果,因此可以采用茎叶处理剂在作物生育期进行化学除草。如果秸秆还田后进行表土作业,可以按照传统的化学除草技术进行。东北地区玉米秸秆覆盖还田后茬免耕种大豆,由于农田秸秆覆盖率高,影响播后喷施除草剂(土壤处理剂)的灭草效果;而大豆秸秆覆盖还田后茬免耕播种玉米,由于大豆秸秆量少、覆盖度低,对土壤处理剂的除草效果没有明显影响。

11.7.5　适宜区域及其推广现状与前景

该耕作技术模式主要适宜于机械化生产程度高的黑龙江农垦系统。黑龙江省气温低、无霜期短,春天风大,水土流失导致黑土地肥力迅速下降,种植作物以一茬玉米或大豆为主。该区为传统垄作区,保护性耕作技术措施是秸秆、根茬覆盖与少免耕有机结合,并配合传统的垄作技术解决低温的不利影响,实现抵御春旱、控制水土流失和恢复黑土地肥力的目的。

目前,已在黑龙江省农垦系统的八五二农场建立了示范点,年示范面积万亩以上。寒地旱作农区保护性耕作技术的试验、示范与推广应用是一场耕作方式的革命,该模式配套及研制开发的农机具,为东北寒地保护性耕作的示范推广提供了技术支撑和机械载体,对全国同类区域具有通用性,可以辐射到同类区域。该技术模式以少耕为核心、根茬与秸秆覆盖为特色、机械化生产为载体,符合国家产业发展政策和耕作制度改革的要求,市场需求大,前景广阔。

(本章由刘武仁、龚振平主笔,郑金玉、罗洋、马春梅、郑洪兵、杨悦乾、李瑞平参加编写)。

参考文献

[1]杨悦乾,龚振平,纪文义,等.保护性耕作体系及配套机械系统的研究.农机化研究,2006(1):61-62.

[2]杨悦乾,纪文义,赵艳忠,等.2BM-2免耕播种机的设计及实验研究.农机化研究,2007(3):61-63.

[3]沈昌蒲,刘福,张世玲,等.坡耕地垄作区田最佳挡距数学模型及其检验.水土保持通报,1997,17(3):1-5.

[4]沈昌蒲,刘立意,王秋华,等.水土保持新技术——垄向区田的基本原理及运用.中国水土保持,2007(10):91-93.

[5]沈昌蒲,龚振平,温锦涛.横坡垄与顺坡垄的水土流失对比研究.水土保持通报,2005,25(4):93-95.

[6]刘武仁,刘凤成,冯艳春,等.玉米秸秆还田技术研究与示范,玉米科学,2004,12(专刊):118-119.

[7]刘武仁,郑金玉,冯艳春,等.玉米宽窄行交替休闲保护性耕作的土壤水分变化规律研究.玉米科学,2006,14(4):114-116.

[8]刘武仁,郑金玉,罗洋,等.玉米宽窄行种植产量与效益分析.玉米科学,2003,11(3):63-65.

[9]刘武仁,冯艳春,郑金玉,等.玉米宽窄行行留高茬交互种植技术经济效果.农业与技术,2008,28(2):33-34.

[10]刘武仁,郑金玉,罗洋,等.东北黑土区玉米保护性耕作技术模式研究.玉米科学,2007,15(6):86-88.

[11]刘武仁,郑金玉,罗洋,等.玉米宽窄行种植技术的研究.吉林农业科学,2007,32(2):8-10.

第**12**章

华北平原保护性耕作模式

华北平原是我国第二大平原,位于黄河下游,地理位置西起太行山脉和豫西山地,东到黄海、渤海和山东丘陵,北起燕山山脉,西南到桐柏山和大别山,东南至苏、皖北部,与长江中下游平原相连。华北平原属暖温带半湿润、湿润气候,四季分明,光热资源充足,降水集中夏季,雨热同季;≥10℃积温4 000～4 800℃,由北向南、由高地向低地逐渐增高。该区人口密集,人均耕地面积小,为在有限的土地上生产出更多的粮食,均实行精耕细作、灌溉、一年两熟、高投入、高产出的生产方式。华北平原是我国重要的粮食生产基地,耕地占土地面积的一半,农业产值中种植业占59%,畜牧业占30%,承担着保障国家粮食安全的重担。冬小麦/夏玉米两熟制是这一区域的主导种植模式。

水资源紧缺是该区域农业发展最主要的限制因素,由于灌溉面积急剧扩大,地下水位下降,节约用水是面临的首要问题;同时本区作物秸秆多、作业时间短,焚烧秸秆严重,秸秆合理利用问题突出;化肥和能源消耗大、环境污染严重、作业成本高,减少消耗、减少污染、降低成本也是本区面临的重大问题。20世纪80年代以来,随着机械化程度的提高和灌溉面积的急剧扩大,耕作活动增强,促进了作物产量提高,但土壤退化、地下水位下降、作业成本上升成为制约本区域农业生产持续高效发展的关键因素。同时随着农村经济的发展和农民生活水平的提高,传统的作物秸秆用于做饭、取暖等用途日渐减少,收获后秸秆的处理成为负担,为尽快清理地表以播种下茬作物,不少地方一烧了之,其结果既造成严重的环境污染,同时造成大量生物质资源的浪费。因此,发展节水型保护性耕作制是该区域农业可持续发展的重要途径之一。

华北平原土壤耕作大致分为四个阶段:第一为小麦玉米传统耕作阶段(1985年以前)。主要特点是作物收获后将玉米秸秆移出,造墒、施肥(有机肥)、翻耕(15～20 cm)、整地、播种小麦等环节紧密相接,秸秆运出和深翻,引起了土壤失墒和有机质的分解加快,造成了土壤有机质和土壤肥力普遍下降。第二为玉米免耕播种、小麦翻耕播种阶段(1985—1995年)。主要技术特点是小麦翻耕播种,麦收后免耕套种或直播夏玉米,免耕直播玉米技术的推广,省去了造墒、施肥、翻耕和整地等环节,既节约了农时,又减少了土壤水分的损失,尤其是秸秆覆盖的保墒作用非常明显。第三为玉米免耕播种、小麦少耕播种阶段(1996—2001年)。随着除草剂的使用和玉米免耕播种机的改进,玉米免耕播种技术得到了较大的发展。1996年以后,随着玉米秸秆切碎机的普及与切碎性能的提高,冬小麦播种前玉米秸秆机械切碎2次—旋耕2次—施肥和播种;旋耕深度为10 cm,与深耕播种相比,耕作的深度变浅;旋耕播种省去了人工撒肥、整地等人工作业环节,基本上实现了机械化,缩短农时,为延长夏玉米的生育期打下了基础。第四为玉米、小麦免耕播种阶段(2001年至今)。该模式目前尚处于改进阶段,其特点是冬小麦免耕覆盖施肥播种机实现了一次完成夏玉米秸秆还田和冬小麦的开沟、施肥和播种。

12.1 夏玉米免耕覆盖种植模式

12.1.1 形成条件和背景

夏玉米免耕覆盖模式的形成取决于农村小麦秸秆应用方式的变化和机械化水平的提高。1980年以前,小麦秸秆主要用做燃料和沤肥还田原料。小麦采用人工收割,秸秆也随小麦收割被运出,根茬留在地里。夏玉米播种方式为畜力或手扶拖拉机耕翻,人工整地后畜力牵引播种。1985年后,随着农村燃煤和化肥的充足供应,秸秆不再作为燃料,而秸秆沤肥费力又费工,因而出现了大面积焚烧秸秆现象。在保护性耕作技术不断应用推广和政府的干预下,农户采取人工麦垄套播玉米或收麦后铁茬点播玉米,小麦联合收割机的应用规模随之扩大,但不足之处是,最初的小麦联合收割机没有考虑到小麦秸秆的处理问题,秸秆随意堆放于田间,农户常需要用秸秆专用切碎机粉碎一遍。1995年以后,随着联合收割机的改进,在小麦收割的同时,小麦秸秆或呈条带堆放,或通过悬挂秸秆切抛机将秸秆切碎并抛撒于田间,然后进行机械免耕播种玉米,极大地提高了作业效率。近年来,随着播种机的改进,玉米播种和底施化肥可同时分播,有利于玉米壮苗,使免耕覆盖栽培模式更为规范。

12.1.2 关键技术规程

12.1.2.1 小麦秸秆切碎

小麦联合收割机可在侧部或尾部悬挂秸秆切抛机,在小麦收获的时候将秸秆切碎均匀抛撒在田间。图12.1为不同型号的联合收割机作业图。小麦秸秆的含水率是影响秸秆细碎程度的主要因素,小麦秸秆含水率为10%～25%时,切碎效果较好。因此,生产上根据天气状况和小麦的成熟度决定小麦收获时间,确保秸秆的切碎长度小于15 cm。

12.1.2.2 选用节水高产夏玉米品种

适宜品种生育期为105～110 d,目标产量7 500～9 000 kg/hm²,如中熟品种"郑单958"、"浚单20"等。

12.1.2.3 施肥播种

小麦收获后,立即用"农哈哈"等施肥播种机播种,底施磷酸二铵112.5～150.0 kg/hm²、尿素75 kg/hm²,播种量为37.5～45.0 kg/hm²。如果墒情差,播种后立即灌水,灌水量一般为300～450 m³/hm²,灌水后喷施除草剂。

图 12.1   不同小麦联合收割机及悬挂式秸秆切抛机的作业现场

12.1.2.4   定苗、灌水和追肥

玉米 3～4 片全展叶时定苗,留苗 52 500 株/hm²。大喇叭口期(7 月下旬至 8 月上旬)追施尿素 255～315 kg/hm²,如果无降雨,追肥后应结合灌水,灌水量 600～750 m³/hm²。

12.1.3   生态效益和经济效益

12.1.3.1   温度效应

农田秸秆覆盖后,在土壤表面形成了一道物理隔离层,由于秸秆覆盖层对太阳直射和地面有效辐射的拦截和吸收作用,阻碍了土壤与大气间的水热交换,影响了地表土壤温度的变化。

1. 麦秸覆盖对夏玉米主要生育时期土壤 5 cm 地温的影响

覆盖处理与不覆盖处理 5 cm 地温的变化与气温的变化趋势相同,且与气温变化呈直线正相关关系。比较而言,不覆盖处理地温受气温的影响较大,而覆盖处理的秸秆覆盖层具有缓解地温剧烈变化的作用。

生育期内,玉米苗期叶面积指数(LAI)较低,秸秆覆盖具有明显的降低地温的作用。随着夏玉米 LAI 的增大,秸秆的降温作用逐渐减弱(表 12.1)。温度的降低一方面减少土壤蒸发,另一方面在盛夏酷暑降低根部土壤温度,为作物生长创造了适宜的土壤环境,对防止玉米早衰和提高玉米产量具有重要意义。

表 12.1   秸秆覆盖对土壤 5 cm 地温的影响   ℃

处　　理	7 月份			8 月份			9 月份		
	上旬	中旬	下旬	上旬	中旬	下旬	上旬	中旬	下旬
气温	27.2	28.5	25.2	26.1	23.6	25.8	21.8	17.4	17.7
CK	27.29	30.13	25.86	26.10	23.53	25.53	21.23	18.66	18.66
秸秆覆盖	24.87	26.59	24.64	26.40	23.46	24.09	22.16	19.09	17.93
CK-秸秆覆盖	2.42	3.54	1.22	−0.3	0.07	1.44	−0.93	−0.43	0.73
CK-气温(T)	0.09	1.63	0.66	0.00	−0.07	−0.27	0.43	1.26	0.96
秸秆覆盖-气温 T	−2.33	−1.91	−0.56	0.30	−0.14	−1.71	0.36	1.69	0.23

(2001 年,栾城)

2. 秸秆覆盖对夏玉米田 5 cm 地温日变化的影响

图 12.2 为夏玉米田不同阶段覆盖与不覆盖土壤 5 cm 温度的昼夜变化。可以看出,当白

天温度升高时,秸秆覆盖层的吸热作用有效地降低了地温升高,覆盖处理土壤温度低于不覆盖处理;晚上温度降低时,不覆盖处理温度迅速降低,但覆盖处理日变化振幅明显较小。在该区全年最高气温的 7 月份,与不覆盖处理相比,覆盖处理日最高振幅降低了 9.51℃,月最高平均振幅降低了 5.49℃;8 月份是降雨比较集中的月份,日最高振幅降低了 2.06℃,月最高平均振幅降低了 2.83℃;9 月份开始昼夜温差加大,日最高振幅降低了 5.32℃,月最高平均振幅降低了 2.78℃。

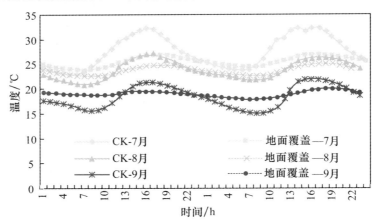

图 12.2　秸秆覆盖对夏玉米田土壤温度的影响(2001 年,栾城)

12.1.3.2　节水效应

1. 秸秆覆盖对棵间蒸发的影响

秸秆覆盖可以有效抑制夏玉米田棵间蒸发(图 12.3)。6 月份至 7 月中旬,覆盖、不覆盖处理的平均日棵间蒸发量分别为 0.80 mm 和 2.2 mm,覆盖减少了 63.6% 的土壤蒸发。随着 LAI 的增加,夏玉米田的土壤蒸发量变小,秸秆覆盖的作用减弱,日平均蒸发量分别为 0.34 mm 和 0.77 mm,秸秆覆盖减少了 54.5% 的土壤蒸发;整个生育期内,覆盖与不覆盖处理的棵间蒸发量平均为 0.54 mm 和 1.39 mm,秸秆覆盖减少了 55.80 mm 的棵间蒸发量。2001—2003 年 3 年平均,秸秆覆盖夏玉米田可抑制土壤棵间蒸发的 58%,节水 94.9 mm,相当于一次半的灌溉量,节余的水分更多地变为蒸腾,增加了作物的有效产出。覆盖技术在干旱季节,特别是当降水和灌水均不能满足作物需水量时增产效果更明显。

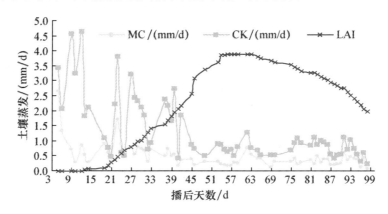

图 12.3　秸秆覆盖对土壤蒸发的影响(2001 年,栾城)

2.对产量和水分利用效率的影响

秸秆覆盖有效地抑制了土壤的棵间蒸发,为夏玉米的生长提供了充足的水分条件;通过缓解地温的急剧变化,对夏玉米的生长过程和产量非常有利,从而影响了夏玉米的产量和水分利用效率(表 12.2)。1987—2003 年的试验结果表明,覆盖处理夏玉米的产量在不同的年份中均有增产作用,增产范围为 0～12.8%,平均增产 4.35%;水分利用效率提高 6.23%～17.42%,平均提高 12.26%;夏玉米的耗水系数降低 2.4%～14.46%,平均降低 9.75%;节水 19.8～64.6 mm,平均节水 40 mm。

表 12.2　秸秆覆盖对夏玉米产量和水分利用率的影响

年份	处理	降雨量/mm	灌水量/mm	土壤耗水量/mm	总耗水量/mm	产量/t/hm²	WUE/[kg/(mm·hm²)]	耗水系数/(mm/kg)
1987	覆盖	139.1	120	106.9	366.0	5.57	15.3	0.065
	不覆盖	139.1	120	101.2	360.3	5.09	14.1	0.070
1988	覆盖	343.2	39.6	+70.7	312.0	4.78	15.3	0.067
	不覆盖	343.2	34.4	+39.0	338.5	4.65	13.8	0.072
1989	覆盖	243.2	48.0	30.5	321.7	6.52	20.3	0.049
	不覆盖	243.2	46.0	55.9	345.0	6.32	18.3	0.054
1990	覆盖	393.4	0.0	+67.4	326.0	6.32	19.4	0.051
	不覆盖	393.4	0.0	+50.8	342.6	6.00	17.6	0.057
1992	覆盖	210.3	139.9	+8.2	342.0	6.33	18.5	0.054
	不覆盖	210.3	148.6	+8.5	350.4	6.12	17.4	0.057
1993	覆盖	268.3	68.4	+69.2	267.5	5.89	21.9	0.045
	不覆盖	268.3	72.1	+29.2	311.2	5.89	18.9	0.052
1997	覆盖	218.0	254.5	+73.7	398.8	7.24	15.3	0.055
	不覆盖	218.0	254.5	+24.9	444.6	6.88	15.5	0.064
1998	覆盖	75	202.7	+14.5	263.3	5.63	21.5	0.046
	不覆盖	75	174.6	46.7	269.3	5.62	19.1	0.047
2001	覆盖	217.0	146.8	+32.5	331.4	7.37	22.2	0.044
	不覆盖	217.0	133.5	+16.7	333.8	6.53	19.6	0.051
2002	覆盖	287.0	240	+159.24	367.8	4.90	13.3	0.075
	不覆盖	287.0	225	+86.37	425.6	4.85	11.4	0.087
2003	覆盖	212.2	70	48.3	330.5	6.80	20.6	0.048
	不覆盖	212.2	70	46.8	329.0	6.63	20.2	0.049

(陈素英等,2004 年)

12.1.3.3　夏玉米覆盖免耕的综合效应

一年两熟区,热量条件比较紧张,实施夏玉米免耕覆盖可以有效地降低农耗,缩短农时,为夏玉米的生长争取时间,为实现夏玉米高产提供了基础。

12.1.4　技术模式应注意的问题

1.机械覆盖作业质量控制

小麦秸秆机械覆盖的作业质量决定于两个方面:一是联合收割机的留茬高度。留茬越高,切碎的上部秸秆盖在根茬上的数量就增多,不仅影响玉米机械播种,而且覆盖不严,影响保墒效果。留茬较高的原因主要是联合收割机的机手为了减少收割机的秸秆喂入量,降低油耗成本,增加作业速度。解决的办法不仅需要提高机手的作业责任心,更重要的途径是联合收割机的改进,设立双层割刀,上层割刀将上部秸秆带穗收割脱粒,下层割刀将 40 cm 根茬中间切断,这样既减少了脱粒的秸秆量,又缩短了根茬长度,提高了覆盖质量。目前已经有双层割刀的联合收割机,应大力示范推广。二是玉米播种机的改进问题。目前的玉米播种机种类较多,但从提高玉米播种质量和复合作业功能来看,尚待进一步改进,包括防麦秸缠堵、一次完成播种、播肥和喷施除草剂等复合作业以及深施尿素防止烧苗等功能的改进。

2. 麦秸覆盖的他感作用

研究结果表明,麦秸中含有水溶性的毒素物质,它对未发芽的玉米种子和幼苗有抑制作用(他感作用)。在玉米播种后连续阴雨条件下,麦秸覆盖易发生他感作用。他感作用的轻重虽与覆盖的秸秆量和时间有关,但从解决途径来看,筛选抗他感的玉米品种更具有可行性。

12.1.5　适宜区域及推广现状与前景

夏玉米免耕覆盖适宜于华北平原冬小麦和夏玉米一年两熟区,目前该区小麦机收率已达 90% 以上,夏玉米机播率达 85% 左右,都为实现小麦秸秆机械覆盖还田提供了条件,推广前景广阔。

12.2　小麦少耕覆盖种植模式

12.2.1　形成条件与背景

新中国成立以来,随着生产力水平的提高,华北平原种植制度从一年一熟发展为冬小麦和夏玉米一年两熟。其中,冬小麦播种前作业工序为:玉米秸秆运出→撒施有机肥(圈肥或堆肥)→浇地→深耕→整地→播种。

1990 年以后,随着农村燃煤得到充分供应,加上化肥在农业增产中起到了主导作用,小麦播前的玉米秸秆处理就成为农民的负担。为适时种麦,争时省工,生产者常将秸秆焚烧于田间地头,而后深耕播种。由于小麦播期集中,农村玉米秸秆大量集中焚烧,造成大气严重污染,烟尘弥漫,甚至导致高速公路关闭和飞机停飞。1995 年以后,各级政府行政干预秸秆焚烧,同时大力推广玉米秸秆切碎还田,形成了小麦播种的作业工艺"玉米秸秆机械切碎→撒施化肥→旋耕(使土壤与秸秆混合)→深耕→整地→播种→擦地"。该工艺作业环节复杂,大拖拉机进地次数增多,机械费用高,深耕后的平整土地和修整水渠都需要人工完成,耗时较长,有些农户为了适时种麦,常常在 9 月 20 日之前开始收获夏玉米,使夏玉米的生长期缩短 10 d 以上,大大影响了夏玉米产量潜力的发挥。因此,广大农户对简化小麦播前作业环节的要求日益迫切。

另外,20 世纪 80 年代以来,随着我国机械化程度提高,耕作活动增强,促进了作物产量上升,但沙尘暴发生频率和强度呈上升趋势,土壤退化、地下水位下降、作业成本上升也是不争的事实。

1996 年以后,随着玉米秸秆切碎机的普及与切碎性能的提高,在农村开始实行小麦播前旋耕后播种的耕作方式,其作业程序是:玉米人工收获(秸秆直立状态)→秸秆机械切碎 2 次→撒施化肥(过磷酸钙和尿素)→旋耕 2 次→播种。近年来,由于氮、磷、钾复合肥的推广,小麦播种机改进为施肥、播种复合作业,播种耕作程序简化为:玉米人工收获→秸秆机械切碎 2 次→旋耕 2 次→机械施肥播种。由于机械切碎玉米秸秆之后进行旋耕,可将玉米秸秆与 10 cm 土壤均匀混合,起到了秸秆还田和覆盖的双重作用。

12.2.2　关键技术规程

12.2.2.1　选用优良品种

选用半冬性、中早熟抗病、高产、节水、抗干热风的优良品种,如石家庄 8 号、9204、济麦 22 和优质麦 8901 等品种,常年的产量水平为 7 500 kg/hm^2。

12.2.2.2　少耕覆盖和蓄墒

夏玉米收获后应用秸秆切碎还田机将玉米秸秆粉碎 2 遍,秸秆平均长度为 5 cm 以下,然后旋耕 2 次,深度为 8～10 cm,使土壤与秸秆均匀混合,实现少耕覆盖,而后抢墒播种。夏播早熟作物(如夏谷、豆类)时,在秋季降雨量低于常年降雨量的年份,均可播前蓄墒(灌水 750 m^3/hm^2,待土壤适墒时,用秸秆切碎机作业 1 次,切碎杂草和根茬,旋耕 1 次播种)。由于播前蓄墒,使 0～2 m 土层的持水量可达到田间持水量的 80% 左右,不仅可保证小麦全苗、冬前壮苗,而且不需要冬灌。

12.2.2.3　施肥和播种

目前,该区麦田氮肥的施用量普遍偏高,氮肥利用效率较低。据 2002 年在栾城县的调查,农户麦田氮肥的施用量超过理论需求量 35% 左右。鉴于目前土壤肥力总体偏高,施氮肥偏高的实际情况,麦田施肥的指导思想应该为节省氮肥、补充磷肥和钾肥。在冬小麦和夏玉米一年两熟区,秸秆全部还田的条件下,根据地力情况,小麦氮肥使用总量为 172.5～207.0 kg/hm^2,折尿素 375～450 kg/hm^2;P$_2$O$_5$ 总量为 69～103.5 kg/hm^2,折磷酸二铵 150～225 kg/hm^2;钾素总量为 39 kg/hm^2,折硫酸钾 87 kg/hm^2 或氯化钾 75 kg/hm^2。

因目前的播种机还不能深施尿素,播种时多施尿素会发生烧苗现象,所以播种的同时只能将全部磷酸二铵(含氮与 58.5～88.5 kg/hm^2 尿素相当)、钾肥和 75 kg/hm^2 的尿素混合 1 次施下,其余的 300～375 kg/hm^2 尿素可以作为春季追肥。

为延长夏玉米生长期,增加粒重,实现冬小麦和夏玉米全年增产,小麦的适宜播期可推迟至 10 月 5—15 日,并以增加播量的方式保证总穗数,实现晚播增产。10 月 5 日、10 月 10 日、10 月 15 日播种,相应的播量分别为 165.0 kg/hm^2、250.5 kg/hm^2、262.5 kg/hm^2,因秸秆覆盖影响出苗,该模式下各播期的播量均比传统的深耕整地条件下增加 10%,以保证适宜的总穗数。

12.2.2.4　麦田镇压

小麦播种后,根据墒情适墒镇压,目前农村自制的手扶拖拉机牵引铁质筒形镇压器,作业幅宽 120 cm,重量 150 kg,镇压效果较好。在播种后第一次镇压之后,应于初冬(12 月上旬)、早春(2 月中旬)再镇压 1 次,可有效保持麦田底墒,有利于小麦出苗、壮苗和安全越冬。

12.2.2.5 出苗水和冬灌

在抢墒播种并且苗期干旱条件下,为促进壮苗和安全越冬,可以浇出苗水或冬水,一般壤质土壤只灌一次水(出苗水或冬水),灌水量为 750 m^3/hm^2,可保证麦苗正常生长和安全越冬。经播前浇水蓄墒的麦田,至越冬期不再灌水,也可安全越冬。

12.2.2.6 春季追肥和灌水

偏旱年份于小麦起身期浇春一水,水量为 750 m^3/hm^2;如果降水较多,可于拔节期浇春一水。结合浇水追施尿素 300~375 kg/hm^2。根据降雨情况,抽穗开花期浇春 2 水,水量为750 m^3/hm^2。一般壤质土壤,少耕覆盖加镇压的麦田,产量水平为 7 500 kg/hm^2,总耗水量为3 750 m^3/hm^2 左右,在节水灌溉(或称调亏灌溉)的条件下,总耗水量的组成为:平水年,小麦生育期内降水量 150 mm,灌溉量 1 500 m^3/hm^2(2 水),0~2 m 土层土壤耗水 750 m^3/hm^2;偏旱年,降水量 75 mm,灌溉量 2 250 m^3/hm^2(3 水)、土壤耗水(0~2 m 土层)750 m^3/hm^2。因此,根据总耗水量和降雨量,一般年份于起身—拔节和抽穗—开花浇 2 水即可,水分利用效率可达到 2.0 kg/m^3。

12.2.2.7 病虫害防治

根据实际情况,做好防治地下害虫、蚜虫、麦叶蜂和白粉病,并及时除草。

12.2.3 生态效益与经济效益

栾城农业生态试验站自 2001 年起,开展了小麦不同耕作处理的长期定位试验,对土壤理化性质、小麦生长发育等进行了研究。试验共设五个处理,分别为:CK,玉米秸秆不还田+土壤深耕;CT,玉米秸秆全量粉碎还田+土壤深耕(传统耕作);RT,玉米秸秆全量粉碎还田+土壤旋耕(少耕耕作);NT1,玉米秸秆全量不粉碎还田+土壤免耕;NT2,玉米秸秆全量粉碎还田+土壤免耕。

12.2.3.1 土壤有机质变化

2005 年,研究者对不同耕作措施下 0~30 cm 土层有机质含量进行了测定。整体而言,表层有机质含量高于下层。0~30 cm 土层,CT、RT 处理有机质含量的平均值分别为 1.35% 和1.52%,少耕高于传统耕作。从各处理不同层次的有机质含量来看,在 0~5 cm,RT 和 CT 的有机质含量分别是 2.41% 和 1.73%,RT 显著高于 CT。在 5 cm 以下土层,RT 和 CT 处理有机质含量基本接近。

12.2.3.2 土壤容重变化

2005 年测定土壤容重结果表明,CT、RT 处理 0~30 cm 土层的平均值分别为 1.43 g/cm^3和 1.52 g/cm^3,少耕高于传统耕作。从垂直分布来看,CT 和 RT 处理 0~5 cm 土层的容重分别为 1.29 g/cm^3 和 1.59 g/cm^3,10~30 cm 土层中 CT 和 RT 分别为 1.57g/cm^3 和1.62 g/cm^3。少耕处理 5~10 cm 处的土壤容重显著高于传统耕作。

12.2.3.3 产量效应

由图 12.4 可以看出,2002—2008 年传统耕作与少耕对冬小麦产量的影响年际间的差异较大,可能与气象条件、降雨、病虫害发生有关。大部分年份传统耕作处理与少耕处理的小麦产量差异不显著。但是,小麦少耕覆盖种植比深耕能简化播前整地作业,使小麦播种农时缩短3~5 d,使前茬夏玉米的生长期延长,提高增产幅度。

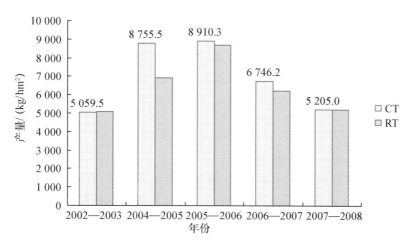

图 12.4　少耕和传统耕作对小麦产量的影响（栾城）

12.2.3.4　土壤水分

表 12.3 为传统耕作和少耕处理土壤水分的变化。可以看出 2004—2005 年度和 2005—2006 年度小麦生育期内少耕耕作的土壤含水量都高于传统耕作处理,主要是由于传统耕作的秸秆耕作时翻压到 20 cm 处,而少耕耕作的秸秆位于 0～10 cm 处,细碎的玉米秸秆和表土形成的混土层,破坏了土壤毛细管,减少了土壤蒸发,有较好的抑制土壤蒸发的作用(李素娟等,2008)。

表 12.3　少耕和传统耕作对 0～30 cm 土壤水分的影响　cm³/cm³

生长季	处理	出苗—越冬	越冬—返青	返青—拔节	拔节—抽穗	抽穗—灌浆	灌浆—成熟
2004—2005	CT	0.243	0.252	0.183	0.196	0.209	0.201
	RT	0.262	0.277	0.229	0.220	0.219	0.203
2005—2006	CT	0.217	0.180	0.222	0.267	0.228	0.270
	RT	0.239	0.205	0.245	0.282	0.209	0.274

12.2.3.5　播后镇压节水效果

研究结果表明,少耕处理中的播后镇压与否显著影响小麦播种—起身期 0～2 m 的土壤水分消耗。镇压比不镇压土壤总耗水量减少了 22.5%(表 12.4)。同时,播后镇压利于麦苗扎根出土,冬前与早春镇压有利于促根增蘖,抗旱防冻。

表 12.4　播后镇压与不镇压土壤耗水量比较　m³/hm²

处理	土壤含水量		土壤耗水量	差值
	播种后	返青期		
镇压	6 408.0	5 932.5	475.5	138.0
不镇压	6 442.5	5 829.0	613.5	

12.2.3.6　动力消耗

以当前农机作业收费标准计算,从玉米秸秆粉碎到完成小麦播种,传统耕作和少耕耕作的费用分别为 1 170 元/hm² 和 1 320 元/hm²,需要的动力分别为 2 835 马力/hm² 和

3 480 马力/hm²。虽然从费用和动力消耗来看,少耕耕作都高于传统耕作,但少耕耕作比传统耕作的进步在于小麦玉米的播种、小麦秸秆和玉米秸秆覆盖还田、小麦玉米播种完全实现了机械化作业,大大缩短了农时和提高了生产效率,为夏玉米的生产争取了农时,对于实现小麦玉米全年粮食均衡增产提供了技术支撑,也将农民从繁重的农业生产中解脱出来。

12.2.4　技术模式应注意的问题

12.2.4.1　保护性耕作的温度效应

小麦少耕覆盖和深耕相比,0～10 cm 土壤中混有细碎秸秆,对土壤有隔热作用。在小麦越冬期间有"增温效应",越冬前后有"降温效应",应合理利用这种温度效应,在气候异常时要合理调控以减轻或消除不利影响。

12.2.4.2　注意造墒与镇压

由于种子与土壤接触不紧,易成悬空苗,成苗率低。因此,播种时的墒情和播后是否镇压均十分重要,它是提高出苗率的重要措施。

12.2.4.3　少耕连续使用的年限

连年少耕也带来了一系列副作用。比如,表层土壤容重增加,不利于小麦根系生长深扎,小麦后期有倒伏的危险;连年秸秆还田和少耕,上下土层没有交换的机会,施用的肥料及作物秸秆富集于表层,一方面深层土壤养分得不到补充,另一方面表层土壤的秸秆富集,减少了土壤与种子接触面积,影响了冬小麦出苗和密度。在小麦玉米两熟区的调查发现,连续十多年的少免耕已经引起了小麦的产量不稳,病虫害加重,经济效益降低等弊端。因此,连年少耕以后有必要进行深翻或深松一次,将表层的秸秆翻压下去,均衡耕层土壤养分。这一措施对提高小麦的出苗率,促进小麦根系生长,维持粮食的稳产和高产具有重要的意义。

12.2.5　适宜区域及推广现状与前景

小麦少耕覆盖种植模式适于华北平原冬小麦夏玉米一年两熟地区,这一种植模式与深耕种植模式相比,虽动力消耗有所增加,但能减少整地人工,缩短农时,争时播种,易被广大农村采用。适宜耕作模式的形成,不仅决定于其技术的先进性,还需要机械、劳力素质等社会条件相匹配。由于小麦免耕种植模式尚处于试验阶段,加之多方面的限制因素,小麦免耕在短期内尚不能大面积推广,但进一步改进和完善后的小麦少耕覆盖播种模式,仍具有一定的推广前景。

12.3　小麦免耕覆盖种植模式

12.3.1　形成条件与背景

小麦少耕覆盖种植模式虽比深耕有节省人工、缩短农时等优点,但就小麦播种前耕作程序来说,仍要秸秆切碎 2 次、旋耕 2 次,动力消耗比深耕还要增加 34.0%,所以进一步减少机械耗能的免耕播种覆盖耕作模式,就成为广大农村的迫切需要。2000 年,河北省农机局、邯郸市农机技术推广站和华勤机械有限公司共同研制了2BMF-5/10型(简称"2B型")小麦免耕覆盖施肥播种机。其作业工艺为:玉米人工收获后,秸秆机械切碎1次,一次完成旋耕开沟和播种,同时把切碎的秸秆与细土堆向垄背,实现秸秆覆盖,沟内播2行小麦,相距10 cm,垄背宽26 cm,高10~15 cm(作业后效果如图12.5、图12.6所示)。这一机械作业程序虽称免耕播种覆盖,然而旋耕开沟宽度仍占27.8%,但比少耕播种覆盖作业模式减少了作业环节,节省动力26.1%,因而被农业部推荐在华北地区示范推广。

图12.5 "2B"作业后效果图

图12.6 "2B机组"小麦春季小麦的长势情况

2004年,中国农业大学农业部保护性耕作研究中心设计研制出2BMD-12型小麦对行免耕播种机。其作业原理为:在播种机前方装有类似玉米收割机的分禾器,将倒伏不整齐的秸秆理顺,然后带状粉碎防堵装置将位于每行开沟器前方的秸秆切碎,紧跟其后的2个施肥开沟器开沟施肥;3行小麦共用2行肥料;外侧的2个开沟器与玉米根茬的距离为20 cm。前茬玉米采用机械播种,且行距均匀,每2行玉米之间播种3行小麦,小麦窄行为15 cm、18 cm、20 cm可调。下一年玉米播种在本年度2行玉米之间(李洪文等,2004)。该机对玉米秸秆的处理只是分禾和部分切碎,配套动力为40~45 kW轮式拖拉机,因而比少耕覆盖播种模式可省更多的动力消耗,所以被农业部推荐在华北平原区示范推广。

2006年中国科学院遗传与发育生物学研究所农业资源研究中心研制出4JS-2型玉米秸秆梳压机和2BMF-6型小麦全免耕播种机组(简称"2B机组"),首次实现了玉米秸秆整秸秆机械化覆盖麦田和小麦全免耕作业。"2B机组"的作业工艺为2次作业,分别与18~20马力的四轮拖拉机配套。第一次作业由4JS-2型秸秆梳压机将直立的玉米秸秆压倒梳顺压实,并将玉米行间的杂草和上季小麦残秸切碎。第二次作业由2BMF-6型小麦免耕播种机完成施肥和播种,因播种机上安装复合型开沟器和圆柱形开沟器铲柄,较好地解决了小麦开沟覆土和防秸秆、杂草的缠堵问题。这一机组在玉米整秸秆覆盖的同时,实现小麦与玉米对行免耕播种,因而能大幅度降低小麦播种耗能,现已通过成果鉴定。

12.3.2 关键技术规程

12.3.2.1 小麦品种选择
选用高秆抗倒伏的节水高产小麦品种。上述3种小麦免耕播种机,因有秸秆覆盖的垄背,所以均为大小行播种,小行距为10~15 cm,大行垄背为26~40 cm。如选用矮秆冬小麦品种,小麦生育后期不能封垄;而选用高秆(株高 80 cm 以上)且抗倒伏的高产节水品种,生育后期可以实现封垄,有利于发挥大垄边行通风透光优势,实现增产。

12.3.2.2 小麦免耕覆盖播种

小麦免耕覆盖播种模式,更适于在高水肥农田推广,这是因为秸秆或秸秆混土覆盖的垄背导致地温降低,使麦田土壤从播后至越冬前和早春至返青后期造成低温效应,不利于小麦分蘖和壮苗。为克服低温效应,保证足够分蘖数,免耕的播种量应比深耕的播种量增加 15%左右为宜。

12.3.2.3 合理施肥

促进壮苗,可采用缓释氮磷钾复合肥 1 次底施。如使用缓释复合肥 862.5 kg/hm²(其中的氮相当于尿素 375.0 kg/hm²),播种时 1 次施入,以后不再追肥,即可促进壮苗,达到节肥、增产、省工的目的。如使用尿素和磷酸二铵等肥料,尿素则要底追分施,以免造成烧苗。尿素的底、追肥施用量与前述的少耕覆盖施肥相同。

12.3.2.4 合理浇水补墒

抢墒播种的麦田,播后及时浇水补墒,以保全苗。"2B 型"免耕播种机,有旋耕的带状种床,加上播后用镇压轮镇压,使种子覆土严密,有利于保墒促进出苗,而"2B 机组"和 2BMD-12 免耕播种机用开沟铲在硬土上直接开沟播种,种床土壤粗糙,在土壤墒情不足的条件下,即便有镇压轮压实种子,也易漏风失墒,降低出苗率。因此,在土壤墒情不足的条件下,必须播前蓄墒或播后浇水补墒,以保证全苗。

12.3.3 生态效益和经济效益

12.3.3.1 土壤养分变化

栾城站耕作试验的结果见表 12.5。总体而言,土壤养分含量表层高于下层。

表 12.5 不同耕作条件下土壤养分的变化(2005 年)

指标	处理	0～5 cm	5～10 cm	10～20 cm	20～30 cm	0～30 cm
有机质/%	CT	1.730	1.926	0.987	0.768	1.353
	NT	1.952	1.742	1.324	1.023	1.510
全氮/%	CT	1.10	1.11	0.77	0.50	0.87
	NT	1.19	1.12	0.90	0.65	0.96
碱解氮/(mg/kg)	CT	124.10	102.91	80.58	77.47	96.264
	NT	114.82	79.09	75.05	76.23	86.297
速效磷/(mg/kg)	CT	10.52	11.12	8.27	7.78	9.42
	NT	8.82	9.40	6.25	5.58	7.51
速效钾/(mg/kg)	CT	124.10	102.91	80.58	77.47	96.264
	NT	114.82	79.09	75.05	76.23	86.297

在 0～30 cm 土层中,CT、NT 处理有机质含量平均分别为 1.35%和 1.51%,免耕高于传统耕作。从垂直分布来看,5～10 cm CT 高于 NT,10 cm 以下 NT 高于 CT。有机质的含量与耕作深度和秸秆的还田位置有关。免耕处理的秸秆还田位置为表层土壤,传统耕作的耕作深度和秸秆还田位置为 10 cm 以下。由于耕翻土壤温度较高,透气性条件好,微生物活动比较强

烈,增加了有机质的氧化速率;免耕处理则由于土壤扰动小,温度较低,有机质分解慢,有机质含量得到稳定增加。

不同处理间相比,0～30 cm 土层中除全氮含量为 NT 高于 CT 处理外,土壤的碱解氮、速效磷、速效钾平均含量均为 CT 高于 NT,垂直分布上也是同样趋势。该结果可能与免耕处理表层秸秆富集、土壤扰动小、土壤养分转化较慢有关。

12.3.3.2　土壤容重的变化

由表 12.6 可以看出,0～30 cm 的土壤容重 CT 和 NT 处理的平均值分别为 1.43 g/cm³ 和 1.56 g/cm³,免耕高于传统耕作。从垂直分布来看,NT 处理 0～30 cm 各层的土壤容重均较高,CT 处理 0～10 cm 土壤容重较小,为 1.27～1.29 g/cm³,而 10～30 cm 相对较高,为 1.57 g/cm³。

表 12.6　免耕与传统耕作对土壤容重的影响(2005 年)　　　　　　　g/cm³

处理	0～5 cm	5～10 cm	10～20 cm	20～30 cm	0～30 cm
CT	1.271	1.291	1.571	1.573	1.427
NT	1.501	1.539	1.631	1.585	1.564

12.3.3.3　产量效应

研究表明,小麦产量在年际间的差异较大,可能与气象条件、降雨、病虫害发生有关。免耕与传统耕作处理的小麦产量差异呈逐年减小趋势,主要原因有 2 个:一是免耕播种机的改进,小麦平均行距由 24 cm 变为 15 cm,增大了小麦群体;二是免耕播种技术的改进,免耕小麦的播种量和底氮肥的施用量逐年调整,目前已经基本形成了免耕小麦稳产的技术体系。

12.3.3.4　土壤水分

2004—2005 年度和 2005—2006 年度小麦生育期内免耕耕作的土壤含水量都高于传统耕作处理,主要是由于传统耕作的秸秆耕作时翻压到 20 cm 处。由于免耕的垄背有秸秆或秸秆混土覆盖,可有效地抑制土壤蒸发,土壤水分含量较高。

12.3.3.5　动力消耗

按技术规程实施田间作业,免耕覆盖麦田可达到深耕或少耕覆盖麦田的产量水平。但播种机械动力消耗在免耕播种隔年深松的前提下,耕作周期年均总动力,"2B 型"免耕播种与深耕秸秆翻压播种相近,为少耕覆盖播种的 73.9%;而"2B 机组"的动力消耗则显著降低,仅为深耕的 32.3%,为少耕的 23.7%(表 12.7)。

表 12.7　冬小麦不同耕作播种方式的动力及比较

作业过程	深耕		少耕		免耕(2B 型)		免耕(2B 机组)	
	作业次数	动力/马力	作业次数	动力/马力	作业次数	动力/马力	作业次数	动力/马力
玉米秸秆梳顺、粉碎	2	110	2	110	2	110	2	18
深耕	1	55	0	0	0	0	0	0
旋耕	0	0	2	110	0	0	0	0
擦地	1	12	0	0	0	0	0	0
播种	1	12	1	12	1	55	1	18
深松	0	0	0.33	25	0.33	25	0.33	25
合计	5	189	5.33	257	3.33	190	2.33	61
动力比较/%	100		136		100.5		32.3	

注:旋耕、免耕播种,每 3 年深松 1 次,配套动力为 75 马力,年均次数为 0.33,年均动力为 25 马力。

12.3.4　技术模式应注意的问题

12.3.4.1　小麦免耕覆盖的低温效应

小麦与其他春播作物一样，实行免耕覆盖具有节省能源、节省农时、省人工、增加土壤水分、增加土壤有机质等正面效应。然而小麦又和春播作物不同，它是越冬性作物，在越冬前后2个月的时间里，正是小麦大量分蘖的关键时期，免耕覆盖导致土壤的"低温效应"，影响了小麦根系的生长和分蘖形成，进而减少了小麦成穗数和产量结构，尤其是秋季低温的年份，这一影响更为明显。并且冬季覆盖的保温效应，平抑了表层土壤温度日变化，昼夜温差减小，会引起冬季小麦的呼吸作用高于光合作用，更多地消耗积累的干物质，形成弱苗。

12.3.4.2　合理轮耕，减轻长期免耕的负面影响

王振忠等(1995)研究表明，十年少免耕使土壤容重增加，犁底层明显上升，5 cm深处出现硬盘，耕层有效孔隙度减少，土壤物理性质恶化，供肥能力减弱；杜兵等(2000)研究表明，实施免耕多年后，土壤压实程度会越来越严重，使残茬覆盖保水作用降低，从而制约了免耕保护性耕作法的进一步发展。贾树龙等(2004)研究表明，连续3年免耕之后，小麦产量显著降低，最低降幅达31.8%，0～40 cm土层中小麦根系的平均密度降低，免耕处理土壤中的根系密度降低36.6%，且上层土壤中根系密度的差异大于下层土壤，产量和根系降低的原因很可能与土壤容重增加有关。韩宾等(2007)的研究表明，免耕处理小麦旗叶叶绿素含量、光合速率、荧光指数在花后下降较快，这些早衰症状可能与连年少免耕增加土壤容重、限制根系伸展有关。赵秉强(1993)认为，随着少免耕年限的延续，伴随着土壤养分的表层富集，作物根系、土壤微生物、杂草种子等均有同步富集的趋势，这就导致了土壤库容变小、抗灾能力和供肥能力差、草害严重、作物早衰易倒等。

因此，针对长期免耕带来的问题，有的研究者提出了土壤轮耕技术，即通过合理配置土壤耕作技术措施，来解决长期少免耕的负效应。将翻、旋、免、松等土壤耕作措施进行合理的组合与配置，既考虑到节本增效问题，同时又综合考虑到农田土壤质量改善和土壤综合生产力的提高。研究建立合理的轮耕模式和周期对于农业可持续发展具有重要的意义。

12.3.4.3　小麦免耕机械覆盖的机具和栽培技术配套问题

小麦免耕播种机，有的配套动力大、节能少，普遍存在秸秆堵塞现象，而且均未能解决化肥深施问题，因而出现底施尿素烧苗现象，不能实现氮肥一次底施，促进壮苗。小麦籽粒小，对免耕开沟器开沟的粗糙种床和坷垃覆土不严不能适应，因而出苗率低，需要播后浇水保苗。畦灌条件下每浇1水就需要$600\sim750$ m³/hm²，浪费严重。为解决这一问题，研究者已研制出管灌条件下的定量灌溉车，可以控制灌水量，实行补墒灌溉，而且能克服小麦免耕麦田秸秆畦背挡水浇水困难的问题。

在配套栽培技术方面，如选育高秆抗倒伏、分蘖力强、耐土壤低温的品种以及增加播量、促壮苗等调整群体结构和适于免耕覆盖的节水灌溉技术，均应与小麦免耕覆盖耕作制度相配套，逐步完善适于小麦免耕覆盖种植的技术体系。

12.3.5　适宜区域及推广现状与前景

小麦免耕覆盖种植模式适于华北平原区小麦夏玉米一年两熟地区示范推广。目前这一种

植模式尚在试验、示范阶段,在机械性能和产量效应上虽有不同看法,但可以相信,随着机具不断改进和配套技术不断完善,小麦免耕种植也和少耕种植一样,在华北平原一年两熟区会逐步得以推广。

12.4　小麦玉米一年两熟少耕与深松轮耕模式

12.4.1　形成条件与背景

由于传统耕作作业效率低,而且造成了沙尘暴、水土流失等多种生态问题,以旋耕和免耕为主的少免耕模式得到了大面积的应用。但少免耕在具有降低作业成本、保持水土等优点的同时,也带来了耕层变浅、产量下降等问题。因此,探求一种能够结合传统耕作与少免耕优势的耕作模式一直以来成为华北平原保护性耕作研究的主要方向之一。山东农业大学自 1978 年至 1992 年,从"少耕"与"秸秆还田培肥"相结合的角度,进行了耙茬少耕的多年试验研究与示范推广。2002—2006 年又在原有基础上,进一步开展了小麦玉米一年两熟高产田保护性耕作技术研究与示范。经过山东农业大学多年的研究,已经建立了优势突出的轮耕制度,推广应用后经济效益、生态效益和社会效益均显著增加。

该模式的核心是小麦玉米一年两熟,玉米收获后将秸秆全部或部分粉碎还田,然后采用耙耕或旋耕等少耕方式耕地。其中,耙耕是用重型缺口圆盘耙耙地后直接播种冬小麦,以耙代耕;旋耕是用旋耕犁旋耕两遍后直接播种冬小麦。而小麦成熟时用联合收割机收获,并将秸秆全部粉碎还田,然后用玉米免耕播种机播种夏玉米或麦收前套作玉米。在耙耕或旋耕 2～3 年后,于玉米收获、秸秆还田后,用震动深松机深松,作业深度以打破犁底层为宜,一般为 30～40 cm。该模式既减少了土壤耕作环节,又能培肥地力、提高作物产量和机械化水平。

12.4.2　关键技术规程

12.4.2.1　秸秆粉碎还田

秸秆要切碎,分布要均匀。小麦收获时采用联合收割机,通过切碎装置将秸秆切碎并均匀分撒田间,对没有切碎装置的联合收割机,应使秸秆分散不成堆。如果采用小麦套作玉米的种植模式,可采用高留茬,剩余的小麦秸秆切碎分撒在玉米行间。玉米收获最好选用联合收获机,使摘穗和秸秆切碎同时进行。目前大多采用分段作业,即人工摘果穗,然后用玉米秸秆还田机切碎秸秆还田。为此,在作业中应尽量减轻秸秆的压倒和折断,并在秸秆含水量较高时及时切碎还田,保证切碎后的长度小于 5 cm 的数量大于 85%,超长的碎断应撕裂,玉米茬高应在 10 cm 以下。

12.4.2.2　耙耕或旋耕作业

耙耕主要在小麦播种前进行,采用重型缺口圆盘耙或驱动滚齿耙进行表土作业(图 12.7)。耙耙时,在适宜的土壤墒情范围内宁干勿湿,耙深 10～15 cm,重型圆盘耙采用对角耙 1 遍、顺耙 1 遍,耙后秸秆掩埋率达 85% 以上;再用轻耙(圆盘耙)顺耙 1 遍,耙深 8～10 cm,达到上虚下实的种床要求。如采用驱动滚齿耙,可顺耙 1～2 遍,秸秆掩埋率达 90% 以上。

图 12.7　耙耕田间作业

旋耕也是在小麦播种前进行。其作业程序为:秸秆粉碎→施底肥→旋耕机旋耕→筑埂打畦→机播小麦。作业深度一般为 10～15 cm。在旋耕 1 遍后,地面还不平整的情况下,可以加旋 1 遍,以使地面平整,利于灌溉与排水。

12.4.2.3　小麦与玉米播种

耙秸作业完成后,可采用小麦免耕播种机播种小麦。高产水浇地麦田应采取精量或半精量播种,一般播量为 45～150 kg/hm²,适宜播种深度一般在 2～4 cm,要求播种均匀,覆土严密。

玉米播种在小麦全秸秆还田条件下,采用免耕播种机播种,如中国农业大学研制的 2BQM-6 免耕精量播种机,播深 3～5 cm。根据玉米品种和发芽率的不同调整播种量,同时施用底肥,作业中要特别注意开沟器是否堵塞。小麦播种机最好选用双圆盘开沟器,播深 3～4 cm,并注意开沟器堵塞。

小麦、玉米的播种量应视播前地表情况适当增减,以保证基本苗数量。

12.4.2.4　播后镇压和浇水

小麦播种后,根据墒情适墒镇压。目前农村自制的手扶拖拉机牵引铁质筒形镇压器,作业幅宽 120 cm,重量 150 kg,镇压效果较好。在播种完第一次镇压之后,应于初冬(12 月上旬)、早春(2 月中旬)再镇压 2 次,可有效保持麦田底墒,有利于小麦出苗、壮苗和安全越冬。

对于要抢茬播种且墒情不好的麦苗,播种后要立即进行灌溉,灌溉量以 750 m³/hm² 为宜。及时灌溉,一方面可改善土壤墒情,利于种子吸水、出苗;另一方面也能使土壤沉实,提高出苗率。

12.4.2.5　少耕与深松合理结合

根据山东农业大学多年研究结果,耙茬年限过长,则逐渐形成紧实度较大的耙底层,阻碍作物根系正常下扎,导致作物产量降低。由于影响小麦产量的土壤容重阈值为 1.60 g/cm³ 左右,玉米为 1.70 g/cm³ 左右,在壤质土上耙秸至三四年时,15～20 cm 的土壤容重已接近其阈值,而且影响作物根系下扎和根量,作物产量已显著低于传统翻耕,所以以耙代耕的年限宜为 2 年,即耕 1 年耙 2 年的耙茬少耕周期;而在砂壤土上,以耙代耕 2 年时,15～20 cm 的土壤容重接近 1.50 g/cm³,所以可以认为以耙代耕的年限至少可为 3 年,即形成耕 1 年耙 3 年的耙茬少耕周期。

深松的主要作用是疏松土壤,打破犁底层,增强降水入渗速度和数量,作业后耕层土壤不乱,翻土量小,减少了由于翻耕后裸露的土壤水分蒸发损失。在生产中把深松与其他少免耕措施结合起来运用,是一项十分有效的保护性耕作技术。根据山东农业大学研究,连续 4 年耙茬少耕后进行深松,即第五年用深松铲(犁柱间距 30 cm、铲幅 20 cm、松土深 30 cm)深松,部分破除耙底层,特别是松了 20～30 cm 的深层土壤,对小麦根系的生长发育起到了积极的作用。深松后,土壤蓄、保水分能力及其他有关方面都明显好于连年翻耕。连耙 4 年后深松,在同样秸秆全部还田的条件下,比翻耕秸秆处理的小麦增产 12.10%～17.18%,玉米增产 6.87%。因此,连续 2～3 年耙茬少耕,深松 1 年,即耙松结合、旋松结合的轮耕体系效果更加显著。

12.4.2.6　杂草、病虫害控制和防治技术

防治病虫草害是保护性耕作技术的重要环节之一。为了使农作物生长过程中免受病虫草害的影响,保证农作物正常生长,保护性耕作的农田主要用化学药剂防治病虫草害的发生。为了保证防治效果,常结合浅松和耙地等机械作业进行。

除草剂的剂型主要有乳剂、颗粒剂和微粒剂。要根据作物种类选择适宜的除草剂类型并计算好施药用量。施用化学除草剂的时间可以在播种前或播种后出苗前,也可在出苗后作物生长的初期。播种前施用除草剂通常是将除草剂混入土中,使除草剂和松土混合作业,也可在施药后用松土部件进行松土配合。播种后出苗前施除草剂,一般是和播种作业结合进行,施除草剂的装置位于播种机之后,将除草剂施于土壤表面。作物出苗后在其生长过程中,可视田间杂草情况喷洒除草剂。

为了能充分发挥化学药剂的有效作用,尽量防止可能产生的药害,必须做到高效、低毒、低残留,并使用先进可靠的施药器具,采取安全合理的施药方法。首先根据以往地块病虫害发生的情况及当年的实际情况,选择适宜的药剂种类及合理的配方,对作物种子进行包衣或拌种处理;然后根据情况确定适宜的农药种类及用量,进行播种后喷洒或苗前喷洒;在作物生长发育过程中,要加强病虫害的预测预报,根据病虫害发生的情况适时采取防治措施。

12.4.3　生态效益与经济效益

12.4.3.1　产量与经济效益

1. 产量效应

2004—2005 年,耙耕、旋耕的小麦产量略高于松耕、常规,显著高于免耕处理(表 12.8)。2005—2006 年,实施的第二年增加了播量,产量比上年有所改变,少耕处理产量高于常规耕作,免耕产量最低,处理间差异增大。2006—2007 年,松耕产量最高,其次是耙耕,常规耕作居中,而作用于土壤层次较浅的旋耕产量较低,免耕处理产量最低。2007—2008 年,产量均以常规耕作最高,保护性耕作产量均显著降低,免耕处理产量下降幅度最大。2008—2009 年,将免耕、旋耕、耙耕处理其中一个小区进行深松后,通过与 2008 年同小区原模式进行对比后可以明显看出,2008 年的免耕、旋耕、耙耕处理增加深松后冬小麦产量有较大幅度的增产。综合分析,合理的轮耕制度为耙耕或旋耕 2～3 年,加深松 1 年。

表 12.8　不同耕作措施对小麦产量及产量构成因素的影响（泰安，2004—2009 年）

试验年份	处理	穗数/(10^4 穗/hm²)	穗粒数/粒	千粒重/g	籽粒产量/(kg/hm²)
2004—2005	免耕	626.70	35.24	34.87	6 588.33
	旋耕	662.40	36.13	36.22	7 185.19
	耙耕	662.03	36.18	37.03	7 422.78
	深松	641.03	35.18	35.38	7 087.41
	常规	665.84	35.78	36.04	6 917.57
2005—2006	免耕	642.33	34.55	33.14	6 677.33
	旋耕	700.62	35.93	35.62	7 549.67
	耙耕	716.33	35.82	35.79	7 589.27
	深松	674.33	35.14	35.04	7 595.30
	常规	742.00	34.54	34.83	7 139.57
2006—2007	免耕	646.00	34.00	31.03	6 096.30
	旋耕	656.00	34.11	31.55	5 944.57
	耙耕	742.60	37.89	31.57	7 286.33
	松耕	730.33	39.22	33.55	7 726.27
	常规	756.00	37.11	32.46	7 087.77
2007—2008	免耕	479.4	31.3	39.11	4 928.00
	旋耕	599.0	33.8	44.41	6 609.00
	耙耕	491.4	38.9	40.85	6 179.00
	松耕	460.9	32.6	40.15	5 642.00
	常规	559.8	32.1	39.85	7 214.00
2008—2009	免耕	557.2	26.62	32.40	5 285.00
	旋耕	752.4	33.70	33.94	6 497.00
	耙耕	568.7	28.07	33.79	6 329.00
	松耕	632.5	33.70	33.81	5 655.00
	常规	757.9	26.78	33.37	6 655.00
	耙耕深松	720.0	30.70	34.31	7 081.00
	旋耕深松	561.0	29.03	40.33	7 240.00
	免耕深松	606.1	29.10	31.96	6 478.00

2.经济效益

　　各种耕作模式成本消耗较大差别在于小麦秋耕机械作业。常规耕作机械作业次数多，动力消耗大，机械成本、劳动力消耗高于保护性耕作模式与免耕模式。但保护性耕作模式由于未进行土壤翻转，致使田间杂草、病害重于常规耕作，导致生产资料费用略有增高。就纯经济效益看，各种保护性耕作模式均高于对照（常规耕作），增幅为 148～1 079 元/hm²，比对照增加 2.73%～19.96%（表 12.9）。其中耙耕秸秆还田模式纯经济效益最高，为 6 633.79 元/hm²；常规耕作无秸秆还田模式最低，为 5 407.81 元/hm²。因为深松的经济效益好于常规耕作，所以耙耕或旋耕 2～3 年再深松一次，产量和经济效益明显好于耙耕或旋耕，也明显比常规耕作节本增效、节能减排。

表 12.9 不同耕作模式经济效益分析（泰安，2005 年）

处理		小麦产量/(kg/hm²)	生产成本/(元/hm²)			纯收益/(元/hm²)
			劳动力	生产资料	机械投入	
秸秆还田	免耕	6 632.83	1 100	1 750	725	6 108.93
	旋耕	7 367.26	1 100	1 750	1 325	6 581.20
	耙耕	7 506.02	1 100	1 750	1 475	6 633.79
	深松	7 341.35	1 100	1 750	1 475	6 393.37
	常规	7 028.57	1 025	1 700	1 850	5 686.71
无秸秆还田	免耕	6 202.62	1 175	1 750	575	5 555.83
	旋耕	7 251.50	1 175	1 750	1 175	6 487.19
	耙耕	7 171.20	1 175	1 750	1 325	6 219.95
	深松	7 172.82	1 175	1 750	1 325	6 222.32
	常规	6 786.17	1 100	1 700	1 700	5 407.81

注：小麦价格按 1.46 元/kg 计算。

12.4.3.2 不同耕作方式的生态效应

1. 温室气体排放与土壤固碳

由表 12.10 可以看出，不同耕作方式其农田 CH_4 和 N_2O 的温室效应具有明显的差异，小麦季总温室效应：PZ＞PH≈PS＞PR＞PC；而玉米季总温室效应：PC≈PR＞PZ＞PH＞PS。总温室效应：PZ＞PH＞PR＞PS＞PC。

表 12.10 各处理 CH_4、N_2O 排放的温室效应（2009 年）

			PC	PS	PH	PR	PZ
2007—2008 小麦季	CH_4	总排放量/(kg/hm²)	−0.79	−0.60	−0.74	−0.74	−0.40
		温室效应/(kgCO₂/hm²)	−0.18	−0.14	−0.17	−0.17	−0.09
	N_2O	总排放量/(kg/hm²)	1.71	1.79	1.80	1.80	2.04
		温室效应/(kgCO₂/hm²)	5.05	5.29	5.33	5.33	6.04
2008—2009 小麦季	CH_4	总排放量/(kg/hm²)	−0.80	−0.78	−0.76	−0.83	−0.53
		温室效应/(kgCO₂/hm²)	−0.19	−0.18	−0.17	−0.19	−0.12
	N_2O	总排放量/(kg/hm²)	1.75	1.77	1.76	1.67	1.71
		温室效应/(kgCO₂/hm²)	5.19	5.23	5.21	4.95	5.07
2007 玉米季	CH_4	总排放量/(kg/hm²)	−0.96	−0.81	−0.87	−0.78	−0.66
		温室效应/(kgCO₂/hm²)	−0.22	−0.19	−0.20	−0.18	−0.15
	N_2O	总排放量/(kg/hm²)	2.16	2.20	2.24	2.32	2.29
		温室效应/(kgCO₂/hm²)	6.41	6.52	6.63	6.88	6.77
	CH_4 和 N_2O	总温室效应/(kgCO₂/hm²)	16.06	16.53	16.62	16.61	17.51

注：PC 表示常规耕作秸秆还田；PS 表示深松秸秆还田；PH 表示耙耕秸秆还田；PR 表示旋耕秸秆还田；PZ 表示免耕秸秆还田。

从表 12.11 中可以看出，轮耕前，温室效应最高的是免耕处理，其次是旋耕和耙耕，常规耕作温室效应最低；土壤固碳能力则以深松最高，其次是旋耕和耙耕，免耕处理最低。深松后，PH、PR、PZ 处理温室效应虽有所增加，但增幅不高，而产量却大幅度提高，增产幅度 PZ＞PH＞PR。

表 12.11　耕作措施及转变后温室效应和固碳潜力（2009 年）

	PC	PS	PH	PR	PZ
CO_2 排放量/(kg/hm²)	16.06	16.53	16.62	16.61	17.51
深松后增加的 CO_2 排放量/(kg/hm²)	—	—	＋0.01	＋0.04	＋0.25
土壤固碳量/[t/(hm² · a)]	14.5	18.5	12.4	17.7	9.30
产量/(kg/hm²)	4 912.72	4 183.87	4 632.50	5 078.22	3 782.47
深松后产量/(kg/hm²)	—	—	5 362.68	5 245.32	4 798.43

2. 影响土壤 5 cm 地温

（1）旋耕＋深松轮耕模式：图 12.8 表明，PR-PS 处理土壤 5 cm 地温较 PR 处理有明显升高，不同时期升高幅度不同，但总体上与气温的变化趋势一致。

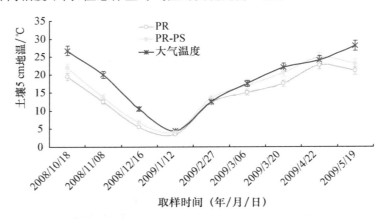

图 12.8　不同时期旋耕＋深松轮耕模式土壤 5 cm 地温对比（2009 年）

（2）耙耕＋深松轮耕模式：如图 12.9，PH-PS、PH 两处理土壤 5 cm 地温与气温的变化趋势基本一致。PH-PS 处理土壤 5 cm 地温较 PH 处理有明显升高，不同时期升高幅度不同。

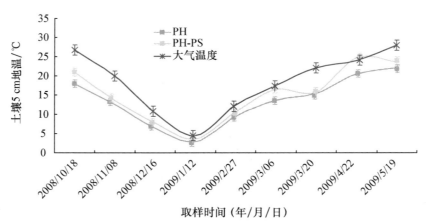

图 12.9　不同时期耙耕＋深松轮耕模式土壤 5 cm 地温对比（2009 年）

3. 影响土壤水分

（1）旋耕＋深松轮耕模式：由图 12.10 可以看出，PR-PS 处理 0～20 cm 土壤水分含量明显低于 PR 处理，播种至返青期两处理差异较小，但从返青期往后，两处理差异逐渐变大。

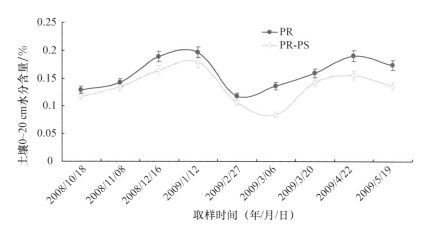

图2.10   不同时期旋耕＋深松轮耕模式 0～20 cm 土壤水分含量对比（2009 年）

（2）耙耕＋深松轮耕模式：如图 12.11，PH-PS、PH 两处理 0～20 cm 土壤水分含量规律不明显，返青期以前差异较小，返青期以后，两处理差异逐渐变大。

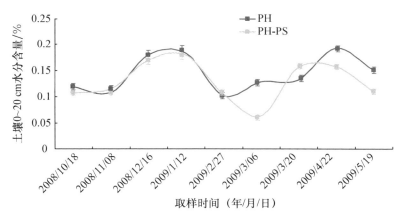

图 12.11   不同时期耙耕＋深松轮耕模式 0～20 cm 土壤水分含量对比（2009 年）

12.4.4   技术模式应注意的问题

华北平原地区人多地少，土地承载量高，环境压力大，而且各地土壤类型、地貌、气候、作物种植制度复杂，土壤耕作措施多样，因而保护性耕作的研究和示范推广不能照抄照搬，必须从本地实际情况出发，创建出适宜本地粮食生产的保护性耕作技术体系，充分发挥保护性耕作技术的作用。从目前情况来看，小麦、玉米一年二熟保护性耕作技术应注意以下问题：

1. 保证播种质量

保护性耕作由于地表不平整、软硬不均匀，加之华北地区作物产量高，秸秆覆盖量过多或覆盖物分布不均等原因，会导致播种时播深不一致，种子分布不均匀，甚至出现缺苗断垄等播种质量问题。为了减低不利影响，一方面要改进播种机性能，提高适应能力；另一方面播种前要检查地表状况，确定适宜的播种量。根据研究，采用耙地不仅可以进行秸秆粉碎、撒匀，还可以适当减少地表覆盖量、疏松平整表土，其效果好于免耕。

2. 合理防控杂草

翻耕有翻埋杂草作用,耙茬少耕相对来说失去了一项控制杂草的手段。其次,有的杂草受秸秆遮盖,药液不易直接喷到杂草上,影响杀草效果。在苗期必须更仔细地观察杂草情况,如发现杂草,在幼苗时就及时喷施除草剂,或用机械锄草。

3. 因地制宜,确定合理的轮耕年限与方式

耙耕或旋耕属于动土少的次级耕作,耕作深度比较浅,连续几年后耕层逐渐变浅,土壤变紧实,因此每隔2～3年进行一次深松或者翻耕,打破犁底层,起到加深耕层的效果。

12.4.5 适宜区域及其推广现状与前景

少耕与深松结合的轮耕制度,结合了传统耕作与保护性耕作两者的优势,扬长避短,能够改善生态环境,增强抵抗自然灾害能力,提高农业产量和质量,降低作业成本,具有积极的作用。这一模式已经在山东省累计推广10万 hm² 以上,经济效益、生态效益和社会效益均显著提高。这种轮耕模式在华北平原及类似地区有着极好的推广前景。

(本章由胡春胜、李增嘉、陈素英主笔,宁堂原、董文旭、张西群、迟淑筠、
韩惠芳、李汝莘、韩宾、李延奇参加编写)

参考文献

[1]Uri, N. D. An evaluation of the economic benefits and costs of conservation tillage. *Environmental Geology*,2000(39):238-248.

[2]陈素英,张喜英,裴冬,等.秸秆覆盖对夏玉米田棵间蒸发和土壤温度的影响.灌溉排水学报,2004,23(4):32-36.

[3]高旺盛.论保护性耕作技术的基本原理与发展趋势.中国农业科学,2007,40(12):2707-2708.

[4]韩宾,李增嘉,王芸,等.土壤耕作及秸秆还田对冬小麦生长状况及产量的影响.农业工程学报,2007,23(2):48-53.

[5]胡春胜,张喜英,程一松,等.太行山前平原地下水动态及超采原因分析.农业系统科学与综合研究,2002,18(2):89-91.

[6]胡立峰,李琳,陈阜,等.麦/玉两熟期农作模式分析及轮耕模式探讨.土壤,2007,39(2):243-246.

[7]李少昆,王克如,冯聚凯,等.玉米秸秆还田与不同耕作方式下影响小麦出苗的因素.作物学报,2006,32(3):463-465.

[8]张海林,高旺盛,陈阜,等.保护性耕作研究现状、发展趋势及对策.中国农业大学学报,2005,10(1):16-20.

[9]田慎重,宁堂原,李增嘉,等.不同耕作措施对华北地区麦田 CH_4 吸收量的影响.生态学报,2010,30(2):541-548.

[10]N. Tangyuan, H. Bin, J. Nianyuan, etal. Effects of conservation tillage on soil porosity in maize-wheat cropping system. *Plant, Soil and Environment*, 2009, 55 (8):

327—333.

[11]江晓东,迟淑筠,王芸,等.少免耕对小麦/玉米农田玉米还田秸秆腐解的影响.农业工程学报,2009,25(10):247—251.

[12]赵建波,迟淑筠,宁堂原,等.保护性耕作条件下小麦田 N_2O 排放及影响因素研究.水土保持学报,2008,22(3):196—200.

第**13**章

农牧交错带保护性耕作模式

　　我国农业生产大体以 400 mm 年降水量等值线为界,可分为以东、以南种植业为主的农区和以西、以北畜牧业为主的牧区两大区。这两大区之间实际上还存在一条沿东北和西南向展布、空间上农牧并存、时间上农牧交替的半干旱生态过渡带,即农牧过渡带或农牧交错带。我国农牧交错带北起大兴安岭西麓的呼伦贝尔,向西南延伸,经内蒙古东南、冀北、晋北、陕北、鄂尔多斯、宁夏中部、兰州北部直到青海玉树,是从半干旱向干旱区过渡的广阔地带,总面积约 160 万 km²,地跨 16 个省(市、自治区),600 多个县(旗),2 亿多人口。海拔300～2 600 m。本区属半干旱典型大陆性季风气候,年降水量 235～450 mm,主要集中在6—8 月份,年蒸发量 1 600～3 200 mm,水分条件成为本区农牧业生产的限制因子。年平均气温 0～9℃,大于 10℃年积温 1 400～3 500℃,雨热同期,有利于秋作物生长。年平均风速3.0～3.8 m/s,全年大于 5 m/s 风速的天数 30～100 d,主要发生在 3—6 月份,成为风蚀沙化最易发生的时期,是京津及周边地区主要风沙源和全国生态环境重点整治地区。该区以粗放旱作传统小农农作为主,多为雨养农业,种植制度一年一熟为主,根据不同自然条件和作物采用平作或垄作。

　　农牧交错地带,不同于西部牧区,也不同于东部农区。它在地理、气候、农林牧产业结构、生态、经济、文化、社会等方面具有自己的特殊地位。农牧交错地带是我国风蚀沙化较为严重地区,生态环境十分脆弱。由于长期采用传统的耕作方式,在冬春季节,气候干燥又多大风,大量裸露、疏松耕地极易产生大量浮尘,致使农田退化甚至沙化,成为沙尘暴的源地,加剧了区域生态环境的恶化。农牧交错带既是干旱地区向湿润地区的过渡,又是牧区到农区的过渡,因此决定了本区的保护性耕作是一种兼有经济效益和生态效益的特殊耕作类型。基于干旱少雨、风蚀沙害严重的特点,保护性耕作的核心是防风、固土、减尘、保水、保肥。

13.1　农牧交错带半干旱风沙区保护性耕作技术

13.1.1　形成条件与背景

农牧交错带半干旱风沙区位于西北牧区与华北农区的过渡带,包括河北省坝上地区、山西省雁北地区及内蒙古自治区中段南部的 480 万 hm² 丘陵山地半干旱农牧林区,该区耕地面积约160 万 hm²、草地 133.3 万 hm²、人口 380 余万。区域海拔 1 000～1 600 m,降水量 350～450 mm,年均温 1～3℃,年均风速 4.5～5.0 m/s。每年春季在强劲的西北风侵蚀下,少有植被的旱作农田与草地土壤严重风蚀,成为危害华北生态环境的重要沙尘源地。

农牧交错带半干旱风沙区的沙尘危害自 20 世纪 70 年代末就受到了国家重视,以防护林带为主的生态建设对区域沙尘环境治理发挥了重要作用。然而长期的局地生态治理与大面积垦草耕作、发展农牧经济的矛盾,使区域土壤风蚀、起沙扬尘的局面未有根本改观。进入 21 世纪后,随着国家对生态环境的更高要求以及毗邻的华北农区成为国家的商品粮供应基地,农牧交错带半干旱风沙区的土壤风蚀治理迎来了新的机遇。基于此,国家科技支撑计划项目张北试验区,集成创新并实施了适于地貌类型的坡梁沙质栗钙土农田"农林(草)带状间作保护性耕作技术模式"和滩洼草甸栗钙土菜田"立垡覆盖保护性耕作技术模式"。

13.1.2　关键技术规程

13.1.2.1　农林(草)带状间作保护性耕作技术模式

1. 技术背景

由于沙尘暴频袭华北平原,2000 年国家出台政策支持风沙源区退耕进行生态建设。然而,限于区域高寒干旱、土瘠地薄、资源匮乏的环境,退耕还林还草不仅周期长,而且经济效益低下。基于此,集成创新了生态—经济效益兼顾型的农林(草)带状间作保护性耕作技术模式。

2. 技术模式与特点

风沙地进行林草带状种植,林草种植带免耕多年生产,发挥冬春季节大量植被存留、减降风速、滞留沙尘的作用;林草带间按照固土减尘的保护性田间管理要求,选配种植一年生的农作物。林(草)与作物带在生态与经济目标方面分工合作,成为防风减尘的保护性农作制度。农林(草)带状间作技术模式如图 13.1 所示。

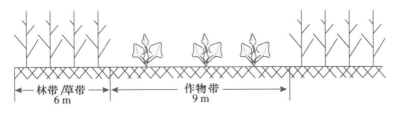

图 13.1　农林(草)带状间作模式

3.技术关键与规程

(1)土地选择:选择地势高亢的坡梁沙质栗钙土农田,土层浅薄,雨养旱作,作物产量及根茬残留量很少,土壤风蚀严重。

(2)带式配置:按照风沙地退耕生态建设工程要求,林(草)带宽6 m,植树则用4行式榆树或杨树,株行距为1 m×1.5 m;林(草)带间距9 m。

(3)作物选择:选择作物的原则是尽量为高效益的经济作物。在农林间作8年之内,林木生长量小,基本不会对作物造成遮荫与水肥竞争,8年之后,应选择相对耐阴、稀植的作物。据试验研究,选择传统经济作物亚麻、芸豆、马铃薯为宜;新兴稀植作物小南瓜对林带间相对紧缺的资源环境,具有更好的利用效果。

(4)保护性耕作技术:作物间作带选用亚麻、芸豆、马铃薯时,按常规技术管理,秋收后留茬或翻耕越冬,翻耕地不要合墒与耙糖。小南瓜采用地膜覆盖生产。在林带间离林带2 m和4.5 m处种植小南瓜,每个带间种植3行。南瓜种植行施用有机肥后旋耕整地,幅宽1 m,随后采用覆膜机条施化肥、起垄覆膜一次完成,覆膜宽度为90 cm。南瓜种植行形成保水富肥带,行间2 m免耕免管。小南瓜秋收后,残蔓与地膜覆盖越冬,春播时揭膜整地。

13.1.2.2 立垡覆盖保护性耕作技术模式

1.技术背景

农牧交错带半干旱风沙区为波状高原,梁滩镶嵌式分布,长期的坡梁地水土运移,奠基了滩洼地土壤的草甸化发育。滩洼草甸栗钙土农田土壤质地适中,土壤水分养分相对丰裕,有些地区有浅层地下水埋藏。20世纪后期,区域利用冷凉气候优势,补水生产喜凉性根茎与叶菜类蔬菜,夏秋季节供应温热带市场。"一亩园,十亩田"的比较经济效益使得该区域成为我国第五大蔬菜生产基地——夏秋季北菜南运基地。然而,少有植被覆盖的菜田,冬春季节风蚀极其严重,由此,科技人员提出了草甸栗钙土农田立垡覆盖保护性耕作技术模式。

2.技术模式与特点

发挥草甸栗钙土农田水、土、肥资源优势,生长季节农田精耕细作,栽培喜凉性蔬菜、马铃薯等作物,提高经济效益;作物收刨后,趁墒采用铧式犁翻耕土壤,不再合墒,地表留存大量垡片,立垡越冬。冬春作物非生育季节,土垡结块干硬,凹凸不平地覆盖于地表,起到提高地面粗糙度、降低近地风速、抵抗土壤风蚀、减降沙尘的效果。

3.技术关键与规程

(1)土地选择:选择水分条件较好的草甸栗钙土农田,土壤物理性黏粒含量在30%以上,补水灌溉农田更为适宜。较为黏重的土壤,秋耕后具有较好的土壤结持性。

(2)作物选择:适宜选用精细管理的高效经济作物,如蔬菜类作物白萝卜、大白菜、圆白菜、芹菜、红胡萝卜、甜菜、马铃薯等以及高产的饲料作物青玉米、青莜麦等。

(3)保护性耕作技术:各作物一般于区域大风季节之后的5月下旬开始播种,大白菜、圆白菜、甜菜等作物应采用育苗移栽生产,将栽种期推迟至6月上中旬,这对于避风生产具有重要作用。作物种植前,趁雨或补水后整地播种;育苗移栽作物则应采用机械化起垄覆膜栽培,起垄的同时施足底肥。在高寒的半干旱风沙区,地膜覆盖具有抗风保水、提高地温、促进养分释放与提早产品上市等多重功能,是增投、增产、增效的实用技术。各作物按丰产栽培雨养或补水生产。收获后,采用不带合墒器的铧式犁趁墒翻耕摞垡,立垡覆盖越冬。

13.1.3　生态效益与经济效益

农牧交错带半干旱风沙区的农作制度必须兼顾农民经济效益与国家生态效益的双重需求。

13.1.3.1　生态效益

选择坡梁栗钙土农田的翻耕地、莜麦茬地、退耕草地为样地,在张北试验区采用 BSNE 集沙仪定位监测不同下垫面的输沙量。每一样地与风向垂直排列 3 组集沙仪,每组集沙仪分别在 20 cm、50 cm、100 cm、150 cm、200 cm 高度安装集沙盒,在风天 10:00~17:00 监测 5 个高度的输沙量。观测结果如表 13.1 所示。在劲风(≥8 m/s)下,翻耕地输沙量最高,平均为每日 607.2 mg,莜麦茬地输沙量 597.2 mg,比翻耕地降低了 1.65%,差异不显著;退耕草地输沙量 391.2 mg,比翻耕地降低了 35.5%,降幅在 5.7%~52.2%。与翻耕地相比,多年生免耕草地具有显著的抑制起沙扬尘效应,而莜麦留茬地与翻耕地效果相当。因此,在坡梁栗钙土农田只依靠作物根茬残留,不具有防风降蚀作用。采用风沙地多年生林草带种,间作农作物的"农林(草)带状间作技术模式",能够兼顾降低土壤风蚀与保障作物生产的目的。

表 13.1　坡梁栗钙土壤不同下垫面 0~200 cm 高度的输沙量　　　　　　　　　　mg

高度/cm	劲风/(风速≥8.0 m/s NW)			微风/(风速≤5.0 m/s NW)		
	退耕草地	莜麦留茬	耕翻地	退耕草地	莜麦留茬	耕翻地
20	319.0	638.0	1 001.0	11.7	14.2	25.0
50	401.0	600.0	533.0	10.0	11.7	11.7
100	449.0	591.0	541.0	10.0	10.0	9.2
150	428.0	599.0	458.0	8.3	10.0	5.8
200	359.0	558.0	503.0	8.3	6.7	5.0
平均	391.2b	597.2a	607.2a	9.7a	10.5a	11.3a

注:表中输沙量为 5 个高度采样器的 3 次重复之和,集沙仪进风口径为 2 cm×10 cm。
不同小写字母表示 5% 水平的差异显著性。

在草甸栗钙土农田,对翻耕地、耕后耙地与未耕菜地的输沙量监测结果如表 13.2 所示。劲风(风速≥8.0 m/s NW)条件下,平坦的未耕菜地输沙量最大,翻耕地输沙量最小,以未耕菜地为对照,翻耕地输沙量比对照平均降低了 88.2%,耕后耙地比对照平均降低了 66.2%。

表 13.2　滩地草甸栗钙土壤劲风下不同垫面输沙量　　　　　　　　　　mg

重复	耕翻地	耕后耙地	未耕菜地
1	60	805	1 135
2	70	1 280	1 620
3	730	1 575	8 330
4	710	2 205	8 090
5	525	645	1 280
6	470	825	1 270
平均	427.5C	1 222.5B	3 620.8A

注:不同大写字母表示 1% 水平的差异显著性。

通过埋设集沙盘采用"陷阱诱捕"法收集土壤风蚀量、埋设风蚀盘监测地表风蚀量以及对不同下垫面农田粗糙度的分析结果(表 13.3)表明,在没有植被覆盖的情况下,地面粗糙度是决定输沙量的主要因素。未耕菜地由于更为强烈的冬春冻融作用,使地表土壤碎解为易被风蚀的细颗粒;土壤经过耕翻后,形成了大的垡片,不但增加了地表粗糙度,也大幅度减弱了冻融作用对土块的破坏,起到了显著的抵抗风蚀效果。因此在滩地草甸栗钙土农田,采用"立垡覆盖保护性耕作技术",具有与莜麦留茬地相近的抗风蚀效果,而更好于玉米留茬地。

表13.3 滩地草甸栗钙土壤不同下垫面模拟风蚀量比较

处理	粗糙度/cm	风蚀量/[g/(m²·d)]	风蚀沉积量/[g/(m²·d)]
莜麦茬地	1.38	0.69	2.75
耕翻地	1.13	0.79	3.06
玉米茬地	0.51	1.04	9.00
未耕菜地	0.21	1.33	16.38

13.1.3.2 经济效益

榆林间作小南瓜按6 m林带、9 m南瓜带式。林瓜带状间作模式与传统作物耕作方式的生产与经济效果比较见表13.4。试验研究表明,按占地面积计算,间作南瓜比单作增产24.0%,榆树生物累积量增产23.1%,杂草增产144.4%。农林带状间作下,南瓜带行往林带方向伸蔓,中间行往两侧生长,最大程度地延展了南瓜的受光面积。由于农林带状间作的林带占地达40%,榆树林与南瓜间作系统的经济效益降至6 210元/hm²,这也比传统作物亚麻、芸豆、莜麦生产增值2.6~3.6倍。因此,保护性耕作技术配合种植结构调整能实现生态—经济效益的同步提高。

表13.4 林瓜带状间作下各作物产量和经济产值及与传统种植比较

项目	榆树林与南瓜带状间作						莜麦	亚麻	芸豆
	南瓜		杂草		榆树				
	间作*	单作	间作	单作	间作	单作			
生物产量/(kg/hm²)	3 465	2 793.9	1 720.4	703.7	534.4	434.1	4 224	2 779	2 169
经济产量/(kg/hm²)		1 400	—	—	—	—	1 408	473	759
经济产值/(元/hm²)	10 350	8 400	—	—	—	—	1 689	1 335	1 404

注:* 9 m南瓜带宽的产量与产值。

滩洼草甸栗钙土农田以提高农作经济效益为要。调整种植结构,以喜凉蔬菜作物代替传统的春小麦、莜麦,快速大幅度地提高经济效益,为坡梁风沙地退耕生态建设奠定基础。补水滩地作物生产经济效益与劳动盈利率比较见表13.5。以白菜、萝卜和甘蓝为主的蔬菜生产,净产值为莜麦的6.7~10.3倍,劳动盈利率为1.2~1.5倍;而在区域劳动力进一步紧张后,农民有可能转向劳动盈利率更高的甜菜和马铃薯生产。因此,叶菜、根菜为主的耕作制度发展,根本改观了该区主要依靠扩大耕种面积获益的粗放经营模式,为依靠资本和劳动力投入为主的集约农业生产以及减降沙尘为主的环境建设奠定了经济基础。

表13.5 补水滩洼农田作物生产效益比较

项目	白菜	萝卜	甘蓝	马铃薯	甜菜	莜麦
经济产量/(kg/hm²)	76 300	75 357	49 500	18 750	36 720	1 665
产值/(元/hm²)	38 150	37 679	24 750	15 000	12 050	4 629
净产值/(元/hm²)	30 650	29 129	19 970	11 400	9 800	2 979
劳动盈利率/(元/hm²)	81.7	77.7	66.6	126.7	98.0	56.2

13.1.4　技术模式应注意的问题

以恢复与重建土地资源环境、抑制起沙扬尘为核心的保护性耕作制度建设,是和谐社会的公众需求,同时也是区域农民的生计所系。因此,兼顾社会改善环境、农民增加效益的农作制度创新与推广,成为实现目标的核心问题。农牧交错带半干旱风沙区生境恶劣、植被低产、农民贫困,以固土降尘为核心的保护性耕作技术应用,还必须有作物种植制度的相应改进为支撑。因此,面向市场的高效作物生产的经济拉动,与适宜性保护耕作技术的促动,成为区域农田环境建设的根本动力。

13.1.5　适宜区域及推广现状与前景

农林(草)带状间作保护性耕作技术模式与立堡覆盖保护性耕作技术模式适宜在华北农牧交错带风沙半干旱区推广,区域包括河北省坝上地区、山西省雁北地区及内蒙古中段南部 480 万 hm² 的丘陵山地半干旱农牧林类型区。"农林(草)带状间作保护性耕作技术模式"适用于地势较高的坡梁风沙旱地,"立堡覆盖保护性耕作技术模式"适用于地势低洼的滩地与补水农作田。

农林(草)带状间作保护性耕作技术模式已经在华北农牧区退耕还林还草农田示范推广,应用面积达 2.6 万 hm²;"立堡覆盖保护性耕作技术模式"在河北坝上及周边蔬菜、甜菜、马铃薯田应用达 1.5 万 hm²。随着国家对生态环境建设的日益重视,华北半干旱风沙区的种植制度与耕作制度的改革势在必行,以保水护土为核心的保护性农作制度的应用具有广阔的前景。

13.2　内蒙古阴山北麓农牧交错带保护性耕作技术

13.2.1　形成条件与背景

内蒙古阴山北麓农牧交错带是我国风蚀沙化较为严重地区,生态环境十分脆弱。由于长期采用传统的耕作方式,形成了大量裸露、疏松耕地,尤其是在冬春季节,气候干燥又多大风,致使大量农田退化甚至沙化,成为沙尘暴的源地,加剧了区域生态环境的恶化。近十余年来,在国家科技部、农业部和内蒙古科技厅和农牧业厅等有关部门资助下,中国农业大学、内蒙古农业大学和内蒙古农牧业科学院、内蒙古农业机械化推广站等单位会同地方有关农业技术部门开展了大量的保护性耕作技术研究工作。其中,作物留高茬免耕覆盖种植技术和马铃薯与条播作物带状间作留高茬技术是该地区较为有效的保持水土、减轻农田起沙扬尘和增加作物产量的保护性耕作技术,尤其是马铃薯与作物带状间作留高茬种植技术,一方面可以在农田冬春休闲期通过作物留高茬带对马铃薯收获后的农田裸露带进行保护,减少土壤风蚀的发生;另一方面作物生长期又可有效利用边际优势来提高农田的经济产出,是一种兼有经济效益和生态效益的保护性耕作类型。

13.2.2 关键技术规程

13.2.2.1 作物留高茬免耕覆盖种植技术

针对内蒙古阴山北麓地区风大、干旱等问题,作物收获后,用联合收割机或割晒机收割作物,割茬高度控制在 20~30 cm,并用残茬覆盖,覆盖度不低于 30%。用联收机收获时注意将秸秆粉碎后抛撒均匀。春季用免耕播种机播种作物。麦类作物苗期用 2,4-D 丁酯或二甲四氯钠、膘马、燕麦枯喷施;油菜等晚春作物可在播前 1 周使用草甘膦喷施或用氟乐灵播前土壤表土 3~5 cm 混土处理,遇披碱草等恶性杂草多的地块可在秋收后使用草甘膦喷施处理。

13.2.2.2 马铃薯与条播作物带状间作留高茬种植技术

马铃薯是内蒙古阴山北麓农牧交错带主栽作物,是农民重要的经济收入来源。马铃薯种植与收获后,农田土壤裸露,极易起沙扬尘。采用马铃薯与小麦、燕麦、谷子和油菜等条播作物带状间作,条播作物秋季收获留高茬 20~30 cm,以保护马铃薯收获后的裸露耕地。种植宽度一般为 6~12 m。第二年,马铃薯带再轮作条播作物,条播作物带则轮作马铃薯或免耕种植其他条播作物(图 13.2)。

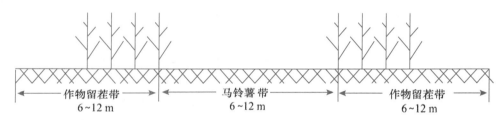

图 13.2　马铃薯与条播作物带状间作留高茬种植技术模式

图 13.3　马铃薯与条播作物带状间作种植与留高茬

13.2.3　生态效益与经济效益

13.2.3.1　作物留茬的保土保水作用

2002—2004 年,中国农业大学利用风蚀圈野外观测农田冬春休闲期带状间作留高茬与翻耕地农田土壤风蚀量表明,作物留高茬免耕带状间作较裸露农田土壤风蚀量明显降低(表13.6)。2002 年 10 月至 2003 年 3 月期间,带状间作留高茬土壤风蚀量分别比对照减少了62.17%、47.44% 和 7.75%。2003 年 10 月至 2004 年 3 月农田休闲期,带状间作留高茬土壤风蚀量分别比对照减少了80.59%、45.15%、8.91% 和 70.59%。不同作物留高茬对裸露农田的保护作用不同,其大小顺序为:饲用谷子>燕麦>饲用玉米>油菜。

表 13.6　作物留高茬对裸露农田的保护作用

处理	风蚀率/(t//hm²)		比对照减少率 CK/%	
	2002—2003 年	2003—2004 年	2003—2004 年	2002—2003 年
裸露农田	12.9	10.1	—	—
马铃薯间作饲用谷子	4.88	1.96	62.17	80.59
马铃薯间作饲用玉米	6.78	5.54	47.44	45.15
马铃薯间作油菜	11.9	9.2	7.75	8.91
马铃薯间作莜麦	—	2.97	—	70.59

资料来源:中国农业大学博士学位论文,秦红灵,2007。

在内蒙古清水河县研究表明(表 13.7),留高茬的径流量分别较传统耕作减少 34.8%、72.3%、32.2%,相应的土壤侵蚀量分别较传统耕作减少 44.5%、38.4%、62.5%;留高茬覆盖的径流量分别较传统耕作减少 62.3%、68.4%、67.5%,相应的土壤侵蚀量分别较传统耕作减少 74.2%、52.3%、75.6%。保护性耕作显著降低了水土流失量,尤其是秸秆覆盖耕作方式的保水保土效果更明显。

表 13.7　作物留高茬对土壤水土流失量的影响

年度	留高茬		留高茬覆盖		传统耕翻	
	地表径流量/(m³/hm²)	土壤侵蚀量/(kg/hm²)	地表径流量/(m³/hm²)	土壤侵蚀量/(kg/hm²)	地表径流量/(m³/hm²)	土壤侵蚀量/(kg/hm²)
2004	52.24	644	30.38	300	80.48	1 162.5
2005	27.21	279	30.96	216	98.12	453.0
2006	240.36	970.5	115.19	928.5	354.56	2 586

资料来源:内蒙古农业大学,刘景辉、李立军、张星杰,等。

13.2.3.2　作物留茬的增产效果

马铃薯带与条播作物带状间作具有明显的增产效果(表 13.8)。马铃薯与油菜间作时,间作油菜较单作种植的单产增加 26.39%,马铃薯间作单产也比单作增加了 23.53%。马铃薯与谷子间作时,间作谷子较单作种植单产增加了 29.23%,间作马铃薯较单作种植单产也增加了10.73%。可见,带状间作时,油菜、饲用谷子作为上位作物,因边际效应使作物单产提高。下位作物马铃薯的单产比单作时增加,只是增产的效果没有上位作物大。

表 13.8　带状间作对作物产量的影响

模式		作物	产量/(kg/hm²)	
			鲜重	干重
带状间作	马铃薯与谷子	马铃薯	1 036.63	225.91
		谷子	4 009.07	1 179.4
	马铃薯与油菜	马铃薯	1 156.43	302.32
		油菜	164.51	136.3
单作		马铃薯	936.16	244.7
		谷子	3 846.9	912.67
		油菜	130.2	107.84

资料来源：中国农业大学博士学位论文，秦红灵，2007。

　　谷子、燕麦和胡麻免耕留高茬覆盖种植的单产分别较传统耕翻高 16.4%、18.4% 和 16.4%（表 13.9），三种作物免耕留高茬种植的单产分别较传统耕翻高 9.6%、8.8% 和 9.3%。可见，在实施免耕种植时，留高茬并辅助有秸秆覆盖增产效果更佳。

表 13.9　免耕留高茬对作物产量影响

作物	留高茬/(kg/hm²)	留高茬覆盖/(kg/hm²)	传统耕翻(CK)/(kg/hm²)	留高茬覆盖较CK/%	留高茬较CK/%
谷子	2 364	2 246	2 031	16.4	9.6
燕麦	1 197	1 108	1 011	18.4	8.8
胡麻	525	497	451	16.4	9.3

资料来源：内蒙古农业大学，刘景辉，李立军，张星杰，等。

13.2.4　技术模式应注意的问题

　　刚开始采用免耕播种的地块，首先要进行秋季深松，打破犁底层，以后视土壤容重进行，当土壤容重大于 1.26 g/cm³ 时，采用深松作业。深松时最好在秋季收获后很快进行，要求土壤含水率在 15%～22%。黏重土壤深度一般为 30～45 cm，沙性土壤不应超过 35 cm。板结土壤深松后需及时镇压。

　　杂草太大特别是恶性杂草披肩草多的地块，不易免耕种植小麦、燕麦；灰叶藜、黄花蒿多的地块，不易免耕播种油菜籽。

　　风沙地区，马铃薯与条播作物带状间作留高茬种植的带宽越窄控制风沙效果越好，但要机械化种植马铃薯和条播作物的作业相适应，一般作物种植带少于 4 m。

13.2.5　适宜区域及推广现状与前景

　　内蒙古气候特征为：内蒙古东北部为寒温带，西南部为温暖带，大部分地区属于温带大陆性气候，"十年九轻旱，四年三中旱，三年一大旱"。内蒙古又是全国大风区之一，中西部地区是重风灾区,每年吹走表土 2～3 cm,造成草场被沙埋、农作物毁种以及土地沙漠化,是京津地区沙尘暴的主要源地之一。作物留高茬免耕覆盖种植技术和马铃薯与条播作物带状间作留高茬种植技术等保护性耕作技术,具有保土保水和蓄水抗旱增产效果,因此在内蒙古具有广泛的推广价值。为加大内蒙古保护性耕作技术的实施,国家科技部、农业部先后把保护性耕作技术列为"十五"、"十一五"期间的重点农业技术支持内蒙古示范推广。目前,内蒙古采用保护性耕作种植技术面积已经超过 60 万 hm² 。按照《内蒙古自治区人民政府关于实施保护性耕作的意见》,在"十一五"末期,全区推广范围将达到 85 个旗县。因此,在内蒙古开展保护性耕作技术研究符合国家和内蒙古科技发展要求,是解决内蒙古农田风蚀沙化、退化以及提高农业综合生产能力、改善生态环境、促进农业可持续发展理论和实践的迫切要求,技术应用前景十分广阔。

13.3　砂田耕作法

13.3.1　形成条件与背景

砂田也称石田,铺砂地或压砂地,是人们利用河道、山洪沟、冲积扇的沉积作用产生的沙砾石或岩石自然分化产生的碎片在田面铺设厚 10～15 cm 的覆盖层所形成的一种特殊的农田类型。

砂田是我国西北地区劳动人民多年与干旱抗争,经过长期生产实践不断总结创新而形成的一种世界独有、中国西北地区独特的以砂石覆盖和长期免耕为核心的保护性耕作方法,主要分布在甘肃中部、宁夏中部、青海东部等年降水量 200～300 mm 的干旱地区,总面积 16.7万～20 万 hm² 。

砂田耕作法是一种具有综合效能的旱作保护性耕作技术,它恰当地适应了干旱、半干旱地区的气候、地理、土壤等自然条件,具有明显的改良和调节农田小气候、改善农田小生境的功能。采用砂田耕作法,可在年降水量 200～300 mm 的干旱条件下,获得较高的作物产量。

关于砂田的起源,传说历史上的某年大旱,河道干涸,农田寸草不生,某农夫发现河边卵石滩上有绿草从石缝中长出,刨开石层发现其下土壤有潮湿之气,遂模仿在农田中铺设砂石种植农作物,由此产生了砂田。至于砂田起源的时间历史记载诸多,据《洮沙县志》记载"砂田其源始尚无典籍可考,据乡农流传,系于清康熙年间,或有谓肇始于嘉庆年间","自有清咸丰年以来,农人渐以科学方法铺大砂、小石于地面"。原西北农学院李凤岐等(1984)考证,"明代中叶在甘肃的陇中和青海等地发现了举世称奇的砂田"。辛秀先等(1993)从当地农业发展、气候变迁、植被演变、单位面积农业人口增多、文献记载等因素认为甘肃砂田起源于清朝,距今 200～300 年历史。众多学者考证认为,兰州附近的永登与景泰两县交界处的秦王川一带为最早的砂田发源地,自砂田问世之后,由于其增产效果明显,迅速在甘肃陇中地区广为使用,并逐渐扩展到毗邻的陇东、河西和宁夏、青海的部分地区。经过数百年的发展与演变,到 1949 年甘肃省全省约有砂田 3 万 hm²,20 世纪 80 年代中期扩大到8 万 hm²,1990 年甘肃省政府发布的《甘肃省基本农田保护管理暂行办法》明确将砂田列为基本农田加以保护,至 1992 年底,甘肃省砂田达到 10 万 hm²。与甘肃毗邻的宁夏中部干旱地区(农牧交错地带),相传大约是在 100 多年前由甘肃皋兰县逃荒农民将砂田技术带到宁夏中卫香山地区和中宁县鸣沙镇、海原县兴仁镇(现中卫市城区兴仁镇),开始时只有零星分布,后因效果好得到传播,到 1981 年时中卫香山乡砂田面积达到 1 200 hm²,主要种植籽用西瓜,1995 年开始种植鲜食西瓜,获得丰收,1999 年之后压砂西瓜、甜瓜得到迅速发展,压砂地面积也得到扩展,到 2000 年达到 3 000 hm²。2003 年,宁夏回族自治区党委政府将中卫环香山地区的压砂地西瓜、甜瓜作为自治区特色产业予以重点支持,压砂地面积得到迅速扩展,到 2007 年底已形成 6.8 万 hm² 以种植西甜瓜为主的地域性特色产业带,成为中国最大的压砂瓜生产基地。

13.3.2 关键技术规程

13.3.2.1 传统砂田耕作法的关键技术流程

传统砂田耕作法实际上是一种粗放经营下的原始耕作方法,主要是利用了田面铺砂石后,粗糙度增加,减少径流、增加降水的入渗量;同时砂石层还阻隔了土壤水分的蒸发量,从而增加了土壤水分含量,提高降水利用效率,增加作物产量。

1. 选地

用于制作砂田的土地可以是耕地,也可以是荒地。在丘陵山区,缓坡地(≤15°)也是砂田的选择范围,但附近必须有砂源,以土层深厚为好。砂田旁边最好有集水地形,如山坡下方,以增加砂田的供水量(图 13.4)。

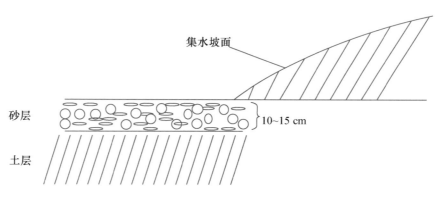

图 13.4　砂田选地结构图

2. 压砂前土壤耕作

选定用于制作砂田的土地,农田至少休闲一年,荒地提前一年进行相应的土壤耕作。结合当地降水的季节分布进行 2~3 次的深耕晒垡;结合深施农家肥(羊粪、牛粪、猪粪、人粪等),每公顷 75~100 t;雨季结束前(白露前)耙耱、镇压、平整后备用。

3. 筛砂与铺砂

砂田的砂源主要来自附近的河道、山洪沟、冲积扇。原始状态下砂源中混合的土壤较多,直接铺设影响生产效果,必须筛砂,进行土石分离。筛砂后留取大到鹅卵、小到粗砂的砂石,作为铺田所用,一般粒径大于 6 mm 的砾石应占到 60%,小于 6 mm 粒径的粗砂应占到 40%。砾石是为了增加地面粗糙度,阻挡径流,增加入渗,粗砂是为了填充砂层大空隙,避免土壤水分的过度蒸发。

铺砂应在冬季冻结期内进行,厚度应控制在 10～15 cm,每公顷铺砂量在 1 000～1 500 t。铺砂应注意均匀一致。

砂田铺设后,一般可持续使用 20～30 年,此间传统做法是不再施肥,除播种和生长后期耖砂蓄墒外,不再进行土壤耕作。从这个意义上,砂石耕作法是中国传统的以砂石覆盖和免耕为核心的保护性耕作法。

4. 作物选择与播种

砂田最适宜的作物是稀播宽行作物,这样可以减少因播种时过多地耖动砂层造成的土石混合。播种时先将地面砂层刨开,种子浅播于表土,播种后覆盖 1～2 cm 的薄砂,出苗后随幼苗生长逐渐将砂石回填到播种穴(沟)内。注意播种时不要将土壤刨出,以免造成人为的土石混合。10 年以上的老砂田也可种植绿豆、芝麻、小麦、糜谷等密植作物。

5. 田间管理

传统条件下,砂田完全是一种雨养农业,作物生长期间不灌溉、不追肥,并且病虫草害发生很轻,一般也不进行防治,基本没有田间管理。因此,传统砂田生产的产品被认为是"有机绿色食品"。

6. 收获

砂田作物收获时一般将地上部全部移出田外,为后期耖地蓄墒及下茬播种创造一个良好的土壤环境。根茬留在土内自然腐解,归还土壤。

7. 耖砂蓄墒

前茬作物收获后经过一个生长季的人畜踏实与自然沉降,砂层变得非常坚实,影响降水的入渗效果,因此作物收获后,马上要耖砂。在传统的条件下,农民采用铁制耙具,用小型拖拉机牵引,一般横向、纵向耖动两次就可松动砂层,增加降水入渗率和入渗速度。这项工作是砂田蓄墒的重要程序。

8. 老砂田的重新铺设

砂田在连续使用 20～30 年之后,土石混合严重,保墒、增温效果降低,需要人工起砂、筛砂,砂土分离后,再重新铺砂。所以有"挣死老子,富死儿子、苦死孙子"之说。在生产实践中,也有老砂田衰老后深耕一次,上面再叠一层砂石的"垒砂田"。

因此,传统砂田耕作方法的技术流程是:选地→深耕、施肥→筛选砂石→铺砂→播种→收获→耖砂蓄墒→连续使用 20～30 年→重新造田。

13.3.2.2　现代砂田耕作法的技术创新

随着现代科学技术的发展和市场经济的需要,传统的砂田耕作法也不断地汲取现代农业技术与内容,使这项古老、传统的农业耕作方法逐渐地向现代化靠拢。尤其是进入 21 世纪后,在国家、地方科技部门和生产部门的大力支持下,加快了砂田耕作法的现代化改造,目前已形成了与传统方法有较大创新的现代砂田耕作技术。

1. 以机械作业替代繁重的手工作业

传统作业过程基本依靠手工作业,劳动强度大,作业效率低。近年来教学、科研、农业机械等部门,针对砂田耕作法的各个环节,先后开发研制出了农田铺砂机、砂田覆膜机、松砂施肥机、补灌机和土石分离机等砂田作业机械(图13.5,图13.6),使这项传统手工作业为主的耕作方法,基本实现了半机械化,有效地解放了劳动力,大大提高了工作效率。

图13.5　6TF-80土石分离机　　　　　　　　图13.6　砂田覆膜机

2.以科学补肥替代原始的地力消耗

针对传统耕种过程中长期不施肥,仅靠活化土壤潜在地力维持低水平生产的现状,科技工作者研究了砂田耕作过程中补肥的可能性与适宜方法、适宜用量。为了维护砂田产品的有机绿色品牌,坚持以补施有机肥为主,适量搭配化肥,并开发研制出了砂田西瓜生物有机肥,有效地提高了砂田作物产量。

3.以关键时期的补水,弥补自然降水的不足

传统砂田耕作是一种完全依赖自然降水的典型雨养农业。由于降水量有限,年际间变率大,虽然砂石层可有效拦截降水,增加入渗,减少蒸发,提高降水生产效率,但干旱仍然是砂田作物最大的威胁。在新建的砂田区,由政府出资兴建了引水工程,使部分砂田作物生长关键期补水成为现实。一般在播种期和开花坐果期补水2次,可使西瓜产量增加50%以上,商品率也大大提高。在部分砂田,科技工作者还引进了滴灌等现代灌溉技术,提高了有限水资源的利用效率。

4.以多层覆盖有效降低土壤水分的无效损失

在长期的生产实践中,各地科技工作者和农民创造了多种砂上覆盖技术,进一步降低了土壤水的无效蒸发,大大地提高了降水利用效率。如甘肃省皋兰县在传统砂田基础上创造的"三膜一砂"甜瓜设施栽培模式;宁夏中卫香山一带农民创造了小弓棚压砂西瓜及砂上覆膜西瓜、甜瓜等栽培模式,砂上覆盖还分为全膜覆盖、条膜覆盖、播种穴覆盖等多种方式(图13.7,图13.8),均收到良好效果。

13.3.3　生态效益与经济效益

13.3.3.1　砂田耕作法的生态效益

砂田耕作法本身就是一种在恶劣生态环境下产生的农作方法,它之所以能长期立足,关键就在于其具有明显的生态效益。

图13.7　幼苗盖碗

图13.8　条膜覆盖

1. 增加农田蓄水能力

在干旱、半干旱地区,由于降水量极其有限,农田土壤水分含量不足,严重制约了农作物的生长发育与产量形成。在农田表面铺设沙砾层后,由于沙砾大小不一,形态各异,结构孔隙大,渗透性好,在雨季增加了渗水能力,杜绝径流,可将有限降水充分蓄积到土壤层内,加之沙砾层的阻隔作用,可明显减少土壤水分的蒸发量,使砂田土壤水分含量明显高于一般裸田。据宁夏大学农学院试验测定,在春季尚未种植农作物之前,土壤水分受外界因素影响较小的情况下,砂田不同层次土壤含水率均高于裸田(图13.9)。从平均值来看,0～40 cm土壤平均含水率砂田为14.6%,裸田为11.1%,砂田较裸田提高了31.5%。砂田经过一个冬春季节的土壤水分运动,可比裸田多保水19.88 mm,说明砂田覆盖耕作法有明显的蓄水与保水性能,这对维持、提高雨养旱作区作物产量有重要作用。

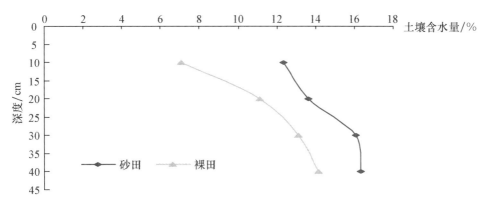

图13.9　砂田与大田不同深度土壤含水量

不同层次土壤水分变化以0～10 cm土层内水分变化最为明显,砂田和裸田两者土壤含水量相差5.3个百分点,砂田含水量相对提高了74.4%;此后随耕层加深,两者差距逐渐变小,如10～20 cm砂田相对高22.6%,20～30 cm砂田相对高22.5%,30～40 cm砂田相对高15.3%。砂田土层中水分含量上高下低的梯度变化可能与所覆砂层阻碍了土壤表层与大气的直接接触,毛管水运动到土壤上层有关。上层土壤水分含量较多有利于作物的萌发与出苗,这对于干旱地区缓解春旱是十分有利的。

303

2.减少土壤水分蒸发

土壤层在沙砾层的保护下,避免了直接的风吹日晒,沙砾层孔隙大,切断了土壤毛管作用,使土壤水分被阻隔在沙砾层下,土壤水分的蒸发率明显减少,提高了土壤含水量。据宁夏大学农学院测定,在5—9月份期间砂田蒸发量可比裸田减少28.7%。从两种类型田间蒸发量变化趋势来看,虽然总体变化趋势基本一致,但砂田蒸发的变化幅度明显低于裸田。说明砂田在减少蒸发的前提下,可保持土壤水分含量的相对稳定性。砂田这种减蒸效果是砂田保水效果较好的主要原因(图13.10)。

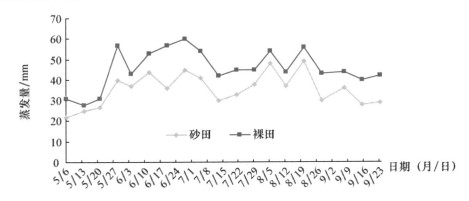

图 13.10　砂田、裸田蒸发量比较

(每个点表示时间间隔内逐日蒸发量累加值)

3.增温效果

沙砾层粗糙不光洁,能较多地吸收热量;空隙度大,空气含量多,因而热容量小;白天受太阳照射后很快升温,并将热量传导到土壤中;晚上砂田土壤水分含量较高,热容量大,放热缓慢,能较好地保持土壤温度。同时由于砂田蒸发量较低,因水分蒸发而消耗的热量较少,因而砂田土壤温度高于裸田。据宁夏大学农学院测定,砂田 0～20 cm 土壤耕层均有增温效果,平均每天可比裸田增温 0.96℃(图13.11)。在西瓜约 100 d 的生长期内 0～20 cm 土层可增加积温约 100℃,这对于海拔高度相对较高、气候相对冷凉的干旱和半干旱地区的农作物安全成熟有重要意义。一般砂田西瓜可提前 7～10 d 成熟。

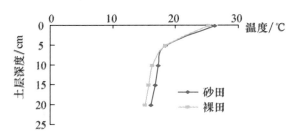

图 13.11　砂田与裸田不同土层日平均温度变化

4.减尘效果

在干旱地区,气候干燥,植被稀疏,风大沙多。在常规翻耕条件下,冬春季节农田裸露疏松的土壤被大风吹失,给沙尘暴天气提供了丰富的沙源。沙砾覆盖之后,由于地面粗糙度的增加减缓了地表风速,尘土不易吹失,可有效减少大风天气的扬尘量,降低干旱区的风蚀沙害。据宁夏大学农学院对地表以上 0.2～1.6 m 高度砂田与裸田在大风天气扬沙量的采集数据分析得出(见图 13.12):地表上 0.2 m 处,砂田平均集沙量为 39.2 mg,大田为 89.8 mg,砂田比大田减少 47.7 mg,相对减少 52.9%。1.5 m 空间层,砂田平均集沙量为 33.6 mg,大田为 65.3 mg,相对减少沙尘量 31.7 mg,相对减尘 48.55%。在 0.5 m、0.8 m、1 m 空间层,砂田相对大田分别减尘 45.5%、38.4%、34.1%。以地表减尘最为明显,随高度增加减尘效果递减。

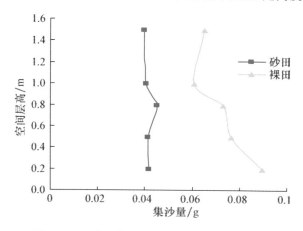

图 13.12 砂田与大田不同空间层集沙量比较

5.抑盐作用

砂田能够充分地接纳雨水,增强了土壤的渗透力和淋溶作用,使土壤盐分下移,另一方面由于沙砾层切断了土壤的毛管作用,土壤蒸发量减少,因而盐分在土壤上层聚积量减少,这样就有效地控制了土壤盐碱化,农谚称"砂压碱,刮金板",其道理就在于此。

据宁夏大学农学院对种植 1～17 年的砂田土壤含盐量的分析结果表明,种植一年的砂田土壤含盐量为 0.21 g/kg,此后随种植年限增加而逐年降低,到第 17 年时降至 0.05 g/kg;第 17 年与第 1 年相比较,第 17 年时的土壤含盐量相对降低了 71.4%。土壤含盐量的降低为作物生长提供了良好的生存环境,是砂田作物能够增产的原因之一。

6.砂田对生态恢复的影响

传统砂田一般经 20～30 年的使用期后,由于覆砂层混入大量土壤,砂层堵塞、板结,砂田功能就会逐渐减弱。农民的传统做法,一是重新筛砂、铺砂或在原砂层上再叠一层砂(叠砂田),重新使用,另外也有撂荒不用的现象。一些生态学者曾担心这样会造成"人造戈壁"。针对这种情况,宁夏大学农学院的调查分析结果表明,即使老化砂田撂荒不用,其残存的蓄水保墒功能仍好于原生荒地(表 13.10)。而撂荒砂田土壤养分含量也高于连续种植 17 年的砂田,主要原因是撂荒后地力自然恢复的结果。

表 13.10 撂荒砂地的残存功能

类型	土壤含水量/%						土壤养分含量			
	0～20cm	20～40cm	40～60cm	60～80cm	平均	%	有机质/(g/kg)	碱解/(mg/kg¹)	速效磷/(mg/kg)	速效钾/(mg/kg)
撂荒砂田	10	13	15.4	19	15	226	9.85	7.9	2.3	143
原生荒地	8.2	5.6	5.6	6.5	6.5	100	—	—	—	—
连续种植 17 年砂田	11	12	10.67	9.5	11	136	9.1	8.3	2.3	109

据观察,撂荒砂田的植被种类虽然比原生地有所减少,但植物生长覆盖度等指标明显好于原生荒地。所以,即使砂田撂荒不种也不会出现所谓的"人造戈壁"现象。

13.3.3.2 砂田的经济效益

由于砂田耕作法给农作物创造了一个明显好于原生境的生产环境,因此,农作物增产增收显著。

如宁夏中卫市香山地区多年平均降水量只有 200 mm 左右,在没有发展压砂地之前,农田采用常规土壤耕作法。一般有两种土壤耕作体系:一是夏收作物的土壤耕作体系,即春小麦→麦收后伏耕一次(接纳雨水)→雨季结束前浅耕一次→耙耱保墒→冬季耙耱镇压→第二年种植春小麦;二是秋收作物的土壤耕作体系,即雨季前耕翻 1～2 次→降雨后抢墒播种(糜子、谷子、麻籽、马铃薯等)→秋季耕翻→冬春季耙耱、镇压。这两种传统土壤耕作体系虽然也是通过对自然降水的接纳与保蓄来进行作物生产的,但地面缺乏覆盖物,避免不了水土流失,更无法阻止地面水分蒸发,因此,降水利用效率和生产效率低下。更重要的是冬春季节地面疏松裸露,风蚀严重,是沙尘暴天气沙尘的主要来源。

传统土壤耕作条件下的农作物产量低下,而且极不稳定。丰雨年份产量糜谷 1 500～3 000 kg/hm²,小麦 1 800～2 250 kg/hm²,麻籽 2 250～2 700 kg/hm²;干旱年份糜谷、小麦产量只有 300～450 kg/hm²,甚至绝产。经济效益方面,糜谷 540～1 875 元/hm²,小麦 750～3 750 元/hm²。在压砂之后,种植西甜瓜虽然也受干旱胁迫,产量在丰雨与干旱年份同样波动较大,但比较效益远高于传统耕作下的各类作物(传统耕作下不能种植西瓜)。从近年中卫香山地区西甜瓜的收益情况看,2003 年是西甜瓜种植效益最好的一年,西瓜平均每公顷产量 39 000 kg,平均每千克售价 0.36 元,每公顷产值 14 040 元,除去压砂、种子、肥料、机械等成本每公顷 3 000 元之外,收益为 11 040 元,是糜谷的 5.88 倍,小麦的 2.9 倍。2005 年是 50 年不遇的大旱之年,年降雨量只有 50 mm,各类作物均严重受旱,砂田西瓜平均每公顷产量下降到 11 250 kg,收益为 5 250 元,但同年传统耕作下的小麦等作物 80% 旱死,没旱死的每公顷产量只有 345 kg,只收回了种子。

由于砂田西甜瓜相对稳定的收益,使瓜农得到了巨大的经济实惠。2003 年,香山地区的三眼井、景庄乡有 30% 种瓜农户收入达 10 万元以上,50% 农户达到 5 万元以上。2007 年,中卫市压砂地面积达到 6.7 万 hm²,总产值达到 6.6 亿元,按种植区域农民人口计算,人均收入2 750 元。由于良好的经济效益,压砂瓜产业被当地农民称为"拔穷根工程"。

13.3.4 技术模式应注意的问题

砂田耕作法虽然在干旱地区取得了良好的生态效益与经济效益,但传统砂田耕作仍然是一种原始、粗放的耕作体系。虽然科技工作者和农民群众已经对传统方法进行了一些现代化改造,但其中的一些问题必须引起高度重视。

13.3.4.1 覆盖层砂土混合问题

在传统条件下,砂田的耕作过程就是砂田衰老、退化的过程,主要表现在随利用年限的增加,压砂层和底土混合程度越来越大(图 13.13 和图 13.14)。新铺砂田(1 年),压砂层土砂比、含土量和含砂量分别为 0.1,9.24% 和 90.76%,而 17 年砂田相应为 0.57,36.15% 和 63.85%。压砂层含土量的增加,严重影响砂田的纳雨、蓄墒能力(表 13.11),17 年砂田比 1 年砂田

0～80 cm土层中各层次土壤含水量均明显下降,总体降低45.7%,平均每年降低2.96%。土壤含水量的下降严重影响作物产量,当砂田连续利用20～30年之后,生产水平极低时,就不得不重新筛砂铺田,也有弃耕不种的现象。因此,在砂田利用过程中如何采用合理的耕种措施,减少、延缓砂土混合程度和年限,尽量延长砂田使用时间,是现代砂田耕作法必须认真解决的问题。其中,尽量少动土、种植宽行稀植作物等是延缓砂田退化的有效措施。另外,在砂田使用一定年限后,砂土混合较严重时,采用机械方法分离土砂,也可在短期内恢复生产力。

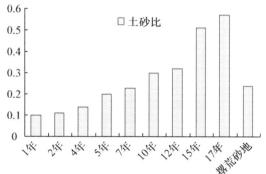

图13.13 不同种植年限砂田覆砂层土砂比

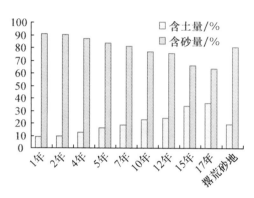

图13.14 不同种植年限砂田覆砂层土、砂含量变化

表13.11 不同种植年限砂田土层水分含量变化 %

年限	0～20 cm	20～40 cm	40～60 cm	60～80 cm
1年	25.30	24.73	21.10	19.73
2年	20.93	16.80	15.53	10.60
4年	18.60	15.53	14.70	16.30
5年	18.20	14.65	14.27	9.13
7年	16.50	14.30	13.83	12.20
10年	16.20	14.10	11.10	9.93
12年	15.93	12.37	11.63	10.77
15年	13.93	12.43	11.97	9.74
17年	13.70	12.03	10.67	9.53
撂荒砂田	10.43	13.30	15.37	19.40
原生地	8.20	5.60	5.60	6.53

13.3.4.2 维护砂田养分平衡持续增产问题

传统砂田耕作法,只是在铺砂前一次性施肥,此后连续利用过程,一般不再施肥,完全依赖自身土壤水分和温度条件的改善、土壤微生物活性加强,分解土壤潜在肥力,维持低水平作物生长。研究证明,有机质、碱解氮含量随种植年限增加呈现先上升后下降趋势(图13.15和图13.16),速效钾和速效磷则一直呈下降趋势(图13.17和图13.18)。

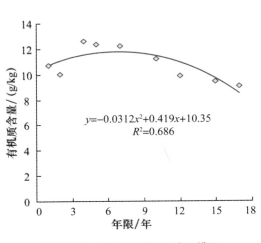

图 13.15　不同种植年限砂田耕层
有机质的变化

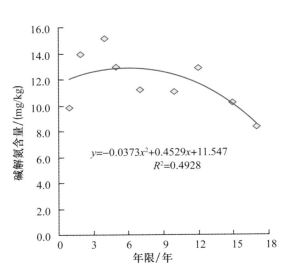

图 13.16　不同种植年限砂田耕层
碱解氮的变化

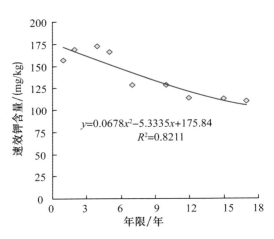

图 13.17　不同种植年限砂田耕层
速效钾的变化

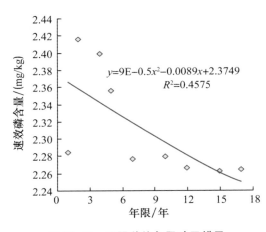

图 13.18　不同种植年限砂田耕层
速效磷的变化

　　因此,要维持砂田较高的生产力,必须坚持人工补充养分。在人工补肥时,一是坚持以有机肥为主,适量补充化肥;二是在施用方法上,在播种时穴施肥或秒田时同时施入,减少动土次数。

13.3.4.3　创造补墒条件的问题

　　压砂地主要分布在年降水量在 200～300 mm 的干旱地区,且大部分砂田无人工补水条件,虽然压砂后可将有限降水较充分地蓄积到农田中去,但降水量毕竟有限,据研究,西瓜在正常生长条件下一生的蒸腾与蒸发量可达 800～1 000 mm,目前 200～300 mm 降水量即使全部可利用,也只能满足西瓜正常生长需求的 31.25%～33.3%。因此,通过人工创造补水条件,即使是在西瓜生长的关键时期补水 1～2 次,就可以使西瓜产量增长 50% 以上,且商品率也显著提高。

目前,宁夏地区的压砂地,国家支持建设的补水设施仅占 30% 左右,且供水有限。仅能满足在关键时期补水,供不应求的现象十分严重。在 2008 年上半年连续 6 个月基本没有降雨的条件下,在一些无补水设施的压砂瓜种植区域,西瓜减产损失严重。这种情况证明,在一些原本不能从事农耕的区域,虽然压砂地可使农耕成为现实,但现实恶劣的自然条件下还是脆弱的,尤其是水分供应条件极其有限条件下,千方百计开辟水源,扩大补水设施覆盖面,扩大压砂地生态系统的水循环,提高抗御自然灾害的能力,是压砂地产业可持续发展的重要方面。

13.3.4.4 合理轮作倒茬问题

目前砂田的主栽作物主要是西瓜。研究证明,西瓜是不适宜长期连作的作物。在实践中,宁夏农民创造了"错行,错穴轮作法"可适当减轻连作障碍,延长西瓜种植年限。但长期下去,也是不能避免连作障碍的。因此,在连续种植几年西瓜后,应该轮作倒茬,如在有补水条件下,西瓜与辣椒、西瓜与小南瓜等作物进行轮作;在无补水条件下,西瓜与向日葵、西瓜与芝麻、西瓜与绿豆等作物轮作;在老化砂地还可以引种大麦、小麦、蓖麻等作物。另外,农民实践与研究结果也表明,砂田在连续种植若干年后,休闲 1~2 年有利于压砂地性能和地力的恢复。砂田作物的轮作不但可以减轻连作障碍,而且也有利于预防单一作物种植带来的自然风险和市场风险。

13.3.5 适宜区域及推广现状与前景

13.3.5.1 砂田耕作法的适宜区域

1. 适宜区的选择

砂田的适宜区域是年降雨量在 200~400 mm 的干旱、半干旱的雨养农业区。年降雨量少于 200 mm 地区,由于降雨量过少,无法保证作物最低需水量,作物产量低而不稳;年降雨量大于 400 mm 的半湿润偏旱区,砂田的功能将不能充分显现,效果不显著。在有一定补灌条件的旱农地区,也存在着少量水砂田,但砂田寿命将大大缩短。

2. 要有充足的砂石资源

压砂田每公顷铺砂量达到 1 000~1 500 t,砂石需求量很大。如果附近缺乏砂石资源,将无法从事砂田耕作法。我国西北、华北西部地区的旱农区砂石资源丰富,都有从事砂田耕作法的可能性。

13.3.5.2 推广现状与前景

1. 推广现状

目前,我国的砂田耕作法主要分布在西北地区的甘肃东部和中部、宁夏中部以及青海西部、山西、陕西等干旱、半干旱地区,总面积 16.7 万~20 万 hm²。其中,宁夏中部干旱带(农牧交错区)的环香山地区,多年平均降雨量只有 247.4 mm,年均温 6.8℃,年蒸发量 2 172.3 mm,平均风速 3.4 m/s,≥10℃积温 2 332.5℃,无霜期 146 d,海拔高度 1 500~2 400 m,干旱少雨,风大沙多,气候干燥,蒸发强烈。该地区旱耕地面积 1.074 万 hm²,长期以来一直采用传统的翻耕法,冬春农田裸露,扬沙起尘,是宁夏及周边地区沙尘暴天气的主要沙源地之一。砂田耕作法在当地虽然已有 100 多年历史,但在 20 世纪之前,只有少量分布及应用。进入 21 世纪后,砂田耕作法受到当地各级党委、政府的高度重视,特别是 2003 年,自治区政府将压砂地种植西瓜、甜瓜为主体的压砂瓜产业确定为地域性特色产业重点发展以来,砂田耕作法在宁夏中部干旱带得到飞速发展。到 2007 年底,砂田面积已由 2000 年底的 3 000 hm² 迅速扩大到 6.8 万 hm²,成为中国最大的集中连片压砂瓜生产基地。在科技人员的努力下,砂田耕作法也得到迅速推广,取得了显著的经济、生态效益。邻近的甘肃省,在 1992 年之前总面积达到 10 万 hm²,近年来,随着水果、蔬菜无公害生产的兴起与设施农业技术的结合,砂田面积又呈现不断扩大的发展趋势,并且分布区域也由原来的中东部地区向西部的酒泉市扩展。

2. 推广前景

砂田耕作法是干旱、半干旱风沙地区一项有效抗蚀、减蒸、保墒、增温的中国式保护性耕作方法,也是一种经济、有效、适合于贫困地区和有充足砂石资源地区应用的保护性耕作法。从我国旱农区分布情况看,海拔较高、气温较低的土石丘陵山区,沟壑冲积下来的砂石资源丰富,都有应用砂田耕作法的广阔前景。

参考文献

[1] 鲁长才.中卫香山压砂西瓜.北京:中国经济出版社,2007.
[2] 杜延珍.砂田在干旱地区的水土保持作用.中国水土保持,1993(4):35-39.
[3] 杨来胜,席正英,李玲,等.砂田的发展及其应用研究(综述).甘肃农业,2005(7):72.
[4] 李凤岐,张波.陇中砂田之探讨.农业考古,1984(2):33-39.
[5] 辛秀先.论甘肃砂田的形成及其起源.甘肃农业科技,1993(5):5-7.
[6] 杨国强,张明玺,杨敬青.砂田在干旱山区农业持续发展中的作用与效益.中国水土保持 1995(5):31-33.
[7] 宋维峰.甘肃砂田.甘肃水利水电,1994,6(2):56-58.
[8] 中国园艺学会西瓜甜瓜协会.宁夏中卫环香山地区——我国规模最大的纯天然绿色食品砂田西瓜甜瓜生产基地考察纪实.2004(5):44-45.
[9] 雒焕析.白银地区砂田的防旱作用及其耕作.干旱地区农业研究,1991(1):37-45.
[10] 陈年来,刘东顺,王晓巍.甘肃砂田的研究与发展.中国瓜菜,2008(2):29-31.
[11] 杨来胜.砂田及其不同覆盖方式的水热效应对白兰瓜生长发育影响的研究.西北农林科技大学,2004.
[12] 张玉兰,郑有飞.西瓜砂田不同覆盖方式的增温效应初探.中国农业气象.2006,27(4):323-325.
[13] 杨利年,马学峰,刘秀珍,等.压砂地西瓜不同覆盖方式的气象效应.宁夏农林科技.2005(5):28-30.
[14] 刘谦和,李志强.砂田土壤的水蒸发特征和温度变化.甘肃农业科技,1993(8):26-28.
[15] 许强,吴宏亮,康建宏,等.旱区砂田肥力演变特征研究.干旱地区农业研究,2009,27(1):37-41.

第**14**章

黄土高原丘陵区保护性耕作模式

黄土高原丘陵区包括晋西北、陕北、宁南及甘肃中部黄土丘陵地区,辖 62 县、市,总土地面积 15.46 万 km²,其中农业用地占 52%,牧业用地占 19.6%。该区地形破碎、沟壑密度大、土壤质地疏松而抗蚀能力差,雨量少而集中等自然特点造成了水土流失的自然应力,而不合理的耕作措施是加剧水土流失的重要人为原因。该区是黄土高原水流失最严重的侵蚀类型区。据统计,黄土高原丘陵区是我国乃至全球水土流失最严重的地区,平均每年注入黄河的泥沙达 1.6×10^9 t。该区耕地面积少且坡度大、田块小、不规则、不连片,多种作物交叉种植,农业机械不易开展作业。60% 以上的降雨量集中在 7—9 月份,春季干旱多风,属季风型大陆性气候,是典型的旱作农业区,自然条件差,土壤瘠薄;耕制制度以一年一熟为主(冬小麦或春玉米),部分有灌溉条件和积温较高的地区可实现小麦、玉米一年两熟。长期农田传统耕作对生态环境破坏严重,造成土壤肥力下降、水土流失严重、农田抗旱能力减弱、粮食产量低而不稳,制约了该区农业生产的可持续发展。

由于长期严重的水土流失,农业经济结构失调,不仅使这一地区的资源遭到很大破坏和浪费,生态环境日益恶化,而且严重威胁着黄河下游亿万人民的安全。开展以水土保持为目标的技术体系研究已成为该区亟待进行的工作。本区农业经历了以轮作倒茬为中心的施农家肥、深耕深翻、耙糖镇压等一系列传统旱农耕作技术阶段;20 世纪 70 年代以后经历了大规模兴修梯田和地膜覆盖等技术应用阶段;现在进入了地膜覆盖、集雨节灌及保护性耕作等多种先进栽培技术综合应用阶段。考虑到保护性耕作措施潜在的保水、保土功能,集成研发适用于该区的保护性耕作技术体系首当其冲。因此,甘肃农业大学等单位研究确立了该区保护性耕作体系:以夏闲期防水蚀,冬闲期抗风蚀、抑蒸发为主,以坡耕地、川台梯田为主要地类,以控制水土流失及抑制土壤蒸发为重点。该体系以少免耕为重点,综合集成了等高耕作、高茬收割、秸秆覆盖等技术。

14.1 黄土高原丘陵区免耕秸秆覆盖技术模式

14.1.1 技术形成背景

　　水土流失严重和生产力水平低下是黄土高原西部干旱半干旱旱作农业区发展的主要制约因素。黄土质地疏松、抗蚀能力差,区内雨量少而集中是造成该区水土流失严重、土地生产力水平低下的自然原因,而传统农业的精耕细作更加剧了水土流失,限制了生产力水平的提高。因此,采取适宜的保护性耕作措施,增加有机质归还率,尽量减少农田水分的非生产性消耗,提高有限降水的利用效率,既可提高生产力水平,又可减少水土流失、改善生态环境。鉴于此,甘肃农业大学与澳大利亚阿德莱德大学、新南威尔士州农业部等单位合作,从 2001 年开始在黄土高原西部典型的半干旱旱作农业区——甘肃定西,建立田间长期定位试验研究保护性耕作技术。该试验涉及了 6 种不同的耕作模式:传统耕作(T)、免耕秸秆不还田(NT)、传统耕作＋秸秆还田(TS)、免耕秸秆覆盖(NTS)、传统耕作＋地膜覆盖(TP)和免耕＋地膜覆盖(NTP)。多年试验研究和应用实践表明,免耕秸秆覆盖可以增加土壤有效水分含量,提高小麦、豌豆等作物产量和水分利用效率;降低生产成本;增加豌豆和小麦生产纯收入,是适合该地区的保护性耕作技术模式。

14.1.2 关键技术规程

14.1.2.1 适用的作物种类

　　免耕秸秆覆盖技术模式适用于春小麦(*Triticum aestivum* L.)、豌豆(*P. arvense* L.)等作物。

14.1.2.2 播种机具

　　免耕秸秆覆盖技术必须要用免耕播种机播种,一次作业可完成开沟、施肥、播种、镇压等所有工序。

14.1.2.3 操作方法(图 14.1)

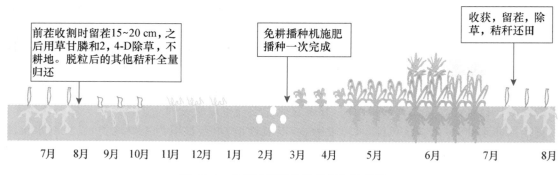

前茬收割时留茬15~20 cm,之后用草甘膦和2,4-D除草,不耕地。脱粒后的其他秸秆全量归还

免耕播种机施肥播种一次完成

收获,留茬,除草,秸秆还田

7月　8月　9月　10月　11月　12月　1月　2月　3月　4月　5月　6月　7月　8月

图 14.1　免耕秸秆覆盖技术操作示意图

14.1.2.4 技术规程

1. 前茬作物收获方式及秸秆、杂草管理方法

免耕秸秆覆盖技术采用休闲期覆盖,即在作物收获并打碾后,尽早将秸秆切碎成 5～10 cm均匀覆盖在地面上。对初次实施免耕秸秆覆盖的农田,秸秆覆盖量以把地面盖严但又不压苗为准,若覆盖材料为麦草,则适宜覆盖量一般为 4 500～6 000 kg/hm²,若覆盖材料为玉米秸,则适宜覆盖量为 6 000～7 500 kg/hm²。对连续进行过保护性耕作的农田,视秸秆收获量的大小决定还田量(建议将收获的所有秸秆全部归还农田);或者在收获时留立茬 15～20 cm,其余秸秆不用再还田,也可以起到秸秆覆盖的效果。收获后至覆盖前田间杂草用百草枯或根清等灭生性除草剂杀除。

2. 品种选择及种子处理

选用抗病、优质丰产、抗逆性强、适应性广、商品性好的作物品种。春小麦选生育期为130～150 d(出苗至成熟),需≥10℃积温 1 400℃左右的品种,可选用定西35、西旱1号、西旱2号等品种,其产量水平在 2 000～3 000 kg/hm²。豌豆一般选生育期为80～100 d(出苗至成熟),需≥10℃积温 900～1 900℃的品种,可选用燕农、定豌系列等抗旱品种,其产量水平在1 500～2 000 kg/hm²。

种子质量应符合 GB 4404.1—1996 中二级以上要求,具体为:纯度≥97%,净度≥98%,发芽率≥90%,水分≤12%,最好选用前一年生产的新种。种子播前经筛选、风选去除杂质后晒种1～2 d,以提高种子发芽率,提早出苗。在初次种植豌豆或已经多年未种豌豆的地块播种豌豆时,最好在播前人工接种根瘤菌。常用的接种方法:一是从上年栽培过豌豆的耕地中取表土,均匀撒于准备播种豌豆的田里,用量为 1 500～2 250 kg/hm²;二是用自制的根瘤菌剂接种,即在豌豆收获后,选无病植株在根部着生根瘤多的部位,洗净后在 30℃以下的暗室中干燥,然后捣碎装袋,贮于干燥处。播种时取出根瘤菌剂,用水浸湿与种子拌匀后播种。

3. 播种机的调节

在小麦播种前,将播种机调至行距 20 cm,播深 6～7 cm;播种量 127.5～187.5 kg/hm²;施肥量氮为 75～105 kg/hm²(建议用 46% 的尿素)、磷肥(P_2O_5)为 75～105 kg/hm²(建议用含14% P_2O_5 的过磷酸钙)作为种肥施入土壤 15 cm,并与种子间距离最少保持 5 cm。

豌豆播种前,将播种机调至行距 24 cm,播深 4～5 cm;肥料深 7～8 cm;播种量180 kg/hm²左右;施肥量氮为 10～20 kg/hm²(建议用含 46% 氮的尿素)、磷肥(P_2O_5)为 75～105 kg/hm²(建议用含14% P_2O_5 的过磷酸钙),混合均匀后作为种肥施入土壤 15 cm 以下,并与种子间距离最小保持 5 cm。

4. 作物播种与施肥

春小麦选择3月中旬到4月上旬播种,豌豆选择3月下旬到4月上旬播种。播种、施肥均使用免耕播种机一次作业完成,所有肥料作为种肥一次性施入土壤,作物生长期间不再追肥。

5. 病虫草害的防治

前茬作物收获后立即用草甘膦和 2,4-D 按标示的稀释倍数稀释、喷洒全田,彻底灭除单子叶和双子叶杂草。整个作物生长期检测病虫害,及时防治。

6. 及时收获

选择晴天用收割机(建议在蜡熟期)或人工镰刀高留茬收获(建议在完熟期)。收获时间应尽量避免雨后或带露水,以免籽粒受潮霉变。

14.1.3 生态效益与经济效益

14.1.3.1 生态效益

在免耕秸秆覆盖模式中,留在免耕地表的秸秆确实降低了小麦生长期间下午 2 点钟 0～25 cm 土壤剖面平均温度,但这一温度降低并没有延缓小麦的萌发出苗,而且该模式下经济产量呈提高趋势,8 年间免耕秸秆覆盖(NTS)处理小麦、豌豆平均产量分别为 1 985.63 kg/hm² 和 1 351.35 kg/hm²,比传统耕作(T)提高了 20.57% 和 20.16%;免耕秸秆覆盖模式表层 0～10 cm 土壤水分含量相对于传统耕作最多可以提高 90%;虽然不同模式间 0～200 cm 土壤剖面的总贮水量差别不大,但免耕秸秆覆盖条件下水分有效性更高,作物吸收利用了更多水分,减少了水分的非生产性消耗。此外,免耕秸秆覆盖还显著提高了水分利用效率和小麦的氮素利用率。因此,在黄土高原西部半干旱区,免耕秸秆覆盖使得水分和热量利用的协同性更高,更加适合春小麦、豌豆的生长发育和产量形成。

免耕秸秆覆盖还可以明显减轻水土流失。2006 年采用人工降雨模拟器研究的结果表明,豌豆地免耕秸秆覆盖(NTS)与传统耕作(T)相比较,NTS 的径流量降低了 34.7%、入渗量增加了 38.6%,径流出现时间延迟了 3.83 min,土壤侵蚀量减少了 62.4%。小麦地免耕秸秆覆盖与传统耕作比较,NTS 径流量降低了 18.4%,入渗量增加了 20.5%,径流出现时间延迟了 2.16 min,土壤侵蚀量减少了 86.5%。

14.1.3.2 经济效益

免耕秸秆覆盖模式能显著提高小麦—豌豆年间轮作系统生产的经济效益。以秸秆、肥料、耕作、种子、除草剂等作为投入,秸秆和籽粒作为产出,计算得到 8 年间免耕秸秆覆盖模式虽然增加了秸秆和除草剂投入,但免耕消除了作物收获后的土壤耕作投入,加之经济产量的显著提高,纯收益明显提高(表 14.1)。随着免耕秸秆覆盖应用时间的延长,作物产量会因为土壤肥力的提高而进一步提高,所以该轮作系统作物生产的经济效益也会得到进一步提高。

表 14.1　免耕秸秆覆盖技术模式的经济收益

指标	豌豆		小麦	
	T	NTS	T	NTS
平均投入/(元/hm²)	1 264.50	1 596.85	1 585.50	1 703.27
平均收入/(元/hm²)	2 109.86	2 589.26	3 205.51	3 810.33
平均纯收益/(元/hm²)	845.36	992.42	1 620.01	2 107.07
平均产投比	1.67	1.63	2.02	2.28

14.1.4 技术模式应注意的问题

第一,留立茬时必须至少留 15 cm,否则秸秆量不够,免耕秸秆覆盖技术模式反而不如传统耕作。

第二,前茬作物收获后要及时喷洒除草剂。因为作物收获季节正是黄土高原西部的雨季,作物收获后杂草开始旺盛生长,除草剂喷洒越迟杂草就越难除,需要的除草剂的量也越多。此外杂草的旺盛生长还会消耗大量的水分。所以,作物收获后一定要及时喷洒除草剂。

14.1.5 适宜区域及其推广现状与前景

该项技术已基本被当地农民接受,受其影响周边部分农民已经主动开始在自家农田试验其他类型的免耕秸秆覆盖技术,表明该技术的推广应用潜力极大。试验站所在地定西市安定区为西部黄土高原干旱半干旱雨养农业区的典型,因此,该技术基本上适合整个西部黄土高原干旱半干旱区,预计推广面积可达 20 万 km^2。

14.2 玉米双垄沟全膜覆盖冬闲期立茬少耕栽培技术

14.2.1 形成条件与背景

甘肃省旱地面积 2.39×10^6 hm^2,约占耕地面积的 70%,大部分旱作地区分布在陇东、中部黄土高原区,自然降水极其贫乏,有效水资源紧缺,年降雨量的 70% 集中在 6—9 月份,且多以暴雨形式出现,年蒸发量是年均降水量的 3~4 倍。20 世纪 80 年代以来,旱作区年降水量呈明显的递减趋势,近 10 年年平均降雨量减少 60~100 mm;农作物旱灾面积占旱作面积的比例逐年上升(80 年代为 20%~30%,90 年代达到 30%~40%;"十五"以来,大多年份达到 50% 左右)。传统的半膜平铺穴播技术虽然具有明显的保墒增温效果,能显著提高旱作区玉米产量,但对雨水的保蓄率低,秋冬春三季土壤水分蒸发严重,早春稀少的降水特别是小于 10 mm 的微小降水不能有效地集蓄和利用,不能有效解决玉米棵间蒸发量大、生育期降水保蓄率和利用率低、早春因干旱无法下种或出现"卡脖旱"导致减产等问题。

针对旱作农业存在的突出问题,甘肃省农业技术推广总站等单位从 90 年代中期开始,紧紧围绕提高农田降水保蓄率、利用率和水分利用效率等核心问题,结合各期旱作农业项目的实施,进行了大量研究与探索,创新提出和大面积推广应用了"玉米全膜双垄沟播"及其配套技术体系,特别是免耕结合玉米秸秆半程覆盖技术的引入,不仅解决了旱地农田降水如何最大限度保蓄的问题,而且有效解决了旱地农田降水如何集流的问题,大幅度提高了农田降水利用率和水分利用效率,破解了困扰旱作农业的水分利用问题,为甘肃和我国旱作农业的发展找到了新的途径。

14.2.2 关键技术规程

玉米双垄沟全膜覆盖冬闲期立茬少耕栽培技术的核心是在地表起大小双垄,并在双垄之间形成集雨沟槽后,用地膜全地面覆盖,再在沟内播种玉米,玉米收获后免耕,并将秸秆保持立秆状态或割倒平覆,第 2 年播种季节去除秸秆后直接播种下一茬作物。该技术体系集垄面集流、覆膜抑蒸、垄沟种植、一膜两用技术于一体,改半膜覆盖为全地面覆盖地膜、改地膜平铺为起垄覆膜、改播前覆膜为秋季或早春顶凌覆膜、改传统垄上种植为沟内种植,从而大幅度提高土壤水分的保蓄率、降水利用率和水分利用效率。玉米双垄沟全膜覆盖冬闲期立茬少耕栽培技术流程如图14.2所示:

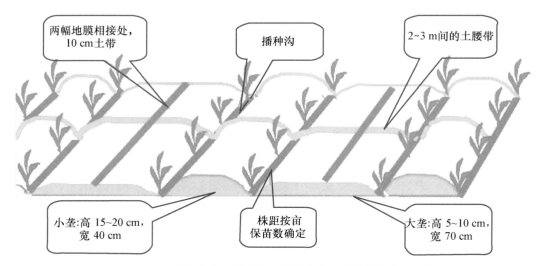

图 14.2　玉米双垄沟全膜覆盖冬闲期立茬少耕栽培技术示意图

14.2.2.1　选茬整地

选择土层深厚、土质疏松、肥力中上的旱川地或梯田地,以豆类、麦类、马铃薯茬为宜。前茬作物收后及时整地,要求达到地面平整、土壤细绵、无土块、无根茬。

14.2.2.2　科学施肥

对于施肥,本技术要求按照垄沟位置集中施用。具体生产中,在覆膜前,使用木材或钢筋制作的大行齿距70 cm、小行齿距40 cm的划行器划行,然后将优质腐熟农家肥45 000～75 000 kg/hm²在起垄前均匀撒在地表,将氮肥195 kg/hm²（N）、磷肥126 kg/hm²（P₂O₅）、钾肥75 kg/hm²（K₂O）混合后均匀撒在小垄垄带内。

14.2.2.3　起垄覆膜

秋季全膜双垄和顶凌全膜双垄前期相对较高的土壤贮水量,保证和满足了玉米出苗和前期生长对水分的迫切需求,从而可有效解决玉米4—5月份因春旱无法播种、出苗的瓶颈。因此,在生产中,通常选择秋季覆膜或顶凌覆膜。生产中,秋季全膜双垄在10月下旬到土壤封冻前结合透雨进行覆膜,顶凌全膜双垄在土壤昼消夜冻时（3月中上旬）进行覆膜,播前全膜双垄生产模式在玉米播种前进行覆膜（4月中下旬）。

覆膜时,川台地按作物种植走向开沟起垄,缓坡地沿等高线开沟起垄,大垄宽70 cm、高10 cm,小垄宽40 cm、高15 cm,每幅垄对应一大一小、一高一低两个垄面。要求垄和垄沟宽窄均匀,垄脊高低一致。若立地条件好、土壤疏松、交通方便,推荐使用由榆中县荣盛农机厂研制生产的 ILFX（R）40/80 小型施肥起垄机,用起垄机沿小行中间开沟起垄。也可用步犁开沟起垄,沿小行划线来回向中间翻耕起小垄,将起垄时的犁臂落土用手耙刮至大行中间形成大垄面。做到起垄覆膜,防止土壤风干造成水分散失。

14.2.2.4　品种选择与种子处理

选用抗病、优质丰产、抗逆性强、适应性广、商品性好的作物品种。甘肃陇中黄土高原地区以富农1号、沈单16号、酒试20为主,搭配种植中玉9号、金穗4号、临单217、乾泰1号等品种。

种子质量应符合 GB 4404.1—1996 中二级以上要求,即纯度≥97%,净度≥98%,发芽率≥90%,水分≤12%,最好选用前一年生产的新种。种子播前经筛选、风选去除杂质后晒种1～2 d,以提高种子发芽率,提早出苗。玉米种子可用50%多菌灵粉剂1 000倍液(即5 g药对水5 kg)浸种48 h,然后捞出直接播种,预防玉米黑重穗病;可用15%粉锈灵粉剂5 g与1 kg玉米种充分拌匀播种,预防玉米黑穗病;或者用50%甲胺磷乳油50 g兑水0.5 kg,拌种5 kg,堆闷0.5 h后播种,防治地下害虫及鼠害。如果选用商品包衣种子,则不再用该法处理。

14.2.2.5　播种

采用玉米点播器按适宜的株距将种子破膜穴播在垄沟内,每穴下籽2～3粒,播深3～5 cm,点播后随即按压播种孔使种子与土壤紧密结合,并用细沙土、牲畜圈粪或草木灰等物封严播种孔,防止播种孔散墒和遇雨板结影响出苗。

对于播种密度,需考虑土壤肥力状况和降雨条件。一般年降雨量300～350 mm的地区以45 000～52 500株/hm²为宜,株距为35～40 cm;年降雨350～450 mm地区,以52 500～60 000株/hm²为宜,株距为30～35 cm;年降雨450 mm以上地区,以60 000～67 500株/hm²为宜,株距27～30 cm。

14.2.2.6　田间管理

1. 苗期管理

指出苗到拔节期管理。玉米在春旱时遇雨,覆土易形成板结,在播后出苗时要破土引苗;在苗期发现缺苗断垄要及时移栽,补苗后浇少量水,然后用细土封住孔眼;当出苗后2～3片叶时开始间苗,除去病苗、弱苗;幼苗达到4～5片叶时即可定苗,每穴留苗1株,保留生长一致的壮苗。定苗后至拔节期间,发现玉米产生大量分蘖,要及时从基部拔掉或割除。

2. 中期管理

指拔节到抽穗期管理。玉米拔节后管理的重点是促进叶面积增大,特别是中上部叶片,促进茎秆健壮。此期要防治玉米大斑病、瘤黑粉病、玉米螟等。玉米进入大喇叭口期,叶片达到10～12片时,追施壮秆攻穗肥,一般每公顷追施尿素225～300 kg,采用玉米点播器或追肥枪从两株距间打孔,深施或将肥料溶解在水中制成液体肥,用壶每孔内浇灌50 mL左右。

3. 后期管理

指抽穗到成熟期管理。玉米后期管理的重点是防早衰、增粒重、防病虫;保护叶片,提高光合强度,延长光合时间,促进粒多、粒重。若发现植株发黄等缺肥症状时,应及时追施增粒肥,一般每公顷追施尿素75 kg为宜。

14.2.2.7　收获

当玉米苞叶变黄、叶色变淡、籽粒变硬有光泽,而茎秆仍呈青绿色、水分含量在70%以上时及时收获果穗。

14.2.2.8　免耕秸秆覆盖

玉米果穗收获后,不对土壤进行耕翻,将收获后的玉米秸秆保持原状或齐地面割倒平覆在整个地面(覆盖有地膜)。对于后者,要求将秸秆均匀顺序覆盖在地膜上,尽量保持地膜完整。

14.2.3 经济效益与生态效益

14.2.3.1 经济效益

玉米双垄沟全膜覆盖冬闲期立茬少耕栽培技术综合集成了地膜覆盖抑蒸、垄面集流、雨水富集、秸秆覆盖保墒等理论及技术,使整个地面与大气之间形成了隔离层,阻断了土壤中水分的蒸发,使降雨尽可能保蓄在土壤水库,最大限度地抑制了秋、冬及早春季因地表裸露而造成水分大量的无效蒸发,最大限度地发挥了地膜和秸秆的保墒作用,同时也使地膜的抑制蒸发、雨水集流、贫水富集等作用得到了最大限度发挥,最大幅度提高了作物产量、降水保蓄率、利用率和水分利用效率。另外,一次覆膜、两次利用可节省每年覆膜的机械投入和地膜费用。

甘肃省中部半干旱区玉米双垄沟全膜覆盖冬闲期立茬少耕栽培技术综合示范区和大面积生产示范表明,双垄沟全膜覆盖冬闲期立茬少耕栽培技术玉米产量第1年较半膜平作提高26.76%,第2年较半膜平作降低13.04%,两年平均产量比半膜平作提高6.86%;玉米WUE第1年较半膜平作提高了17.40%,第2年较半膜平作降低了11.32%,两年平均WUE比半膜平作提高了3.04%。甘肃省多点试验研究表明,采用此模式进行农业生产,农田降水利用率最高可达到75.2%,平均达到70%以上;玉米水分利用效率最高达到37.8 kg/(mm·hm²),平均达到33 kg/(mm·hm²);玉米平均产量达到8 374.5 kg/hm²,较对照半膜平铺增产2 265 kg/hm²,增产率达37.1%。

14.2.3.2 生态效益

1.起垄全覆膜和沟播实现了田间雨水的集流和富集叠加利用

起垄全覆膜和沟播使整个田间形成沟垄相间的集流场,能将作物生育期间整个农田的全部降雨拦截与汇集,使作物种植区和非种植区的降雨都汇流到播种沟,最后聚集到作物根部,成倍增加了作物根区的实际降雨量,实现了田间雨水的富集叠加利用。特别是对春季10 mm以下微小降雨的富集利用,达到20~30 mm的降雨效果,通过膜面汇集到播种沟,有效解决了北方旱作区玉米等大秋作物因春季降水稀少造成春旱无法播种、出苗的问题(图14.3)。

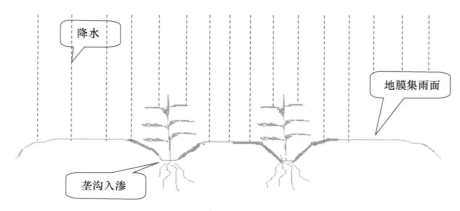

图 14.3　玉米全膜覆盖双垄面集雨效果示意图

2. 秋季(或顶凌)全膜双垄春季沟播,免耕秸秆半程覆盖最大限度地抑制了土壤水分的无效蒸发,实现了秋雨春用,有效解决了玉米等大秋作物因春旱无法播种、出苗的问题

秋季(或顶凌)全覆膜明显减少冬春季土壤水分的无效蒸发,能最大限度地保蓄土壤水分,使季节分布不均的降水得到了均衡利用,真正起到秋雨春用,为玉米出苗和前期生长提供了充足水分的储备,满足了早春干旱条件下作物对水分的需求,从而有效解决了4—5月份因干旱无法下种、出苗的问题。覆膜后第1年播前,秋季全覆膜1 m土壤贮水比播前半膜平铺增加50.2 mm,相当于1 hm² 增加贮水量502.5 m³,土壤含水量较播前半膜平铺增加30.2%;顶凌全覆膜1 m土壤贮水比播前半膜平铺增加31.7 mm,相当于1 hm² 增加贮水316.5 m³,土壤含水量增加19.1%;免耕秸秆半程覆盖后第2年播前,1 m土壤贮水较免耕不覆盖秸秆平均增加45.3 mm,相当于1 hm² 增加贮水453.4 m³,较翻耕平均增加89.8 mm,相当于1 hm² 增加贮水896.7 m³。

3. 全膜双垄沟播强化了地膜的增温功能,突破了玉米种植的积温制约,扩大了玉米种植区域

全膜覆盖能明显提高地温,增加土壤有效积温,减轻早霜的危害,促进早熟,扩大玉米、马铃薯等高产作物的种植区域,有利于中晚熟品种发挥增产潜力,从而促进了农业结构的优化和进一步调整。较传统半膜平铺穴播技术,使耕层土壤温度增加,进而使土壤有效积温增加,可使玉米提早成熟2～8 d。

14.2.4　技术模式应注意的问题

14.2.4.1　选用耐老化地膜,注重覆后管理

选用耐老化地膜可降低地膜破损率,提高其对土壤水分的保蓄效果。田间新铺设地膜及保持秸秆立秆或平覆后要抓好防护管理,严禁牲畜入地践踏,防止大风造成揭膜。要经常进地检查,发现破膜,及时用细土盖严。覆盖地膜1周后,地膜与地面贴紧时,在垄沟内每隔50 cm处打一直径3 mm的渗水孔以便降水入渗。

14.2.4.2　适期播种

当地表5 cm地温稳定在10℃时为玉米适宜播期,一般在4月中旬。若土壤干旱要造墒播种,可采取坐水播种、深播浅覆土等措施。

14.2.4.3　加强病虫害控制

对于地下害虫为害严重的地块,可在覆膜时用40%甲基异柳磷乳油7.5 kg/hm² 拌细沙土750 kg制成毒土撒施于垄沟内;杂草危害严重的地块,可用50%乙草胺乳油1 500 g/hm² 对水750 kg全地面喷雾防除。

玉米大斑病的防治:①选用抗病品种;②7—8月份雨水多、气温高、湿度大,病害发生初期用"百菌清"、"多菌灵"、"散菌灵"等农药按使用要求药量进行防治,每周1次,防治2～3次即可。

玉米瘤黑粉病的防治:①选用抗病品种;②轮作倒茬,减少侵染源。

14.2.4.4　适期翻耕并轮作倒茬

一次覆膜、两次利用之后要对土壤进行翻耕。在翻耕前,回收并集中处理田间残膜,以防止翻耕时将塑料碎片翻埋入深层土壤。第三年作物种类选择时是要考虑轮作,以避免产生土

壤养分亏缺及病虫危害。

14.2.5 适宜区域及其推广现状与前景

玉米双垄沟全膜覆盖冬闲期立茬少耕栽培技术非常适合在年降水 250～400 mm 的半干旱偏旱和半干旱区如甘肃中部的兰州、白银、定西等地区推广。在甘肃省中部半干旱区大面积生产示范及应用表明,玉米双垄沟全膜覆盖冬闲期立茬少耕栽培玉米,籽粒产量可达到 7 500 kg/hm² 左右、秸秆产量达到 45 000 kg/hm² 以上,纯收入是种植小麦的 2～3 倍,并拓宽了玉米种植范围。在 2006 年、2007 年大旱年份,旱作区大部分夏粮严重减产,山旱地区夏粮绝产,秋粮作物无法播种,而双垄沟全膜覆盖冬闲期立茬少耕栽培的玉米生长旺盛,产量仍保持在 7 000～12 000 kg/hm² 水平,因此备受青睐。该技术 2007—2010 年间在甘肃定西累计推广达 3.67×10⁴ hm²。在年降水 400～600 mm 的半干旱和半湿润偏旱区像甘肃东南部的庆阳、平凉、天水和陇南等地区推广玉米全膜双垄沟播技术,产量在 9 000～12 000 kg/hm²,高的可以达到 12 000～15 000 kg/hm²。甘肃旱作农业区现有耕地 2.39×10⁶ hm²,适宜玉米双垄沟全膜覆盖冬闲期立茬少耕栽培技术的旱作农业面积可达 1.33×10⁶ hm²。这些耕地全部采用全膜沟播技术,按增产 2 250 kg/hm² 计算,年可增产粮食 3.0×10¹⁰ kg。

我国北方甘肃、陕西、宁夏、青海、新疆、山西、内蒙古、河南、河北、辽宁等 10 个省区现有旱地面积 1.8×10⁸ hm²,适宜玉米双垄沟全膜覆盖冬闲期立茬少耕栽培技术的旱作农业面积按 1.0×10⁸ hm²、增产按 2 250 kg/hm² 计算,年可增产粮食 2.25×10¹¹ kg。在这些地区推广这项技术,不仅可以解决山旱地区农民的口粮问题,为农民增收开辟新的渠道,而且为发展畜牧业提供大量饲草饲料,显著提高旱作农业区的综合生产能力,对保障粮食安全、实现区域经济快速发展、推动旱作区农村社会稳定具有重要作用。

14.3 坡耕地带状种植周年覆盖水土保持型保护性耕作技术模式

14.3.1 形成条件与背景

水土资源是人类赖以生存和生产的宝贵资源。全球有近 13% 的地表遭受人类引起的土地退化,其中水土流失是一种主要的退化类型,已成为全球十大重大生态环境问题之一。水土流失及其引起的江河堵塞、洪水泛滥、养分流失、土地生产力下降等一系列生态问题,直接影响到水、土资源的开发和利用,是威胁人类生存、社会稳定和经济发展的全球问题。据相关资料统计,全世界现有 2.0×10⁹ km² 退化土地,水土流失面积达 2.642×10⁷ km²,占世界耕地总面积的 28.3%。我国水土流失面积达 3.56×10⁶ km²,约占国土面积的 37.1%,其中水蚀面积 1.65×10⁶ km²,风蚀面积 1.91×10⁶ km²;全国每年流失土壤 8.0×10⁹～1.2×10¹⁰ t,占世界总侵蚀量(6.0×10¹⁰ t)的 13.3%～20.0%。其中,长江流域的土壤侵蚀量为 2.4×10⁹ t,黄河流域为 2.2×10⁹ t,同时全国水土流失面积每年以 1×10⁴ km² 的速度递增。

黄土高原丘陵沟壑区严重的水土流失,不仅成为困扰该区可持续发展和农民脱贫致富的主要问题,而且也为黄河下游地区带来了一系列的生态环境问题。究其原因,造成该区水土流失严重的主要原因之一是不合理的耕作措施,即陡坡开垦、广种薄收。这不仅未能提高农民的经济收入,反而进一步加剧了水土流失的发展,形成了"坡地开垦→水土流失→土地退化→粮食单产下降→增加坡地开荒"、"越垦越穷,越穷越垦"的恶性循环。因此,以科学可行的理论和实践为依据,在这一地区发展可以减少水土流失的耕作措施至关重要。

如果要从根本上解决由耕作方式引起的相关问题,就必须对现有的坡耕地耕作模式进行改革,建立适应现代农业发展的可持续耕作模式,而国内外广泛研究并推广的保护性耕作正是解决以上问题的有效措施和途径之一。其中,以增加地面覆盖度为主的轮作、间作、套种混播,覆盖耕作(含留茬或残茬覆盖、秸秆覆盖、砂田、地膜覆盖)和以改变土壤物理性状为主的少耕(含少耕深松、少耕覆盖)、免耕是两类工程措施少、见效快的保护性耕作,它们在防止水土流失、培肥地力、提高资源利用效率和增产增收方面均具有明显的优势。

坡耕地是农村生态环境中最脆弱的部分,当前坡耕地利用的主要任务仍然是提高生产力和防止水土流失。大量调查和研究资料表明,传统的坡改梯技术由于投资大、费工、费时、易塌方等不足,应用上有很多局限,大规模应用其他工程改造坡耕地的可操作性也极小。另外,作业宽度小于 4 m 的水平梯田平均水分状况及作物产量在干旱年份不及坡地,面积广大的坡耕地也不可能全部退耕还林、还牧。为此,探索简单易行且具有良好生态、经济和社会效应的坡地水土保持措施显得尤为迫切和重要。国内外研究表明,在坡耕地上等高种植草带是一种有效防治水土流失的生物技术,其典型形式是在坡面沿等高线设置草带,带间种植农作物。这种技术的水土保持的效果主要与草种、带宽、农作物耕作方式等相关,且以少免耕、覆盖与保护性种植等技术为主体的保护性耕作技术,具有防止水蚀和增产、省工、省力、省能等独特的作用,现已发展成为发达国家现代化可持续农业模式的主导性技术。能否在坡耕地上将保护性耕作技术与等高种植草带结合,发挥其各自的长处,起到既增产增效又减轻土壤侵蚀的作用,是值得探索的问题。

地处黄河上游的黄土丘陵沟壑区,气候属北温带半湿润—中温带半干旱区,地下、地表水资源俱缺,农业生产用水主要依靠自然降水,属典型的雨养农业地区。而有限的降雨却不能有效地转化,每年因水蚀造成大量的水土流失,致使土壤退化。造成这一问题的重要原因之一是对土壤的不合理耕作。因此,针对黄土高原丘陵沟壑区坡耕地面积大、水土流失严重、农作制度不尽合理等突出问题,甘肃农业大学于 2007—2010 年在 ACIAR 项目的基础上,在陇中黄土高原半干旱区的定西市李家堡镇进行了粮草豆隔带轮作、道地药材与春小麦隔带轮作的坡耕地保护性耕作模式定位研究,以期探索出一种提高坡耕地土壤保水能力和减少水土流失的方法和途径,为中长期定位试验产生的不同效果积累依据,并为推动甘肃黄土高原西部雨养农业的可持续发展提供科学的理论支撑,最终筛选出适宜于本地区坡耕地推广的耕作方式,形成适宜于坡耕地的周年覆盖的水土保持型保护性耕作技术体系。

14.3.2　关键技术规程

此模式的核心是在坡面沿等高线设置多年生牧草带或多年生药材带形成生物篱,带间轮作豆科作物和粮食作物并结合免耕秸秆覆盖,或轮作一年生药材与粮食作物结合免耕秸秆覆盖。该模式集生物篱、轮作、作物秸秆覆盖技术于一体。

14.3.2.1 选茬整地

选择土层深厚、土质疏松、肥力中等的坡耕地,以豆类、麦类、马铃薯茬为宜。前茬作物收获后及时整地,要求达到地面平整、土壤细绵、无土块、无根茬。

14.3.2.2 划定条带并安排轮作顺序

第一年进行此模式生产,需将坡耕地沿等高线画好等距为 2 m 左右(与播种机幅距成整数倍)的条带,并按照一带多年生牧草或多年生药材(作为生物篱)、一带粮—豆轮作并结合免耕秸秆覆盖,或一带药—粮轮作并结合免耕秸秆覆盖进行条带状布局。第二、三年,只需对粮—豆或药—粮轮作带内的作物进行轮作即可。待多年生牧草退化或多年生药材收获后,将整个生物篱带与粮—豆轮作带或药—粮轮作带位置互换(图 14.4)。

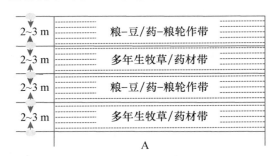
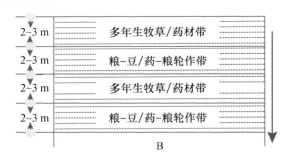

图 14.4 条带状田间布局

14.3.2.3 生物篱的选择和作物带的搭配

生产中,可将苜蓿、草木樨、红豆草等多年生牧草或甘草、柴胡、黄芪等多年生药材培植为生物篱,可将春小麦、豌豆、鹰嘴豆、马铃薯、板蓝根等一年生作物(药材)轮作结合免耕秸秆覆盖安排在与生物篱相隔的作物生产带中。

14.3.2.4 适时播种,科学施肥

根据选定的多年生牧草、多年生药材及其他栽培对象的生物学特性,适时播种,同时考虑科学合理的施肥量及施肥方式。一般地,本模式要求对生物篱带和作物带区别对待。具体地说,第一年播种时可将优质腐熟农家肥 45 000~75 000 kg/hm² 在播种前均匀撒在地表,然后将氮肥105 kg/hm²(N)、105 kg/hm²(P₂O₅)、75 kg/hm²(K₂O)混合后均匀翻入生物篱带内,而在作物带内,可根据每年具体种植的作物种类(主要考虑豆科作物少施用氮肥)将化肥混好后作为种肥施入。

14.3.2.5 免耕秸秆覆盖

此模式将免耕秸秆覆盖技术应用在作物栽培过程中,即在作物收获后,不对土壤进行翻耕,并在打碾后尽早将秸秆切碎成 5~10 cm 的小段均匀地覆盖在地面上。对初次实施免耕秸秆覆盖的作物带,覆盖秸秆的用量以把地面盖严但又不压苗为准,若覆盖材料为麦草,覆盖量以 4 500~6 000 kg/hm² 为宜;若覆盖材料为玉米秸,则适宜覆盖量为 6 000~7 500 kg/hm²。对连续进行过保护性耕作的农田,视秸秆收获量的大小决定还田量(建议将收获的所有秸秆全部归还农田);或者在收获时留立茬 15~20 cm,其余秸秆不用再还田。

14.3.2.6 田间管理

水肥管理:中药材、牧草及农作物生长期间均无需灌溉和追肥。

中耕除草:中耕除草一般在出苗的当年进行中耕除草,尤其在幼苗期要及时除草。

病虫害防治:中药材(甘草/板蓝根),多雨季节易发生白粉病和锈病,可用 1∶1∶150 的波尔多液喷洒;干旱季节易发生红蜘蛛,可用 40％乐果乳油 1 000～1 500 倍液喷治;地下虫害有地老虎咬食根茎,可用 90％敌百虫原药 0.5 kg 加饵料 50 kg 拌成毒饵诱杀。豆科作物鹰嘴豆,根腐病多发生在苗期,可用 70％甲基托布津 1 000 倍液、敌克松 400 倍液喷雾或灌根防治。在防治中要注意与麦类或非豆科作物轮作倒茬。

14.3.2.7 收获

1.一年生或多年生中药材

甘草在秋季 9 月下旬至 10 月初,地上茎叶枯萎时采挖。甘草根深,必须深挖,不可刨断或伤根皮,挖出后去掉残茎、泥土,忌用水洗,趁鲜分出主根和侧根,去掉芦头、毛须、支权,晒至半干,捆成小把,再晒至全干;也可在春季于甘草茎叶出土前采挖,但秋季采挖质量较好。

一年生的板蓝根不开花结果,采收 2 次叶片。6 月下旬苗高 18～20 cm 时可收割一次叶子,割时留茬 3～5 cm,8 月中下旬待苗子重新生长可再割一次叶;在 10 月间地上部枯萎后刨根。采挖时先在畦旁开挖 60 cm 深的沟,然后顺序向前刨挖,去净泥土,晒至 7～8 成干,扎成小捆,再晒干透。以根长直、粗壮、坚实、粉性足者为佳。

2.多年生牧草

苜蓿为多年生植物,再生性强,每年可收割 3 次。一般在始花期,也就是开花达到 1/10 时开始收割,最晚不能超过盛花期。最后一次收割不要太晚,否则影响养分积累,不利于安全越冬。一般收割后要留出 40～50 d 的生长期,留茬高度以 5 cm 为宜。

3.农作物

马铃薯终花后 30 d 左右,当全株 2/3 的角果呈黄绿色,主花序基部角果呈枇杷色,种皮呈黑褐色或黄色时,为适宜收获期,即"八成熟、十成收"。

鹰嘴豆籽粒蜡熟后,选择晴天用镰刀齐根收获。收获时间应尽量避免雨后或带露水,以免籽粒受潮霉变。收获的鹰嘴豆扎成捆后拉运至晒谷场垛起风干。选择晴朗有风的天气,将垛起的豌豆捆摊开在晒谷场上,用脱粒机或碾子脱粒后,晾晒至含水量在 15％左右后扬除杂质,装袋保存。

14.3.3 经济效益与生态效益

14.3.3.1 经济效益

2007—2010 年度,甘肃农业大学在甘肃省定西市安定区研究了两种农作体系:一种是以甘草带为生物篱,板蓝根及春小麦轮作的等高隔带种植;另一种是以苜蓿带为生物篱,马铃薯、鹰嘴豆、春小麦轮作的等高隔带种植。

按照此模式进行试验性生产的作物产量结果表明:2007 年,以甘草带为生物篱,免耕秸秆覆盖处理下春小麦产量分别比传统耕作、免耕不覆盖处理低 45.3％、95.9％,板蓝根产量分别比传统耕作、免耕不覆盖处理高 15.3％、12.9％,而 2008 年免耕秸秆覆盖处理春小麦、板蓝根产量较其他两个处理高,但处理间差异不显著。

2007 年,以苜蓿带为生物篱,免耕秸秆覆盖处理下鹰嘴豆产量显著低于传统耕作处理,马铃薯、春小麦和苜蓿产量间差异均不显著;2008 年,免耕秸秆覆盖处理,鹰嘴豆、马铃薯产量均较传统耕作处理的高,但春小麦产量较传统耕作处理的低,但其差异均不显著。其原因可能在于保护性耕作处理时间较短,加上 2008 年上半年大旱,造成部分地块缺苗严重。

14.3.3.2 生态效益

1.免耕秸秆覆盖降低了年径流量及土壤侵蚀总量

以甘草带为生物篱,免耕秸秆覆盖处理下的年径流量和侵蚀量均低于免耕不覆盖和传统耕作。与传统耕作下春小麦相比,免耕秸秆覆盖的板蓝根、免耕不覆盖的板蓝根、传统耕作的板蓝根、免耕秸秆覆盖的春小麦、免耕不覆盖的春小麦的径流量分别减少了 30.85％、22.48％、15.01％和 9.43％和 3.98％,侵蚀量分别减少了 71.41％、61.35％、47.19％、33.84％和 18.28％。其主要原因是:

(1)不同作物带的生长状况不同,水土流失量也不同。小麦带生长周期较短,小麦收获后,农田中只有甘草带,而暴雨又多出现在 8—9 月份,因此水土流失量较大。在板蓝根生长的整个时期,盖度较大,根系入土深、植株分布面积大,拦截径流和泥沙的效果最好,水土流失最少。

(2)甘草与春小麦、板蓝根隔带种植均表现出免耕秸秆覆盖处理与传统耕作和免耕不覆盖两处理径流量和侵蚀量差异显著,是由于自然条件下传统耕作和免耕不覆盖处理土壤表层受雨滴的直接冲击,土壤团粒结构被破坏,表层大孔隙塌陷使其连续性降低,导致其渗透性能降低;同时破碎的土壤黏粒形成一层不易透水透气、结构细密坚实的结壳,影响土壤水分的入渗。而免耕秸秆覆盖处理在土壤表面覆盖一层秸秆可避免降雨的冲击,土壤疏松多孔、团粒结构稳定,因而土壤的导水性能好,降水就地入渗快,地表径流少。同时覆盖一层秸秆可使土壤表层有机质含量提高,其作为重要的胶结物质有利于土壤团聚体的形成与稳定。而且,土壤中有机质含量的增加使得土壤动物和微生物的活动频繁,有利于形成良好的孔隙状况,同时孔隙的稳定性也随有机质含量的提高而增大,它们共同作用使得土壤的渗透性能提高。

2.免耕秸秆覆盖降低了产流产沙量

2007 年,不同处理全年径流量与产沙量顺序均为传统耕作春小麦＞免耕不覆盖的春小麦＞免耕秸秆覆盖春小麦＞传统耕作板蓝根＞免耕不覆盖的板蓝根＞免耕秸秆覆盖板蓝根。其中,免耕秸秆覆盖春小麦的产沙量为传统耕作春小麦的 21.40％,为免耕不覆盖的春小麦的 25.90％;免耕秸秆覆盖板蓝根径流量为传统耕作春小麦的 74.04％,为免耕不覆盖的春小麦的 74.67％。这表明免耕秸秆覆盖板蓝根的产流产沙量明显低于其他处理,其水土保持能力表现突出。

14.3.4 技术模式应注意的问题

14.3.4.1 注重田间管理

苗期管理。在春旱时遇雨,播种时的覆土易形成板结,在播后出苗时要破土引苗;在苗期发现缺苗断垄要及时移栽。

中、后期管理。注意铲除混杂在生物篱中的恶生性杂草,以利于生物篱正常的生长和功能的发挥。对于多年生牧草,可适时刈割,而多年生药材,可适当间苗。

14.3.4.2 及时防除病虫害

对地下害虫为害严重的地块,可在播前用 40％甲基异柳磷乳油 7.5 kg/hm² 拌细沙土 750 kg 制成毒土撒施于垄沟内;杂草危害严重的地块,可用 50％乙草胺乳油 1 500 g/hm² 兑水 750 kg 全地面喷雾防除。

14.3.5 适宜区域及其推广现状与前景

此模式的核心是在坡面沿等高线设置多年生牧草带或多年生药材带形成生物篱，带间轮作豆科作物和粮食作物并结合免耕秸秆覆盖，或轮作一年生药材与粮食作物结合免耕秸秆覆盖。该模式集生物篱、轮作、作物秸秆覆盖技术于一体，非常适合在年降水 250～400 mm 的半干旱偏旱和半干旱区像甘肃中部的兰州、白银、定西等地区推广。这些地区种植小麦正常年份产量只有 1 500 kg/hm² 左右，纯收入不足 1 500 元；而且休闲-小麦单作，加之过度的土壤耕作和秸秆移出使得土壤有机质枯竭，并面临水土流失的危机。若将春小麦单作的种植制度变成粮草（药）间作模式，并结合禾豆轮作，可以在粮食产量略有减少、甚至不减的条件下增收牧草和药材，这对农区畜牧业的发展和农民经济收入的提高产生积极推动。另外，多年生豆科牧草和药材可以固定空气中的氮素，增加土壤中的有机质，因此这种作物系统可在减少施肥的条件下培肥地力。同时，粮草（药）间作可使耕地常年有植被覆盖的面积达到 50%，这可以大大减少耕地表土的流失，并在相当程度上减轻沙尘暴的危害，事实上已有证据表明，近年北方的沙尘暴更应称为尘暴，裸露的耕地表土是其主要来源之一。因此，粮草（药）间作的种植制度不仅颇具普适性，而且还可降低生活、生产和生态 3 个系统之间的竞争性，增强它们之间的互补性，可谓"三生"兼顾。

14.4 黄土高原丘陵区马铃薯保护性耕作技术模式

14.4.1 形成条件与背景

马铃薯是茄科（Solanaceae）茄属（*Solanum*）的草本植物，在我国有土豆、山药、荷兰薯、洋芋等多种称谓。生产应用的品种都属于茄属结块茎的种（*Solanum tuberosum* L.）。马铃薯栽培种起源于南美洲安第斯山中部西麓濒临太平洋的秘鲁—玻利维亚区域，现已成为普遍栽培作物。马铃薯可以制作淀粉、糊精、葡萄糖、酒精等数十种工业产品，可加工成薯片、薯条、全粉等，是多种家畜和家禽的优质饲料，且在间作套种、轮作制中占有重要地位。因此，无论是发达国家、发展中国家还是在非洲等贫困地区，马铃薯都是极其重要的作物，并且随着人口的增加变得越来越重要，成为继水稻、小麦、玉米之后最重要的粮食作物之一。

我国的黄土高原地区地势较高、气候温和、土层深厚，物候条件与马铃薯原产南美安第斯山区相似，非常适宜马铃薯的生长发育，是全国马铃薯主产区之一。在甘肃，马铃薯是三大作物之一，在全省普及率达 95% 以上，特别是定西地区，马铃薯播种面积约占粮食总播种面积的 60%，面积与产量均占甘肃全省的一半，有"马铃薯之乡"之称。

近年来，随着水土资源退化的日益加剧和作物生产力水平提高难度的加大，人们对农业生产中保护水土资源的认识也逐渐深入。马铃薯传统栽培下，地表覆盖度小，土壤水分蒸发损失严重，在暴雨下土壤表层受到雨滴的直接冲击，土壤团粒结构被破坏，表层大空隙塌陷使其连续性降低；破碎土壤的黏粒形成的不易透水透气、结构细密坚实的结壳，影响水分入渗，增加了地表径流，加剧了水土流失。较传统耕作而言，保护性耕作可以防止土粒分散、表土板结，从而减弱径流;同时覆盖物也减少径流对土壤的剪压力,进一步降低土粒的分散度和土壤侵蚀作用,保持水土,因此,保护性耕作得到广泛认同,并在实践中普遍应用。除我国南方稻区外,保护性耕作在以收获地下器官为目的的作物中的研究与应用较少,在黄土高原半干旱地区还没有相关研究,使得该技术在以收获地下器官为目的作物中的潜力未发挥出来。为此,甘肃农业大学从 2007 年开始,在黄土高原西部旱农区的甘肃定西,设计马铃薯传统耕作(T)和 5 种保护性耕作措施:垄上覆膜沟内覆草摆种(PDSS)、垄上覆膜沟内覆草浅播(PDSSH)、垄上覆草摆种(RSS)、平作覆草摆种(FSS)和垄上不覆膜沟内覆草摆种(DSS)的田间定位试验,研究了马铃薯保护性耕作技术。通过多年田间试验研究,已初步完成了该地区适宜于马铃薯的保护性耕作技术体系的筛选:垄上覆膜沟内覆草摆种(PDSS)、垄上覆膜沟内覆草浅播(PDSSH)。

14.4.2 关键技术规程

14.4.2.1 前茬作物收获方式及秸秆、杂草管理方法

该技术采用春季播前覆盖即在前茬作物按常规收获后免耕,田间杂草用百草枯或根清等灭生性除草剂杀除。

14.4.2.2 种薯选择

播前选择无病虫害、无冻害、表皮光滑新鲜、单个在 30 g 以上的块茎做种薯,对于薯块大的将其切成 30~40 g 大小即可。

14.4.2.3 播前准备

前作收获后免耕,来年春季播种前开沟起垄,南北向画线开沟,垄底宽 30 cm,沟宽 70 cm,垄高 15 cm;垄上覆盖地膜(约 31.87 kg/hm²);将秸秆均匀地覆盖在沟内,秸秆以 20~35 t/hm² 的量分两次进行覆盖,第 1 次在播种前一个月覆盖 8~10 cm 厚的秸秆,待齐苗后再盖上 5 cm 厚的秸秆。

图 14.5 马铃薯保护性耕作技术播前地表状况

14.4.2.4 播种与施肥

5 月初以 52 500 株/hm² 的密度播种,将秸秆掀起沟内按"品"字形摆种,或将种薯播于 5 cm 深的土壤中,株距 37.5 cm、行距 30 cm,并在距种薯 6 cm 处环施马铃薯专用复合肥撒可富 750 kg/hm²,然后盖好秸秆并撒土压草,以防大风吹走秸秆。免耕各处理生育期间均不进行中耕除草、追肥。

14.4.2.5　田间管理

马铃薯生长期间免耕,不需中耕培土,也不需其他特殊的田间管理,整个作物生长期检测病虫草害,杂草人工拔除,病虫害用药剂及时防治。

14.4.2.6　收获

马铃薯成熟期,掀起秸秆捡拾马铃薯,或浅挖收获。

14.4.3　生态效益与经济效益

14.4.3.1　生态效益

2007—2010 年的田间试验结果表明,采用免耕垄上覆膜沟内覆草摆种(或浅播)的保护性耕作技术种植马铃薯能够显著提高土壤水分含量。马铃薯免耕覆盖能明显地改善 0~80 cm 的土壤贮水量,特别是对 0~30 cm 土壤贮水量的影响在大旱之年尤为突出。播前、出苗期、现蕾期、块茎膨大期免耕处理 0~30 cm 土壤贮水量较传统栽培技术高 20%~89%。免耕条件下形成良好的土体结构,有利于水分的迅速移动,在干旱情况下起到保水保墒的作用(表14.2)。

表 14.2　各测定时期不同层次土壤贮水量的变化动态　　　　　　　　　　mm

土壤层次	处 理	播 前	出苗期	齐苗期	现蕾期	盛花期	块茎膨大期	成熟期
0~30 cm	T	22.68	28.38	72.29	36.94	60.22	64.89	83.70
	PDSS	42.96	47.98	81.32	64.81	79.38	83.83	85.12
	PDSSH	40.58	46.85	81.22	64.84	74.39	74.49	88.00
	RSS	30.71	34.16	81.80	56.97	79.26	78.54	84.12
	FSS	33.74	46.68	82.81	58.04	72.35	72.46	86.97
	DSS	41.09	45.21	81.55	62.59	75.73	73.04	81.87
30~80 cm	T	28.09	—	102.70	82.02	99.92	100.69	126.64
	PDSS	30.45	—	116.70	109.44	127.87	145.17	132.62
	PDSSH	26.59	—	114.76	100.92	117.41	102.06	125.71
	RSS	26.94	—	112.13	97.47	119.25	133.61	125.21
	FSS	28.14	—	114.55	101.98	105.89	104.66	127.64
	DSS	30.09	—	115.84	102.33	124.53	112.08	131.45
80~200 cm	T	—	—	213.77	189.78	211.25	235.61	234.77
	PDSS	—	—	215.10	212.17	226.87	265.54	254.89
	PDSSH	—	—	196.30	185.66	203.98	203.01	211.05
	RSS	—	—	188.53	209.32	205.10	246.77	229.24
	FSS	—	—	194.39	252.46	236.44	251.16	205.75
	DSS	—	—	216.00	246.37	240.42	243.15	249.34

与传统耕作措施相比,该技术还能有效降低结薯层的日均积温和晴天 14:00 结薯层的温度。刘登魁等研究表明,马铃薯地上部分生长最适宜的温度为 21℃ 左右,地下部块茎生长发育最适宜温度为 17~19℃,温度低于 2℃ 或高于 29℃,块茎就停止生长发育。本研究发现:保护性耕作下地表≥0℃ 的积温介于 1 962.75~2 103.99℃ 之间,从表面到秸秆深层积温呈下降

趋势,至距离秸秆表面 5 cm 处积温降低 1 745.96～1 875.56℃;距离地表 10 cm 处的积温为 1 601.01～1 712.56℃,结薯层的积温明显低于传统耕作。这种热量的空间分布特征有利于马铃薯块茎的生长,为丰产奠定了基础(图 14.6)。

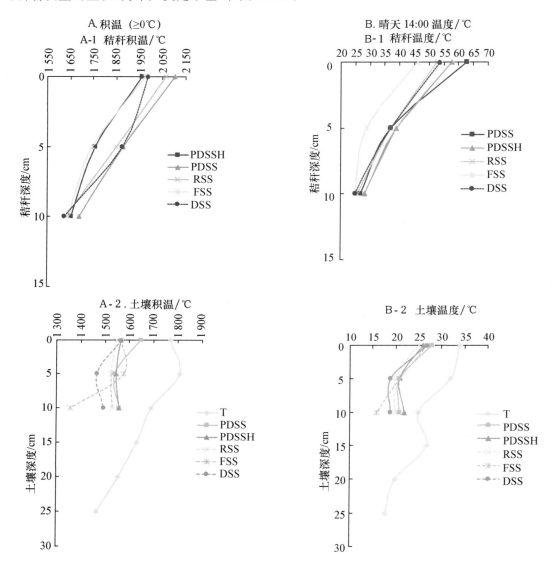

图 14.6   土壤积温、温度随深度变化

关于本技术的水土保持效应尚未进行深入研究,但据观察,和传统耕作相比较,雨季小区径流流出量明显低于传统耕作。亟待深入定量研究该技术的水土保持效应。

14.4.3.2   经济效益

在整个生育期前期各处理的全株干物质量达到显著性差异,以 T 的全株干物质量最多,而随着时间的推移各处理间的差异逐渐缩小,到成熟期各免耕处理全株干物质积累量均大于传统耕种;观察发现在盛花期植株株型传统耕种大多表现为直立型,各免耕处理大多表现为半蔓型和蔓型,明显表现出免耕处理长势优于传统耕种。

成熟期全株干物质积累量为各免耕处理高于传统耕种,且以 3 个沟种处理的全株干物质量最多,分别较 T 增加 12.26%、10.61% 和 10.13%。而干物质在块茎中的分配比例却恰好相反,为传统耕种高于各免耕处理且达到极显著性差异。说明免耕覆盖能形成较多的同化产物,后期的加速效应使茎、叶徒长,本试验中以 PDSSH、PDSS 和 DSS 最为明显(表14.3)。

表 14.3　全株干物质的积累

处理	项目	生育时期				
		齐苗期	现蕾期	盛花期	成熟期	较 T 增加/%
T	干物质量(g/株)	7.60aA	20.51aA	65.65abA	195.96a	—
	日增量(g/株)	0.45	0.99	2.38	1.94	—
PDSS	干物质量(g/株)	4.86cC	15.01cB	85.08aA	216.76a	10.61
	日增量(g/株)	0.29	0.78	3.69	1.97	—
PDSSH	干物质量(g/株)	6.17bB	16.84bB	94.55aA	219.99a	12.26
	日增量(g/株)	0.36	0.82	4.09	1.87	—
RSS	干物质量(g/株)	3.80dD	10.36dC	44.68bA	203.54a	3.87
	日增量(g/株)	0.22	0.50	1.81	2.37	—
FSS	干物质量(g/株)	4.99cC	15.61bcB	58.13bA	203.33a	3.76
	日增量(g/株)	0.29	0.82	2.24	2.17	—
DSS	干物质量(g/株)	5.66bBC	14.88cB	74.29abA	215.82a	10.13
	日增量(g/株)	0.33	0.71	3.13	2.11	—

注:数据中不同大小写字母分别表示在 0.1 和 0.05 水平存在显著性差异。

免耕秸秆覆盖种植马铃薯新技术增产明显,省工节本,简便易行,薯块整齐,薯形圆整,表面光滑,破损率低,商品性好,并能提早采摘较大的薯块上市,而不影响小薯块的继续生长,从而获得较好的经济效益(表14.4)。

表 14.4　不同耕作方式对马铃薯产量及经济性状的影响

处理	产量/(kg/hm²)	较 T 增产/%	大薯率	中薯率	小薯率	绿薯率	单株结薯数	单株薯重/kg
FSS	27 468.3	30.05	14.97a	26.74a	58.30a	8.92a	8.7a	0.795a
PDSSH	25 811.3	22.21	14.02a	16.29a	69.69a	6.71ab	11.3a	0.821a
DSS	24 767.1	17.26	12.44a	19.11a	68.45a	8.49ab	10.0a	0.827a
PDSS	23 419.2	10.88	14.05a	12.27a	73.68a	8.23ab	11.5a	0.816a
T	21 121.9	—	20.25a	24.14a	55.61a	1.62b	7.9a	0.767a
RSS	18 733.1	−11.32	18.63a	21.45a	59.92a	10.08a	8.0a	0.828a

注:数据中小写字母表示在 0.05 水平上存在显著性差异。

14.4.4　技术模式应注意的问题

(1)前茬作物收获后要及时喷洒除草剂,以免杂草旺盛生长消耗大量的水分。

(2)大面积推广此技术需要大量的秸秆,在秸秆资源不足的情况下,需要找到合适的替代物来取代秸秆进行覆盖。

（3）大面积推广此技术还需要配套的农机具取代人工摆种、施肥和收获。

（4）该技术下产生较多的小薯，可将其作为小整薯播种的种薯之用。

（5）分批或分级采收，收后应立即把秸秆重新覆盖好，以免形成绿薯造成损失。

14.4.5 适宜区域及其推广现状与前景

本技术借鉴了南方稻区马铃薯保护性耕作的成功经验，并结合黄土高原地区独特的地理气候特点，设计出来的适合于黄土高原半干旱地区实施的马铃薯保护性耕作体系。经过 4 年的大田试验，实践证明在黄土高原半干旱地区实施马铃薯保护性耕作有可行性。保护性耕作技术种植马铃薯增产明显，经济效益好，生产的马铃薯商品性好，是一项增加农民收入的新型栽培技术。免耕秸秆覆盖种植马铃薯还能减少水土流失，保护土壤，减少杂草，有效控制水分蒸发，促进营养吸收，改良土壤理化性状，培肥地力，降低下季作物的肥料成本投入，防止秸秆焚烧污染环境，有效地保护生态环境，促进农业生产的可持续发展。本技术是一项增加农民收入的新型栽培技术，可在一定范围内推广应用。

（本章由黄高宝、张仁陟主笔，李玲玲、蔡立群、罗珠珠、杨祁峰参加编写）

参考文献

[1] Huang，G. B.，R. Z. Zhang，L. L. Li. et al. Productivity and sustainability of a springwheat-field pea rotation in a semi-arid environment under conventional and conservation tillage systems. Field crops research，2008,107:43−55.

[2]赵君范，黄高宝，辛平，等.保护性耕作对地表径流及土壤侵蚀的影响.水土保持通报,2007,27(6):16−19.

[3]尚勋武,杨祁峰,刘广才.甘肃发展旱作农业的思路和技术体系.干旱地区农业研究,2007,25(增刊):194−196.

[4]张雷.牛建彪.赵凡.旱作玉米提高降水利用率的覆膜模式研究.干旱地区农业研究,2006,24(2):8−11,17.

[5]赵凡.玉米双垄面集雨全膜覆盖沟播栽培技术优势及应用前景闭.耕作与栽培,2005(6):62−63.

[6]杨祁峰,孙多鑫,熊春蓉,等.玉米全膜双垄沟播栽培技术.中国农技推广,2007,23(8):20−21.

[7]马忠明.玉米全地面地膜覆盖节水增产栽培技术的研究与应用.玉米科学,1999,7(增刊):54−56.

[8]Aase J K,Pikul J L.高麦草种植带形成梯田的试验研究.水土保持科技情报,1995(4):42−43.

[9]李志军,赵爱萍,丁晖兵,等.旱地玉米垄沟周年覆膜栽培增产效应研究.干旱地区农业研究,2006,24(2):12−17.

[10]By Doral,Kemper. Hedging against erosion. Journal of Soil and Water Conserva-

tion,1992,7:284-288.

　　[11]黄必志,吴伯志.草带防治水土保持的效应.北京林业大学学报,2000,22(2):84-85.

　　[12]许锋.香根草植物篱控制坡地侵蚀与养分流失研究.山地农业生物学报,2000,19(2):75-82.

　　[13]张晓艳,王立,黄高宝,等.道地药材保护性耕作对坡耕地土壤侵蚀的影响.水土保持学报,2008,22(2):58-61.

第**15**章

黄土高原旱塬区保护性耕作模式

黄土高原旱塬区是指黄土高原中南部残塬沟壑区,主要包括陕西渭北旱塬区和甘肃陇东旱塬区,耕地以黄土残塬保留地、台塬梯田和沟坡梯田为主,主要作物以冬小麦、春玉米等粮食作物为主,同时也是我国种植面积和总产量最大的优质苹果生产基地。本区农业生产以旱作雨养农业为主,属半湿润和半湿润偏旱气候区,年降水量 500～600 mm,且主要集中在 7—9月。该区长期以来形成了以"翻耕—浅耕—耙耱"为体系的传统耕作方式,以达到"夏雨深蓄,秋雨春用"的蓄水保墒目的。"蓄住天上水,保住地中墒"是旱作粮田和果园土壤管理的核心任务。除水分外,温度也是当地农业生产的限制性因子。因此以地膜覆盖为主的保护性耕作技术模式在一定程度上能够缓解这一矛盾,符合当地农业生产的需求。其粮田保护性耕作模式因覆盖材料的不同可分为:秸秆还田覆盖保护性耕作模式、地膜覆盖保护性耕作模式、秸秆和地膜两元覆盖保护性耕作模式。果园保护性耕作技术模式包括果园生草覆盖免耕模式、果园覆草深松模式和果园覆膜保墒模式等。

15.1　秸秆还田覆盖保护性耕作技术模式

秸秆还田覆盖保护性耕作模式指用大量秸秆残茬覆盖地表,将耕作减少到只要能保证种子发芽即可,主要用农药来控制杂草的耕作技术模式。黄土高原旱塬区秸秆覆盖保护性耕作技术主要包括旱地冬小麦或春玉米秸秆覆盖保护性耕作模式及灌溉地一年两熟冬小麦—夏玉米秸秆覆盖保护性耕作模式。

15.1.1　形成条件与背景

黄土高原旱塬区盛行以冬小麦生产为主的夏季休闲和以春玉米生产为主的冬季休闲。在7—9月份夏闲期正逢雨季,长期沿用"翻耕—浅耕—耙耱"为体系的传统耕作方式,以达到"夏雨深蓄,秋雨春用"的蓄水保墒目的。其优点是把作物残茬和有机肥翻埋到耕层以内,地面清洁,再通过耙耱、镇压建造疏松细碎的种床层,有利于保证冬小麦播种质量;伏天深耕晒垡,有利于土壤有机质矿化,耕层有效养分增多;翻转耕层有助于消灭杂草和病虫害。其缺点是长期连续翻耕和耙耱,导致耕层表面立垡裸露,降雨时地表受雨水冲击结皮,易产生地表径流而跑水和跑土,晴天时地表板结龟裂,易加剧土壤水分蒸发;犁底层坚实封闭,阻碍降水向深层入渗;多耕多耙既破坏土壤结构又增加了作业成本。同样,在9月份至翌年4月份的冬闲期,采用传统翻耕方式形成裸露的地表和疏松的耕层,在干旱多风的冬春季也易造成土壤水分蒸发损失,并易引发严重的土壤风蚀。因此,采取适宜的耕作方式,促进降水就地入渗,充分保蓄土壤水分,提高水分利用效率,减轻水土流失是旱作农业生产和生态环境保护的客观需要。少耕、秸秆覆盖及少耕结合秸秆覆盖正好适合了这种需要,既可以蓄水保墒减少水蚀和风蚀,又提高作物产量。

15.1.2 关键技术规程

15.1.2.1 旱地麦田秸秆覆盖保护性耕作技术模式

1.冬小麦高留茬免耕秸秆全程覆盖技术

麦田高留茬免耕秸秆全程覆盖栽培技术是夏闲期留茬覆盖与免耕结合,秋播种麦时保持地面秸秆覆盖不动,生育期仍继续保持秸秆覆盖的一种旱作小麦耕作栽培技术,一般增产7%~10%。

(1)工艺流程

收割小麦→秸秆高留茬覆盖→(夏闲期化学除草)→免耕施肥播种→田间管理(查苗、补苗等)→越冬→化学除草→病虫害防治→收割小麦。

(2)技术规程

①收割。可以采用联合收割机、割晒机收割或人工收割。要求留茬高度保持在30 cm左右(图15.1),脱粒后的秸秆在地表均匀覆盖。如用联合收割机收割,应将成条或集堆的秸秆人工挑开;如采用割晒机收割或人工收割,应将脱粒后的秸秆运回田间均匀覆盖(图15.2)。其目的是更好地发挥秸秆覆盖的保水、保土作用,防止由于覆盖不均匀造成后续播种作业时的堵塞。

图15.1 小麦收割后高留茬覆盖地表情况

图15.2 麦田秸秆还田覆盖后地表情状况

②休闲期除草。根据休闲期田间杂草的实际生长情况进行。若休闲期降雨少,田间杂草少,可以人工除草或不除草;若降雨较多,田间杂草量大时,可在杂草萌芽后至 3 叶以前,喷施克无踪和 72% 2,4-D 丁酯乳油除草剂 1~2 次,直至小麦播种前 3~5 d 停止使用。要求:严格控制杂草滋生;按除草剂说明书使用农药,防止污染和产生药害;因连雨天无法使用化学方法除草时,可用人工或浅松机进行除草,并且要在播种前完成。

③免耕施肥播种。在小麦播种适宜期及时播种。要求:播种用的种子应清洁无杂,发芽率应达到 90% 以上;为减少病虫害应按拌种剂的说明进行拌种;随免耕播种进行的施肥最好用颗粒肥,不得有大的结块;播种中应随时观察,防止由于排种管、排肥管堵塞而造成漏播;遇到秸秆堵塞时应及时清理播种器并重播,以保证较高的播种质量。

④查苗、补苗。小麦出苗后应及时查苗,如有漏播应及时补苗。

⑤返青后的田间管理。返青后的田间管理主要是进行除草和病虫害防治。要求:3 月中旬至 4 月初杂草萌动时,混合喷施 2,4-D 丁酯和农家宝一次,以防除杂草与促进小麦拔节孕穗;5 月中旬混合喷施农家宝与氧化乐果一次,以促进小穗形成和防治红蜘蛛及蚜虫。

2.冬小麦低留茬免耕碎秆覆盖技术

本技术体系和麦田高留茬免耕秸秆全程覆盖栽培技术基本相同,不同之处是在麦收后夏闲期用秸秆粉碎机将直立麦茬粉碎后覆盖地表。

(1)工艺流程

收割小麦→粉碎秸秆还田覆盖→(夏闲期化学除草)→播种前表土作业→免耕施肥播种→田间管理(查苗、补苗等)→越冬→化学除草→病虫害防治→收割。

(2)技术规程

①低留茬秸秆粉碎还田覆盖。秸秆粉碎还田覆盖有两种作业工艺可供选择。一种是用自带粉碎装置的联合收割机收割小麦,要求留茬高度在 10 cm 左右,使较多的秸秆进入粉碎机进行粉碎,对停车卸粮或排除故障时成堆的秸秆和麦糠人工撒匀。另一种是用不带粉碎装置的联合收割机收割或采用割晒机或人工收割后覆盖在田间的秸秆较多、较长,需要进行专门的秸秆粉碎。对后一种收割工艺,可采用高留茬(30 cm 左右),以减少收割机的喂入量,提高效率;对覆盖在田间的秸秆可用秸秆粉碎机进行粉碎还田。秸秆粉碎的作业时间可以在收割后马上进行,也可以等田间杂草长到 10 cm 左右时进行,这样可同时完成一次除草作业,减少作业次数,降低成本。

②播前表土作业。播前表土作业是选择性作业项目。当播前地面不平、地面秸秆量较大、杂草较多或表土状况不好时,播种前需要进行一次表土作业。目前,表土作业可供选择的有深松、耙地和浅旋 3 种。这 3 种表土作业的选择依据原则和要求各不相同。

一是浅松,利用浅松铲在表土下通过时铲刀在土壤中的运动达到疏松表土、切断草根等目的,利用浅松机上自带的碎土镇压轮使表土进一步破碎和平整。浅松作业不会造成土壤翻转,因而不会大量减少地表秸秆覆盖量,主要目的为松土、平地和除草。要求播前土壤湿度为宜耕期湿度,浅松深度为 8 cm 左右。

二是耙地,地表秸秆量较大且杂草量一般、地表状况较差时采用。要求:在播前 15 d 左右进行或更早用轻型耙进行;耙深不大于 10 cm。

三是浅旋,地表秸秆量过大、腐烂程度差、杂草多、地表状况差时采用。要求:在播前 15 d 或更早进行,以保证土壤有足够的时间回实;浅旋深度为 5~8 cm。

3.冬小麦高留茬深松秸秆全程覆盖技术

冬小麦高留茬深松秸秆全程覆盖技术是夏闲期冬小麦秸秆高留茬覆盖与深松耕作相结合,秋播种麦时保持地面秸秆覆盖不动,生育期仍继续进行秸秆覆盖的一种旱地冬小麦耕作栽培技术,一般可增产20%左右。

(1)技术流程

小麦收割 → 秸秆高留茬覆盖 → 深松耕作→(夏闲期化学除草)→播种前表土作业→免耕施肥播种→田间管理(查苗、补苗等)→越冬→化学除草→ 病虫害防治→收割。

(2)技术规程

①深松。深松作业可以代替翻耕,与翻耕相比土壤扰动少、不破坏地表秸秆覆盖状态,有利于形成虚实并存的耕层结构,利于蓄水等作用。因此,对于土质坚硬、多年翻耕存在犁底层的地块,应进行深松作业,以松代翻(图15.3和图15.4)。要求:小麦收割后的宜耕期(土壤含水量为15%左右)进行深松,以更好地保证深松质量,利用休闲期降雨多的特点及时接纳雨水;深松的深度要求达到30 cm或以上,以打破犁底层,改善土壤结构;深松后地表要求平整,以减少对后续播种作业造成的不利影响。需要特别说明的是,深松不需要年年进行,一般在刚采用保护性耕作的地块1~2年进行一次,以后3~4年甚至更长的间隔进行深松也不会影响小麦的生长发育。

图15.3　麦田高留茬覆盖深松作业　　　　　图15.4　麦田立茬深松后地表状况

②表土作业。表土作业为选择性的作业程序,如果进行了秸秆粉碎和深松作业,且秸秆粉碎和深松质量较高、地表平整、秸秆覆盖均匀、播前杂草不多,可以不进行表土作业。如果深松时出现深松沟和大块的土块,在播前则要增加必要的表土作业,以保证后续播种作业的顺利进行和良好的播种质量。不同的表土作业选择原则与碎秆覆盖+表土作业模式相同。

15.1.2.2　旱地玉米田秸秆覆盖保护性耕作技术模式

1.春玉米田免耕碎秆全程覆盖技术

旱作春玉米田免耕碎秆全程覆盖技术是在冬闲期留秆粉碎覆盖与免耕浅耙相结合,春播种玉米时保持地面秸秆覆盖不动,生育期仍继续保持秸秆覆盖的一种旱作春玉米耕作栽培技术,一般可增产10%~15%。

(1)工艺流程

玉米→秸秆粉碎→(圆盘耙耙地或镇压)→冬季休闲→免耕施肥播种→杂草控制→田间管理→收割。

（2）工艺规程

西北农林科技大学试验研究表明,在玉米产量不足 7 500 kg/hm² 、冬季休闲期间无大风地区,可以取消工艺流程中的圆盘耙耙地作业;玉米产量高于 7 500 kg/hm² 、秋冬季风大的地区为防止大风将粉碎后的秸秆吹走或集堆,可以用重型圆盘耙耙地作业,将粉碎后的秸秆部分混入土中,可以减少大风将覆盖在地表的粉碎秸秆吹走或集堆的可能性。

①玉米收割。玉米收割一般在 9 月中下旬至 10 月中上旬。玉米收割有人工摘穗和机械收割两种。无论采用何种收割工艺,均应注意:两点:一是将玉米苞叶一起摘下运出田间,因为玉米苞叶韧性大、不易腐烂,留在田间会影响秸秆粉碎质量和翌年的播种质量;二是尽量保持玉米秸秆直立状态,减少拖拉机压倒玉米秸秆陷入土中的几率,玉米秸秆陷入土中时,秸秆会堵塞播种机,影响播种质量。

②秸秆粉碎。有的玉米收割机上自带秸秆粉碎装置,收割的同时完成秸秆粉碎作业,不再需要进行专门的秸秆粉碎作业;玉米收割时没有同时粉碎秸秆的应及时进行秸秆粉碎作业(图15.5)。要求粉碎后的碎秆长度小于 10 cm,秸秆粉碎率大于 90％,粉碎后的秸秆应均匀抛撒覆盖地表,根茬高度小于 20 cm(图 15.6)。

图 15.5　机引秸秆粉碎机进行玉米秸秆粉碎覆盖

图 15.6　玉米秸秆覆盖越冬后临播时

③耙地。耙地作业为选择性作业。其目的是将粉碎后覆盖于地表的秸秆通过耙地与土壤部分混合,防止粉碎的秸秆被大风吹走或集堆,否则一方面会影响覆盖效果,另一方面会影响翌年的播种。是否进行耙地作业,要根据不同地区冬季风的大小、多少确定。耙地作业一般应用缺口圆盘耙,耙深 5～8 cm;耙的偏角大小应根据田间秸秆量的多少进行调整,秸秆量少时圆盘耙的偏角适当调小,反之则调大。耙后田间秸秆覆盖率不应小于 50％。

④免耕施肥播种。在玉米适播期及时播种。要求:第一,选择颗粒饱满、高产、优质的良种,净度不低于 98％,纯度不低于 97％,发芽率不低于 95％,并根据各地区不同的病虫害特征对种子进行包衣或拌种处理。第二,肥料选择要科学。肥料尽量选用颗粒肥,播种施肥前应对所施的肥料进行必要的分析检查,对于肥料中大于 0.5 cm 的结块应先进行压碎处理,块状肥料容易造成堵塞,影响施肥质量。第三,播种量和施肥量按当地的保苗数和产量水平确定。一般产量为 6 000 kg/hm² 左右的地块播种量为 24～31.5 kg/hm²(精量播种,非精量播种应适当加大播种量),施肥量一般应保持在 300～450 kg/hm²。第四,播种适宜条件为:土壤 5～10 cm 土层温度应稳定在 8℃以上,含水量应保持在 15％～18％。第五,免耕施肥播种有垂直分施和侧立分施肥料两种,不管垂直分施还是侧立分施化肥应和种子保持适当的距离(4 cm)。第六,春季播种时表土

较干,应选用能将种行上的秸秆清理到行间的免耕播种机,防止由于播种后种行上覆盖较多的秸秆影响地温上升和玉米出苗。第七,玉米种子覆土深度为 3 cm 左右为宜,并应适当镇压。第八,如春季播种时表土较干燥,应采用深开沟、浅覆土工艺,尽量将种子播在湿土上。

⑤杂草控制。草害是影响保护性耕作技术效果的一大障碍。为了防止杂草滋生成害,必须在玉米播种后、出苗前,及时喷施除草剂,全面封闭地表,抑制杂草。除草剂品种可选阿特拉津或 2,4-D 丁酯等除草剂,阿特拉津的应用量为 $3.75\sim5.25$ kg/hm^2,兑水 750 kg 喷施地表。喷施时间要选择风小且温度稳定在 $10\sim15℃$ 时进行。喷施作业时应根据地块杂草情况,合理配方,实施喷药;药剂要搅拌均匀,漏喷、重喷率不大于 5%,作业前注意天气变化,注意风向。选用的植保机械要达到喷量准确、喷洒均匀、无漏喷、无后滴。雾滴大小和喷药量可随时调节。目前由于家庭联产承包责任制所致的分散小块经营,现阶段主要是应用手压式喷雾器进行作业。有条件的可以采用泰山-1BC 型喷雾器进行喷雾,适应化学除草的要求。

⑥田间管理。田间管理的主要任务有玉米出苗后的查苗、补苗、间苗,生育期的追肥、中耕培土、杂草控制和病虫害防治。要求:第一,玉米生长到 $4\sim5$ 叶时应及时进行查苗,并根据出苗情况进行补苗、间苗和定苗,间苗时应根据需要的亩保苗数确定苗间距。第二,玉米生育期的杂草控制以人工锄草为主。在 5 月中旬玉米 $3\sim4$ 叶期结合间苗、定苗管理作业进行人工锄草;在玉米生长至喇叭口期的 6 月下旬至 7 月上旬,可结合给玉米施肥和中耕培土作业锄草,要求锄草彻底,解决杂草与玉米生长竞争水肥的问题。第三,病虫害防治。玉米虫害一般有玉米螟、蚜虫、黏虫、红蜘蛛等,多发生在干旱高温期,一经发现应及时防治。一般应用高效、中毒、低残留、击退速度快的广谱杀菌剂,如太灵 50% 乳油,对以上各种害虫均有明显效果,施药剂量 $2\,500\sim3\,000$ 倍,每公顷成本只需 $15\sim30$ 元,既经济又有效。玉米病害一般为玉米丝黑穗病、玉米黑粉病、玉米矮花叶病。防治玉米丝黑穗病应在雄穗抽出前后,根据剑叶症状及时拔除病株并集中烧毁;种植时应选用抗病品种和淘汰感病品种。防治玉米黑粉病应在病瘤成熟前及早进行摘除销毁、减少田间传播危害;消灭初侵染菌源,玉米收割后、秸秆还田前,要清除遗留在田间的病株残体,减少越冬菌源。玉米秸秆不要在田边地头堆放。第四,叶面喷施微肥。玉米长到 7—8 月份时,进入需水、需养分高峰期。在天气高温干旱时喷施玉米生长需要的各种微量元素,如:农家宝、中华大肥王、黄叶灵、活性锌等微肥,有突出、明显的抗旱、抗病、增产效果。

2.春玉米田深松碎秆全程覆盖技术

该技术与旱作春玉米免耕碎秆全程覆盖技术基本类似,在春玉米收获和秸秆粉碎后增加一次深松作业。

(1)工艺流程

玉米收割→秸秆粉碎→深松→(浅耙)→休闲免耕施肥播种→杂草控制→田间管理→收割。

(2)技术规程

①深松。玉米收割和秸秆粉碎后,上冻前应及时进行深松作业。深松的适宜时期为土壤含水量为 $15\%\sim20\%$。

②浅耙。选择性表土作业。如田间秸秆覆盖量少、冬季风少且小、深松质量高时,可不进行浅耙作业。若田间秸秆量大、冬季风多且大、深松质量差时,可通过浅耙将部分秸秆与土壤混合,减少覆盖率,改善地表状况。

③玉米收割、免(少)耕播种、杂草控制、田间管理等的作业工艺与免耕碎秆全程覆盖技术规程相同。

3.春玉米田免耕整秸秆全程覆盖技术

旱作春玉米免耕整秸秆全程覆盖技术是冬闲期整秸秆覆盖免耕与生育期整秸秆覆盖栽培相结合的耕作栽培技术。

(1)工艺流程

人工摘穗收割→压倒秸秆(人工或机械)→休闲→免耕施肥播种→杂草控制→田间管理→收割。

(2)工艺规程

①压倒秸秆。玉米收割后将秸秆压倒覆盖在地表,对土壤有良好的保护作用,冬季风大时也不易将秸秆吹走或集堆,同时,压倒覆盖的地方还有利于控制杂草。压倒秸秆的方式有人工踩倒或机械压倒两种。

②免耕施肥播种。免耕施肥播种作业的作业工艺与免耕碎秆覆盖模式相同。但要注意的是,播种时根据秸秆压倒方向播种,逆向播种会导致较大的堵塞。也可在春播前用秸秆粉碎机将玉米残茬粉碎后再播种。

③杂草控制田间管理与免耕碎秆覆盖技术相同。

15.1.2.3　灌溉地冬小麦—夏玉米秸秆覆盖保护性耕作模式

在黄土高原旱塬非充分灌区,灌溉水资源短缺,难以完全满足冬小麦—夏玉米一年二熟制高产需水要求,实行小麦—玉米二熟制秸秆覆盖保护性耕作是提高水资源利用效率、发展节水灌溉农业的必然选择。灌溉地保护性耕作的主要模式是在冬小麦和夏玉米收获后可留茬免耕秸秆覆盖复种玉米和回茬小麦,其冬小麦—夏玉米一年二熟制秸秆覆盖保护性耕作模式的工艺流程如下:

玉米收获→秸秆粉碎还田→回茬小麦施肥旋耕(免耕)播种→小麦大田管理→小麦收获(联合收割机等)→小麦秸秆覆盖→玉米免耕(旋耕)播种→夏玉米大田管理→玉米收获。

1.回茬小麦种植技术

(1)主要技术措施类型

回茬小麦种植技术包括碎秆覆盖免耕播种技术、碎秆覆盖旋播施肥技术、碎秆覆盖深松旋播施肥技术、立秆粉碎覆盖免耕施肥播种技术、立秆粉碎旋播施肥技术、联合摘穗碎秆旋耕(免耕)施肥播种技术6项由不同秸秆还田、施肥和播种方式组合而成的技术类型。

①碎秆覆盖免耕播种技术是前茬玉米收获时人工掰棒留秸秆,秸秆粉碎均匀覆盖地面,采用免耕施肥播种机一次性完成施肥和播种作业,施肥量占总施肥量的70%,小麦生育期根据苗情、降水、杂草和病虫害情况,及时追肥(占总施肥量的30%)、灌水、喷除草剂和防治病虫害。

②碎秆覆盖旋播施肥技术是前茬玉米收获时人工掰棒留秸秆,秸秆粉碎均匀覆盖地表,采用旋播施肥机一次性完成旋耕、施肥、播种等多项作业,生育期管理和碎秆覆盖免耕播种技术相同。

③碎秆覆盖深松旋播施肥技术是前茬玉米收获时人工掰棒留秸秆,在秸秆粉碎覆盖后,采用鹅掌式深松机间隔50 cm深松35 cm,也可采用秸秆粉碎深松机一次性完成秸秆粉碎和间隔深松两项作业,然后采用旋播施肥机一次性完成旋耕、播种、覆土、镇压等多项作业。

④立秆粉碎覆盖免耕施肥播种技术是在玉米人工掰棒后秸秆直立状况下,采用秸秆粉碎覆盖免耕施肥播种机,一次性完成秸秆压倒、切碎、开沟、施肥、播种、镇压等多项作业。

⑤立秆粉碎旋播施肥技术是在玉米人工掰棒后秸秆直立状况下,采用立秆粉碎免耕旋播机,一次性完成立秆压倒、切碎、旋耕、施肥、播种、覆土、镇压等多项作业(图15.7)。

⑥联合摘穗碎秆旋耕(免耕)施肥播种技术是采用玉米联合收获机摘穗并切碎秸秆覆盖地表后,采用旋播施肥机完成旋耕、施肥、播种、覆土和镇压等多项作业(图 15.8)或者采用免耕施肥播种机,完成开沟、施肥、播种、镇压等多项作业。

图 15.7　玉米碎秆状态下小麦旋播施肥作业　　图 15.8　玉米立秆状态下粉碎、旋耕、施肥和播种作业

（2）工艺流程

以碎秆覆盖免耕播种技术为例:玉米掰棒留秸秆→秸秆粉碎均匀覆盖→免耕、施肥、播种→追肥、灌水→喷除草剂、防病虫。

（3）技术规程

以碎秆覆盖免耕播种技术为例:

①收获作业。玉米收获采用人工掰棒留秸秆。

②粉碎秸秆。采用玉米秸秆除茬粉碎机,一次性完成玉米秸秆切碎和根茬粉碎作业,并将粉碎秸秆均匀覆盖地表。

③播种作业。采用免耕施肥播种机或免耕施肥穴播机,一次性完成松土、施肥、播种、覆土、镇压等多项作业。

④田间管理。生育期内根据苗情和降水适时追肥和灌水,用喷雾器喷洒除草剂等农药防治杂草和病虫。

2. 复种玉米种植技术

（1）主要技术措施类型

麦收后复种夏玉米种植技术包括硬茬施肥播种技术、碎秆带状覆盖免耕施肥播种技术、高留茬秸秆覆盖硬茬施肥播种技术、碎秆覆盖免耕施肥播种技术、碎秆覆盖旋播施肥技术 5 种不同技术类型。

①夏玉米硬茬施肥播种技术是前茬小麦收获时留茬 15～20 cm,并将联合收割机吐出的麦秆收集运出田间,然后采用硬茬施肥播种机一次性完成开沟、施肥、播种、覆土、镇压等多项作业,施肥量占总施肥量的 40%,玉米生长期适时追肥(占总施肥量的 60%)、灌溉,并根据农田杂草和病虫害情况,及时喷洒除草剂和杀虫剂等农药。

②碎秆带状覆盖免耕施肥播种技术是前茬小麦收获时留茬 20～30 cm,并将收割机吐出的麦草抛撒均匀,将播种带的残茬、秸秆粉碎抛至行间未粉碎带呈条状覆盖,并同时在没有秸秆覆盖的空带内开沟、施肥、播种,每带 2 行,施肥量占总施肥量的 40%;干旱时在两行玉米中间开沟,以利于顺沟灌水,土壤墒情好时可不留沟搂平;其他田间管理措施同硬茬施肥播种技术。

③高留茬秸秆覆盖硬茬施肥播种技术是前茬小麦收获时留茬 20～30 cm,并将收割机吐

出的麦草收集运出田间,在秸秆立茬状态下采用玉米免耕施肥播种机,一次性完成开沟、施肥、播种、覆土等作业。

④碎秆覆盖免耕施肥播种技术是前茬小麦收获时留茬 30～40 cm,并将收割机吐出的麦秆抛撒均匀,采用秸秆粉碎覆盖免耕施肥播种机,一次性完成秸秆粉碎、开沟、施肥、播种、覆土、镇压等多项作业。

⑤碎秆覆盖旋播施肥技术是在前茬小麦收获时留茬 30～40 cm,在立茬、浮秆状态下,采用玉米旋播施肥播种机,将秸秆压倒、切碎、旋耕、施肥、播种、覆土、镇压等多项作业。

上述 5 种夏玉米种植方式,除硬茬播种技术秸秆残茬覆盖量较少外,其他 4 种均具有较高的残茬覆盖量,具有较好的保墒降温作用,有利于玉米根系生长。

(2)工艺流程

以夏玉米硬茬施肥播种技术为例:

小麦收获时运回秸秆→硬茬开沟、施肥、播种→追肥、灌水→喷药除草、防病虫。

(3)技术规程

以夏玉米硬茬施肥播种技术为例:

①收获作业。采用小麦联合收割机收获小麦,留茬 15～20 cm,并将收割机吐出的麦草收集运回。

②播种作业。采用玉米硬茬施肥播种机一次性完成开沟、施肥、播种、覆土、镇压等作业。

③田间管理。生育期内根据苗情和降水适时追肥和灌水,用喷雾器喷洒除草剂、杀虫剂等农药,进行除草、防病虫。

15.1.3 生态效益与经济效益

15.1.3.1 生态效益

秸秆机械化还田技术既解决了大量剩余秸秆的出路问题,避免了秸秆因废弃霉烂和焚烧造成的大气、河流等环境污染,减少了由此引起的影响民航、铁路等交通障碍的弊端,又增加了土壤有机质含量,培肥了地力,土壤有机质年提高 0.017%、速效氮速效钾年提高 0.8%～1.2%;减少化肥施用量,避免过量施用化肥造成的农业生态环境的污染,形成良性的生态循环,促进农业可持续发展。通过近几年的努力,陕西附近的秸秆焚烧问题已基本得到解决,往日狼烟四起的局面基本得到了控制。同时,机械化秸秆还田技术在旱作农区实施,增加了土壤含水率,改良了土壤结构,使土质疏松,提高了土壤吸纳雨水的能力,休闲期贮水量增加 14%～15%、水分利用效率提高 15%～17%、减少径流损失 60%、土壤流失减少 80% 左右;最大限度地保存和利用了自然降水,使降水利用率由 30% 提高到 60% 左右。

西北农林科技大学在渭北旱塬合阳县冬小麦田夏闲期和春玉米田冬闲期不同保护性耕作方式土壤贮水效应试验表明,在 2007—2009 年冬小麦田夏闲期,免耕、深松较翻耕 0～300 cm 土层 3 年平均土壤含水率分别增加了 0.6 和 0.5 个百分点,平均贮水量分别增加了 24.2 mm 和 21.5 mm(图 15.9 和图 15.10),生育期内免耕、深松较翻耕处理 0～200 cm 土层 2 年平均土壤贮水量分别增加了 17.7 mm 和 14.4 mm。在 2007—2009 年春玉米田冬闲期,免耕和深松处理 0～200 cm 土层平均土壤贮水量分别较翻耕处理高 33.4 mm 和 31.1 mm,2 年玉米生育期免耕和深松处理平均土壤贮水量较翻耕处理高 36.3 mm 和 37.3 mm(图 15.11)。

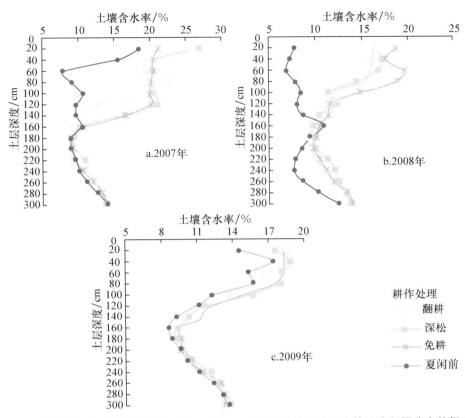

图 15.9 渭北旱塬冬小麦田夏闲始末 0～300 cm 土层不同耕作处理土壤湿度剖面分布特征变化

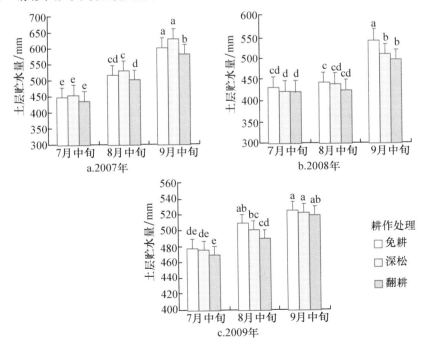

图 15.10 渭北旱塬冬小麦田夏闲期不同耕作处理 0～300 cm 土层土壤蓄水量变化

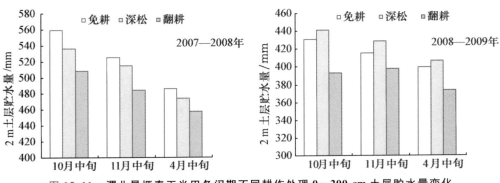

图 15.11　渭北旱塬春玉米田冬闲期不同耕作处理 0～200 cm 土层贮水量变化

15.1.3.2　经济效益

2007—2009 年西北农林科技大学在渭北旱塬合阳试验站,通过田间定位试验研究了冬小麦和春玉米田秸秆覆盖和还田保护性耕作措施及其与不同施肥处理组合的增产增收效应。在冬小麦田,以平衡施肥深松处理产量最高,两年平均产量高达 5 033.1 kg/hm²,较平衡施肥翻耕和平衡施肥免耕分别增产 5.5% 和 6.3%;以平衡施肥免耕经济效益最高,两年平均纯收益高达 5 553.7 元/hm²(表 15.1)。在春玉米田,平衡施肥深松处理组合产量和水分利用效率最高,两年平均产量和水分利用效率分别达到 10 341 kg/hm² 和 24.89 kg/(hm²·mm),平衡施肥免耕次之,以平衡施肥深松处理组合经济效益最好,两年平均纯收益达到 6 128.82 元/hm²(表 15.2)。

表 15.1　渭北旱塬冬小麦田不同施肥和耕作处理组合产量与经济效益效应比较

年份	处理	耗水量/ mm	产量/ (kg/hm²)	水分利用效率/ [kg/(hm²·mm)]	总投入/ (元/hm²)	产量收入/ (元/hm²)	纯收益/ (元/hm²)
2007—2008	平衡施肥免耕	443.1	5 996.0	13.5	2 376.29	9 953.28	7 576.99
	平衡施肥深松	416.0	6 373.1	15.3	3 051.29	10 579.26	7 527.97
	平衡施肥翻耕	427.0	6 016.8	14.1	2 901.29	9 987.85	7 086.56
	常规施肥免耕	441.6	5 268.8	11.9	2 461.20	8 746.13	6 284.93
	常规施肥深松	429.3	5 492.5	12.8	3 136.20	9 117.55	5 981.35
	常规施肥翻耕	417.6	5 352.7	12.8	2 986.20	8 885.48	5 899.28
	低肥免耕	420.8	4 907.9	11.7	1 479.10	8 147.11	6 668.01
	低肥深松	434.1	5 304.9	12.2	2 154.10	8 806.05	6 651.95
	低肥翻耕	428.4	5 099.4	11.9	2 004.10	8 464.92	6 460.82
2008—2009	平衡施肥免耕	281.9	3 476.8	12.3	2 484.40	6 014.78	3 530.38
	平衡施肥深松	273.8	3 693.0	13.5	3 159.40	6 388.89	3 229.49
	平衡施肥翻耕	261.0	3 520.8	13.5	3 009.40	6 090.98	3 081.58
	常规施肥免耕	284.6	3 132.8	11.0	2 461.20	5 419.66	2 958.46
	常规施肥深松	293.7	3 439.8	11.7	3 136.20	5 950.77	2 814.57
	常规施肥翻耕	297.4	3 304.5	11.1	2 986.20	5 716.79	2 730.59
	低肥免耕	288.8	2 633.0	9.1	1 479.10	4 555.09	3 075.89
	低肥深松	251.4	2 918.0	11.6	2 154.10	5 048.14	2 893.94
	低肥翻耕	272.0	2 795.3	10.3	2 004.10	4 835.78	2 831.58

(毛红玲,2010)

表 15.2　渭北旱塬春玉米田不同施肥和耕作处理组合产量与经济效益效应比较

年份	处理	生育期耗水量/mm	产量/(kg/hm²)	水分利用效率/[kg/(hm²·mm)]	总投入/(元/hm²)	产量收入/(元/hm²)	纯收益/(元/hm²)
2008	平衡施肥免耕	418.9	10 675.4	25.49	7 763.4	14 945.6	7 182.2
	平衡施肥深松	400.2	11 702.4	29.24	8 438.4	16 383.4	7 944.9
	平衡施肥翻耕	442.4	10 161.2	22.97	8 288.4	14 225.7	5 937.3
	无肥免耕	382.4	7 198.2	18.82	5 268.8	10 077.5	4 808.8
	无肥深松	345.9	8 210.4	23.74	5 943.8	11 494.5	5 550.6
	无肥翻耕	420.1	7 012.3	16.69	5 793.8	9 817.2	4 023.5
	常规施肥免耕	459.0	8 978.4	19.56	6 532.1	12 569.7	6 037.6
	常规施肥深松	384.5	9 986.2	25.97	7 207.1	13 980.9	6 773.8
	常规施肥翻耕	392.9	8 601.7	21.89	7 057.1	12 042.4	4 985.2
2009	平衡施肥免耕	416.6	8 236.7	19.77	7 763.4	11 696.1	3 932.7
	平衡施肥深松	437.5	8 979.2	20.53	8 438.4	12 751.1	4 312.7
	平衡施肥翻耕	436.3	8 021.4	18.38	8 288.4	11 390.4	3 101.9
	低肥免耕	411.4	5 877.8	14.29	6 516.1	8 346.4	1 830.4
	低肥深松	407.9	6 561.1	16.09	7 191.1	9 316.8	2 125.7
	低肥翻耕	406.7	5 855.6	14.40	7 041.1	8 314.9	1 273.8
	常规施肥免耕	392.0	7 169.3	18.29	6 532.1	10 180.5	3 648.3
	常规施肥深松	406.3	8 026.4	19.75	7 207.1	11 397.5	4 190.4
	常规施肥翻耕	415.1	6 968.9	16.76	7 057.1	9 895.9	2 838.8

（尚金霞，2010）

多年的试验示范表明，实施秸秆还田技术不仅可增加粮食产量 6%～15% 以上，而且由于逐步增加了土壤肥力，实现大面积的以地养地，促进粮食产量的持续增加。此外，机手可在农机作业中获得一定的收入。从秸秆还田机的作业情况来看，50 型拖拉机配套的秸秆还田机每年可作业 33.3 hm²，每公顷作业费 225～300 元，当年投资可收回成本见效益。秸秆机械粉碎还田的作业成本仅为人工还田作业成本的 1/4，而工效提高了 40～120 倍，节约成本和劳动力，又能增加粮食产量和农民收入。实施秸秆还田技术，无论从宏观上还上从微观上看，都具有较好的经济效益。

15.1.4　技术模式应注意的问题

（1）种子要精选。选粒大饱满适合当地气候条件的优良品种。

（2）秸秆应均匀覆盖于地面，以达到良好的保水效果，并防止影响以后的播种质量。

（3）表土作业均有除草作用，可以代替休闲期的一次化学除草。浅旋对土壤破坏较大，尤其会打死土壤中的蚯蚓，不符合保护性耕作少扰动土壤的要求，一般只能是缺乏其他表土作业手段时的一种过渡。深松不宜频繁进行。

（4）在采用机械施肥播种时要尽量选用颗粒肥料，防止因堵塞而导致漏播现象的发生。

（5）要加强田间管理及时查苗、补苗，及时除草。

15.1.5　适宜区域及推广现状与前景

旱地冬小麦秸秆还田覆盖保护性耕作技术模式适用于一年一熟小麦种植地区，年平均气温 12℃左右,0℃以上积温为 3 600℃以上,无霜期 180 d 左右,年降雨量 500～600 mm,土壤以褐土为主。旱地春玉米秸秆还田覆盖保护性耕作模式适用于一年一熟春玉米种植地区,年平均气温 7℃以上,大于 10℃以上积温为 2 900℃以上,无霜期 120 d 左右,年降雨量 500 mm 左右的地区。

陕西省在保护性耕作技术发展规划中提出,到 2010 年全省粮食作物保护性耕作栽培推广面积达 73.3 万 hm² 以上,占粮食作物总播种面积的 22%,占适宜推广面积的 30%;到 2015 年全省粮食农作物保护性耕作栽培推广面积达 133.3 万 hm² 以上,占粮食作物面积的 40%,占适宜推广面积的 60% 左右。与传统耕作栽培技术相比,保护性耕作栽培技术可实现每公顷节本增效 750～1 500 元,提高粮食单产 5% 以上。2007—2010 年累计新增推广面积 66.7 万hm²,可节约成本 5 亿元,增产粮食 1.3 亿 kg。至 2015 年累计新增推广面积 400 万 hm²,将节约成本 30 亿元,增产粮食 7.8 亿 kg。计划在陕北黄土丘陵区和渭北旱塬区重点推广春玉米和冬小麦保护性耕作栽培技术,规划期内年均推广面积 20 万 hm²,至 2015 年累计推广 180 万 hm²。

15.2 地膜覆盖保护性耕作技术模式

在以黄土高原为中心的半干旱区,自然降雨是农业生产的主要水分来源。黄土高原降水在下垫面的分配是:20%～25% 形成初级生产力,10%～15% 形成水土流失,60%～70% 形成无效蒸发。因此,在这个地区采取必要的保护性耕作措施,保住水,用好水,就成了核心任务。在黄土高原地区,地膜覆盖栽培已经广泛应用于各种大田作物,并且形成了覆膜穴播、垄盖膜际条播、旱地周年覆盖等多种技术模式。

15.2.1 形成条件与背景

以地膜覆盖为主的保护性耕作技术模式是指以地膜为主要覆盖物覆盖地面达到保温、增墒目的的保护性耕作模式。水分不足是黄土高原地区农业生产的主要限制因素,地膜覆盖栽培技术具有保墒、提墒以及稳定地膜内土壤水分效果的特点。覆盖地膜后,地膜将向上蒸发的水分阻挡在膜内,夜间遇冷空气后凝聚成小水滴,逐步返回土壤之中,这样形成了"蒸发—凝结—下渗—蒸发"的薄膜与土壤水分之间的水分液态循环,使耕层土壤水分明显提高。传统的保护性耕作能很好地增加土壤有机质,但由于大量的秸秆覆盖地表使土壤升温缓慢不利于春季作物的播种,在冷凉地区这种矛盾表现得更为突出。地膜能显著提高土壤温度的特性从一定程度上能够缓解这个矛盾,适应了生产的需要,从而促进了地膜覆盖技术在半湿润易旱区的推广和应用。

15.2.2 关键技术规程

15.2.2.1 冬小麦地膜覆盖栽培保护性耕作模式

1.冬小麦起垄覆膜沟播微集水种植技术

冬小麦起垄覆膜沟播栽培技术(图 15.12)是在夏闲期传统耕作基础上,在秋季冬小麦播种时用起垄覆膜沟播机,按照 60 cm 间距开沟起垄,垄上覆盖地膜,沟内种植小麦的一项具有集水、保墒、增温作用的冬小麦高产栽培技术,一般较传统露地条播小麦增产 30%~40%。

A. 田间作业

B. 覆膜沟播后地表状况

图 15.12 冬小麦起垄覆膜沟播技术

（1）工艺流程

选地整地→趁墒盖膜→播种→田间管理→收获。

（2）技术规程

①选地整地。选地势较平坦,土层深厚,肥力中等的田块,秋播整地时,施农家肥 45 000 kg/hm²,碳铵 750 kg/hm²,过磷酸钙 750 kg/hm²,并适量增施钾肥,整地要达到田平土细,无根茬,上虚下实,然后按 60 cm 一带间隔起垄,垄高 10~15 cm,垄成圆顶状,垄面无杂物、无大土块。

②趁墒盖膜。播前遇雨趁墒盖膜,采用 40 cm 宽,厚度 0.005~0.007 mm 的地膜,用量 45 kg/hm² 左右。起垄与盖膜要结合进行。膜两边要压实,同时垄上要压土,防止大风揭膜。

③适期播种。选择适合当地的品种,播期可比露地小麦适当推迟 5~7 d,播量 45~75 kg/hm²。一般每条沟内播种 2~3 行。采用小麦覆膜沟播机进行机械化作业时,可集起垄、覆膜和播种一次完成。

④田间管理。播种后要经常检查出苗情况,如出苗不好,要及时补种,对脱肥弱苗,结合墒情在冬前或早春追 75 kg/hm² 尿素,小麦生长后期,要喷施 0.3% 的磷酸二氢钾和 2% 尿素混合液、防止早衰,并及时防治病虫害。

⑤收获。在小麦成熟期抢时收获。

2. 冬小麦地膜覆盖穴播栽培技术

冬小麦地膜覆盖穴播栽培技术是在夏闲期传统耕作基础上,在秋季播种时用覆膜穴播机平覆地膜,膜上穴播小麦的一种地膜覆盖栽培技术,一般较露地条播小麦增产 20%~30%。

（1）工艺流程

选地整地→品种选择→施肥→选用机械→铺膜→播种→田间管理→收获。

（2）技术规程

①选地整地。在适宜区内尽可能选择地势平坦、土层深厚、底墒好、肥力中上等地块。前茬作物收获后及时灭茬、深耕、耙耱,做到深、细、平、净,以利于铺膜播种。

②品种选择。根据当地品种资源,选择中矮秆、抗病、抗倒、大穗大粒、增产潜力大的优良品种。播前种子处理,要求纯度达 98%,发芽率 95%,净度达 98% 以上。为防止地下害虫和

鼠害,应进行药剂拌种或种子包衣处理。

③施肥。一般比常规施肥量增加 20％以上,并补施钾肥。旱地小麦可一次性把有机肥、化肥底施,最好使用长效碳铵或涂层尿素。水浇地可把 2/3 氮肥作底施。

④机械选用。梯田和小块地宜选用人力单行或双行播种器,地势平坦的大地块可选用宽幅机引覆膜穴播机,可一次完成覆膜和穴播作业。

⑤铺膜。墒情好可及时铺膜播种;墒情差可提前铺膜保墒,适期播种;土壤湿度过大,应晾晒后再铺膜播种。

⑥播种。冬小麦播期比当地露地小麦的最佳播期推后 5～7 d,春小麦要提前 5～10 d 播种;播量应相应减少 10％左右。

⑦田间管理。护膜查苗,地膜小麦在铺膜播种后要随时检查膜边和膜孔的压土情况,遇漏压的膜边和破口要及时用土压实,防风揭膜。地膜春小麦全生育期浇水可减至 2～3 次。春小麦可在 4 叶 1 心至 5 叶 1 心时适当浇水补肥。无水浇条件的旱地小麦可喷施磷酸二氢钾或尿素水溶液,每隔 10 d 喷 1 次,连喷 2～3 次。地膜小麦一般要比露地小麦植株增高 10 cm,应注意防止倒伏。可在拔节初期用 20％壮丰安乳剂或 15％的多效唑粉剂 40～60 g,兑水喷洒防止倒伏。病虫草害防治,由于地膜覆盖后,水势条件较好,病虫害有提前或加重的趋势,应及时进行防治。

⑧收获。地膜小麦一般比露地小麦较早成熟,要根据小麦的实际生长情况和天气情况抢收小麦。小麦收后要及时清除残膜,防止地膜污染农田。

15.2.2.2 春玉米地膜覆盖栽培保护性耕作模式

1. 春玉米起垄覆膜(垄上播种)栽培技术

春玉米起垄覆膜(垄上播种)栽培技术是在冬闲期传统耕作基础上,按照 120 cm 间距开沟起垄覆膜,在垄上膜面播种玉米的一项增温、保墒、高产栽培技术,可增加地温 1.1～3.5℃,较传统露地平作玉米增产 30％～40％。

(1)工艺流程

准备土地→准备种子→准备地膜→播种与覆膜→田间管理→收获。

(2)技术规程

①准备土地

A. 选地。前茬以豆类、绿肥、马铃薯、苜蓿翻耕地、休闲地为上茬,麦类、谷子、棉花、高粱次之。瘠薄地、坡地、保肥保水性能差的沙土地及芦苇多的地块不宜覆膜栽培。

B. 深耕与冬灌。前作物收获后及时深耕,耕深 20～25 cm。山旱地耕后耙平耱细,保墒过冬;川水地封冻前进行冬灌。每公顷灌水量 1 050～1 200 m^3。

C. 播前耕作。川水地,早春镇压,耙耱保墒,播前结合施基肥浅耕一次,耕深 15～18 cm,耕后及时耙耱;山旱地,春季不宜耕翻,早春顶凌和雨后及时耙耱保墒。

D. 土壤处理。金针虫、蛴螬等地下害虫严重的地块,每公顷用 75％辛硫磷 3.75 kg 或 40％甲基异柳磷 7.5 kg 掺细土 300 kg,结合播前耕作施入土壤。杂草危害严重的地块,每公顷用 48％甲草胺(拉索)乳剂 1.5～3.0 kg,兑水 750 kg,地面喷洒,结合播前耕作施入土壤,可有效地防治单子叶杂草,并能兼除阔叶杂草。

E. 施基肥。每公顷施有机肥料 30 000～75 000 kg。川水地每公顷施磷肥(P_2O_5)102～139.5 kg;山旱地每公顷施磷肥(P_2O_5)64.5～102.0 kg。

②准备种子

A. 选用丰产、优质、熟期适宜、抗本产区主要病害的优良杂交种;B. 种子精选,选粒大饱满的种子;C. 种子的处理有两种方法可供选择,晒种即在播前 2～3 d 在太阳底下进行晒种;D. 拌种,即选用一定的农药与种子进行混拌的方法,通常选用 50% 辛硫磷、40% 甲基异柳磷或 50% 甲胺磷等农药按子重量的 0.2% 拌种,防治地下害虫和鸟兽为害;土壤缺锌时,可用锌肥拌种。

③准备地膜

选用幅宽 60～80 cm,厚度 0.005～0.008 mm 的普通聚乙烯薄膜。每公顷用量 45～60 kg。

④播种与覆膜

A. 施种肥。川水地每公顷施纯氮(N)19.5～27 kg;山旱地每公顷施纯氮(N)18.0～28.5 kg 作种肥。施于窄行内深 10 cm 的土壤中。切忌肥料与种子混施。B. 先播种后覆膜。根据行株距画线,人工沿窄行线开沟按株距点种或在窄行线上挖穴点种,每穴 2～3 粒,播深 5～6 cm,播后刮平地面,于播种行外侧开沟覆膜。C. 先覆膜后播种。比预定播期提前 3～5 d,按计划行距画线,人工在窄行线外侧开沟覆膜。以规定的株距用点种器或人工穴播两行玉米,行距 40 cm,每穴 2～3 粒,播深 5～6 cm,播后用细土封严地膜孔口。D. 机械化覆膜播种:采用玉米覆膜播种机可一次完成起垄、覆膜和穴播玉米作业,比较省时省工,覆膜播种质量较高。一般种植带型 120 cm,沟垄相间,宽度均为 60 cm,垄高 15 cm,用 80 cm 宽地膜覆盖垄面,垄面两边各种 1 行玉米,行距 50 cm,大行距 70 cm,形成宽、窄行种植模式。

⑤田间管理

A. 查田护膜。播种后经常到田间检查,发现漏覆、破损要及时重新覆好,用土封住破损处。B. 破膜放苗与补苗。开始出苗时要及时破膜放苗,用细土封严苗眼。缺苗时结合间苗,带土起苗,坐水移栽。C. 间苗与定苗。3 叶期间苗,5～6 叶期定苗。一般每公顷留苗 45 000～52 500 株为宜。D. 除草与去蘖(打杈)。破膜和苗眼处的杂草及时清除干净,压好苗眼及破损膜。当幼苗产生分蘖时,应及时掰去。E. 人工辅助授粉。玉米花期遇高温和干旱,花粉量不足,或雌雄穗花期相遇不好时,可进行人工辅助授粉。F. 施追肥。川水地在拔节期每公顷追施纯氮(N)93.0～127.5 kg;大喇叭口期(雌穗小花分化期),每公顷追施纯氮(N)171.0～231.0 kg;山旱地在拔节期每公顷追施纯氮(N)162.0～255.0 kg。结合灌水或雨前在株间用机具打孔或用小铲挖穴施入,施后覆土,压好地膜破口。

⑥收获　进入成熟期及时收获、晾晒、脱粒。当籽粒含水量达 14% 以下,入库贮藏。

2. 春玉米起垄覆膜(膜侧播种)微集水种植技术

春玉米垄上膜面栽培技术的增温保墒效果虽好,但存在田间培土和施肥不便,后期地温过高导致玉米生长早衰,降水集蓄效果较差等弊端,增产效果受到影响。为此,又提出了"春玉米起垄覆膜(膜侧播种)微集水种植技术",采用 120 cm 带型,起垄宽 50 cm,沟底宽 70 cm,垄上覆盖地膜,膜的两侧种植玉米,距离膜边 4～5 cm,形成 60 cm 等行距种植模式。该模式具有集水保墒效应,使膜面小量降水集聚于玉米种植沟内,有效提高降水利用效率,降低了覆膜高温危害机会,一般较垄上膜面栽培增产 10%～15%。其技术工艺流程和技术体系类似于膜上栽培方式,只是采用玉米起垄覆膜膜侧半精密播种机在沟内膜侧播种,形成了春玉米微集水种植模式。

15.2.3 生态效益与经济效益

15.2.3.1 生态效益

2003—2004 年西北农林科技大学在陕西乾县实施了旱地冬小麦机械化保护性耕作技术的蓄水增产效果试验研究。结果表明,留茬覆盖深松膜侧沟播技术的农田效应、增产效果和水分利用效率最好,其次是留茬深松秸秆全程覆盖技术和留茬免耕秸秆全程覆盖技术。留茬覆盖深松膜侧沟播技术能融"深松深层贮水效应"、"秸秆覆盖保水增肥效应"和"起垄覆膜沟播聚水、保水、增温、透光效应"于一身,可显著改善旱地麦田水、肥、气、热环境条件;与传统耕作比较,该模式在夏闲期可多贮水 84.4 mm,蓄水率提高 18.2%,小麦生育期水分利用效率达到 15.56 kg/(hm² · mm),增产 40.6%,是陕西渭北及同类地区旱地小麦高效利用自然降水、实现高产稳产的最佳模式选择(表 15.3)。

表 15.3　渭北旱塬旱地冬小麦不同保护耕作模式水分利用效率比较

处理	经济产量/(kg/hm²)	夏闲期 0~2 m 土层新增蓄水量/mm	播时 0~2 m 土层贮水量/mm	收时 0~2 m 土层贮水量/mm	生育期降水量/mm	总耗水量/mm	水分利用效率/[kg/(hm² · mm)]
传统耕作	5 200.5	195.0	476.3	275.9	223.2	423.6	12.28
免耕覆盖	5 583.0	222.4	503.7	284.7	223.2	442.2	12.63
深松覆盖	6 084.1	279.4	560.7	308.3	223.2	475.1	12.81
膜侧沟播	7 311.0	279.4	560.7	313.9	223.2	470.0	15.56

15.2.3.2 经济效益

地膜覆盖技术具有增温、保墒调水等效果,可以大幅度提高作物的经济产量,即使在作物受干旱和早霜冻的情况下,仍可获得较好的产量。在渭北旱塬对小麦地膜覆盖研究表明,1997年膜上穴播和膜侧沟播较露地条播分别增产 12.9%和 36.3%;1999 年膜上穴播和膜侧沟播较露地条播分别增产 22.3%和 40.1%。粮食的增产不仅解决了旱区农民的吃饭问题,也提高了农民的收入。据统计,1989 年以来,陕西省已累计推广地膜玉米 187.25 万 hm²,增产粮食 26.81 亿 kg,解决了 1 229.76 万人次的吃饭问题;2000 年陕西省收获地膜小麦 26.71 万 hm²,每公顷增产 1 173 kg,全省新增粮食 3 亿 kg。

15.2.4 技术模式应注意的问题

15.2.4.1 防止早衰

地膜作物发生早衰导致产量下降的原因在于:地膜覆盖促进了根系生长,作物(主要指小麦或玉米)苗期生长过旺,土壤水分消耗过快,同时后期降水不足,导致生长后期水分严重不足,产量下降;在地膜覆盖条件下,在作物生长的中期土壤肥料分解速度快、利用率高,而后期肥料补充不足,引起早衰现象。这时,应注意增施有机肥,最好做到全层施肥,并增施适量的磷、钾肥。黄土高原为中心的半干旱地区,由于土壤瘠薄、降水较少、蒸发强、管理粗放,因此极易发生早衰现象。因此,为防止早衰,要做到深耕细耙,增施有机肥,适时、适量补灌,加强后期的肥水管理,注意氮、磷、钾的配比;采取以水调肥、以肥调水的措施,必要时对作物生长进行调节和控制,防止前期"猛长";合理安排营养面积,不能过度密植,保证群体通风和受光,并要采取适期揭膜的措施。

15.2.4.2 提高压膜质量

在风大的地区可以采用间隔1~2 m的距离在地膜上压一溜土的方法,另外要勤检查地膜,尤其是在覆膜后的一两天内,如发生大风天气要及时将刮起的地膜压好。

15.2.4.3 采用机械覆膜的方法必须注意以下操作事项

(1)开始铺膜时,应将机具置于地头、埂边、摆正方向、然后拉长地膜、缓缓放下铺膜机,并将膜边压在压膜轮下,液压手柄放在浮动位置。

(2)牵引式铺膜机起车要缓,以免拉断地膜。机车行进速度要均匀,一般控制在3~5 km/h。

(3)机组作业中途尽量减少停车,更不得倒车、转急弯。机手发现质量问题应及时处理。

(4)地头转弯时,带打药机的机组应先关闭打药机,提升机具后方可转弯。

(5)大风天作业,应将挡土板调好后固定、防止土被风刮到膜面上,有打药装置的铺膜机应设法遮挡,防止药液漂移。

15.2.4.4 注意残膜回收和使用可降解膜,防止地膜覆盖造成"白色污染"

地膜覆盖栽培的聚水、保墒、增温和增产效果明显,但大范围地膜覆盖栽培造成的地膜残留污染现象日趋严重,引发了"白色污染",破坏了农田环境。要及时清除和回收农田残留地膜,并集中处理和再加工利用,不要随意将残膜遗留在田间地头,防止大风刮起残膜飞扬。要积极开发和使用可降解地膜,减轻地膜污染危害。

15.2.5 适宜地域及推广现状与前景

我国北方半干旱偏旱区耕地面积166.5万 hm²,半干旱区耕地面积1 576.2万 hm²,均以旱作为主,受干旱影响,作物生产力低下,降水利用率不高。该地区主要特点是降雨量少,通过地膜覆盖技术的应用,可以最大程度地利用有限的降水资源。地膜覆盖技术是一项高投入、高产出的农业栽培技术,可以大幅度提高作物的产量,改善农田生态环境。结合多样化地膜覆盖技术和播种技术,进一步完善和保证作物品种、播期、播量、植株密度、施肥技术、病虫害防治、田间杂草防除等高产栽培技术的同步到位,同时大力推广集水补灌技术,遵循因地制宜的原则,不同地势、地貌和降水条件采取不同的地膜覆盖方式和其他保水、集水、节水措施,如甘肃"121工程"、宁夏"窖灌工程"、内蒙古"112工程"和陕西"甘露工程"已形成具有区域特色的旱区农业模式。随着地膜覆盖栽培技术试验示范工作的进一步开展,其表现出来的增温、保墒、高产效果被越来越多的干部群众认可,为地膜覆盖技术的推广带来了新的机遇。为了保证农业生态统的可持续生产,普通地膜的回收、渗水地膜与可降解地膜的研制和应用以及其他覆盖栽培推广的工作应深入开展,并进一步提高机械化程度。

15.3 全程微型集水两元覆盖技术

20世纪90年代,根据黄土高原降水资源的特点和降水在地面的再分配规律,西北农林科技大学提出了在夏闲期经深耕耙耱整地后,按一定的间距开沟起垄,垄上覆盖地膜,沟内覆盖麦草,同时,小麦生长期内仍然保持微型集水两元覆盖方式的旱地冬小麦和玉米保护性耕作技术模式。

15.3.1　形成条件与背景

传统秸秆还田覆盖保护性耕作模式在夏闲期有较好的蓄水、保水和防止水土流失的效果,但由于残茬覆盖量有限,加之残茬的保水效果差,在漫长的冬季不能将蓄存于土壤中的水分有效地保存,而且降低了地温,因而其增产效果受到很大限制。目前在陕西推广应用的地膜覆盖技术虽然能提高旱地小麦产量,但无论是甘肃的"膜上穴播"模式还是山西的"膜侧沟播"模式,都只是在小麦播种时才进行覆膜不能把夏闲期占小麦整个生产年度50%左右的降水最大限度地蓄留、保墒,最终因底墒不足,使地膜覆盖的增产效果也不能充分发挥。鉴此,西北农林科技大学针对黄土台塬区降水量少、季节分布不均、年际间变幅大且多大雨、暴雨的特点和大面积土壤比较瘠薄的实情,在过去试验研究的基础上集"深松深层蓄水效应"、"残茬覆盖保水保肥效应"和"膜侧沟播聚水保墒增温效应"于一体,取长补短,组成全程微型聚水两元覆盖技术。一方面,它能够像传统的保护性耕作体系一样,有效地增加土壤有机质;另一方面,它又克服了传统秸秆还田覆盖保护性耕作在冷凉地区土壤温度低的缺点。

15.3.2　关键技术规程

15.3.2.1　冬小麦全程微型集水两元覆盖技术模式

冬小麦全程微型集水两元覆盖技术是依据渭北旱塬降水资源特点和降水分配规律,于夏闲初经深耕耙糖整地后,按一定间距开沟起垄,垄上覆盖地膜,沟内覆盖麦草,同时小麦生长期仍保持微型集水两元覆盖方式的一项旱地冬小麦高产高效栽培技术。该模式在夏闲期和生长期微型集水基础上,将地膜覆盖和秸秆覆盖有机结合,能最大限度在土壤中蓄积和保存有限降水,改善土壤温度条件,促进冬小麦生长,一般较传统种植技术可增产50%以上。

1. 工艺流程

前茬小麦收获→深翻精细整地→等距离开沟起垄覆膜→沟内筑埝盖草→播前沟内施肥整地→沟内条播或垄上穴播→田间管理→收获。

2. 技术规程

(1)深翻精细整地。前茬小麦收获后,及时深翻20～22 cm以上,耕后耙糖,精细整地,使土壤达到细碎绵软,无根茬,无土块。

(2)起垄覆膜。整地后,按50 cm间距用机引起垄覆膜,垄、沟宽各50 cm,垄高15 cm,垄体光平,垄顶呈低半圆形。在起垄时,将所需的肥料的1/3均匀施于垄下。缓坡地沿等高线进行,以拦截径流,减少水土流失。在机引起垄的同时,膜面每隔3～4 m压一条土带,以防大风将膜刮起。地膜用宽80 cm、厚0.008 mm的超薄地膜。

(3)筑埝盖草。起垄覆膜后,为防止降水径流在沟内流动,每隔2～3 m在沟内修筑横埝,促进降水就地入渗。最后,在沟内覆盖碾碎的麦草,每公顷3 000～3 750 kg,并在麦草上撒土,防止被风吹起。

(4)品种选择。应选择适合当地条件的冬性较强、抗倒伏、抗病害、大穗、大粒高产优质的中矮秆品种。

（5）播前准备。秋季临播种前，将沟内未腐烂的麦草搂到地边，然后将所需 2/3 的肥料全部施入沟内，用锄深锄，使肥土相混合，最后耙平地面。若肥料是尿素或二铵，可用 3 行条播机进行深施，施前最好先中耕松土一次。施肥量根据地力和产量来定，在陕西渭北降水正常年份 6 000～6 750 kg/hm² 的小麦地，每公顷施纯氮 150～180 kg、五氧化二磷 120～150 kg。

（6）精细播种。施肥整平沟面后，用条播机播种，每沟种小麦 3 行；垄上地膜不揭，用双行小麦穴播机播种，每垄种小麦两行。沟内条播的播种期应在当地小麦播种的最适期，垄上穴播应较沟下晚 2～3 d。播种量为 135～150 kg/hm²，沟内条播后，又将麦草覆盖于地面上。

（7）田间管理。垄上穴播小麦，发现错位压苗的，要用小铁丝掏出压在膜内的幼苗；冬春季节，严禁牲畜进地践踏和啃食麦苗；有杂草危害时，可用除草剂或人工中耕清除；小麦生育期发现病虫害应及时防治。

（8）收获。在小麦成熟期抢时收获，防止因降雨影响收获质量。

15.3.2.2　春玉米两元带状膜侧种植技术模式

旱作春玉米两元带状膜侧种植技术是将"冬闲期免耕整秸秆覆盖"和"生长期秸秆、地膜间隔带状两元覆盖"相结合，取长补短而组成的一项旱作春玉米高产高效栽培新技术，组合了秸秆覆盖降温保墒效应和地膜覆盖增温保墒效应，使农田水、肥、气、热条件得以协调和改善，增产增收效果显著。旱地春玉米产量可达 10 500～12 000 kg/hm²，较传统露地玉米栽培技术增产 40%～50%，较秸秆带状全程覆盖技术增产 20%～30%。

1. 工艺流程

前茬玉米收获时留秸秆→秸秆整株压倒覆盖→免耕作→秸秆除根粉碎覆盖→碎秆带状分离、旋耕、施肥、整地→起垄覆膜膜侧播种→追肥、除草、防病虫→收获。

2. 技术规程

（1）倒秆免耕。秋季前茬玉米收获时，掰穗后秸秆遗留田间，趁秸秆青绿将秸秆压倒均匀覆盖地面，一般 1 hm² 秸秆覆盖 1 hm² 地面。秸秆覆盖后直至翌年春播前不再进行任何土壤耕作。

（2）冬春管理。冬闲期覆盖秸秆，既要防止牛羊啃吃，又要防止人为放火焚烧。

（3）碎秆覆盖。春季临播前，用秸秆除根粉碎机将平铺地面的秸秆粉碎，除掉根茬粉碎，并均匀平铺覆盖地表。

（4）带状分离。采用秸秆带状分离旋耕施肥整地机按照模式要求进行秸秆带状分离、施肥和旋耕整地作业，即将播种行的碎秆抛至行间，宽约 50 cm，空出 70 cm 空带进行旋耕。分层施肥并平整压实地面。

（5）施足肥料。有秸秆覆盖可以不施有机肥。化肥每公顷施纯氮 225～270 kg/hm²、五氧化二磷 120 kg/hm²。氮肥 60% 做基肥，磷肥全部做基肥。结合带状分离旋耕时采用分层施肥方法，第 1 层施肥深度 8 cm，约占基肥总量的 30%，第 2 层施肥深度 15 cm，约占基肥总量的 70%。

（6）品种选择。旱地春玉米宜选用耐旱、抗病、品质优良、增产潜力大的中晚熟品种，如豫玉 20 号。

（7）规格播种。在碎秆带状分离旋耕施肥整地后，为了保墒应及时用机引玉米起垄覆膜沟播机在空带内按照模式要求一次完成起垄、覆膜、膜侧播种、覆土、镇压等作业。采用带型120 cm，起垄高度8～10 cm，垄上覆盖地膜，紧贴垄膜两边各穴播1行玉米，形成窄行50 cm，宽行70 cm，播种穴距35 cm，每公顷4.8万穴，保苗4.2万～4.5万株。

（8）田间管理。播种后及时检查，对漏压破损地膜用土压严封实。及时定苗，缺苗断垄的两头或一边留双苗，以保证株数。行间有杂草时，可用除草剂清除或人工锄草。生育期追施尿素200～240 kg/hm²，在拔节期距苗10 cm处挖穴深施。生育期若有病虫发生，可选择适宜药剂防治。

15.3.3 生态效益与经济效益

15.3.3.1 生态效益

在黄土高原旱塬区，由于干旱、无霜期短而严重影响春玉米产量。旱地春玉米二元覆盖模式把秸秆覆盖的降温保水效应和地膜覆盖的聚水、保水、增温效应相统一，玉米种在膜侧既保证播种、出苗和生长对水分的需求，又可满足幼苗健壮生长对热量的需要。

2002—2004年西北农林科技大学在陕西黄陵县研究了旱地春玉米二元覆盖保护性耕作模式的蓄水增产效应。在冬闲期间，传统耕作、碎秆覆盖免耕和倒秆覆盖免耕等三种不同耕作模式的蓄水保墒效果差异明显，以倒秆覆盖免耕的保墒效果最好，碎秆覆盖免耕次之，传统耕作最差（图15.13和表15.4）。在生育期间，采用机械将玉米秸秆整秆压倒覆盖免耕，在种植前带状起垄覆膜，膜侧播种，行间秸秆覆盖。这种方法较传统露地深翻模式相比，具有明显的蓄水保墒、增高地温和提高产量的效果。垄上膜下的温度最高，膜侧次之，行间秸秆下最低，与传统露地平播模式比较，垄上膜下一般高2～3℃，膜侧一般略高或相当，而行间秸秆下一般低1.5～3.0℃。

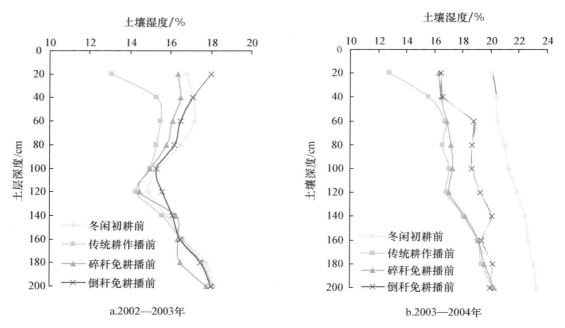

a.2002—2003年　　　　　　　b.2003—2004年

图15.13　渭北旱塬旱地春玉米冬闲期不同耕作方式的蓄水保墒效应

表 15.4 渭北旱塬旱地春玉米冬闲期不同耕作方式土壤贮水量比较 mm

土层深度/cm	2002—2003 年				2003—2004 年			
	冬闲初	冬闲末播前			冬闲初	冬闲末播前		
	耕前	传统耕作	碎秆免耕	倒秆免耕	耕前	传统耕作	碎秆免耕	倒秆免耕
0～100	229.1	202.3	216.8	225.9	283.6	216.5	230.2	245.2
100～200	233.8	229.6	228.2	232.4	317.8	262.4	264.6	277.2
0～200	462.9	431.9	445.0	458.3	601.6	478.9	494.8	522.4
播前较耕前增减	—	-31.0	-17.9	-4.6	—	-122.5	-106.6	-79.0

2007—2009 年西北农林科技大学在陕西合阳县研究了旱地冬小麦二元覆盖保护性耕作模式的蓄水增产效应(表 15.5)。研究表明,2007—2008 年度小麦产量以 DM+JG(垄上塑料地膜+垄间秸秆)的最高,为 4 822.38 kg/hm^2,较对照增加 40.21%,DM+YM(垄上塑料地膜+垄间液态地膜)较对照增加 29.92%,DM+BU(垄上地膜+垄间不覆盖)较对照增加 26.91%。水分利用效率以 DM+JG 最高,达 14.43 kg/(hm^2·mm),较对照增加 35.21%,DM+YM 次之,达 13.72 kg/(hm^2·mm),较对照增加了 28.55%,DM+BU 最小,为 13.08 kg/(hm^2·mm),各处理与对照差异达显著水平,处理间差异不显著。耗水量以 DM+JG 最大,为 334.27 mm,相对于对照高了 12.04 mm,DM+BU 的最小,达 325.79 mm。2008—2009 年度 DM+JG、DM+BU、DM+YM 的产量分别较对照增加了 38.86%、33.88% 和 35.00%。各处理的水分利用效率以 DM+JG 最高较对照增加 26.80%,DM+YM 次之,DM+BU 最小,各处理与对照间差异显著。从两年的平均值可以看出,DM+JG 的产量和水分利用效率最高,DM+YM 次之,DM+BU 最小。总体来看,DM+JG 起到了很好的抑蒸保墒的作用,改善了土壤的水分状况,提高了水分利用率,提高了产量,DM+YM 处理也提高了水分利用效率,但效果不如 DM+JG 明显。

表 15.5 冬小麦生长期内不同处理籽粒产量及降雨水分利用效率

年份	处理	产量 kg/hm^2	土壤贮水量/mm		耗水量 /mm	水分利用效率/ [kg/(hm^2·mm)]
			播前	收获后		
2007—2008	DM+BU	4 365.95	353.20	225.18	333.62	13.08
	DM+JG	4 822.38	353.20	224.53	334.27	14.43
	DM+YM	4 468.45	353.20	233.01	325.79	13.72
	CK	3 439.37	353.20	236.57	322.23	10.67
2008—2009	DM+BU	3 639.67	291.65	250.26	316.49	11.50
	DM+JG	3 775.14	281.60	249.78	306.92	12.30
	DM+YM	3 670.10	282.97	252.23	305.84	12.00
	CK	2 718.57	281.98	276.82	280.26	9.70
两年平均	DM+BU	4 002.31	322.43	237.72	32.06	12.29
	DM+JG	4 298.76	317.40	237.15	320.60	13.36
	DM+YM	4 069.28	318.09	242.62	315.81	12.86
	CK	3 078.97	317.59	256.70	301.25	10.19

(刘艳红,2010)

15.3.3.2　经济效益

上述试验研究结果表明,2003 年以倒秆膜侧模式的籽粒产量最高,较传统露地模式增产 49.8%;碎秆露地、倒秆露地模式产量水平相当,分别较传统露地增产 18.4%和 21.7%。2004 年,也以倒秆膜侧模式的籽粒产量最高,较传统露地模式增产 48.2%;碎秆露地和倒秆露地二 模式产量水平相近,分别较传统露地增产 19.5%和 21.9%(表 15.6)。

表 15.6　渭北旱塬不同耕作方式旱地春玉米产量及经济效益比较

| 处理 | 年份 | 生物学产量/(kg/hm²) | 籽粒产量/(kg/hm²) | 籽粒产量较传统露地增产 | | 产值/(元/hm²) | | 费用/(元/hm²) | 收入/(元/hm²) | 较传统露地增加产值 | |
				kg/hm²	%	秸秆	籽粒			元/hm²	%
传统露地	2003	16 477.4	7 662.0	—	—	1 763.1	9 194.4	3 035.0	7 922.5	—	—
	2004	17 098.7	7 797.0	—	—	1 860.3	8 365.4	3 035.0	8 181.7	—	—
碎秆露地	2003	18 476.6	9 072.0	1 410.0	18.4	1 880.9	10 886.4	4 685.0	8 082.3	159.8	2.0
	2004	19 019.4	9 319.5	1 522.5	19.5	1 939.9	11 183.4	4 685.0	8 438.4	256.7	3.1
倒秆露地	2003	18 279.4	9 322.5	1 660.5	21.7	1 791.4	11 187.0	4 610.0	8 368.4	445.9	5.6
	2004	18 825.7	9 507.0	1 710.0	21.9	1 863.7	11 408.4	4 610.0	8 662.1	480.4	5.9
倒秆膜侧	2003	21 261.2	11 481.0	3 819.0	49.8	2 042.4	13 874.4	5 165.0	10 751.8	2 570.1	31.4
	2004	21 774.0	11 562.0	3 765.0	48.2	1 956.0	13 777.2	5 165.0	10 568.2	2 645.7	33.4

2003 年、2004 年两年度的增收效益表现出同一趋势,均以倒秆膜侧模式的增收效果最大, 平均较传统露地每公顷增收 2 607.9 元,增收率达 32.4%;而碎秆露地和倒秆露地二模式较传 统露地每公顷分别增收 208.3 元和 463.2 元,增收率分别为 2.6%和 5.8%。

15.3.4　技术模式应注意的问题

(1)农田微集水技术的增产、增收效益受带型、茬口和降水年型的不同影响,其中在窄带 型、豌豆茬地增产效果显著,在今后的实施中,除采用窄带型外,应尽可能选用全休闲或半休闲 地,避免使用秋茬地。

(2)垄沟所占比例应根据不同的降雨条件确定,在水分条件较差的地区应加大垄宽增强田 间集水能力;在水分条件较好的地区,以保证个体发育的需要为前提,适当减小垄面宽度以扩 大种植区面积,通过增加群体数量进一步提高产量。

15.3.5　适宜区域及推广现状与前景

二元覆盖是垄盖膜、沟盖草的一种全覆盖技术,适合于黄土旱塬沟壑区旱地作物栽培。 田间试验结果表明,此项技术除兼有地膜覆盖与秸秆覆盖二者之优点外,还具有缓减土壤 温度变化、全面覆盖、保证入渗、抑制蒸发之特点,同时还可实现秸秆还田、培肥地力之目 的。试验表明,两种覆盖材料相间对地表形成全"封闭"处理,从秋收到第 2 年春播经过秋、 冬、春长达 3 个季节近半年时间的地表保护,防止了秋、冬、春大气干旱对土壤表层水分的 无效蒸发。特别是春季到来,随着气温上升,大风吹刮的扫荡,使土壤耕层更加严重的失水 现象得到控制。在北方旱地降水量少的情况下,这种蓄住天上水,保住地下墒的覆盖方式, 使自然降水得以跨越时空的协调利用,是北方干旱地区解决作物生长受水分制约的一项有效的方法之一。

15.4　果园保护性耕作技术模式

黄土高原南部旱塬区是我国种植面积和总产量最大的优质苹果生产基地,苹果生产重点基地县已近 70 个,果园总面积超过 110 万 hm²,重点县果园面积已占总耕地面积的 30%～70%。果园保护性耕作技术模式是指采用免耕和深松技术,减少果园土壤翻耕,在地表增加秸秆、地膜和生草等覆盖物,实现蓄水保墒和培肥地力的果园土壤管理技术。与传统的果园耕作技术模式相比,果园保护性耕作技术模式增加了地表覆盖物,有效减少了对土壤的扰动。

15.4.1　形成条件与背景

传统果园土壤清耕管理模式是指在果树生长季节实施翻耕后多次中耕,以消灭杂草和保持地面洁净,缓解杂草与果树争水争肥,消灭病虫潜伏场所,促进土壤有机质矿化。但长期清耕会导致果园土壤有机质消耗,不利于土壤结构改善;果园行间地面裸露,土壤水分蒸发强烈,容易引发水土流失,导致果园土壤肥力退化,不利于果园优良小气候的形成;最终需要增加化肥施肥量才能维持果园产量,容易引起果品质量下降,品质变劣。果园保护性耕作技术模式可以通过果园免耕和深松后覆膜、覆草和生草覆盖技术,有效减少水土流失和土壤水分蒸发,有效增加土壤养分,形成良好田间小气候,建立适宜黄土高原旱塬区的果园土壤管理模式。近年来,在黄土高原地区形成了以覆草、覆膜和生草覆盖技术为主的一系列果园保护性耕作技术模式,既减少了耕作对土壤的扰动,又提高了土壤肥力。

15.4.2　关键技术规程

15.4.2.1　果园生草覆盖免耕技术模式

果园生草覆盖免耕技术模式是指在果树行间或全园(树盘除外)种植草本植物作为覆盖的一种果园土壤管理制度,是目前果树生产发达国家广泛应用的一种土壤管理制度。

1.工艺流程

选择草种→深翻果园→播种→果园生草管理(生草覆盖地表后免耕)→翻压。

2.技术规程

(1)选择草种。可选择白三叶草、小冠花、扁茎黄芪等与果树争水、争肥矛盾小,矮生匍匐或半匍匐,不影响果树行间通风透光,青草期长,生长势旺,耐刈割的多年生草种。

(2)深翻果园。播种前每公顷施钙镁磷肥 750 kg、有机肥 30～45 t,将果园深翻,精细整地,待墒情较好时播种。

(3)播种。春、夏、秋季均可播种,以春秋季雨后土壤墒情好时播种最佳。地温 15～20℃时出苗最好。宜采用条播,行距 20～30 cm,播种深度 1～2 cm,播种带须在果树行间中央,株间须视其树龄大小留出 1～2 m 的清耕带。成年果园应用较多的是带状生草,即果树行间有生草带,如 3 m×5 m 定植的果园,5 m 的行间有 2～2.5 m 的生草带,果树行内(株间)用免耕法。幼年果园应用较多的是全园生草覆盖,果树长大形成树冠后,全园生草也渐成带状生草,顺其自然。3 m×5 m 定植的果园,2～2.5 m 生草带,播种 4～6 行,播后半年即可形成覆盖全园的生草带。

(4)果园生草管理。生草出苗后应加强管理,消灭其他杂草,并及时灌水(以喷灌、滴灌为佳),以使生草尽快覆盖地面。草成苗后适期刈割,不能只种不割。在种草当年最初几个月最好不割,待草根扎稳、营养体显著增加后,在草高 30 cm 时再开始刈割。全年刈割 3～5 次。割下来的草可用于覆盖树盘的清耕带,达到以草肥地的目的。草生长期应合理施肥(以氮肥为主),采用洒施或叶面喷施。每年施氮肥 150～300 kg/hm² 。生草头两年要在秋季适当地施用有机肥 30 t/hm² 左右,以后逐年减少或不施。

(5)翻压。3～5 年生草老化后,应及时翻压,将表层的有机质翻入土中。翻压时树盘周围要浅翻,以免伤着树根,翻压时间以晚秋为宜。以肥田为目的果园生草最好不要用作牲畜饲料。

15.4.2.2　果园覆草深松技术模式

果园覆草深松耕作技术模式是指利用各种作物秸秆、杂草、树叶、牲畜粪便等有机物覆盖果园地面的一种果园土壤管理措施,有树盘、行间、全园覆盖等方式。

1.工艺流程

选择覆盖材料→(免耕或者深松)→整理树盘覆草→覆草后管理(施肥和加草等)→翻压。

2.技术规程

(1)选择覆盖材料。可结合当地作物种类进行选择,如玉米秸秆、麦草、豆秸、糠壳、杂草、树叶和锯屑等,以麦草、豆秸、树叶、糠壳和野草等较好。

(2)免耕或者深松。覆草前将果园进行间隔深松。深松带间隔 50 cm,深松深度 30～40 cm。

(3)整理树盘覆草。覆草前,先整好树盘,浇一遍透水或等下透雨后再覆草。草未经初步腐熟的,要适量追施速效氮肥或浇施腐熟人粪尿,防止因鲜草腐熟引起土壤短期脱氮和叶片发黄。常年覆草厚度宜保持在 15～20 cm。太薄起不到保温、保湿和灭除杂草的作用;太厚春季土壤温度上升慢,不利吸收根活动。一年四季均可进行覆草操作,以春季麦收后或秋收后为宜,最好在草源丰富的季节进行。

(4)覆草后的管理。覆草后,秋施基肥,追肥时扒开覆草,采取穴施的方法施肥,施肥后立即浇水或者在雨前施肥。"惊蛰"前,树下喷 600～800 倍辛硫磷,以消灭集中在覆草中的越冬害虫和越冬虫卵。冬春干燥季节要注意覆草园的防火,禁止在果园内吸烟、燃烧废弃的杂物。草要每年加盖,每年补盖 10 t/hm² 。

(5)翻耕。在深松覆草后 2～3 年内果园可以免耕;每年应补加覆草(10 t/hm² 左右),以保持覆草厚度;4～5 年深翻(或者深松)1 次,翻后再覆草。

15.4.2.3　果园覆膜保墒模式

覆膜保墒模式泛指在果园铺设地膜,以覆盖地表减少土壤蒸发的果园管理模式。

1.工艺流程

整地清理树盘→选择地膜→覆膜→覆膜后管理。

2.技术规程

(1)整地清理树盘。覆膜前,应先把树冠下枝叶、杂草、砖块瓦片清理干净,土块耙碎耙细,做成平整的里低外高浅盘形状,以利于汇集雨水和灌溉。

(2)覆膜。在果园地面土壤尚未完全解冻时覆膜效果最好。一般为2月底至3月初。当年栽植的幼树,可选用1~12 m见方地膜,从一侧切口穿过树干,然后拉平,使其完全盖根盘,紧贴地面,然后四周用细土压实,以防风吹。对2~3年生幼树,先在树干两边做成90 cm宽的畦带,畦面要里低外高,平整大土块。可选用70~80 cm的地膜,一次性拉通成两对面,在覆地膜的同时,注意用土压好两边和中间相接处,确保覆膜质量和效果。

(3)覆膜后管理。覆膜后注意防止牲畜进入果园踩踏地膜;遇到大风天气要检查地膜,遇有吹起地膜及时处理,防止地膜破损,影响覆盖效果;检查并清除直立、茎秆易木质化的恶性草。

15.4.3　生态效益与经济效益

15.4.3.1　果园生草覆盖免耕技术模式效益

果园生草覆盖免耕技术模式是绿色植物保护技术的重要内容之一。果园生草覆盖免耕技术模式能够持续增加土壤的有机质含量和肥力,保持水土;抑制杂草生长,降低生产成本;保护并繁殖害虫天敌,减少果树病虫害的发生,提高果品产量和质量。

1.改善土壤,保水保肥

果园生草覆盖免耕技术模式,可以显著减低果园的水土流失,尤其是坡地果园;可以改善土壤团粒结构,降低土壤容重(表15.7),提高土壤有机质含量,增进地力。白三叶草是果园生草的优良草种,可固定和利用大气中的氮素,种植4年白三叶草的果园土壤全氮、有机质分别提高100%和159.8%,可大大降低乃至取代氮肥的投入。生草果园即使不增施有机肥,土壤中腐殖质也可保持在1%以上,而且土壤结构良好,同时减少了肥料投放,避免了施用有机肥的繁重劳力支出。

表 15.7　不同耕作和覆盖条措施下果园土壤容重　　　　　　　　　　　　　g/cm³

土层/cm	旋耕				翻耕				免耕			
	生草	覆草	裸地	覆膜	生草	覆草	裸地	覆膜	生草	覆草	裸地	覆膜
0~20	1.25	1.29	1.41	1.35	1.27	1.28	1.36	1.33	1.26	1.30	1.46	1.37
20~40	1.48	1.38	1.42	1.49	1.37	1.36	1.41	1.39	1.44	1.46	1.44	1.42
40~60	1.36	1.37	1.35	1.42	1.28	1.29	1.36	1.31	1.37	1.40	1.41	1.34

(黄金辉,2009)

2.蓄水保墒,调节地温

果园生草覆盖免耕技术模式可以显著提高土壤的蓄水保墒能力(图15.14),进而提高果园的抗旱能力;可以显著缩小地表温度变幅(表15.8,图15.15),进而起到调节地温的作用,有利于果树根系的生长发育。据测定,三年生草果园,25 cm土层含水量可提高17.0%,10 cm土层含水量提高26.9%;夏季7—8月份地表温度可降低5~7℃,冬季地表温度可增加1~3℃,且全年地温比较稳定。

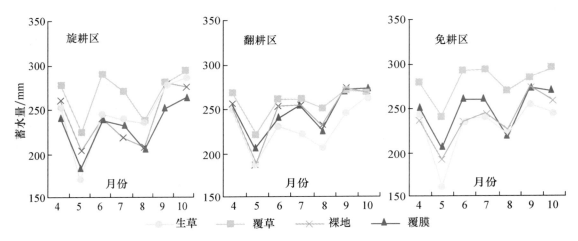

图 15.14　4—10 月份不同耕作和覆盖 0～1 m 土层蓄水量(黄金辉,2009)

表 15.8　7 月份不同覆盖处理 5～50 cm 土壤昼夜地温均值和温差　　　　　℃

土层	生草		覆草		覆膜		裸地	
	均值	温差	均值	温差	均值	温差	均值	温差
5	20.70	4.23	19.47	3.01	26.57	5.27	22.76	5.83
10	19.97	3.32	19.17	2.17	23.53	4.03	22.43	4.17
15	19.60	2.33	19.00	1.33	22.27	2.77	21.70	2.50
20	19.17	1.20	18.30	1.00	19.80	1.30	19.87	1.43

(黄金辉,2009)

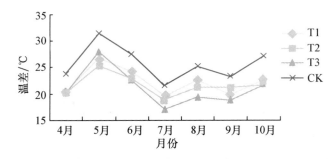

图 15.15　地表土壤温度日较差(李会科,2008)

注:T1、T2、T3 及 CK 分别代表三年生黑麦草区、四年生黑麦草区、三年生白三叶区及清耕区。

3.促进果园生态平衡

生草覆盖免耕技术模式可以显著增强天敌自然控制能力,减少病虫害发生,抑制杂草生长。在果园种植紫花苜蓿、白三叶草、夏至草等,形成了利于天敌而不利于害虫的环境,可充分发挥自然界天敌对害虫的持续控制作用,减少农药用量,是对害虫进行生物防治的一条有效途径。研究表明,种植紫花苜蓿果园,天敌(主要指东亚小花蝽、瓢虫、食蚜蝇、黑食蚜和盲蝽)发生高峰提前 7～10 d,持续时间长,种群密度比清耕果园增加了 2～7 倍,仅用 1 次杀螨剂和 2～3 次杀虫剂,就可将苹果叶螨、蚜虫和潜叶蛾等害虫控制在经济损失允许水平以下;生草果园蚜虫、叶螨和潜叶蟥的平均虫口密度为 40.1 头/枝、0.42 头雌成螨/叶和 0.11 头/叶,仅是常规对照园的 51.81%、14.29% 和 27.4%。与常规化学防治相比,试验园杀虫、杀螨剂用量减少 50% 以上,显著改善了生态环境,实现了以生物防治和农业防治为主的果树害虫可持续治理;生产成本降低 25%～30%,节省药、工费用 1 500 元/hm²。

4. 促进果实品质的提升

生草覆盖免耕技术模式下的果园土壤养分供给全面,有利于改善果实品质。一般果园容易偏施氮肥,或盲目进行配方施肥,往往造成果实品质不佳。生草覆盖免耕技术模式增加了果园土壤有机质的含量(图 15.16),使果树营养供给均衡,增加了果实中的可溶性固形物含量和果实硬度;有利于果实全面均匀着色,有利于提高果实抗病性和耐贮性;有利于减少果树生理性病害,进而促进了果面的洁净程度,提高了果品的质量和档次。

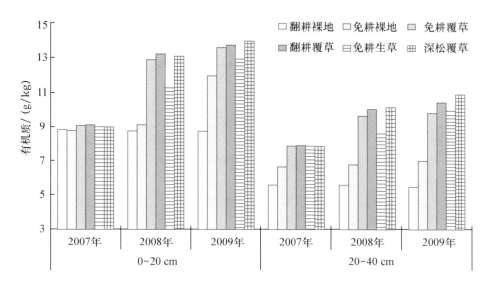

图 15.16 苹果园不同处理耕层土壤有机质含量对比(高茂盛,2010)

15.4.3.2 果园覆草深松技术模式效益

1. 平衡地温

地表覆草果园,在夏季白天能防止烈日暴晒,不致使地温过高而灼伤根系,这在沙地果园更为突出;夜间能显著降低地表散热速度,相对提高了地温,有利于果树的生长。覆草深松技术模式在秋季能维持适宜的地温,相对延长了吸收根的生长期,增强了果树吸收养分能力,从而增加树体营养的贮藏;冬季草被可阻挡地热的辐射损失,使土表温度稳定在 0～3℃ 之间,避免果树遭受冻害。

2. 保持水土,蓄水保墒

覆草避免了大雨对土壤的冲刷,减少了地表径流,提高了土壤渗透及保蓄雨水的能力,覆草后蒸发量可减少 60% 以上,土壤湿度相对提高 5% 左右,做到"伏雨春用",也避免了因土壤干旱板结导致养分、水分供应失调而造成大量落叶。在丘陵地带果园覆草,其年蒸发量和径流量可减少 400～500 mm,使果树根系分布层土壤含水量常年稳定在 15% 以上(表 15.9)。高茂盛等研究表明,在覆草条件下,深松处理的土壤蓄水效果最好,其次为深耕,免耕效果最差(图 15.17)。

表 15.9　覆草措施下不同时期土壤含水量　　　　　　　　　　　　　　　%

土壤	处理	3 月 15 日	3 月 25 日	4 月 5 日	4 月 15 日	4 月 25 日	5 月 5 日	5 月 15 日	5 月 25 日	6 月 5 日	6 月 15 日
沙土	覆草	16.4	22.8	20.4	19.6	11.2	16.6	22.7	24.2	23.5	24.9
	裸地	14.6	19.1	16.3	14.7	6.5	12.8	16.2	12.4	13.9	15.7
黏土	覆草	15.3	18.4	19.1	18.8	14.6	17.5	20.7	21.2	21.8	22.6
	裸地	14.1	15.5	16.2	13.6	10.4	13.8	16.1	15.3	15.9	16.2

（刘金柱，2007）

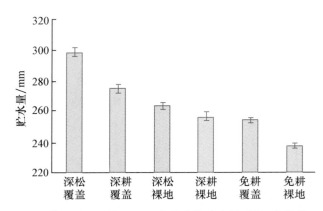

图 15.17　苹果园不同处理 1 m 土层土壤贮水量对比（高茂盛，2010）

3. 增进地力

随着覆草的腐烂分解，土壤有机质增加，水、温、气条件稳定适宜，微生物活动旺盛，腐殖质积累较多，有利于团粒结构的形成，不仅可疏松黏土，改善土壤可耕性，还可改良沙土分散无结构的状态，增强其保水、保肥能力。据测定，连续覆草后园地有机质含量平均年增长 19.9%。经过 5 年覆草，土壤耕层有机质含量比对照提高了 1.02%，速效氮平均增加了 10.30%，有效磷增加 184.3%，速效钾增加 504.7%。连续覆草 5 年的果园比不覆草的果园有机质含量高 1.85%～2.11%，速效氮高 2.43～3.27 倍、速效磷高 2.02～2.12 倍、速效钾高 6.84～8.54 倍（表 15.10）。另外，通过几年的覆草，使果园土壤疏松，增加了土壤通透性，有利于土壤微生物活动。据测定，覆草果园的土壤容重 0.86～0.93 g/cm^3，而不覆草果园的土壤容重 1.12～1.24 g/cm^3，土壤的理化性质得到良好改善。覆草后土壤表层水、肥、气、热、生物等五大肥力因素，从不稳定状态变成了生态条件较稳定的土层，更加有利于根系的生长，扩大了根系的范围，特别是能少量引根向上，充分利用表层的养分和水分。

表 15.10　覆草措施下土壤养分含量　　　　　　　　　　　　　　　mg/kg

处理	沙土				黏土			
	有机质 /%	速效氮	速效磷	速效钾	有机质 /%	速效氮	速效磷	速效钾
覆草	2.89	273	76.8	572	3.07	278	80.5	563
裸地	0.78	64	24.6	73	1.22	81	26.7	59

（刘金柱，2007）

4. 促进生态平衡，改善果品品质

果园覆草可防止杂草生长，节省果园除草用工投资；可阻碍地表水分的蒸发，防止土壤返盐，减轻果树发生盐害；有利于园内立地及生态条件的改善，使果树树势增强，产量高、品质好。

覆草园 150 g 以下的等外果仅占总果数的 6.34%；而不覆草的 150 g 以下的等外果占总果数的 17.73%，二者相差 11.39%。覆草的 250 g 以上的果实占总数的 59.64%，不覆草的 250 g 以上的果实只占总数的 36.56%，二者相差 23.07%，说明果园覆草能有效提高单果质量，覆草比不覆草单株平均增产 13.07 kg，折合每公顷增产 6 472 kg，增加收入 15 525 元（表 15.11、表 15.12）。

表 15.11 覆草对红富士果树单株产量的影响 kg

处理	2003 年	2004 年	2005 年	2006 年	平均
覆草	74.3	76.5	69.8	72.6	73.3
裸地	63.5	62.7	53.4	61.3	60.2

（刘金柱，2007）

表 15.12 覆草对苹果单果质量的影响

处理	300 g 以上		250～300 g		200～250 g		150～200 g		150 g 以下		合计
	个	%	个	%	个	%	个	%	个	%	
覆草	726	34.12	543	25.52	408	19.17	316	14.85	135	6.34	2 128
裸地	421	17.98	435	18.58	523	22.34	547	23.37	415	17.73	234

（刘金柱，2007）

15.4.3.3 果园覆膜保墒技术模式效益

1. 减少蒸发，节约用水

地膜能防止土壤水分大量蒸发，将土壤夏季蓄积的水分保存下来，供果树周年使用（表 15.13），一般来说，覆膜可节水 1/2 以上。

表 15.13 不同时期覆膜果园土壤含水量 %

处理	3 月份	4 月份	5 月份	6 月份	7 月份	8 月份	9 月份
裸地	15.2	14.0	15.2	18.6	12.5	13.6	16.3
覆膜	17.3	15.8	18.2	19.2	17.7	15.1	18.3

（张国和，1998）

2. 提高地温

黑膜具有很好的吸热效果，覆黑膜可提高地温（表 15.14），促进果树生长；山地果园早春至初夏覆地膜，10 cm 地温可提高 2～4℃，20 cm 地温可提高 2～7℃。其增温的变化由 3 月上旬至 6 月上旬 10 cm 地温有逐渐减少的趋势，而 20 cm 地温有逐渐增加的趋势。覆膜有利于树体健壮生长发育，能使苹果幼树提早 1～2 年结果。施肥后覆膜，能改良土壤，防止肥力流失，提高肥料利用率（表 15.15）。

表 15.14 覆膜处理果园土壤温度日变化 ℃

深度	处理	8:00	9:00	11:00	12:00	14:00	15:00	17:00	20:00
5 cm	裸地	4.8	5.3	9.6	11.6	15.4	16.7	16.9	13.2
	覆膜	7.4	7.7	12.1	15.2	21.8	23.5	22.8	18.9
15 cm	裸地	8.0	8.0	8.5	9.4	11.3	11.8	13.1	13.0
	覆膜	10.2	10.2	10.5	11.4	14.0	15.0	16.8	16.5

（张义，2010）

表 15.15　不同覆盖和耕作措施下 0～40 cm 土层土壤养分含量　　　　g/kg

项目	耕作	覆盖	0～20 cm			20～40 cm		
			幼果期	膨大期	成熟期	幼果期	膨大期	成熟期
全氮含量	翻耕	秸秆	0.88	0.71	0.83	0.64	0.83	0.70
		生草	0.90	0.78	0.67	0.69	0.62	0.48
		地膜	0.80	0.66	0.64	0.59	0.48	0.40
		裸地	0.64	0.58	0.43	0.50	0.47	0.27
	免耕	秸秆	0.86	0.72	0.78	0.66	0.65	0.57
		生草	0.99	1.22	0.76	0.76	0.54	0.54
		地膜	0.79	0.65	0.57	0.59	0.52	0.33
		裸地	0.76	0.58	0.54	0.63	0.46	0.43
	旋耕	秸秆	0.84	0.69	0.80	0.64	0.52	0.52
		生草	0.88	0.82	0.56	0.63	0.62	0.53
		地膜	0.74	0.63	0.54	0.48	0.43	0.48
		裸地	0.69	0.57	0.49	0.40	0.33	0.46
全磷含量	翻耕	秸秆	0.84	1.21	1.32	0.71	0.73	0.81
		生草	0.70	0.76	0.86	0.66	0.62	0.72
		地膜	0.70	0.75	0.79	0.63	0.60	0.64
		裸地	0.61	0.65	0.38	0.54	0.53	0.22
	免耕	秸秆	0.79	0.92	1.27	0.68	0.74	0.83
		生草	0.75	0.92	0.66	0.57	0.66	0.52
		地膜	0.66	0.69	0.62	0.63	0.55	0.37
		裸地	0.58	0.73	0.66	0.54	0.47	0.62
	旋耕	秸秆	0.73	0.92	1.25	0.63	0.65	0.78
		生草	0.74	0.77	0.77	0.66	0.60	0.47
		地膜	0.69	0.69	0.51	0.58	0.55	0.26
		裸地	0.57	0.62	0.54	0.47	0.51	0.53
全钾含量	翻耕	秸秆	35.71	35.92	34.87	35.41	32.22	32.49
		生草	36.72	35.93	33.82	35.68	31.93	31.44
		地膜	35.38	35.33	31.95	30.90	29.85	30.92
		裸地	32.78	31.69	30.37	30.67	29.89	28.83
	免耕	秸秆	36.72	34.66	33.55	33.26	34.09	31.17
		生草	38.04	36.19	33.05	31.97	33.83	31.18
		地膜	33.85	33.02	31.69	31.96	31.17	30.67
		裸地	30.37	28.26	30.11	28.78	27.46	28.78
	旋耕	秸秆	34.61	32.52	33.29	32.77	31.17	30.90
		生草	35.68	33.56	32.56	32.75	31.72	30.92
		地膜	33.82	32.25	30.91	31.44	30.38	30.09
		裸地	32.48	32.24	30.40	29.89	29.61	29.84

（殷瑞敬，2009）

3. 减少病虫草害

覆盖黑色地膜的遮光效果,不利于杂草生长,树下杂草少,不用锄草,节省劳动力;覆盖地膜能有效防止和隔绝食心虫、金龟子、大灰象甲等害虫入地越冬,减少来年病虫害的发生。

15.4.4　技术模式应注意的问题

1. 果园生草覆盖技术模式注意事项

(1)果园生草品种的选择应避免选择深根系强耗水作物,防止造成生草与果树争水争肥。

(2)覆盖生草本身需要消耗一定的土壤水分,在年降水量低于 500 mm 的黄土高原地区果园生草容易与果树发生争水的矛盾,应谨慎采用。

2. 果园覆草技术模式注意事项

(1)为避免被风刮乱及防止火灾发生,最好在其上星星点点压土,这样也有利于覆草的快速分解。

(2)秋后要浅刨树盘,施基肥时不要将草翻入地下;追肥时只需拨开覆草,采用多点穴施,施后适量灌水。

(3)每年要加盖补充因覆草分解所减少的草量,以保持其要求的厚度。覆草还应保持连续性,不能任意中断,以免冬季低温对根系造成伤害。

(4)覆草后要加强防治病虫害和灭鼠工作,覆草后由于落叶、病虫清理不净,极易造成潜叶蛾、食心虫危害,尤其是金纹细蛾危害较重。试验表明,连续覆草 3 年以上的苹果园,金丝细蛾发生十分严重,防治不力的果园常造成早落叶甚至于二次开花。故应根据金丝细蛾的发生规律,着重抓住早春防治。可在当年第一代幼虫发生期喷洒 25% 灭幼脲 3 号 0.05% 液或采用诱芯诱杀,以达到消灭虫源的目的。此外,覆草的果园给田鼠提供便利的栖身场所,往往造成鼠害猖獗,还应加强草园灭鼠工作。

3. 果园覆膜技术模式注意事项

(1)平时要经常检查,尤其刮风下雨天气,以防地膜破损,影响覆盖效果。

(2)冬修时注意不要踩坏地膜,以延长使用期。

(3)在第 2 年 6—8 月份高温季节,如果不揭去地膜,则须用杂草和细土覆盖地膜,以免因地温过高影响浅层根系的生长。

15.4.5　适宜区域及推广现状与前景

果园生草覆盖技术适宜于在降水量超过 500 mm 的宝鸡、洛川等黄土高原半湿润区推广应用,年降水量低于 500 mm 的地区,如有灌溉条件的可以谨慎采用。果园覆草技术适宜年降水量低于 500 mm,夏季温度较高的半干旱地区推广和应用。果园覆膜技术适宜在降水量低于 500 mm 及较为冷凉的甘肃省陇东、陇中干旱、半干旱及同类地区推广应用。

在陕西渭北苹果产区,为了充分利用渭北优越的自然资源,结合区域苹果生产特点,形成了以果园生草为依托、以沼气为纽带、种植和养殖有机结合协调发展的西北苹果产区"果+草+畜+沼+窖"综合配套发展生态果园模式,取得了"四省"(省煤、省电、省劳、省钱)、"三增"(增肥、增效、增产)、"两减少"(病虫减少、水土流失减少)、"一净化"(净化环境)的综合效益,极大地促进了苹果的无公害生产。优质、安全、无公害、绿色、有机果品生产是当今世界果业发展的方向和趋势,实行果园种草,建立以沼气为纽带的"果—草—牧—沼"多级利用良性循环生产体系,无疑是实现上述目的有效途径。应因地制宜,结合区域果树生产发展特点,借鉴国外成功经验,对"果—草—牧—沼"模式的关键技术进行组装集成,扩大示范,促进果业持续发展,将是今后一个时期我国无公害、绿色、有机果品生产的主要途径。

该模式已被甘肃、宁夏、河南、山西等省区借鉴与应用。

(本章由李军主笔,王学春参加编写)

参考文献

[1]李军.黄土高原地区种植制度研究.西安:西北农林科技大学出版社,2004.

[2]廖允成,付增光,韩思明.黄土高原旱作农田降水资源高效利用.西安:陕西科学技术出版社,2003.

[3]韩思明.旱地冬小麦机械化保护性耕作栽培体系水分效应与增产效果研究.干旱地区农业研究,2000,18:61-65.

[4]王虎全,韩思明,等.渭北旱地小麦留茬少耕全程微型聚水两元覆盖超高产栽培增产机理.干旱地区农业研究,2000,18(1):48-53.

[5]韩思明,李岗,王虎全,等.渭北旱塬冬小麦全程地膜覆盖超高产栽培技术研究.干旱地区农业研究,1998,16(1):8-12.

[6]方日尧,同延安,梁东丽.渭北旱塬不同覆盖对冬小麦生产综合效益研究.农业工程学报,2004,20(1):72-75.

[7]薛少平,杨青,朱瑞祥,等.机械化整秆覆盖膜侧沟播保护性耕作技术的试验研究.农业工程学报,2005,21(7):81-83.

[8]李立群,薛少平,王虎全,等.渭北高原旱地春玉米不同种植模式水温效应及增产效益研究.干旱地区农业研究,2006,24(1):33-38.

[9]尚金霞,李军,贾志宽,等.渭北旱塬春玉米田保护性耕作蓄水保墒效果与增产增收效应.中国农业科学,2010,43(13):2668-2678.

[10]赵洪利,李军,贾志宽,等.不同耕作方式对黄土高原旱地麦田土壤物理性质的影响.干旱地区农业研究,2009,27(3):17-21.

[11]黄金辉.黄土高原果园不同保护性耕作模式土壤水分效应研究[西北农林科技大学硕士论文].西北农林科技大学,2009.

[12]李会科.渭北旱地苹果园生草的生态环境效应及综合技术体系构建[西北农林科技大学博士论文].西北农林科技大学,2008.

[13]张国和.盖砂覆膜对苹果园土壤水分的影响.甘肃农业科技,1998,4:31-32.

[14]张义,谢永生,郝明德,等.不同地表覆盖方式对苹果园土壤性状及果树生长和产量的影响[西北农林科技大学硕士论文].应用生态学报,2010,21(2):279-286.

[15]殷瑞敬.保护性耕作对苹果园土壤肥力及酶活性的影响[西北农林科技大学硕士论文].西北农林科技大学,2009.

[16]高茂盛.渭北旱作苹果园保护性耕作技术水分养分效应研究[西北农林科技大学博士论文].西北农林科技大学,2010.

第**16**章

干旱绿洲区保护性耕作模式

绿洲农业亦称绿洲灌溉农业和沃洲农业,指干旱荒漠地区依靠地下水、泉水或者地表水进行灌溉的农业。绿洲农业一般分布于干旱荒漠地区的河、湖沿岸、冲积扇、洪积扇地下水出露的地方以及高山冰雪融水汇聚的山麓地带,因绿色农耕区呈斑点状散布在黄色沙漠和戈壁中而得名。中国干旱绿洲主要分布于西北五省,总面积 86 419 km²。其中,宁夏、青海、内蒙古、甘肃和新疆绿洲分别占 20.8%、6.5%、10.1%、12.7% 和 67.9%。种植制度是以一熟制为主,主要种植作物是春小麦、冬小麦、棉花和玉米。多数农田实行灌溉,靠周围的高山雪水。规模上,中国绿洲面积仅占干旱区总面积的 4%~5%,但受益于独特的环境与资源条件,抚育了干旱区 90% 以上的人口、95% 以上的工农业产值,培育了棉花、酿造葡萄、加工番茄、制种玉米、啤酒花等久负盛名的主导农业产业。

从区域经济可持续发展的角度看,水是干旱区的主要制约因素,是绿洲的命脉。如何对水资源进行保护、节约利用、合理分配与调节将是本区农作制面临的主要课题。在绿洲农业长期的发展历程中,商品粮基地的定位,使麦类作物,特别是春小麦在作物布局中占有重要比例。与之相伴,种植春小麦后铧式犁翻耕形成的细碎裸露表土,极易在冬春大风季节发生土壤风蚀,而春小麦需水季节与有限降水季节的错位加剧了内陆绿洲区水资源压力。

因此,本区保护性耕作的目标是如何节水、防风蚀、高产高效和可持续发展。生产实践表明,在绿洲农业区,以保护性耕作冬小麦复种小秋作物模式替代单作春小麦,可在实现耕地周年覆盖、防沙尘的同时提高有限水分的利用效率;以固定道耕作技术替代传统翻耕技术,减少表土扰动程度和灌溉面积,对防风蚀、节水作用显著。

16.1 干旱绿洲区冬小麦保护性耕作模式

16.1.1 形成条件与背景

西北干旱内陆区的甘肃河西走廊地区是我国典型的绿洲灌区之一。该区降雨量少、气候干燥、土壤肥沃、日照充足、地势平坦,是甘肃省的主要商品农业基地。河西走廊区内,冬小麦种植始于 20 世纪 50 年代,并在短期内由单纯的春小麦种植区成为春、冬小麦混种区;60—70 年代,冬小麦曾成为河西地区的主栽粮食作物之一,年播种面积近 5.0×10^5 hm²,占到小麦总播种面积的 1/4,局部地方近 1/3,种植区域呈川区逐渐向海拔较高沿山地区发展之势,冬小麦产量相对春小麦高 10%～15%。但是,随冬小麦种植比例的不断增大,植物病害加重,特别是麦蚜黄矮病为害极其严重。70 年代之后,以甘麦 8 号为代表的一系列产量高、适应性广的春小麦新品种育成推广,使春小麦在河西地区种植业生产中的地位日益凸显出来,并得到了政府部门和科研工作者的大力支持,而适用于绿洲灌区的冬小麦育种和栽培技术研究就此驻足前行。到 80 年代末,甘肃河西地区冬小麦种植面积下降到 3.0×10^4 hm²,后来在政府号召下,冬小麦播种面积被大幅度压缩直至绝迹。

20 世纪 90 年代以来,由于全球气候变暖,冬小麦适宜栽培区域北移,加上一些越冬率高、产量高、抗黄矮病品种的选育成功,使冬小麦种植区域逐年得以扩展。与此同时,种植春小麦长期采用的铧式犁翻耕引起表土裸露细碎,在冬春季西北风吹蚀下极易发生土壤风蚀的生态问题以及春小麦需水季节与北方地区降水季节错位等资源利用问题,使冬小麦种植再次得到了科研人员和政府部门的重视。事实上,河西内陆灌区光质良好、热量资源适于发展小秋作物复种,当春小麦改种为冬小麦后,既实现了耕地周年覆盖、防沙尘目的,又可使麦后复种油菜、大葱、白菜等作物的适宜生长时间延长,并使得冬小麦在优化作物配置、提高光热资源利用率方面的优势得以发挥。另外,内陆河地区降水主要集中在 7～9 月份,冬小麦播种期正值雨季,有利于利用有限自然降水,而次年返青水时间较春小麦提前 15 d 左右,可大幅度缓解春季农田大量用水的压力,因此种植冬小麦是有效节约和调节农业用水、缓解绿洲区灌溉用水紧张局面的可行措施之一。此外,由于冬小麦生长发育时间相对较早,其成熟时间也较春小麦早 15～20 d,受高温和干热风危害明显低于春小麦。

2000 年后,河西地区冬小麦种植缓慢复苏,其种植模式亦呈一年一熟单作向麦后复种油菜、白菜等多样化模式发展。据调查,目前在武威市凉州区武南镇、谢河镇、南安镇和古浪县洪水乡等地区,冬小麦种植面积已占到总耕地的 3%～10%,部分农户种植冬小麦的耕地占到了耕地总量的 15% 以上,而冬小麦复种油菜已成为该区解决油料生产的重要技术之一。目前,河西冬小麦种植面积达 6 000 hm² 以上。

受水资源不足和冬春季土壤风蚀严重等问题的影响,内陆河灌区作物栽培技术的引进和革新必须同时考虑节水、防风蚀、高产高效和可持续发展等多重目标,并且这些技术也是集资源节约、简易、可操作性强等多个特点于一体的技术体系。为此,在甘肃省科技攻关课题、教育部博士点基金和 ACIAR 等多项课题的资助下,甘肃农业大学组织甘肃省小麦研究所、甘肃省农业科学院从事冬小麦育种、栽培和病虫害防治的专家,在借鉴国内外研究成果的基础上,提出了发展冬小麦保护性耕作技术的思路,并在河西境内的武威市凉州区进行了多年多点试验站试验研究和农户参与式试验研究,形成了适用于西北绿洲区的保护性耕作技术体系,该成果已在试区规模化推广应用,在生态、经济等领域潜在的效益也已显现出来。

16.1.2 关键技术规程

冬小麦保护性耕作技术是将秸秆直接还田、免耕、机械化播种等几项技术进行有机结合并科学组装高效施肥、灌溉技术而形成的一项新技术,具有改善土壤理化性状、节水保土以及防农田风蚀的优点,对河西地区目前农田生态环境建设和恢复意义深远。该技术是一个完整的工艺体系,包括了从前茬小麦收获开始至次年小麦收获的所有操作工序,具体包括机械化收获及其秸秆处理、表土作业、播种和田间管理等。其具体的机械化耕作工艺内容为:收割→施肥免耕播种→全生育期化学除草防病灭虫及田间管理→收获。

16.1.2.1　目标产量

在无其他自然灾害情况下,产量达到 6 750 kg/hm² 以上,与传统耕作措施下冬小麦种植技术相比,产量不下降或略有增产。

16.1.2.2　适宜范围

本技术适宜于海拔在 1 800 m 以下、年降水量低于 200 mm、灌溉水资源有限的内陆河绿洲灌溉农业区及相似生态区,并要求推广的冬小麦品种越冬率能够达到 90% 以上的地区。

16.1.2.3　技术经济指标

1. 土壤肥力指标

要求土层深厚肥沃、灌溉和排水良好的壤土或沙壤土,土壤容重 1.2～1.3 g/cm³,有机质含量 15 g/kg 左右,全氮 1.0 g/kg 以上,全磷 1.0 g/kg 以上,碱解氮 100 mg/kg 以上,速效磷 15 mg/kg 以上,速效钾 150 mg/kg 以上。

2. 收获及秸秆覆盖

用装备秸秆粉碎装置的谷物联合收割机收获小麦时,割茬高度控制在 10 cm 左右,为防止过高割茬和还田秸秆影响后续作业质量,粉碎后的秸秆应均匀抛撒。因停车卸粮或因排除故障而导致秸秆成堆,应人工将其挑开撒匀。

用不带秸秆粉碎功能的联合收割机或披挂式联合收割机收获小麦时,可用锤式秸秆粉碎机或甩刀式秸秆粉碎机进行秸秆粉碎,秸秆长度控制在 10 cm 左右,以减少播种时带来堵塞问题。

人工收割小麦时,割茬应控制在 10 cm 以下,收割的小麦运回脱粒后,将秸秆在场院粉碎或直接均匀铺撒在地表。

秸秆覆盖量控制在 6 750～7 500 kg/hm²,覆盖度 60% 左右。

3. 施肥播种作业

河西地区降水主要集中在 7—9 月份,冬小麦播种时,土壤水分条件一般能够达到播种和出苗要求。播种时的平均气温在 12℃ 左右为宜。

品种选择:可选择在干旱内陆地区表现良好的强冬性品种 CA 0045、运丰优 1 号、959 为主,种子越冬率和发芽率要求均在 90% 以上,纯净度要高。

种子处理:播种前选择籽粒饱满的良种,晒种 1～2 d,以提高种子发芽力和生长势。地下害虫严重时,小麦种子按每 100 kg 用 40% 甲基异硫磷 200 mL 加水 2 kg 均匀拌种。

施肥:尿素和磷酸二铵各 300 kg/hm²,尿素分种肥和追肥二次施入,磷酸二铵作种肥一次施入。种肥尿素 225 kg/hm²、磷酸二铵 300 kg/hm²,种肥施用与播种同时进行;追肥尿素 75 kg/hm²,结合灌拔节水施入。

免耕覆盖播种的深度一般为 5～6 cm,化肥施用方式根据播种机的不同可分为垂直深施、水平分施、侧深施等,要求种子与化肥的垂直距离保持在 4 cm 以上,而且施肥量越大、间距也应越大,以免造成烧种;机械允许时建议采用垂直分施、侧深施。施用化肥应选用颗粒肥,如尿素、磷酸二铵等;粉状化肥易结块、流动性差,不宜采用。播种前检查化肥,避免将大于 0.5 cm 以上的块状肥、潮湿易结块化肥加入肥箱。

免耕播种机建议采用专门的免耕覆盖施肥播种机,主机选用 22 kW 以上的四轮拖拉机。

4.生育期田间管理

(1)苗期管理　秸秆覆盖后可能出现较多浮籽,影响出苗率,因此播种时应适当增大播种量,并保证种子与土壤紧密结合,以保证全苗和壮苗。

(2)灌水　冬小麦越冬前灌水 1 500 m³/hm²;拔节期灌第二水,灌溉量以 1 350 m³/hm² 为宜;小麦抽穗期灌第三水,灌溉量为 1 050 m³/hm² 左右;灌浆中期灌第四水,灌水量可视土壤墒情作适当调整,灌溉量以 900 m³/hm² 左右为宜。以上灌水定额均为上限值,具体灌溉量可根据生育期降水和土壤墒情适当调整。

(3)杂草防除　小麦免耕秸秆覆盖栽培中,因对土壤不进行耕作,杂草发生率高,可选用化学除草剂防除。防除方法是:在冬小麦休闲期,根据杂草发病情况用百草枯喷洒防除,需要注意的是,用除草剂除草时,由于地表秸秆覆盖药剂不易进入地表土壤中,故应适当加大剂量。小麦出苗后阔叶杂草可用 2,4-D 丁酯 375 mL/hm² 兑水 600~750 kg,在麦苗 4~5 叶期叶面喷雾,2,4-D 丁酯浓度一定要严格掌握,切勿过量,以防引起小麦穗部畸形等;野燕麦 3~4 叶期,用 40%野燕枯 0.4%~0.5%的稀释液叶面喷雾防治。

(4)病虫防治　在 5 月底 6 月上旬,若产生吸浆虫危害,选用 40%甲基异硫磷、50%甲氨磷或水胺硫磷乳油叶面喷洒 2 次。6—7 月份,当蚜虫发生危害时,每公顷用抗蚜威 150 g 加水 450 kg 进行喷雾防治。

(5)收获　冬小麦在蜡熟后期收获,此时收获千粒重高,品质好。收获最好采用带秸秆粉碎的谷物联合收割机,割茬高度 10 cm 左右,避免留茬过高而影响播种机作业。收获后免耕,为秋季播种打好基础。

16.1.3　生态效益与经济效益

16.1.3.1　冬小麦免耕保护性耕作技术的生态效益

1.减少农田土壤风蚀

土壤风蚀是指松散的土壤物质被风吹起、搬运和堆积的过程以及地表物质受到风吹起的颗粒的磨蚀过程,其实质是在风力的作用下,表层土壤中的细颗粒和营养物质的吹蚀、搬运与沉积的过程。风是土壤风蚀的直接动力来源,风速的大小直接影响风蚀的轻重。绿洲灌区全年大风集中在 3—6 月份,其中以 3—4 月份最高,占全年大风日数的 70% 以上。全年的最大风速出现在 3—5 月份,且风速均超过 10.0 m/s。黄高宝(2006)在室内风沙环境风洞内不同的风速水平(8 m/s、12 m/s、16 m/s、20 m/s)下观测了不同耕作措施下的风蚀量,结果表明,冬小麦并采用免耕秸秆覆盖、免耕、秸秆翻压等保护性耕作措施较春小麦传统耕作显著降低了风蚀量(表 16.1),其中以免耕秸秆覆盖表现最好。

表 16.1　冬小麦不同耕作措施在不同风速条件下的风蚀量(室内风沙环境风洞)

处　理	风蚀量/g			
	8 m/s	12 m/s	16 m/s	20 m/s
冬小麦免耕秸秆覆盖	0.00	2.15	5.95	9.10
冬小麦免耕	0.00	2.25	5.80	14.70
冬小麦传统耕作结合秸秆翻压	1.55	3.75	7.20	25.25
冬小麦传统耕作	1.65	3.90	7.45	36.60
春小麦传统耕作	3.30	4.95	13.80	67.25

注:风速为 30 cm 高度风速。

另外,冬小麦采用免耕秸秆覆盖、免耕、秸秆翻压等保护性耕作措施显著改变了地表气流特征。风速廊线是研究近地表气流特性的一个主要的指标,它指的是风速沿高程的分布。黄高宝等(2007)比较了冬小麦采用免耕秸秆覆盖(NTS)、免耕(NT)、秸秆翻压(TIS)、传统耕作(T)与春小麦传统耕作(SWT)的 12 m/s、16 m/s、20 m/s 的净风风速廊线(图 16.1),结果表

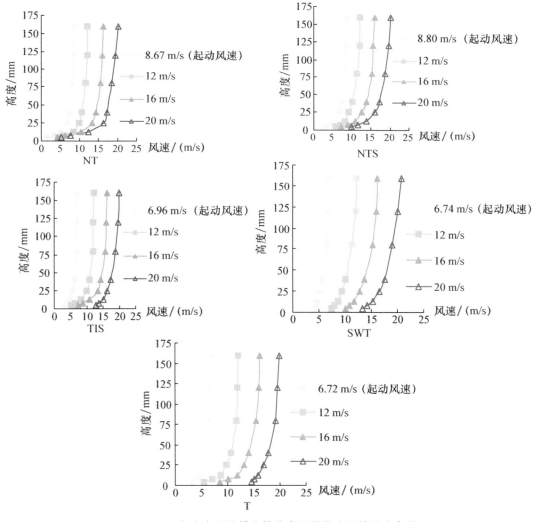

图 16.1　冬小麦不同耕作措施在不同风速下的风速廊线

369

明,在距离地表5~50 mm范围内,由于残茬、秸秆等引起的粗糙度不同,随着高度的递增免耕秸秆覆盖、免耕处理较传统耕作结合秸秆翻压、传统耕作处理风速增加缓慢,说明免耕秸秆覆盖、免耕改变了近地表气流特征,从而减少了土壤风蚀发生的可能性。

2. 提高土壤含水量

大量研究结果表明,不同的保护性耕作措施不仅提高了水分利用效率,而且对土壤含水量产生重要影响。从冬小麦返青(3月中旬)至灌拔节水(5月上旬)期间,免耕秸秆覆盖(NTS)处理土壤含水量显著高于其他处理,一直保持在16%以上(图16.2)。

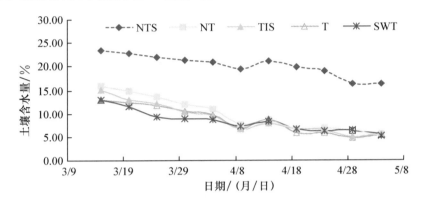

图16.2 不同耕作措施表土层(0~5 cm)水分动态

通过观测不同处理0~30 cm土壤贮水量变化情况可以看出,随着冬小麦生育时期的推进,0~30 cm土层土壤贮水量受降水、气温、蒸散、蒸腾、土壤耕作和灌水等因素及作物根系的明显影响,土壤水分变化剧烈(图16.3)。30~150 cm土层受气象因素的影响小,土壤水分变化主要受作物根系吸水特性和灌水的影响,变幅相对较小(图16.4)。整个生育期,各测定时期免耕立茬(NTSS)和免耕秸秆覆盖(NTS)贮水量大于传统耕作(T),其可能原因是由于冬小麦生长前期免耕立茬和免耕秸秆覆盖处理在土壤表面留有作物残茬和秸秆,减少了土壤蒸发,形成了良好的蓄水保墒作用,使0~30 cm土层水分充足;另外,小麦根系对深层水的利用较少,且免耕覆盖改善了土壤结构,增大了水分入渗速率,从而使深层土壤贮水量大于其他处理。

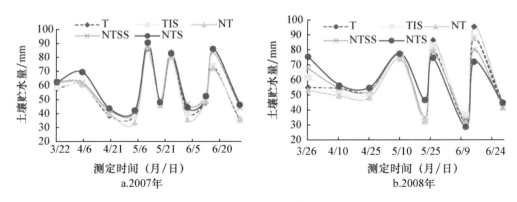

a. 2007年   b. 2008年

图16.3 不同处理0~30 cm土壤贮水量动态变化

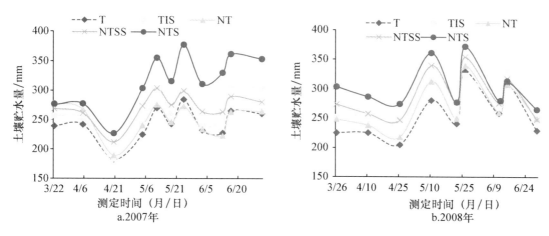

图 16.4 不同处理 30～150 cm 土壤贮水量动态变化

3.增加冬春季节地表覆盖

在风蚀过程中,地表植被覆盖可以通过覆盖部分地表面分解风力以及阻挡输沙等多种途径形成对风蚀地表土壤的保护(Vande Venetal,1989;Wolfe & Nickling,1993)。植被覆盖防护效应的形成是当运动气流受到植被覆盖的阻挡时,在植株背后形成一个风速降低区(wake region wind),从而减小风力对地表土壤的吹蚀(Wolfe & Nickling,1993),一般植被覆盖越密集,防护效果越好。

于爱忠等人(2008)从冬小麦播种(2004年9月)开始,测定了不同耕作措施条件下地表覆盖度动态。结果表明,冬小麦采用免耕秸秆覆盖显著提高了冬春季节地表覆盖度(图16.5)。从时间上来看,不同耕作措施处理的地表覆盖度冬小麦全生育期动态变化为:无论是一年中的任何时期,NTS处理,由于地表覆盖有秸秆,其覆盖度始终保持在 0.6 以上;而 10 月(冬小麦出苗)到翌年 3 月(冬小麦返青),春小麦传统耕作处理(SWT)的覆盖度基本为零。但该地区内,冬春季节盛行西北风,特别是 3—5 月份的月平均风速高于年平均风速,因此容易造成春小麦农田的严重风蚀。冬小麦免耕秸秆覆盖(NTS)地表覆盖度显著高于其他耕作措施,可有效减小土壤颗粒被风吹蚀。

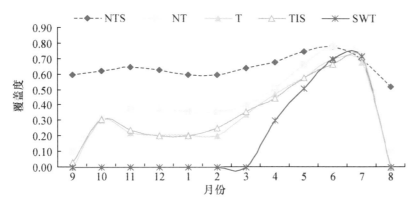

图 16.5 不同耕作措施地表覆盖度的动态变化

4.改善土壤物理性状

根据保护性耕作的"少动土"原理,通过少免耕等技术尽量减少土壤扰动,可达到减少土壤侵蚀的效果。不同区域研究证实,保护性耕作可以增加耕层较大粒径非水稳定性大团聚体,维持良好的孔隙状态,改善土壤结构,提高土壤质量。有关东北不同耕作措施对土壤团聚体的影响研究表明,在 0～30 cm 土层,保护性耕作＞0.25 mm 团聚体含量均值明显高于传统耕作。在华北平原保护性耕作试验研究发现,0～5 cm 和 5～10 cm 土层中,免耕措施有利于提高土壤中较大粒径的非水稳定性大团聚体的百分含量,而翻耕和旋耕则减少了土壤中较大粒径的非水稳定性大团聚体的百分含量。黄高宝(2006)通过室内风洞试验研究了甘肃省河西地区冬小麦在不同耕作措施条件下对土壤表层(0～5 cm)不可蚀性颗粒(粒径≥1 mm 的团聚体及粗沙砾)含量的影响(表 16.2)。结果表明:免耕、免耕秸秆覆盖、传统耕作、秸秆翻压处理的不可蚀性颗粒(粒径≥1 mm 的团聚体及粗沙砾)的含量均高于对照处理(春小麦传统耕作),说明这一地区春小麦改种冬小麦并采取保护性耕作对增加不可蚀性颗粒效果明显,且免耕秸秆覆盖(NTS)不仅增加了不可蚀性颗粒含量,同时降低了易蚀性颗粒含量,抗风蚀效果最好。

表 16.2　冬小麦不同耕作措施表土层(0～5 cm)土壤团聚体含量

处理	粒径/mm				
	＞2.00	2.00～1.00	1.00～0.25	0.25～0.05	＜0.05
NT	4.18a	1.13b	4.80a	33.95c	55.93a
NTS	4.59a	1.69a	5.49a	41.99b	37.22c
T	3.14b	1.19b	4.70a	43.74a	45.32b
TIS	3.54b	1.15b	5.48a	49.39a	40.44c
SWT	1.90c	1.35a	4.52b	41.18b	51.06a

注:不同小写字母表示检验时不同处理间有显著差异($p ≤ 0.05$)。

　　另外,冬小麦免耕秸秆覆盖(NTS)较冬小麦传统耕作(T)可显著降低耕层(0～30 cm)土壤容重(图 16.6)。

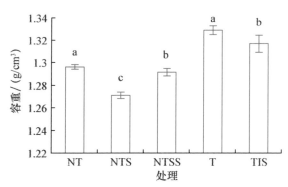

图 16.6　冬小麦不同耕作措施耕层(0～30 cm)土壤容重

5. 利于冬小麦根系生长发育

　　根系是重要的吸收和代谢器官,是土壤—植物系统的重要组分。自 20 世纪 30 年代,Weaver J. E.(1926)提出研究根系的重要作用以来,国内外学者已普遍认识到其研究的重要性。近年来,对小麦根系的研究已成为小麦高产、优质栽培的一个较为活跃的研究领域。通过测定冬小麦不同生育时期免耕秸秆覆盖(NTS)、免耕(NT)、秸秆翻压(TIS)、免耕立茬(NT-SS)及传统耕作措施条件下根系总干重和总根长变化趋势(表 16.3、表 16.4),各处理根系总干重和总根长大小排序为 T<TIS<NT<NTSS<NTS。开花期各处理根系总干重达到整个生育期的最大,NTS 和 NTSS 根系总干重比 T 分别增重 22.49%～34.4% 和 13.71%～23.95%;开花期之后各处理根系总干重有所下降,在成熟期根系总干重明显低于开花期,表明冬小麦须根系在小麦成熟前就较早地出现了衰亡和腐解,但与 T 相比,NTS 和 NTSS 根系总干重依然大于传统耕作 T,说明免耕秸秆残茬覆盖有利于延缓冬小麦根系衰老。

表 16.3　不同耕作措施下 0～70 cm 土层内冬小麦根干重动态变化　　　　　　g/m²

处理	2005—2006 年				2006—2007 年			
	拔节期	抽穗期	开花期	成熟期	拔节期	抽穗期	开花期	成熟期
T	100.98b	129.37c	144.24c	107.94d	95.67b	113.45c	118.03c	101.18c
TIS	104.96b	139.59bc	149.21c	120.62c	99.98b	120.28c	132.89b	107.88c
NT	105.89b	142.98bc	152.93bc	127.58c	101.77b	131.96b	141.38b	122.27b
NTSS	106.88b	149.41b	164.01b	148.42b	103.63b	138b	146.29ab	130.30ab
NTS	118.56a	162.81a	176.68a	161.09a	114.18a	150.61a	158.63a	141.12a

注:同列数据后不同字母表示处理间差异显著($p<0.05$)。

表 16.4　不同耕作措施条件下 0～70 cm 土层内冬小麦根长动态变化　　　×10³ m/m²

处理	2005—2006 年				2006—2007 年			
	拔节期	抽穗期	开花期	成熟期	拔节期	抽穗期	开花期	成熟期
T	5.58b	7.14d	7.96b	6.06c	5.07c	6.26c	6.52d	5.59c
TIS	5.72b	7.62cd	8.15b	6.67bc	5.5bc	6.57c	7.26cd	5.90c
NT	5.88b	7.94bc	8.49b	7.16b	5.77b	7.33b	7.86bc	6.85b
NTSS	6.05a	8.44ab	9.26a	8.49a	5.62b	7.8ab	8.27ab	7.41ab
NTS	6.55a	8.99a	9.76a	8.95a	6.47a	8.32a	8.76a	7.92a

注:同列数据后不同字母表示处理间差异显著($p<0.05$)。

6.缓解区域内灌溉用水压力

河西灌区属于内陆河流域,多年平均径流量 72.6 亿 m³,正常水平年用水量 78.37 亿 m³,年缺水程度为 2.8%～4.2%,年缺水量为 577 亿 m³ 左右。近年来,随着国民经济的快速发展和城乡人民生活水平的提高,工农业之间、经济发展与生态建设之间、农村与城市以及上下游之间的水资源供需矛盾更加尖锐。农业灌水是河西地区的用水大户,占总用水量的 90%,春小麦在河西种植面积大,分布范围广,5—6 月份为春小麦分蘖、拔节、抽穗、灌浆期,其需水量约占春小麦全生育期的 70%～80%,而此期由于气温偏低,来水量较少,每轮灌水持续时间较长,很难保证全区小麦及时足量灌水,部分麦田受旱在所难免。目前,石羊河流域因水资源供需矛盾突出,将近一半的春小麦由过去全生育期灌水 3～4 次改为现在的 2 次,一些晚熟品种无法种植。与种植春小麦不同,冬小麦播种季节正逢雨季,可有效利用天然降水,且次年灌头水较春小麦提前 15 d 左右,能够避免与其他作物争水,大幅度缓解春季农田供水压力,为有效实施生态用水创造条件。

7.减轻干热风和小麦吸浆虫危害

干热风和小麦吸浆虫是制约河西地区小麦产量潜能发挥的两大障碍,其中干热风主要危害春小麦,危害最严重的时段是小麦开花至灌浆期,开花期以前或黄熟期以后干热风天气出现机会很少,即使出现,对产量影响也极小;小麦吸浆虫的发育过程(化蛹—羽化—成虫交配—产卵—孵化—幼虫)正好与春小麦生育阶段(拔节—孕穗—抽穗—灌浆初)相吻合,为吸浆虫提供了良好的栖息、繁殖、为害环境。而冬小麦一般较春小麦早 15 d 左右,可以错开干热风和小麦吸浆虫为害盛期,从而达到高产稳产目的。

16.1.3.2 内陆河灌区冬小麦免耕保护性耕作的经济效益

1.提高冬小麦产量和水分利用效率

两年定位试验结果表明,免耕秸秆覆盖(NTS)处理冬小麦产量明显高于其他耕作措施(表 16.5)。与传统耕作(T)相比,免耕秸秆覆盖(NTS)和免耕立茬(NTSS)处理产量增幅分别提高 15.65%~16.84% 和 6.98%~12.75%。水分利用效率是研究作物产量、蒸腾耗水和地表蒸发之间相互消长关系的具体表现。与产量的变化趋势相似,两年度中免耕秸秆覆盖(NTS)的 WUE 都最大,传统耕作(T)的最小。免耕秸秆覆盖(NTS)和免耕立茬(NTSS)处理水分利用效率较传统耕(T)分别提高 17.15%~17.52% 和 7.75%~9.65%。由此表明,在灌溉制度一定的情况下,耕作措施是影响该区冬小麦产量的主要因子之一,不同保护性耕作提高了产量和水分利用效率,表现出一定的节水增产优势。

表 16.5　保护性耕作对冬小麦耗水量、产量和水分利用效率的影响

年份	项目	T	TIS	NT	NTSS	NTS
2006—2007	产量/(kg/hm²)	6 533b	7 066ab	7 300ab	7 366a	7 633a
	耗水量/mm	578.21a	570.32a	589.28a	594.64a	574.55a
	水分利用效率/[kg/hm²・mm]	11.30b	12.42ab	12.43ab	12.39ab	13.28a
2007—2008	产量/(kg/hm²)	6 275a	6 521a	6 644a	6 713a	7 257a
	耗水量/mm	608.19a	606.69a	595.15c	603.36ab	600.15bc
	水分利用效率/[kg/hm²・mm]	10.32a	10.75a	11.17a	11.12a	12.09a

注:不同字母表示处理间差异显著($p < 0.05$)。

2.减少机械作业成本

绿洲灌区冬小麦免耕秸秆覆盖技术提高光、热、水资源利用效率的同时,显著降低了机械作业成本,较区域内春小麦传统耕作措施,减少了秋季翻耕、春季播前镇压和旋耕,每公顷节约成本约 1 800 元。

16.1.4　技术模式应注意的问题

16.1.4.1　秸秆还田量

冬小麦免耕秸秆覆盖技术在秸秆还田量应控制在 6 750~7 500 kg/hm²,若采用联合收割机,应人工将秸秆抛撒均匀,避免秸秆覆盖不均匀给播种带来不便。

16.1.4.2　掌握适宜播期、避免雨后播种

冬小麦播种应在 9 月中下旬,日平均气温在 12℃左右时进行播种。播种机的开沟器前有切碎秸秆的切刀。降雨后秸秆潮湿,切碎效果较差,影响播种质量,要避免在雨后播种。

16.1.4.3　病虫草害防除

分别在前茬作物收获后、小麦出苗后、麦苗 4~5 叶期采用化学方法进行杂草防除。小麦

黄矮病具有间歇性流行特点,它的流行除与小麦品种的抗、耐病性关系密切外,蚜虫密度与毒源、气象因素同样是极为重要的条件。因此,正确掌握和认识区域内小麦黄矮病的发病条件及流行规律是控制其危害的关键。根据"河西灌区扩种冬小麦节水、防沙尘综合技术体系研究"课题组的研究,河西绿洲灌区冬小麦黄矮病4月中旬发病,对产量影响程度最大,加上抗黄矮病品种(系)缺乏。蚜虫是黄矮病重要的传播媒介,在冬小麦生长期间,特别是蚜虫为害严重的6月份,须做好防治工作,以避免因此而带来的减产问题。

16.1.5 适宜区域及其推广现状与前景

冬小麦免耕秸秆覆盖保护性耕作技术,由于免耕结合秸秆覆盖增加了冬春两季地表覆盖度,保护了地表的易蚀性颗粒,同时改变了地表气流特征,产生了一定的抗蚀、节水作用。另一方面,冬小麦秋播正值多雨季节,秸秆覆盖显著抑制了地表蒸发,提高了表土含水量,土壤颗粒聚积,抗蚀性增强,减小了农田土壤风蚀发生的可能性。因此,该技术对降低易风蚀区冬春季节农田土壤风蚀具有重要意义,在节水、节本、缓解区域水资源压力方面应用前景良好。

目前,该技术在石羊河流域上游的杂木灌区进行了大面积推广种植,也可在强冬性小麦品种能够安全越冬的黑河流域、石羊河流域大面积推广种植。根据"河西灌区扩种冬小麦节水、防沙尘综合技术体系研究"课题组研究,冬小麦保护性耕作实施过程中抗病品种匮乏等制约着技术的进一步深入。此外,在春小麦种植区域扩种冬小麦涉及生态、经济、社会等各个方面的问题。目前,农民在农业生产技术的接受上只注重经济效益,使有着良好经济、社会和生态效益的区域农作制发展受到限制。因此,如何提高农民的素质,特别是培养农民的生态意识,使其自觉地参与到相关技术研发过程当中对甘肃河西绿洲灌区现代农作制建设和农业的可持续发展有很重要的意义。

16.2 干旱绿洲区春小麦固定道耕作秸秆覆盖保护性耕作模式

16.2.1 形成条件与背景

北方干旱内陆河灌区是我国水资源供需矛盾最突出、土壤风蚀最严重的地区之一,而农业用水比重过大、效率低下是水资源矛盾加剧的重要成因。通过耕作制度革新和灌溉技术的改进,缓解水资源供需矛盾、解决耕地风蚀问题既具可行性又具潜力性、迫切性。

甘肃河西绿洲灌区农业用水比重占水资源总量的90%以上,大田作物灌溉多以漫灌为主,土壤耕作以翻耕为主,作物水分利用效率平均不足 1.0 kg/m^3,解决水资源供需矛盾和土壤风蚀问题较之其他地区更为严峻。据统计年鉴资料,河西地区春小麦种植面积近年来基本稳定在 14 万 hm^2 以上,占有效灌溉耕地 65.6 万 hm^2 的 21% 左右。解决好春小麦的节水、防风蚀问题,对推进该区种植业的可持续发展具有重要意义。

自20世纪初美国等国家开始探索保护性耕作技术以来,免耕秸秆覆盖技术的保水、防风蚀作用已得到大家的公认,且机械化作业作为保护性耕作技术体系的主体技术被广泛应用。

但是,在保护性耕作技术的改进过程中,机器压实的影响往往被忽视,而且研究者和应用者没有意识到采用少耕或免耕后,机具压实的影响将无法消除,会累积延续下去。针对免耕机械化保护性耕作存在的不足之处,20 世纪 80 年代,澳大利亚等国家开始研究推广固定道耕作宽垄栽培技术。该技术将拖拉机行走道同作物生长区分离开来,即在田间规划出固定的、间隔排列的作物生长带和机械行走带,机械从事田间作业时,车轮行驶在固定的轮辙(即机械行走带)上对作物生长带进行耕作的方法。轮辙长期不耕种可以保持较高的土壤紧实度承受能力,改善机器的牵引效率。作物生长带因为没有机器的碾压,不需要每年耕翻或深松,仍可保持良好的作物生长环境。

2002 年始,在国家"863"节水重大专项和甘肃省科技攻关等课题资助下,甘肃农业大学、甘肃省农业科学院、甘肃省水利科学院等多家单位联合,在河西走廊黑河流域的张掖境内开展了多年固定道耕作小麦垄作栽培技术研究,形成了适用于同类地区的技术操作规范,探明了该技术节水和保持作物产量的主要原因。

16.2.2　关键技术规程

该技术模式主要适用于干旱半干旱地区降水不足、灌溉水资源有限但耕地质量良好的高产地区。模式技术的关键是垄形设计与当地常用机械相吻合、作物播种行数与土壤水分侧渗能力相吻合、小麦播种密度与土壤地力水平相吻合,同时小麦品种选用分蘖能力较强的高产品种。

16.2.2.1　目标产量

在无重大自然灾害和人为影响下,该技术可使春小麦单产达到 6 000~8 250 kg/hm²,与传统春小麦种植技术相比产量不下降或略有增产。

16.2.2.2　技术主要参数指标

1. 土壤肥力要求

该技术模式要求土层深厚肥沃,灌溉和排水良好的壤土或沙壤土。土壤容重 1.2~1.3 g/cm³,有机质含量 12 g/kg 以上,全氮 1.0 g/kg、全磷 1.0 g/kg、碱解氮 100 mg/kg、速效磷 15 mg/kg、速效钾 150 mg/kg 以上。

2. 田间结构

固定道及垄宽根据当地常用机械东方红 30-四轮拖拉机设计,固定道宽度、垄面宽分别为 30 cm、70 cm,垄上种 5 行小麦,行距 15 cm。在第一年应用固定道结合垄作沟灌保护性耕作生产技术时,首先设计好带型和拖拉机行走路线,然后结合播种使拖拉机多次行走,形成经机械压实后的作业带,两带之间的区域为种植带,拖拉机行走带为输水沟。此后,种植带不进行耕作,形成永久垄,拖拉机作业带形成永久输水沟。具体田间规格如图 16.7 所示。

3. 施肥播种

(1)播种时间:春小麦固定道结合垄作沟灌保护性耕作技术中,小麦采用高茬收割,形成垄面的覆盖物。受秸秆覆盖的影响,垄体播种层内的土壤温度一般较传统翻耕低 1~3℃,因此春小麦的播种时间一般要推迟 5~7 d。

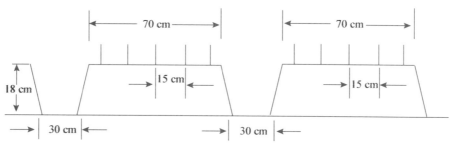

图16.7　固定道耕作垄作小麦模式田间结构示意图

注：该图根据甘肃省农科学院、甘肃农业大学研究成果绘制。

（2）品种选择：可选择地方普遍应用的中晚熟丰产品种，这些品种除抗倒伏、抗病外，同时应具有较高的分蘖成穗和边际效应特征，如河西绿洲灌区常用品种宁春4号、永良4号、张宁2 000、酒春3号、93鉴105、甘春01-6等均可选用。

（3）种子处理：播种材料应籽粒饱满、纯净度高，发芽率要求在90%以上；播前晒种1～2 d，以提高种子发芽力和生长势；地下害虫严重时，按每100 kg种子用40%甲基异硫磷200 mL加水2 kg均匀拌种。

（4）施肥播种：施肥与播种同时进行，施肥一般应长效和速效兼顾，一次施肥保证小麦全生育期的需要。免耕覆盖播种的深度一般为3～5 cm，化肥施用方式根据播种机的不同而异，有垂直深施、水平分施、侧深施等，施肥量在150 kg/hm² 以上时，要求种子与化肥的垂直距离要保证在4 cm以上，而且施肥量越大，间距也应越大，以免造成烧种。施用的化肥应选用颗粒肥，如尿素、二铵等，粉状化肥易结块，流动性差，不宜采用。播种前应对化肥进行检查，不允许有大于0.5 cm以上的块状肥加入肥箱，以免堵塞肥管影响施肥量；所加化肥应当干燥，不可施用潮湿易结块的化肥。甘肃河西地区施肥水平基本为尿素、磷二铵各225 kg/hm²，结合播种工序一次性完成。小麦播种量以375 kg/hm² 为宜。

（5）播种机具：初步应用该技术时，垄体土壤疏松、秸秆覆盖量相对较小，对播种机的通过性影响不大，但形成永久垄后，随垄体土壤坚实度的变化，对免耕播种机的要求提高。因此，免耕播种机建议采用专业用机械，如甘肃农业大学工学院研制的2BF-5/10免耕播种机，主机选用30马力拖拉机；或采用山西新绛机械厂研制生产的2BFM-7和中国农业大学研制生产的2BFM-7型小麦免耕覆盖精播机，主机选用18马力小四轮拖拉机。

4. 生育期田间管理

（1）苗期管理：秸秆覆盖后可能出现较多浮籽，影响出苗率，因此要保证种子与土壤紧密结合，以保证全苗和壮苗，在断垄和苗情较差的情况下，建议人工补苗。

（2）灌水：在拔节期灌头水，灌溉量以450～600 m³/hm² 为宜；抽穗期灌第二水，灌溉量为600～750 m³/hm²；灌浆期灌第三水，灌溉量600～750 m³/hm²；麦黄水450～600 m³/hm²。灌水定额因生育期降水和土壤墒情适当调整。

5. 杂草防除

小麦免耕秸秆覆盖栽培中，因对土壤不进行耕作，杂草发生率高，可选用化学除草剂防除。防除方法有：在前茬作物收获到小麦播种前的一段时间内，根据杂草发病情况用百草枯喷洒防除，防除时间不易与播种时间过近；小麦出苗后阔叶杂草可用2,4-D丁酯325 mL/hm² 掺水40～50 kg，在麦苗4～5叶期叶面喷雾，2,4-D丁酯浓度一定要严格掌握，切勿过量，以防引起穗部畸形等;野燕麦 3～4 叶期,用 40% 野燕枯 0.4%～0.5% 的稀释液叶面喷雾防治。

6.病虫防治

在 5 月底 6 月上旬,吸浆虫发生前,选用 40% 甲基异硫磷、50% 甲氨磷或水胺硫磷乳油叶面喷洒 2 次。6—7 月份,当蚜虫发生危害时,每公顷用抗蚜威 150 g 加水 450 kg 进行喷雾防治。

7.收获

小麦在蜡熟后期收获,此时收获千粒重高、品质好。收获采用谷物联合收割机进行高茬收割,割茬高度为 20～25 cm,20～25 cm 以上秸秆移出农田。小麦播种垄免耕,次年直接进行硬茬播种。

8.贮水灌溉

采用秸秆覆盖的储水灌溉不同于常规的冬灌,如果采用较大的灌水定额,则会导致次年春播土壤含水率过高,加之早春地温较低对种子发芽出苗很不利,所以贮水定额应控制在 900～1 050 m³/hm² 为宜,灌水时间在 11—12 月份。

16.2.3 生态效益与经济效益

16.2.3.1 技术模式的生态效益

西北内陆灌区农田生产技术的目标生态效益可归结在节水、防水土流失和改善作物生长条件等几个方面。固定道耕作结合垄作沟灌技术,将局部灌溉、秸秆覆盖和机械化作业技术集成到同一技术体系中,同时实现了减少径流、提高水分有效性、减小土壤风蚀、优化小麦群体受光结构等多种生态效益。

固定道作业能够减轻作业机械对土壤的压实程度和范围,改善作物生长区土壤结构,减轻土壤径流强度,减少径流量,增加水分向作物根区的入渗量。

1.固定道耕作结合免耕秸秆覆盖有利于减小径流量,防止土壤水蚀

作物生产过程中,机械对土壤的作用力往往容易造成耕地坚实度增大,水分入渗速度减缓,在强降雨情况下易形成径流而造成水蚀。我国开展固定道耕作研究相对较晚,缺乏系统的固定道耕作与降水径流形成的直接研究证据,但中国农业大学的李洪文等(2000)通过压实试验,对不同耕作方式下机械压实与径流产生间的关系进行了定量模拟试验研究。该研究中,李洪文等测定了小麦收获后在模拟降雨强度为 72 mm/h 时,免耕秸秆覆盖不压实处理在第 50 min 时产生的径流量为 1.84 mm,而免耕覆盖压实处理在相同时间点产生的径流量为 10.11 mm,且后者产生径流在地表出现积水的时间比前者早 7 min。由此证明,当采用固定道耕作时,作物生长带内的水分入渗及时,不易形成径流而造成水土流失。

2.固定道耕作增大了机械行走带的土壤坚实度,促进了水分向作物生长带的侧渗

采用固定道耕作垄作栽培技术时,机械行走带中的土壤坚实度会明显增大,水分向土壤深层渗入量随之减少,但侧渗到作物生长带中的水分明显增多。2003 年,甘肃农业大学在河西甘州境内开展的定位试验研究表明,固定道耕作使 0～15 cm 土层土壤的坚实度值接近 3 000 kPa,显著高于传统耕作;15～40 cm 土壤坚实度也大于传统耕作,表明传统耕作可以显著减小耕层土壤的抗楔入性,而压实则使土壤的抗楔入性增大。由于固定道进行了压实,增加了表层土壤容重,减少了土壤孔隙度,从而降低了水分入渗率和土壤水分的蒸发(图

16.8）。固定道压实后,在10～35 cm土层中,土壤含水量高于传统耕作,35 cm以下土层中的含水量差异极小(图16.8),这种表层土壤含水量相对较大的水分空间分布特征的优点在于可促进水分向两侧作物生长带渗透,但不足之处是可能会增大通过土壤蒸发途径使水分无效损失。因此,作物生长期间固定道内的覆盖抑蒸,将有利于进一步提高作物的水分利用效率。

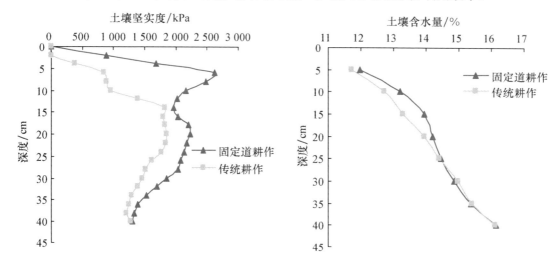

图16.8　固定道耕作和传统耕作土壤坚实度、含水量的空间分布

3. 固定道耕作结合秸秆覆盖有利于增加土壤贮水量、促进小麦根系生长、降低作物生长带中的土壤容重

固定道输水减小了灌溉水的渗漏损失,作物秸秆的覆盖则可有效抑制土壤水分的蒸发损失,因此可使作物生长期间的土壤贮水量较之传统耕作明显提高。在河西甘州区开展的试验研究表明,固定道耕作结合秸秆覆盖处理在0～60 cm土层中的贮水量与传统耕作不覆盖处理相比,在拔节期、孕穗期、开花期和灌溉期分别提高了5.9%、7.9%、4.5%和16.3%(图16.9)。固定道耕作结合秸秆覆盖形成的良好的土壤水分环境,不仅有利于栽培小麦的生长发育,同时对提高土壤养分的利用效率、优化土壤微生物的种群结构具有重要作用。

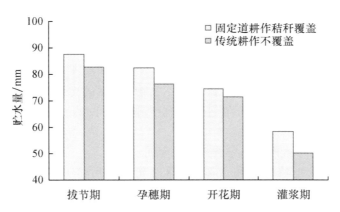

图16.9　固定道耕作和传统耕作处理小麦种植带0～60 cm土层贮水量

固定道耕作结合秸秆覆盖对小麦根系生长具有明显促进作用(图 16.10)。甘肃农业大学课题组用直径为 8 cm 的根钻,在小麦收获期分层次对固定道耕作和传统耕作小麦根长密度进行了量化研究,结果表明,在不同土层内,固定道耕作结合秸秆覆盖栽培小麦较之传统耕作不覆盖小麦在不同土层中的根系密度均有不同程度的增大。其中,0～10 cm、10～20 cm 土层中的根长密度分别增大了 38.4％和 12.7％,即固定道耕作结合秸秆覆盖主要是影响了小麦在表层土壤中的生长量。

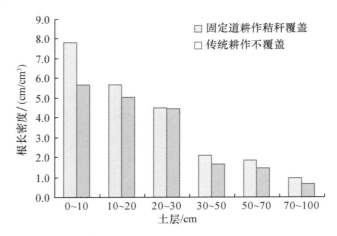

图 16.10　固定道耕作秸秆覆盖与传统耕作不覆盖小麦在不同土层中的根长密度

土壤容重的大小不仅会直接影响其贮水保水性能,同时能够通过土壤三相结构的影响而影响作物根系的生长发育、土壤微生物的种群结构。张进(2002)等通过不同型号拖拉机的压实试验(表 16.6),证明了采用固定道耕作潜在的保持土壤适宜容重和土壤三相比等方面的优势。该研究表明,在采用江西-180 型拖拉机行走道不固定作业压实时,0～10 cm、10～20 cm 层次中的土壤容重分别增大了 21.9％、2.0％,田间持水量则分别下降了 3.0％、9.8％,0～10 cm 土壤毛管孔隙度增大了 18.1％、10～20 cm 土壤毛管孔隙度下降了 4.3％;在采用铁牛-60 型拖拉机压实后,0～10 cm、10～20 cm 层次中的土壤容重分别增大了 27.3％、10.8％,田间持水量则分别下降了 16.1％、14.8％,0～10 cm 土壤毛管孔隙度增大了 6.8％、10～20 cm 土壤毛管孔隙度下降了 5.6％。大量研究表明,小麦 70％以上的根系生长在 0～20 cm 的土层中,而本试验中机械压力使耕层土壤容重的增大、含水量的下降,这都将不利于小麦根系的生长发育,不利于高产。就毛管孔隙度在不同层次的变化而言,10～20 cm 土层中毛管孔隙度的下降不仅不利于土壤对水分的保蓄,同时不利于深层水分向表层土壤的运转。压实试验反应了机械压力对土壤物理性状造成的不良影响,而固定道耕作正是针对减小机械对土壤压力而设计的耕作方法,因此在创造适宜于作物生长的土壤物理性状方面具有良好前景。

4.有利于优化小麦群体内的光分布和光能利用

农业生产的实质就是植物利用太阳能,通过光合作用将 CO_2 和水合成有机物质的过程。作物的光合作用与冠层光分布状况密切相关,而光能在冠层内的分布又受到冠层结构的影响。因此,要系统评价某一种植模式的综合生态效益必须对这一模式的光能利用进行系统研究。

表 16.6 机械作用对土壤容重及孔隙度的影响

土层深度/cm	无压实			压实					
	容重/(g/cm³)	田间持水量/%	大孔隙度/毛管孔隙度/%	江西-180型拖拉机			铁牛-60型拖拉机		
				容重/(g/cm³)	田间持水量/%	大孔隙度/毛管孔隙度/%	容重/(g/cm³)	田间持水量/%	大孔隙度/毛管孔隙度/%
0～10	1.28	21.98	23.56/28.14	1.56	21.31	23.56/33.24	1.63	18.44	8.43/30.06
10～20	1.48	20.59	13.68/30.47	1.51	18.57	13.68/29.15	1.64	17.53	9.36/28.75
20～30	1.50	19.83	—	1.50	17.74	—	1.61	16.76	
30～40	—	18.54			17.34		—	15.94	
40～50	—	17.83			17.28			15.30	

注:该表引自张进"山西农机"2002年第12期"固定道保护性耕作的试验研究"。

作物群体内,太阳光从上向下,经过作物冠层最终到达地面,每经过一叶层,光照就有一定的减弱,到达群体顶部以及群体内不同层次的光照强度因时间的变化而不同,因此通过测定同层次光照强度的方法很难形象地表述群体光能的分布。同一群体某一层次的光合有效辐射(P_F)和顶部的光合有效辐射(P_O)成正比,因此可以通过对不同群体 P_F/P_O 的比较发现不同处理间光在不同层次的分布差异,其比值的大小表明光在该层次以上被吸收和截获量的多少。在小麦各个生育期测定群体顶部的光合有效辐射(P_O)和某一层次的光合有效辐射(P_F),计算比较 P_F/P_O 可作为量化不同处理冠层光分布的优劣。2004年度,甘肃农业大学在固定道耕作结合秸秆覆盖(CTS)、固定道耕作地膜覆盖(CTP)、固定道耕作不覆盖(CT)和传统与单作不覆盖(LT)4种种植方式中,系统研究了小麦群体光分布的主要特征。结果表明,各处理在不同时期的光能分布趋势相同,各个时期的 P_F/P_O 比值比较稳定,基本为常数。不同处理光能分布基本遵循 CT($P_F/P_O=0.13$)＞CTS($P_F/P_O=0.10$)＞CTP($P_F/P_O=0.09$)＞LT($P_F/P_O=0.04$)由大到小依次递减,LT处理 P_F/P_O 比值较小说明射入群体的光资源经过小麦群体最终到达地面的量较少,即被作物群体吸收和截获的量较多,但同时也表明该群体在光线经冠层顶部后仅有少量到达冠层底部,从中也可以看出过于密闭群体植株之间的互相遮蔽效应。TP处理、CT处理和CTS处理 P_F/P_O 比值比LT处理高,是因为进入群体尤其是冠层底部的光资源除了从作物群体顶部自上而下射入的光线,还有从作物群体侧面入射的侧面光线。

由于冠层结构和疏密度不同,不同处理在不同高度的光合有效辐射的分布也不同。在小麦灌浆期测定各处理光能的垂直变化(图16.11),其总趋势为:小麦群体中光能垂直分布与叶面积的垂直分布相反,呈倒金字塔形,从小麦冠层上部到小麦冠层下部,光合有效辐射的比值随高度的降低而逐渐减少,变化大小与不同处理冠层结构状况有关,平面型冠层有使光合有效辐射的比值减少的趋势。从图16.11中可以看出,光线从小麦顶部经群体到达地面的过程中,CT处理在各个层次的光能分布都较多,说明作物对光能的截获量很少,漏光现象普遍存在;CTP处理和CTS处理优化了小麦群体结构,光能在群体各个层次较均匀分布,能充分利用光资源,是较合理的群体结构;LT处理各个层次的光能分布量均较少,尤其在最底层次光能分布几乎为零,说明群体过于密闭,下层植株间互相遮蔽,没有充分发挥下部功能叶片的光合作用。固定道耕作中,小麦的立体分布可以使群体因获得侧面光而获得的总光资源多于平作。平作群体内部只能接受到从冠层顶部入射的太阳光,而在固定道耕作群体内部入射的光线,除来自冠层顶部,还有从群体侧面入射的侧面光,这使得作物群体的受光面积增加,尤其在早、晚时,由于太阳高度角小,阳光从侧面射入作物群体使作物受光面积比单作的多,从而提高了光能在群体各个层次的分布。

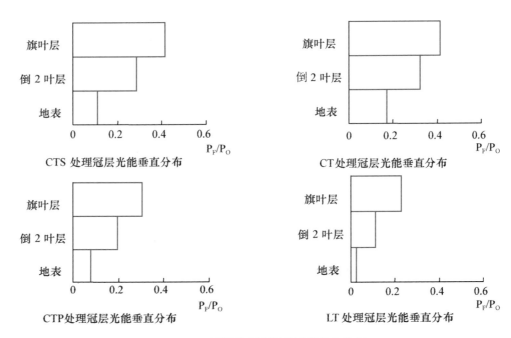

图 16.11 不同处理光强的垂直分布特征

太阳光从作物群体的冠层顶部入射,经过层层削弱最终仅有一小部分到达群体冠层低部,而投射于作物群体的光线去向,大体可分为反射、吸收和投射三部分。进一步比较不同层次之间光合有效辐射值的变化,量化不同层次的光能截获,借以描述光在不同处理群体中的变化,结果如表 16.7 所示。该表说明,群体太阳辐射值变化最大的是 LT 处理,占入射 97.2% 的太阳光在经过作物群体时被反射和吸收了,但这其中 77.3% 是在旗叶层被截获,考虑到作物无法一次吸收太多太阳光,因此这些光线被冠层表面反射损失的可能性极大,由于旗叶层吸收或反射的太阳辐射太多,所以冠层下部的透射光相对较少。群体太阳辐射值变化最小的是 CT 处理,该处理仅有 76.3% 的光线被作物群体吸收和反射了,也就是说,占入射光线 23.7% 的光线最终透射损失了,反应了该处理群体结构的不严密性。CTP 处理和 CTS 处理群体太阳辐射值变化处理介于二者之间,CTP 略高一些,CTP 和 CTS 并不只是某一层次截获的光线较多而影响其他层次的受光特征,而是群体各个层次截获的太阳辐射值都较高,这种光分布特征有利于作物逐步吸收入射的太阳能、减少因反射而造成的损失,而且漏射损失光资源只占入射光线的 8.03%、11.23%。CTP 和 CTS 处理一方面由于叶子之间合比例排布以及叶面积指数的在群体内的均匀分布使光线到达群体的各个层次成为可能;另一方面间隔排列的群体结构和垄面不同的覆盖处理改变了群体内部温度、湿度及气体组成,作物光合作用不再受到光、温、水、CO_2 浓度等的限制,从而表现出较高的光能利用。

表 16.7　不同处理的冠层光截获率　　　　　　　　　　　　　　　　　　　　%

	旗叶层	倒 2 叶层	倒 3 叶	群体
CTS	58.57	15.10	30.20	88.77
CT	56.99	15.15	19.30	76.29
CTP	69.26	21.43	22.71	91.97
LT	77.34	12.17	19.88	97.22

16.2.3.2 固定道耕作秸秆覆盖小麦栽培技术的经济效益

1. 增产效益

Tullberg(1995)研究报道,采用固定道耕作法改善了土壤和作物生长环境,有利于更好地协调小麦群体与个体的矛盾,最大限度地发挥小麦的边行优势,个体健壮、穗大、粒多、粒重,一般增产 10%～15%。2004 年度,甘肃农业大学课题组在研究中发现,固定道耕作秸秆覆盖小麦、固定道耕作地膜覆盖小麦、固定道耕作无覆盖小麦、传统耕作平作无覆盖小麦的产量分别为 6 792.3 kg/hm²、6 896.2 kg/hm²、5 765.1 kg/hm²、6 078.7 kg/hm²,其中固定道耕作结合覆盖的产量显著高于固定道耕作不覆盖处理,且较之传统耕作不覆盖处理产量也有明显提高。2008 年度,甘肃省农业科学院在甘州区测定了多年进行的固定道耕作秸秆覆盖栽培小麦的产量,结果表明固定道作业结合免耕秸秆覆盖的产量达到了 7 132.2 kg/hm²,而固定道耕作结合秸秆覆盖小麦的产量为 6 651.75 kg/hm²,平作免耕秸秆覆盖处理和平作翻耕不覆盖处理的产量分别为 6 458.8 kg/hm²、6 356.4 kg/hm²,固定道作业结合免耕秸秆覆盖处理的产量显著高于其他处理。

2. 节本效益

甘肃省农业科学院研究发现,在河西绿洲灌区,固定道作业结合免耕秸秆覆盖栽培技术与传统小麦栽培技术相比,春小麦在生育期内可节约灌溉用水 1 500～2 100 m³/hm²,节水率 33.35%～48.04%,水分利用效率提高了 22.99%～55.20%;固定道作业免耕秸秆覆盖小麦与传统小麦栽培技术相比,可减少施氮量 15%,但氮肥利用率比传统栽培技术高 24% 左右;固定道作业垄作栽培技术由于使作物播种面积降低了 25% 左右,在适当密植的情况下,播种量可较传统栽培技术降低 15% 左右。

固定道耕作的节本效应还表现在能耗的减少上。杜兵等(1999)研究发现,无论在免耕还是在已耕地条件下,采用固定道耕作法,消耗在开沟破土上的能量可减少左右,这说明固定道耕作法在节约能量、降低投入方面具有很大潜力。

3. 其他效益

固定道耕作结合秸秆覆盖小麦栽培技术,减小了对土壤的扰动作用,冬春季地表覆盖度明显增大,有利于减小土壤的风蚀作用。据甘肃农业大学测定,应用该技术,农田春季 0～20 cm 地面高度平均输沙量 0.0018 g/(min·cm²),仅为传统耕作裸露农田的 1.59%,输粉尘量 0.012 3 g/(min·cm²),为传统耕作的 21.18%。此外,小麦秸秆的持续稳定还田,不仅提高了农田产出物的循环利用效率,产生了一定的经济效益,其潜在的优化土壤理化性状、改善土壤微生物种群结构等方面的作用也将逐步显现出来。

16.2.4 技术模式应注意的问题

16.2.4.1 机械配套

从河西绿洲灌区现有研究成果看,固定道作业结合免耕秸秆覆盖的节水、节本、增产潜力较大,但应用该技术时需要配套作业幅宽与栽培幅宽需求相吻合的机械,作业幅度过宽影响中间小麦行的土壤水分环境,作业幅度过小时小麦栽培面积所占比重过小也不利于产量提高。另外,联合免耕播种机的配套也是本技术应用面临的主要难题,事实上,我国在免耕条件下同时完成施肥、播种和覆土等多道工序的小型联合播种机的研发还相对滞后。

16.2.4.2 秸秆覆盖量

河西绿洲灌区属于小麦高产地区,小麦生产中的秸秆量大,但受土壤水分、温度等环境因素的影响,作物秸秆在土壤中的分解速度相对较慢。因此,秸秆还田量不宜过大,根据多年来的研究结果,免耕留茬覆盖时,留茬高度在 20 cm 左右比较适宜。此外,当秸秆还田量过大时,次年地温回升过慢,也会影响作物播种。

16.2.4.3 贮水灌溉量

固定道耕作秸秆覆盖条件下,冬贮定额应控制在 1 050 m³/hm² 以下,否则次年播种时土壤温度过低、土壤含水量过高,影响播种时间和播种质量。

16.2.4.4 品种选择

固定道作业秸秆覆盖栽培小麦时,固定道占地使小麦实际播种面积较传统平作降低了25%以上,小麦的增产主要依靠小穗数、每穗粒数和千粒重的增大而获取,而边行优势是提高成穗数、每穗籽粒数和千粒重的重要途径,因此小麦品种的选择上常选用分蘖成穗能力相对较强的春小麦品种。

16.2.5 适宜区域及其推广现状与前景

本技术适用于干旱、半干旱地区通过灌溉进行小麦生产的地区,技术成果在同类生态区其他作物也可借鉴应用。

据统计,河西内陆河灌区累计示范该技术已超过万亩,并在啤酒大麦和玉米栽培中改装利用。但受收获机械、播种机械配套以及农民传统生产观念的影响,该技术还未能大面积推广应用。随配套机具的不断完善和农民对该技术节水、经济效益认识的加深,其应用范围将不断扩大。该技术模式操作性强,节水、增效作用显著,适用范围广,其应用前景十分广阔。

(本章由黄高宝、柴强主笔,于爱忠参加编写)

参考文献

[1]Vande Ven, T. A. M, D. W. Fryrear & W. P. Spaan. Vegetation characteristics and soil loss by wind. *Journal of Soil and Water Conservation*. 1989,44:347−349.

[2]Wolfe S. A. & W. G. Nickling. The protective role of sparse vegetation in wind erosion. *Progress in Physical Geography*. 1993,17:50−68.

[3]李新文,柴强.甘肃河西走廊灌溉农业水资源利用及其潜力开发对策.开发研究,2001(6):39−41.

[4]苏德荣,田媛,王瑜,等.甘肃河西内陆区水安全战略与节水型生态农业的发展.甘肃水利水电技术,2002,38(1):9−11.

[5]马兴祥.甘肃河西地区气候资源及其开发.资源科学,1998,20(3):61−67.

[6]Du Z L, Ren T S. Evaluation of the S theory in quantify soil physical quality. The Eighteenth Anniversary of World Congress of Soil Science. Pennsylvania:Philadelphia, 2006.

[7]王育红,蔡典雄,姚宇卿,等.保护性耕作对豫西黄土坡耕地降水产流、土壤水分入渗及分配的影响.水土保持学报,2008,22(2):29−37.

〔8〕王建政.旱地小麦保护性耕作对土壤水分的影响.中国水土保持科学,2007,5(5):71-74.

〔9〕秦红灵,高旺盛,马月存.两年免耕后深松对土壤水分的影响.中国农业科学,2008,41(1):78-85.

〔10〕刘世平,张洪程,戴其根,等.免耕套种与秸秆还田对农田生态环境及小麦生长影响.应用生态学报,2005,16(2):393-396.

〔11〕Tullberg J N. Why Control field traffic. In:Proceedings of Queensland Department of Primary Industrial Soil Compaction Workshop. Toowooomba:Queensland University,1990.4-6.

〔12〕Tullberg J. Controlled traffic in Australia. In:Proceedings of National Controlled Traffic Conference. Gatton:Queensland University Gatton College,1995.7-11.

〔12〕李洪文,高焕文,陈君达.固定道保护性耕作的实验研究.农业工程学报,2000,4(16):73-77.

〔14〕杜兵,周兴祥.节约能耗的固定道耕作法.中国农业大学学报,1999,4(2):63-66.

〔15〕张进.固定道保护性耕作的试验研究.山西农机,2002,16:22-23,25.

第**17**章

西南地区保护性耕作模式

西南地区包括重庆、贵州、云南、四川 4 省(市),耕地面积约 1.5×10^7 hm²,其中旱地面积约占 55%,水田约 45%。该区年降雨量 1 000 mm 以上,雨热同期,无霜期 210~365 d,≥10℃的积温在 4 500~7 500℃,主要出产水稻、小麦、玉米、薯类及其他杂粮作物和部分经济作物。本区域土壤类型多样,主要有紫色土、红壤、黄壤等。西南地区作物生产以一年两熟和三熟为主,在地势平坦的川西平原区以及丘区坝地以小麦—中稻、油菜—中稻两熟种植模式为主,旱地中则主要是小麦—玉米两熟或小麦/玉米/红薯(大豆)间套作为特征的三熟种植制度。农业生产特点是集约度高,人多地少精耕细作,带有浓厚的传统耕作特点。

20 世纪 80 年代以前,在西南地区,作物播栽前多将秸秆清理出田外,多进行深耕、多耙,强调深耕晒垡,熟化耕层。免耕研究始于 80 年代中期,其主要目的在于解决小麦、油菜的抗湿播栽和水稻移栽缺水问题。90 年代中期,小麦、油菜、水稻、马铃薯等作物免耕技术基本形成并在四川得到大规模应用。之后,针对旱地"麦/玉/薯"等多熟种植模式中耕作强度大、秸秆循环利用率低、保土培肥力弱等问题,又重点研究了旱地作物免耕与秸秆还田技术。

17.1 麦稻双免耕秸秆还田技术模式

17.1.1 形成条件与背景

17.1.1.1 气候生态条件和种植制度

西南地区的麦稻轮作种植模式主要分布在四川省,又以成都平原最为集中。成都平原位于四川盆地西部边缘,夹于龙泉山与龙门山、邛崃山之间,由岷江、沱江两水系冲积扇连缀发育而成。成都平原幅员宽广,面积约 9 500 km²,平均坡度 0.3%~0.6%。

成都平原热量充足,风速小,湿度大,光照少,冬季较暖,春回暖早,利于全年多熟种植,但不利于改善作物群体结构。年平均气温 16~17.5℃,≥10℃积温 4 800~5 200℃,年降雨量

950～1 300 mm，日照时数 1 200 h 左右。根据热量分布及人对自然资源的利用，一般分为 4 个热量生境：大春（早稻、中稻、早玉米等）、小春（绿肥、小麦、油菜等）、早春（大麻、春洋芋等）、晚秋（秋洋芋、秋红苕、萝卜等）。土壤分油沙、半泥沙、大泥土、白鳝泥、黄泥、沙土、潮田、石骨子田等 8 个类型 20 多个土组，土壤肥力差异较大。成都平原属自流灌溉，但都江堰灌区的水源来自岷江雪水，水温较低。

成都平原现辖 28 个县（市、区），耕地面积约 $65×10^4$ hm²，以两熟为主，小麦—中稻、油菜—中稻两熟种植大约占 70%，小麦（油菜）—早中稻—秋作（蔬菜、红苕、洋芋、大豆等）占 20%～30%。小麦于 10 月底至 11 月上旬播种，5 月中旬收获。油菜于 9 月中下旬播种育苗、10 月中下旬移栽，或 9 月底至 11 月上旬直播，5 月上中旬收获。中稻于 3 月底至 4 月上旬播种育苗，5 月中下旬至 6 月初移栽，8 月底至 9 月上旬收获。季节矛盾十分突出。

17.1.1.2　麦稻免耕及秸秆还田技术研究背景

四川最早开展免耕技术研究的是侯光炯院士，他研究提出的"自然免耕法"主要是为了解决冬水田生、冷、烂等问题，曾经在川东、川南冬水田地区普遍应用。但是，四川全面开展免耕研究始于 20 世纪 80 年代中期，其主要目的在于解决小麦、油菜的抗湿播栽和水稻移栽缺水问题。四川盆地秋绵雨多，稻茬小麦（或稻茬油菜）播（栽）前耕翻整地困难，勉强耕作往往造成僵苗。而小麦、油菜收获后的水稻高产移栽期主要集中在 5 月中下旬，用水量大、时间集中造成供水困难，很多水稻因无法按时移栽而造成减产。90 年代中期，四川小麦、油菜、水稻、马铃薯等作物免耕技术基本形成并得到大规模应用。小麦、水稻免耕的主要形式是用小圆撬进行人工打窝，再丢种（或栽秧），油菜一般直接用锄头打窝移栽，也有用小圆撬打窝移栽的。这种方法存在的最大问题是费工费时，效率不高。

20 世纪 90 年代中期以前，95% 以上的作物秸秆都是用作燃料和牲畜饲料，焚烧现象非常少见。90 年代中期之后，成都平原农村生活条件得到快速改善，煤、液化气等逐步取代秸秆成为农村的主要燃料，耕牛数量也出现锐减（甚至近于消失）。于是，大量的秸秆开始成为累赘，农民为了省事通常采取就地焚烧的办法加以处理。秸秆焚烧不仅造成秸秆资源浪费，而且严重污染空气环境，有时甚至危及生命财产安全。在这种背景下，秸秆合理利用便成为重大研究课题。

17.1.1.3　保护性耕作技术模式的形成及应用情况

秸秆利用最主要的途径是直接还田。但是，还田方式方法会直接影响到农民秸秆还田的积极性。既不能繁琐，又不能增加过多的成本，并且最好是同作物生产紧密结合，使之成为必不可少的内容和环节。四川稻茬麦免耕露播稻草覆盖栽培技术就是一个成功的范例。利用简易播种机将小麦直接摆播在免耕地的土壤表面，再用稻草盖种，因此，稻草就成为小麦生产不可缺少的要件，因为在绝大多数年份里免耕露播而又缺乏覆盖物的情况下，小麦是难以出苗的。同时，该技术也省去了原有免耕技术撬窝、丢种等环节，十分省工简便。稻草覆盖不仅实现了秸秆还田，同时在抑制杂草、减少除草剂用量、保持土壤湿度、减轻冬干春旱等问题方面也具有突出优势。

随着旱育秧和旱育抛秧技术的发展，水稻免耕秸秆还田技术也得到了较快发展。比较成功的模式是：小麦采取机收，小麦秆经过收割机一定程度的粉碎并自然抛撒于田间，农民将粉碎小麦秆移出一部分或将其按一定宽度堆积成垄，之后进行灌水、泡田、抛秧等作业。

"小麦免耕露播稻草覆盖＋水稻免耕抛秧"技术模式实现了周年免耕,稻草全量还田,麦草30%～50%还田。该模式在成都平原已得到较广泛的应用。

17.1.2 关键技术规程

17.1.2.1 技术原理及技术配置图

以保护性耕作理念为基础,将免耕技术、秸秆覆盖还田技术、麦稻简化播栽技术、田间管理技术和机械化收割技术系统整合,形成麦稻两熟周年免耕秸秆全量还田的保护性耕作模式(图17.1),实现了培肥、保土、节水、减排、稳产、高效等多元化目标。

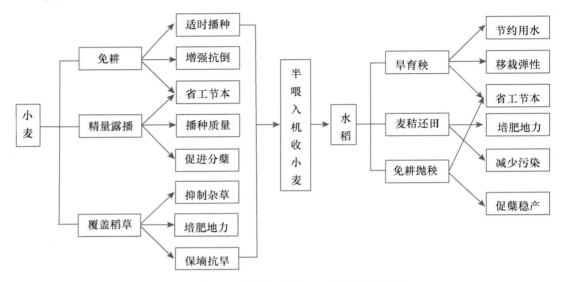

图 17.1 麦稻双免耕秸秆覆盖还田技术模式配置图

17.1.2.2 小麦关键技术规程

1.播前准备

一是掌握好适宜的稻田排水时间,一般于水稻散籽时开沟排水。二是尽量齐泥割稻,浅留稻桩,以利播种。三是开好边沟、厢沟,以利排灌,提高水分利用与管理效率。对地下水位不高,湿害不重的地区或田块,开好边沟和"十"字厢沟即可,对于秋绵雨多的地区、泥田和下湿田,则要深沟高厢,便于排除田间渍水。四是搞好化学除草。一般在播种之前10～15 d进行化学除草,除草剂可选用"克无踪"、"草甘膦"等。由于稻草覆盖栽培能有效抑制杂草危害,故除草剂用量可比一般栽培适当少一些。

2.精量露播

稻茬麦田地力相对较高,加之露播使小麦分蘖力明显增强,若播种过多,群体过大,势必造成个体与群体质量下降,不仅影响产量,而且影响品质与效益。根据密度试验结果,基本苗以每平方米195～225苗为宜。在确保机械性能稳定基础上,用2BJ-2型简易人力播种机播种,播种过程中需注意走步端直,步频适中,使麦苗成窝成行,分布规则,不重播、漏播,尽量避免缺窝断垄现象发生。

3.稻草覆盖

盖草过多过厚会影响出苗和幼苗质量,过少过薄则达不到覆盖效果,同样会因水分不足而影响出苗及幼苗生长。在广汉、双流进行的盖草量试验结果一致表明,以盖草 3.75 t/hm² 的产量最高,但与 4.5 t、3 t 处理没有显著差异。生产上一般以 3.75～5.25 t/hm² 为宜。整草覆盖应降低用量,铡细覆盖适当多用一些也无妨。无论整草覆盖还是铡细覆盖,都要求播种后随即进行,以减少水分散失,避免土表干裂,影响发芽出苗。铺草要尽量做到厚薄均匀,无空隙,尤其是整草覆盖时要杜绝乱撒,以免造成高低厚薄不平,严重影响出苗质量和麦苗生长。

4.肥料运筹

每公顷施 N 150～180 kg、P₂O₅ 75～120 kg、K₂O 75～150 kg。在缺磷(有效磷低于 5～10 mg/kg)或缺钾(有效钾含量低于 50 mg/kg)区域,适当加大其用量。氮肥以 60% 作底肥、30% 作拔节肥、10% 作孕穗肥,或者底肥 60%、拔节肥 40%。磷、钾肥全部用作底肥施用。

氮素底肥的施用方法,一般是在播种前土壤湿润时撒施,这样既省工省力,挥发损失又小。也可在播种盖草之后,兑于粪水中浇施。这种方式属传统类型,农民习惯采用,同时也可补充部分水分,有利于发芽出苗,其缺点是挥发损失相对较大。

5.田间管理

水分管理是田间管理的重要环节之一,其重点是播种至分蘖阶段。播种之后,注意土壤墒情变化,若播种阶段雨多田湿或进行了浸灌处理,而播后雨水充足又不过头,则利于出苗及苗期生长。若播前未浸灌,播后降雨又不足,土壤干旱,应及时喷灌,或挑水浇灌;相反,如若雨水过多,土壤湿度过大,应进一步清沟排湿,以免烂种。

小麦拔节后,即进入营养和生殖生长的两旺阶段,对水肥需求增大,应适时灌拔节水,时间上弱苗可适当提前,旺苗应适当推迟。拔节肥最好结合粪水施用,利于提高肥效。若不施粪水,则可结合灌水进行,即在灌拔节水并排干水后,随即撒施。进入生长后期,由于露播覆草栽培小麦分蘖多、群体大,库源矛盾更加突出,可适当进行根外追肥,以养根护叶,确保粒多粒饱,实现高产。

6.适时收获

四川小麦收获阶段往往雨水较多,小麦一旦黄熟,应抢晴天进行收割。为便于小麦秆还田,一般进行机收。可供选择的联合收割机主要有两种,一种是"东风 2B 型",小麦秆经机械作业后变得柔软并有一定程度粉碎,有利于水稻抛栽;另一种是"久保田"系列,收割时将麦秆切成 3～5 cm 的短截,有利于抛撒作业和水稻免耕移栽。

17.1.2.3　水稻关键技术规程

水稻免耕抛栽秸秆还田技术由水稻旱育包衣技术、水稻免耕抛栽技术与秸秆综合利用技术这三大关键技术组成。

1.旱育包衣

苗床选择:选择土质肥沃、疏松透气的菜园地作苗床。

施肥作厢:播种前 2 d,按 1.6～1.7 m 开厢,做成厢面宽 1.4～1.5 m,厢长不超过 10 m,厢高 7～10 cm 的地上式苗床。严禁用碳铵、草木灰和未腐熟的有机肥。

浇透底水:播种前 1 d 或播种当天,苗床应分别浇透底水。

种子包衣:播期以 3 月底至 4 月初为宜,谷种播前用清水浸种 8～12 h,将种子捞出晾干水分,以不滴水为宜,用"旱育保姆(抛秧型)"对种子进行包衣,现包现播,不宜过夜。

精细播种:浇透水后播种。播种时,分厢称种,多次匀播,播种后再用平木板稍加镇压,使种子与土壤结合,然后用过筛后的湿润细土盖种,以厢面未现种子为宜;再用旱育秧田专用除草剂均匀喷雾进行化学除草;最后平盖薄膜,四周边用土压紧,不要透气。

保温揭膜:播后约 5 d 秧苗立针现青时及时揭膜,以免灼伤秧苗,厢面发白可适当浇水。

防病促蘖:秧苗 1 叶 1 心时,每平方米苗床地用壮秧剂 20～30 g 拌细土均匀撒施或兑水均匀泼施,以防病、促蘖。

追肥管理:移栽前,可追肥 3～4 次,每平方米苗床地用尿素 10～25 g,兑少量粪水浇施;及时清除苗床杂草,搞好病虫防治。

2. 免耕抛栽

抛栽前将小麦秸秆移出一部分,或收集于田间间隔 3～4 m 堆成一行,或全量均匀撒入田内,然后灌深水泡 1～2 d,使秸秆软化。田面保持浅水抛秧,抛秧后切忌灌深水,防止倒秧和浮秧发生。底肥公顷用 750 kg 复合肥或 525～600 kg 碳铵加 750 kg 过磷酸钙,直接施入田面。扯秧前一天应浇一次透水,扯秧时应一株一株地扯。抛秧时,把秧苗向空中抛出或定向抛钉。为均匀起见,先抛 80%,其余 20% 用于补秧。苗间空隙不能大于 40 cm,较大田块要分厢定量抛栽,并确保窝数 $18 \times 10^4 \sim 22.5 \times 10^4 / hm^2$。为便于管理,可每隔 4～5 m 拣一走道。

3. 本田管理

水分管理:抛秧后 3～5 d 复水,坚持浅水促蘖,严禁灌深水。拔节后进行断水晒田,孕穗至抽穗期田间适当灌深水,齐穗后干湿交替灌溉,散籽后断水。

除草治虫:复水时结合进行除草,并注意防治螟虫。

及时追肥:苗期追肥宜早不宜迟,一般在抛后 7 d 内公顷用尿素 105～120 kg,或碳铵 150 kg,氯化钾 150～225 kg(在晒田后复水时施用钾肥),提倡追施穗肥。

适时晒田:公顷苗数达到 $240 \times 10^4 \sim 270 \times 10^4$ 苗时,要及时排水晒田,做到苗够不等时,时到不等苗,提高上林率,晒田标准达到白根露面,分蘖减慢,叶色褪淡,叶片直立,然后进行复水。

17.1.3 生态效益与经济效益

17.1.3.1 生态效益

通过免耕、秸秆覆盖、旱育节水栽培等途径,实现了稻麦秸秆的资源化利用和光热资源的高效利用。生态效益着重体现在土壤培肥效应、水分调节效应、杂草抑制效应和环境保护效应四个方面。

1. 土壤培肥效应

免耕未打乱土层,保持了水稻土原有的土壤毛管和孔道体系,土壤容重适宜,毛管孔隙多,避免了过湿耕作造成的土壤黏重板结,土壤结构和表土层明显优于翻耕。同时,在免耕基础上进行稻草覆盖还田,进一步增强了土壤结构改良和培肥功效。据测定,与试验前相比,定位 5 年后翻耕栽培土壤的部分养分指标(有机质、全氮和有效氮含量)略呈下降趋势,土壤结构明显变劣,容重下降,总孔隙度提高,毛管孔隙度降低。免耕撬窝栽培土壤的速效养分含量有所提高,其他养分指标没有多大变化,但土壤结构有明显改善(表 17.1)。露播覆草栽培兼具免耕和稻草还田培肥地力的双重功效,土壤有机质和氮磷钾养分含量及其有效性明显提高,土壤结构显著改善。从田间也可以看到,经过多年的免耕栽培与大量稻草还田,土壤颜色变深,柔软疏泡,保水调肥力增强。

表 17.1　栽培方式对土壤结构和土壤养分含量的影响(四川广汉,1993—1998)

栽培方式	有机质/%	全氮/%	全钾/%	全磷/%	碱解氮/(mg/kg)	速效磷/(mg/kg)	速效钾/(mg/kg)	容重/(g/cm³)	总孔隙度/%	毛管孔隙/%
定位前	3.52	0.155	1.42	0.078	210.0	5.6	119.7	1.25	49.2	41.20
露播覆草	4.20	0.176	1.48	0.084	240.0	9.8	149.8	1.49	48.02	44.61
免耕撬窝	3.51	0.158	1.40	0.079	211.0	5.8	120.5	1.36	47.91	43.90
翻耕机播	3.48	0.150	1.44	0.077	203.0	5.9	120.0	1.20	53.83	40.88

2.水分调节效应

免耕土壤未经翻动,前茬根系留于表土层,大量稻草覆盖于土表,大大增加了土壤覆盖和水分下渗孔隙,减少了水分蒸发,提高了土壤保蓄水分的能力。同时,由于免耕土壤毛细管未被切断,土壤水分具有一定的整体流动性,深层土壤水分可以源源不断地沿毛细管上升,加之稻草覆盖层对温度的有效调节和对蒸发的控制,表层土壤含水量明显高于翻耕,提高了土壤的抗旱力(表 17.2)。1998 年属干旱年,尤其是播种前 1 个月至苗期、灌浆中前期遇严重干旱,翻耕处理在各个生育时期的土壤含水量都明显低于露播覆草栽培处理和免耕撬窝点播处理。另一方面,湿田免耕配合深沟高厢,多余水分可随地表径流顺沟排出,利于降湿。1997 年属丰水年,尤其是生长前期和后期降雨偏多,露播覆草栽培处理和免耕撬窝点播处理均能有效排除积水,降低土壤湿度,但翻耕机点播处理则排除积水困难,土壤偏湿、板结,使小麦生长不良。

表 17.2　栽培方式对耕层(0～15 cm)土壤含水量的影响(四川广汉,1996—1998)　　　　%

处理	1996—1997				1997—1998			
	分蘖期	拔节期	抽穗期	灌浆期	分蘖期	拔节期	抽穗期	灌浆期
露播覆草	23.81	21.53	21.92	22.96	21.67	19.82	19.34	18.89
免耕撬窝	23.64	20.82	21.81	22.51	21.25	19.33	19.28	18.80
翻耕机播	24.93	19.67	21.55	23.05	19.73	18.91	18.17	17.93

3.杂草抑制效应

据试验测定,在干旱年份即土壤水分含量较低的情况下,免耕土壤草害轻于翻耕土壤,而在多雨年份又重于翻耕土壤。露播覆草栽培具有免耕土壤性质,又具有稻草的覆盖抑制效应,其杂草危害程度无论在干旱或多雨年份,都明显轻于其他种植方式(表 17.3)。即使不施任何除草剂,连续多年进行覆草栽培,草害也呈明显的减轻趋势。露播覆草栽培麦田孕穗期的杂草干重比没有稻草覆盖的免耕撬窝点播和翻耕机播分别减少 26.1% 和 28.8%(表 17.4)。

表 17.3　化除条件下田间杂草比较(四川广汉,1995—1998)

栽培方式	苗期				孕穗期			
	株数		干重		株数		干重	
	株/m²	±%	kg/hm²	±%	株/m²	±%	kg/hm²	±%
露播覆草	76.6	−49.9	28.8	−55.7	223.4	−13.5	34.7	−66.8
翻耕无草(CK)	152.9		65.0		258.2		104.3	

表 17.4　不施除草剂条件下不同耕作方式麦田孕穗期杂草干重比较(四川广汉,1995—1998)　kg/hm²

栽培方式	1995 年	1996 年	1997 年	1998 年	平均	比 CK₁ 增减/%	比 CK₂ 增减/%
露播覆草(A)	885.2	793.7	790.7	636.5	776.6	−26.1	−28.8
免耕撬窝(CK₁)	1 099.7	1 032.0	1 138.8	934.8	1 051.4		
翻耕机播(CK₂)	1 082.0	992.9	1 225.1	1 047.6	1 086.9		

4. 环境保护效应

通过土壤培肥减少化肥施用量,秸秆覆盖抑制杂草发生减少除草剂施用量,逐渐放弃秸秆焚烧减少空气污染,在达到丰产高效的同时,实现环境保护。成都平原实施 20 余年秸秆覆盖还田技术之后,土壤肥力明显上升(李向东等,2007),每公顷仅需 150 kg 纯氮即可满足小麦公顷产 7 500 kg 的氮素需求,比长江流域同类地区低 20%～30%。目前,成都平原每年推广该技术模式约 7 万 hm²,减施除草剂 5×10⁴ kg,消化利用秸秆 60×10⁴ t,烟尘排放量大幅度降低。此外,利用旱育秧技术,水稻在育秧阶段可以节水 80%,每公顷只需 300 m³,而水育秧需要 1 500 m³。

17.1.3.2　经济效益

1. 稻麦产量

连续多年多点的小区试验、大区定位试验和高产示范结果表明(表 17.5),稻茬麦实行免耕露播稻草覆盖栽培具有显著增产效果,一般比撬窝点播栽培增产 6%～7%,比旋耕机播栽培增产 9%～12%,最高验收公顷产量达到 7 950 kg。小麦增产的主要原因是露播促进分蘖成穗显著提高,一般最高苗增加 15%～20%,有效穗增加 30×10⁴～45×10⁴ 穗/hm²,增幅 10% 左右。

表 17.5　周年免耕秸秆还田栽培稻麦产量表现[①]　kg/hm²

作物	耕作方式		多年多点试验		处理平均比 CK₁ 增产/%	处理平均比 CK₂ 增产/%
			产量变幅	平均		
小麦	免耕露播稻草覆盖[②]	(处理)	6 270～7 509	6 745	6.5	8.5
	免耕撬窝点播无草	(CK₁)	5 841～6 735	6 336		
	旋耕机点播无草	(CK₂)	5 661～6 547	6 066		
水稻	旱育免耕抛秧麦草还田[③]	(处理)	8 175～10 200	8 775	1.9	4.5
	旱育旋耕抛秧无麦草	(CK₁)	8 400～9 450	8 610		
	水育旋耕移栽无麦草	(CK₂)	8 250～9 525	8 400		

注:①小麦是 92 点次小区试验结果,水稻是 20 点次小区、大区试验结果;②稻草为全量还田;③麦草为 30%～60% 的还田量。

旱育免耕抛秧水稻试验产量 8 175～10 200 kg/hm²,比旱育旋耕抛秧平均增产 1.9%,比水育旋耕移栽平均增产 4.5%。旱育免耕抛秧栽培最高验收产量达到 9 900 kg/hm²。旱育免耕抛秧栽培增产的主要原因在于旱育秧结合抛栽,可以大大缩短本田返青期,分蘖早,分蘖多,有效穗增多。但是,如果抛秧不匀、基本苗不够、管水不好,则会影响产量。

2. 技术经济效益

保护性栽培技术模式即水稻采取旱育秧免耕抛秧、小麦采取免耕露播稻草覆盖,全年产值比传统技术模式(水稻水育旋耕移栽、小麦旋耕机点播)提高 7.3%,净收益提高 26.4%(表 17.6)。

表 17.6　周年免耕秸秆还田耕作模式经济效益比较　　　　　　　　元/hm²

耕作模式	技术内容	工量/(工/hm²)	劳力成本	机械成本	物质成本	总成本	总产值	净收益
保护性耕作模式	小麦免耕露播覆草	67.5	675	615	1 260	2 550	8 768.5	6 218.5
	水稻旱育免耕抛秧	83.0	830	635	1 778	3 243	11 407.5	8 164.5
	合计	150.5	1 505	1 250	3 038	5 793	20 176.0	14 383.0
传统耕作模式	小麦旋耕机播无草	83.4	834	1 215	1 260	3 309	7 885.8	4 576.8
	水稻水育旋耕移栽	101	1 010	1 252.5	1 852.5	4 115.0	10 920.0	6 805.0
	合计	1 84.4	1 844	2 467.5	3 112.5	7 424.0	18 805.8	11 381.8

注:1)小麦免耕露播处理不需耕地,减少耕地成本 600 元/hm²,播种机械成本分摊 15 元/hm²,机械收获 600 元/hm²,小麦旋耕处理旋耕费 600 元/hm²,而播种和收获是一样的;2)小麦、稻谷价格按多年平均值 1.3 元/kg;3)劳动力 10 元/(人·d)计算,未计农业税和提留;水稻物质成本包含水费 450 元/hm²。

净收益的显著增加来自于增产和节本两个方面。保护性技术模式的节本效果非常突出,水稻可以节约成本 872 元/hm²,小麦节本 759 元/hm²,稻麦两季合计节本 1 631 元/hm²。水稻方面,旱育秧栽培的秧田:本田比可以达到 1:(15~20),而水育秧仅为 1:10 左右,每公顷本田的育秧成本节约 50% 以上。每公顷旱育秧需要 120 个工日,水育秧则需要 165 个工日。保护性技术模式在育秧环节可节约成本 65.5%。本田阶段,免耕抛秧栽培每公顷只需 15 个工日,而旋耕移栽需要 30 个工日,而且免耕抛秧无须旋耕,可以节约机械成本 600 元/hm²。

小麦方面,免耕露播稻草覆盖栽培比旋耕机点播节约劳力成本 23.6%、节约机械成本 97.5%、节约总成本 47.0%。

17.1.4　技术模式应注意的问题

西南地区秋季雨日多,土壤黏重,传统耕整措施操作起来往往比较困难,并且容易弄僵土壤,造成苗稀、苗弱。小麦免耕技术正是为解决湿害而发展起来的。在多数年份,采取免耕露地播种的小麦都能在不灌水的情况下正常出苗。如果秋季干旱,播种后又遇天干,则势必影响出苗。但是,成都平原属自流灌溉区,即使遇上干旱,也可以得到有效灌溉而确保出苗和健壮生长。因此,凡是秋季雨水较多,播种阶段土壤湿润的地区,都可以采用免耕露播稻草覆盖栽培技术。在使用该技术时,①要注意水稻收割时稻桩不宜太高,否则在小麦播后覆盖稻草时容易出现"拱苗"现象,或称豆芽苗;②是使用的 2BJ-2 型简易播种机需进行精心调试,确保播种量适宜,分布均匀;③是盖草要匀,不能乱撒乱盖,不是过厚就是没盖严,造成"癞子"现象。

麦茬稻必须在小麦收获之后随即进行移栽,才能确保高产。采取免耕抛秧技术可以节省时间,同时能够处理一部分小麦秸秆。抛秧技术的实施,必须结合旱育秧技术,而在抛秧之后水肥管理是最为关键的环节。抛秧之前,田间明水不能太多,否则秸秆就会出现漂浮,造成死秧。而一旦秧苗走根,就必须及时复水。因此,良好的灌溉条件是该技术成功应用的基础。

17.1.5　适宜区域及推广现状与前景

适宜区域包括整个西南稻麦两熟地区,以及国内外类似生态区域。

在成都平原,小麦免耕露播稻草覆盖栽培已十分普遍,水稻免耕抛秧栽培也在眉山、双流、绵竹等市县成片示范推广。当前需要做的工作是，在小麦季推广配套 2BJ-2 型简易播种机，取代撒播，以提高播种质量；水稻季需要配套半喂入联合收割机，便于秸秆切碎处理和提高抛秧质量。

近年来，湖北省引进示范小麦精量露播稻草覆盖栽培技术已取得成功，接下来需要做好水稻免耕抛秧栽培技术的示范完善工作，进而形成稻麦周年免耕秸秆全量还田的保护性耕作技术模式。南亚各国自 2001 年从四川引进稻茬麦免耕露播稻草栽培技术和水稻抛秧技术，经示范、改进工作，应用效果良好。

17.2 麦稻轮作田机械化保护性耕作技术模式

17.2.1 形成条件与背景

17.2.1.1 新时期面临的问题及技术需求

西南麦稻轮作区人增地减的矛盾突出，随着生活水平不断提高，生物能源需求也越来越大，有限的耕地承载着越来越沉重的任务。另外，受农村养殖方式、劳动力转移、生产积极性下降等多种因素的影响，有机肥的积造与施用越来越少，作物高产对化肥的依赖程度不断提高。其结果是，环境恶化，面源污染加剧，土壤性能下降，不利于耕地可持续发展和环境改善之需要。在解决当前优质、高产的同时，必须考虑提高耕地质量、保护生产环境，以满足未来发展之需要。

20 世纪 90 年代以前，作物秸秆多用于燃料或饲料。随着经济的发展，农村燃料结构改善和不再养殖耕牛之后，大量的秸秆成为生产负担。秸秆还田对于耕地培肥毋庸置疑，农民完全认可，但由于秸秆还田方式、方法不当，秸秆还田增加成本后还很难起到增产的作用，实施秸秆还田的积极性不高，大多采取就地焚烧的办法加以处理，不仅白白浪费资源，而且对生命财产安全和环境安全也构成了威胁。随着各地禁烧令的出台以及土壤培肥政策的宣传，秸秆还田已深入人心，但是高成本的还田方式始终是实施秸秆有效还田的瓶颈。因此，必须研究既要省工省力，又不能以牺牲产量和效益为代价的秸秆还田方式方法。

过去所采用的稻麦高产技术和秸秆还田技术，基本上靠人力完成。但随着劳动力的大量转移，这类技术越来越难以贯彻实施。必须针对特定生态环境和种植制度，研制和推广农民经济能力可以接受的农业机具及相关配套技术，特别是能够满足稳产高产和有效处理秸秆的机械化技术。

17.2.1.2 技术研制过程

在相关部门支持下，四川省农业科学院作物研究所同各级农机部门和农机公司紧密合作，共同开展麦稻轮作条件下保护性耕作技术模式研究和相关机具研发。经过 4 年多攻关工作，明确了技术思路、技术原理、技术模式及相关配套机具。在小麦方面，成功研制了集施肥、播种、盖种等功能于一体的 2BMFDC-6 型半旋高效播种机。该机在免耕条件下作业，仅将用于播种的 4～5 cm 宽的土带进行浅旋，动土量和动力需求小，整机重量轻，利于抗湿播种和减轻板结作用。同时，利用旋耕产生的碎土和秸秆混合盖种，利于增强出苗阶段的抗旱能力。在机具研制的过程中，始终坚持农机与农技的结合，从可操作性、成本、产量与效益等角度衡量机具的先进性,再进行反复改进与试验。在机具定型之后,开展了一系列的配套技术试验和小规模示范,进而使技术得以熟化配套。在水稻方面,以麦秆处理与还田、育秧栽插和机具选择等为重点,研究实现麦秸有效还田与水稻丰产高效的全程机械化技术模式。将稻麦两套技术进行有机整合,形成了"稻麦轮作田机械化保护性耕作技术模式",经多年多点示范,效果良好。小麦、水稻单产分别达到 7 t/hm² 和 8.3 t/hm² 以上,实现秸秆有效还田和周年稳产高效。

17.2.2　关键技术规程

17.2.2.1　技术原理

以当前高产高效和耕地可持续发展为目标,以机械化技术为手段,贯彻保护性耕作理念及相关技术。通过免(少)耕解决特定生态条件下的湿害和播种立苗问题,机械化技术解决传统耕作存在的费工费时问题,秸秆还田技术解决有机肥短缺和地力培肥问题(图 17.2)。

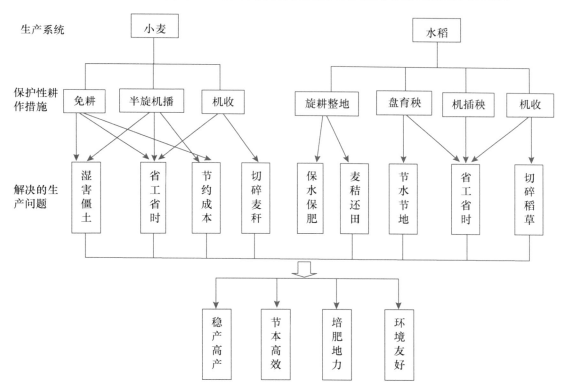

图 17.2　麦稻轮作田机械化保护性耕作技术原理及技术配置示意图

17.2.2.2　关键技术

1. 小麦播前准备

水稻收获:前茬水稻散籽后及时排水晾田,待籽粒成熟且土壤硬板时,选择晴天用久保田 PRO588 或洋马 AG600 等半喂入式联合收割机顺行收割,茬高 8～10 cm。如果水稻倒伏,适当降低茬口高度。收获时将稻草切成 6～8 cm 的小段,自然撒于田间。

开挖边沟：四川盆地秋季雨水较多，水稻收获后，尽早依排水方向开沟作厢，沟直相通，以利排水，防止田间积水。边沟要求 25 cm 深、25 cm 宽。对地下水位不高，湿害不重的田块，开"十字"厢沟即可，沟深、沟宽各 20～25 cm；对于地下水位高、湿害重的田块，应按 4～5 m 开厢沟，开沟取出的泥土均匀铺撒在厢面上。

化学除草：免耕田的土壤墒情通常较好，杂草萌发早，播前除草十分关键。应选择效果好、见效快的非选择性除草剂。施药应在播种前 7～10 d 选择晴天进行，每公顷可用低毒灭生性除草剂"克无综"药液 2 250～3 000 mL，兑水 900 kg 均匀喷雾。

秸秆整理：水稻收获时常会因机械操作原因造成切碎的稻草在田间成片积聚，在播种前应将秸秆大量聚集的地方适当撒匀，填平因收割机碾压形成的深沟。

机具调试：采用四川省农业科学院和农机部门联合研发的 2BMFDC-6 或 2BMFDC-8 型免耕播种机播种。作业前对机具进行全面检查，添加齿轮箱中的齿轮油，拧紧紧固件，确保传动、转动部件灵活，开沟器锋利，使运转正常；调节排种器和排肥器，使播种量、施肥量合适，下种、下肥均匀一致。

品种选择：该技术属于条播方式播种，后期倒伏的风险较大，除通过水肥调控防止倒伏外，应选择抗倒、抗病、高产良种，如川麦 42、川麦 44 等。在播前晒种 1～2 d，去除病粒、瘪粒，提高种子发芽率。为了控制苗期病虫害和提高抗旱性，可采用包衣种，农户自留种和没有经过包衣处理的商品种子，播前可自行开展药剂拌种，拌种后摊开风干后即可播种。

2.小麦播种及田间管理

高产播期：高产播期的确定主要取决于品种的春性强弱和环境生态条件，四川现有小麦品种均为春性，以春性中熟品种居多。根据多年的试验示范结果，盆地小麦的高产播期在 10 月 25 日至 11 月 5 日，11 月 5 日以后播种，减产明显；如果提前到 10 月 20 日前后播种，则有遭遇春季低温的危险。在安全播期内，弱春性品种可适当早播，强春性品种可以适当晚播。

适宜播量：稻茬麦田间湿度大，播种后有泥土和秸秆混合盖种，出苗率较高，再加上该技术属于条播性质，因此播种量不宜太大。2007—2008 年播量试验结果表明，每公顷播小麦 142.5 kg，可以保证每公顷 223.5 万基本苗，438 万有效穗，达到高产穗容要求。播种量太少（97.5 kg/hm²），穗容量不足（366 万/hm²）；播种量太大（187.5 kg/hm²），植株茎秆变得纤细，易倒伏。考虑到不同品种的分蘖能力，播种量控制在 135～150 kg/hm²，分蘖力弱的品种可取高值，分蘖力强的品种取低值。

肥料配比：据研究，稻茬麦田每公顷施 150 kg 纯氮、60 kg 五氧化二磷、60 kg 氧化钾可以满足 7 500 kg 以上的高产要求。2007—2008 年 2BMFDC-6 机型配套施肥试验结果表明，随着施氮量的增加，小麦产量呈上升趋势，但和 135 kg/hm² 处理相比，180 kg/hm² 处理仅增产 1.6%，且成熟期植株倒伏较重。为提高肥料利用率和种植收益，保证小麦的高产稳产，施氮量应控制在 135～150 kg/hm²。根据土壤肥力状况和小麦后期长势适当调节氮素的基肥和追肥的比例，在每公顷施 150 kg 纯氮的条件下，一般以底肥 60%～70%，追肥 30%～40% 较好。四川盆地普遍钾丰磷缺，应适当降低钾肥用量，提高磷肥用量。磷、钾肥可全部用作底肥。为了减少工序，提高施肥效率，可将全部专用复合肥用作底肥，根据每公顷用氮 150 kg，60% 用作底肥，折算复合肥用量。目前市面上供应的复合肥种类较多，尽量选择氮磷钾比例适宜的品牌。

播种作业：小麦播种时田间土壤湿度要适宜，田面硬而不干，湿而不烂。将种子箱和肥料箱加入适量的种子和肥料。机手作业时要行速均匀,行距一致,保证不漏播、不多播,开沟深度一致,种子全部落入沟内,落籽均匀,泥土和秸秆混合盖种完全。作业时非地头处应尽量避免停车,以防起步时造成漏播;如必须停车,再次起步时,要先将开沟器升起,后退 0.5 m 重新播种。地头转弯时应降低速度。更换品种时,仔细清理种子箱,以免混杂。作业过程中,机手要经常观察播种机各部件工作是否正常,特别是看排种器是否排种、输种管是否堵塞、种子和肥料在箱内是否充足。

田间管理:如果播种时土壤湿度较大或播种后有降雨,土壤水分能够满足小麦出苗的要求,则播后不用灌水;如果播种时土壤较干,土壤含水量低,应灌水以保证出苗。由于是开沟条播,灌溉时水分沿沟顺行,一旦水分顺流到播种沟末端就可停止灌水。四川盆地秋冬温度相对较高,播前未能完全除掉的杂草在小麦苗期陆续长出,在小麦 3 叶期,每公顷用 10% 的苯磺隆除草剂 150 g 兑清水 900 kg 喷雾,再防治一遍田间杂草。拔节初期,茎叶和幼穗生长加快,对肥、水的需求增多。此期如果叶片肥大,长势旺盛,应推迟灌水、追肥时间。同时,每公顷用 50% 含量的矮壮素(CCC)水剂 1 500 mL 兑水 450~600 kg 均匀喷雾,延缓其生育进程。如果拔节期小麦叶片短小,色泽淡绿甚至泛黄,分蘖数量少,表明肥水不足,生长不良,应及时配合灌水重追拔节肥,每公顷可用 90~120 kg 尿素,在灌水后撒施,以免养分流失。

病虫防治:四川小麦主要的病虫害有锈病、白粉病、赤霉病和蚜虫,需时时监控,及时防治。3 月上旬至 4 月中旬,每公顷用 15% 粉锈宁 1 125~1 500 g,兑水 600~900 kg 喷雾,防治小麦锈病、白粉病、纹枯病;扬花始期用 50% 多菌灵可湿性粉剂 1 500 g 或 70% 甲基托布津可湿性粉剂 750~1 125 g 加水 750~1 125 kg 对准小麦穗部喷雾,预防赤霉病;在孕穗至灌浆期用 10% 吡虫啉或 50% 抗蚜威可湿性粉剂 150~225 g,或 20% 氰戊菊酯乳油 300 mL,或 40% 乐果 750 mL,兑水 750 kg 喷雾防治蚜虫。

适时收获:小麦最适宜的收获阶段是蜡熟末期至完熟期,此时全株变黄,籽粒黄色稍硬,含水量 20%~25%。过早收获,籽粒不饱满,产量低,品质差。收获过晚,在田间易落粒,遇雨易穗发芽,影响产量和品质。

3.小麦收割及秸秆处理

小麦进入蜡熟末期,选择晴天用久保田 PRO588 或洋马 AG600 等半喂入式收割机顺行收割。茬高 10~15 cm;如果小麦倒伏,适当降低茬口高度。收获时将麦秸切成 6~8 cm 小段,自然撒于田间。

4.麦秸旋耕还田作业

在旋耕前一天灌水泡田,当水分下渗,水面高度 3~5 cm 时,每公顷施入总养分含量为 25% 的复合肥(N∶P∶K 为 10∶8∶7)900 kg,用水田旋耕埋草机或水田驱动耙等水田埋草耕整机具进行埋草整地作业。田间水太深,秸秆和泥浆难以混合在一起,秸秆易漂浮在水面;水面过浅,田面难以旋耕平整,达不到理想的埋草和整地质量。作业时,需用慢速和中速按纵向和横向作业两遍,旋耕深度 10~15 cm,秸秆和泥浆混合均匀,旋耕后地表起浆平整,旋耕后水面保持在 1~2 cm,沉实 1 d 后即可插秧。

5.水稻育秧及机械化插秧

营养土准备:土壤最好是前作未用除草剂的沙壤或轻壤土,每公顷大田准备过筛细土 1 200~1 500 kg,加 300 g 敌克松、7 500 g 壮秧剂、10 kg 过磷酸钙,均匀混合,播前 7~15 d 堆沤。

秧田准备：选择排灌、运秧方便、便于操作管理的田块做秧田，秧田土质要求为沙壤土，土质过黏时影响起秧。按照大田面积与秧田面积比为（80～100）：1 留足秧田，每公顷施入过磷酸钙 750 kg、尿素 300 kg；整细耙平，开沟做厢，秧板规格为厢宽 1.4 m，秧沟宽 0.3 m，秧沟深 0.2 m，秧田需做到沟直板平；视实际情况在播前 1 周左右排水晾板，使板面沉实，播前两天铲高平低，填平裂缝，并充分拍实，使板面达到"实、平、光、直、硬"。

品种选择：5 月 10 日前栽插的，可选用生育期 155 d 左右的中迟熟品种或 150 d 左右的中熟品种，如川香 9838、Ⅱ优 498 等；5 月 15 日前栽插的，可选用生育期 150 d 左右的中熟品种，如宜香 1577、冈优 725 等；5 月 25 日前栽插的，可选用生育期 145 d 左右的中早熟品种，如辐优 838、川香 3 号等。

种子处理：每公顷用干种子 18.75～26.25 kg，播种前晒种 1～2 d，用水稻浸种剂 1 包浸种 1 kg 种子，或用 20％"三环唑" 1 000 倍液浸泡 72 h，除去空秕粒，洗净药液后，在恒温 38℃高湿条件下，经 18～20 h 催芽至露白谷，摊晾到互不粘连就可播种。若气温高，也可不催芽，浸泡 24 h 后直接播哑谷。用旱育保姆包衣的种子可直接播种（底土不加壮秧剂）。

播种日期：播种日期需根据移栽期和最佳抽穗扬花期来确定。盆地两季田小麦一般在 5 月 15 日之前收获，但受水源的限制，各地的移栽时间不同。具体播期安排：5 月 10 日前能移栽完毕的田块，播种可安排在 3 月 20—31 日；5 月 15 日前能淹水栽插，5 月 20 日前能移栽完毕的田块，播种可安排在 4 月 1—10 日；5 月 25 日前能移栽完毕的田块，播种可安排在 4 月 11—20 日。最迟播期不能超过 4 月 20 日。

播种操作：用千分之一的敌克松溶液对秧厢进行消毒（喷雾器喷洒）；整齐铺放塑料秧盘（58 cm×28 cm），每行秧厢放 2 排；并再次用敌克松溶液对软盘进行消毒；在软盘中铺底土（营养土），厚度 2.5 cm；均匀播种，每盘播 50～70 g 干种（折合露白谷 65～90 g）；用营养土浅盖稻种，以恰好看不见稻种为宜；放水漫灌，慢慢浸透秧厢和软盘内的营养土，浸透后切断入水，让水慢慢回落，自然晾干；搭建拱棚，用竹片弯成弓形插入秧沟，上面覆盖塑料薄膜，搭建成小拱棚。

秧苗管理：出苗前保温保湿促苗齐，出苗后控温控湿促苗壮。出苗前膜内温度不能超过 35℃，一般不揭膜；当秧苗现青后，白天膜内温度达 25℃时，揭膜的两头以通风透气；当温度达到 30℃时，须将膜全部揭起，盖遮阳网，防止高温烧苗；当日平均气温稳定在 15℃以上，秧苗达到 1 叶时，揭膜炼苗，防止徒长，促进秧苗矮健；遇昼夜温差过大时，日揭夜盖 2～3 d，方可揭去全膜；遇寒潮天，必须盖膜保温。秧苗现青前，苗床须处于保温保湿状态，促进苗全苗齐。秧苗达到 1 叶揭膜后，床土发白或软盘边缘叶片卷曲或早上秧尖无露水，才进行溜水。一般情况下不能灌水，以利于控制苗高。下大雨后，及时排除田间积水。移栽前 3～5 d 干湿管理，以利于起秧插秧。秧苗 2 叶 1 心后，视秧苗长势，每 15 个软盘可用 1 担腐熟清粪水加尿素 0.1 kg 或水稻壮秧剂 0.5 kg 泼施 1～2 次，以壮苗促蘖。通过控水肥或化控措施控制苗高。化学控制即在秧苗 2 叶至 3 叶期，每公顷用 15％的多效唑 900～1 350 g 兑水 450～600 kg 喷苗，不能漏喷和重喷。若气温过高，秧苗生长过旺，4 叶期可再喷施 1 次。结合追施断奶肥，每公顷用立枯净 3.75 kg＋敌克松 15 kg 兑水泼施预防立枯、青枯病；5 月 10 日前后，每公顷用锐劲特 450～600 mL 或杀虫单 900～1 200 g 防治一代二化螟；用乐果 1 200～1 500 g 或一遍净 450～600 g 防治蚜虫和稻蓟马。

壮秧标准：株高 15～20 cm，叶绿矮健苗挺，茎粗根旺色白，生长均匀整齐，无病虫，根系盘结不散，能卷筒。在栽插前 3 d 停止补水，保持软盘适当的水分，以利于起秧和插秧。

插秧机调试:插秧机种类较多,可选用插秧效果稳定的久保田 SPW-48C 等。作业前要仔细调试,除检查插秧机的工作状态是否正常,各运转部件运转是否良好外,根据要求还需调整插秧深度、插秧株距和取苗株数。其中插秧深度约 1 cm,在保证所插秧苗不倒不浮的前提下,越浅越好。根据品种特性、移栽早迟,秧苗素质好坏等因素确定机插密度,多数插秧机的行距固定为 30 cm,密度只能由株距和取苗数来确定。一般稀密度为每公顷 21.8 万穴,中密度24.8 万穴,高密度 28.1 万穴。5 月 10 日前移栽的中迟熟品种,适宜稀密度,每穴抓秧 2 苗左右,保证公顷基本苗 42 万左右;5 月 11—20 日移栽的中熟品种,适宜中密度,每穴抓秧 2.5 苗左右,保证公顷基本苗 60 万左右;5 月 21—25 日移栽的中早熟品种,适宜高密度栽插,每穴抓秧 3 苗左右,保证公顷基本苗 82.5 万左右。

插秧作业:栽插时,保持田间水深 1～2 cm。根据田块大小以及田块形状选择合理的插秧行走路线,要求驾驶员开机直行,行速均匀,插秧量一致,靠行间距一致,不压苗、不重插或漏插,控制地头长度在一个工作幅宽左右以便转弯,机器不能插秧的边角人工补栽。在秧块不足10 cm 长时,应补秧,注意将补给秧块与剩余秧块对齐,不要起拱引起阻塞,导致整行漏插。

6. 水稻本田期管理

水分管理:机插结束后,如遇晴天高温,要及时灌水护苗,水深保持在苗高的 1/2 左右,促使其快速返青。返青后即采用浅水勤灌的湿润灌溉法,一般水深 2～3 cm,使后水不见前水,以便土壤气体交换和释放有害气体,促进分蘖。当茎蘖数达到成穗数的 85%(中迟熟品种每公顷 225 万左右、中熟品种和中早熟品种 240 万～270 万)时自然断水落干晒田。迟栽田块到6 月 25 日必须晒田。晒田标准达到下田不陷足,叶色落黄退淡,白根上翻为止,旺苗田则重晒。复水后干湿灌溉,抽穗扬花期保持浅水层,灌浆期干湿交替灌溉,散籽之后排水晾田。

肥料管理:麦秸腐解要消耗大量氮素营养,而且机插秧苗返青后分蘖具有暴发性,因此要重追底肥,及时追分蘖肥,适当补施穗肥,以增强前期分蘖力,保证后期成穗率和穗粒数。一般每公顷施 N 150～180 kg、P_2O_5 75 kg、K_2O 75.0～112.5 kg,氮肥以底肥、分蘖肥和穗肥 6：3：1 比例施用;磷肥作底肥,钾肥则底肥和穗肥各占 50%。可用总养分含量为 25% 的复合肥作底肥 900 kg/hm^2,在旋耕前撒施。栽后 5～7 d 每公顷追施尿素 75～120 kg 或碳铵 225～300 kg。迟栽田块可作两次追肥,一次在栽后 3～5 d 施碳铵 120～150 kg,第 2 次在栽后 7～10 d 施碳铵 120～150 kg。晒田复水后施钾肥 75 kg,抽穗前施 30～45 kg 尿素作穗肥。

化学除草:由于机插秧秧苗小,对除草剂的抵抗力相对较弱,秧苗心叶容易被水淹没,除草剂使用不当很容易产生药害,不能盲目使用手栽稻田的常用除草剂化除。插秧后 7～10 d 应可选用 10% 吡嘧磺隆 225 g/hm^2 或 30% 移栽丰可湿性粉剂 225 g/hm^2,采用药土法(或拌化肥)施药,施药时灌好田水并保水 5 d 以上,除草效果较理想。

病虫害防治:5 月底至 6 月上旬,每公顷用"锐劲特"450～750 mL 或"三唑磷"复配剂1 350～1 500 g 或"杀虫丹"900～1 200 g 兑水 450 kg 喷施防治一代二化螟;7 月底用"三唑磷"复配剂 1 350～1 500 g 或 80%"比双灵"750～1 125 g＋纹曲宁 3 000～4 500 mL 对水 450 kg喷施防治二代二化螟,兼治稻曲病;在 7 月中旬和下旬用 500 万单位井冈霉素 750 g 或纹曲宁3 000～4 500 mL 兑水 450 kg 喷施防治纹枯病;破口前 5～7 d 和破口期各用纹曲宁 3 000～4 500 mL 兑水 450 kg 喷施防治稻曲病;抽穗 15% 时用三环唑或丰登进行防治稻瘟病。

适时收获:当田面硬板,水稻进入蜡熟后期至完熟初期,植株茎叶及穗中部变黄,籽粒饱满、坚硬时,选择晴天,采用半喂入式收割机及时收获。

17.2.3　生态效益与经济效益

17.2.3.1　生态效益

采用麦稻轮作田机械化保护性耕作技术模式，小麦季实行免耕、水稻季浅旋耕，周年秸秆全量还田，每公顷每年有效利用秸秆 15 t 以上。秸秆还田不但减少了焚烧对环境造成的污染，而且秸秆中含有大量有机碳和营养成分，腐解后可以增加土壤有机质及氮磷钾含量，和传统耕作相比，每公顷每年可以减少化肥用量 15～20 kg。秸秆还田后改善了土壤结构，提高了土壤保水、保肥、供肥的能力，减少了养分流失，提升了利用效率。小麦季实施秸秆还田不仅能抑制杂草发生，减少除草剂用量，而且还可以增加雨水的下渗，削弱太阳对土壤的热辐射，控制棵间蒸发，提高上层土壤含水量和作物抗旱能力。

四川盆地秋季土壤湿度大，小麦季免耕半旋播种减少对耕层土壤的扰动，保持了土壤原有的土壤毛管和孔道体系，避免了过湿耕作造成的土壤结构劣变。免耕土壤在多雨条件下易于排水，干旱时利于蓄水保墒。2BMFDC-6 型半旋播种机动力需求较小，能源消耗少。

水稻免耕栽培虽然可以降低生产投入，但不利于机械化插秧操作。另外，水稻全生育期需水量大，关键生长阶段还需保留一定深度的水分。旋耕后，土壤保水力增强。在2008 年的比较试验中，与免耕处理相比，浅旋耕处理水稻在分蘖期、拔节期、抽穗期和灌浆期的水分渗漏速度分别降低了 50.0%、33.3%、43.8% 和 64.3%，浅旋耕栽培具有显著的节水效果。

17.2.3.2　经济效益

该技术模式实现了从播栽、收获到秸秆处理等各环节的周年全程机械化，劳动强度大大降低，作业效率显著提高。表 17.7 结果表明，3 种小麦栽培方式的产值差异较小，但与 2BJ-2 免耕露播和撬窝点播相比，2BMFDC-6 半旋机播用工投入分别降低了 23.1% 和 60.9%，种植收益比撬窝点播提高 7.9%。水稻季，与免耕人插秧或旋耕人插秧相比，旋耕机插秧用工投入降低 40.7% 和 28.1%，产值和收益与旋耕手插秧相当，但较免耕手插秧增加 5.5% 和7.8%。该技术模式每年用工投入仅有 1 950 元/hm²，低于其他技术间的组合，年种植效益16 380 元/hm²，节支增收效果明显。

表 17.7　水稻、小麦不同栽培方式经济效益比较（2006—2008 年）

作物	栽培方式	播/栽效率 /(h/hm²)	劳动力投入 /(元/hm²)	生产资料投入 /(元/hm²)	产值 /(元/hm²)	收益 /(元/hm²)
小麦	半旋机播＋稻草还田	7.5	750	3 900	11 400	6 750
	免耕精量露播＋稻草覆盖还田	75	975	3 300	11 520	7 245
	免耕撬窝点播＋稻草覆盖还田	375	1 920	3 300	11 475	6 255
水稻	秸秆还田＋旋耕机插秧	5	1 200	3 960	14 790	9 630
	秸秆还田＋免耕人插秧	125	2 025	3 360	14 025	8 640
	秸秆不还田＋旋耕人插秧	90	1 650	3 360	14 790	9 780

注：表中数据来源于四川省农业科学院 2006—2008 年开展的试验示范结果。

17.2.4　技术模式应注意的问题

17.2.4.1　水稻收获后及时排水

四川秋季雨水较多,如果田间排水不畅,积水较多,播种阶段土壤湿度大会导致机器操作困难,泥巴堵塞排种、排肥管,播种质量下降,盖种效果差。在改进和提高机具各项性能的同时,注意在水稻散籽后及时排水晾田,收割后开厢沟,减少田间积水,降低播种阶段的土壤湿度。

17.2.4.2　控制适宜的水稻秧龄

和旱育、水育秧相比,机插秧秧苗受秧龄、栽插时间的影响更大。以往的研究表明,随着秧龄的延长,返青时间慢,分蘖能力降低,加上田间生长时间有限,不易形成大穗。因此,要根据当地常年小麦收获期和上游来水时间,确定移栽时间和育秧时间。川南春季温度回升快,小麦收获相对较早,育秧和栽插时间可适当提前,川东北春季温度回升慢,育秧时间可以适当延后。适龄秧苗如果不能及时栽插,应该通过控水控肥措施,延缓盘秧的生长,并在移栽时适当增加种植密度。

17.2.4.3　控制好旋耕和插秧时的水层深度

麦秸旋耕时控制水深 2～3 cm,插秧时水深控制在 1～2 cm。如果旋耕时田间水太深,秸秆易漂浮在水面,和泥浆难以混合在一起,待水面下沉后,秸秆覆盖在泥浆的表面,影响机插秧的效果;水面过浅,田面难以旋耕平整,达不到理想的埋草和整地质量。插秧时水太深则会导致漂秧过多,插秧质量下降。

17.2.4.4　增加基肥用量,提高水稻分蘖能力

机插秧秧苗较小,移栽后分蘖有爆发性,需要有充分的养分供应。而秸秆中含纤维素较多,腐解时微生物以氮素作能源。因此要适量增加基肥中氮肥的用量,以减少由于微生物争氮造成的土壤中速效氮的缺乏。

17.2.5　适宜区域及推广现状与前景

17.2.5.1　适宜区域

该技术模式适宜区域是南方麦稻两熟区。该区域面临的问题一方面是稻茬麦田土壤黏、湿,旋耕困难,如遇阴雨天气,播种期延迟,出苗质量下降;免耕播栽又面临播种均匀性的控制和高效盖种问题。另一方面,小麦收获期和水稻高产移栽期的间隔时间短,茬口紧,全喂入式收割机收获的秸秆难以旋耕翻埋还田。而且麦秸腐解较慢,还田后增加了水稻插秧管理的困难。该技术模式通过稻草机械化粉碎后小麦半旋播种、盖种,麦秸粉碎旋耕还田后机插秧,实现了两季作物秸秆的有效还田和稻麦的高效播栽立苗,通过后期的配套田间管理技术,实现作物节本高产。

17.2.5.2　推广现状与前景

20 世纪 90 年代由四川省农业科学院研制推广的"稻茬麦免耕精量露播稻草覆盖栽培技术",使增加产量、节约成本、培肥地力和保护环境有机结合起来,应用效果良好。但是,由于近年来水稻机械化收获的面积不断扩大,特别是大型收割机的不断增多,使水稻收获过程对土壤产生了较大的破坏作用,土壤板结、田面坑洼不平、秸秆杂乱无章等。这种生产条件的变化对下茬小麦播种质量产生了严重影响,削弱了"精量露播稻草覆盖栽培技术"的应有效果。该技

术模式采取机械化秸秆粉碎还田配合半旋播种,播种、施肥、盖种等工序一次完成,田间有无秸秆均可播种、盖种,作业效率高,播种均匀度好,产量和综合效益高。

麦秸有效还田一直是大难题。如果小麦用全喂入式收割机收获,其秸秆柔软、长短不一,直接影响旋耕翻埋作业。该技术模式采用半喂入式收割机收获,收获过程中麦秸被切割成小段自然还田,采用埋草机旋耕翻埋后,不影响插秧质量。而且,机械化插秧降低了劳动强度,提高了生产效率。

该技术模式实现了关键生产环节的机械化作业,不仅降低了劳动强度和生产投入,稻麦稳产高产,而且实现了秸秆的高效还田,利于培肥和环境保护,在麦稻轮作区的应用前景广阔。

17.3 西南旱地保护性耕作技术模式

17.3.1 形成条件与背景

包括四川、云南、贵州、重庆在内的西南三省一市的耕地面积约 $1.5 \times 10^7 \ hm^2$,其中旱地面积约占 55%,主要分布在丘陵和浅山地带,海拔高度 250～2 500 m,年降雨量 1 000 mm 以上,雨热同期,无霜期 210～365 d,$\geqslant 10℃$ 的积温在 4 500～7 500℃,主要出产小麦、玉米、薯类及其他杂粮作物和部分经济作物。

本区域土壤类型多样,主要有紫色土、红壤、黄壤等。旱地因分布在高低不同的丘坡上,多呈阶梯状分布,达 3～4 级,立体微域差异大。受水土流动迁移的影响,一般从坡顶到坡底,土层由薄变厚,坡度由陡到缓,质地由砂到黏,土壤保水保肥力由弱到强,生产力由低到高。低台土多为中壤和大土泥,耕层较厚,肥力较高;而中高台位土壤,特别是坡顶土,土层薄(仅 20～30 cm),肥力很低。

受热量条件限制,本区域作物生产两熟有余三熟不足。20 世纪 70 年代以前,西南地区特别是四川旱地主要实行的是小麦—夏玉米(红薯)一年两熟的种植制度。7 月中下旬的高温干旱常造成玉米抽雄受精不良、红薯藤叶生长慢,严重影响产量。70 年代以后,西南旱地逐渐发展形成了以玉米为中心,小麦、玉米、红薯间套作为特征的三熟种植制度。随着农村经济的发展,红薯逐渐从主粮型作物变为杂粮型作物,农村牲畜数量的减少也降低了对红薯的消耗。21世纪初,四川科研部门用大豆代替红薯,创新集成了麦/玉/豆间套作新三熟种植模式,并在生产中应用推广。目前西南旱地多熟种植模式中多数作物在播栽前都需要翻挖耕地,由于基岩倾斜,旱坡地在夏季雨水集中时,水土易流失。

针对旱地"麦/玉/薯"等多熟种植模式中耕作强度大、秸秆循环利用率低、保土培肥力弱等问题,重点研究形成了小麦、玉米、大豆等作物免耕与秸秆还田技术,并集成了西南旱地保护性耕作技术模式。该技术模式具有较好的节水、保土、培肥效果。

17.3.2 关键技术规程

17.3.2.1 宽带轮作

西南地区光热资源有限,再加上旱地土壤耕层浅、肥力相对较低。实行宽带轮作,用养结合,能有效解决茬口矛盾、培肥土壤、提高全年光热水土等资源利用效率。基本做法是:在一个地块内,以 2 m 为一复种轮作单元,每个单元带分成对等的甲、乙两个种植带。甲带为小麦—红薯(大豆)—冬绿肥—春玉米—小麦,乙带为冬绿肥—春玉米—小麦—红薯(大豆)—冬季绿肥;冬季小麦、玉米各半,夏季玉米和红薯(大豆)各半,冬绿肥茬口上接种玉米。如此轮流互换,往复进行。

小麦一般 10 月底至 11 月上旬播种,5 月上中旬收获;玉米于 3 月下旬至 4 月上旬移栽,8 月上中旬收获;红薯 5 月上中旬移栽,10 月下旬收获;大豆 6 月上中旬播种,10 月下旬收获。红薯或大豆茬口连作绿肥,有较好的培肥作用。

17.3.2.2　主要作物的保护性耕作技术

1.小麦

前作玉米收获后,秸秆覆盖于预留带上,这样可以抑制杂草生长,减少空行的水分蒸发,增加雨水下渗,提高土壤的保水保土力(图 17.3,图 17.4)。西南旱地小麦的最佳播期在 10 月底至 11 月初,受秋季雨水影响,适播期内的土壤湿度较高,免耕抢墒播种有利于全苗壮苗。

图 17.3　"麦/玉/豆"模式中玉米秸秆覆盖于空行

图 17.4　小麦免耕播种＋玉米秸秆

目前生产上还没有比较成熟的旱地小麦免耕播种机具,小麦播种仍依靠人工来完成。播种前将播种带的玉米秸秆收集起来,按照小窝疏株密植技术的要求进行播种。主要操作过程是在"双三O"模式下,沿等高线坎沟,沟间距 25 cm,每沟按 10 cm 间距丢种,每窝 6 粒,或每沟均匀撒播大约 60 粒种子;或者采取小锄密点播方式,即用窄锄按行距 25 cm、窝距 15 cm 开窝,每窝 9~10 粒种子,折算每公顷基本苗在 $2.1 \times 10^6 \sim 2.4 \times 10^6$ 株。小麦播种后将玉米秸秆切短后覆盖在小麦带上,注意撒匀,不能堆积,以免影响小麦出苗。

丘区旱地土壤肥力不高,科学施肥对于高产至关重要。施肥试验结果表明,低台土获得高产的氮素用量一般在 150 kg/hm² 左右,中、高台土则需要增加到 180 kg/hm² 左右。西南旱地有效磷普遍缺乏,黄壤和红壤中的有效钾含量也较低,因此需要注意增施磷钾肥。鉴于丘陵地区的生产条件,一是推广使用优质专用复合肥,实现平衡施肥;二是以底肥为主,借雨追肥。具体来讲,根据地力状况和目标产量,确定每公顷氮素需求总量,以 70% 作底肥,并以此为依据折算成复合肥,播种时一次性施用。占总氮量 30% 的氮素,折算成尿素,在分蘖至拔节阶段,雨后撒施在小麦带。

在西南地区对小麦影响最大的病害是条锈病、白粉病和赤霉病,虫害是蚜虫。除选择高产抗病品种外,根据预测预报需及时防治。在 5 月中旬,选择前期晴朗的天气进行收获,收获后,秸秆保留于田间,用于覆盖下茬大豆。

2. 玉米

受土壤质地、台位、降雨状况等多种因素影响,在不同区域玉米对免耕栽培的适应性不同(图17.5)。一般地势平坦、土层深厚、质地疏松、保水保肥能力较好地块,宜采用免耕栽培;而黏重板结地块则不利于免耕玉米生长,主要原因在于玉米植株高大,根系生长的深度和广度都会影响其抗倒性,板黏土壤采用免耕栽培玉米的根系分布浅,抗倒性弱,而且夏季集中的雨水不易下渗,从而影响了产量的形成。玉米前茬作物是大豆或者红薯,秸秆产量较少,而且多用于牲畜饲料。为减少水土流失,提高保水、保土、增温的特性,免耕条件下玉米一般采用地膜覆盖方式进行栽培。研究结果表明(表 17.8),在同等种植密度下,采用地膜覆盖栽培每公顷可以增产 1 209.0 kg,增幅达 22.7%。因此丘区旱地免耕玉米地膜覆盖栽培仍是增产的重要措施。

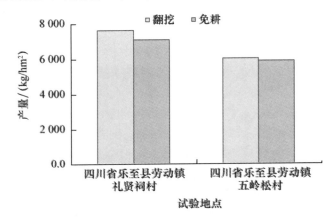

图 17.5　免耕与翻耕栽培玉米产量对比表(四川乐至,2008)

表 17.8　免耕条件下地膜覆盖对玉米生长的影响(四川乐至,2008)

处理	株高/cm	穗长/cm	穗行数	行粒数	秃尖	千粒重/g	产量/(kg/hm²)
免耕	236.0	19.1	17.0	28.0	4.3	300.0	5 331.0
免耕盖地膜	196.0	20.2	17.0	31.0	3.0	311.6	6 540.0

目前西南旱地玉米栽培有育苗移栽和直播两种方式,以育苗移栽应用较广泛。玉米的播种育苗期需要气温、玉米的安全抽雄、茬口衔接等多种因素的科学配合。一般来讲,地温稳定在 10℃ 以上时即可直播,育苗移栽的可提前 10～15 d 播种,采取地膜覆盖育苗,3 叶时移栽。在适播(栽)期内需抢墒播种或移栽,以争取出苗率和成活率。

玉米播种或移栽前,在玉米种植带正中挖一条深 20 mm 的沟槽(沟两头筑挡水埂),底肥按过磷酸钙 750 kg/hm²、尿素 150 kg/hm²、氯化钾 150 kg/hm²、硫酸锌 15 kg/hm² 兑粪水 7 500 kg 施于沟内。施肥后将土回填,并形成 1 个高于地面 20 cm 的垄,垄底宽 40～50 cm,垄面呈瓦片形。在春季持续 3～5 d 累计降雨 20 mm 或下透雨后,立即将幅宽 40～50 cm 的超微膜盖在垄上,并将四周用泥土压严,保住降水。将玉米苗移栽于盖膜边际,每垄种 2 行玉米,定向错窝移栽,种植密度在 50 000 株/hm²。

玉米高产栽培需纯 N 240 kg/hm²、P_2O_5 90 kg/hm²、K_2O 90 kg/hm²。磷钾肥可全部用作

底肥,氮肥 30%用作底肥,20%用于拔节期追肥,50%用于大喇叭口期追施。底肥配合粪水施入施肥沟内,追肥可以配合雨水或浇水在株间用机具打孔或用锄头挖窝施入。在大喇叭口期揭膜,并在玉米收后将清理田间地膜。

对玉米影响较大的病害有叶斑病、纹枯病和茎腐病,虫害有玉米螟、蚜虫、红蜘蛛。根据田间发病情况及时防治,其中病害和蚜虫、红蜘蛛可以喷雾防治,玉米螟采用点心方式防治。

3. 大豆

旱地套作小麦一般在 5 月上中旬收获,收获后进行大豆移栽,套作大豆的高产播期是 5 月下旬至 6 月上旬,此时西南地区进入雨季,降水较多,应及时抢墒免耕播种。播种时可以用小锄头挖窝,行窝距保持 33 cm,每带 3 行,在窝一侧施肥,另一侧播种,每窝留苗 2～3 株。播种覆土后再用麦秸覆盖。

由于大豆是固氮作物,应重施磷钾,以底肥为主,根据长势酌情追肥。其中底肥可以施纯 N 15～30 kg/hm²、P_2O_5 45～60 kg/hm²、K_2O 30～45 kg/hm²。如果长势黄弱,在初花期雨后追施尿素 60～75 kg/hm² 或者喷施磷酸二氢钾等叶面肥。

大豆生育期温度高、降雨多、湿度大,再加上与玉米套作,容易出现根腐病、霜霉病等病害。在花期和灌浆期卷叶螟、蚜虫、红蜘蛛、盲蝽象等害虫也容易危害大豆的生长,应及时喷药防治。

4. 红薯

红薯是收获块根作物,根层厚、质地疏松的土壤有利于其块根膨大。由于旱地耕层较薄,小麦收获后,需将土聚成栽插垄,增加土层厚度,在垄上栽插红薯,麦秸堆放垄底。红薯的栽插期弹性较大,根据育苗质量和田间土壤墒情及时栽插,以提高产量。红薯的品种特性不同,其高产的密度也差异较大,粮饲兼用型高产品种的移栽密度一般在 4×10^4 株/hm² 左右。

红薯对钾肥消耗量较大,应特别注意增施钾肥,氮磷钾比例控制 1:1:3 左右,根据品种特性和土壤的肥瘦,施纯 N 45～75 kg/hm²、P_2O_5 50 kg/hm²、K_2O 150 kg/hm²。基肥可在起垄时集中施在垄底或在栽插时进行穴施。在收获前 50～60 d,增施一次磷酸二氢钾叶面肥,具有明显的增产效果。

17.3.2.3 配套高产品种

在旱地多熟种植模式中,作物共生期较长,品种选择除考虑产量潜力外,还应考虑熟期、株型、抗倒力等特性。一般熟期较早、株型紧凑、抗倒力和边际优势强的品种更能适应间套种植。

1. 小麦品种

西南地区降雨主要集中在夏季,在小麦生长的冬春季节降雨较少,易发生冬干春旱现象,而丘区多没有灌溉条件,一旦受旱会给小麦带来严重的产量损失。据 2009—2010 年在四川、重庆、贵州、云南 4 省(市)6 地等地开展的小麦品种筛选联合试验结果,川麦 42 有较强的抗旱性和较高的产量潜力,6 地平均产量 6 490.5 kg/hm²,较其他品种增产 3.9%～22.2%。该品种熟期中等,抗倒性和抗病性较强,可用于旱地间套免耕种植。

2. 玉米品种

西南地区的降水虽然与玉米生长季节一致,但由于时空分布的不平衡,干旱、洪涝等灾害均有可能发生。此外瘠薄的土壤、高湿寡照的气候条件也对玉米产量的形成产生不利影响。据四川省农业科学院作物研究所刘永红等(2007—2008)的研究结果,正红 311、隆单 8 号、川单 418 等品种在四川盆地的简阳点和盆周山区的宣汉点均有较高的产量潜力,3 个品种对不同土壤水分和肥力变化敏感性小,抗逆性强、抗倒性好,较适合旱地免耕栽培。

3.大豆品种

在"麦/玉/豆"种植模式中,大豆和玉米的共生期较长,而且大豆苗期阶段玉米荫蔽作用强,一些耐阴性较差的大豆品种长势弱,产量较低。由于西南地区没有针对套作种植制度开展专门的大豆育种,目前适宜套作栽培的大豆品种较少,生产上应用较多的是贡选 1 号。据 2007 年四川省乐至县的试验结果,套作免耕条件下贡选 1 号产量可达 1 375.5 kg/hm²,分别比乐豆 1 号、浙春 3 号、南豆 6 号等熟期相近的品种增产 15.7%~32.7%,达极显著水平。而且贡选 1 号株型紧凑、茎秆粗壮、耐肥抗倒力强、抗病毒病,是旱地套作免耕种植的首选品种。

4.红薯品种

红薯是"麦/玉/薯"种植模式中的夏季作物,它一般 5 月上中旬栽插,10 月下旬才收获,和玉米也有较长的共生期,因此耐隐蔽、抗旱耐瘠能力强的品种才能适合旱地套作栽培。可以选用饲粮兼用、播期弹性大、高淀粉型的徐薯 22、川薯 164 等品种。

5.绿肥品种

适宜秋冬季栽培的绿肥种类主要有紫云英、光叶紫花苕及其他豆科绿肥。

17.3.3 生态效益与经济效益

17.3.3.1 生态效益

西南旱地常呈阶梯状分布,再加上成土母质等原因,在耕作强度较大时水土极易流失,造成中高台位土层变薄,肥力下降。根据种植制度特点和作物持续高产要求,集成的西南旱地保护性耕作技术模式,主要作物采用免耕栽培、实施麦玉秸秆还田、休闲期种植绿肥,具有明显的保土、保水、增肥效果。

1.提高光温资源利用率

西南丘陵旱地≥10℃的日数一般 250~270 d,而且冬暖夏热,春早夏长,霜期很短。通过宽带轮作,免耕抢墒播种,减少农耗时间,利于苗全和苗壮和提高资源利用效率。

2.提高土壤肥力

小麦播种时实施玉米秸秆覆盖还田,大豆播种或红薯移栽时麦秸覆盖还田,秋季作物收获后玉米播种前的休闲期增种秋冬绿肥,使用地和养地结合起来。复种轮茬,一带用一带养,季季使用,季季能养,用养结合(图 17.6、图 17.7)。

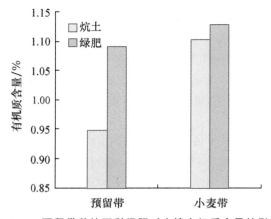

图 17.6 预留带种植豆科绿肥对土壤有机质含量的影响

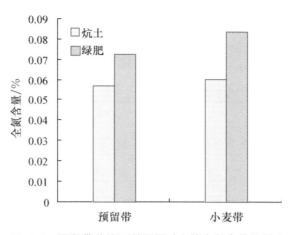

图17.7 预留带种植豆科绿肥对土壤全氮含量的影响

3.减少水土流失

和传统翻耕相比,免耕配合秸秆覆盖还田可减少雨水对地表的冲刷作用,提高水土的截留和水分下渗速度。据四川省农业科学院土壤肥料研究所刘定辉等(2008—2009)的研究结果,周年免耕条件下,夏季(6—9月份)地表径流量降低 14.6%～33.0%,水土流失量降低44.8%～66.5%。同时地表增加了覆盖物也削弱了太阳对土壤的热辐射,控制棵间蒸发,改善土壤蒸发和叶面蒸腾之间的耗水比例关系,降低了作物的耗水系数,提高土壤的水分利用效率,对易发生冬干春旱的小春作物作用更为明显(图17.8)。

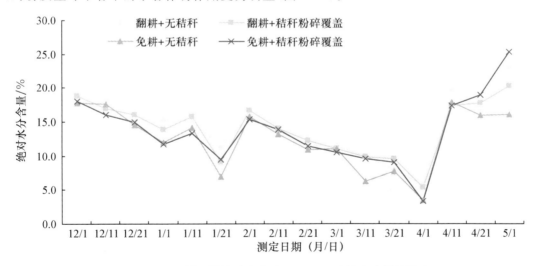

图 17.8 不同耕作措施对小麦季 0～30 cm 土壤含水量的影响

17.3.3.2 经济效益

采用保护性耕作技术,主要作物在播栽中减少了翻挖作业过程,劳动投入大幅度降低。通过采用高产配套技术,可保持免耕条件下作物产量接近和略高于翻耕。和传统周年翻耕栽培相比,小麦、玉米、大豆等作物采用保护性耕作技术后,旱地多熟模式周年节支增收 2 400～3 400 元/hm²(表17.9)。

表 17.9　不同耕作方式玉米效益分析(四川乐至,2008)

处理	产量/(kg/hm²)	产值/(元/hm²)	投入/(元/hm²)					纯收益/(元/hm²)
			肥料	种子	农药	劳动投入	农膜	
免耕	5 880.0	8 584.8	2 290.5	312.0	300.0	2 100.0	450.0	3 132.3
翻挖	6 030.0	8 803.8	2 290.5	312.0	300.0	3 300.0	450.0	2 151.3

17.3.4　技术模式应注意的问题

17.3.4.1　规范开厢

按要求规范开厢,厢面太宽体现不出宽厢带植、分带轮作的优势;厢面太窄不利于田间操作,且共生作物的荫蔽性增强,不利于高产。规范开厢才能实现有效缓解套作作物共生矛盾。

17.3.4.2　优选品种

旱地三熟模式中,作物共生期较长,品种选择除考虑产量潜力外,还应考虑熟期、株型、抗倒力等特性。一般熟期较早、株型紧凑、抗倒力和边际优势强的品种更能适应间套种植。大豆和甘薯品种还需考虑其耐荫蔽性。

1. 抢墒播种

西南旱地土层较薄,蓄水保墒力弱。需要在适播期内及时抢墒播种,以争取全苗壮苗,建立开端优势,提高中后期的抗逆能力。

2. 在适宜区域开展玉米免耕栽培

由于玉米植株高大,根系生长的深度和广度都会影响其抗倒性。一般地势平坦、土层深厚、质地疏松、保水保肥能力较好地块,宜采用免耕栽培;在板黏土壤免耕栽培的玉米根系分布浅,抗倒性弱,而且夏季雨水集中的水分不易下渗,从而影响了产量,因此在黏重板结土壤中玉米不宜采用免耕栽培。

17.3.5　适宜区域及推广现状与前景

该技术适用于西南丘陵和浅山旱地以及类似生态区。现已在四川盆地的简阳、乐至、中江等县市示范推广 3 万 hm²。

西南旱地普遍存在耕作强度大、水土流失严重的现象,而一些节水保土的工程措施建设成本高,不适宜大范围应用,只能通过耕作措施改进提高旱地的保土培肥能力和生产能力。旱地保护性耕作技术集节本、保土、培肥于一体,大幅降低劳动强度,在稳定作物产量的前提下,提高种植收益。而且实施秸秆还田和休闲带种植绿肥,培肥土壤,提高土壤生产能力,促进了可持续发展,在西南旱地前景广阔。

(本章由汤永禄主笔,李朝苏、黄钢参加编写)

参考文献

[1]佟屏亚,熊凡.旱三熟 介绍西南丘陵旱地麦、玉、苕间套耕作制.农业科技通讯,1980, 7:10-11.

[2]郑家国,谭中和.四川水稻旱育秧栽培技术研究.西南农业学报,1994,4:13-19.

[3]汤永禄,黄钢,袁礼勋,等.小麦精量露播稻草覆盖高效栽培技术研究.麦类作物学报,2000,2:47-52.

[4]汤永禄,黄钢,袁礼勋.稻茬麦精量露播稻草覆盖高效栽培技术.作物杂志,2000,3:22-24.

[5]刘永红,何文铸,冯君成,等.雨养农区套作玉米盖膜效应与方式研究.玉米科学,2000,8:39-43.

[6]刘代银.秸秆覆盖连作免耕水稻抛秧新技术.中国稻米,2001,5:29-30.

[7]汤永禄,黄钢.免耕露播稻草覆盖栽培小麦的生物学效应分析.西南农业学报,2003,16(2):37-41.

[8]王建,吴军.四川盆地丘陵区坡耕地的水土流失与粮食增产措施.四川水利,2005,2:46-48.

[9]刘永红.大力推广应急抗旱技术　减缓冬干对玉米春耕生产的影响.四川农业科技,2009,3:33-34.

[10]杨文钰,雍太文.旱地新三熟麦/玉/豆模式的内涵与栽培技术.四川农业科技,2009,6:30-31.

[11]赵永敢,李玉义,逄焕成,等.西南地区耕地复种指数变化特征和发展潜力分析.农业现代化研究,2010,31(1):101-104.

[12]王宏,杨勤.应对气候变化发挥甘薯减灾增产作用.四川农业科技,2010,7:21-22.

[13]Tang Y L,Zheng J G,huangg.Stu dies on permanent-be d-planting with double zero tillage for rice an d wheat in Sichuan basin.Southwest China Journal of Agricultural Sciences,2005,18(1):25-28.

[14]humphreys E,Meisner C,gupta R,et al.Water saving in rice-wheat systems.Plant Production Science,2005,8(3):242-258.

第18章

长江中游保护性耕作技术模式

长江中游辖湘、赣、鄂、皖四省,介于东经 113°34′~118°29′、北纬 24°29′~33°20′之间,属中亚热带季风气候和北亚热带季风气候区。该区域光能充足,热量丰富,降水充沛,雨热同季,但变率大,无霜期长,冬冷夏热,四季分明,≥10℃全年积温 4 800~6 000℃,日照时数1 300~2 500 h,年平均温度 15.0~19.7℃,年降水量 750~1 700 mm。总体来看,光热水资源较为丰富。冬季最冷月平均气温多数地区在 0℃以上,一般有利于越冬作物生长,无霜期210~350 d,粮食作物普遍可以一年两熟或一年三熟。该区域在长江沿江两岸及以南大部分地区,由于丰富的热量资源,适宜发展双季稻多熟制。

该区域广大丘陵和平原区稻田土壤以潮土、红黄壤、黄棕壤及棕壤为主,土壤肥沃,耕地质量好,肥力水平高,其中一级耕地占 66.03%(其中湖南占 76%,江西占 74.8%,湖北占 62%,安徽占 52.1%),二级耕地占 26.1%(其中湖南占 18.6%,江西占14.9%,湖北占 26.8%,安徽占 45%),三级耕地占 6.5%(其中湖南占 1.4%,江西占 1.9%,湖北占 10.8%,安徽占 2.9%)。稻田种植制度,在双季稻区以冬闲—双季稻、绿肥—双季稻、油菜—双季稻、冬闲—烤烟—晚稻、马铃薯—双季稻、冬种蔬菜—西瓜(辣椒、茄子、西红柿)—晚稻、饲草—双季稻、蚕豌豆—双季稻、蔬菜—双季稻为主,一季稻区以冬闲—中稻、绿肥—中稻、油菜—中稻、马铃薯—中稻、饲草—中稻、蚕豌豆—中稻为主。该区域是我国重要的双季稻主产区,水稻生产是传统产业,也是优势产业。

该区域种植水稻历史悠久,具有明显的区位优势、地域优势、资源优势和产业优势。该区域传统的稻田土壤耕作技术为犁翻、耙田、耖田、稻田等。以湖南双季稻为主的多熟复种制为例,绿肥—双季稻以春耕翻耕绿肥的耕作为基本耕作,如水田冬作则以秋耕为主,即秋深耕(俗有秋季翻耕晒垡"七金、八银、九铜、十铁"的说法)、春浅耕、夏旋耕(表土耕作)的方法。在保证适时种植的前提下,尽可能创造冬作物所要求的土壤条件,同时也为水稻高产创造一个良好的土壤环境。

18.1 春马铃薯稻草覆盖免耕—双季稻高产栽培技术

18.1.1 形成条件与背景

稻田免耕稻草覆盖种植春马铃薯是在晚稻收获后,采用免耕种植的方式,利用稻草作为覆盖材料种植春马铃薯,实现稻薯水旱轮作,就地处理和利用稻草,以肥养地、增产增收、保护生态环境,是一种粮—粮(经、菜)结合型稻田多熟保护性耕作技术模式。

稻田免耕稻草覆盖种植马铃薯与传统的翻耕穴播马铃薯比较:第一,改进了耕作栽培技术,降低了劳动强度。变"翻耕穴播"为"免耕摆播",变"挖薯"为"拣薯",节省了翻耕整地、挖穴下种、中耕除草和挖薯等诸多工序,省工、节本、简便易行。同时薯块整齐,薯形圆整,表面光滑、色泽鲜嫩、破损率低,商品性好,并且比常规翻耕栽培增产显著。第二,促进了稻草资源循环利用,培肥了地力。利用稻草覆盖地面、在好气条件下形成了微生物大量繁殖的小环境,经过一个生长季的日晒雨淋,大部分稻草即可腐烂,为马铃薯生长提供养分,实现养地肥田、用养结合。第三,减少染污,保护生态环境。稻薯水旱轮作,可减少土壤还原性物质,改善生态环境,利用稻草覆盖地面,比稻草直接还田减少了温室气体排放,降低温室效应。第四,提高稻田的综合生产能力。利用稻田冬季种植马铃薯,提高了稻田复种指数,增加了一季作物产量,充分挖掘了稻田的增产潜力。稻田免耕稻草覆盖种植马铃薯是南方稻作区一种很好的冬季保护性耕作种植模式。

18.1.2 关键技术规程

18.1.2.1 技术流程
春马铃薯稻草覆盖免耕—双季稻高产栽培技术流程如图18.1所示。

18.1.2.2 春马铃稻草覆盖免耕高产栽培技术
1. 土壤耕作方式
稻田免耕要开挖丰产沟(排灌沟),厢宽200 cm、沟宽15 cm、深15 cm,稻田中央开腰沟,稻田四周开好围沟,做到厢、腰、围沟三沟配套,沟沟相通。挖出的土不可堆在沟沿上应放在厢面中央,使厢面呈微弓背形,以免积水。沟开好后采用20%克无踪3 750 mL/hm² 加免深耕土壤调理剂3 kg/hm²,兑水750 kg/hm² 喷施,除草灭茬、疏松土壤。

2. 品种选择
选择大西洋、费乌瑞它、东农303、东农304、中薯3号、克新4号、鄂马铃薯3号、南中552等早熟优质高产的薯种。种薯先催芽,以带1 cm左右长度的壮芽播种为佳。一般选用30 g左右小种薯播种效果较好;大薯种应切块,每个切块至少要有一个健壮的芽,切口距芽1 cm以上,切块形状以四面体为宜,避免切成薄片。切块可用50%多菌灵或托布津可湿性粉剂250~500倍液浸一下,稍晾干后拌草木灰,隔日即可播种。

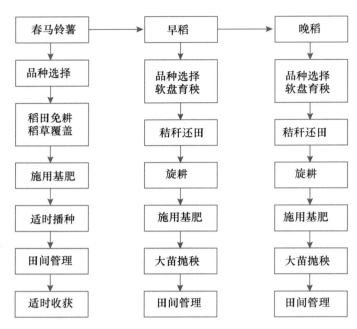

图 18.1　春马铃薯稻草覆盖免耕—双季稻高产栽培技术流程图

3.播种期、播种密度

春马铃薯一般在 12 月中、下旬至 1 月上、中旬播种,4 月下旬至 5 月上、中旬收获,后季种植早稻。稻田免耕稻草覆盖种植马铃薯,每厢播 4～5 行,行距 30～40 cm,株距 25 cm,厢边各留 20 cm,中熟品种播种 $6 \times 10^4 \sim 6.75 \times 10^4$ 穴/hm²,早熟品种播种 $6.75 \times 10^4 \sim 7.5 \times 10^4$ 穴/hm²,用种量 2.25～2.7 t/hm²。播种时,将种薯芽眼向上摆好,然后均匀地盖上 8～10 cm 厚的稻草。稻草应铺满整个厢面不留空,以防漏水,防止块茎膨大后外露,影响品质。同时应注意稻草过薄漏光而使绿薯率上升。

4.基肥施用技术

马铃薯栽培土壤酸碱度以 5.5～6.5 为宜。对营养要求以钾最多、氮次之,磷较少。一般鲜薯 2.25 t/hm² 需吸收氮 124.5 kg/hm²、磷 22.5 kg/hm²、钾 190.5 kg/hm²。一般基肥占施肥量 2/3,并以有机肥为主,一般用猪粪 11 250～15 000 kg/hm²、钙镁磷肥 300 kg/hm²、草木灰 1 500～2 250 kg/hm² 或火土灰 22 500 kg /hm² 拌和作为盖种肥。出苗后施用少量氮肥,现蕾期施用硫酸钾 225 kg/hm² 为宜。如施用化肥作基肥,以颗粒状复合肥为佳,可将肥料放在两株种薯中间,也可放在种薯近旁但需保持 5 cm 以上的距离,以防烂种。

5.田间管理技术

马铃薯蒸腾系数在 400～600 mm 之间,生长期间降雨量 300～500 mm 即可满足生长需要,其土壤湿度以田间持水量的 60%～80% 为宜。播种时,如果天气晴朗,气温偏高,土壤蒸发量较大,土壤容易干燥,使薯苗受旱,为确保齐苗壮苗,要及时灌一次"跑马水"湿润土壤。春马铃薯因冬春季阴雨天多,稻田容易渍水,为确保正常生长,要注意疏通"三沟",注意排水,防止积水。

6.适时收获

稻田免耕稻草覆盖种植马铃薯,在地面上的茎基长出的茎块多数沿土面延伸,只有少数遇到土壤裂缝或孔隙而钻入地下。因此,70％以上的薯块在土面上,拨开稻草就可以拣收;少数生长在裂缝或孔隙中的薯入土也很浅,很容易挖掘。与常规翻耕穴播相比,薯块圆整,色泽鲜嫩,破损率明显较低。在劳动力许可的前提下,可以分期采收,即将稻草轻轻拨开,采收长大的茎块,再将稻草盖好让小薯继续生长,既能选择最佳薯形及时上市,又能有较高的产量,提高经济效益。秋播马铃薯一般在霜降后采收;春马铃薯一般在 4 月下旬或 5 月上旬,特别是双季稻区,不要影响早稻的栽插季节。

18.1.2.3　早稻高产栽培技术

1.土壤耕作技术

稻田种植马铃薯一般在 4 月下旬至 5 月上旬收获。马铃薯收获后,马铃薯秸秆一般全量还田。覆盖的稻草腐烂部分翻压还田作为早稻肥料,而未彻底腐烂的秸秆放在稻田的一角,继续堆沤腐烂,作为晚稻的肥料。土壤耕作机具采用 LZS-23 型水田耕整机或拖拉机旋耕翻压还田,旋耕次数一般为 2～3 次,经耙平田面后,抛(移)栽水稻。

2.基肥施用技术

稻田免耕种植马铃薯,因复种指数较高,为确保三季平衡增产,为促进早稻早生快发,应增施基肥,一般在旋耕后施用过磷酸钙 450 kg/hm²、尿素 225 kg/hm²、钾肥 90 kg/hm²。或施用复合肥 375 kg/hm² 作基肥。

3.育秧与抛栽技术

(1)品种选择

早稻选择优质、高产、株型紧凑、分蘖力较强、抗倒抗病性好的中迟熟品种,如湘早籼 31 号、湘早籼 32 号、湘早 143、中优早 81、金优 402、湘早籼 42 号、中鉴 100、金优 463、金优 974 号、株两优 02 以及株两优 819 等品种(组合)。

(2)育秧与抛栽

早稻采用软盘育秧,秧龄控制在 25～30 d,采取大中苗抛栽。密度和基本苗,一般抛 30×10⁴～33×10⁴ 蔸/hm²,150×10⁴～165×10⁴/hm² 基本苗。也可采取两段育秧抛栽。

4.田间管理技术

(1)分蘖期至孕穗期:早稻抛(移)栽秧苗返青后,灌水至泥面,用氯化钾 75～105 kg/hm²、尿素 75 kg/hm² 加芽前除草剂混合撒施,维持水层 7 d 后即自然落干。整个分蘖期以湿润为主。水稻进入分蘖盛期后要求早晒田、重晒田,促根系下扎,预防倒伏。晒田复水后,应根据水稻叶色浓淡情况,一般追施尿素 75 kg/hm² 或复合肥 150 kg/hm² 作穗肥。

(2)抽穗至灌浆、结实期:始穗和齐穗后,可喷施叶面肥"高能红钾"、"磷酸二氢钾"等和硕丰"481"、"谷粒饱"等植物生长调节剂,不仅可防止早衰、提早结实、提早成熟,增加产量,而且能改善品质,达到增产增收的目的。

18.1.2.4　晚稻高产栽培技术

1.土壤耕作技术

早稻采用撩穗收割,稻穗脱粒机脱粒,留高桩翻压还田(留高桩高度一般为 40～60 cm),作业机具为耕整机和机耕船,旋耕还田;平原或丘陵区平田、垅田冲田及地下水位适中、排灌条件较好的早稻田,中小型水稻联合收割机留高桩收割(留高桩的高度一般为 30～60 cm),作业机具为拖拉机、耕整机、机耕船,旋耕作业,将秸秆旋耕还田。旋耕前施过磷酸钙 375～600 kg/hm²、碳酸氢铵 600～750 kg/hm² 或兴湘牌水稻专用复合肥 600～750 kg/hm² 做基肥,然后旋耕,一般旋耕 2～3 遍或 4～5 遍,将秸秆和肥料打入泥中,使草、肥、泥充分融合,田面呈现出一片稀泥,经过耙平,然后即可抛移栽晚稻。

2. 育秧与抛栽技术

(1)晚稻品种:一般选择金优 207、培两优 288、湘晚籼 13 号、湘晚籼 12 号、湘晚籼 11 号、湘晚籼 9 号、新香优 80、天龙香 103、金优 284、丰源优 299、丰源优 272、培两优 981 等品种(组合)。

(2)晚稻育秧:晚稻秧龄期一般控制在 20～25 d,最多不能超过 30 d,争取在 9 月 10～15 日齐穗。因此,晚稻育秧的时间一般以品种的生育期长短而定,如采用盘育抛栽,宜选用 353 孔软盘育秧,应通过喷施烯效唑、苗床控水等综合措施,育好抛栽壮秧,防止串根和秧龄期过长。晚稻抛、移栽的时期一般控制在大暑前。

3. 晚稻田间管理技术

(1)及时追肥,促进禾苗早生快发:抛移栽后采用浅水灌溉,促进晚稻早生快发。晚稻分蘖肥在晚稻抛(移)栽返青后施用,即在抛栽 2～3 d 活蔸后,以尿素 105～150 kg/hm²、氯化钾 150 kg/hm² 加芽前除草剂混合施用。为保证除草剂的效果,至少要维持水层 7 d。分蘖高峰期后,最高苗数达到后要及时晒田,复水后应施好复水肥,促进根系下扎,增强抗倒力。

(2)水分管理:晚稻采用"浅水分蘖、够苗晒田、薄水养苞、有水抽穗、干湿壮籽"的灌水方式。

(3)病虫防治:晚稻要重点防治第三代、第四代二化螟,稻飞虱、纹枯病和稻曲病,掌握在病虫初发期施药防治。

18.1.3　生态效益与经济效益

该模式按照高产栽培,可产鲜薯 22.5～30 t/hm²,以 1.0 元/kg 计算,产值可达 $2.25 \times 10^4 \sim 3 \times 10^4$ 元/hm²,扣除种薯、肥料、用工成本 7 500 元/hm² 计算,纯利润可达 $1.5 \times 10^4 \sim 2.25 \times 10^4$ 元/hm²,投入产出比为 1:(3.3～4.0)。除此之外,可综合利用秸秆资源,增加有机肥料,为下茬作物提供了有机肥源,有利于提高土壤肥力,保护生态环境;稻薯水旱轮作,促进了冬季农业和旱地农业的开发,提高了稻田冬季绿色覆盖度,提高了复种指数,有利于温光资源的合理利用;优化了稻田种植结构,促进了稻田保护性耕作的推广应用。

18.1.4　技术模式应注意的问题

18.1.4.1　注意全苗、壮苗

马铃薯通过块茎繁殖,在常规方法中出苗需 20～30 d,而且出苗总有些参差不齐。在稻田免耕、秸秆覆盖种植马铃薯时,要力争全苗、壮苗,这是夺取高产的一项重要技术。

18.1.4.2　妥善贮藏种薯、适度催芽

种薯贮藏应注意温、湿度,避免堆放时局部温差过大,导致出芽长短不一。长芽播种时易折断,再等其他潜伏芽萌动,反而滞后,使出苗不整齐,影响产量。

18.1.4.3 覆盖稻草要均匀一致

稻草覆盖,马铃薯幼芽穿过的不是 3 cm 左右的松土,而是 8～10 cm 厚的稻草。稻草过厚,不但出苗迟缓,而且茎基细长软弱。稻草覆盖过薄,容易漏光而使绿薯率上升,影响品质。因此,在覆盖稻草时要厚薄均匀一致,保持厢面平整,不留空隙。

18.1.5 适宜区域及推广现状与前景

该模式适宜于长江流域、江南平原及丘陵双季稻区。

稻田免耕稻草覆盖种植马铃薯具有省工、节本、高效、简单易行的特点,是南方双季稻区一种很好的冬季保护性耕作种植模式,具有广阔的推广应用前景。

18.2 稻田免耕直播油菜—双季稻高产栽培技术

18.2.1 形成条件与背景

稻田免耕直播油菜—双季稻高产栽培技术,是在改传统稻田油菜育苗移栽为免耕撒直播的基础上,综合集成化学除草灭茬、免耕栽培与油菜高产栽培技术,形成的一种稻田"粮—油结合型"高效保护性耕作种植模式。油菜为长江流域重要的油料作物,过去稻田种植油菜为传统育苗移栽,需要投入大量的人力、物力,产量低、效益不高。特别是三熟制稻田移栽油菜季节和劳动力紧张,常因秋冬干旱或阴雨绵绵,造成油菜在适期播种的情况下,不能适时移栽,往往导致油菜幼苗高脚老化,移栽后返青慢,成活率低,生长差,产量低,影响农民种植油菜的积极性,致使稻田油菜发展受到一定的影响,面积逐年下降。20 世纪 90 年代,由于少免耕栽培技术与化学除草剂的大量应用,将油菜传统育苗移栽改为免耕撒直播。稻田免耕直播种植"双低"油菜是在前作物收获后,不经翻耕整地,直接开沟分厢撒播油菜。

稻田免耕撒直播油菜,简化了生产程序,减少了育苗、翻耕、移栽、中耕等工序,减少了用工和劳动强度,实现了油菜籽稳产高产。经试验研究与示范推广证明,免耕直播油菜与传统育苗移栽相比,具有明显的先进性、实用性和可操作性。第一,提高了劳动效益,免耕撒直播油菜生产用工为 75 d/hm²,产量达到 1 400～2 500 kg/hm²,则劳动收益可达到 35 元/d,是移栽油菜的 4～5 倍;第二,缓和了季节矛盾,直播油菜生育期变短,成熟期相应提早,有利于下茬作物茬口的衔接;第三,有利于保证油菜种植密度,促进大面积平衡增产,加上秸秆覆盖栽培,还可疏松土壤、改善土壤结构,减少对土壤团粒结构的破坏,提高土壤有机质含量,激发土壤微生物的大量繁殖,提高土壤肥力;第四,有利于油菜出苗。水稻收割时,土壤含水量较高,播种后出苗快。免耕直播油菜一般在 10 月中下旬播种,比移栽油菜迟,避开了秋旱高发期,种子发芽高,出苗齐。特别是因播种迟,无蚜虫危害,病毒较轻;尤其是免耕直播,克服了移栽根系受伤,主根入土深,杜绝了歪根、吊根和曲颈现象,根系发达,植株矮壮,抗倒性好。同时越冬期稻板茬直播加秸秆覆盖,油菜田 5～10 cm 深地温比翻耕田高 0.2～2.0℃,抗冻能力增强;第五,操作简便,减少了育苗、翻耕、移栽、中耕等工序,简化了栽培技术,减少了用工,降低了劳动生产强度,有利于开发冬季农业,稳定发展油菜生产,是一种稻田高效保护性耕作种植模式。

18.2.2 关键技术规程

18.2.2.1 技术流程
稻田免耕直播油菜—双季稻高产栽培技术流程如图18.2所示。

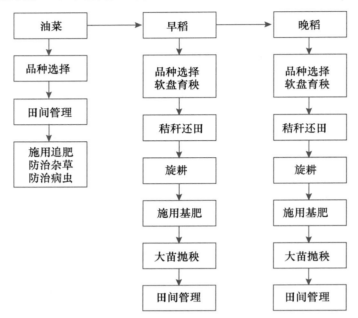

图18.2 稻田免耕直播油菜—双季稻高产栽培技术流程图

18.2.2.2 稻田免耕直播油菜高产栽培技术

1. 品种选择

稻田免耕直播油菜应选择熟期适中、抗病抗倒、优质高产的"两系"或"三系"杂交"双低"油菜,如沣油730、沣油737、湘杂油1号、湘杂油2号、湘杂油3号、湘杂油15号、中杂油2号、中杂油11号等高产优质品种。

2. 土壤耕作方式

在晚稻收割后,选择土壤肥力水平较高、排灌条件较好、质地沙壤的稻田免耕种植油菜。采用人工或机具,按200 cm分厢开沟,沟宽25 cm、深15 cm,做到厢、腰、围"三沟"配套,将沟中泥土放在厢中央整平,然后喷施20%克无踪3 750 mL/hm² 加免深耕土壤调理剂3 kg/hm² 兑水750 kg/hm² 喷雾,灭茬除草、疏松土壤,施用油菜专用复混肥300～375 kg/hm²、硼肥15 kg/hm² 或磷肥600～750 kg/hm²、氯化钾105 kg/hm²、硼砂15 kg/hm² 作基肥。

3. 播期、播量

在双季稻主产区油菜一般10月25日以前播种能安全出苗。播种早,能充分利用前期较高的气温,种子出苗快、生长快、出叶多,植株群体大,能有效抑制杂草生长,后期能利用更多的主花序结果而获得高产。因此,油菜—双季稻三熟制,免耕直播油菜最好安排早中熟品种,如迟熟品种必须在10月20日以前播种,适宜播期为10月10—15日。直播油菜播种量为3.0～3.75 kg/hm²。播种时要求均匀稀播,播种后及时覆盖秸秆,防止土壤水分蒸发,秸秆覆盖一定要均匀,厚度适宜,覆盖过厚影响出苗。如播种不匀或出苗不齐,可删密补稀,保证密度 $37.5×10^4～45×10^4$ 株/hm^2 为宜。

4.田间管理

(1)追肥:免耕直播油菜由于年前生育期短,苗体小、绿叶少,在施足基肥的基础上,应追施苗肥、蕾薹肥。提苗肥一般施尿素 $150～225$ kg/hm^2;12月下旬施尿素 $150～225$ kg/hm^2 作腊肥(越冬肥);于元月下旬或 2 月上旬看苗施蕾薹肥,一般施尿素 $30～37.5$ kg/hm^2 或喷施叶面肥美多收、高能红钾、硼肥等或硕丰 481 植物生长调节剂,协调营养生长和生殖生长,确保冬前培育壮苗,开春早发,防止前期早衰或后期贪青。

(2)杂草防治:防治杂草是免耕直播油菜高产的关键。应在晚稻收割后除草灭茬的基础上,视田间杂草情况,在油菜齐苗后,在禾本科杂草(看麦娘)二叶期用精禾草克 675 mL/hm^2 兑水 $525～600$ kg/hm^2 喷雾。也可以采用高效盖草能防治禾本科杂草。

(3)病虫防治:免耕直播油菜因种植密度较高,易诱发菌核病,应分别在始花、终花期用 50% 多菌灵或托布津 1.5 kg/hm^2 兑水 $600～750$ kg/hm^2 喷施。同时,由于长江流域油菜生长后期,雨水天较多,土壤湿度较大,要注意清沟排水,防止田间积水,提高根系活力,预防油菜早衰,促进高产丰收。

18.2.2.3　早稻高产栽培技术

1.土壤耕作技术

油菜一般在 4 月下旬至 5 月上旬收获。油菜收获后,油菜秸秆一般全量还田。为加速秸秆腐烂,施碳铵 $450～600$ kg/hm^2,或者在秸秆上泼施沼肥或粪水,以调节 C/N 值。土壤耕作机具采用LZS-23型水田耕整机或拖拉机旋耕翻压还田,旋耕次数一般为 $2～3$ 次,经耙平田面后,抛(移)栽水稻。

2.基肥施用技术

稻田免耕种植油菜,因复种指数较高,为确保三季平衡增产,为促进早稻早生快发,应增施基肥,一般在旋耕后施用过磷酸钙 450 kg/hm^2、尿素 225 kg/hm^2、钾肥 150 kg/hm^2,或施用复合肥 375 kg/hm^2 作基肥。

3.早稻育秧与抛栽技术

(1)品种选择:早稻选择优质、高产、株型紧凑、分蘖力较强、抗倒抗病性好的中迟熟品种,如湘早籼 31 号、湘早籼 32 号、湘早 143、中优早 81、金优 402、湘早籼 42 号、中鉴 100、金优 463、金优 974 号、株两优 02 以及株两优 819 等品种(组合)。

(2)育秧与抛栽:早稻应选择中迟熟品种,采取大中苗抛栽,秧龄控制在 $25～30$ d。密度和基本苗,一般抛栽 $30×10^4～33×10^4$ 蔸/hm^2,$150×10^4～165×10^4$ 株/hm^2。也可采取两段育秧抛栽。

4.田间管理技术

(1)分蘖期至孕穗期:早稻抛(移)栽秧苗返青后,灌水至泥面,以氯化钾 $75～105$ kg/hm^2、尿素 75 kg/hm^2 加芽前除草剂混合撒施。维持水层 7 d 后即自然落干,整个分蘖期以湿润为主。水稻进入分蘖盛期后要求早晒田、重晒田,促根系下扎,预防倒伏。晒田复水后,应根据水稻叶色浓淡情况,一般追施尿素 75 kg/hm^2 或复合肥 150 kg/hm^2 作穗肥。

(2)抽穗至灌浆、结实期:始穗和齐穗后,可喷施叶面肥"高能红钾"、"磷酸二氢钾"等和硕丰"481"、"谷粒饱"等植物生长调节剂,不仅可防止早衰、提早结实,提早成熟,增加产量,而且能改善品质,达到增产增收的目的。

18.2.2.4　晚稻高产栽培技术

晚稻高产栽培技术同本章18.1.2.4。

18.2.3　生态效益与经济效益

据南县农业局调查统计,2005年起,开始推广免耕直播油菜—双季稻、早晚稻"双季免耕"盘育抛栽、"免耕直播"和早稻高桩机收(或人工高桩撩穗收割)机械旋耕翻压稻草还田等双季稻多熟制保护性耕作技术,双季稻产量一般在13 500～15 000 kg/hm²,2005年全县推广免耕直播油菜—双季稻5 793.3 hm²,据24个点测产验收,平均增产稻谷409.5 kg/hm²,2006年在全县扩大推广,面积达11 586.7 hm²,据30个点测产验收,平均增产稻谷381.0 kg/hm²,2007年推广面积达16 153.3 hm²,据42个点测产验收,平均增产稻谷369.0 kg/hm²,2008年全县推广17 533.3 hm²,在受到严重低温冻害的情况下,据50个点测产验收,平均增产稻谷283.5 kg/hm²。实践证明,稻田发展免耕油菜不仅有利于提高冬季稻田资源利用效率,开发冬季农业,提高复种指数;同时采用免耕栽培能减轻劳动强度,降低生产成本,促进了秸秆还田的发展,有利于提高耕地质量,增强稻田的综合生产能力。

18.2.4　技术模式应注意的问题

免耕种植油菜要注意播种时期和播种量。播种早,易受蚜虫危害;播种迟,土壤水分蒸发快,加上气温低,出苗慢,生长慢,不利于高产;播种量要严格控制在3～3.75 kg/hm²,播种稀不利于群体生长,播种密不利于个体发育,影响产量。

免耕直播油菜要防止苗期杂草对出苗的影响,必须认真做好苗期的杂草防治工作。

稻田免耕种植油菜,要做好清沟排水防渍工作,防止油菜后期早衰和菌核病的发生,确保油菜高产。

18.2.5　适宜区域及推广现状与前景

本技术适应于长江中游及我国南方双季稻主产区。

推广应用免耕直播油菜—双季稻高产栽培技术,能提高土地、温光、水热资源的利用效率,具有增产、增收的效果,有利于提高稻田综合生产能力,确保粮油安全。因此,推广应用免耕直播油菜—双季稻高产栽培技术,具有广阔的发展前景。

18.3　免耕种植黑麦草—双季稻保护性耕作高产栽培技术

18.3.1　形成条件与背景

免耕种植黑麦草—双季稻是利用冬闲稻田免耕种植饲草,通过饲养草食畜禽,过腹还田,早晚稻采用少免耕栽培,达到一年多熟,提高土地利用效率的一种农牧结合型农作制度技术体系。黑麦草是一种一年生饲草,生长期长,根系发达,分蘖多,生长快,再生能力强,刈割时期早,适于长江流域以南湿润气候区种植。茎叶营养物质丰富,品质优良,食口性好,各种畜禽及鱼类均喜采食。茎叶干物质中含蛋白质13.7%,粗纤维21.3%,粗脂肪3.8%,是饲养马、牛、羊、猪、禽、兔和草食鱼类的优良饲草,也是良好的有机肥料。充分利用稻作区冬闲田种植黑麦草(小黑麦、燕麦)和裸大麦等饲草作物,通过过腹还田,变植物蛋白为动物蛋白,生产成本低,耗粮少,有利于南方农区发展草食畜禽业和渔业生产,构建合理的农牧结合农作制度技术体系,促进农牧结合,培肥土壤,提高耕地质量,是实现稻区农业增产、农民增收的重要途径。

18.3.2　关键技术规程

18.3.2.1　技术流程

免耕种植黑麦草—双季稻高产栽培技术如图18.3所示。

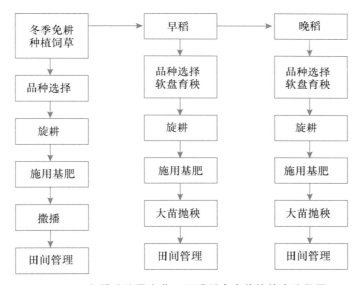

图18.3　免耕种植黑麦草—双季稻高产栽培技术流程图

18.3.2.2　冬季黑麦草(小黑麦、燕麦、裸大麦)免耕高产栽培技术

1.品种选择

黑麦草品种以多倍体黑麦草,如特高、兰天、安哥斯、邦德、扬帆、先锋、达利达、阿哥特、多美乐、杰威、佐罗、安哥斯、超高等品种为适宜,不仅鲜草产量高,而且品质优,一般鲜草产量可达75～90 t/hm²,最高达120 t/hm²以上;小黑麦品种宜选择冬性强、生育期长、再生能力强、耐刈割、品质优的品种,如冬牧70、4R507、黑麦及NTH2337、NTH1048、中饲1890、WOH828、WOH939、中饲237等小黑麦品种(组合)。这些品种在长江以南稻作区冬闲田种植,一般鲜草产量达67.5～75 t/hm²,最高达90 t/hm²以上。

2.耕作方式

稻田冬季种植黑麦草、小黑麦、黑麦,前茬作物为连作晚稻,免耕种植一般在水稻收割后喷施免深耕土壤调理剂3 kg/hm²,兑水750 kg/hm²,促进土壤疏松。如少耕种植,则采用旋耕机旋耕,然后接 2 m 分厢开沟,整平后撒播种子。用 20％克无踪 3 750 mL/hm²,兑水 750 kg/hm² 喷雾,灭茬除草,然后按每垄 2 m 开沟分厢,沟宽 30～35 cm,深 25～30 cm,中间设腰沟,四周设围沟,沟宽和沟深略比厢沟宽和深,以便排水,沟土放在厢面整平。

3. 施用基肥

黑麦草和小黑麦为绿色营养体作物,因饲草生长快,产量高,再生能力强,应增施肥料,促进早生快发。基肥:一般施用纯 N 180～225 kg/hm²、P_2O_5 60～90 kg/hm²、K_2O 75～105 kg/hm² 作基肥,最好有机肥、磷、钾肥随整地时施入。有机肥以优质粪肥较好,一般施用 11 250～15 000 kg/hm² 为宜。

4. 播种期与播种量

黑麦草、小黑麦适时、适量播种,是实现全苗、壮苗、早发的重要环节。播种期一般晚稻收割后(10 月中、下旬至 11 月上旬),如播种迟,气温偏低,不利于出苗齐苗,也不利于冬前早发。播种量,黑麦草播种 22.5～30 kg/hm²;小黑麦播种 112.5～150 kg/hm²,基本苗保证 $300×10^4～375×10^4$ 株/hm²。播种方式可免耕撒播,也可宽幅条播。播种前要保持土壤湿润,如土壤干燥,要灌跑马水,使土壤湿润;播种后要用土杂肥盖种或用秸秆覆盖,以利出苗。

5. 田间管理

黑麦草和小黑麦属高产饲草作物,主要收获营养体。分蘖力和再生能力强、根系发达,需肥多。因此,要及时追肥。一般在每次刈割后,施用尿素 120～150 kg/hm²,有利于早生快发和鲜草产量的提高。长江流域春季雨水偏多,稻田种植黑麦草和小黑麦,由于地下水位高、土壤湿度大,常影响根系生长,使根系早衰,要注意排水防渍,做到厢、主、围三沟相通,雨停不渍水。

18.3.2.3 早稻栽培技术

1. 土壤耕作技术

稻田免耕种植牧草,一般刈割 2～3 次牧草,鲜草产量控制在 60～75 t/hm²。即在 4 月下旬刈割鲜草后,进行土壤耕作。因黑麦草和小黑麦根系发达,因此,早稻应采用旋耕,一般采用水田耕整机旋耕 2～3 次,整平后,施用基肥,再抛(移)栽早稻,如果直接将鲜草翻压还田作肥料,应采用喷施克无踪灭茬杀青,促进鲜草腐烂,隔 1～2 d 后采用拖拉机旋耕整平。

2. 基肥施用技术

冬季种植黑麦草和小麦后,因饲草产量高,摄取了稻田土壤一部分养分,为促进早稻高产,应施足基肥,一般在旋耕后施用过磷酸钙 450 kg/hm²、碳铵 600 kg/hm²、钾肥 150 kg/hm²,或施用复合肥 900 kg/hm² 作基肥。

3. 早稻育秧与抛栽技术

(1)品种选择:早稻选择优质、高产、株型紧凑、分蘖力较强、抗倒抗病性好的中迟熟品种,如湘早籼 31 号、湘早籼 32 号、湘早 143、中优早 81、金优 402、湘早籼 42 号、中鉴 100、金优 463、金优 974 号、株两优 02 以及株两优 819 等品种(组合)。

(2)育秧与抛栽:早稻应选择中迟熟品种,采取大中苗抛栽,秧龄控制在 25～30 d。密度和基本苗,一般抛 $27×10^4～30×10^4$ 蔸/hm²,基本苗 $135×10^4～150×10^4$ 株/hm²。

4. 田间管理技术

(1)分蘖期至孕穗期:早稻抛(移)栽秧苗返青后,灌水至泥面,用氯化钾 75～105 kg/hm²,

尿素 75 kg/hm² 加芽前除草剂混合撒施。维持水层 7 d 后即自然落干,整个分蘖期以湿润为主。水稻进入分蘖盛期后要求早晒田、重晒田,促根系下扎,预防倒伏。晒田复水后,应根据水稻叶色浓淡情况,一般追施尿素 75 kg/hm² 或复合肥 150 kg/hm² 作穗肥。

(2)抽穗至灌浆、结实期:始穗和齐穗后,可喷施叶面肥"高能红钾"、"磷酸二氢钾"等和硕丰"481"、"谷粒饱"等植物生长调节剂,不仅可防止早衰、提早结实,提早成熟,增加产量,而且能改善品质,达到增产增收的目的。

18.3.3　生态效益与经济效益

以稻田免耕种植黑麦草为例,一般可产鲜草 75～125 t/hm²,可提供干物质 11.14 t/hm²,蛋白质 1.35 t/hm²,公顷产奶净能达到 80 010 MJ,产值约 9 000 元。如果种植粮食提供与黑麦草等量的蛋白质、能量和产值,需种植水稻 1.26～2.7 hm²,玉米 2.61 hm²,或大麦 2.24～3.61 hm²。种植黑麦草能增加稻田生物固碳,阻控冬季稻田养分流失,保护生态环境。该技术具有显著的经济、生态效益。

18.3.4　技术模式应注意的问题

免耕种植黑麦草和小黑麦、燕麦等饲草作物,应注意选择土壤肥力较高的稻田种植,最好以沙性土壤和冲积土种植为适宜。

黑麦草、小黑麦和燕麦属于高产饲草作物,主要收获营养体,加上该作物分蘖力,再生能力强,根系发达,需肥多,因此,要在每次刈割后,注意追施氮肥,以促进营养体生长。

采用农牧型高效种植易消耗地力,注意不要连年种植,要分年度进行轮换种植,实行水旱轮作,确保耕地永续利用。

18.3.5　适宜区域及推广现状与前景

免耕种植黑麦草—双季稻高产栽培技术适宜于城市郊区、湖区和养殖业比较发达的丘陵地区。如湖南的洞庭湖区,长沙、湘潭、株洲、岳阳、常德等城市郊区。

充分利用稻田冬季种植黑麦草,有利于建立"粮、经、饲"三元种植结构,推进种植、养殖、加工业一体化,促进农业产业链延伸,实现农业增值,带动二、三产业的发展,推广应用前景广阔。

18.4　双季稻"双免"栽培保护性耕作高产栽培技术

18.4.1　形成条件与背景

双季稻"双免"栽培保护性耕作技术,是指改传统土壤耕作技术(早稻"二犁多耙",晚稻"一犁多耙")为双季免耕栽培,即不通过牛犁或机械旋耕,而采用高效安全除草剂灭茬、喷施免深耕土壤调理剂,促进表层土壤疏松,经浸泡活泥后,直接抛(移)栽水稻,是一种双季稻免耕栽培保护性耕作技术。预计双季稻区两季稻谷产量为 $13.5\sim15.0$ t/hm^2。

　　该技术模式是在水稻免耕栽培和盘育抛栽技术基础上发展起来的一项稻田保护性耕作技术,具有"两减少、两降低、两提高"的特点,即减少稻田翻耕用工、减少水肥流失,降低生产成本、降低劳动强度,提高水稻单产、提高种稻效益。同时还能争取时间、保证茬口衔接,确保早晚稻平衡增产。

18.4.2　关键技术规程

18.4.2.1　技术流程
双季稻"双免"栽培保护性耕作高产栽培技术流程如图 18.4 所示。

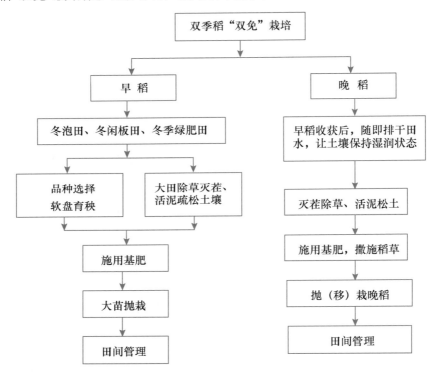

图 18.4　双季稻"双免"栽培保护性耕作高产栽培技术流程图

18.4.2.2　早稻免耕栽培技术
1.大田除草灭茬、活泥疏松土壤

　　(1)冬泡田:南方冬泡田由于耕层软烂,杂草较少,最宜免耕。一般在早稻抛栽前 $5\sim7$ d 排干稻田水层,用 20%克无踪除草剂 $3\,000\sim3\,750$ mL/hm^2 加氯化钾 30 kg/hm^2,兑水 $675\sim900$ kg/hm^2,选晴天进行喷雾,$3\sim5$ d 后即可灌浅水施用基肥。

　　(2)冬闲板田:冬闲板田因冬季未翻耕晒垡,在开春后即早稻抛栽(移)栽前 $15\sim20$ d 进行化学除草(包括大田、田埂与沟渠路边)。大田用 20%克无踪除草剂 $3\,750$ mL/hm^2,杂草多的田块可增加到 $4\,500$ mL/hm^2,加氯化钾 30 mL/hm^2 或免深耕土壤调理剂 3 kg/hm^2 兑水 $600\sim900$ kg/hm^2,选择晴天排干水后进行喷雾。施药 $5\sim7$ d 后塞好排水口,灌水没泥至抛

（移）栽前，稻田表层土壤融活后，即可施用基肥。

（3）冬季绿肥田：绿肥田一般在早稻抛（移）栽前15~20 d，选好晴天，排干田水，先用克无踪4 500 mL/hm²，兑清水750~900 kg/hm²，加氯化钾45 kg/hm² 或免深耕土壤调理剂3 kg/hm²，喷雾于绿肥上，再将排水沟两边的泥土还原沟中。待3~5 d后灌水浸泡，待泥烂时用泥糊糊好田埂，防止漏水。在早稻抛（移）栽前2~3 d施用基肥。

2. 基肥施用技术

稻田免耕栽培，在施肥技术上应坚持基肥与追肥结合施用的平衡施肥技术。基肥的施用量：免耕比翻耕一般可减少施肥量20%左右。冬闲田和冬种作物田，施用磷肥750 kg/hm²、尿素375 kg/hm²，磷肥一般与除草剂同期施用，而尿素则在抛（移）栽水稻当天施用。也可以用复合肥代替上述单质肥料。在水稻抛（移）栽前5~7 d施用复合肥750 kg/hm²。碳铵因易挥发和流失，在免耕栽培中不宜作基肥施用。早春雨水多，施肥前应排干水，施肥后塞好排水口，防止肥料流失。施用化肥后，最好再泼浇15 000 kg/hm²人畜粪水或沼肥。对于冬种绿肥田，基肥施用量可适当减少，注意在抛（移）栽前留浅水，施尿素45~75 kg/hm² 加复混肥450 kg/hm²作基肥。

3. 育秧与抛栽技术

（1）品种选择：早稻选择优质、高产、株型紧凑、分蘖力较强、抗倒抗病性好的中迟熟品种，如湘早籼31号、湘早籼32号、湘早143、中优早81、金优402、湘早籼42号、中鉴100、金优463、金优974号、株两优02以及株两优819等品种（组合）。

（2）育秧与抛栽：免耕早稻田比翻耕田耕作层欠平整，泥土融活度差，不宜小苗移栽。一般采用353孔塑料软盘（早、晚稻可共用）育秧，采取大中苗抛栽。抛栽前一定要排干田水，密度与基本苗要比翻耕田稍有增加。迟熟早稻品种早抛，抛27×10⁴蔸/hm²，基本苗35×10⁴~150×10⁴株/hm²；早、中熟品种或三熟制后茬口视品种的分蘖力强弱，一般抛30×10⁴~33×10⁴蔸/hm²，基本苗150×10⁴~165×10⁴株/hm²。

4. 早稻田间管理技术

（1）分蘖期至孕穗期：早稻抛（移）栽秧苗返青后，灌水至泥面，用氯化钾75~105 kg/hm²，尿素75 kg/hm² 加芽前除草剂混合撒施。维持水层7 d后即自然落干，整个分蘖期以湿润为主。免耕早稻根系前期多集中于表土，因此，水稻进入分蘖盛期后要求早晒田、重晒田，促根系下扎，预防倒伏。晒田复水后，应根据水稻叶色浓淡情况，一般追施尿素75 kg/hm² 或复合肥150 kg/hm²作穗肥。如果田间有稗草，要人工拔除，防止稗草带入下季。病虫防治与常规翻耕栽培相同。

（2）抽穗至灌浆、结实期：免耕栽培抽穗、成熟期一般比常规翻耕栽培提早2~3 d。由于基肥和前期追肥都是作面肥施用，后期易脱肥早衰。因此，始穗和齐穗后，可喷施叶面肥"高能红钾"、"磷酸二氢钾"等和硕丰"481"、"谷粒饱"等植物生长调节剂，不仅可防止早衰、提早结实，提早成熟，增加产量，而且能改善品质，达到增产增收的目的。

除此之外，为适应双季稻少耕免耕的需要，又利于机械收割和早稻秸秆还田，早稻乳熟、黄熟期均应采取湿润灌溉，不能硬泥，更不能开坼。

18.4.2.3 晚稻免耕高产栽培技术

1. 土壤耕作技术

一般在早稻收获后，让土壤保持湿润状态，用克无踪3 750 g/hm² 加氯化钾15 kg/hm² 或免深耕土壤调理剂 3 kg/hm² 兑水 750 kg/hm²,于当天傍晚喷施,进行除草灭茬、疏松土壤,施药 24 h 后灌深水浸泡 2～3 d,抛秧时留浅水。在抛(移)栽前,施用基肥,撒施稻草、移栽。对于早稻收割后遇早稻田已硬泥的田块,应延长淹水的时间,待表土起糊,耕层土壤融活后,才能抛(移)栽晚稻。

2.晚稻育秧与抛(移)栽技术

晚稻免耕栽培品种、大田用种量、抛(移)栽密度与基本苗数亦与翻耕栽培相同。不同的是分蘖肥应在晚稻抛(移)栽返青后施用。晚稻育秧的时间一般以品种的生育期长短而定,如采用盘育抛栽,宜选用 353 孔软盘育秧,应通过喷施烯效唑、苗床控水等综合措施,育好抛栽壮秧,防止串根和秧龄期过长。移栽的,可以在喷施除草剂 24 h 后灌深水,施好基肥,然后直接移栽晚稻。

3.晚稻田间管理技术

(1)分蘖至孕穗期管理:抛栽 2～3 d 活蔸后,施用芽前化学除草剂与分蘖肥,即用尿素 105～150 kg/hm²、氯化钾 150 kg/hm² 加芽前除草剂混合施用。为保证除草剂的效果,至少要维持水层 7 d,确保早稻再生苗不能萌芽。免耕栽培的水稻分蘖早而快,根系前期多浮生于表土,应坚持湿润灌溉。分蘖高峰期后,最高苗数达到后要及时晒田,复水后应强调施好复水肥,促进根系下扎,增强抗倒力。

(2)灌浆至结实期管理:免耕栽培的水稻后期易脱肥早衰,应注意补施穗肥和粒肥。一般在始穗及齐穗后 7 d 喷施叶面肥和植物生长调理剂,以提高成穗率、结实率和粒重。

18.4.3　生态效益与经济效益

据研究,传统土壤耕作技术,早晚稻两季牛力翻耕成本平均为 2 100 元/hm²,机械旋耕成本在 1 800 元/hm²,采用双季稻"双免"栽培保护性耕作技术,生产成本一般在 1 000 元/hm²,节本增效的效果显著。据统计,2004—2007 年在湖南省醴陵市双季稻主产区,累计推广早晚稻"双季免耕"和少(旋)免耕、翻耕与轮耕相结合的保护性耕作技术 3.15×10⁴ hm²。经测产验收,4 年水稻平均产量为 7 290.0 kg/hm²,少(旋)免耕比翻耕平均增产 148.5 kg/hm²,全市共增产粮食 4 690.87 t;以稻谷价格每吨 1 500 元计,全市共计新增产值 703.63 万元;据研究,少、免耕节约生产成本 1 350 元/hm²,全市累计节约生产成本 3 522.63 万元;4 年全市累计增收节支达 4 226.26 万元,乘以缩值系数 0.7,共计增收节支 2 958.38 万元,取得了显著的社会和生态效益。

18.4.4　技术模式应注意的问题

免耕栽培早稻以选择迟熟品种为宜,避免使用易脱粒的稻种,因晚稻施用的芽前除草剂不能抑制早稻成熟谷粒的萌芽。冬季翻耕后种植作物的田,不管是油菜、冬粮或蔬菜,来年早稻均不宜免耕,因免耕宜采用板田栽培。高岸田、漏水田不宜进行晚稻免耕栽培。连续多年双季免耕的稻田,最好采用双季抛栽,并要注意品种熟期的合理搭配,衔接茬口。稻田长期免耕栽培稻田耕作层变浅,保水保肥能力降低,特别是土壤养分、作物根系、微生物种群、杂草种子都趋向表层富集,导致土壤库容量小,供肥能力差,草害严重,作物容易出现早衰和倒伏现象。从可持续发展的角度,生产上应避免长期的免耕耕作和连续少耕(旋耕)耕作,应实行土壤轮耕轮作,建立轮耕轮作培肥技术体系。

18.4.5　适宜区域及推广现状与前景

该技术广泛适用于南方红黄壤丘陵双季稻区冬泡田、冬闲板田和板田绿肥田的水稻免耕栽培。该技术能显著降低生产成本,减轻劳动强度,有利于发展低碳农业,具有很好的推广应用前景。

（本章由杨光立、黄凤球、肖小平主笔,汤文光、汤海涛参加编写）

参考文献

[1]叶桃林,李建国,胡立峰,等.湖南省双季稻主产区保护性耕作关键技术定位研究.作物研究,2006(1):34-39.

[2]黄凤球,孙玉桃,叶桃林,等.湖南双季稻主产区稻草还田现状、作用机理及利用模式.作物研究,2005,19(4):204-207.

[3]杨光立,李永,李琳,等.免耕条件下稻草覆盖还田对晚稻综合效应的研究.见:中国农学会耕作制度分会编.现代农业与农作制度建设.南京:东南大学出版社,2006:423-426.

[4]肖小平,李琳,李永,等.不同耕作方式和不同量稻草还田对晚稻综合效应的研究.见:中国农学会耕作制度分会编.现代农业与农作制度建设.南京:东南大学出版社,2006:468-472.

[5]张海林,高旺盛,陈阜,等.保护性耕作研究现状、发展趋势及对策.中国农业大学学报,2005,10(1):16-20.

[6]肖小平,黄凤球,魏湘林,等.湖南双季稻少免耕栽培保护性耕作技术现状问题与发展对策.湖南农业科学,2007(6):96-100.

[7]刘全武,崔圣贵,鲁迪球,等.春马铃薯高产栽培技术研究.湖南农业科学,2007(2):54-57.

[8]青先国,杨光立,肖小平,等.论我国中部崛起中的水稻产业发展战略.农业现代化研究,2006,27(2):81-86.

[9]肖小平,王丽宏,叶桃林.施N量对燕麦"保罗"鲜草产量和品质的影响.作物研究,2007(1):19-21.

[10]杨光立,喻乐辉,吴嘉洲."免深耕"土壤调理剂作用机理与使用技术.作物研究,2006(1):83.

[11]杨义辉,叶桃林,肖小平,等.硕丰481在早稻上的应用试验.作物研究,2005(4):241-243.

[12]Xiao Xiaoping, Huang Fengqiu, Ma Yuecun, et al. Review on rice production under conservation tillage on double rice Paddy soil in Hunan province, China. 2007 Proceedings of International Seminar on Enhancing Extension of Conservation Agriculture Techniques in Asia and the Pacific.

[13]杨志臣,吕贻忠,张凤荣,等.秸秆还田和腐熟有机肥对水稻土培肥效果对比分析.农业工程学报,2008,24(3):214-218.

[14]叶桃林,汤海涛,肖小平,等.稻草高桩还田免耕抛栽晚稻肥料运筹效应研究.农业现代化研究,2008,29(4):482-485.

[15]汤文光,肖小平,唐海明,等.湖南农作制高效种植模式及其发展战略.湖南农业科学,2009(1):36-39.

第19章

长江下游保护性耕作模式

长江下游水旱轮作区主要包括江苏、上海大部,江西、安徽、浙江各一小部分,经济相对发达,农村劳动力向二三产业转移迅速,务农劳力紧张,农业机械化程度较高。该区四季分明,年平均气温 14～18℃,无霜期 210～270 d,年降水量 1 000～1 400 mm,光热水资源丰富,雨热同季,宜于农作。地势平坦,土地肥沃,水稻土是主要的农业土壤,有机质含量较高,土壤潜在肥力高而有效肥力低,特别是有效钾含量相对较低。在种植制度方面,淮北地区 20 世纪 50 年代推广旱改水,随着水利条件的改善,改造以盐碱地为主的中低产田,60 年代该区域的南部地区,为充分利用光热资源与人力资源,发展三熟制以提高产量,北部地区还在改土治水培肥,普及水旱轮作,改革开放后尤其是 80 年代,江苏、安徽开始恢复稻麦两熟,90 年代随着市场经济的推进,形成了以稻麦两熟为主体,粮、饲、经、菜多元多熟高产高效种植模式。进入 21 世纪以来,农业生产的目标由以粮食为主的高产目标向面向市场调整结构的高效目标转变,形成了以设施农业为主体的具有各地区域特色的高效农业模式,种植制度进入多样化的发展格局,设施农业得到快速发展。该区经济发达,农村劳动力向二三产业迅速转移,务农劳动力紧缺,而且务农劳动力的素质下降(大部分为老、幼、妇、弱),因此提高机械化作业程度以满足劳动生产率提高的要求是水稻—小麦两熟制种植模式的发展趋势。

19.1 稻麦两熟周年全程机械化保护性耕作技术

19.1.1 形成条件与背景

19.1.1.1 区域气候特点

长江下游地区气候大部分属北亚热带,小部分属中亚热带北缘。年平均气温 14～18℃,最冷月均温 0～5.5℃,绝对最低气温 −20～−10℃,最热月均温 27～28℃;无霜期 210～270 d;年降水量 1 000～1 400 mm,集中于春、夏两季;农业发达,一年二熟或三熟,土地垦殖指数高。该区气候的主要特点是四季分明,春季多低温阴雨和涝渍灾害,初夏梅雨和洪涝灾害非常频繁,秋季气候干湿宜人,秋高气爽,但也会出现秋季异常洪水,而冬季多寒潮大风天气。

19.1.1.2　稻麦生产趋势

水稻—小麦两熟种植制度是长江下游经济发达地区的主导粮食生产模式,仅江苏省年种植面积就在 1.67×10^6 hm^2 以上。虽然单位土地粮食产出较高,水稻单产达 7 905 kg/hm^2,小麦单产 4 650 kg/hm^2,但随着耕地面积的日益减少和人口增加,保障地区粮食自给的压力较大。目前,提高稻麦周年产量和效益以满足粮食安全和农民增收的要求是稻麦两熟种植模式的首要任务。而务农劳力的紧缺和素质的下降,也使得提高机械化作业程度进而提高劳动生产率成为稻麦生产的发展趋势。同时,以往农业的高投入高废弃生产方式导致资源利用效率低下、农业面源污染加剧,因此,实现稻麦秸秆全量还田以减少露天焚烧、化肥农药的减量高效利用是满足改善生态环境的要求,是稻麦两熟种植模式可持续发展的重要手段。江苏省农业科学院根据长江下游发达地区对土地产出要求高、农业经济效益要求高的双高特点和专业化、规模化发展趋势,针对农业投入量大、效率低、劳动力缺乏、环境污染严重等突出问题,提出稻麦两熟周年全程机械化保护性耕作技术,以实现粮食周年增产、农民增收、效率提高、环境友好的目标。

19.1.1.3　土壤耕作制发展

该区域传统的耕作方法主要是耕耙配套的翻耕法,力求达到植稻前耕层土壤"上有泥糊、下有团块",种麦时耕层土碎、田面平整。翻耕提高了土壤耕作的质量和农田土壤的熟化程度,同时增加了土壤耕作的作业次数,因此每年花费的劳动和能量很大,容易引起水土流失等问题。为了充分利用光热资源提高水稻产量,通常选用生育期较长的品种,导致茬口较为紧张,对小麦适期播种影响较大;同时,遇到水稻生长后期多雨也易造成土壤水分含量高于适耕状态,为保证适期播种往往采取滥耕滥种,但这也容易导致难以保证秋播质量及苗情而影响粮食产量提高。因此,自 20 世纪 80 年代始,研究推广了稻季少耕栽植,麦季少、免耕种植的少免耕栽培技术。少免耕比传统翻耕减少了对土壤的扰动,减少了稻麦生产过程中整地与播种的机械与能源投入,省工节本,有利于争取农时,增产增收。但随着少免耕年数的增加,易出现耕层变浅、土壤养分表层富集现象,发小苗、不发老苗,作物容易早衰,并且草害危害加剧造成增施除草剂污染环境,化肥面施导致流失严重等环境污染问题,表明稻麦少免耕技术体系的完善程度尚不足以满足长期高产稳产及可持续发展的要求。于是在 90 年代发展了土壤轮耕技术,该技术以少耕为主体,少免交替,定期耕翻有机结合,充分发挥少免耕和传统翻耕的有益部分,如通过适墒耕翻进行上下土层交换,松动耕层以提高供肥能力等,避免烂田作业和多次水旋对土壤结构的破坏,显著改善土壤物理性状。适墒耕翻与少免耕组合,可以起到互补促进作用,从年际间来看,耕与免、深与浅、翻与旋等互补的方法组合轮替。已有研究显示,轮耕是多种耕法的优化组合,可克服单一耕法的弊端,改善土壤理化性状,有利作物生长发育,从而提高作物的产量。但这些试验的研究期限相对较短,并未见有长期定位的报道,因此提出的轮耕周期大多是建立在定性研究的基础之上。进入 21 世纪以来,为解决秸秆的全量还田问题,主要研究发展了秸秆全量还田少免耕栽培技术,有针对稻麦两熟夏收夏种期间劳动力和季节紧张、秸秆焚烧和耕地缺少有机肥等矛盾的超高茬麦田套播稻技术,该技术将水稻种子套播在未收获的前茬麦田的"免耕"土壤上,机收麦时超高留茬 30 cm 左右,多余麦秸就地散开或埋入麦沟内,实现免耕秸秆全量还田。与些相似的技术有:免耕和抛秧相结合的麦秸全量还田免耕抛秧技术,是在小麦收获时留高茬 10～30 cm,多余秸秆埋入麦田墒沟,麦田不经翻耕犁耙,直接进行水稻抛秧的一种保护性耕作技术;稻麦秸秆全量机械还田的少耕技术,该技术具有省工、高效、快捷的特点,能有效改善土壤容重和毛管孔隙,使土壤疏松,通透性增强,土壤有机碳、碱解氮、速效钾明显增加,周年增产效果显著。

推进粮食生产机械化进程是提高农业劳动生产率和粮食综合生产能力的重要举措,目前长江下游稻麦全程机械化生产的主要问题是机械化配套程度不够、秸秆还田难度大,急需解决的问题主要表现在:一是如何解决水稻生产中小麦秸秆还田问题,以满足机插水稻对整地质量较高的要求;二是如何解决小麦生产中水稻秸秆还田量大以及还田后小麦机械化播种问题。稻麦两熟周年全程机械化保护性耕作种植技术主要是针对解决上述问题而产生的一种保护性耕作技术。该技术通过少耕实现了周年秸秆全量还田,增加了有机物料还田量,改善了耕层结构,实现稻麦周年高产高效,适应了稻麦全程机械化生产的需要,极大地提高了农业劳动生产率,有利于农业生产的可持续发展和生态环境的改善。

19.1.2　关键技术规程

19.1.2.1　农艺程序

水稻生产农艺程序:塑盘育秧→机收小麦(秸秆粉碎还田)→人工挑匀→施基肥→旋耕机埋草→水沤→水耙压草起浆→机插水稻→农药化肥减量高效利用→机收水稻。小麦生产农艺程序:机收水稻(秸秆粉碎还田)→人工挑匀→旋耕机埋草→小麦机条播→开沟防渍→农药化肥减量高效利用→机收小麦。

19.1.2.2　作物收割

小麦、水稻均采用联合收割机收获。小麦穗层整齐度不高宜采用全喂入式收割机(如福田雷沃谷神 4LZ-2)收割,同时将脱粒后的小麦秸秆粉碎还田,还田秸秆人工挑匀。一般采用动力较大的半喂入式水稻收获机(如久保田 PRO 488)将水稻脱粒后秸秆粉碎还田,水稻秸秆经由收割机切割成 5～10 cm,人工挑匀秸秆成堆处。

19.1.2.3　整地播栽

1. 水稻栽插

前茬作物(小麦)收获后,每公顷施商品有机肥 750 kg、45% 复合肥 300 kg 加碳酸氢铵 225 kg 作基肥。反转旋耕机干旋整地,一次性完成灭茬、秸秆还田,深度要达到 12～15 cm。上水沤田后将田面水层深度保持在 1～3 cm,用水田驱动耙压草平地起浆,作业完毕沉实 1 d 后插秧。机插时田面水层深度在 1～3 cm,栽插规格:行距 30.0 cm,株距 13.0 cm,密度 25.5 万～27 万穴/hm²,基本苗 90 万～120 万株/hm²。

2. 小麦播种

水稻收获后,每公顷施商品有机肥 750 kg、45% 复合肥 300 kg 加尿素 97 kg 作基肥。反转旋耕机整地,完成灭茬、秸秆还田后采用小型条播机播种,一次完成小麦播种、覆土、镇压等作业,播量 150 kg/hm² 左右。如果播种期不在适期播种范围内,一般每推迟一天播种量增加 3.75～7.5 kg/hm²。

19.1.2.4 田间水分管理

1. 水稻水浆管理

在秧苗返青活棵后适当脱水 1～2 d 露田增氧,通气促根,以促进土壤气体交换和有害气体释放,之后采用润湿灌溉,每次灌水 10～30 mm,田面夜间无水层,次日上新水。这样有利于沉实土壤,促进水稻分蘖发生。当总茎蘖数达到穗数苗的 85％时开始脱水分次轻搁田,为提高搁田质量,提倡开沟搁田。搁田复水后采用间隙灌溉,干干湿湿,养根保叶、提高水稻结实率和千粒重。机械收割前 15 d 断水硬田。

2. 小麦开沟防渍

由于秸秆还田增加了土壤保水能力,如遇连续阴雨造成排水不畅,易导致小麦种子烂种影响出苗,因此在小麦播种后要及时开沟防渍,做到"三沟"配套,达到雨停田干,减轻渍涝危害。内三沟要求:竖沟间隔小于 4 m、沟深大于 0.2 m,横沟间隔小于 50 m、沟深大于 0.3 m,出水沟深大于 0.4 m;外三沟要求统一作业,沟深大于 1 m。

19.1.2.5 施肥

1. 稻季施肥

氮肥总施用量 225～270 kg/hm²,为保证水稻分蘖发生,基蘖肥与穗肥之比以 6∶4 或 7∶3 为宜。基蘖肥中,基肥占 30％、分蘖肥占 70％,穗肥氮肥中,促花肥(倒 4 叶)占 50％、保花肥(倒 2 叶)占 50％。磷钾肥按 N∶P_2O_5∶K_2O＝1∶0.5∶0.7 的比例施用。磷肥作基肥一次施用,钾肥 50％作基肥、50％作拔节肥(倒 4 叶)。在施肥方法上,基肥全层施用,追肥采取干施后灌水,以水带肥入土。

2. 麦季施肥

施纯氮 180 kg/hm² 左右,为避免秸秆还田引起土壤脱氮导致麦苗发黄现象,应适当提高前期氮肥的比例,氮肥运筹为基肥∶平衡肥∶促花肥为 6∶1∶3;磷钾肥按 N∶P_2O_5∶K_2O＝1∶0.5∶0.5 的比例施用,磷钾肥 50％作基肥,50％作促花肥(倒 3 叶)。

19.1.2.6 病虫草害防治

保护性耕作应特别注意水稻纹枯病的防治。

种植水稻时,栽后 5～7 d 化学除草,每公顷用 10％丁·苄可湿性粉剂 7 500 g 拌细泥撒施,并保持水层 3～4 d。7 月上旬,视虫情防治一代纵卷叶螟,每公顷用 5％锐劲特悬浮剂 750 mL 兑水 750 kg 喷雾。7 月 20 日左右,视虫情主攻二代三化螟、兼治二代纵卷叶螟、白背飞虱,每公顷用 36％敌·唑磷乳油(稻螟敌)2 250 mL 加 50％赛特净可湿性粉剂 300 g 兑水 900 kg 喷雾。8 月上旬,视虫情防治三代一峰纵卷叶螟、褐飞虱、纹枯病,每公顷用 46％吡·单可湿性粉剂(稻欢)120 g 加 10％井·SD23 悬浮剂(真灵)8 000 mL 兑水 900 kg 喷雾。破口期视虫情防治三代三化螟、二代二化螟、稻曲病、稻瘟病、纹枯病,乳熟期视虫情防治稻飞虱,每公顷用 20％阿维·唑磷乳油(稻螟特)750 mL 加 20％三环唑可湿性粉剂 900 g 加 20％井·SD23 悬浮剂(真灵)1 800 mL 兑水 60 kg 喷雾。

种植小麦时,除人工除草以外,应主要采用化学药剂防除,一般在芽前每公顷用 75％巨星悬浮剂 0.9～1.4 g 加 10％精骠马乳油 750 mL 兑水 900 kg 于杂草 2～3 叶期防除。在返青期至拔节期防治纹枯病,每公顷用 5％井冈霉素水剂 750 mL 加水 900 kg 喷雾。抽穗开花期防治麦蚜虫、赤霉病、白粉病、锈病等,每公顷用 10％蚜虫啉可湿性粉剂、15％粉锈宁可湿性粉剂 1 125 g 兑水 900 kg 喷雾。

19.1.3 生态效益与经济效益

19.1.3.1 生态效益

稻麦两熟周年全程机械化保护性耕作技术适合于灌排条件良好的稻麦两熟制农田,在长江流域有广阔的推广前景,既高产又高效,同时了消除了秸秆就地焚烧现象,稻麦秸秆综合利用率达100%,全程机械化减轻了劳动强度和提高了劳动生产率,还能改善农业生态环境,减少秸秆还田条件下周年氮磷径流流失和稻季甲烷排放,实现农业可持续发展。据测算,与常规秸秆还田技术比较,稻麦两熟周年全程机械化保护性耕作技术稻麦两季减少径流氮排放6.45～7.2 kg/hm²、径流磷排放0.3 kg/hm²,比传统技术下减排径流氮10%以上,减排径流磷5%以上;水稻生长季减少甲烷排放量90～120 kg/hm²,比传统技术下减排甲烷30%以上;同时,农药化肥减量高效利用使化肥和农药施用量分别下降10%以上。

19.1.3.2 经济效益

在江苏省如皋、锡山和常熟三地开展了稻麦两熟周年全程机械化保护性耕作技术与常规技术的对比试验(表19.1),面积各为3.33 hm²。结果表明(表19.2):周年稻麦产量达15 000 kg/hm²以上,如皋增产1 509 kg/hm²,锡山增产2 802 kg/hm²,常熟增产587.7 kg/hm²,增产率为3.8%～22.2%。按每公顷节本390元、稻麦2.0元/kg计算,平均每公顷节本增收3 656元。

19.1.4 技术模式应注意的问题

本技术模式适宜在灌排条件良好的稻麦两熟制农田推广,试区农业生产机械化程度应相对较高。

在稻麦茬口衔接问题上要注意稻麦品种的熟期选择,品种成熟过迟会影响下茬作物的最佳播栽期。在秸秆还田量与机械动力配套方面,需要加大机械动力,否则会使秸秆还田不充分,影响水稻机插质量或小麦出苗。

为减少农药施用量和提高药效,应根据病虫测报,在专家指导下确定农药施用量,使用静电喷雾机进行精量喷药,喷药时使用农药增效剂,生物农药部分替代化学农药。

水稻收割前应根据天气预报调节大田断水时间,如后期天气晴好则在收割前15 d断水硬田,如天气阴雨可适当提前断水时间或推迟收割时间。

表 19.1 稻麦两熟周年全程机械化保护性耕作技术参数

作物	周年全程机械化保护性耕作技术	常规技术
水稻	秸秆机械还田	秸秆不还田
	塑盘育秧、机插	水育秧、手插
	每公顷栽25.5万～27万穴	每公顷栽22.5万～24万穴
	施纯氮225 kg/hm²	亩施纯氮300 kg/hm²
	增施有机肥、氮磷钾平衡施用	不施有机肥
	基肥翻耕前施、追肥干施	基肥翻耕后施、追肥带水施
	农药减1/3+增效剂或部分生物农药	常规化学农药

续表19.1

作物	周年全程机械化保护性耕作技术	常规技术
小麦	机收	机收
	秸秆机械还田	秸秆不还田
	机条播	免耕套播
	用种量 120 kg/hm²	用种量 150～180 kg/hm²
	施纯氮 180 kg/hm²	施纯氮 270 kg/hm²
	增施有机肥,氮磷钾平衡施用	不施有机肥
	机收	机收

表 19.2　稻麦全程机械化农机农艺配套高产集成技术增产效果

		周年全程机械化保护性耕作技术/(kg/hm²)	常规技术/(kg/hm²)	保护性耕作技术—常规技术/(kg/hm²)	增产率/%
如皋	小麦产量	6 187.5	5 701.5	486	8.5
	水稻产量	9 834	8 811	1 023	11.6
	周年稻麦产量	16 021.5	14 512.5	1 509	10.4
锡山	小麦产量	5 400	4 575	825	18.0
	水稻产量	10 002	8 025	1 977	24.6
	周年稻麦产量	15 402	12 600	2 802	22.2
常熟	小麦产量	5 678.7	5 545.05	133.65	2.41
	水稻产量	10 261.5	9 807.45	454.05	4.6
	周年稻麦产量	15 940.2	15 352.5	587.7	3.8

19.1.5　适宜区域及推广现状与前景

稻麦两熟周年全程机械化保护性耕作技术适宜于长江流域灌排条件良好的稻麦两熟制农田,特别是土地规模化经营、农村劳动力短缺地区。目前该项技术在江苏苏南及沿江地区推广应用面积较大,已达 5×10^5 hm² 以上。稻麦两熟制是长江流域重要产粮模式,具有季节性强、用工量多、劳动强度大等特点,而务农劳力短缺和秸秆焚烧普遍是较为严峻的问题。稻麦两熟周年全程机械化保护性耕作技术大大降低了劳动强度、提高劳动生产率,农民接收度高,易于推广。随着稻麦适度规模经营面积和秸秆还田面积的增加,农村务农劳力的进一步紧张和农田基本设施的改善,并在相关政府部门对农机购置的大力补贴下,该模式及技术在我国长江流域灌排条件良好的稻麦两熟制农田有着较好的推广应用前景,潜力在 1.33×10^6 hm² 以上。

19.2　油菜覆草免耕拓行摆栽保护性耕作技术

19.2.1　形成条件与背景

水稻—油菜轮作是长江下游重要的种植模式,但此种植模式在油菜生产环节费工费时,

432

随着近年来社会经济的发展和农村劳动力大量向非农产业转移,水稻—油菜种植面积呈逐年下降趋势。在传统稻茬油菜移栽种植过程中,首先要移走水稻秸秆,然后经整地后移栽油菜,用工量多、劳动强度大。因此,研究油菜生产过程中的省工节本栽培技术,是实现水稻—油菜种植模式高产高效,稳定油菜生产面积的重要措施之一。针对上述问题,江苏太湖地区农业科学研究所提出了油菜覆草免耕拓行摆栽保护性耕作技术。该项技术通过机收水稻秸秆留田自然腐烂,增加了土壤有机物料还田量,同时免耕减少了耕整地作业环节。具有不动土、地表残茬覆盖减少除草剂施用的优点,实现了保土、省工、节能、环保的目标。

19.2.2　关键技术规程

19.2.2.1　覆草免耕拓行摆栽

为获得高产,稀播,匀播,培育矮壮苗,秧田与大田按 1 : 6 的比例准备,常规育苗,培育矮壮苗。适时移栽,适宜移栽株距 15~18 cm,行距 60 cm 左右。

具体操作方法:

(1)做畦。移栽前将第一畦的稻草搂起,放在田边,然后按畦宽 90 cm,畦沟宽 30 cm 的规格作畦。

(2)取土。将畦沟里的土按 15 cm 的标准分别放在畦沟边缘,尽量保证土的块状结构。

(3)施肥。在做好的畦面上施入基肥。

(4)移栽。将油菜苗排在畦边的土块边,间距 15~18 cm,使油菜根部贴于土面,然后用小土块压住根部。小苗可摆两棵(图 19.1)。

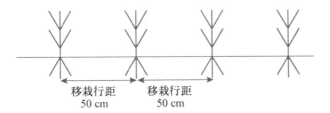

图 19.1　常规等行移栽

(5)覆草。将第二畦的稻草覆盖在移栽好的第一畦中间(图 19.2)。

(6)清沟覆土。将畦沟土取出均匀覆在稻草上,沟深 20 cm 以上。

19.2.2.2　松土清沟

结合春肥腊施,进行松土壅根,防冻保暖,以泥灭草。春后雨水较多,应及早清理沟系,防止淤泥堵塞,保持"三沟"畅通。

19.2.2.3　合理肥料运筹

基苗肥一次施入,在稻草覆盖前每公顷施 48% 复合肥 225~300 kg、尿素 150~225 kg、硼砂 15 kg。及时施蕾苔肥,每公顷施尿素 150 kg、48% 复合肥 225 kg,3月中旬看苗巧施淋花肥,每公顷施尿素 60 kg,保粒增重。

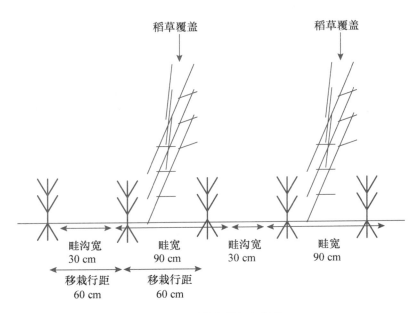

图 19.2 覆草免耕拓行摆栽

19.2.2.4 病虫草害防治

因覆草后杂草危害较轻,可省去化学除草。在油菜盛花期每公顷用 22％克菌灵 2 250 g 加 10％一遍净 20 g,兑水 750～800 kg 喷雾,防治菌核病和蚜虫。

19.2.3 生态效益与经济效益

秸秆全量还田条件下油菜采用免耕摆栽技术与常规技术相比,具有明显的增产效应,而且增产幅度逐年提高。2007 年度试验种植 0.9 hm²,平均实产 2 712 kg/hm²,比大面积生产增产 14.56％。2008 年度示范种植 11.1 hm²,平均实产 2 780 kg/hm²,增产 16.98％。2009 年度示范种植 71 hm²,平均实产 2 909 kg/hm²,增产 18.38％。2010 年度推广应用 3 400 hm²,平均实产 2 724 kg/hm²,增产 33.3％。

采用油菜覆草免耕拓行摆栽技术,不但具有省工节本增产增效作用,而且解决了油菜移栽田稻草不能全量还田的难题。该项新技术使前期施肥、深沟培土、菜秧移栽和稻草还田同步完成,减少深沟培土、化除和稻草搬离农艺环节,每公顷可省工 52.5 个,节省工本 2 625 元左右,节约除草剂成本 150 元,且因增产而增收 1 350～1 500 元。综上所述,应用该项技术,可每公顷省工节本、增产增效 4 125 元左右。

19.2.4 技术模式应注意的问题

该项技术适用于长江流域水稻—油菜轮作农田推广应用。

油菜移栽后应及时开沟。油菜的一生对水分特别敏感,油菜移栽活蔸阶段,干旱天气容易凋萎枯死,多雨时往往产生烂根死苗。

要施足基肥。肥料的施用应以基肥为主,追肥为辅,看苗势施苗肥,必要时施用硼肥。

精心移栽。采用向阳沟移栽,即移栽沟东西向,有利于保暖防冻。移栽时做到"全、匀、深、直、紧",根部全部入土中,苗根直,压紧土,随即浇好活棵水。

19.2.5 适宜区域及推广现状与前景

秸秆全量还田条件下油菜采用免耕拓行摆栽技术,可有效应对不良气候、争取移栽时间、减少耕翻环节、减轻劳动强度和减轻草害,同时,采用宽行窄株栽培,盛花期通风透光好,霜霉病、菌核病等发生轻。油菜免耕拓行摆栽稻草全量还田高产高效栽培技术主要示范地点为溧阳市,示范面积从 2007 年度的 0.9 hm² 迅速扩大至 2010 年度的 3 400 hm²,累计面积 4 105 hm²,示范农户数 4 875 户。随着农村务农劳力的进一步紧张、秸秆还田压力的增大和对食用油需求的增加,油菜覆草免耕拓行摆栽保护性耕作技术在我国长江下游稻油轮作区有着较好的推广应用前景。

19.3 黑麦草免耕套种保护性耕作技术

19.3.1 形成条件与背景

长江下游稻田冬季主要种植小麦和油菜,利用方式比较单一、经济效益较为低下,稻田冬季抛荒现象时有发生。如何提高稻田周年种植效益,减少稻田冬季休闲,提高光能利用率是当前急需解决的问题。近年来随着四季鹅养殖规模的不断扩大,牧草(如黑麦草)种植面积也得到迅速发展。对于养鹅来说,黑麦草具有其他作物无可替代的作用,在相同生长时期内,黑麦草单位面积营养产量和蛋白质产量要比粮食作物高 2~5 倍,是优质的饲料作物。黑麦草作为水稻的后茬,以水稻—黑麦草轮作代替水稻—小麦轮作,通过减少小麦面积,扩大黑麦草生产,可减少农田化学农药和化学肥料的使用量,控制面源污染,改善农田生态环境,提高稻田种植效益。以往黑麦草种植都是收获水稻后在对土壤实施翻耕后进行,但随着水稻机械化收割的普及,茬口相应推迟 7~15 d,影响了黑麦草的正常播种,特别是在水稻生长后期如遇连续降雨天气,极易造成滥耕滥种,影响黑麦草的播种质量和冬前生长量。采用免耕套种黑麦草,即在水稻收获前 10~15 d 将牧草种子均匀撒播到稻株间,能有效缓解茬口紧张压力,黑麦草的提前播种有利于保证黑麦草冬前生长和刈割量,对提高稻田冬季绿色植物覆盖、增加冬季光能利用率和经济效益作用明显。

19.3.2 关键技术规程

19.3.2.1 覆草套种

套播期不宜过早,一般在水稻收获前 10~15 d 将黑麦草种子与细土拌匀后均匀撒播到稻株间,作刈割饲料用时,多花黑麦小粒种子一般播种量 30~37.5 kg/hm²。若遇田间干旱,播前放一次跑马水,保持土表湿润。水稻收割留茬高度应低于 5 cm,便于鲜草的刈割利用。

19.3.2.2 肥料管理

黑麦草套播后 2～3 d,每公顷施用 45% 复合肥 450 kg 作种肥。水稻收获后,结合开沟作畦施用家杂肥 22 500 kg/hm²,同时要结合灌溉,追施尿素 75～150 kg/hm² 作苗肥。排水不畅的田块要及时开沟,如遇严重干旱要及时灌跑马水。翌年 2 月上旬,每公顷追施尿素 150 kg作返青肥。黑麦草每次刈割后每公顷均要追施尿素 75～150 kg。

19.3.2.3 刈割利用

3 月上中旬开始刈割,以后每隔 20～30 d、黑麦草高 50～80 cm 时刈割 1 次。多花黑麦草主要以作青饲料利用为主,在饲喂鱼、兔、鹅时,一般在植株 30～60 cm 时刈割,全生育期刈割3～4 次;在饲喂牛、羊、猪时,在初穗期刈割,全生育期刈割 2～3 次。刈割后留茬高度 5～10 cm。

19.3.3 生态效益与经济效益

通过种草养禽,畜禽粪便和完熟牧草秸秆还田作为优质有机肥源施入农田,有效改善了土壤结构,提高了土壤肥力,使种地和养地有机结合;同时草稻轮作技术的示范应用,也减少了化学农药和化学肥料的使用量,促进了无公害优质稻米生产的发展,提高了种养业综合效益。

据江苏省洪泽县调查:种 1 hm² 多花黑麦草一般可养鹅 1 200～1 500 只,每只鹅饲养76 d,体重可达 4 kg,售价 26～28 元,扣除鹅苗、精细饲料费用以及种草、防疫等成本,每只鹅获利可达 8～10 元,每公顷牧草通过养鹅可以获利 12 000 元左右。种草养鹅与用粮食养鹅比较,种草养鹅每只鹅每天可以减少粮食饲料 100 g 左右,76 d 可节约粮食 7～8 kg,每只鹅可降低饲料成本 5～6 元,按每公顷牧草饲养鹅 1 200～1 500 只计算,可比用粮养鹅减少成本 7 500元,扣除 1 500 元/hm² 的种草成本后,种 1 hm² 多花黑麦草的收益比用粮养鹅增效 6 000 元左右,是种麦收益的 4～5 倍。

19.3.4 技术模式应注意的问题

稻田套播黑麦草,应适当提前稻田断水时间,机械收获水稻时留茬高度不应低于 5 cm。

排水不畅的田块要及时开沟,如遇严重干旱要及时灌跑马水,以满足黑麦草喜湿易涝的特点。

种草与养鹅的衔接问题:种草要保证及时供应喂养需要。

19.3.5 适宜区域及推广现状与前景

该项技术适于在长江流域水旱轮作区推广应用,可有效减少稻田冬季抛荒现象,提高稻田周年种植效益,近年来随着四季鹅养殖规模的不断扩大,黑麦草种植面积也得到迅速发展,目前在江苏省推广应用近 1.34 hm²。今后可在苏、浙、沪、皖地区扩大应用,前景广阔。

(本章由郑建初、陈留根主笔,张岳芳、沈明星、朱普平、盛婧参加编写)

参考文献

[1]张传胜.江苏省水稻机插秧技术发展的实践与趋势的探讨.中国农机化,2007(3):51-53.

[2]全国首部省级"秸秆法规"昨在我省出台.新华日报,2009,05,21.

[3]赵诚斋,周正度,董百舒,等.苏南地区水稻土的合理耕作的研究.土壤学报,1981,18(3):223-233.

[4]赵诚斋,赵渭生.水稻土的水理性质与土壤耕作的关系.土壤学报,1983,20(2):140-153.

[5]刘世平,陆建飞,庄恒扬,等.土壤轮耕——江苏农业可持续发展的重要技术措施.土壤,1998(1):43-46.

[6]董百舒,王振忠,许学前,等.江苏稻麦两熟田稻季的合理耕作及轮耕制.耕作与栽培,1992(3):6-10.

[7]黄细喜,刘世平,陈后庆,等.江苏省稻麦复种合理轮耕制的研究.土壤学报,1993,30(1):9-18.

[8]杜永林.江苏秸秆全量还田少免耕稻作技术及其应用探讨.耕作与栽培,2005(5):47-50.

[9]章秀福,王丹英,符冠富,等.南方稻田保护性耕作的研究进展与研究对策.土壤通报,2006,37(2):346-351.

[10]刘巽浩,等.秸秆还田的机理与技术模式.北京:中国农业出版社,2001.208-209.

[11]顾志权,李庆康,赵强基.苏南稻麦二熟区秸秆全量机械还田技术.土壤肥料,2002(5):23-26.

第**20**章

京郊生态圈保护性耕作模式

北京位于华北平原西北边缘,毗邻渤海湾,上靠辽东半岛,下临山东半岛;西部是太行山山脉余脉的西山,北部是燕山山脉的军都山,两山在南口关沟相交。北京年平均日照时数在 2 000～2 800 h 之间。大部分地区在 2 600 h 左右。

就京郊而言,和国内除沿海发达地区以外的其他地方相比,土地和劳动力等农业生产要素成本相对较高。北京京郊随着种植业结构调整的不断深入,农业生产功能逐渐降低,生态环境、观光功能越来越受到重视。目前冬小麦种植面积已由 20 世纪 90 年代的 18 万 hm² 减至 2002 年的 4.67 万 hm²,由此大幅度增加了冬春季节性裸露农田面积,成为本地扬尘天气的重要尘源,为北京地区"沙尘暴"天气的形成起到了推波助澜的作用。同时,北京郊区过量施用氮肥已经成为普遍的现象,特别是一些集约化种植体系过量施用氮肥的现象更为严重,这导致农田系统中氮素循环的不平衡,对环境污染的压力日益严重。因此,如何提高养分的利用效率,寻找适宜于城郊集成种植结构的优化配置及轮作模式,实现城郊集约农业与生态环境的持续发展,已成为当前迫切的任务。

20.1　京郊治裸防尘农田覆盖技术模式

20.1.1　形成条件与背景

20.1.1.1　京郊季节性裸露农田逐年增加

北京地区的季节性裸露农田习惯上称之为冬春白地。据卫星遥感和区县统计两套数据分析,2007 年春,全市季节性裸露农田面积为 14.2 万 hm²,约占全市耕地面积的 61%,其中平原 56.8% 的农田裸露,山区 74.2% 的农田裸露。根据调查,京郊季节性裸露农田的形成原因可以分为三方面:一是在一年两茬耕作区,由于种植业结构调整和冬小麦效益相对较低等原因,使得小麦种植面积大幅度下降,冬季覆盖作物减少而造成的季节性农田裸露;二是在一年一茬耕作区,由于气候不适、水资源缺乏等原因不具备冬小麦生产条件,同时未种植其他冬季覆盖作物,只能裸露;三是在果园种植区,由于覆盖度较低造成的地表裸露。

20.1.1.2　季节性裸露农田是沙尘天气的"尘源"补给基地

季节性裸露农田是"扬尘、浮尘、沙尘暴"天气的"尘源"补给基地,有推波助澜的作用。对北京沙尘主要来源进行研究得出,京郊冬春季节裸露农田是造成北京春季扬沙天气的主要因素之一。根据北京近50年的沙尘天气观测资料分析,浮尘和沙尘暴分别占20%和9%,71%为扬沙(直径>0.01 mm),其中扬沙主要是风力较大造成的就地起沙。据统计,北京沙尘天气发生的时间集中在每年春季的3—4月份。此期间,大风天气较多,极易发生扬沙。为此,可以确定裸露农田是造成北京冬春季沙尘污染的最重要的本地沙源。

20.1.1.3　治理季节性裸露农田是都市型现代农业发展的需要

冬春季节性裸露农田治理是开发农业生态功能、挖掘发挥农田生态服务价值、打造首都水平生态屏障的主要途径之一。北京市政府将京郊农业定位为都市型农业,治理季节性裸露农田是生态农业的需要,也是效益农业的需要。通过增加农田覆盖可以增加地表植被覆盖,减少地表人为扰动,抑制农田扬尘,减少沙尘暴危害,这是生态农业的需要。增加冬季农田覆盖,如发展饲草、药材、蔬菜等作物,可以增加复种指数,提高土地利用率,利于农民增收。为贯彻落实都市型现代农业工作部署会议关于治理冬春季节性裸露农田的要求,实现农田周年"无裸露、无撂荒、无闲置",北京市开展了京郊治裸防尘农田覆盖技术模式的研究、示范与推广。

20.1.2　关键技术规程

20.1.2.1　平原季节性裸露农田治理模式

1.冬小麦—夏玉米(夏大豆)治理模式

冬前播种冬小麦,以保证冬春季地表覆盖。冬小麦采用保护性耕作技术和节水栽培技术,通过选用节水品种、推迟播种期、减少灌溉等方式节约冬小麦用水量和管理成本,夏玉米推广免耕播种保护性耕作技术,实现上下两茬全年覆盖。

2.越冬油菜—春玉米模式

春玉米收获后,平均气温稳定在20℃时,冬前≥0℃活动积温1 000℃左右,选用节水耐旱性品种进行免耕直播油菜,以保证冬季地表覆盖和减少灌溉量。在春季种植春玉米前将油菜收获作为饲料,整地后正常种植春玉米,以解决春玉米区冬季风沙问题。

3.紫花苜蓿种植模式

选择8月下旬至9月上旬播种,播前施足底肥,冬季浇好冬水,保苗越冬。苗期灌溉宜在苜蓿返青1 cm以上后再进行。病害防治应掌握在苜蓿刈割后,苜蓿株高5～12 cm时或发病初期进行药剂防治。春季尽量减少灌水,促进根系下扎吸收深层水分。刈割期一般在现蕾期或1/10开花时进行,选3 d以上晴天时收割。冬前最后一次刈割,应注意留有40～50 d的生长时间,以保证安全越冬和次年生长。

20.1.2.2　花生、甘薯风沙源区治理模式

1.小黑麦(黑麦)—花生(甘薯)治理模式

小黑麦(黑麦)采用节水栽培技术或保护性耕作技术,减少用水量,在花生种植前将小黑麦收获作为饲料,整地后正常种植花生或甘薯。既保护了该地区农户的种植习惯和收入,又解决

了当地冬季起风沙的问题。

2.绿肥—花生(甘薯)治理模式

冬前种植沙打旺、草木樨、小冠花等绿肥作物,冬季形成对地表的覆盖,在花生种植前将绿肥作物翻入地下,整地后正常种植花生或甘薯。

20.1.2.3 山区季节性裸露农田治理模式

1.药材周年覆盖治理模式

选用黄芩、金银花、连翘、甘草、知母、桔梗等冬季覆盖作用较好的药材类型,通过管理技术配套推广,提高种植户的效益,达到生态效益和经济效益的统一。

2.紫花苜蓿周年覆盖治理模式

选用中苜1号、金王后、WL323、WL232HQ、苜蓿王、阿尔冈金、朝阳苜蓿和保定苜蓿等抗旱、节水、高产苜蓿品种,推广高产栽培技术,在保证冬季覆盖的条件下,提高种植效益。

3.小黑麦(黑麦)—春玉米治理模式

在春玉米种植区,在春玉米收获后,及时播种小黑麦(黑麦),采用旱作栽培增加冬前生长量,在春季种植春玉米前将小黑麦(黑麦)收获作为饲料,整地后正常种植春玉米,以解决春玉米区冬季风沙问题。

4.冬小麦—玉米套种模式

小麦播种采用保护性耕作模式,并配以节水灌溉技术和病虫害防治技术,冬小麦收获前10 d左右在小麦行间人工点播玉米,小麦收获采用机械化操作并进行秸秆覆盖还田。该模式提高了农田复种指数,充分利用了土地和光资源,减少水土流失,降低扬尘,对促进生态、社会和经济综合效益具有重要意义。

5.春玉米(杂粮)保护性耕作治理模式

在春玉米旱作区,由于无灌溉条件,冬季种植作物无法生长,因此推广春玉米留茬免耕覆盖保护性耕作技术,减少对土壤表层的扰动,减少起尘量,春后采用免耕播种机播种玉米。

20.1.2.4 果园裸露农田治理模式

1.果园生草模式

果园生草技术通过在果园中种植饲草,满足畜牧业快速发展对饲草的需求,果园生草种类大多为草食家畜喜食的豆科、禾本科及其他种类多汁型饲草,如三叶草、鸭茅、百脉根、紫云英等,这些牧草有良好的适口性,可多次刈割,营养丰富,是牛、羊、猪、兔、鹅食家畜及鱼类的好饲料。通过加强果园中饲草的产后利用,实现果草牧一体化协调发展,提高果园综合效益。

2.林药间作模式

2009年北京市果园面积超过了6.7万 hm^2。但是,幼林农田的地面覆盖率低,景观效果不好,地面裸露,春季扬沙时,造成空气中漂浮物增多。选择耐阴或对光照要求不高的中药材播种于林下,不但能起到覆盖的作用,还能美化环境,增加收入。

20.1.3 生态效益与经济效益

20.1.3.1 农田覆盖降低扬尘

2008年春天对裸露农田、秸秆覆盖田以及4种种植越冬覆盖作物田进行了土壤风蚀的测定。结果显示,越冬覆盖作物能显著降低土壤风蚀量,小麦、小黑麦、苜蓿和油菜的风蚀量分别为 0.78 g/(min·m)、0.74 g/(min·m)、0.29 g/(min·m)和 0.29 g/(min·m),分别比裸露翻旋地降低了 98.80%、98.86%、99.55% 和 99.55%;玉米根茬地农田风蚀量为 55.08 g/(min·m),也比裸露翻旋地降低了 15.29%(表 20.1)。

表 20.1　不同绿色覆盖作物对土壤风蚀效果和土壤覆盖率的影响(顺义,2008)

处理	风蚀量/[g/(min·m)]	覆盖率/%
裸露翻旋地	65.02	/
玉米根茬地	55.08	/
小麦	0.78	88.00aA
小黑麦	0.74	72.00bB
苜蓿	0.29	75.00bAB
油菜	0.29	40.00cC

注:数据中不同大小写字母分别表示在 0.1 和 0.05 水平上存在显著性差异。

5 种不同覆盖作物在 2009 年早春(3 月中旬)地表 20 cm 处的土壤风蚀模数大小依次为油菜>菠菜>紫花苜蓿>冬小麦>小黑麦,油菜地土壤风蚀模数高于其他 4 种植被,风蚀模数为 1.532 g/(m²·min),小黑麦土壤风蚀模数最低为 0.662 g/(m²·min);小麦与小黑麦相当为 0.70 g/(m²·min),紫花苜蓿为 0.931 g/(m²·min),菠菜为 1.057 g/(m²·min)。在地表 100 cm 处土壤风蚀模数与 20 cm 有所不同,菠菜表现为最大,风蚀模数为 2.031 g/(m²·min),油菜和紫花苜蓿相当,分别为 1.165 g/(m²·min)、1.055 g/(m²·min),小黑麦和冬小麦最低,分别为 0.985 g/(m²·min)、0.713 g/(m²·min)。除了油菜以外,其他 4 种植被 100 cm 处土壤风蚀模数均大于 20 cm 处。春季(4 月中旬)在地表 20 cm 处 5 类植被的土壤风蚀模数大小依次为:小黑麦>冬小麦>紫花苜蓿>油菜>菠菜,小黑麦和冬小麦的土壤风蚀模数差别不大,分别为 0.684 g/(m²·min)、0.660 g/(m²·min),紫花苜蓿次之为 0.407 g/(m²·min),油菜与菠菜相当分别为 0.387 g/(m²·min)、0.323 g/(m²·min)。在地表 100 cm 处趋势也基本相同,冬小麦>小黑麦>紫花苜蓿>油菜>菠菜,冬小麦和小黑麦分别为 0.713 g/(m²·min)、0.703 g/(m²·min),紫花苜蓿为 0.479 g/(m²·min),油菜和菠菜相当分别为 0.431 g/(m²·min)、0.382 g/(m²·min)。4 月中旬 5 种植被均表现为 100 cm 土壤风蚀模数大于 20 cm,而且 20 cm 与 100 cm 处土壤风蚀模数基本持平(图 20.1 和图 20.2)。

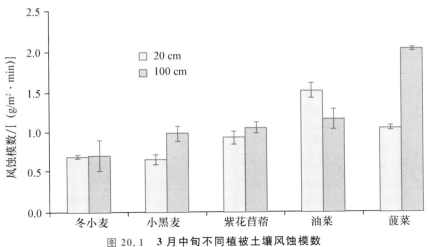

图 20.1　3 月中旬不同植被土壤风蚀模数

441

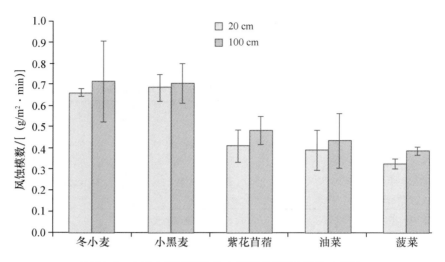

图 20.2　4 月中旬不同植被土壤风蚀模数 (顺义, 2009)

20.1.3.2　农田覆盖提高土壤含水量

分别于 6 月中旬与 8 月下旬, 测定三叶草区和清耕区 0～20 cm、20～40 cm 土层的土壤含水量, 比较两者间的差异。结果显示, 与传统清耕作业果园相比, 果园间作三叶草有利于提高土壤耕层的含水量, 6 月下旬, 白三叶种植区 0～20 cm 的土壤含水量较清耕区高 9.77%, 20～40 cm 的土壤含水量提高了 4.92%; 8 月份, 随着白三叶覆盖度的增加, 其保水效果更加明显, 含水量提高幅度在 10% 以上 (表 20.2)。

表 20.2　果园间作白三叶对果园土壤含水量的影响 (平谷, 2006)

时间 (月 / 日)	土层 / cm	白三叶种植区 / %	清耕区 / %	提高 / %
6/13	0～20	14.6	13.3	9.77
	20～40	14.9	14.2	4.92
8/20	0～20	20.8	18.2	14.29
	20～40	17.7	15.8	12.13

20.1.3.3　农田覆盖改善土壤状况

测定三叶草区和清耕区 0～20 cm、20～40 cm 土层的土壤养分, 比较两者间的差异结果表明, 果园种植白三叶草后可明显提高土壤主要养分含量, 白三叶草区与清耕区相比, 有机质含量提高了 6.3%、全氮含量提高了 18.2%、碱解氮含量提高了 39.5%、速效磷含量提高了 48.3%、速效钾含量提高 5.7%。同时, 0～20 cm 土层的养分含量提高幅度大于 20～40 cm 土层的养分含量提高幅度 (表 20.3)。

表 20.3　果园间作白三叶对土壤主要养分的影响 (平谷, 2006)

深度 / cm	处理	有机质 / %	全氮 / %	碱解氮 / (mg/kg)	速效磷 / (mg/kg)	速效钾 / (mg/kg)
0～20	清耕区	1.44	0.11	82.8	131.5	210.0
	白三叶草区	1.53	0.13	115.5	195.0	222.0
20～40	清耕区	1.18	0.08	68.0	34.7	120.0
	白三叶草区	1.23	0.08	68.0	39.5	119.0

20.1.3.4　农田覆盖丰富景观模式

仅种植越冬油菜一项就探索出了4种景观模式：一是种植于规模化农田，代替冬小麦治理冬春季裸露农田，春季成片的油菜花提升农田景观；二是种植于林间，打造优美的园林景观；三是种植于观光园区，丰富园区景观内涵，吸引游客观光；四是种植于沟路两边，美化路边景观。此外林药间作、果园生草也都能美化环境，丰富农田景观。

20.1.3.5　农田覆盖增加农民经济效益

2008—2009年在京郊的8个区县建立了各类覆盖作物示范田，通过对示范田的测产计算，冬小麦、冬油菜、紫花苜蓿、节水小麦和中药材分别比裸露农田增加2 440.5元/hm²、9 394.5元/hm²、12 228.5元/hm²和22 219.5元/hm²，平均纯增收1 157.6元/hm²（表20.4）。

表20.4　几种越冬作物的产量和经济效益

越冬作物	产量/(kg/hm²)	纯收入/(元/hm²)
裸露地	/	/
冬小麦	5 125.5	2 440.5
越冬油菜	2 028.0	9 394.5
紫花苜蓿	16 420.5	12 228.0
中药材	5 733.0	22 219.5

20.1.4　技术模式应注意的问题

20.1.4.1　越冬油菜播期

播种期对冬油菜生长发育和产量形成具有举足轻重的作用，尤其在北京自然环境条件下，冬季气候严寒、干旱少雨、蒸发量大，对冬油菜生长发育影响极大。播种过早或过迟，都不利于油菜安全越冬。只有适时播种，才能保证油菜在冬前有一个合理的生长期，积累充足的干物质，保证油菜安全越冬和稳产高产。经过两年的研究认为8月25日至9月15日为北京地区冬油菜的适播期。这一阶段播种的油菜枯叶前苗龄都在10叶以上，越冬保苗率75%以上；春后各生育阶段及经济性状表现良好，尤其以9月1日和9月8日两个播期的油菜，千粒重较高，单株产量3.0～3.3g，籽粒产量1 065～1 125 kg/hm²，与8月18日播种的相比，增产345～405 kg/hm²，增产幅度48%～57%。9月22日以后播种的油菜，枯叶前苗龄在8叶以下，根部干物质积累不足，抗冻害能力差，因此，北京地区应避免9月下旬以后播种冬油菜。

20.1.4.2　越冬油菜的适宜茬口

种植越冬油菜有效地解决了我市多年存在的一年两茬积温不足的矛盾，冬油菜种植期和收获期比冬小麦提前半个月左右，能有效缓解冬小麦＋夏玉米一年两茬种植模式中夏玉米由于光热资源不足而成熟不好的矛盾。可采用春玉米—越冬油菜→夏玉米（夏大豆、鲜食玉米、青贮玉米）的两年三熟的种植模式，或者将油菜作为绿肥的一年两熟种植模式。

20.1.5　适宜区域及推广现状与前景

本技术模式适宜在我国北部一年两熟及一年一熟的平原和山区推广，包括河北、河南、山东、甘肃、宁夏、内蒙古、山西以及陕西等区域推广，各省市可结合自己的气候条件和种植模式，选取适宜的模式进行冬春季节的裸露农田治理,不但可以增加农民的收入,对于改善居住环境和保护生态环境也有很大的优势。对于省会城市、直辖市以及具有观光采摘等农业旅游产业的省市来说,还能促进第三产业的发展。

北京从 2006 年开始进行裸露农田的治理,2006 年冬季,全市农田覆盖面积 14.5 万 hm²,覆盖率只有 62.18%,通过以上各种治理模式,2007 年冬季,全市农田覆盖面积达到 21.4 万 hm²,覆盖率提高到 91.96%,较上年同期增加 47.7%;2008 年冬季,全市农田覆盖面积为 20.9 万 hm²,覆盖率为 90.05%,基本与 2007 年冬季持平。农田覆盖度的提高,对抑制冬春季节农田扬尘、改善首都生态环境、确保北京宜居城市的生态建设起到了积极作用。

20.2　京郊冬小麦防尘保护性耕作栽培技术模式

20.2.1　形成条件与背景

20.2.1.1　开展冬小麦保护性耕作是治理扬尘的需要

近年来,京郊冬春季沙尘天气发生频次和强度逐年增加,空气中可吸入颗粒物成为城市大气污染的主要因素,而土壤扬尘占可吸入颗粒物的 52% 左右,严重影响了首都居民的正常生产和生活。经过一系列的城市环境整治,首都大气质量取得了明显成效,但是首都大气环境质量低和"沙尘天气"的问题还远没有解决。据国家环境分析测试中心监测,在形成北京地区沙尘天气中,本地(主要为裸露农田)贡献率为 20%～33%。

冬小麦是北京的传统越冬作物,也是治理季节性裸露农田的重要作物。根据北京市统计局数据分析,北京市小麦种植面积最大时曾达到 16.7 万 hm²,随着种植结构调整,2003 年减少到 3.6 万 hm²,后来有所增加,到 2009 年播种面积达到了 6.0 万 hm²,依旧占冬季作物的 50.6% 以上。保护性耕作能减少土壤的翻耕,降低扬尘,因此开展冬小麦保护性耕作也成为治理扬尘的重要措施。

20.2.1.2　冬小麦保护性耕作,是发展持续农业的需要

保护性耕作取消铧式犁翻耕,在保留地表覆盖的前提下免耕播种,以保留土壤自我保护和营造机能,是机械耕作由单纯改造自然到利用自然,与自然协调发展农业生产的革命性变化。保护性耕作技术的实施,通过秸秆残茬覆盖地表,不仅降低了风速,而且根茬可以固土、秸秆可以挡土。同时,土壤水分的增加也增强了表层土壤之间的吸附力,改善团粒结构,使可风蚀的小颗粒含量减少,可有效抑制京郊农田起尘,减轻沙尘暴的危害。另外,该技术可增加土壤蓄水量,减少灌溉对地下水的需求,减缓地下水位的下降;防止秸秆焚烧。因此,应用保护性耕作技术对于北京地区不但必要,而且意义重大。

20.2.1.3　冬小麦保护性耕作,是减少农机作业成本、增加农民收入的需要

保护性耕作具有省工、省时、节约费用等特点,减少土壤耕作次数,减少机械动力和燃油消耗成本,降低农民劳动强度。施行免耕播种减少了倒茬时间,提高光能利用率,有利于一年二熟作物全年产量的提高。

20.2.2　关键技术规程

20.2.2.1　选择适宜的地区、土壤

免耕覆盖的适宜降雨量范围在 250～800 mm,北京地区处于这一范围内。由于免耕播种方式基本上不对土壤进行耕翻,因此不适宜黏重、或排水性差的土壤。应选择地表相对平整,地力较均匀的砂壤土或壤土地块。

20.2.2.2　秸秆粉碎和表土作业

采用玉米联合收割机或秸秆粉碎机,机具作业质量要求:籽粒损失率≤2%,果穗损失率≤3%,籽粒损失率≤1%,苞叶剥净率≥85%,秸秆切碎长度≤10 cm,切段长度标准差≤2%,切段长度相对误差≤13%;使用可靠性:有效度≥90%。前茬玉米留茬高度不宜超过 20 cm,否则影响小麦播种质量。如秸秆太多或地表不平时,粉碎还田后可用圆盘耙耙 1～2 遍。

20.2.2.3　选用适宜的免耕播种机

采用小麦免耕播种机,能同时完成开沟、清草、播种、施肥、覆土和镇压等功能。性能指标:各行的排量一致性变异系数≤3.9%,总排量稳定性差异≤1.3%,种子破损率≤0.5%,播种深度合格率≥75%。播种后秸秆覆盖率≤30%,出苗率>80%。

20.2.2.4　选用高产、优质、抗逆性强的品种,进行种子处理

目前较好的高产品种有京 9843、农大 211,节水品种有农大 3214,优质强筋小麦品种有烟农 19 和京 9428 等。播种前应对种子进行精选,包衣或拌种处理。种子净度>98%,纯度>99.8%,发芽率>95%。

20.2.2.5　适当增加播量,保证播种质量

免耕地块地温一般比翻耕播种地块地温低 1～2℃,小麦出苗率和分蘖较正常播种略少。因此,播种期不能过晚,建议从 9 月 25 日开始播种至 10 月 5 日,播种量比常规播种增加 10%,每公顷基本苗 3.75×10^6～5.70×10^6 株为宜。保证冬前总茎数达到 13.5×10^6 左右,年后最高总茎数达到 15×10^6 左右,成穗数达到 6.00×10^6～6.75×10^6。播种深度一般在 3～5 cm,播深一致,行距和株距均匀。

20.2.2.6　采用高效、低毒、低残留农药防治病虫草害

免耕播种由于不进行土壤耕翻,地下害虫和草害比常规播种偏重。因此,在小麦播种时可采用辛硫磷和多菌灵等农药拌种,防治小麦的散黑穗病、腥黑穗病、白粉病、地下害虫及灰飞虱等对小麦的危害。杂草严重的地块,可用克无踪或 2,4-D 丁酯进行防治。

20.2.2.7　采用优质高产平衡施肥技术

全生育期氮、磷、钾总量根据土壤养分状况,每公顷氮肥在 180～270 kg,磷肥为 90～150 kg,钾肥 45～90 kg,底肥和追肥的比例以 5:5 为宜。一般情况下底施 150 kg 尿素、105～150 kg 二铵和 60 kg 氯化钾为宜。种子与化肥的垂直距离在 4 cm 以上。

20.2.2.8　加强春季管理,提高分蘖成穗率

早春地温低,小麦主要以划锄,提高地温为主,一般不进行肥水管理。追肥重点在拔节期施用(全生育期 40%～50% 的氮肥),另外抽穗开花期可补施部分氮肥。地力中下等或群体较小的地块,在返青期适当补充部分氮肥。

20.2.2.9 重视后期管理,促进小麦灌浆和蛋白质的积累

在生育后期密切注意小麦白粉病和锈病的发生和发展,及时防治。开花后灌水对优质小麦的品质影响很大,因此在灌好扬花水后,灌浆期尽量少灌水,充分利用土壤水分。后期结合防治蚜虫进行叶面喷肥,可提高小麦的品质。

20.2.2.10 适时收获,保证丰产丰收

小麦蜡熟期—完熟期是收获的最好时期。应密切注意天气变化,避免成熟期遇雨出现穗发芽。

20.2.2.11 严格晾晒、单打单收

晾晒温度过高易造成蛋白质变性,小麦晾晒厚度不能低于 4 cm。为了保证品质稳定,要严格实行单打单收,避免混杂。

20.2.3 生态效益与经济效益

20.2.3.1 保护性耕作可以降低扬尘

美国、加拿大、前苏联等国家治理沙尘暴的经验表明,在农田推行保护性耕作配套技术可以有效地控制地表沙尘的扬起,达到治理沙尘暴的目的。对耕地少耕、残茬覆盖防治风蚀效果的试验研究结果表明,与传统的秋翻耕地相比,少耕、残茬覆盖能够减小农田土壤风蚀量;中国农业大学李洪文研究表明,实施保护性耕作可以减少农田扬尘 50% 左右,大面积实施能有效抑制"沙尘暴"和浮尘天气的发生。

2008 年北京市农业技术推广站利用中国农业大学研制的移动式野外风洞进行了冬小麦保护性耕作对土壤风蚀影响的研究。结果表明,4 种耕作措施的土壤风蚀量差异很大,其中以旋耕耕作方式下最高,达到 48.99 g/(min·m),翻耕地次之为 9.40 g/(min·m),比旋耕降低了 80.81%;而采用重耙和免耕等少免耕措施能显著降低土壤风蚀量,重耙和免耕地块的风蚀量分别为 2.28 g/(min·m)和 1.12 g/(min·m),分别比旋耕地块降低了 95.35% 和 97.71%(表 20.5)。

表 20.5 不同耕作措施对冬小麦田土壤风蚀效果的影响(顺义,2008)

处理	风蚀量/[g/(min·m)]
翻耕	9.40
重耙	2.28
旋耕	48.99
免粉	1.12

20.2.3.2 保护性耕作可以增加土壤水分

水资源紧缺已经成为制约我国北方农业可持续发展的主要因子,如华北地区灌溉水日趋紧缺,地下水位持续大幅度下降;东北地区干旱严重,农作物生产波动强烈;西北地区干旱少雨,保苗困难,农业生产力低而不稳;京郊农业用水也面临着严峻的考验。保护性耕作作为行之有效的农艺节水措施,操作简单、效果显著,可以有效地减少土壤蒸发,尤其可以保障作物播种时较高的土壤水分,对农田抗旱节水作用明显。对 4 种不同耕作措施下冬小麦各主要时期土壤含水量进行测定发现,少免耕可以提高土壤表层和耕层含水量。这是由于翻耕土壤比较

疏松,土壤跑墒快,造成土壤含水量低;而少免耕由于动土较少,加上秸秆覆盖在地表可以大大减少土壤蒸发,所以有较好的保水性(图 20.3)。

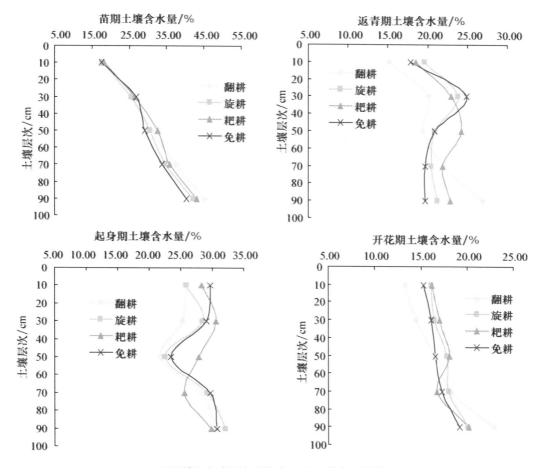

图 20.3 不同耕作方式下各时期各土层土壤含水量(顺义,2008)

20.2.3.3 保护性耕作可以改良土壤

保护性耕作减少对土壤的扰动,可以保持和改善土壤结构,增加土壤团聚体数量;减少土壤耕作,实施秸秆还田有利于土壤有机质的积累,其年增加率平均为原耕层有机质含量的0.01%左右;免耕还可增加土壤生物和微生物数量和活性,改善土壤结构,提高土壤肥力。2005 年对顺义区马坡示范田进行土壤养分测定,可以看出少免耕增加了土壤有机质含量,尤其是免耕比翻耕地块土壤有机质增加了 0.059%(表 20.6)。

表 20.6 示范地块土壤养分情况(顺义,2005)

地块名称	耕作方式	有机质/%
马坡	翻耕	1.723
	重耙	1.751
	免耕	1.782

20.2.3.4 冬小麦保护性耕作降低成本、提高经济效益

2007 年北京市建立冬小麦保护性耕作示范田 17 块，301.67 hm²，对各区县的保护性耕作地块小麦产量及其构成因素、投入、产出进行跟踪调查。对 4 个区县的 17 块小麦保护性耕作示范田产量进行统计，结果表明小麦播保护性耕作示范田每公顷产量达到 5.44×10^3 kg，比 2007 年 4 个区县平均产量水平（4.93×10^3 kg）增产 0.51×10^3 kg，增产 10.3%。对各示范田投入进行分析，采用保护性耕作降低了水电、机耕和用工等费用；采用保护性耕作每公顷投入为 5 697.45 元，比 4 个示范区县平均成本（6 157.50 元）降低 460.05 元，降低 7.47%。保护性耕作下冬小麦每公顷纯收入达到 2 021.40 元，比 4 个区县平均纯收入（1 336.50 元）增加 684.60 元，增收 51.21%（表 20.7），这种经济效益的提高是保护性耕作下小麦产量提高和成本降低的双重效果。

表 20.7　2007 年北京市冬小麦保护性耕作示范田产量及其构成因素

地块	村名	种植品种	测产/ (kg/hm²)	产值/ (元/hm²)	总投入/(元 /hm²)	纯收入/(元 /hm²)
1	顺义马卷南	烟农 19	4.67×10^3	7 095	6 005	1 091
2	顺义文化营北	农大 211	5.18×10^3	7 877	6 425	1 453
3	顺义文化营南	农大 3432	4.65×10^3	7 066	6 530	536
4	顺义良山东	京 9843	4.99×10^3	7 588	6 357	1 231
5	顺义良山西	京 9843	5.22×10^3	7 937	6 327	1 610
6	昌平马池口村	京 9428	4.63×10^3	7 227	4 740	2 487
7	昌平上念头村	农大 195	4.17×10^3	6 499	4 808	1 692
8	大兴留民营	京 9428	6.07×10^3	9 108	4 875	4 233
9	大兴大谷店	京 9428	5.31×10^3	7 970	5 475	2 494
10	大兴采育	/	7.29×10^3	10 935	5 325	5 610
11	大兴牛房	/	5.34×10^3	8 015	5 325	2 690
12	大兴四村二	京冬 12	5.65×10^3	8 471	5 400	3 071
13	大兴四村三南	京 9428	5.52×10^3	8 280	4 650	3 630
14	大兴四村三北	京 9428	5.52×10^3	8 287	4 650	3 637
15	通州渠头	京 9428	5.29×10^3	8 037	5 835	2 202
16	通州李辛庄	农大 3432	6.54×10^3	9 943	6 270	3 673
17	通州黄厂铺	轮选 987	6.40×10^3	9 731	5 625	4 106
冬小麦保护性耕作示范田平均			5.44×10^3	8 239	5 697	2 021
四个示范区县冬小麦示范田平均			4.93×10^3	7 494	6 158	1 337
与四个示范区县比较保护性耕作增加/%			10.3	9.94	−7.47	51.21

20.2.4　技术模式应注意的问题

20.2.4.1　选择适宜的免耕播种机

2007 年北京市免耕播种机基本定型在 3 个播种机，一是北京市从美国引进的迪尔 1590 谷物免耕播种机，二是中国农业大学和大兴联合设计的 2BMDF-12 小麦对行免耕播种机，三是河北农哈哈公司研制的农哈哈 2BMFS-X6/12 小麦免耕播种机，农民应根据不同的地块选择适宜的免耕播种机。美国迪尔机型，播种速度快，适宜各类地块，但是出苗率和基本苗偏低；

河北农哈哈动土较大,局部翻耕,日播种进度慢,但是播种质量较好,出苗率和分蘖率较高;农大免耕播种机不翻动土壤,播种速度、出苗率和分蘖率都介于前两种机型之间,但是秸秆还田粉碎不太好的地块不太适宜。由于迪尔和农大两种播种机出苗率较低、死苗率较高,在小麦播种时需增加 10%～15% 的播种量,以保证足够的群体。

20.2.4.2 适时早播、增加播量

保护性耕作下冬小麦出苗晚,基本苗数低于翻耕处理,这可能是由于免耕的"降温效应"推迟了冬小麦的出苗,因此可以通过适当早播来缩短免耕冬小麦的出苗天数。2008 年在顺义开展的保护性耕作下冬小麦适宜播期的研究结果表明,随着播期推迟,小麦出苗天数增加、小麦分蘖量减少、总茎数增长幅度和最高总茎数下降、群体不足、最终导致产量和经济效益都下降(表 20.8)。

表 20.8 不同处理产量性状调查表(顺义,2008)

播期 (月/日)	穗数/ (万/hm²)	穗粒数/粒	千粒 重/g	产量/ (kg/hm²)	减产/%
9/22	637.5	23.0	46.5	4 884.0A	/
9/27	630.0	23.4	45.8	4 834.5A	1.01
10/2	585.0	22.0	46.2	4 066.5B	16.7
10/7	573.0	21.0	43.4	3 499.5C	28.4
10/12	570.0	20.5	40.8	3 400.5C	30.4

注:数据中大写字母表示在 0.1 水平上存在显著性差异。下表同。

冬小麦 5 种不同播期下土壤风蚀量和覆盖率差异也很大,随着播期推迟,风蚀量逐渐增大。10 月 12 日播种的麦田风蚀量是 9 月 22 日播种的 11.60 倍。9 月 27 日播种的小麦覆盖率最高,9 月 22 日处理次之,其他处理随播期推迟覆盖率下降,10 月 7 日和 10 月 12 日播期的覆盖率最低,仅分别为 14.75% 和 9.00%,两者之间无明显差异,但与前三个播种的差异达到 1% 的极显著水平(表 20.9)。因此,在保护性耕作条件下,播期应在适宜播种期内尽量提前,并适宜增加播种量,一般可增加 10% 左右。

表 20.9 不同播期对冬小麦田土壤风蚀和覆盖率的影响(顺义,2008)

处理(月/日)	风蚀量/[g/(min·m)]	覆盖率/%
9/22	1.38	61.75A
9/27	1.97	74.25A
10/2	2.32	39.00B
10/7	3.14	14.75C
10/12	16.01	9.00C

20.2.4.3 保证底肥用量

保护性耕作给传统的施肥技术提出了挑战。首先,由于肥料只能随播种机进入土壤,传统的有机肥不再适应,化肥也应选择有效含量较高的粒状复合肥或复混肥。其次,由于大量秸秆的存在,土壤的 C:N 比例增加,施肥时应适当增加氮素的用量。第三,由于覆盖秸秆对土壤水热状况的影响,冬小麦的生长发育进程发生改变,各生育期的施肥量以及 N、P、K 元素的配比也需要进行相应的调整。小麦底肥施肥时期及施肥方式,以播前施肥最好,冬前开沟施肥次之,返青前开沟施肥最低。在肥力较低的土壤采用免耕播种时,要适当增加全生育期氮肥和底

氮的用量,以保证小麦有足够的成穗数和健壮的个体,实现较高的产量。在保护性耕作模式下,施用包衣尿素产量最高,施用缓效复混肥经济效益最高。

20.2.4.4　采用有效的农药防治病虫草害

据大兴区植保站秋、春季调查,保护性耕作麦田越冬性杂草发生期与传统翻耕麦田相比,一般早出苗或返青 7～10 d,相对高度也比传统翻耕麦田多 30% 左右;小麦病害发生偏轻,除播种时进行小麦药剂拌种防治黑穗病以外,其他病害基本不用药剂防治;虫害比翻耕田增加33.3%。保护性耕作下可采用 2,4-D 丁酯、巨星和使阔得作为麦田春季化学除草使用;防治小麦穗期蚜虫可以选用 20% 丁硫克百威、2.5% 高效氯氟氰菊酯、10% 吡虫啉,于百茎蚜量在 500头时进行常量喷雾施药;吸浆虫成虫的抗药性很弱,可选择防治的药剂很多,使用高效氯氰菊酯、氧化乐果、乐果、敌敌畏、苦参碱、毒死蜱、吡虫啉等农药单独使用或混配。

20.2.5　适宜区域及推广现状与前景

本技术模式适宜我国华北小麦主产区推广应用,尤其是华北地区的大中城郊区。2003 年北京市开始研究小麦保护性耕作,通过几年的努力,筛选出了 2BMDF-12 型小麦条带粉碎免耕播种机和 2BQM-6 玉米免耕播种机,初步提出了一套栽培管理技术,最近 3 年来,进一步改进播种机,提高其性能和稳定性,完善技术体系,特别是肥水管理和生长技术,同时对保护性耕作防尘节水效果进行科学监测,为保护性耕作的进一步推广提供科学依据。北京市冬小麦保护性耕作面积从 2005 年的 0.7 万 hm²(占冬小麦机械播种面积的 11.1%)提高到 2009 年的5.5 万 hm²(占冬小麦机械播种面积的 89.8%),使北京成为全国首个整体基本实现保护性耕作的省市。

20.3　京郊春玉米保护性耕作技术模式

20.3.1　形成条件与背景

20.3.1.1　北京郊区在农业结构调整过程中新增大量季节性裸露农田

北京郊区季节性裸露农田中有 8.0 万多 hm² 春玉米田,是京郊优质饲料玉米的主产区,主要环绕在北京市西北部山区,平原区各区县均有分布。该区实行一年一熟种植制度,耕作方法采用秋翻地晾垡晒垡技术,冬春季有近半年时间土地休闲,由于冬春季节气候干旱、多风,裸露的耕地极易产生扬沙扬尘。

20.3.1.2　京郊春玉米保护性耕作是改善首都大气环境质量的重要措施

试验测定数据表明,翻耕的裸露农田是近年来北京冬春季频繁发生沙尘暴的主要沙尘来源之一,成为首都生态环境的重要污染源。"沙尘天气"也使农田土壤破坏,使千万吨肥沃的表层土壤被吹走,导致农田沙化和贫瘠,必须下大力气进行治理。

20.3.1.3　推广应用保护性耕作技术可实现生态与经济效益同步提高

传统的铧式犁耕作方式在我国已经延续了几千年,北方旱田大面积、多次铧式犁密集翻耕,会破坏农田土壤结构,加剧水土流失,加速农田沙化和肥力衰竭是个不争的事实。随着传统铧式犁耕作方式负面影响的凸显,一种新的耕作方式——保护性耕作应运而生,被学术界称为耕作方式的第三次革命。机械化保护性耕作技术是可依托机械将大量秸秆残茬覆盖地表,实施硬茬播种和施肥,并用化学药物控制杂草和病虫害的耕作技术。该技术实质是依靠作物残茬覆盖地表,少耕免耕,保护土壤,减少水土流失、风蚀和地表水分蒸发,减少劳动力、机械设备和能源投入,充分利用自然资源,实现农业生产的社会、经济、生态效益的有机统一,达到可持续发展的目的。北京郊区农业发展的方向是效益农业和生态农业,它是都市型农业的主要组成部分。目前,一方面要围绕"农民增收"这条农村工作的主线,积极调整种植业结构。冬小麦效益比较低,成为重要的调整对象,但农田在冬春季节覆盖减少,成为结构调整和发展效益农业的一个阶段性新问题;另一方面,农民对生态环境的重要性认识不足,重效益、轻生态。生态农业发展缓慢。都市型农业要求效益与生态并重,要解决平原地区裸露农田问题,须从提高农民效益入手,以提高经济效益为中心,研究新型耕作制度及种植方式,增加冬春覆盖方式,选择作物及品种高效配置,从根本上达到综合治理目的。因此,北京地区研究与推广应用保护性耕作技术意义重大。为尽快在京郊实施春玉米保护性耕作,北京市农业技术推广站承担了北京市农委下达的招标项目"北京地区季节性裸露农田综合治理技术研究",其中"春玉米机械化保护性耕作技术研究与应用"为该项目主要内容之一。与此同时,农业部农机化司也下达了大田作物保护性耕作技术项目。目前,经过科研、教学和推广部门连续多年的技术攻关与推广,春玉米保护性耕作技术已在北京地区全面普及应用。

20.3.2 关键技术规程

20.3.2.1 作业工序
秋天收摘玉米穗→秸秆粉碎或整秆覆盖→免耕休闲→表土作业→免耕施肥播种→杂草防控→中耕施肥与土壤深松→田间管理。

20.3.2.2 基本条件
(1)地势平坦,整地时要确保地面平整,无塬沟伏脊和坷垃。
(2)具有春玉米免耕播种机、秸秆粉碎机及喷药(雾)机等农机具。

20.3.2.3 秸秆处理
收穗后的玉米秸秆要作为覆盖物留在田间,根据作业工艺的不同,覆盖形式有以下两种:

1. 整秆覆盖

分立秆和倒秆两种。立秆覆盖是指摘穗收获后玉米秆仍立于田间,此种形式可保证地表的秸秆不易被风刮走。倒秆覆盖是指玉米收获后用机械或人工将秸秆压倒铺放于行间,压秆时应顺风向压倒。倒秆覆盖效果良好,这是由于秸秆与根茬连接,不易被风刮走,同时顺行压倒后可抑制杂草的滋生,该方式适合冬春风大的地区应用,但玉米秸秆量过大时不宜应用,须在适量稀疏外运秸秆后,应用此方法。

2. 粉碎覆盖

玉米收获时,用玉米收获机直将秸秆粉碎后均匀地覆盖在地表。这种方式覆盖效果好,但粉碎后的秸秆冬春季易被风吹走或在田间堆积。所以粉碎后的秸秆覆盖地可采用缺口圆盘耙耙地,将部分秸秆混入土中,减少秸秆被大风刮走或堆积的可能性,同时可增强冬季降水的入渗。

20.3.2.4 播前准备

1.品种选择与种子处理

根据当地热量条件,要选择生育期适宜的高产抗旱玉米品种。选用达到国家质量标准一级的种子。为防治病虫害应用种衣剂或高效、低毒药剂处理种子。种衣剂可选用兼具抗旱效果产品;针对保护性耕作丝黑穗病加重的问题,可选用20%粉锈宁乳油拌种防治。

2.检查墒情

播前检查土壤墒情,掌握墒情变化。如果土壤墒情不好,即使种子勉强膨胀发芽,也往往因顶土出苗力弱而造成严重缺苗。因此,播种前一般要求耕层土壤必须保持有60%左右的田间持水量,才能保证良好的出苗。

3.化肥准备

按土壤肥力水平准备施肥量:

高:N 195～210 kg/hm²,P₂O₅ 60～75 kg/hm²,K₂O 120～150 kg/hm²;

中:N 210～225 kg/hm²,P₂O₅ 75～90 kg/hm²,K₂O 105～120 kg/hm²;

低:N 225～240 kg/hm²,P₂O₅ 75～90 kg/hm²,K₂O 105～120 kg/hm²。

20.3.2.5 播种

1.播种期

把握好适宜播种时间。冷凉山区春玉米适宜播期为4月下旬至5月上旬,平原区春玉米为5月中、下旬播种。山区春玉米,当5～10 cm土层温度稳定达到8～10℃以上,土壤含水量在14%左右时,应尽快抢墒播种;若土壤墒情较低则要采取等雨播种。平原春玉米以等雨播种为主。抢墒播种应深耙浅覆土,使种子点在湿土上,播后镇压,确保种子与湿土接触。

2.播前表土作业(选择性作业)

春季播种前,应考察农田地表状况,决定是否进行表土作业。假如地表严重不平,秸秆较多或堆积,应进行浅松、弹齿耙耙地或必要时选用旋耕浅旋。表土作业可改善地表状况,尤其是大量秸秆覆盖地温较低,可以提高表土地温,有利于播种和出苗。假如地表状况较好(平整、秸秆量适中),则不需进行表土作业,直接播种即可。

3.精量点播

(1)根据当地土壤肥力、品种耐密性及生产条件确定适宜种植密度。紧凑型品种以60 000～67 500株/hm²为宜,平展型以5 700～63 000株/hm²为宜,各地应根据当地肥水条件酌情掌握。

(2)确定行距、粒距和播种量。为与玉米收获机相配合,行距要采用65～70 cm。根据密度、种子发芽率和行距计算播种粒距和播种量。计算公式为:

$$播种粒距(cm)=1.0×10^8×发芽率×田间出苗率/行距×每公顷计划种植密度$$
$$播种量(kg/hm^2)=每公顷播种粒数×千粒重×10^{-6}$$

4.免耕播种机的调试及播种操作要求

免耕播种机必须加分草器,以避免秸秆拥堵。调试时,首先将行距调整为65～70 cm;其次调整播种深度,一般5 cm左右;第三是调整播种量,按上述计算结果确定;第四是确定底化肥用量及调整施肥深度,将全部磷、钾肥和少量氮素化肥做底肥,施肥深度调整在8～10 cm为宜。作业时要求拖拉机以2～3档的速度行驶,行速要匀,路线要直,中途不停车、不漏播、不重播。假如播种时地表有干土层,则应实行深开沟、浅覆土,保证种子种在湿土上。

在春季地温较低或无霜期短的地方播种时还应注意尽量将行上的秸秆分到两边,以使种行能多吸收阳光,以利地温提高和玉米生长。

20.3.2.6　化学除草及虫害防治

1.播后苗前化学除草

38%莠去津悬浮剂 3 000～3 750 mL/hm²,72%都尔乳油 1 500～2 250 mL/hm²,33%施田补乳油 3 750～4 500 mL/hm²,或 50%乙草胺乳油 1 500～2 250 mL/hm²。每公顷兑水600 L,于玉米播种后及时进行土壤封闭处理。

2.苗期化学除草

玉米苗期茎叶处理,可选择 4%玉农乐悬浮剂 1 050～1 500 mL/hm²。

3.化学除草注意事项

(1)在土壤药剂处理后,应立即进行喷灌 2～4 h,以提高除草效果;

(2)对秸秆覆盖较多的地块,除草剂的用量应为高剂量;

(3)由于单用 38%莠去津 3 000～3 750 mL/hm² 用量较大,残效期较长,后茬不宜种植豆类、花生及向日葵等敏感作物。

4.防治玉米螟

最好选用生物防治技术,向田间放赤眼蜂 1～2 次,放蜂量每公顷 0.8 万～1.0 万头,放蜂期掌握在成虫产卵始盛期。

20.3.2.7　追肥

在 5～9 叶期间等雨追肥,应将氮肥总量的 60%追施,实际追肥用量根据底肥施入纯氮量调整。

20.3.2.8　适时收获,保留秸秆

子粒与穗轴连接处出现黑层时或子粒乳线消失时及时收获,收获方法最好采用机收粉碎秸秆还田或人工去穗,实行整秆还田。

20.3.3　生态效益与经济效益

20.3.3.1　农田倒秆和立秆覆盖效果明显

不同秸秆还田方式,田间秸秆存留量存在明显差异,据北部山区延庆县大榆树和平原区昌平小汤山试点观测,免耕覆盖耕作方式秸秆存留量显著高于根茬处理,尤其是整秆覆盖处理秸秆存留量为最高。根茬处理因地上部秸秆移出,田间秸秆在免耕处理中是最低的(表 20.10)。2003—2004 年冬春季两点不同秸秆覆盖处理秸秆残余量的变化是一致的,表明免耕覆盖方式显著影响田间秸秆残留量,其中以立秆和倒秆处理秸秆覆盖效果最好。

表 20.10　不同处理秸秆残余量

秸秆处理	秸秆残余量/(kg/hm²)
翻耕	/
粉碎	4 233.6
根茬	1 200.0
倒秆	5 033.6
立秆	6 167.0

20.3.3.2　免耕秸秆覆盖可有效防治农田土壤风蚀

2003—2004年冬春季在北部山区试点(北京市延庆县大榆树)不同秸秆还田方式处理土壤表面插入了风蚀针,监测不同处理农田土壤风蚀深度变化。监测数据显示,免耕覆盖处理具有良好的防土壤风蚀效果,其中倒秆和立秆处理防风蚀效果最好,风蚀深度平均值为0.2 mm,最大值为1 mm,远低于翻耕处理最大值的29 mm。立秆和倒秆处理土壤表面秸秆量大,覆盖度高,因而农田土壤保水性能好,土壤含水量较高,具有较明显的减轻风蚀效果。翻耕处理由于地表土壤疏松,农田土壤失水多,土壤含水量低,造成的土壤风蚀较为严重(表20.11)。

表 20.11　不同处理风蚀深度　　　　　　　　　　　　　　　　　mm

覆盖方式	平均值	最大值
翻耕	3	29
粉碎	4.2	10
根茬	−0.1	3
倒秆	0.2	1
立秆	0.2	1

在北部山区延庆点采用集沙仪监测风期各处理不同高度沙尘采集量,分析不同处理沙尘变化。从2004年3月11日、3月28日、3月31日沙尘采集数据看,翻耕沙尘量最多,立秆与倒秆覆盖田沙尘量最小。从不同高度采集量看,20 cm高度处理间差异大,随着高度的增加,差异减小(图20.4)。监测数据显示,农田土壤起沙尘量明显受风速的影响。

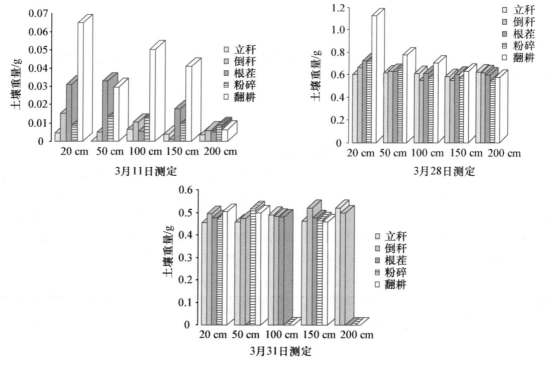

图 20.4　不同处理风期沙尘采集量

2004年2—3月份,在平原点对取到的沙样进行了粒径分析(国际制土壤粒径分级),试验数据显示,不同处理沙土净输出量及防风效果存在显著差异。免耕覆盖处理起尘量较翻耕处理显著减少,其中立秆和粉秆覆盖处理沙尘净输出量最少,保土效果最好,留根茬处理的效果相对差些(表20.12)。

表 20.12　不同处理沙尘净输出量比较

处理	总重/g	净输出量/g	比翻耕土%
地外	1.097 6		
翻耕	1.310 4	0.212 8	
留茬	0.973 2	−0.124 4	−158.458 6
倒秆	0.919 7	−0.177 9	−183.599 6
立秆	0.384 8	−0.712 8	−434.962 4
粉秆	0.150 8	−0.946 8	−544.924 8

注:测定时间为2004年2月14日。

2004年春季大面积生产示范田沙尘监测结果显示:在沙尘天气(风力6.6~8.9 m/s)各处理田块均有起尘量,以秋翻耕地尘量最大,整秆覆盖和留茬免耕两个处理起尘量显著减少,其抑尘作用与绿色覆盖大体相当,与研究试验田监测结果基本一致(表20.13)。

表 20.13　生产示范田不同覆盖方式沙尘监测结果　　　　　　　　　　g

采集盒(层)	覆盖方式			
	绿色覆盖	整秆覆盖	留茬免耕	秋翻耕
5	0.018 1	0.022 5	0.031 6	0.315 2
4	0.022 4	0.024 7	0.038 1	0.541 3
3	0.030 4	0.032 8	0.040 5	0.860 5
2	0.030 6	0.037 2	0.048 7	1.090 0
1	0.016 0	0.046 2	0.061 4	5.309 4
平均	0.023 5	0.032 6	0.044 1	1.623 3

20.3.3.3　免耕秸秆覆盖有利于农田土壤蓄水保墒

不同秸秆覆盖方式对土壤含水量有明显的影响,表20.14是2003年秋季、2004年春季各秸秆覆盖方式处理耕层土壤含水量的变化。由表20.14可见,免耕覆盖处理的土壤含水量基本上均高于翻耕处理,其中立秆处理土壤含水量最高,两年10 cm土层含水量立秆比翻耕分别高41%(2003年)和52%(2004年),2004年20 cm土层含水量立秆比翻耕高53%,而30 cm的高68%,立秆处理总体平均比翻耕耕层土壤含水量高50%以上。倒秆、粉碎及根茬的效果虽优于翻耕处理,但不及立秆处理。

表 20.14　不同处理耕层土壤含水量　　　　　　　　　　%

调查日期	土层深度	翻耕	粉碎	根茬	倒秆	立秆
2003年10月	10 cm	16.45	21.17	19.98	15.03	23.24
	20 cm	22.02	22.43	24.12	20.81	20.08
	30 cm	19.87	21.53	22.37	19.33	22.77
2004年4月	10 cm	11.67	14.07	16.27	15.34	17.74
	20 cm	16.05	20.96	24.26	22.73	24.55
	30 cm	15.01	17.84	22.97	20.71	25.35

20.3.3.4 免耕秸秆覆盖农田土壤温度上升缓慢

不同免耕秸秆处理农田土壤温度监测数据显示,处理间土壤温度存在显著差异。总体趋势是:早春翻耕田土壤温度高,免耕田土壤温度低;无秸秆覆盖免耕田土壤温度高,有秸秆覆盖田土壤温度低;倒秆覆盖土壤温度高,立秆覆盖土壤温度低(表20.15)。

表 20.15 平原点不同处理土壤温度调查

测定时间	深度	翻耕	留茬		立秆		倒秆	
			土壤温度/℃	比翻耕 ±/%	土壤温度/℃	比翻耕 ±/%	土壤温度/℃	比翻耕 ±/%
2004年3月10日	5 cm	7.78	7.91	1.77	8.06	3.70	7.90	1.61
	10 cm	6.03	5.55	−7.88	5.41	−10.17	5.58	−7.47
	15 cm	4.05	4.68	15.43	2.99	−26.23	4.08	0.62
	20 cm	3.25	2.81	−13.46	1.80	−44.62	2.65	−18.46
	25 cm	2.60	2.30	−11.54	1.48	−43.27	1.88	−27.88
2004年4月15日	5 cm	21.00	21.50	2.38	17.75	−15.48	20.25	−3.57
	10 cm	17.88	18.88	5.59	16.13	−9.79	18.00	0.70
	15 cm	16.88	17.63	4.44	15.50	−8.15	16.75	−0.74
	20 cm	16.50	17.00	3.03	16.00	−3.03	16.00	−3.03
	25 cm	16.00	16.38	2.34	15.88	−0.78	16.13	0.78
2004年5月10日	5 cm	23.13	24.25	4.86	19.00	−17.84	22.38	−3.24
	10 cm	19.38	20.00	3.23	17.38	−10.32	19.75	1.94
	15 cm	18.38	18.25	−0.68	16.75	−8.84	18.13	−1.36
	20 cm	18.00	17.88	−0.69	17.13	−4.86	17.88	−0.69
	25 cm	17.75	18.13	2.11	16.63	−6.34	18.13	2.11

20.3.3.5 免耕秸秆覆盖田土壤肥力提高,蚯蚓数量增多

据北京市农业技术推广站测定,实施保护性耕作3年后,土壤有机质含量由1.517%增加到1.811%。田间蚯蚓数量明显增加,在土壤0~20 cm深度内,实施保护性耕作前为每平方米2条,实施二年后达到每平方米8条,3年达到每平方米18条。

20.3.3.6 保护性耕作与翻耕的产量和经济效益的比较

1.初期减产、减效作用

2004年,对318.0 hm² 春玉米保护性耕作生产示范田进行了产量测定,在免耕、翻耕两种耕作方式品种、播期、施肥、密度等主要栽培管理措施相同的条件下,免耕田平均产量8 005.8 kg/hm²,传统翻耕田平均产量8 651.95 kg/hm²,减产615.15 kg/hm²,减幅7.5%。不同区县免耕覆盖技术运用水平及产量水平发展不平衡,在示范的7个区县中,通州增产139.5 kg/hm²、密云增产316.95 kg/hm²,顺义持平,而其他点均为减产。全市两种耕作方式产量经显著性差异分析 $t=1.570 < t(0.05)=2.447$,差异不显著。对春玉米保护性耕作示范田和传统耕翻对照田的经济效益分析表明,保护性耕作农机费用降低,化学除草费用提高,总生产成本略有提高。示范田平均比翻耕田减效390元/hm²,减5.6%。但显著性差异分析 $t=1.000 < t(0.05)=2.447$,差异并未达显著水平。

2.连年保护性耕作平方米的增产、增效作用

通过对 393.34 hm² 春玉米保护性耕作生产示范田测产,免耕平均产量 8 601.0 kg/hm²,传统翻耕田平均产量为 8 100.0 kg/hm²,增产 501.0 kg/hm²,增 6.2%。在 7 个示范区(县)中,有 4 个区县保护性耕作获得增产效果,其中延庆县增产 216.0 kg/hm²;通州区增产 312.0 kg/hm²;昌平区增产 253.5 kg/hm²,密云县增产 234.0 kg/hm²;3 个区县减产,其中顺义区减产 127.5 kg/hm²,房山区减产 127.5 kg/hm²,大兴减产 43.5 kg/hm²。经显著性差异分析 $t=0.083<t(0.05)=2.447$,差异不显著。对 393.34 hm² 春玉米保护性耕作生产示范田进行经济效益分析,示范田平均比翻耕田增效 334.5 元/hm²,增 7.0%。显著性差异分析 $t=1.501<t(0.05)=2.447$,差异不显著(表 20.16)。

表 20.16　不同耕作方式经济效益比较(2004—2005 年)

年度	耕作方式	示范规模/hm²	产量/(kg/hm²)	生产成本/(元/hm²)	产值/(元/hm²)	纯收入/(元/hm²)
2004 年	免耕	21.2	8 005.5	4 522.5	9 607.5	5 085.0
	翻耕	22.2	8 650.5	4 906.5	10 381.5	5 475.0
	免耕比翻耕±	/	−615.0(7.5%)	−384.0	−774.0	−390.0(5.6%)
2005 年	免耕	26.2	8 601.0	4 803.0	10 321.5	5 518.5
	翻耕	22.2	8 100.0	4 536.0	9 720.0	5 184.0
	免耕比翻耕±	/	+501.0(6.2%)	+267.0	+601.5	+334.5(7.0%)

注:玉米销售价格按 1.2 元/kg 计。

20.3.4　技术模式注意的问题

20.3.4.1　早春土壤升温相对缓慢,玉米播种期应适当推迟

由于保护性耕作技术有大量秸秆覆盖地表,导致早春土壤升温缓慢,特别是立杆、倒杆覆盖的农田,0~10 cm 地温较翻耕农田低 3~5℃。因此,需通过选用品种的生育期和根据土壤墒情适当推迟春玉米播种期,以避免出现种子因地温低不能正常出苗的问题。

20.3.4.2　粉碎秸秆还田易造成秸秆堆积,机播前须将堆积的秸秆均匀散开

采取秸秆粉碎还田技术时,粉碎的春玉米秸秆经过冬、春期长达半年之久的风吹、雨水冲刷,极易造成秸秆堆积而影响免耕播种机播种,秸秆堆积严重的可导致播种机堵塞,造成缺苗断垄。因此,秸秆粉碎还田的地块须在播前将堆积的秸秆均匀撒开。

20.3.5　适宜区域及推广现状与前景

从 2004 年开始,北京郊区采取边研究、边示范推广的方法应用春玉米保护性耕作技术,且以每年翻一番的速度扩大应用规模。2004 年示范面积仅为 3 300 hm²,2005 年达到 1.0 万 hm² 左右,2006 年发展到 2.67 万 hm²,占全郊区春玉米总面积的 40% 左右,2007 年京郊全面普及该技术,达到 8.0 万 hm²,到 2010 年累计推广应用 36.0 万 hm²。目前该技术模式已基本成熟,适宜在京郊大面积推广,也适宜在我国"三北"一年一熟春玉米种植区推广应用。

（本章由王俊英、宋慧欣主笔,李琳、周春江参加编写）

参考文献

[1]李令军,高庆生.2000年北京沙尘暴源地解析.环境科学研究,2001,14(2):1-4.

[2]陈广庭.北京强沙尘暴史和周围生态环境变化.中国沙漠,2002,22(3):210-213.

[3]周建忠.土壤风蚀及保护性耕作减轻沙尘暴的试验研究.博士学位论文.中国农业大学,北京:2004.

[4]冯晓静.北京地区农田风蚀与PM10测试与控制.博士学位论文.中国农业大学,北京:2006.

[5]北京市农业局,北京市环保局.2007年北京市冬季农田覆盖监测报告.2008.

[6]李琳,王俊英,刘永霞,等.保护性耕作下农田土壤风蚀量及其影响因子的研究初报.中国农学通报,2009,25(15):211-214.

[7]邓力群,陈铭达,刘兆普,等.地面覆盖对盐渍土水热盐运动及作物生长的影响.土壤通报,2003,34(2):93-97.

[8]北京市人民政府农林办公室,北京市农业局.粮油作物生产技术.北京:中国农业出版社,1998.242-271.